国家“十二五”规划重点图书

中国地质调查局
青藏高原1:25万区域地质调查成果系列

中华人民共和国

区域地质调查报告

比例尺 1:250 000

康西瓦幅

(J44C004001)

项目名称:新疆1:25万康西瓦幅、恰哈幅、岔路口幅、阿克萨依湖幅区域地质调查

项目编号:200313000003

项目负责:崔建堂　罗乾周

图幅负责:崔建堂　王炬川　边小卫

报告编写:崔建堂　王炬川　边小卫　朱海平　罗乾周　王忠世　刘东旭

编写单位:陕西省地质调查院

单位负责:齐　文(院长)　张拴厚(总工程师)

实施单位:西安地质矿产研究所

中国地质大学出版社
ZHONGGUO DIZHI DAXUE CHUBANSHE

内 容 提 要

康西瓦幅(J44C004001)是新疆1:25万康西瓦幅(J44C004001)、恰哈幅(J44C004002)、岔路口幅(I44C001001)、阿克萨依湖幅(I44C001002)区域地质调查联测项目之一,隶属于青藏高原北部空白区基础地质调查与研究之工作内容项目,承担单位陕西省地质调查院。

本成果报告取得的重大地质成果及认识如下:

(1)本次区调首次在图区南部康西瓦断裂南侧巴颜喀拉地层区大红柳滩地层分区,原划三叠系克勒青河群(T_3Kl)中解体出了一套古元古代变质岩系,根据变质变形特征,结合区域对比,新建立为古元古代康西瓦岩群(Pt_1K)构造岩石地层单位。

(2)本次区调首次在图区中南部蒙古包—普守一带发现早古生代蛇绿构造混杂岩带。该带向西延伸到赛图拉一带被康西瓦-苏巴什蛇绿构造混杂岩带截切,向东延伸到图幅边与库地-其曼于特早古生代蛇绿构造混杂岩带合拼。发育大量的蛇纹石化纯橄岩、云母二辉岩、辉长岩、蚀变辉绿岩、玄武岩夹硅质岩、中基性熔岩及英云闪长岩等岩石组合。依据野外地质特征及岩石组合建造,初步确定为一个蛇绿混杂岩带,暂命名为蒙古包-普守早古生代蛇绿构造混杂岩带。该蛇绿构造混杂岩带的发现,进一步证实了西昆仑是由多个块体、蛇绿混杂岩、增生杂岩楔和边缘建造组成的复杂拼合体。

(3)本次区调对图区侵入岩进行了系统的地质学、岩石学、岩石地球化学、同位素年代学等方面的综合分析研究,划分出了37个侵入体,归并为24个填图单元。进一步按其所处的构造空间位置、成因和形成时代,建立了与调查区构造演化密切配套的7个构造-岩浆岩带。

(4)本次区调首次系统地对图区侵入岩做了大量的同位素测年工作,获得了单矿物锆石SHRIMP U-Pb法同位素年龄7件,单矿物锆石U-Pb法同位素年龄3件,共计10组同位素年龄数值。

(5)本次区调新发现北昆仑库尔良晚古生代铜(镍)硫化物成矿带,已经发现铜矿点4处,扩大了原有矿产地的找矿范围,为进一步成矿作用研究和矿产勘查提供了重要的资料。

图书在版编目(CIP)数据

中华人民共和国区域地质调查报告.康西瓦幅(J44C004001):比例尺1:250 000/崔建堂,王炬川,边小卫等著.—武汉:中国地质大学出版社,2013.7

ISBN 978-7-5625-2736-7

Ⅰ.①中…

Ⅱ.①崔…②王…③边…

Ⅲ.①区域地质-地质调查-调查报告-中国②区域地质-地质调查-调查报告-新疆

Ⅳ.①P562

中国版本图书馆CIP数据核字(2011)第257329号

中华人民共和国区域地质调查报告

康西瓦幅(J44C004001) 比例尺1:250 000

崔建堂 王炬川 边小卫 等著

责任编辑:胡珞兰 刘桂涛　　责任校对:戴 莹

出版发行:中国地质大学出版社(武汉市洪山区鲁磨路388号)　　邮政编码:430074

电 话:(027)67883511　　传 真:(027)67883580　　E-mail:cbb@cug.edu.cn

经 销:全国新华书店　　http://www.cugp.cug.edu.cn

开本:880毫米×1 230毫米 1/16　　字数:563千字 印张:17.5 图版:4 附件:1

版次:2013年7月第1版　　印次:2013年7月第1次印刷

印刷:武汉中远印务有限公司　　印数:1-1 500册

ISBN 978-7-5625-2736-7　　定价:480.00元

前　言

青藏高原包括西藏自治区、青海省及新疆维吾尔自治区南部、甘肃省南部、四川省西部和云南省西北部，面积达 260 万 km^2，是我国藏民族聚居地区，平均海拔 4 500m 以上，被誉为地球第三极。青藏高原是全球最年轻、最高的高原，记录着地球演化最新历史，是研究岩石圈形成演化过程和动力学的理想区域，是“打开地球动力学大门的金钥匙”。

青藏高原蕴藏着丰富的矿产资源，是我国重要的资源后备基地。青藏高原是地球表面的一道天然屏障，影响着中国乃至全球的气候变化。青藏高原也是我国主要大江大河和一些重要国际河流的发源地，孕育着中华民族的繁生和发展。开展青藏高原地质调查与研究，对于推动地球科学研究、保障我国资源战略储备、促进边疆经济发展、维护民族团结、巩固国防建设具有非常重要的现实意义和深远的历史意义。

1999 年国家启动了“新一轮国土资源大调查”专项，按照温家宝总理“新一轮国土资源大调查要围绕填补和更新一批基础地质图件”的指示精神。中国地质调查局组织开展了青藏高原空白区 1∶25 万区域地质调查攻坚战，历时 6 年多，投入 3 亿多，调集 25 个来自全国省(自治区)地质调查院、研究所、大专院校等单位组成的精干区域地质调查队伍，每年近千名地质工作者，奋战在世界屋脊，徒步遍及雪域高原，完成了全部空白区 158km^2 共 112 个图幅的区域地质调查工作，实现了我国陆域中比例尺区域地质调查的全面覆盖，在中国地质工作历史上树立了新的丰碑。

新疆 1∶25 万康西瓦幅(J44C004001)区域地质调查项目，由陕西省地质调查院承担，工作区位于新疆维吾尔自治区南部塔里木盆地南缘、横跨西昆仑山主脊。目的是通过对调查区进行全面的区域地质调查。

康西瓦幅(J44C004001)地质调查工作时间为 2003—2005 年，累计完成地质填图面积为 14 900km^2，实测剖面长度 223.5km，地质路线 2 500km，采集种类样品 1 479 件，全面完成了设计工作量。主要成果有：①首次在图区南部康西瓦断裂南侧巴颜喀拉地层区大红柳滩地层分区，原划为上三叠统克勒青河群(T_3Kl)中解体出了一套古元古代变质岩系，新建立为古元古代康西瓦岩群(Pt_1K)构造岩石地层单位；②首次在图区中南部蒙古包—普守一带发现早古生代蛇绿构造混杂岩带，进一步证实了西昆仑是由多个块体、蛇绿混杂岩、增生杂岩楔和边缘建造组成的复杂拼合体；③对图区侵入岩进行了系统的地质学、岩石学、岩石地球化学、同位素年代学等方面的综合分析研究，获得了单矿物锆石 SHRIMP U－Pb 法同位素年龄 7 组，单矿物锆石 U－Pb 法同位素年龄 3 组，共计 10 组同位素年龄数值，建立了与调查区构造演化密切配套的 7 个构造-岩浆岩带；④将测区划分为 3 个一级构造单元和 7 个二级构造单元，较系统地论述了各构造单元地层、物质组成、建造特征和构造变形特征；⑤新发现北昆仑库尔良晚古生代铜(镍)硫化物成矿带，已经发现铜矿点 4 处，扩大了原有矿产地的找矿范围。

参加报告编写的主要有崔建堂、王炬川、边小卫、朱海平、王忠世等；最终修改统纂定稿由崔建堂负责完成。地质图由崔建堂负责主编，王炬川、边小卫参与了附图的编绘。

先后参加野外工作的有崔建堂、罗乾周、王炬川、边小卫、朱海平、杨克俭、彭海练、杨运军、王峰、林仕元、张汉甫、贾忠胜、葛双民、李军、张满江等；后勤人员有刘东旭、杨小朋、谭康勋、谭苏敏、耿建生、阮春明、张万牢、黄宝山等。

在整个项目实施和报告编写过程中，得益于许多单位和领导的大力协助、支持，尤其要感谢的是：中国地质调查局、西安地质矿产研究所、乌鲁木齐工作总站等单位；衷心感谢肖序常院士、翟刚毅处长、李荣社处长、姚建新教授、胡健明教授等专家对本项目的热情指导与帮助；同时感谢陕西省地质调查院齐文院长、韩芳林副院长、张拴厚总工程师、王根宝主任、王北颖主任对项目工作的亲切关怀和大力支持！岩矿鉴定由周清山高级工程师完成；生物化石由区域地质矿产研究院史秉德高级工程师，西安地质矿产研究所曹宣铎、付力甫研究员，长安大学古生物教研室汪明洲教授等鉴定；地质图和报告插图计算机清绘由刘春华、许革新、安英平、杨洁等同志完成，在此表示诚挚的谢意。

为了充分发挥青藏高原1∶25万区域地质调查成果的作用，全面向社会提供使用，中国地质调查局组织开展了青藏高原1∶25万地质图的公开出版工作，由中国地质调查局成都地调中心与项目完成单位共同组织实施。出版编辑工作得到了国家测绘局孔金辉、翟义青、陈克强及王保良等一批专家的指导和帮助，在此表示诚挚的谢意。

鉴于本次区调成果出版工作时间紧、参加单位较多、项目组织协调任务重以及工作经验和水平所限，成果出版中可能存在不足与疏漏之处，敬请读者批评指正。

“青藏高原1∶25万区调成果总结”项目组

2011年7月

目 录

第一章 绪 论 …… (1)
第一节 目标任务 …… (1)
第二节 自然地理、经济及交通概况 …… (2)
一、自然地理概况 …… (2)
二、经济及交通概况 …… (3)
第三节 以往地质工作程度 …… (4)
第四节 项目工作概况 …… (5)
第五节 完成主要实物工作量 …… (6)
第六节 工作质量概述 …… (7)
一、路线控制程度 …… (7)
二、剖面控制程度 …… (7)
三、对矿化体的控制程度 …… (7)
四、样品控制程度 …… (7)
五、遥感解译程度 …… (7)
第七节 质量管理 …… (8)
第八节 组织管理 …… (8)
第二章 地 层 …… (10)
第一节 元古宇地层 …… (13)
一、埃连卡特岩群(Pt_1A) …… (13)
二、康西瓦岩群(Pt_1K) …… (18)
三、塞拉加兹塔格岩群(ChS) …… (22)
四、赛图拉岩群(ChSt) …… (26)
五、普守岩组(Chp) …… (31)
六、桑株塔格岩群(JxS) …… (36)
七、博查特塔格岩组(Jxb) …… (39)
第二节 下古生界 …… (44)
一、下古生界(未分)(Pz_1) …… (45)
二、西合休岩组[(∈—O)x] …… (49)
三、库地-其曼于特蛇绿混杂岩 …… (53)
四、蒙古包-普守蛇绿构造混杂岩 …… (54)
五、温泉沟群(S_1W) …… (55)
第三节 上古生界 …… (58)
一、他龙群(C_1T) …… (59)
二、库尔良群(C_2K) …… (62)

三、塔哈奇组(C_2t) …… (67)
四、杜瓦组(P_2d) …… (69)
五、黄羊岭群(PH) …… (71)
第四节　中生界 …… (76)
一、巴颜喀拉山群(TB) …… (76)
二、赛力亚克达坂群(TS) …… (79)
三、龙山组(J_2l) …… (80)
第五节　新生界 …… (83)
一、阿图什组(N_2a) …… (83)
二、泉水沟组火山岩(N_2q) …… (85)
三、西域组[(N_2—Qp^1)x] …… (86)
四、第四系 …… (87)
第三章　岩浆岩 …… (90)
第一节　侵入岩 …… (91)
一、寒武纪侵入体 …… (91)
二、早古生代构造-岩浆岩带 …… (98)
三、晚古生代构造-岩浆岩带 …… (130)
四、中生代构造-岩浆岩带 …… (137)
第二节　脉　岩 …… (143)
一、侏罗纪—白垩纪伟晶岩脉 …… (143)
二、中基性岩脉 …… (143)
第三节　火山岩 …… (146)
一、长城纪火山岩 …… (146)
二、奥陶纪火山岩 …… (150)
三、石炭纪火山岩 …… (154)
四、新近纪火山岩 …… (155)
第四节　蛇绿混杂岩 …… (157)
一、蒙古包-普守蛇绿混杂岩 …… (157)
二、库地-其曼于特蛇绿混杂岩 …… (161)
第四章　变质岩 …… (164)
第一节　区域变质岩 …… (164)
一、低级变质岩类 …… (164)
二、中、高级变质岩类 …… (174)
三、变质带、变质相系和变质作用特征 …… (197)
四、混合岩 …… (206)
第二节　动力变质岩 …… (208)
一、岩石类型及岩石学特征 …… (208)
二、动力变质作用 …… (212)
第三节　接触变质岩 …… (212)
一、接触变质岩 …… (212)
二、接触交代变质岩 …… (213)

第五章 构 造 …… (214)
第一节 地球物理特征 …… (214)
一、区域布格重力场特征 …… (214)
二、区域航磁场特征 …… (216)
第二节 构造单元划分及变形特征 …… (217)
一、划分依据及方案 …… (217)
二、构造单元划分 …… (218)
三、主要构造单元地层变形特征 …… (220)
四、褶皱构造 …… (228)
第三节 断裂构造 …… (228)
一、总体特征 …… (228)
二、主要边界断裂特征 …… (228)
三、一般断裂构造特征 …… (232)
第四节 地质构造发展史 …… (237)
一、前震旦纪基底形成演化阶段 …… (238)
二、震旦纪至中三叠世板块构造机制演化阶段 …… (239)
三、晚三叠世以来板内演化阶段 …… (242)
第六章 矿产与其他国土资源概况 …… (245)
第一节 矿产资源概况 …… (245)
一、概况 …… (245)
二、矿产资源概况 …… (245)
三、区域地球化学特征 …… (251)
四、成矿带特征 …… (253)
五、成矿时代划分 …… (255)
六、主要矿产区域成矿规律 …… (256)
第二节 其他国土资源概况 …… (258)
一、自然资源概况 …… (258)
二、旅游资源 …… (261)
第三节 灾害地质 …… (261)
第七章 结束语 …… (263)
一、取得主要成果及进展 …… (263)
二、存在的主要问题 …… (268)
参 考 文 献 …… (269)
图版说明及图版 …… (271)
附件 1∶25 万康西瓦幅(J44C004001)地质图及说明书

第一章　绪　论

康西瓦幅(J44C004001)是新疆1∶25万康西瓦幅(J44C004001)、恰哈幅(J44C004002)、岔路口幅(I44C001001)、阿克萨依湖幅(I44C001002)区域地质调查联测项目之一,隶属于青藏高原北部空白区基础地质调查与研究之工作内容项目,承担单位陕西省地质调查院。

中国地质调查局以基[2003]001-10号文、基[2004]001-08号文、基[2005]001-03号文下达了各年度任务。

工作内容编码:200313000003。

工作内容名称:新疆1∶25万康西瓦幅(J44C004001)、恰哈幅(J44C004002)、岔路口幅(I44C001001)、阿克萨依湖幅(I44C001002)区域地质调查。

工作性质:基础地质调查。

工作区范围:东经78°00′—81°00′,北纬35°00′—37°00′,总填图面积59 610km²,总费用1 120万元。

工作期限:2003年1月至2005年12月。

2003年12月提交工作设计书,2005年7月提交野外验收成果,2005年12月提交最终验收成果。

第一节　目标任务

新疆1∶25万康西瓦幅(J44C004001)、恰哈幅(J44C004002)、岔路口幅(I44C001001)、阿克萨依湖幅(I44C001002)区域地质调查项目总体目标任务是:按照《1∶25万区域地质调查技术要求(暂行)》和《青藏高原空白区1∶25万区域地质调查要求(暂行)》及其他相关的规范、指南,参照造山带填图的新方法,应用遥感等新技术手段,以区域构造调查与研究为先导,针对不同地质构造组成采用相应的工作方法,通过对本区沉积建造、岩浆作用、变质变形的综合调查与分析,建立构造格架,重塑区域地质演化历史。

测区有多条重要构造边界,地质构造复杂,具有良好的成矿地质条件,在对康西瓦-苏巴什、库地-其曼于特构造-岩浆岩带的组成与演化调查研究的同时,开展成矿地质背景调查和前寒武纪地层的区域对比研究,以中新生代盆地与造山带耦合关系和构造结合带组成与演化的调查研究为重点,全面提高本区基础地质研究程度。

该项目预期成果有如下几项:

(1)提交印刷地质图件及报告、专题报告。

(2)按中国地质调查局编制的《地质图空间数据库工作指南》提交ARC/INFO、MAPGIS图层格式的数据光盘及图幅与图层描述数据、报告文字数据各一套。

在充分收集、综合分析前人资料的基础上,结合野外踏勘和试填图情况,厘定出测区的具体目标任务如下:

(1)合理划分测区地质体和构造单元,厘定和建立测区的地层、岩浆岩、构造序列,总结区域地质演化历史。

(2)调查研究康西瓦-苏巴什、库地-其曼于特等结合带的物质组成与构造演化特征。

(3)从建造和改造角度出发,调查研究测区内变质结晶基底的物质组成、变形变质特征,与邻区前寒武纪变质结晶基底进行区域对比研究。

(4)通过中新生代盆山耦合及第四纪地质地貌的调查,研究青藏高原隆升。

(5)开展成矿地质背景调查,总结测区区域成矿背景及成矿规律。

第二节　自然地理、经济及交通概况

图幅区内位于新疆维吾尔自治区南部塔里木盆地南缘,即新疆维吾尔自治区的西昆仑山和喀喇昆仑山。行政区划隶属新疆维吾尔自治区和田地区的皮山县、和田县、墨玉县。图幅区在地理坐标东经 78°00′—79°30′、北纬 36°00′—37°00′范围内。

一、自然地理概况

图幅区内北部为地形陡峻的铁克里克中高山区,中部与南部为高耸云霄的昆仑山。地形地貌的主要特点是北部为铁克里克中高山地貌区,中部与南部为昆仑中高山—极高山地貌、南部为麻扎-大红柳滩大峡谷,总体地势为南高北低格局。

图幅区内东北角跨少量塔里木盆地沙漠戈壁区主要为北东向展布的星月形沙丘、沙垄风积地貌和昆仑山前向盆地倾斜的冲积戈壁地貌,一般海拔 1 361～3 800m。

北部的铁克里克山巍然屹立于塔里木盆地南缘,中高山地貌,一般海拔 2 800～5 428m。

昆仑山呈北西向横亘于图幅区内中南部,北与塔里木盆地南缘和铁克里克山相接,海拔从塔里木盆地南缘的 3 800m,快速上升到幕士塔格的 6 638m,再上升到尖刀峰南的 7 167m,构成“世界屋脊”——青藏高原的西北边缘。昆仑山北坡山势陡峭、切割强烈、高差极大;昆仑山主脊区域由康西瓦向东分为北部柳什塔格和南部昆仑山两条山脊,中部为新生代高原隆升过程中形成的皑皑雪峰围绕的玉龙喀什河峡谷,山高谷深,雪峰环绕、冰峰林立;昆仑山南坡西部陡峭,东部为高原低山丘陵,地势较平缓。

昆仑山与喀喇昆仑山之间衔接地带是海拔 3 738～4 274m,宽 1～5km 的麻扎-大红柳滩大峡谷,两边都是悬崖峭壁。

塔里木盆地区为大陆干旱气候,气候干旱炎热,年降雨量只有 5.6～50mm,年平均气温 10.1℃,最高气温 41.2℃(7 月份),最低气温 －21.6℃(1 月份),年均沙尘暴日 73 天,年均浮尘日 209 天,多集中在 3—7 月,四季大风,1—5 月多西北风,6 — 9 月多东北风。总体上,塔里木盆地区属内陆干旱沙漠气候。

铁克里克山、昆仑山及其谷地年平均气温 0～4℃,最高气温 25.2℃(7 月份),最低气温 －42.6℃(1 月份),昼夜温差大;年降雨量 50～100mm,夏、秋季凝结降水较多,7—8 月冰雪融水常成灾害;每年 10 月至来年 4 月为冰冻期,高原山区气候阴晴无常,7—8 月份的午后常有冰雹和大雪;5 600m以上的山峰终年积雪,缺氧量达 30%～50%。总体上,山地区属高原寒带荒漠气候,具内陆高原干旱、寒冷的气候特征。

图幅区内水系均为流入塔里木盆地的内陆水系,自东向西主要有喀拉喀什河、杜瓦河、桑株河。图幅区内水系主要发源于昆仑山,由各主要山峰冰雪融水补给,流量随季节变化较大,其中 7—8 月为洪水期，河水受天气影响较大。

二、经济及交通概况

图幅区内自然条件极端恶劣，绝大部分地区人迹罕至。在普守、塔马尔特等地相对人口较为集中，昆仑山山脊及以南地区除新藏公路沿线兵站有少量边防部队官兵、服务人员和牧民外，其他地区渺无人烟。居民主要有维吾尔族、哈萨克族、塔吉克族、克尔克孜族、汉族等，其中以维吾尔族人口居多。

区内土壤以高山漠土、高山草甸土、砾质沙土、黏质沙土等为主，植被类型以高山垫状低矮灌木、草木植被为主。昆仑山前绿洲带以农业为主，粮食作物有小麦、玉米、高粱，经济作物有棉花、葡萄、哈密瓜、梨、杏等；昆仑山前荒漠区以畜牧业为主。

区内野生动物有野牦牛、藏羚羊、黄羊、岩羊、野驴、野兔、雪豹、狼等，主要分布于昆仑山南坡人迹罕至的地区。

图幅区内北部塔里木盆地边缘有东西向的西宁市—喀什市的315国道通过；叶城县—拉萨市的219国道从图幅区内南部通过；北部山前的和田市—乌鲁瓦提水库、皮山县城—杜瓦镇、皮山县城—桑株乡有简易公路可通行汽车。图幅区内铁克里克山及昆仑山前陡坡带地形高差大、切割深，工作交通条件非常恶劣，离开公路汽车无法通行。交通工具主要依靠毛驴、骆驼、人工运送物资，工作时间在4—5月和9—10月时，沿较大的水系可以部分通行，交通极为困难。昆仑山主脊地区汽车不能到达，大红柳滩以西的昆仑山南坡地势陡峭，汽车无法通行。总之，图幅区内交通极为困难，并受季节影响较大(图1-1)。

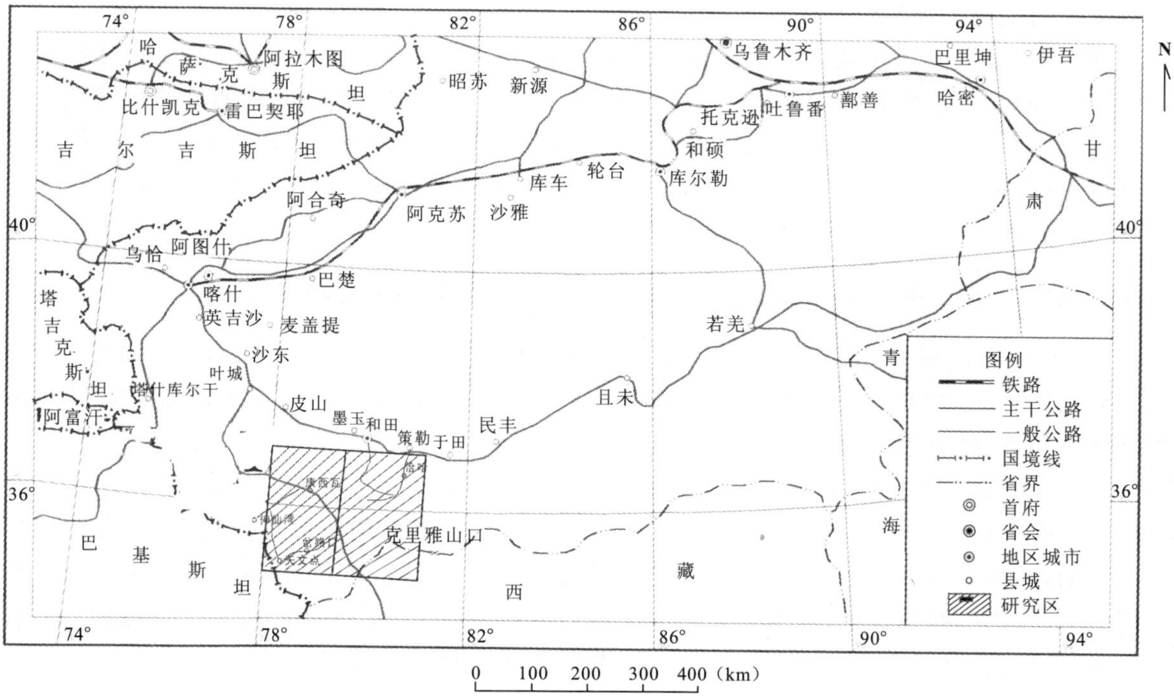

图1-1　研究区交通位置图

第三节　以往地质工作程度

调查区在清朝末期已有少量外国科考探险家进入，主要地质工作是解放以后进行的，特别是20世纪80年代以后。根据前人资料调查区地质工作可划分为4个阶段。

1. 解放前零星路线地质调查阶段

解放前有少数中、外地质学家，如Hedin、Henning、Norin、刘慎谔、Belyaevsry等在调查区相邻地区进行过路线地质调查，获得了一些零散地质资料。

2. 解放后至20世纪80年代中期1∶100万区域地质矿产调查起步阶段

解放后至20世纪70年代新疆地质矿产局在调查区作了1∶100万区调简测和小范围的区域矿产普查。1958—1960年中国科学院组织进行过综合科学考察。

1964年，新疆区域地质调查大队编绘了《和田县幅1∶100万地质图及说明书》，首次对包括测区北部的昆仑山北坡和塔里木盆地南缘进行了初步总结，划分出了前寒武纪地台结晶基底，古生代不同时期的沉积盖层，在昆仑山北麓划分出了中—新生代陆相沉积。

1982—1983年，新疆地质矿产局第一区调大队完成了《西昆仑康西瓦-喀喇昆仑山河尾滩地区地质矿产调查报告》(1∶100万)，工作范围包括了岔路口幅及康西瓦幅、阿克萨依湖幅大部分地区，报告总结了该区的地层、侵入岩、火山岩、构造和矿产，为本次区调工作奠定了基础，也是本次区调工作参考的主要实际资料。

1986年，西藏自治区地质矿产局区域地质调查大队完成了该区西藏部分1∶100万日土幅区调，涉及本区的地质路线近10条，地层划分为传统的年代地层方法，地层时代的依据也不足。

1989年，新疆地质矿产局第十地质调查大队在1964年喀什地质大队编图的基础上，结合新的成果资料，重新编制了《和田地区1∶50万地质图、矿产图及说明书》，对测区(新疆区域)的岩石、地层、构造、侵入岩和矿产进行了比较系统的总结。

3. 20世纪80年代中期至90年代青藏高原科学考察与专题研究阶段

20世纪80年代至90年代末，昆仑山区地质调查和科学研究比较多，三要有如下研究成果：

1980—1983年，中国地质科学院地质研究所姜春发等与青海、新疆区调大队联合对昆仑山进行野外地质调查，进展较大，著有《昆仑开合构造》。

1981年，新疆地质矿产局、新疆石油管理局总结了昆仑山—阿尔金山一带地层，认为该区自中元古代—中生代以来地层都有不同程度的出露，海陆变迁频繁，奥陶纪以后生物发育，侏罗纪为重要的成煤期，白垩纪为潟湖膏泥沉积，新生代受喜马拉雅运动影响，昆仑山隆起，在山区形成一些大小不同、互不相连的断陷盆地，沉积了古近系、新近系和第四系，同时在河流两岸、冰川脚下、湖泊等地理景观区也有各种类型沉积。虽然总结涉及本区实际资料不多，但我们认为其成果与本区带地层构造具可对比性。

1986—1988年，中国科学院青藏高原综合科学考察队(潘裕生等)深入新藏公路，对地质、地理等进行了专家路线考察，著有《青藏高原喀喇昆仑-昆仑山地区科学考察》丛书。

1987—1991年，中国科学院潘裕生、法国Tapponnier等在图幅区内及西邻幅狮泉河—叶城、喀什—红其拉甫进行了路线考察。

1990—1993年，刘训等在塔里木盆地进行了地质调查及剖面测制，1997年出版了《塔里木板块周缘的沉积-构造演化》专著。

1991—1993 年，丁道桂、王道轩等也在图幅区内以西进行了剖面调查，1996 年出版了《西昆仑造山带与盆地》专著。

1993 年，腾志宏等在塔里木盆地进行了地质调查，著有《塔里木盆地及其周缘地区上第三系—第四系地层及晚新生代构造期次划分》(内部刊物)。

1994—1996 年，陈哲夫等系统地总结了新疆的地史演化与成矿，1997 年出版了《新疆开合构造与成矿》专著。

1995 年，由地质矿产部西安地质矿产研究所和新疆地勘局第二区调队联合承担了地质矿产部定向科研项目"西昆仑块状硫化物型铜(多金属)矿床成矿条件及成矿预测研究"，1999 年，贾群子等出版了《西昆仑块状硫化物矿床成矿条件和成矿预测》专著，对成矿地质背景、海相火山岩岩石系列、岩石组合及成矿环境、块状硫化物矿床地质特征和类型、区域成矿条件和成矿规律、成矿带划分和成矿远景区等进行了论述。

4. 国土资源大调查启动后基础地质研究获得全面提高阶段

1999 年，新一轮国土资源大调查启动后，青藏高原空白区 1∶25 万区域地质调查工作全面展开，同时实施了大面积的 1∶50 万区域化探扫面与 1∶100 万区域重力调查工作，矿产综合研究与基础地质工作也同步进行。

2000 — 2002 年，陕西地质调查院在测区西部开展了 1∶50 万新疆西昆仑叶尔羌河上游地区化探测量，湖北地质调查院在测区东部开展了新疆和田玉龙喀什河地区 1∶50 万区化探测量工作，圈定了一大批异常，发现了部分矿化线索。

2000 — 2002 年，陕西地质调查院在测区东邻地区完成的新疆于田县、伯力克两幅 1∶25 万区域地质调查项目，对测区地层区划和构造格架的建立以及地质构造演化研究具有重要的指导意义。

总之，上述地质工作为本次调查工作的开展提供了基础资料，起到了先导作用。同时，由于当地自然条件恶劣，调查路线稀疏，对地质体控制程度不够，填图单位的划分较为粗略，样品测试精度不高，以及认识的局限性。所以以往工作无论在地质控制程度、样品控制、实验测试方法、地质认识等方面还存在诸多问题，难以满足本次工作要求。

第四节　项目工作概况

康西瓦幅项目 2003 年 3 月份开始启动，主要承担新疆 1∶25 万康西瓦幅、岔路口幅等 4 幅区域地质调查项目。2003 年 3—4 月全面收集分析区内和邻区已有的地质、矿产、科研资料，进行遥感影像初步解译，确定了工作方案、工作细则。

2003 年 5—10 月，对调查区进行了系统的野外踏勘，并完成了调查区南部 2 万 km^2 的野外地质填图和 200km 的剖面测制工作，以及验证、补充和修改遥感解译标志。

2003 年 12 月，提交了项目总体设计书，12 月下旬在西安通过中国地质调查局西安地质调查中心组织的设计评审，设计评定为优秀级(92.8 分)。

2004 年 1—3 月，进行了项目总体设计的修改并送西安地质调查中心认定，同时对 2003 年野外资料进行了整理，编制项目年度工作计划及出队前工作准备等。3 月下旬出队，4—10 月全面开展路线地质调查、剖面测制、专题研究等野外作业，完成了测区 3 万 km^2 的地质填图和 290km 的剖面测制工作。

2004 年 11 月至 2005 年 4 月，主要进行年度资料整理，5—8 月出队继续完成剩余的 8 610km² 野外地质调查任务和 30km 剖面测量工作，部分人员进行野外验收前的资料整理工作。

2005 年 7 月 3—11 日，在新疆和田市中国地质调查局西安地质调查中心组织专家对项目野外资料进行了野外检查验收，项目《岔路口幅》、《恰哈幅》分别被评定为优秀级(91 分、90 分)、《康西瓦幅》、《阿克萨依湖幅》分别被定为良好级(89 分、83 分)。

通过近 3 年的野外工作，完成了任务书下达及设计的各项实物工作量，经过室内紧张认真的综合整理、编写了分幅综合地质报告和《西昆仑物质组成及构造演化》专题研究报告，以及《康西瓦幅》区域地质报告评审。

第五节　完成主要实物工作量

康西瓦幅项目近 3 年的野外工作，完成主要实物工作量见表 1-1。

表 1-1　完成实物工作量一览表

项 目	单位	康西瓦幅	恰哈幅	岔路口幅	阿克萨依湖幅	设计工作量	合计完成工作量	完成率(%)
1∶25 万地质填图	km²	14 900	14 900	14 905	14 905	59 610	59 610	100
1∶25 万路线地质调查长度	km	2 500	2 675	2 800	2 410	10 000	10 385	104
1∶25 万遥感解译路线长度	km	550	855	300	1 150	2 000	2 855	143
1∶2 000 实测地质剖面图	km	3.5	16	1.2	12	20	32.7	163.5
1∶5 000 实测地质剖面图	km	133	68	39	49	140	289	206
1∶10 000 实测地质剖面图	km	45	114	64	135	305	358	117.4
(1∶5 000)～(1∶10 000)路线地质剖面图	km	42		2.7			44.7	
标本、薄片	件	820	768	750	773	3 000	3 111	104
微量元素分析	件	335	354	368	344	1 200	1 401	116.8
稀土分析	件	105	142	150	132	220	529	240
硅酸盐岩分析	件	111	147	60	115	220	433	196.8
碳酸盐岩分析	件	15	36	8	21	40	80	200
古生物化石	件	10	111	165	242	500	528	105
微古化石	件	5	15	56	20	130	96	74
人工重砂	件	25	38	5	12	40	80	200
单矿物挑选	件	10	12	8	12	34	42	123.5
SHRIMP 同位素测年	件	7	3	1		3	12	400
锆石 U-Pb 同位素测年	组	3	2	2	5	10	12	120
同位素示踪样(Sr、Nd)	件		5			5	5	100
电子探针分析	件	5	6	3	7	20	21	105
热释光测年分析	件		5	3	5	20	23	115
粒度分析	件	5		12	17	40	34	85
拣块化学分析(矿产)	件	18		16	15	60	49	82
磷灰石裂变径迹					6	10	6	60
岩组样分析	组	5		2	5	12	12	100

第六节 工作质量概述

一、路线控制程度

调查区属青藏高原地质工作空白区，野外路线调查以穿越路线为主，追索路线为辅。布置填图路线时，打破点、线密度，不平均使用工作量。穿越路线的间距主要根据测区地质构造复杂程度、遥感地质解译程度及通行条件等划分为5类区：

Ⅰ类区是指边界地质体和重要地段(地质、构造、矿产)及大比例尺解剖区地质路线加密布置，一般间距为2～3km，个别为3～5km。

Ⅱ类区是指地形及通行条件差，遥感地质解译效果较差的中深变质岩区，路线间距一般为4～8km。

Ⅲ类区是指地质构造比较简单的沉积-浅变质岩区，遥感地质解译效果好，但通行条件一般，路线间距一般为6～8km。

Ⅳ类区是指地质构造简单，遥感地质解译效果好，路线间距可适当放稀，一般不大于10km，如第四系分布区。

Ⅴ类区指难以逾越的冰川、雪盖区及国防边境线，以遥感解译为主。

总之，单幅地质路线实测路线总长度控制在2 500～2 800km，同时，在边境地区及不可逾越地段布置以遥感地质解译路线，单幅实测地质调查路线与遥感解译路线总长度达到或超过3 000km。地质路线控制了各类地质体，达到了设计要求。

二、剖面控制程度

图幅区内所有正式地层单位、构造-地层单位、非正式地层单位、构造蛇绿混杂岩带及构造-岩浆岩带均受(1∶2 000)～(1∶10 000)比例尺的实测剖面1～2条控制。剖面布置在地质体出露全而且有代表性的地段，并控制了测区的所有地质体。

三、对矿化体的控制程度

项目在地质调查过程中，始终坚持重视矿产调查工作，发现了图幅区内阿巴勒克铜矿点等一批有前景的矿点，对这些新发现的矿化点(带、体)进行了认真的追索圈定，并对采样分析作出初步评价；对有前景的矿点(带、体)，通过追索圈定，并通过地表观察及轻型山地工程，初步了解矿(化)体的分布、产状、规模、质量、围岩蚀变及矿化特征。

四、样品控制程度

图幅区内每个地质单元都有标本薄片、岩石化学分析、微量元素分析、稀土分析等1～3套基本样品。每个构造-岩浆岩带的侵入岩和火山岩都有1～3组同位素测年样；每个侵入岩序列和不同火山岩群均有人工重砂样、电子探针、包裹体分析等测试，样品视具体情况与解决地质问题有针对性地进行采集，样品送至北京大学、国家测试中心、中国地质科学院、天津地质矿产研究所、西安地质矿产研究所、西安岩矿测试中心等权威单位分析测试。

五、遥感解译程度

遥感地质工作技术方法参考《1∶25万区域地质调查遥感工作细则》，遥感解译贯穿整个区域地质调查工作的始终，以传统的目视解译的影像图解译为主，计算机解译为辅，由已知到未知，由点到面，点面结合的方式进行。从项目设计、野外填图、综合研究不同阶段，都将遥感调查的工作与区域地质调查紧密结合，通过野外踏勘初步建立测区的遥感解译标志，野外地质填图阶段验证与修正遥感解译标志，并对各阶段的遥感解译进行编录，填写遥感解译卡片和遥感解译小结，最终进行对比解译，全面建立测区的遥感解译标志。

本次遥感解译工作能满足 1∶25 万区域地质调查工作的需要，并达到了设计要求。

第七节　质量管理

项目加强了质量管理工作，在职工中牢固树立起“质量就是生命，质量就是效益”的质量意识，建立了地调院、项目、作业组三级质量管理体系，严格按陕西省地质调查院质量管理体系要求，持之以恒地开展经常性和阶段性质量自检、互检率达 100%，项目对原始资料抽查率大于 30%，陕西省地质调查院对原始资料进行抽查，检查原始资料翔实，质量可靠程度。质量管理记录规范、齐全，追踪了项目工作的整个过程，符合 ISO9000 质量管理体系要求。

第八节　组织管理

先后参加项目工作的人员达 45 人，分为西部区调大组（负责康西瓦幅、岔路口幅）和东部区调大组（负责恰哈幅、阿克萨依湖幅），其中技术人员 26 人（高级工程师 11 人、工程师或会计师 10 人、助理工程师 5 人），设项目负责 4 人、技术负责 4 人、大组长 6 人、组长 6 人、技术人员 6 人；后勤保障 19 人，其中司机 7 人、炊事员 4 人、财务 2 人、地质工 6 人。人员组成及分工见表 1-2。

经过项目全体人员近 3 年的努力工作，团结协作，克服了高寒缺氧，在常人难以承受的艰险环境下，按期保质保量完成了任务书下达的各项计划任务，在地层古生物、构造、岩浆岩、矿产等方面取得了一系列新认识和重大成果。

表 1-2　项目人员工作分工一览表

序号	姓名	年龄(岁)	学历	职称	分工	岗位
1	黎敦朋	38	硕士	高级工程师	地层、第四系、高原隆升专题研究	项目负责
2	崔建堂	43	硕士	高级工程师	构造、西昆仑物质组成与演化专题研究	项目负责
3	罗乾周	40	大学	高级工程师	矿产、后勤工作	项目负责
4	王向利	39	大学	高级工程师	岩浆岩、地球化学	项目负责
5	王炬川	38	大学	高级工程师	岩浆岩、地球化学	技术负责
6	李新林	36	大学	高级工程师	变质岩、岩浆岩	技术负责
7	边小卫	34	大学	工程师	地层古生物	技术负责
8	周小康	34	中专	工程师	构造、遥感解译	技术负责
9	彭海练	31	大专	工程师	遥感、火山岩	大组长
10	代新宇	35	大学	高级工程师	地层古生物、变质岩	大组长

续表 1-2

序号	姓 名	年龄(岁)	学历	职称	分 工	岗 位
11	杨克俭	32	大专	工程师	变质岩	大组长
12	杜少喜	32	大学	工程师	构造	大组长
13	朱海平	36	大学	工程师	矿产	大组长
14	高小平	40	大学	高级工程师	矿产	大组长
15	王忠世	60	中专	高级工程师	变质岩	
16	周清山	60	大学	高级工程师	岩矿鉴定	
17	杨运军	31	大学	工程师	地层古生物	组 长
18	王 峰	38	大专	助理工程师	变质岩	组 长
19	刘幼骐	38	大专	助理工程师	变质岩	组 长
20	王欣欣	46	大学	助理工程师	变质岩	组 长
21	林仕元	47	中专	工程师	地层古生物	技术员
22	张汉甫	43	大专	工程师	地层	组 长
23	贾忠胜	37	中专	助理工程师		技术员
24	葛双民	39	中专	助理工程师		技术员
25	宋丽萍	30	大学	会计师	财务与预算	财务
26	刘东旭	32	中专	会计师	财务与预算	财务
27	杨小朋	37	工人	中级工		驾驶员
28	谭康勋	39	工人	中级工		驾驶员
29	谭苏敏	40	工人	高级工		驾驶员
30	耿建生	43	工人	高级工		驾驶员
31	石明利	43	工人	高级工		驾驶员
32	张周利	42	工人	高级工		驾驶员
33	邓先关	48	工人	高级工		驾驶员
34	阮春明	42	工人	高级工		炊事员
35	张万牢	38	工人	中级工		炊事员
36	张宏凡	35	工人	中级工		炊事员
37	田向武	34	工人	高级工		炊事员
38	黄宝山	38	工人	中级工		
39	李 军	39	工人	中级工		
40	张满江	42	工人	中级工		
41	王连平	37	工人	高级工		
42	王朋友	38	工人	高级工		
43	吕志宏	35	工人	中级工		
44	董小军	29	工人	高级工		
45	孙宏明	32	工人	中级工		

第二章　地　层

调查区位于青藏高原西北部边缘，即塔里木盆地南部边缘的西昆仑-喀喇昆仑地区，主体属西昆仑新生代板内再生（叠加于晋宁、加里东、华力西和印支多期构造之上）造山带。图幅区内地层发育不全，但从下元古界—新生界均有不同程度出露。地层类型既有中深变质的构造岩石地层，也有浅变质和未变质的岩石地层，还有大量未固结的新生代地层。形成环境有深海、浅海及陆相地层。成因上有变质地层、沉积地层以及少量火山岩地层。

依据《中国地层指南》（2000）地层大区划分原则（以板块缝合带为地层大区的界线）以及调查区地质特征，结合近年来大调查项目新成果，将图幅区内地层分别划归塔里木地层区、昆仑地层区、巴颜喀拉地层区及北羌塘地层区。在塔里木地层区进一步划分出塔里木盆地地层分区和铁克里克地层分区；在昆仑地层区划分出昆北和昆中两个地层分区，在昆中地层分区中进一步划分出昆中北带和南带两个地层小区；在巴颜喀拉地层区进一步划分出大红柳滩地层分区；在北羌塘地层区进一步划分出甜水海地层分区和神仙湾地层分区（表 2-1、图 2-1）。图幅区内塔里木地层区铁克里克地层分区，主要出露下元古界—中元古界基底中深变质岩系、上古生界及新生界地层，出露地层主要有下元古界埃连卡特岩群、长城系塞拉加兹塔格岩群、蓟县系博查特塔格岩组、石炭系塔哈奇组、二叠系杜瓦组、新生界阿图什组及西域组等地层单位。昆北地层分区主要出露寒武纪—奥陶纪活动边缘建造和库尔良晚古生代裂陷海槽建造，出露的主要地层有寒武系—奥陶系西合休岩组、石炭系他龙群和库尔良群等地层单位。昆中北带主要出露中元古界过渡基底中深变质岩系，主要有长城系普守岩组和蓟县系桑株塔格岩群等。昆中南带主要出露中元古界过渡基底中深变质岩系及下古生界活动边缘建造，主要有长城系赛图拉岩群和早古生代（未分）地层等。大红柳滩地层分区出露地层主要有下元古界康西瓦岩群及二叠系黄羊岭群、三叠系巴颜喀拉山群等，主体为二叠系—三叠系复理石，属残留盆地沉积。甜水海地层分区图出露地层有志留系温泉沟群和侏罗系龙山组等，另外在康西瓦断裂带中残留有三叠系赛力亚克达坂群紫红色磨拉石建造（表 2-2）。

表 2-1　测区地层区划表

地　层　区	地　层　分　区	地　层　小　区
塔里木地层区	塔里木盆地地层分区	
	铁克里克地层分区	
昆仑地层区	昆北地层分区	
	昆中地层分区	昆中北带地层小区
		昆中南带地层小区
巴颜喀拉地层区	大红柳滩地层分区	
北羌塘地层区	甜水海地层分区	
	神仙湾地层分区	

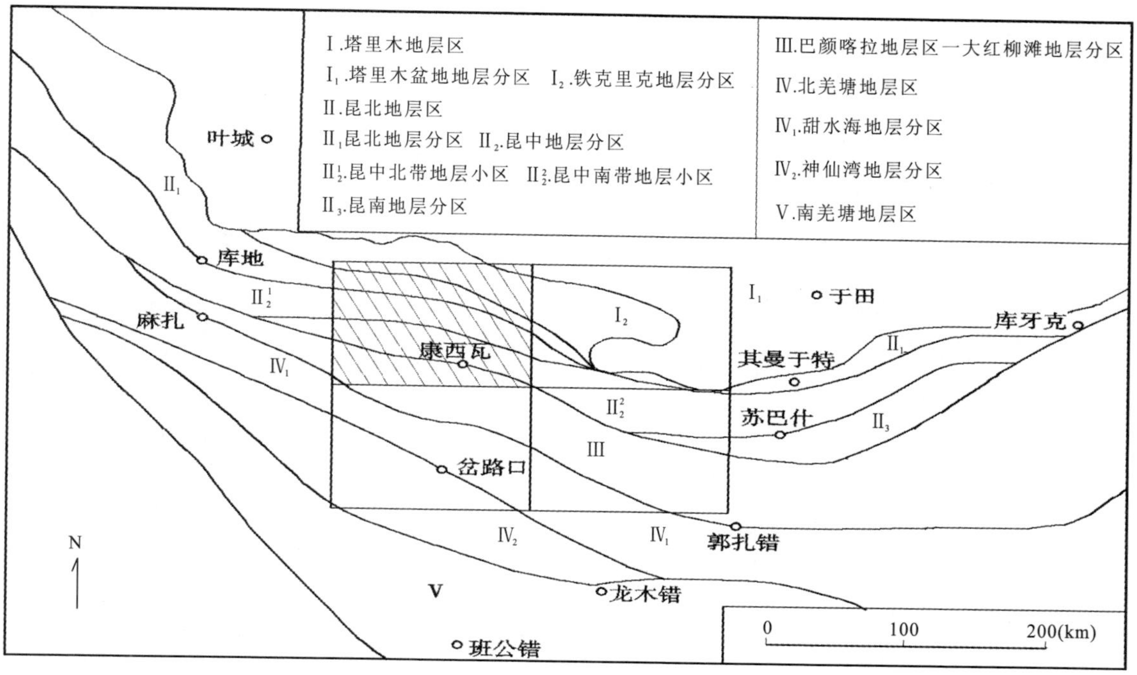

图 2-1 测区地层区划图

表 2-2 各地层区特征简表

地层区	地层分区	地层小区	地层特征			
			各时期建造类型组合	大地构造位置及属性	变质相系	
塔里木地层区	塔里木盆地地层分区		古元古代及中元古代基底岩系，晚古生代—中、新生代沉积盖层	台地	元古宇中深变质	震旦纪以来的台地
	铁克里克地层分区					
昆仑地层区	昆北地层分区		早古生代变质地层，晚古生代裂谷沉积	被动边缘，裂谷盆地	下古生界以前中深变质，上古生界浅变质	震旦纪以来的造山带
	昆中地层分区	昆中北带地层小区	中元古代及早古生代变质碎屑岩、火山岩、碳酸盐岩等	活动大陆边缘及弧间盆地		
		昆中南带地层小区				
巴颜喀拉地层区	大红柳滩地层分区		古元古代基底岩系及二叠纪、三叠纪复理石	残留盆地	元古宇为深变质，古生界为连续的台地浅变质	
北羌塘地层区	甜水海地层分区		中元古代变质地层，古生代为陆块上稳定海相沉积，中生代海陆交互相	活动大陆边缘		
	神仙湾地层分区		晚古生代—中生代陆缘碎屑及台地相沉积	残留盆地		

依据新疆维吾尔自治区岩石地层研究(1999)成果、中国地质调查局2000年以来开展的青藏高原空白区地质大调查项目最新研究成果，以及中国科学院、中国地质科学院近年来在该地区的最新科研成果，结合区域地层对比，对图幅区内地层进行了详细划分和厘定，系统地建立了图幅区内地层层序，并厘定和建立了群级(构造)岩石地层单位10个，组级(构造)岩石地层单位28个，段级岩石地层单位2个(表2-3)。其中新建立群级(构造)岩石单位1个，组级(构造)岩石单位2个。另外有第四纪成因分类单位6个。

表 2-3　测区地层区划与地层系统综合表

时代	沉积成因类型及地层、构造单元名称										演化阶段隆升历史	
Qh	冲积、洪积、风积										青藏高原隆升	整体加速隆升
Qp	冰碛物、冲洪积物、湖积物											
	西域组	冰碛物、冲洪积物、湖积物										
N	阿图什组、泉水沟组火山岩											喀喇昆仑山隆升
K									铁隆滩群			昆仑山隆升
J_{1-2}									龙山组、巴工布兰莎组		板内调整	
T					赛力亚克达坂群			巴颜喀拉山群	上河尾滩组			
P_3							康西瓦-苏巴什蛇绿构造混杂岩	黄羊岭群		神仙湾组		古特提斯演化
P_2												
P_1	杜瓦组								红山湖组			
C_2	塔哈奇组	库尔良群	库地-其曼于特蛇绿构造混杂岩		蒙古包-普守蛇绿构造混杂岩				恰提尔群			
C_1		他龙群							帕斯群			
D_3									天神达坂组			原特提斯演化
D_{1-2}									落石沟组			
S_2						下古生界（未分）地层						
S_1									温泉沟群			
O		西合休岩组							冬瓜山群			
$\in_3$												
Q_b									肖尔克谷地岩组			过渡基底
Jx	博查特塔格组		桑株塔格岩群									
Ch	塞拉加兹塔格岩群		普守岩组		赛图拉岩群				甜水海群			
Ar—Pt_1	埃连卡特岩群						康西瓦岩群					结晶基底
			昆中北带地层小区		昆中南带地层小区							
	铁克里克地层分区	昆北地层分区	昆中地层分区				大红柳滩地层分区		甜水海地层分区	神仙湾地层分区		
	塔里木地层区		昆仑地层区				巴颜喀拉地层区		北羌塘地层区			

第一节　元古宇地层

图幅区内下元古界和中元古界地层出露较全，未见上元古界地层。下元古界地层分别出露于铁克里克地层分区和大红柳滩地层分区，出露范围较小，铁克里克地层分区出露埃连卡特岩群，大红柳滩地层分区出露康西瓦岩群，分别构成这两个微陆块的结晶基底。中元古界地层出露于铁克里克地层分区和昆仑地层区，分别构成塔里木陆块、中昆仑微陆块的过渡基地。变质相差别很大，从绿片岩相到低角闪岩相的变质岩均有出露。在铁克里克地层分区有长城系塞拉加兹塔格岩群、蓟县系博查特塔格岩组；昆中北带地层小区出露有普守岩组和蓟县系桑株塔格岩群；昆中南带仅出露长城系赛图拉岩群。

一、埃连卡特岩群(Pt_1A)

(一)概述

在《新疆维吾尔自治区区域地质志》中将分布于铁克里克至叶尔羌河之间的一套绿片岩相变质地层划为埃连卡特群，与上覆长城系呈断层接触。主要岩性为含绢云母、白云母、绿泥石的各种片岩。本书沿用此名和划分方案，按构造岩石地层单位对待。

该岩群主要出露于图幅区内西北角、托满北及米提孜等地，呈东西或北西向展布(图 2－2)，与

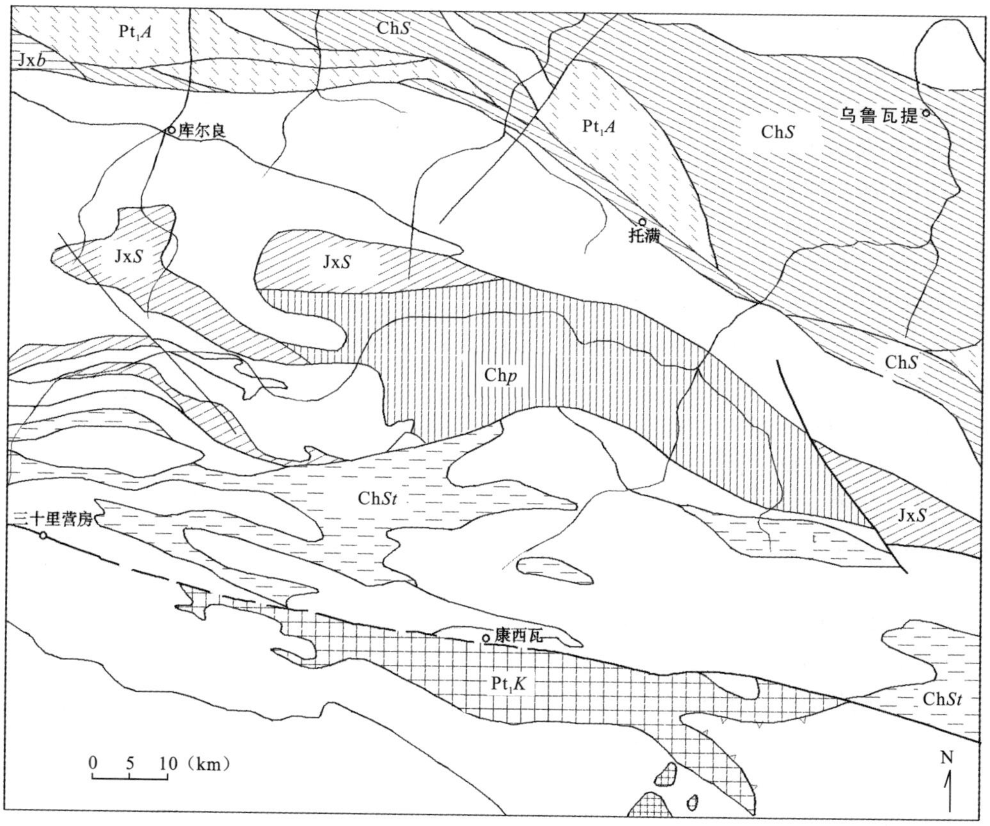

图 2－2　元古宇地层分布图

Jx*b*. 博查特塔格岩组；Jx*S*. 桑株塔格岩群；Ch*S*. 塞拉加兹塔格岩群；Ch*p*. 普守岩组；Ch*St*. 赛图拉岩群；Pt_1A. 埃连卡特岩群；Pt_1K. 康西瓦岩群

长城系塞拉加兹塔格岩群、石炭系他龙群和库尔良群均为断层接触，面积约 600km^2。依据岩石组合及变质变形特征，该群可进一步分为 A、B 两个岩组，二者为断层接触。

（二）地层特征

埃连卡特岩群变质变形强烈，呈构造岩片状产出。岩石组合主要有石榴黑云斜长片麻岩、斜长变粒岩、二云石英片岩夹钙质片岩、白云石大理岩等。剖面上该岩群与其上覆塞拉加兹塔格岩群为断层接触，同时，该岩群被寒武纪古侵入体侵入，A 岩组叠置厚度为 3 366.77m，B 岩组出露叠置厚度 2 409.47m。

现以新疆皮山县桑株-库尔良埃连卡特岩群实测地层剖面（图 2－3）介绍如下，剖面位置 N36°59′54″，E78°16′08″。

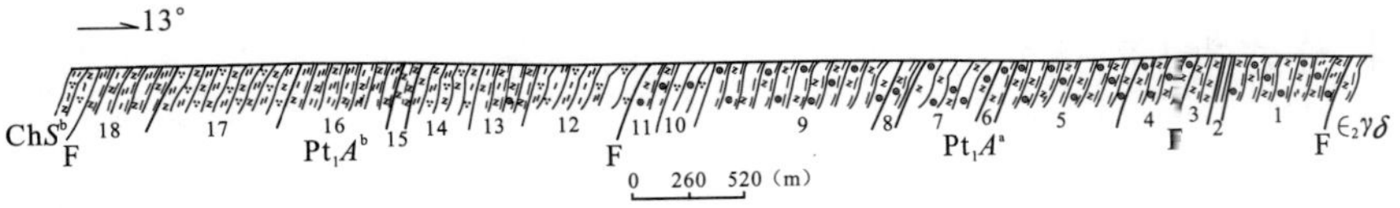

图 2－3　新疆皮山县桑株-库尔良埃连卡特岩群实测地层剖面图

剖面由南向北列述如下：

上覆：塞拉加兹塔格岩群 B 岩组绿泥白云斜长石英片岩

═══════　韧性断层　═══════

埃连卡特岩群（Pt_1A）	**5 776.24m**
B 岩组（Pt_1A^b）	**2 409.47m**
18. 灰色二云斜长片麻岩	317.3m
17. 浅灰—浅灰绿色斜长白云石英片岩	594.55m
16. 灰色二云斜长片麻岩	448.49m
15. 灰—浅灰绿色片理化斜长变粒岩	67.37m
14. 灰色斜长黑云石英片岩，局部夹有二云石英钙质片岩	255.13m
13. 灰色含石榴子石黑云斜长片麻岩	241.07m
12. 灰色斜长二云石英片岩，局部见二云母钙质片岩	485.56m

═══════　韧性断层　═══════

A 岩组（Pt_1A^a）	**3 366.77m**
11. 灰色石榴二云斜长片麻岩	192.39m
10. 灰—浅灰绿色含石榴二云石英片岩	247.18m
9. 灰色石榴二云斜长片麻岩	911.63m
8. 灰—浅灰绿色绿泥石化含石榴子石白云斜长片麻岩	130.77m
7. 灰色石榴斜长白云石英片岩	395.52m
6. 灰—浅灰绿色绿泥石化含石榴子石白云斜长片麻岩	68.43m
5. 灰色石榴黑云斜长片麻岩	584.22m
4. 灰—浅灰绿色绿泥石化含石榴子石白云斜长片麻岩	230.14m

═══════　韧性断层　═══════

3. 灰—浅灰绿色绿泥石化斜长片麻岩	83.31m
2. 灰白色中晶白云石大理岩	14.12m
1. 灰—浅灰绿色绿泥石化含石榴白云斜长片麻岩	509.06m

═══════　韧性断层　═══════

北侧：寒武纪古侵入体为灰色石榴二云斜长片麻岩

埃连卡特岩群A岩组，剖面上主要为一套变质碎屑岩夹大理岩建造。主要岩石组合为灰色含石榴子石黑云斜长片麻岩、含石榴子石二云斜长片麻岩、灰—浅灰绿色绿泥石化含石榴子石白云斜长片麻岩夹灰色含石榴子石二云石英片岩、灰色石榴斜长白云石英片岩及灰白色中晶大理岩等。该岩组变形强烈，变质达低角闪岩相，呈构造岩片叠置关系。

埃连卡特岩群B岩组，该岩组主要为一套变质碎屑岩建造。主要岩石组合为浅灰—浅灰绿色斜长白云石英片岩、灰色二云斜长片麻岩、灰色斜长二云石英片岩、灰色含石榴子石黑云斜长片麻岩夹灰色二云石英钙质片岩、片理化斜长变粒岩及二云母钙质片岩等。该岩组变形强烈，变质可达低角闪岩相。

（三）岩石地球化学特征

1. 岩石化学特征

埃连卡特岩群岩石化学分析结果见表2-4。由表可见，岩石化学成分总体变化不大，SiO_2、Al_2O_3、Fe_2O_3、CaO等含量较高，而TiO_2、MnO、P_2O_5等含量较低，SiO_2 56.21%～67.46%，Al_2O_3 10.86%～18.84%，TiO_2 0.68%～1.16%，一般$K_2O>Na_2O$。

表2-4　埃连卡特岩群岩石化学分析结果　（%）

样品号	岩石名称	SiO_2	TiO_2	Al_2O_3	Fe_2O_3	MgO	MnO	CaO	Na_2O	K_2O	P_2O_5	LOI	Σ
D2188/1	石榴二云斜长片麻岩	57.11	0.77	14.18	8.31	3.64	0.19	4.44	2.10	3.52	0.16	5.59	100.01
D2190/2	石榴二云斜长片麻岩	61.92	0.92	10.86	6.78	2.31	0.21	6.78	2.14	2.17	0.19	5.67	99.95
D2259/3	黑云斜长片麻岩	67.46	0.76	13.36	7.30	2.68	0.11	1.63	1.58	3.17	0.15	2.17	100.37
D2261/7	二云斜长片麻岩	62.77	0.68	12.89	6.28	2.31	0.11	4.70	2.86	2.42	0.20	4.08	99.30
D2262/2	二云石英片岩	56.21	1.16	18.84	8.66	3.84	0.17	1.17	0.83	4.55	0.19	3.90	99.52
D2262/8	石榴黑云斜长片麻岩	60.30	0.98	16.39	8.12	3.21	0.12	2.71	1.62	3.84	0.21	2.08	99.58

2. 微量元素特征

埃连卡特岩群微量元素分析结果见表2-5，由表中可以看出微量元素含量变化均不大。Hf元素几何平均值明显高于地壳克拉克值，Ta元素几何平均值明显低于地壳克拉克值，其余元素则与地壳克拉克值较为接近。微量元素聚集类型：Hf等元素为聚集型，Sc、Cr、Zr等元素为弱聚集型，Ta元素为极分散型，其余元素为分散型。微量元素分布类型：微量元素总体分异程度不高，全为均匀分布类型。

3. 主要成矿元素特征

由表2-5中可以看出埃连卡特岩群中主要成矿元素均未见明显的富集（成矿），7种成矿元素几何平均值低于地壳克拉克值或与之接近，说明元素成矿背景值不高。主要成矿元素聚集类型：Pb、Zn为弱聚集型，Hg、Au、Cu为分散型，Sb、Ag为极分散型。主要成矿元素分布类型：Hg、Au为强分异型，Sb为分异型，Pb为弱分异型，Ag、Cu、Zn为均匀分布型。

4. 稀土元素特征

埃连卡特岩群稀土元素分析结果见表2-6，由表中可以看出：稀土总量ΣREE值变化不大，在180.84×10^{-6}～212.34×10^{-6}之间；轻、重稀土总量比值变化不大，LREE/HREE在8.51～8.60之

表 2-5　埃连卡特岩群微量元素分析结果

样品原号	岩石名称	Sc	Cr	Rb	Sr	Zr	Nb	Ba	Hf	Ta	Th	U	P	Co	Ni	Ga	Sb	Hg	Au	Ag	Cu	Pb	Zn
D2259/3	黑云斜长片麻岩	14.00	81.80	144.00	196.00	186.00	14.30	521.00	5.26	1.25	12.60	1.77	600.00	16.60	39.89	17.80	0.15	0.01	1.20	0.05	40.32	37.30	91.80
D2259/5	黑云斜长变粒岩	14.10	96.10	198.00	200.00	219.00	15.30	574.00	5.59	1.10	15.50	2.23	755.00	17.90	48.50	20.70	0.06	0.14	5.00	0.03	41.00	16.80	92.10
D2260/2	二云石英片岩	10.90	75.10	143.00	197.00	82.00	7.21	368.00	2.16	0.48	9.29	1.04	403.00	9.65	36.20	13.90	0.20	0.07	4.00	0.03	19.20	23.40	66.10
D2260/7	二云石英片岩	10.30	96.40	171.00	224.00	158.00	9.51	429.00	3.99	0.78	10.90	1.32	527.00	17.80	56.70	15.10	0.08	0.06	2.00	0.02	32.40	17.10	98.80
D2261/3	斜长白云石英片岩	11.10	74.10	118.00	217.00	177.00	13.10	410.00	4.40	0.95	12.30	2.07	750.00	13.70	37.00	15.90	0.17	0.04	3.00	0.03	22.70	12.60	87.90
D2261/7	二云斜长片麻岩	11.60	71.20	93.60	434.00	194.00	10.10	538.00	5.54	0.85	10.40	1.94	900.00	12.10	32.69	14.20	0.18	0.01	1.20	0.05	32.82	13.30	54.10
D2262/1	石榴二云斜长片麻岩	10.70	96.10	116.00	237.00	252.00	14.60	348.00	6.21	1.09	13.60	1.95	919.00	16.40	40.60	13.80	0.21	0.06	9.00	0.03	52.20	10.90	94.20
D2262/2	二云石英片岩	25.60	153.00	152.00	119.00	214.00	21.00	817.00	5.93	1.47	14.70	2.24	800.00	21.90	77.09	30.20	0.62	0.18	1.00	0.04	54.02	19.80	78.80
D2262/8	石榴黑云斜长片麻岩	20.30	107.00	175.00	161.00	209.00	18.40	590.00	5.98	1.46	15.10	2.24	900.00	21.10	53.19	24.00	0.41	0.34	2.90	0.03	26.02	39.00	124.80
几何平均值		13.60	92.00	142.19	208.35	180.59	13.08	493.84	4.80	1.00	12.53	1.81	704.90	15.88	45.28	17.75	0.18	0.06	2.55	0.03	33.71	19.19	85.46
CV 值		0.39	0.27	0.23	0.42	0.27	0.33	0.29	0.27	0.32	0.18	0.24	0.26	0.25	0.31	0.32	0.96	1.91	1.00	0.14	0.37	0.54	0.24
KK 值		1.36	1.11	0.95	0.61	1.06	0.65	0.76	4.80	0.40	0.96	0.73	0.76	0.88	0.78	0.93	0.37	0.67	0.59	0.40	0.72	1.20	1.03
地壳克拉克值(维氏,1962)		10.00	83.00	150.00	340.00	170.00	20.00	650.00	1.00	2.50	13.00	2.50	930.00	18.00	58.00	19.00	0.50	0.08	4.30	0.07	47.00	16.00	83.00

注:表中 Au 含量单位为 $\times10^{-9}$,其他元素含量单位为 $\times10^{-6}$。

间，说明轻稀土含量较高，而重稀土则含量较低；δEu 为 0.75～0.78，表明 Eu 总体显示亏损；δCe 为 0.98～1.00，表明 Ce 弱亏损或富集不明显；$(La/Yb)_N$ 为 8.34～8.89，说明轻稀土富集明显；$(La/Sm)_N$ 为 3.63～3.82，$(Gd/Yb)_N$ 为 1.49～1.52，说明轻稀土分馏程度较高，重稀土分馏程度比较低，稀土配分曲线斜率相差不明显。稀土元素配分曲线(图 2-4)比较集中，均具有左高右低的特点，说明埃连卡特岩群物源比较单一。

表 2-6　埃连卡特岩群稀土元素分析结果

样品号	岩石名称	稀土元素含量(×10⁻⁶)										
		La	Ce	Pr	Nd	Sm	Eu	Gd	Tb	Dy	Ho	Er
D2259/3	黑云斜长片麻岩	37.60	76.32	8.42	32.08	6.20	1.37	5.36	0.85	4.96	0.96	2.99
D2261/7	二云斜长片麻岩	37.97	74.93	8.31	31.85	6.10	1.48	5.11	0.80	4.33	0.87	2.57
D2262/2	二云石英片岩	42.48	87.94	9.84	37.34	7.24	1.66	6.14	1.00	5.73	1.14	3.60
D2262/8	石榴黑云斜长片麻岩	42.96	89.45	9.92	37.97	7.44	1.64	6.44	1.06	6.08	1.20	3.63

样品号	岩石名称	稀土元素含量(×10⁻⁶)					特征参数					
		Tm	Yb	Lu	ΣREE	LREE	LREE/HREE	δEu	δCe	$(La/Yb)_N$	$(La/Sm)_N$	$(Gd/Yb)_N$
D2259/3	黑云斜长片麻岩	0.43	2.87	0.43	180.84	161.99	8.60	0.75	0.98	8.89	3.82	1.52
D2261/7	二云斜长片麻岩	0.34	2.26	0.34	177.26	161.99	8.60	0.75	0.98	8.89	3.82	1.52
D2262/2	二云石英片岩	0.50	3.34	0.49	208.44	186.49	8.51	0.78	0.99	8.63	3.69	1.49
D2262/8	石榴黑云斜长片麻岩	0.52	3.49	0.54	212.34	189.38	8.25	0.75	1.00	8.34	3.63	1.50

埃连卡特岩群地层中局部残留有层状构造，利用图解恢复原岩，该群变质碎屑岩原岩主体为一套杂砂岩类(详见第四章)。利用岩石化学及微量元素结果进行构造环境判别，介于活动陆缘与大洋岛弧之间，但主体为活动陆缘背景(详见第四章)。说明埃连卡特岩群变质碎屑岩不可能来自单一物源区，而是来源于多个成因复杂的物源区。

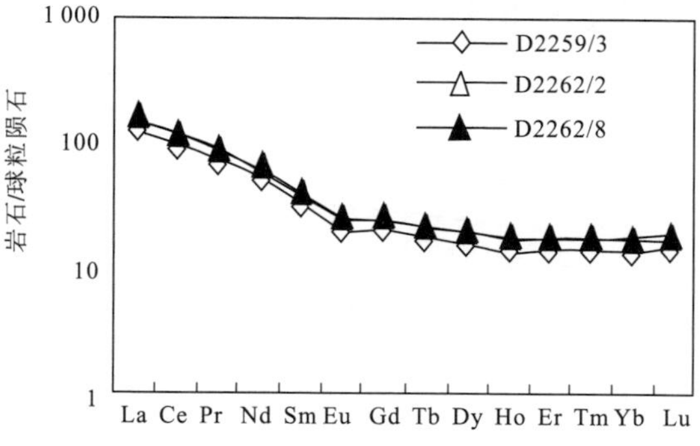

图 2-4　埃连卡特岩群稀土元素配分曲线

(四)副矿物特征

埃连卡特岩群中黑云斜长片麻岩副矿物主要有石榴子石、钛铁矿、黄铁矿、磷灰石、锆石等，另有少量角闪石、褐铁矿、黑云母、金红石、榍石、独居石、电气石、方铅矿、孔雀石等。其中锆石呈浅玫瑰—玫瑰色，具金刚光泽，呈透明—半透明状。锆石粒度为(0.06mm×0.04mm)～(0.61mm×0.12mm)，长宽比(2∶1)～(4∶1)，多数晶体较光亮、光滑，少数晶体熔蚀象较粗糙(蚀坑、麻点状)，包裹体成分为细小锆石。据锆石形态可分为两类：①形态呈次浑圆—次棱角状，少数残缺锥状及碎块状，蚀象较粗糙，少数含细小锆石包裹体，应为成岩期锆石；②形态呈次棱角—棱角状，四方双锥聚形晶形态较完好，晶体光亮、光滑，为主变质期形成的锆石。

（五）区域地层对比及形成时代

埃连卡特岩群在图幅区内出露范围较小，变质碎屑岩岩石化学成分与太古宙和元古宙变质沉积碎屑岩对比介于两者之间，总体与元古宙接近。该岩群比长城系塞拉加兹塔格群低绿片岩相变质的细碧角斑岩夹碎屑岩变质程度深，变形较强，比太古宇赫罗斯坦群角闪岩相变质的混合岩、片麻岩和片岩变质相对浅。该岩群变质、变形特征与康西瓦岩群基本相似。在西邻图幅的博斯腾塔河一带可见长城系塞拉加兹塔格群角度不整合于该群之上，故将该群时代划为古元古代。

二、康西瓦岩群（Pt_1K）

（一）概述

该岩群是本次区调工作首次在康西瓦南巴颜喀拉地层区，原划归三叠系克勒青河群中解体出了一套中深变质地层，依据其变质变形特征，结合岩石地球化学对比，其特征与中昆仑微陆块结晶基底基本相似，故将该套地层重新建立为下元古界康西瓦岩群。该岩群与图幅区内北侧出露的过渡基底长城系赛图拉岩群，岩石组合及变质变形特征均不完全相同。其变形强烈，变质较深，变质可达高角闪岩相。

图幅区内康西瓦岩群主要分布于康西瓦—大红柳滩一带，呈近北西向带状展布（图 2-2）。该岩群两侧以脆-韧性断层与黄羊岭群及巴颜喀拉山群接触，可进一步分为 A、B 两个岩组，出露总面积约 400km^2。

（二）地层特征

下元古界康西瓦岩群总体为一套深变质、强变形地层（图版Ⅰ-1），岩性主要有黑云石英片岩、黑云斜长石英粒岩、片麻岩、大理岩等，呈构造岩片状展布。该岩群与上覆地层二叠系黄羊岭群呈韧性断层接触关系。

现以新疆和田市大红柳滩康西瓦岩群实测地层剖面（图 2-5）介绍如下，剖面位置N36°04′16″，E79°06′07″。

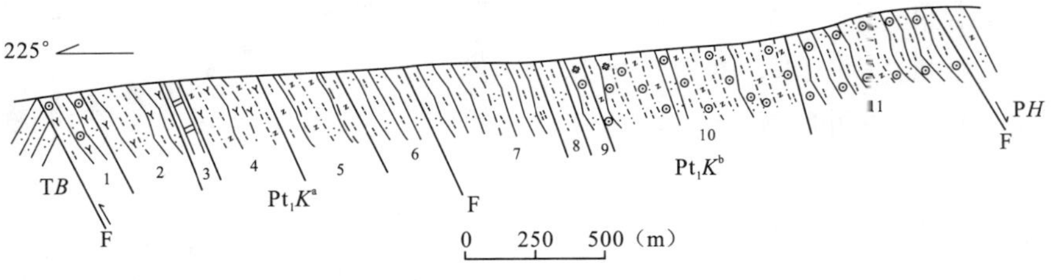

图 2-5　新疆和田市大红柳滩康西瓦岩群实测地层剖面图

剖面由北向南列述如下：

上覆：黄羊岭群（PH）石英砂岩、粉砂岩

══════ 断　层 ══════

康西瓦岩群（Pt_1K）	**2 182.09m**
B 岩组（Pt_1K^b）	**1 005.56m**
10. 石榴黑云斜长变粒岩夹石榴红柱二云石英片岩、含石榴子石石英岩	481.68m
9. 十字石石榴二云石英片岩夹斜长黑云石英片岩	47.98m
8. 黑云石英粒岩夹斜长黑云石英片岩	52.84m
7. 二云石英片岩夹黑云石英粒岩	423.06m

═══ 韧性断层 ═══

A 岩组(Pt_1K^a) 1 176.53m

6.深灰色二云石英片岩 230.55m

5.黑云斜长片麻岩夹斜长黑云石英粒岩、石榴斜长变粒岩 250.96m

4.矽线黑云斜长变粒岩夹矽线黑云片岩 212.55m

3.灰白—灰黄色粗晶大理岩 46.19m

2.矽线黑云石英片岩夹大理岩 289.33m

1.黑云石英粒岩夹石榴矽线黑云石英片岩 146.95m

南侧:未见底

康西瓦岩群在剖面上未见顶、底,剖面叠置厚度为 2 182.09m。依据岩石组合及变质变形程度,可进一步划分为 A、B 两个岩组,二者之间为韧性断层接触关系(图版Ⅰ-2)。

A 岩组剖面上岩石组合主要为深灰色二云石英片岩、黑云斜长片麻岩、矽线黑云斜长变粒岩、矽线黑云石英片岩、黑云石英粒岩夹石榴矽线黑云石英片岩、大理岩等。片麻岩中长石、石英变斑晶形成眼球状构造,片状矿物形成条带状构造,塑性流变特征明显,形成塑性流变小褶皱。

B 岩组剖面上岩石组合为深灰色石榴二云石英片岩、石榴黑云斜长变粒岩夹含石榴子石黑云斜长石英粒岩、十字石石榴二云石英片岩、斜长黑云石英片岩等。地层中层间小型同斜紧闭褶皱发育,应为韧性剪切作用形成的层间剪切褶皱。

图幅区内康西瓦岩群出露范围较小,总体横向变化不大,A 岩组变质、变形明显比 B 岩组强烈,均为中深变质的一套副变质岩。

(三)岩石地球化学特征

1. 岩石化学特征

康西瓦岩群岩石化学分析结果见表 2-7。由表可见,岩石化学成分总体变化不大,SiO_2、Al_2O_3、Fe_2O_3等含量较高,而 TiO_2、MnO、P_2O_5等含量较低,其中 SiO_2 64.32%~65.45%,Al_2O_3 15.29%~15.35%,TiO_2 0.66%~0.76%,MgO>CaO,说明原岩可能为陆源碎屑岩。

表 2-7 康西瓦岩群岩石化学分析结果 (%)

样品号	岩石名称	SiO_2	TiO_2	Al_2O_3	Fe_2O_3	MgO	MnO	CaO	Na_2O	K_2O	P_2O_5	LOI	Σ
D850/6	石榴黑云斜长变粒岩	64.32	0.66	15.29	6.34	2.97	0.12	2.75	1.82	3.42	0.15	1.43	99.27
D851/3	二云石英片岩	65.45	0.76	15.35	6.94	2.50	0.11	1.94	3.18	2.52	0.24	0.40	99.39

2. 微量元素特征

康西瓦岩群微量元素分析结果见表 2-8,由表中可以看出微量元素含量变化均较大。Hf 元素几何平均值明显高于地壳克拉克值,Ba、Ta 等元素几何平均值明显低于地壳克拉克值,其余元素则与地壳克拉克值较为接近。微量元素聚集类型:Hf 等元素为聚集型,Sc 元素为弱聚集型,Ta 元素为分散型,其余元素均为极分散型。微量元素分布类型:微量元素总体分异程度不高,Sr 元素为强分异型,Ta 元素为分异型,Sc、Cr、Rb、Nb、Th、U、Ga 等元素为均匀分布型,其余元素均为弱分异型。

3. 主要成矿元素特征

由表 2-8 中可以看出康西瓦岩群中主要成矿元素均未见明显的富集(成矿),7 种成矿元素几何平均值与地壳克拉克值较为接近,说明元素背景值不高。主要成矿元素聚集类型:Au、Pb、Zn 为弱聚集型，Ag、Cu 为分散型，Sb、Hg 为极分散型。主要成矿元素分布类型：Hg、Au 为强分异型，Sb、Ag、Cu 为分异型，Pb 为弱分异型，Zn 为均匀分布型。

表 2-8 康西瓦岩群微量元素分析结果

样品号	岩石名称	Sc	Cr	Rb	Sr	Zr	Nb	Ba	Hf	Ta	Th	U
D850/4	石榴二云石英片岩	12.50	94.30	96.60	183.00	176.00	11.90	444.00	4.32	0.89	8.94	0.87
D850/5	含石榴子石黑云斜长石英粒岩	12.35	88.65	90.25	264.00	168.50	11.50	246.00	4.22	0.82	8.80	0.89
D850/6	石榴黑云斜长变粒岩	14.90	80.70	123.00	120.00	188.00	10.70	460.00	5.11	0.93	11.40	1.79
D850/7	石榴红柱二云石英片岩	18.70	92.60	138.00	144.00	195.00	13.40	606.00	4.92	1.03	10.20	1.07
D850/8	含石榴子石石英岩	3.02	24.70	84.50	237.00	47.00	23.80	116.00	2.74	3.34	6.08	1.97
D850/11	黑云母石英片岩	18.10	108.00	154.00	414.00	112.00	16.00	830.00	2.94	1.12	14.80	2.03
D850/12	斜长黑云石英片岩	18.00	98.70	145.00	351.00	145.00	14.30	646.00	3.64	1.02	12.30	2.05
D851/3	二云石英片岩	13.80	79.50	100.00	263.00	199.00	11.90	513.00	5.42	0.98	9.54	1.65
D851/5	黑云斜长片麻岩	13.50	84.50	131.00	247.00	85.10	13.90	311.00	2.25	1.25	10.50	1.16
D851/6	石榴斜长变粒岩	12.80	88.30	106.00	477.00	112.00	12.70	545.00	3.03	1.21	12.80	1.99
D851/7	矽线黑云斜长变粒岩	11.30	74.60	92.10	250.00	85.80	10.70	323.00	2.13	0.85	8.39	1.51
D851/9	粗晶大理岩	3.72	14.90	18.30	1118.50	14.70	2.61	59.00	0.41	0.20	0.99	0.68
D851/10	二云石英片岩	13.70	111.00	232.00	54.20	50.70	24.30	158.00	1.38	1.45	17.80	1.70
几何平均值		11.45	71.18	103.25	248.11	100.05	12.33	327.36	2.78	1.00	8.80	1.40
CV 值		0.42	0.40	0.48	1.08	0.62	0.45	0.69	0.54	0.72	0.46	0.35
KK 值		1.14	0.86	0.69	0.73	0.59	0.62	0.50	2.78	0.40	0.68	0.56
地壳克拉克值(维氏，1962)		10.00	83.00	150.00	340.00	170.00	20.00	650.00	1.00	2.50	13.00	2.50

样品号	岩石名称	P	Co	Ni	Ga	Sb	Hg	Au	Ag	Cu	Pb	Zn
D850/4	石榴二云石英片岩	806.00	11.00	34.30	17.80	0.17	0.04	4.00	0.03	40.50	23.50	76.80
D850/5	含石榴子石黑云斜长石英粒岩	1 070.00	10.20	34.50	16.85	0.10	0.03	3.00	0.05	67.10	24.70	112.00
D850/6	石榴黑云斜长变粒岩	600.00	11.80	41.79	18.10	0.17	0.07	2.40	0.063	26.42	22.70	87.50
D850/7	石榴红柱二云石英片岩	794.00	17.40	50.40	28.50	0.08	0.01	3.00	<0.02	62.20	20.20	94.30
D850/8	含石榴子石石英岩	186.00	2.75	12.00	24.80	0.22	0.04	6.00	0.04	61.40	46.00	117.00
D850/11	黑云母石英片岩	646.00	15.80	55.70	23.60	0.08	0.05	5.00	<0.02	22.00	24.00	111.00
D850/12	斜长黑云石英片岩	765.00	17.90	50.50	23.10	0.05	0.02	6.00	0.02	35.80	28.50	116.00
D851/3	二云石英片岩	1 000.00	13.80	42.89	18.50	0.36	0.20	6.20	0.089	35.12	29.50	85.40
D851/5	黑云斜长片麻岩	662.00	11.90	34.70	20.00	0.08	0.03	4.00	0.03	21.90	20.50	86.20
D851/6	石榴斜长变粒岩	694.00	16.20	43.80	17.60	0.02	0.03	4.00	<0.02	101.00	9.83	108.00
D851/7	矽线黑云斜长变粒岩	613.00	9.89	31.30	14.70	0.12	0.02	3.00	0.08	10.40	19.80	74.20
D851/9	粗晶大理岩	100.30	2.75	6.26	2.84	0.12	0.02	8.00	<0.02	24.40	5.84	36.80
D851/10	二云石英片岩	187.00	20.40	70.40	29.50	0.08	0.03	29.00	0.10	90.70	5.80	151.00
几何平均值		519.25	10.78	33.82	17.70	0.10	0.03	4.95	0.04	38.33	18.67	92.25
CV 值		0.58	0.50	0.50	0.38	0.86	1.42	1.41	0.70	0.73	0.57	0.30
KK 值		0.56	0.60	0.58	0.93	0.20	0.41	1.15	0.62	0.82	1.17	1.11
地壳克拉克值(维氏，1962)		930.00	18.00	58.00	19.00	0.50	0.08	4.30	0.07	47.00	16.00	83.00

注：表中 Au、Ag 含量单位为 $\times10^{-9}$，其他元素含量单位为 $\times10^{-6}$。

4. 稀土元素特征

康西瓦岩群稀土元素分析结果见表 2-9，由表中可以看出稀土总量∑REE 值变化不大，在 159.32×10^{-6}～161.41×10^{-6} 之间；轻、重稀土总量比值变化不大，LREE/HREE 为 7.25～7.66，说明轻稀土含量较高，而重稀土则含量较低；δEu 为0.69～0.83，表明 Eu 总体显示亏损；δCe 为 0.99～1.01，表明 Ce 亏损或富集不明显；$(La/Yb)_N$ 为6.90～7.51，说明稀土元素显示轻稀土富集明显；$(La/Sm)_N$ 为 3.44～3.38，$(Gd/Yb)_N$ 为1.36～1.50，说明轻稀土分馏程度较高，重稀土分馏程度比较低，稀土配分曲线斜率相差不明显。稀土元素配分曲线（图 2-6）比较集中，均具有左高右低的特点，说明康西瓦岩群物源比较单一。

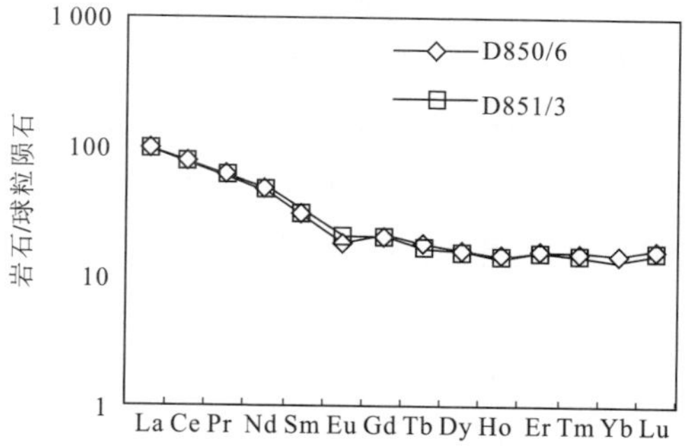

图 2-6 康西瓦岩群稀土元素配分模式图

表 2-9 康西瓦岩群稀土元素分析结果

样品号	岩石名称	稀土元素含量（$\times10^{-6}$）										
		La	Ce	Pr	Nd	Sm	Eu	Gd	Tb	Dy	Ho	Er
D850/6g	石榴黑云斜长变粒岩	31.62	66.93	7.45	28.85	5.79	1.20	5.22	0.88	5.13	1.04	3.24
D851/3g	二云石英片岩	31.10	65.52	7.49	29.58	5.79	1.44	5.19	0.83	4.81	0.94	2.98

样品号	岩石名称	稀土元素含量（$\times10^{-6}$）					特征参数					
		Tm	Yb	Lu	∑REE	LREE	LREE/HREE	δEu	δCe	$(La/Yb)_N$	$(La/Sm)_N$	$(Gd/Yb)_N$
D850/6g	石榴黑云斜长变粒岩	0.47	3.11	0.48	161.41	141.83	7.25	0.69	1.01	6.90	3.44	1.36
D851/3g	二云石英片岩	0.41	2.81	0.43	159.32	140.92	7.66	0.83	0.99	7.51	3.38	1.50

根据野外产状，该岩群中局部残留有层状、条纹状构造，结合岩石学特征，其原岩为一套沉积砂岩类、粉砂岩类。对岩石化学分析结果进行计算，利用图解恢复原岩（详见第四章），该岩群变质碎屑岩原岩主要为一套杂砂岩类。康西瓦岩群中的大理岩主要为粗晶大理岩和白云质大理岩等，依据野外产状，结合岩石化学成分及岩石学特征分析，其原岩为灰岩类。

利用杂砂岩的常量元素图解判别构造环境（详见第四章），该岩群变质碎屑岩投影到大陆岛弧区及其附近。康西瓦岩群变质碎屑岩的岩石化学成分平均值与 Bhatia（1985）的不同构造环境沉积盆地中杂砂岩平均值相比较，兼具大洋岛弧和大陆岛弧的特征，主体则显示大陆岛弧特征。该岩群变质碎屑岩微量元素平均值特征与 Bhatia（1985）的不同构造环境杂砂岩微量元素特征对比，显示比较复杂，总体上与活动陆缘和大洋岛弧特征相近似，少数接近于被动陆缘特征，反映其具有不同岩石类型的物源区。综上所述，康西瓦岩群变质碎屑岩的形成构造环境主体属于大陆岛弧型，兼具大洋岛弧之特征。

（四）区域对比及形成时代

康西瓦岩群是本次区调新建立的构造岩石地层单位，其总体岩石组合及变质变形特征与西昆仑基底具有相似性，利用岩石地球化学特征进行对比，其与铁克里克地层分区出露的下元古界埃连卡特岩群、塞拉加兹塔格岩群，昆中地层分区出露的长城系普守岩组及赛图拉岩群非常相似（图 2-7）。说明该岩群可能属于西昆仑结晶基底岩系，而与甜水海-北羌塘微陆块的结晶基底下元古界布伦阔勒岩群截然不同。

关于其形成时代可基于以下几点判定：①该岩群总体变形强，变质深，可达高角闪岩相，变质、变形特征与埃连卡特岩群相似，比甜水海岩群、赛图拉岩群、塞拉加兹塔格岩群变质程度深；②变质碎屑岩岩石化学成分与太古宙和元古宙变质沉积碎屑岩对比，接近太古宙。本次区调结合区域地层对比，综合分析将其时代划为古元古代。

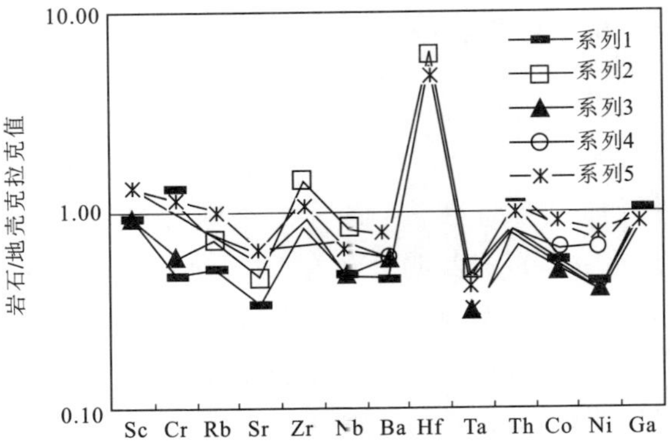

图 2-7　康西瓦岩群微量元素蛛网对比图

系列 1. 普守岩组；系列 2. 塞拉加兹塔格岩群；系列 3. 赛图拉岩群；系列 4. 康西瓦岩群；系列 5. 埃连卡特岩群

（数据源于本次工作，用各地层单位数据几何平均值）

三、塞拉加兹塔格岩群（ChS）

（一）概述

该岩群由原地矿部第十三大队张良臣（1958）创名于叶城县塞拉加兹塔格，称为塞拉加兹塔格岩系。原始定义：该群属典型的细碧角斑岩系，主要有细碧岩、石英斑岩、石英角斑岩、霏细斑岩、霏细岩、正长斑岩、玄武岩、酸性和基性熔岩、凝灰岩和层凝灰岩，还有砂岩、千枚岩、页岩及灰岩，与博查特塔格群呈平行不整合接触，未见底。张良臣将其划为寒武系—震旦系，汪玉珍（1985）在阿其克河中游采到钾质角斑岩同位素年龄（Rb-Sr 法），获得年龄值 1 764Ma，定为长城纪。在 1∶200 万编图、《新疆维吾尔自治区区域地质志》和新疆岩石地层清理中均采用汪玉珍的意见，将其时代定为长城纪。现在定义：为平行不整合于博查特塔格群之下的细碧角斑岩系。主要有细碧岩、石英斑岩、石英角斑岩、霏细岩、霏细斑岩、正长斑岩、玄武岩、酸性和基性凝灰岩，此外还有砂岩、千枚岩及灰岩。正层型为叶城县苏玛兰河塞拉加兹塔格剖面。

本次区调沿用汪玉珍的划分方案，称塞拉加兹塔格岩群，其时代划归长城纪。地层属于塔里木地层区的铁克里克地层分区，塞拉加兹塔格岩群主要分布于图幅东北角一带，与埃连卡特岩群、博查特塔格岩组、塔哈奇组均为断层接触，被二叠系杜瓦组角度不整合覆盖（图 2-2）。依据岩石组合及变质变形特征，该岩群进一步划分为 A、B 两个岩组，出露总面积约 1 900km^2。

（二）地层特征

该群岩石组合主要为绢云石英片岩、二云石英片岩、石英粒岩、绿泥钠长片岩夹少量千枚岩等，总体呈构造岩片状叠置关系。该群向北逆冲于石炭系塔哈奇组之上，被杜瓦组角度不整合覆盖。剖面上 A 岩组出露叠置厚度为 1 424.37m，B 岩组出露叠置厚度为 4 473.99m。

现以新疆和田市苏纳克-杜瓦煤矿塞拉加兹塔格岩群实测地层剖面（图 2-8）介绍如下，剖面位置 N36°54′588″，E78°46′874″。

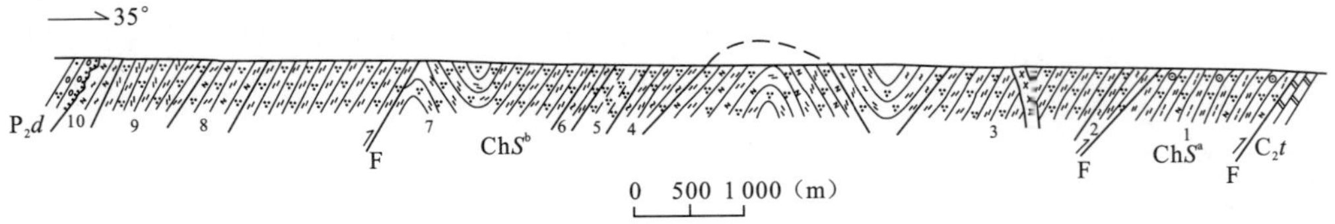

图 2-8　新疆和田市苏纳克-杜瓦煤矿塞拉加兹塔格岩群实测地层剖面

剖面由南向北列述如下：

杜瓦组（P_2d）：厚层状砾岩夹中粒含砾长石岩屑砂岩

～～～～～～～～～ 角度不整合 ～～～～～～～～～

塞拉加兹塔格岩群(ChS^b) **5 903.36m**

B 岩组(ChS^b) **4 478.99m**

10. 灰绿色绿泥钠长片岩 274.97m
9. 灰色绢云白云质石英片岩 767.45m
8. 灰色斜长绢云石英片岩 277.02m
7. 灰色绢云石英片岩 832.53m
6. 灰绿色绿泥绢云石英片岩 91.47m
5. 灰色片理化石英粒岩 223.20m
4. 灰色绿泥绢云石英片岩 156.18m
3. 灰—灰绿色长石绢云石英片岩 1 057.59m
2. 灰绿色绿泥绢云石英片岩 798.58m

═══════ 断　层 ═══════

A 岩组(ChS^a) **1 424.37m**

1. 灰色石榴斜长二云石英片岩、黑云石英片岩夹石英粒岩 1 424.37m

═══════ 逆冲断层 ═══════

北侧：上石炭统塔哈奇组(C_2t)灰色白云岩、生屑灰岩

塞拉加兹塔格岩群 A 岩组，剖面上主要岩石组合为灰色石榴斜长二云石英片岩、黑云石英片岩夹石英粒岩等。该岩组变形变质较强烈，变质达高绿片岩相。

B 岩组剖面上主要岩石组合主要为一套灰色绢云石英片岩、灰绿色绿泥绢云石英片岩、灰色绢云石英千枚岩夹灰绿色绿泥钠长片岩、变石英角斑岩等。该套地层岩石变形较强烈，但变质较浅。岩石中发育一系列紧闭尖棱褶皱，局部可见顺层掩卧褶皱。同时，顺层石英脉也比较发育，该石英脉可能为同期变形的产物。该岩组变质达低绿片岩相。

(三)岩石地球化学特征

1. 岩石化学特征

塞拉加兹塔格岩群岩石化学分析结果见表 2-10。由表可见，石英片岩、片麻岩化学成分总体变化不大，SiO_2、Al_2O_3、Fe_2O_3、MgO、CaO、K_2O、Na_2O 等含量较高，而 TiO_2、MnO、P_2O_5 等含量较低，SiO_2 59.21%～68.32%，Al_2O_3 10.87%～14.76%，TiO_2 0.44%～1.10%，一般 CaO>MgO、K_2O>Na_2O，说明原岩可能主要为一套陆源碎屑岩。片理化流纹岩和绿泥钠长片岩中的 SiO_2 为 62.33%～68.32%，TiO_2、CaO 较低，原岩应为酸性火山岩。

表 2-10　塞拉加兹塔格岩群岩石化学分析结果　(%)

样品号	岩石名称	SiO_2	TiO_2	Al_2O_3	Fe_2O_3	MgO	MnO	CaO	Na_2O	K_2O	P_2O_5	LOI	Σ
D303/1	绿泥钠长片岩	62.33	0.70	14.76	7.30	3.11	0.12	2.78	3.38	2.04	0.27	3.02	99.81
D303/4	斜长绢云石英片岩	61.78	0.74	11.58	5.87	2.44	0.14	5.85	2.00	2.20	0.17	6.66	99.43
D306/2	石榴斜长二云石英片岩	65.09	1.10	11.94	7.45	2.92	0.17	3.47	2.07	2.20	0.18	3.16	99.75
D2187/1	石榴黑云斜长片麻岩	59.21	1.05	13.90	9.20	3.83	0.19	3.72	1.94	3.86	0.35	2.87	100.12
D2188/2	片理化流纹岩	68.32	0.44	10.87	6.70	0.60	0.02	0.60	2.99	7.65	0.08	0.93	99.20

2. 微量元素特征

塞拉加兹塔格岩群微量元素分析结果见表 2-11，由表中可以看出微量元素含量变化均不大。

表 2-11　塞拉加兹塔格岩群微量元素分析结果

样品号	岩石名称	Sc	Cr	Rb	Sr	Zr	Nb	Ba	Hf	Ta	Th	U	P	Co	Ni	Ga	Sb	Hg	Au	Ag	Cu	Pb	Zn
D303/1	绿泥钠长片岩	12.30	74.90	76.20	483.00	159.00	12.00	848.00	4.30	0.92	10.50	1.60	1 200.00	15.00	31.99	18.00	0.21	1.13	6.90	0.08	29.42	12.70	83.40
D303/2	绢云白云质石英片岩	9.35	98.90	77.30	273.00	218.00	11.70	306.00	5.24	0.93	10.90	1.32	507.00	10.30	39.10	13.10	0.17	0.11	2.00	0.04	28.80	13.50	55.70
D303/4	斜长绢云石英片岩	12.20	74.20	103.00	275.00	179.00	10.80	376.00	4.76	0.71	11.00	1.71	700.00	10.50	32.29	14.70	0.39	0.42	5.90	0.10	30.52	25.50	63.00
D303/5	绢云石英片岩	13.30	98.20	112.00	233.00	235.00	19.10	1 158.00	6.05	1.42	15.90	1.84	908.00	16.00	39.60	16.35	0.09	0.07	1.00	0.03	14.80	7.00	99.40
D303/7	绢云石英片岩	12.80	123.00	162.00	93.40	321.00	22.90	693.00	8.85	1.59	18.30	2.29	1 078.00	21.50	62.60	23.50	0.20	0.06	5.00	0.03	188.00	7.70	148.00
D304/2	片理化石英粒岩	14.10	112.00	101.00	173.00	285.00	19.80	370.00	7.03	1.35	15.80	1.71	735.00	13.70	36.40	16.90	0.280	0.03	3.00	<0.02	23.60	23.80	94.10
D304/6	长石绢云石英片岩	11.60	86.60	133.00	81.50	250.00	16.40	639.00	6.56	1.16	14.10	1.65	774.00	19.20	46.20	19.60	0.01	0.09	5.00	0.03	53.00	12.30	119.00
D304/8	片理化长石石英粒岩	12.80	111.00	94.60	110.00	323.00	16.50	547.00	9.15	1.22	18.20	1.46	867.00	16.10	43.90	19.30	0.30	0.06	3.00	0.02	15.80	5.84	98.20
D305/3	绿泥绢云石英片岩	12.60	78.20	76.80	156.00	217.00	15.10	274.00	5.38	1.12	10.80	1.67	585.00	13.00	32.70	14.80	0.15	0.03	2.00	<0.02	35.30	6.89	80.90
D306/1	斜长二云石英片岩	15.40	106.00	138.00	124.00	191.00	19.00	569.00	4.86	1.30	13.0	1.63	600.00	15.40	44.20	21.00	0.08	0.03	3.00	0.03	27.80	16.10	110.00
D306/2	石榴斜长二云石英片岩	13.40	122.00	107.00	171.00	237.00	15.50	395.00	6.54	1.35	13.70	1.83	800.00	15.80	42.99	14.50	0.44	0.11	5.00	0.10	14.92	21.10	78.00
几何平均值		12.63	97.09	104.30	172.60	232.20	15.84	511.20	6.07	1.16	13.56	1.69	771.60	14.80	40.33	17.18	0.15	0.09	3.33	0.03	30.44	12.26	90.38
CV 值		0.12	0.19	0.26	0.67	0.23	0.24	0.52	0.26	0.22	0.21	0.15	0.27	0.22	0.22	0.19	0.86	3.55	0.56	0.22	1.63	0.57	0.29
KK 值		1.26	1.17	0.70	0.51	1.37	0.79	0.79	6.07	0.46	1.04	0.67	0.83	0.82	0.70	0.90	0.31	1.11	0.77	0.40	0.65	0.77	1.09
地壳克拉克值(维氏,1962)		10.00	83.00	150.00	340.00	170.00	20.00	650.00	1.00	2.50	13.00	2.50	930.00	18.00	58.00	19.00	0.50	0.08	4.30	0.07	47.00	16.00	83.00

注:表中 Au、Ag 含量单位为 $\times10^{-9}$,其他元素含量单位为 $\times10^{-6}$。

Hf 元素几何平均值明显高于地壳克拉克值，Sr 元素几何平均值明显低于地壳克拉克值，其余元素则与地壳克拉克值较为接近。微量元素聚集类型：Hf 等元素为强聚集型，Sc、Cr、Zr、Th 等元素为弱聚集型，Ta 元素为极分散型，其余元素均为分散型。微量元素分布类型：微量元素总体分异程度不高，Sr、Ba 等元素为弱分异型，其余元素为均匀分布类型。

3. 主要成矿元素特征

由表 2－11 中可以看出塞拉加兹塔格岩群中主要成矿元素均未见明显的富集（成矿），7 种成矿元素几何平均值低于地壳克拉克值或与之接近，说明元素成矿背景值不高。主要成矿元素聚集类型：Hg、Pb 为弱聚集型，Au、Cu、Zn 为分散型，Sb、Ag 为极分散型。主要成矿元素分布类型：Hg、Cu 为强分异型，Sb 为分异型，Au、Pb 为弱分异型，Ag、Zn 为均匀分布型。

4. 稀土元素特征

塞拉加兹塔格岩群稀土元素分析结果见表2-12，由表中可以看出：稀土总量∑REE值变化较

表 2－12　塞拉加兹塔格岩群稀土元素分析结果

样品号	岩石名称	稀土元素含量（$\times10^{-6}$）										
		La	Ce	Pr	Nd	Sm	Eu	Gd	Tb	Dy	Ho	Er
D303/1	绿泥钠长片岩	41.31	83.90	9.61	36.45	6.73	1.63	5.54	0.83	4.49	0.85	2.51
D303/4	斜长绢云石英片岩	34.70	69.59	7.71	29.72	5.68	1.30	4.99	0.80	4.50	0.88	2.78
D306/2	石榴斜长二云石英片岩	45.81	91.25	10.05	37.83	7.04	1.63	6.04	0.96	5.31	1.06	3.17
D2187/1	石榴黑云斜长片麻岩	35.42	69.31	7.44	28.91	5.88	1.32	5.53	0.84	5.00	0.98	2.90
D2188/2	蚀变流纹岩	131.51	232.04	30.43	109.75	20.51	1.73	21.08	3.21	4.09	4.09	12.16

样品号	岩石名称	稀土元素含量（$\times10^{-6}$）					特征参数				
		Tm	Yb	Lu	∑REE	LREE	LREE/HREE	δEu	δCe	$(La/Yb)_N$	$(La/Sm)_N$	$(Gd/Yb)_N$
D303/1	绿泥钠长片岩	0.33	2.25	0.32	196.75	179.63	10.49	0.83	0.97	12.42	3.86	1.99
D303/4	斜长绢云石英片岩	0.38	2.67	0.40	166.10	148.69	8.55	0.77	0.98	8.80	3.84	1.51
D306/2	石榴斜长二云石英片岩	0.43	2.93	0.43	213.94	193.61	9.53	0.79	0.97	10.58	4.09	1.67
D2187/1	石榴黑云斜长片麻岩	0.47	3.30	0.52	167.82	148.28	7.56	0.73	0.97	7.10	3.79	1.33
D2188/2	蚀变流纹岩	1.71	11.10	1.66	585.07	525.97	7.12	0.26	0.85	7.98	4.03	1.53

大，在 $166.10\times10^{-6}\sim585.07\times10^{-6}$ 之间；轻、重稀土总量比值变化不大，LREE/HREE 为 7.12～10.49，说明轻稀土含量较高，而重稀土则含量较低；δEu 为 0.26～0.83，表明 Eu 总体显示亏损，其中流纹岩中 Eu 强亏损；δCe 为0.85～0.98，表明 Ce 为弱亏损或亏损不明显；$(La/Yb)_N$为7.10～12.42，说明轻稀土富集明显；$(La/Sm)_N$ 为 3.79～4.03，$(Gd/Yb)_N$ 为 1.33～1.99，说明轻稀土分馏程度较高，重稀土分馏程度比较低，稀土配分曲线斜率相差明显。稀土元素配分曲线（图 2－9）比较集中，均具有

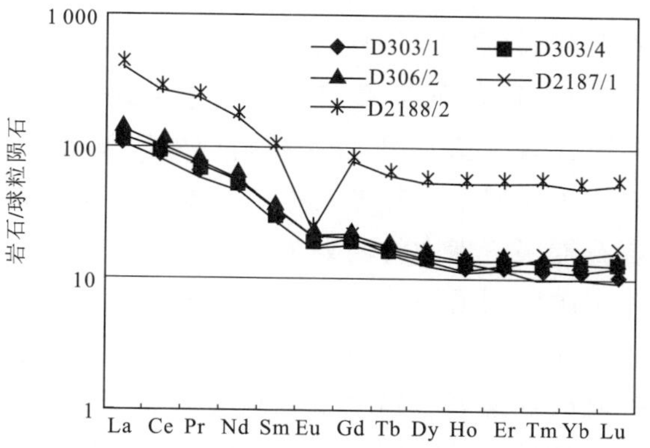

图 2－9　塞拉加兹塔格岩群稀土元素配分模式图

左高右低的特点。稀土元素总量变化较大，说明塞拉加兹塔格岩群变质碎屑岩物源比较复杂。

根据野外产状，岩石中局部残留有层状、纹层状、条纹状构造，结合岩石矿物组合及岩石学特征，其变质碎屑岩原岩为沉积砂岩和泥质粉砂岩类。进一步进行岩石学计算，利用图解恢复原岩（详见第四章），塞拉加兹塔格岩群变质碎屑岩原岩为一套杂砂岩类。

塞拉加兹塔格岩群变质碎屑岩的岩石化学成分平均值与 Bhatia(1985）的不同构造环境沉积盆地中杂砂岩平均值比较，显示比较复杂，总体上兼具活动陆缘与大洋岛弧特征，以活动陆缘为主。利用杂砂岩的常量元素图解判别环境（详见第四章），变质碎屑岩投影到大陆岛弧及其附近。结合该岩群中发育的大量中基性火山岩的地球化学特征（详见第三章），综合分析，塞拉加兹塔格岩群其形成构造环境比较复杂，主体应形成于裂解期的伸展拉张构造环境。

（四）副矿物特征

塞拉加兹塔格岩群中绢云石英片岩副矿物主要有磁铁矿、角闪石、榍石、黄铁矿、白钛石、磷灰石、锆石等，另有少量电气石、褐铁矿、钛铁矿、绿帘石、绿泥石、孔雀石、黄铜矿、金红石、锐钛矿等。锆石颜色多数呈玫瑰色，弱金刚光泽，少数呈淡玫瑰色，不透明。粒径一般在（0.4mm×0.06mm）～（0.06mm×0.03mm），长宽比多在（2∶1）～（3∶1），少数为 4∶1，个别为 6∶1。据锆石形态可分为两类：①0.9mm 的锆石颗粒形态呈浑圆—次浑圆状，表面蚀象为麻点状，显现毛玻璃状，包裹体较普遍，该类锆石应为沉积物源区锆石；②其余 0.1mm 的锆石一般呈棱角—次棱角状，表面相对比较光滑平整，透明度好，包裹体极少见，聚形晶保存完好，该类锆石可能为主变质期形成的次生锆石。

（五）区域对比及形成时代

汪玉珍（1985）在图幅区内北侧阿其克河中游该岩群中采到钾质角斑岩同位素（Rb－Sr 法），获得年龄值 1 764Ma。在图幅区内西邻幅该群角度不整合于埃连卡特岩群之上，而蓟县系博查特塔格组平行不整合于该群之上，该群比埃连卡特岩群变质浅，比蓟县系博查特塔格组变质相对较深，与新疆地层清理所划该群原岩建造、改造，变质相均相似。该群时代应划归为长城纪比较合适。

四、赛图拉岩群（ChSt）

（一）概述

该岩群由毛国洪等（1960）创名于图幅区内皮山县南英西约 25km 蒙古包一带，称赛图拉群，时代定为震旦纪。原定义为：大理岩，含有绢云母、绿泥石、黑云母、角闪石等的石英片岩与绢云母绿泥石化长英质变砂岩不均匀互层，夹少量岩屑凝灰岩、霏细钠长斑岩，底部有变质砾岩。现在定义指分布于皮山县南西约 25km 蒙古包的一套大理岩，不同程度地含绢云母、绿泥石、黑云母、角闪石的石英片岩，砂质泥岩，薄层灰岩，细砂岩，部分地段有阳起石片岩、角岩、混合岩、变质砂岩、砾岩等，其中夹有霏细岩、凝灰岩。与上覆地层桑株塔格群不整合接触，下未见底。梁云海等（1981）将该群时代改为蓟县纪，汪玉珍等（1985）又改为长城纪，1∶100 万河尾滩报告将赛图拉一带中深变质岩划为长城系巴什考贡群，在《新疆维吾尔自治区区域地质志》中称其为蓟县系阿拉玛斯群，在新疆岩石地层清理中将其划为长城纪。

本次区调沿用前人划分方案及命名，称赛图拉岩群。但岩石组合与现在定义略有变化，即出露于康西瓦断裂以北，蒙古包-普守蛇绿构造混杂岩带以南的一套中深变质岩（图 2－2）。图幅区内赛图拉岩群依据岩石组合及变质变形特征，可进一步分为 A、B 两个岩组，主要分布于昆仑山主脊两边，与周围地层均为断层接触，呈构造岩片叠置关系。该岩群被古生代不同时期的岩体侵入其中，出露总面积约 700km^2。

（二）地层特征

赛图拉岩群主要为一套中深变质碎屑岩夹中基性火山岩，岩石组合为黑云斜长片麻岩、黑云斜长变粒岩、黑云石英片岩、二长变粒岩夹斜长角闪岩、斜长浅粒岩等，该岩群内部变形强烈，变质达低角闪岩—高角闪岩相。依据岩石组合及变质变形特征，可进一步划分两个岩组：A 岩组和 B 岩组，其中 A 岩组出露叠置厚度为 1 708.36m，B 岩组出露叠置厚度为 695.19m。

现以新疆皮山县三十里营房长城系赛图拉岩群实测剖面图（图 2－10）介绍如下，剖面位置 N36°26′34″，E78°00′。

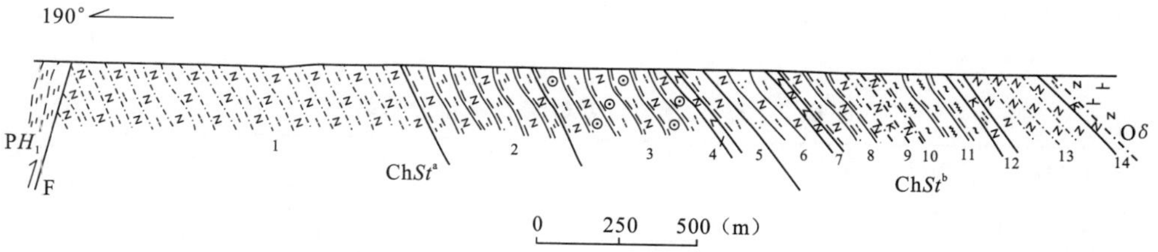

图 2－10　新疆皮山县三十里营房长城系赛图拉岩群实测剖面图

剖面由南向北列述如下：

上覆：黄羊岭群（PH_1）深灰色绢云千枚岩

＝＝＝＝＝＝　韧性断层　＝＝＝＝＝＝

赛图拉岩群（Ch*St*）	**2 403.64m**
B 岩组（Ch*St*^b）	**695.28m**
14. 灰色黑云二长变粒岩	6.98m
13. 灰色斜长浅粒岩	156.85m
12. 灰色混合岩化二云二长片麻岩	18.79m
11. 灰色条痕状混合片麻岩	128.48m
10. 灰—浅灰色混合岩化斜长浅粒岩	16.52m
9. 灰色黑云二长变粒岩	32.64m
8. 灰色黑云斜长片麻岩	138.70m
7. 深灰色斜长角闪岩	3.82m
6. 灰色斜长黑云石英片岩	192.50m
A 岩组（Ch*St*^a）	**1 708.36m**
5. 灰色黑云斜长片麻岩	100.38m
4. 深灰色斜长角闪岩	1.67m
3. 灰色含石榴子石黑云斜长片麻岩	369.80m
2. 灰色二云斜长片麻岩	326.83m
1. 灰色黑云斜长变粒岩	909.68m

北侧：未见底

赛图拉岩群 A 岩组，剖面上岩石组合主要为含石榴子石黑云斜长片麻岩、灰色黑云斜长变粒岩、二云斜长片麻岩夹深灰色斜长角闪岩等。岩石变质变形强烈，变质相可达低角闪岩相。

赛图拉岩群 B 岩组，剖面上岩石组合主要为一套混合岩化的深变质碎屑岩夹火山岩。主要岩性为灰色斜长黑云石英片岩、灰色斜长浅粒岩、灰色条痕状混合片麻岩、灰色黑云斜长片麻岩夹灰—浅灰色混合岩化二云二长片麻岩、灰色黑云二长变粒岩、斜长浅粒岩及斜长角闪岩等。岩石中的交代蚕蚀及交代残留结构明显，条痕状、片麻状构造发育。脉体占岩石总量 15％以上，混合岩化作用较强。该岩组变形强烈，变质可达高角闪岩相。

（三）岩石地球化学特征

1. 岩石化学特征

赛图拉岩群岩石化学分析结果见表 2－13。由表可见，岩石化学成分总体变化较大，SiO_2、Al_2O_3、Fe_2O_3、CaO、K_2O、Na_2O 等含量较高，而 TiO_2、MgO、MnO、P_2O_5 等含量较低，其中 SiO_2 50.21%～69.87%，Al_2O_3 11.97%～16.12%，TiO_2 0.42%～1.80%，一般 CaO＞MgO、K_2O＞Na_2O，说明原岩应为陆源碎屑岩。斜长角闪岩中的 SiO_2(51.37%)、TiO_2、P_2O_5 较低，Na_2O＞K_2O，原岩应为基性火山岩。

表 2－13　赛图拉岩群岩石化学分析结果　（%）

样品号	岩石名称	SiO_2	TiO_2	Al_2O_3	Fe_2O_3	MgO	MnO	CaO	Na_2O	K_2O	P_2O_5	LOI	Σ
D2222/4	二云二长片麻岩	69.87	0.42	12.83	4.58	0.70	0.05	2.94	2.29	5.09	0.11	0.99	99.87
D2223/2	黑云斜长片麻岩	53.21	1.80	13.84	14.67	5.68	0.22	3.13	0.68	1.64	0.18	4.76	99.81
D2223/5	黑云斜长片麻岩	67.17	1.04	13.67	6.58	0.89	0.09	2.68	2.47	4.76	0.29	0.40	100.04
D2223/1	二云石英片岩	50.21	1.22	16.12	11.09	6.95	0.17	8.87	2.18	1.01	0.15	1.61	99.58
D2258/1	绢云石英粒岩	65.01	0.57	11.97	5.22	2.48	0.12	3.43	3.10	2.38	0.13	4.95	99.36
D1206/4	斜长角闪岩	51.37	0.48	12.53	11.77	8.85	0.22	9.14	2.43	1.20	0.08	1.39	99.46

2. 微量元素特征

赛图拉岩群微量元素分析结果见表 2－14，由表中可以看出微量元素含量变化均较大。Hf 元素几何平均值明显高于地壳克拉克值，Sr、Ta、U 等元素几何平均值明显低于地壳克拉克值，其余元素则与地壳克拉克值较为接近。微量元素聚集类型：Hf 等元素为强聚集型，Sc、Zr 为弱聚集型，Nb、Ta、U 等元素为极分散型，其余元素均为分散型。微量元素分布类型：微量元素总体分异程度不高，Cr 元素为强分异型，Sc、Co、Ni 等元素为分异型，Rb、Th 为弱分异型，其余元素为均匀分布型。

3. 主要成矿元素特征

由表 2－14 中可以看出，赛图拉岩群中主要成矿元素均未见明显的富集（成矿），7 种成矿元素几何平均值低于地壳克拉克值或与之接近，说明元素成矿背景值不高。主要成矿元素聚集类型：Au、Zn 为弱聚集型，Hg、Ag、Pb 为分散型，Sb、Cu 为极分散型。主要成矿元素分布类型：Sb、Hg、Au、Ag 为强分异型，Cu 为弱分异型，Pb、Zn 为均匀分布型。综上所述，赛图拉岩群对 Au、Ag 成矿条件较为有利，其他成矿元素的成矿条件不甚好。

表 2－14　赛图拉岩群微量元素分析结果

样品号	岩石名称	Sc	Cr	Rb	Sr	Zr	Nb	Ba	Hf	Ta	Th	U
D1206/4	斜长角闪岩	36.90	606.00	53.00	194.00	142.00	6.90	344.00	4.03	0.50	2.10	0.61
D2222/3	斜长浅粒岩	1.85	20.90	74.10	658.00	82.40	2.38	561.00	2.46	0.20	1.76	0.28
D2222/8	混合岩化斜长浅粒岩	3.05	21.30	14.00	167.00	62.10	4.03	45.70	1.99	0.47	3.76	1.16
D2223/1	二云石英片岩	33.50	330.00	80.20	195.00	114.00	7.89	146.00	3.18	0.71	5.16	1.01

续表 2-14

样品号	岩石名称	Sc	Cr	Rb	Sr	Zr	Nb	Ba	Hf	Ta	Th	U
D2223/2	黑云斜长片麻岩	38.30	88.00	82.50	104.00	142.00	11.60	207.00	4.39	0.95	4.96	0.88
D2223/5	黑云斜长片麻岩	14.50	11.90	222.00	148.00	356.00	21.20	832.00	10.50	1.65	29.60	2.44
D2223/9	二云斜长片麻岩	6.58	56.60	153.00	129.00	141.00	10.90	454.00	3.71	1.04	8.75	2.89
D2224/2	黑云斜长变粒岩	4.53	18.65	130.00	263.00	105.00	5.82	664.00	2.99	0.54	16.00	1.16
D2224/5	黑云斜长变粒岩	3.56	34.80	183.00	282.00	165.00	10.40	743.00	4.31	0.95	13.10	1.30
D2225/8	阳起斜长黑云石英片岩	12.60	62.90	271.00	157.00	229.00	16.70	644.00	5.80	1.42	16.20	1.52
D2242/1	石榴黑云二长片麻岩	7.28	29.40	95.00	255.00	287.00	13.30	339.00	7.16	0.62	14.00	0.37
D2242/3	石榴二长浅粒岩	23.10	39.60	150.00	311.00	155.00	13.10	407.00	3.62	0.66	2.99	0.54
D2258/1	绢云石英粒岩	9.37	80.00	98.80	167.00	152.00	9.44	519.00	4.40	0.90	10.70	1.30
D2258/2	片理化石英粒岩	10.20	84.70	182.00	83.10	178.00	11.50	532.00	4.58	0.95	15.90	1.37
D2258/3	绿泥石化石榴斜长变粒岩	9.56	78.15	81.20	204.00	205.50	11.90	225.00	5.05	0.86	8.97	1.22
D2258/5	石英粒岩	10.50	76.40	108.00	137.00	231.00	11.20	475.00	5.65	0.93	15.00	1.35
几何平均值		11.15	73.48	121.82	185.82	188.92	11.31	443.97	4.85	0.83	9.10	0.96
CV 值		0.91	2.49	0.55	0.39	0.25	0.24	0.36	0.23	0.32	0.59	0.45
KK 值		1.12	0.89	0.81	0.55	1.11	0.57	0.68	4.85	0.33	0.70	0.38
地壳克拉克值(维氏,1962)		10.00	83.00	150.00	340.00	170.00	20.00	650.00	1.00	2.50	13.00	2.50

样品号	岩石名称	P	Co	Ni	Ga	Sb	Hg	Au	Ag	Cu	Pb	Zn
D1206/4	斜长角闪岩	349.00	40.50	117.19	18.30	2.15	14.11	15.00	0.64	36.90	8.65	129.80
D2222/3	斜长浅粒岩	202.00	2.66	11.60	17.20	0.07	0.04	2.00	0.03	30.80	18.50	39.80
D2222/8	混合岩化斜长浅粒岩	140.00	1.16	10.40	13.00	0.11	0.05	2.00	0.04	23.40	3.18	28.50
D2223/1	二云石英片岩	630.00	35.70	56.29	19.60	10.40	1.65	83.00	0.30	48.82	17.00	93.80
D2223/2	黑云斜长片麻岩	800.00	41.30	94.09	21.70	5.88	1.95	72.00	0.21	59.02	9.99	135.80
D2223/5	黑云斜长片麻岩	1 200.00	5.79	5.09	19.60	0.15	0.11	2.30	<0.03	15.52	31.20	82.00
D2223/9	二云斜长片麻岩	483.00	7.08	14.40	16.60	0.12	0.04	1.00	0.08	30.70	6.47	40.80
D2224/2	黑云斜长变粒岩	269.50	4.12	12.80	17.25	0.04	0.03	1.00	<0.02	7.47	31.65	48.90
D2224/5	黑云斜长变粒岩	483.00	3.85	18.10	18.40	0.08	0.02	38.00	0.09	11.10	15.20	50.40
D2225/8	阳起斜长黑云石英片岩	512.00	10.30	32.00	22.70	0.04	0.01	2.00	0.03	7.53	18.80	111.00
D2242/1	石榴黑云二长片麻岩	1 276.00	9.78	24.90	21.80	0.24	0.03	2.00	0.03	14.70	10.70	85.40
D2242/3	石榴二长浅粒岩	1 108.00	31.50	24.00	20.70	0.12	0.05	2.00	0.03	34.80	12.50	122.00
D2258/1	绢云石英粒岩	620.00	9.70	38.39	14.70	0.60	0.10	3.30	0.11	20.52	8.17	50.70
D2258/2	片理化石英粒岩	628.00	11.40	37.30	17.20	0.06	0.04	2.00	0.02	19.10	14.10	91.80
D2258/3	绿泥石化石榴斜长变粒岩	668.00	13.90	32.35	11.65	0.06	0.09	12.00	0.03	34.00	21.15	90.55
D2258/5	石英粒岩	767.00	12.30	28.60	16.70	0.02	0.05	3.00	<0.02	15.40	8.96	94.30
几何平均值		661.77	12.82	33.54	17.69	0.13	0.08	4.68	0.05	19.01	12.46	87.50
CV 值		0.45	0.93	0.89	0.20	5.44	59.59	2.56	4.32	0.58	0.37	0.32
KK 值		0.71	0.71	0.58	0.93	0.25	0.95	1.09	0.76	0.40	0.78	1.05
地壳克拉克值(维氏,1962)		930.00	18.00	58.00	19.00	0.50	0.08	4.30	0.07	47.00	16.00	83.00

注:表中 Au、Ag 含量单位为 $\times 10^{-9}$,其他元素含量单位为 $\times 10^{-6}$。

4. 稀土元素特征

赛图拉岩群稀土元素分析结果见表2-15，由表中可以看出：稀土总量ΣREE值变化较大，在100.77×10⁻⁶～228.26×10⁻⁶之间；轻、重稀土总量比值变化较大，LREE/HREE为3.40～10.50，说明轻稀土含量较高，而重稀土则含量较低；δEu为0.35～0.80，表明Eu总体显示亏损；δCe为0.97～1.00，表明Ce弱亏损或富集不明显；$(La/Yb)_N$为2.58～11.96，说明轻稀土富集明显；$(La/Sm)_N$为1.68～4.06，$(Gd/Yb)_N$为1.18～1.80，说明轻稀土分馏程度较高，重稀土分馏程度比较低，稀土配分曲线斜率相差明显。稀土元素配分曲线(图2-11)比较分散、复杂，总体具有左高右低的特点，说明赛图拉岩群中的变质碎屑岩物源比较复杂。斜长角闪岩曲线较为平缓，Eu弱亏损，与大洋拉斑玄武岩比较相似。

表2-15　赛图拉岩群稀土元素分析结果

样品号	岩石名称	稀土元素含量(×10⁻⁶)										
		La	Ce	Pr	Nd	Sm	Eu	Gd	Tb	Dy	Ho	Er
D2223/1	二云石英片岩	15.76	35.87	4.51	19.41	4.74	1.21	4.89	0.85	5.34	1.10	3.25
D2223/5	黑云斜长片麻岩	44.70	93.10	10.32	38.78	8.51	0.92	8.07	1.45	8.93	1.81	5.38
D2258/1	绢云石英粒岩	35.50	71.06	7.93	29.67	5.50	1.28	4.47	0.69	3.75	0.72	2.14
D1206/4	斜长角闪岩	15.65	36.34	4.85	22.24	5.86	1.36	5.97	1.10	7.11	1.47	4.40
样品号	岩石名称	稀土元素含量(×10⁻⁶)					特征参数					
		Tm	Yb	Lu	ΣREE	LREE	LREE/HREE	δEu	δCe	$(La/Yb)_N$	$(La/Sm)_N$	$(Gd/Yb)_N$
D2223/1	二云石英片岩	0.45	2.96	0.43	100.77	81.50	4.23	0.80	1.00	3.61	2.09	1.34
D2223/5	黑云斜长片麻岩	0.75	4.83	0.71	228.26	196.33	6.15	0.35	1.00	6.27	3.31	1.36
D2258/1	绢云石英粒岩	0.29	2.01	0.30	165.31	150.94	10.50	0.80	0.97	11.96	4.06	1.80
D1206/4	斜长角闪岩	0.61	4.11	0.61	111.68	86.30	3.40	0.73	0.99	2.58	1.68	1.18

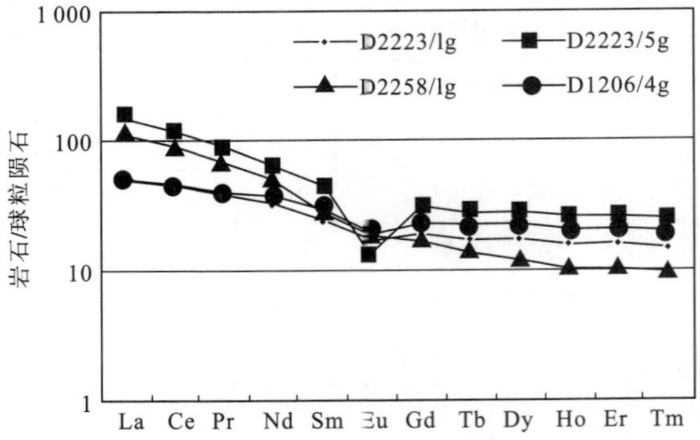

图2-11　赛图拉岩群稀土元素配分曲线图

根据野外产状，岩石中局部残留有层状、条纹状、纹层状构造等，结合岩石组合及岩石学特征，原岩为沉积碎屑岩类的砂岩类、粉砂岩类。依据赛图拉岩群中斜长角闪岩类的野外产状及岩石组合、岩石学特征，其原岩为一套基性火山岩。对其变质碎屑岩利用图解恢复原岩，变质碎屑岩原岩主体为一套杂砂岩和岩屑砂岩。综上所述，赛图拉岩群原岩为陆源碎屑岩夹碳酸盐岩及基性火山岩建造。

赛图拉岩群变质碎屑岩的岩石化学平均值与Bhatia(1985)的不同构造环境沉积盆地中的杂砂岩平均值比较，显示比较复杂，总体介于大陆岛弧与活动陆缘之间，有些化学成分特征则与大洋岛弧特征相似。利用杂砂岩的常量元素及微量元素图解判别构造环境，也显示比较复杂，总体以活动陆缘型为主，兼具被动陆缘和大洋岛弧之特征，少数元素还与大陆岛弧特征相近似，反映该岩群物源区复杂的特征。

由上可见，赛图拉岩群变质碎屑岩其形成构造环境比较复杂，主体属于活动陆缘型，兼具大洋岛弧特征。

（四）副矿物特征

赛图拉岩群变质岩中副矿物主要有褐铁矿、黄铁矿、磁铁矿、锆石、黑云母、角闪石、绿泥石、石榴子石、磷灰石等，另有极少量绿帘石、钛铁矿、电气石、榍石、白钛石、金红石、方铅矿、锐钛石等。其中锆石呈深玫瑰色，个别玫瑰色，具金刚光泽，粒度约 0.7mm，半透明或不透明。颗粒以碎块状及残缺柱状为主，少量为较完整柱状颗粒，浑圆度以棱角状为主，少量为次棱角状。表面多具麻点状、小丘状或坑凹状，蚀象稍显粗糙，少部分仅局部具细蚀象，稍显光滑。包裹体较普遍，主要成分为细小锆石、微量黑云母等。锆石粒径在（0.9mm×0.08mm）～（0.04mm×0.02）mm 之间，长宽比为（2∶1）～（3∶1），微量 4∶1，个别达 6∶1。紫外灯光照射锆石发光不明显，可见个别无色透明，未含包裹体，表面无蚀象的柱状聚形晶，其颗粒细而小。锆石形态可划分两种类型：①浑圆—次浑圆状，表面较粗糙且有小包裹体，为成岩期锆石，受多期构造改造，熔蚀明显，表面粗糙；②次棱角—棱角状自形晶，表面光滑，为主变质期作用所形成的产物。由于锆石大部分晶形较破碎，说明其后期构造运动改造强烈，致使锆石晶形大部分保存不完整。

（五）区域对比及形成时代

赛图拉岩群图幅区内出露范围较小，多被奥陶纪—志留纪花岗岩体侵入而出露不全。在西邻幅可见桑株塔格群不整合覆于其上。本次区调依据前人（汪玉珍等 1985，划为长城纪，新疆岩石地层研究成果将其划归为长城纪）资料，结合岩石组合、变质变形特征以及区域地层对比，综合分析将该岩群时代仍厘定为长城纪。

五、普守岩组（Chp）

（一）概述

该岩组系本次区调工作从前人原划归蓟县系桑株塔格群中解体出的一套中深变质岩系，依据其岩石组合及变质变形特征，将其重新建立为长城系普守岩组构造岩石地层单位。其定义为：被挟持于库地-其曼于特早古生代蛇绿构造混杂岩带和普守-蒙古包早古生代蛇绿构造混杂岩带之间的一套中深变质地层，主要为一套变质碎屑岩夹碳酸盐岩及基性火山岩建造。该套地层与区域上出露的蓟县系桑株塔格岩群和长城系赛图拉岩群相比较，均差异较大。该地层变形强烈，变质可达高角闪岩相。在图幅区内该岩组与其上覆地层桑株塔格岩群呈断层接触关系。

普守岩组在图幅区内主要分布于喀拉达坂—帕那孜河一带（图 2－2），与周围地层均为断层接触，呈构造岩片叠置关系。在图幅区内西部有奥陶纪及晚古生代花岗岩侵入其中，出露总面积约 1 050km^2。

（二）地层特征

普守岩组变质变形强烈，内部发育一系列的顺层掩卧褶皱，紧闭尖棱褶皱及塑性流变褶皱等。同时，韧性剪切带发育，变质可达高角闪岩相。该岩组总体呈构造岩片状叠置。其岩石组合主要有石榴黑云角闪斜长片麻岩、灰色矽线石榴黑云条痕状混合片麻岩、深灰色含石榴子石透闪斜长变粒岩、灰色混合岩化矽线石榴黑云斜长片麻岩夹深灰色透辉斜长角闪岩及透辉石大理岩等。该岩组与蒙古包-普守蛇绿混杂岩带和其曼于特蛇绿混杂岩带均为断层接触。

现以新疆和田市塔马尔特-托满普守岩组实测地层剖面（图 2－12）介绍如下，剖面位置 N36°23′35″，E78°59′23″。

剖面由南向北列述如下：

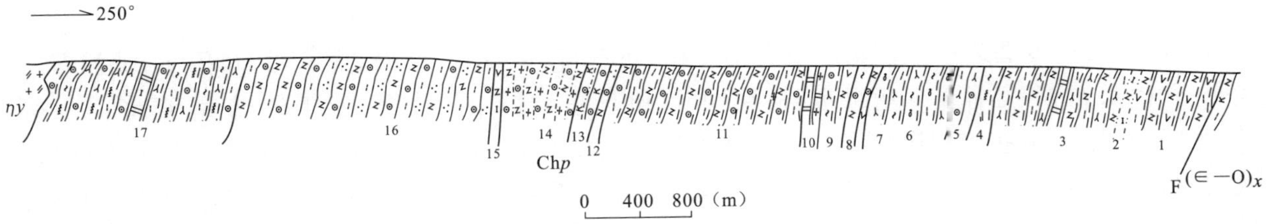

图2-12　新疆和田市塔马尔特-托满普守岩组实测地层剖面

南侧：蒙古包-普守蛇绿混杂岩带

═══ 韧性断层 ═══

普守岩组(Ch*p*)　**8 490.4m**

17. 灰色矽线石榴黑云条痕状混合片麻岩夹透辉石大理岩　1 407.4m

═══ 断　层 ═══

16. 深灰色石榴斜长黑云石英片岩夹单辉石榴黑云石英片岩　1 690.8m

═══ 断　层 ═══

15. 深灰色透辉斜长角闪岩　14.5m

14. 深灰色含石榴子石透闪斜长变粒岩　679.2m

13. 浅灰—灰色石榴钾长浅粒岩　187.9m

12. 灰色石榴斜长石英变粒岩　47.0m

11. 深灰色石榴黑云斜长片麻岩　1 400.6m

10. 浅灰—灰色透闪石大理岩　190.5m

9. 灰色混合岩化矽线石榴黑云斜长片麻岩　232.4m

8. 灰色混合岩化石榴黑云斜长片麻岩　67.9m

7. 石榴斜长角闪岩　22.3m

6. 灰色矽线黑云条带状混合片麻岩局部夹矽线石二云石英片岩　582.2m

5. 灰色石榴矽线黑云石英片岩夹石榴斜长角闪岩　191.0m

4. 浅灰—灰色二云条痕状混合片麻岩　162.8m

3. 深灰色矽线黑云斜长片麻岩局部夹透辉石大理岩　1 014.9m

2. 灰色透辉斜长变粒岩　14.1m

1. 深灰色黑云角闪斜长片麻岩　584.9m

═══ 逆冲断裂 ═══

北侧：西合休岩组[(∈—O)*x*]黑云二长变粒岩

普守岩组剖面上未见顶、底，其叠置厚度为8 490.4m。岩石组合可进一步划分为三部分，下部主要为深灰色矽线黑云斜长片麻岩、深灰色黑云角闪斜长片麻岩、二云条痕状混合片麻岩、矽线黑云条带状混合片麻岩夹灰色石榴矽线黑云石英片岩、石榴斜长角闪岩及透辉石大理岩等；中部岩石组合主要为深灰色石榴黑云斜长片麻岩、深灰色含石榴子石透闪斜长变粒岩、灰色混合岩化矽线石榴黑云斜长片麻岩、深灰色石榴斜长黑云石英片岩、灰色矽线石榴黑云条痕状混合片麻岩夹石榴斜长石英变粒岩、灰色石榴钾长浅粒岩、深灰色透辉斜长角闪岩及浅灰—灰色透闪石大理岩等；上部岩石主要有深灰色石榴斜长黑云石英片岩、灰色矽线石榴黑云条痕状混合片麻岩夹单辉石榴黑云石英片岩及透辉石大理岩等。该岩组岩石变质、变形非常强烈，内部韧性剪切带发育，总体呈岩片状叠置。图幅区内东部变质变形比西部强烈。

（三）岩石地球化学特征

1. 岩石化学特征

普守岩组岩石化学分析结果见表 2－16。由表可见，片岩、片麻岩石化学成分总体变化较大，SiO_2、Al_2O_3、Fe_2O_3、MgO、CaO 等含量较高，而 TiO_2、MnO、P_2O_5 等含量较低。其中 SiO_2 为 46.93%～56.87%，Al_2O_3为 13.10%～19.18%，TiO_2为 1.29%～1.32%，说明原岩应为陆源碎屑岩。斜长角闪岩中的 SiO_2为 49.86%，TiO_2、CaO 相对较高，原岩应为基性火山岩。

表 2－16　普守岩组岩石化学分析结果

（%）

样品号	岩石名称	SiO_2	TiO_2	Al_2O_3	Fe_2O_3	MgO	MnO	CaO	Na_2O	K_2O	P_2O_5	LOI	Σ
D2245/2	单辉石榴黑云石英片岩	56.87	1.29	13.44	13.52	9.98	0.13	0.75	0.47	2.30	0.10	0.62	99.47
D2246/4	石榴斜长角闪岩	49.86	2.99	13.10	18.85	3.83	0.25	8.32	1.51	0.81	0.32	0.30	100.14
D2246/13	黑云角闪斜长片麻岩	46.93	1.32	19.18	11.18	4.81	0.14	9.64	2.75	2.09	0.63	0.60	99.27

2. 微量元素特征

普守岩组微量元素分析结果见表 2－17，由表中可以看出微量元素含量变化均较大。Hf 元素几何平均值明显高于地壳克拉克值，Cr、Rb、Sr、Ba、Ta、Ni 等元素几何平均值明显低于地壳克拉克值，其余元素则与地壳克拉克值较为接近。微量元素聚集类型：Hf 等元素为聚集型，Sc、Ga 等元素为弱聚集型，Zr、Nb、Th、U、P、Co 等元素为分散型，其余元素均为极分散型。微量元素分布类型：微量元素总体分异程度较高，Zr、Hf、Ni 等元素为弱分异型，Nb、Ta、Ga 等元素为均匀分布型，其余元素为强分异型或分异型。

3. 主要成矿元素特征

由表 2－17 中可以看出，普守岩组中主要成矿元素均未见明显的富集（成矿），7 种成矿元素几何平均值低于地壳克拉克值或与之接近，说明元素成矿背景值不高。主要成矿元素聚集类型：Pb、Zn 为弱聚集型，Hg、Au、Cu 为分散型，Sb、Ag 为极分散型。主要成矿元素分布类型：Sb 为强分异型，Au、Pb 为分异型，Hg、Cu、Zn 为弱分异型，Ag 为均匀分布型。综上所述，普守岩组中主要成矿元素的成矿条件均不甚好。

4. 稀土元素特征

普守岩组稀土元素分析结果见表 2－18，由表中可以看出：稀土总量 ΣREE 值变化较大，在 120.90×10^{-6}～346.82×10^{-6}之间；轻、重稀土总量比值变化较大，LREE/HREE 为 3.00～12.08，说明轻稀土含量较高，而重稀土则含量较低；δEu 为 0.44～0.91，表明 Eu 总体显示亏损，其中有些样品显示强亏损；δCe 为 0.99～1.04，表明 Ce 弱亏损或富集不明显；$(La/Yb)_N$为 2.42～15.30，说明轻稀土富集明显；$(La/Sm)_N$为 1.63～2.97，$(Gd/Yb)_N$为 0.98～2.85，说明轻、重稀土分馏程度相差不大，稀土配分曲线斜率较为接近。稀土元素配分曲线（图 2－13）比较分散、复杂，均具有左高右低的特点，说明普守岩组中的物源比较复杂。斜长角闪岩稀土模式与大陆拉斑玄武岩特征比较接近，说明普守岩组主体应形成于活动陆缘构造环境。根据普守岩组中片麻岩类的野外产状特征，

表 2-17　普守岩组微量元素分析结果

样品号	岩石名称	Sc	Cr	Rb	Sr	Zr	Nb	Ba	Hf	Ta	Th	U	P	Co	Ni	Ga	Sb	Hg	Au	Ag	Cu	Pb	Zn
D2244/1	矽线石榴黑云条痕状混合片麻岩	35.10	124.00	119.00	145.00	126.00	16.70	725.00	3.37	0.86	21.20	1.12	206.00	34.70	61.30	35.30	0.19	0.03	2.00	0.03	65.50	28.60	173.00
D2245/2	单辉石榴黑云石英片岩	35.60	62.20	101.00	38.60	147.00	8.58	256.00	4.43	0.75	8.35	1.18	430.00	25.50	44.99	22.60	0.38	0.05	6.90	0.08	39.82	9.35	111.80
D2245/4	矽线石榴黑云斜长片麻岩	9.09	64.50	118.00	29.90	330.00	11.50	319.00	8.51	0.62	17.70	1.09	208.00	18.40	38.00	19.10	0.29	0.05	2.00	0.03	49.00	5.72	72.90
D2245/7	碎粒化石榴斜长浅粒岩	4.21	26.35	279.00	95.65	217.50	11.70	609.00	6.07	0.78	33.18	0.94	377.00	4.67	16.40	17.65	0.38	0.07	3.00	0.03	59.45	23.90	49.95
D2246/4	石榴斜长角闪岩	32.60	36.60	23.10	97.80	221.00	15.70	177.00	6.57	1.29	2.08	0.77	1 400.00	39.10	42.09	23.20	0.21	0.05	1.90	0.03	98.52	45.70	194.80
D2246/5	矽线石榴黑云条痕状混合片麻岩	4.67	40.90	72.50	81.10	244.00	8.22	640.00	6.69	0.29	18.80	1.76	323.00	2.71	19.80	16.60	0.07	0.05	1.00	0.02	39.10	41.10	150.00
D2246/9	二云条痕状混合片麻岩	1.34	26.20	72.30	105.00	21.40	7.67	67.10	0.77	0.54	10.10	5.54	295.00	1.41	11.30	17.50	0.14	0.05	1.00	0.03	15.60	30.90	28.20
D2246/12	透辉斜长变粒岩	7.82	10.70	5.92	455.00	72.80	4.73	52.80	1.92	0.85	4.02	1.86	1 336.00	16.80	17.20	17.20	0.12	0.16	3.00	0.06	13.50	12.50	98.80
D2246/13	黑云角闪斜长片麻岩	21.30	35.50	100.00	526.00	283.00	14.50	863.00	7.59	1.07	7.85	1.39	2 700.00	25.10	26.29	23.50	0.85	0.05	3.00	0.09	52.82	17.10	127.80
几何平均值		10.60	38.71	67.31	113.76	146.77	10.30	285.21	4.17	0.73	10.29	1.44	530.00	11.90	26.88	20.81	0.23	0.06	2.24	0.03	40.97	19.73	96.60
CV 值		1.36	0.86	1.16	1.61	0.68	0.39	1.06	0.63	0.40	0.96	1.02	1.60	1.16	0.62	0.28	1.04	0.63	0.79	0.41	0.63	0.71	0.58
KK 值		1.06	0.47	0.45	0.33	0.86	0.52	0.44	4.17	0.29	0.79	0.58	0.57	0.66	0.46	1.10	0.46	0.69	0.52	0.44	0.87	1.23	1.16
地壳克拉克值(维氏,1962)		10.00	83.00	150.00	340.00	170.00	20.00	650.00	1.00	2.50	130	2.50	930.00	18.00	58.00	19.00	0.50	0.08	4.30	0.07	47.00	16.00	83.00

注:表中 Au、Ag 含量单位为 $\times 10^{-9}$,其他元素含量单位为 $\times 10^{-6}$。

表 2-18　普守岩组稀土元素分析结果

样品号	岩石名称	稀土元素含量($\times10^{-6}$)										
		La	Ce	Pr	Nd	Sm	Eu	Gd	Tb	Dy	Ho	Er
D2245/2	单辉石榴黑云石英片岩	18.90	40.76	4.90	20.16	5.17	0.79	6.38	1.24	8.34	1.81	5.56
D2246/4	石榴斜长角闪岩	22.59	55.80	7.54	33.88	8.73	2.57	9.20	1.58	9.85	1.98	5.88
D2246/13	黑云角闪斜长片麻岩	63.03	149.60	18.26	73.67	13.34	2.40	9.82	1.38	6.94	1.24	3.52

样品号	岩石名称	稀土元素含量($\times10^{-6}$)					特征参数					
		Tm	Yb	Lu	ΣREE	LREE	LREE/HREE	δEu	δCe	$(La/Yb)_N$	$(La/Sm)_N$	$(Gd/Yb)_N$
D2245/2	单辉石榴黑云石英片岩	0.80	5.29	0.80	120.90	90.68	3.00	0.44	0.99	2.42	2.30	0.98
D2246/4	石榴斜长角闪岩	0.81	5.34	0.79	166.54	131.10	3.70	0.91	1.02	2.87	1.63	1.40
D2246/13	黑云角闪斜长片麻岩	0.44	2.79	0.39	346.82	320.30	12.08	0.65	1.04	15.30	2.97	2.85

结合岩石组合及岩石学特征，其原岩为沉积碎屑岩。该岩组中变质碎屑岩利用[(al＋fm)-(c＋alk)]-Si、(Al＋Fe＋Ti)-(Ca＋Mg)、Log(Na_2O/K_2O)-Log(SiO_2/Al_2O_3)图解恢复原岩，其普守岩组中的片岩类原岩为长石砂岩类，片麻岩类原岩为杂砂岩类。

普守岩组中的变质基性岩类通过岩石化学计算，利用(Al＋Fe＋Ti)-(Ca＋Mg)图解恢复原岩，变质基性火山岩投影到玄武岩区。由此可见，普守岩组中的斜长角闪岩类原岩为一套玄武岩。综上所述，普守岩组主要为一套碎屑岩夹火山岩建造(详见第四章)。

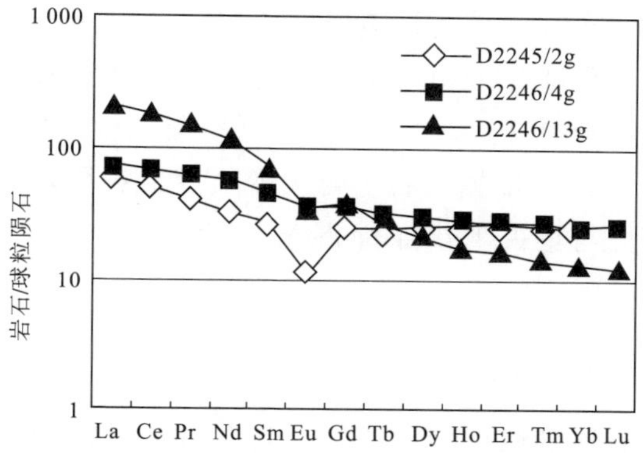

图 2-13　普守岩群稀土元素配分曲线图

普守岩组变质碎屑岩的岩石化学成分平均值与 Bhatia(1985)的不同构造环境杂砂岩平均值相比较，明显具有复杂性，兼具大陆岛弧和大洋岛弧特征，少数常量元素与活动陆缘特征相似。通过岩石化学计算，利用常量元素杂砂岩的(Fe_2O_3＋MgO)-TiO_2、(Fe_2O_3＋MgO)-(Al_2O_3/SiO_2)、(K_2O/Na_2O)-SiO_2图解判别不同构造环境，主要投影到活动陆缘区。可见普守岩组变质碎屑岩的构造环境主体为大陆岛弧型，兼具大洋岛弧型特征。

(四)副矿物特征

普守岩组中片麻岩副矿物主要有石榴子石、黑云母、磷灰石、锆石、独居石、磁铁矿等，另有少量钛铁矿、褐铁矿、黄铁矿、金红石、榍石、角闪石、透闪石、方铅矿等。锆石颜色主要为淡玫瑰色，微量浅玫瑰色和玫瑰色，个别为浅灰褐色。灰褐色锆石不透明，光泽较弱，其余皆透明，具有金刚光泽。锆石粒径在 0.16mm×0.4mm 左右，长宽比约为 4∶1。颗粒形态以浑圆、次浑圆柱状及粒状为主，较少有碎块状，个别呈棱角状颗粒。依据锆石形态可将其分为两类：①颗粒一般呈浑圆—次浑圆状，表面多较光滑，仅具极细小麻点状蚀象或极细而浅的蚀痕，普遍含包裹体，但极细小，包裹体成分有锆石、黑云母碎片等，该类锆石应为沉积物源区锆石；②极少数颗粒呈棱角状，为柱状聚形晶，表面光滑，未见包裹体，该类锆石应为主变质期形成锆石。

（五）区域对比及形成时代

该岩组比赛图拉岩群和桑株塔格岩群变质均较深，变形强烈，局部可见混合岩化现象，与上述赛图拉岩群岩石组合基本相近，以副变质岩为主，夹有碳酸盐岩及基性火山岩。依据该岩组变质变形特征，结合区域对比，暂将普守岩组时代置于长城纪，但也不排除有可能为古元古代。

六、桑株塔格岩群（JxS）

（一）概述

该岩群由新疆和田地质大队（1960）创名于图幅区内桑株塔格一带，其时代为太古宙—元古宙。原始定义：叶尔羌河—喀什河一带的一套较复杂的变质岩，包括各种片麻岩、片岩、变质碳酸盐岩。现在定义为：上与侏罗系地层不整合，下与花岗岩为侵入接触。主要岩性为变质碳酸盐岩（大理岩）和变质碎屑岩（板岩、石英砂岩）不均匀互层。新疆区调大队梁云海、张志德等（1982—1989）均将西昆仑山的一套变质碎屑岩和碳酸盐岩不均匀互层的地层划为塔西达坂群，时代定为蓟县纪，由于塔西达坂群原始创名于阿尔金地区，在新疆岩石地层清理时将其重新划为桑株塔格群，时代为蓟县纪。

本次区调采用新疆岩石地层清理划分方案，称桑株塔格岩群，指出露于中昆仑地层分区的一套变质达高绿片岩相地层。岩石组合主要为黑云石英片岩、大理岩夹变粒岩等，图幅区内该套地层主要出露于桑株达坂—蒙古包一带，与周围地层均为断层接触，被早古生代—晚古生代花岗岩体侵入（图 2-2）。依据岩石组合及变质变形特征，可进一步分为 A、B 两个岩组，出露总面积约 300km²。该岩群与早古生代蛇绿混杂岩带为断层接触，被奥陶纪花岗岩侵入，剖面上出露总叠置厚度为 1 115.8m。

（二）地层特征

桑株塔格岩群主要为一套变质碎屑岩、碳酸盐岩夹硅质岩，依据岩石组合及变质变形特征，可进一步划分 A、B 两个岩组。A 岩组主要为一套灰色黑云石英片岩夹石英岩及大理岩；B 岩组主要为灰白色中—厚层大理岩夹（互）黑云石英片岩。该岩群变形较强，变质较弱，主要表现大理岩在地层中成构造透镜体，变形样式主要表现为紧闭尖棱褶皱、同斜褶皱和石香肠构造等。变质仅达高绿片岩相。

现以新疆皮山县它无阿子北侧-蒙古包桑株塔格岩群地层剖面（图 2-14）介绍如下，剖面位置 N36°39.915′，E78°13.467′。

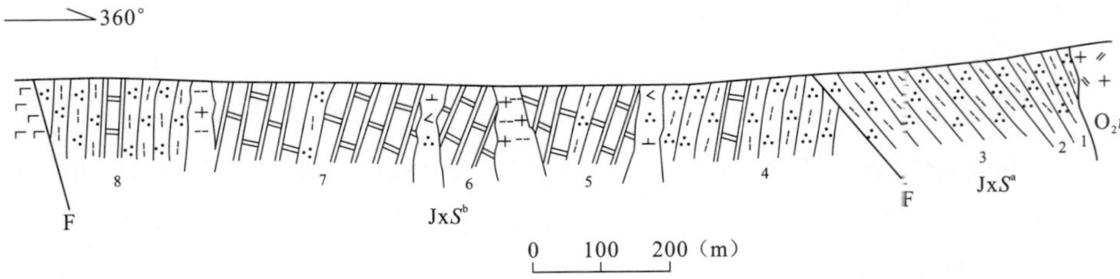

图 2-14　新疆皮山县它无阿子北侧-蒙古包桑株塔格岩群地层剖面图

剖面由南向北列述如下：

南侧：早古生代蛇绿构造混杂岩，蚀变玄武岩

═══════ 韧性断层 ═══════

桑株塔格岩群(JxS)　　**1 115.8m**

B 岩组(JxS^b)　　**695.9m**

8.灰色黑云石英片岩夹大理岩　　138.7m

7.灰白色厚层状大理岩夹少量黑云石英片岩　　215.6m

6.灰色中—厚层状大理岩　　48.9m

5.浅灰—灰白色中—厚层状大理岩夹黑云石英片岩　　99.1m

4.灰色黑云石英片岩夹大理岩　　193.6m

断　层

A 岩组(JxS^a)　　**419.9m**

3.灰色石英片岩夹少量大理岩　　210.4m

2.浅灰色石英岩　　43.7m

1.灰色黑云石英片岩　　165.8m

侵入关系

北侧:奥陶纪花岗岩,中粒黑云二长花岗岩

剖面上桑株塔格岩群出露不全,未见顶、底,总体为一套副变质岩,A 岩组与 B 岩组为断层接触。

剖面上 A 岩组主要为一套变质碎屑岩,岩性为灰色黑云石英片岩夹石英岩及少量大理岩。B 岩组岩石主要为灰白色厚层状大理岩、灰色黑云石英片岩,二者多呈互层状出现。

图幅区内桑珠塔格岩群被古生代花岗岩侵吞的支离破碎,闻名遐迩的“和田玉”便产于花岗岩与大理岩外接触带中。该岩群岩石建造横向变化不大,但变质程度自西向东逐渐变深,在东部阿拉玛斯一带局部出现片麻岩。

(三)岩石地球化学特征

1. 岩石化学特征

桑株塔格岩群岩石化学特征见表 2-19 和表 2-20,由表中可见桑株塔格岩群变质碎屑岩岩石化学成分变化大,部分岩石化学成分 SiO_2 偏低,而 Al_2O_3、Na_2O、K_2O、FeO 偏高,个别岩石 SiO_2 含量较低,但 CaO、MgO 含量较高,原岩为钙质泥岩,反映物源比较复杂。变质碳酸盐岩平均值与世界碳酸盐平均值比较,SiO_2、Al_2O_3、Fe_2O_3、FeO 偏高,CaO、MgO 含量接近,其余偏低,说明为较纯碳酸盐岩,含少量砂质。

表 2-19　桑株塔格岩群大理岩岩石化学特征　　(%)

样品号	岩石名称	SiO_2	Al_2O_3	Fe_2O_3	CaO	MgO	MnO	TiO_2	P_2O_5	K_2O	Na_2O	FeO	H_2O^-	CO_2	SO_3^{2-}	Σ
D1559/3	大理岩	10.09	1.66	0.79	47.34	0.74	0.06	0.10	0.07	0.35	0.24	0.11	0.05	37.51	0.80	99.91
D3097/3	含透灰大理岩	9.47	4.22	1.14	46.07	3.00	0.05	0.40	0.04	0.29	0.07	0.72	0.09	34.27	0.37	100.20
D3232/3	白云石大理岩	0.63	0.14	0.02	31.18	21.10	0.01	<0.01	0.02	0.02	0.05	0.05	0.01	46.79	0.02	100.04
平均值		6.73	2.01	0.65	41.53	8.28	0.04	0.05	0.04	0.22	0.12	0.29	0.05	39.52	0.40	—
世界碳酸盐岩值(涂和费,1961)		5.19	0.81	0.15	42.01	7.90	0.12	0.06	0.03	0.025	0.036	0.16	—	42.25	—	—

表 2-20　桑株塔格岩群碎屑岩岩石化学特征　　(%)

样品号	岩石名称	SiO_2	Al_2O_3	Fe_2O_3	CaO	MgO	MnO	TiO_2	P_2O_5	K_2O	Na_2O	FeO	H_2O^+	H_2O^-	LOI	Σ
D3097/1	斜长黑云石英片岩	54.91	15.66	2.32	3.78	5.43	0.24	2.94	0.17	4.41	0.41	7.31	1.49	0.10	1.03	100.20
D3097/4	透闪片岩	46.29	15.28	2.40	15.07	12.76	0.09	0.82	0.16	0.61	1.12	2.70	1.11	0.07	1.37	99.85
D3099/1	石英岩	85.48	5.59	0.98	0.47	2.21	0.01	0.35	0.05	1.12	0.16	1.96	1.32	0.04	0.31	100.05
D3099/2	白云石英片岩	64.27	19.12	1.87	0.45	1.80	0.03	1.50	0.10	4.47	0.20	4.06	1.99	0.09	0.30	100.25

2. 微量元素特征

桑株塔格岩群微量元素特征，由表 2-21 中可反映出大理岩微量元素平均值与世界碳酸岩盐平均值的比较，亲石元素 Sr、Y 强亏损，Th、Zr、U、Hf 亏损，Rb、Ba、Nb 富集，Ta 强富集；过渡元素 Co 强富集，Sc、Ni、V 富集，Cr、Ga 弱亏损，部分样品元素含量很高，可能与后期接触交代变质作用有关，总体分析大理岩段微量元素含量变化较大。碎屑岩微量元素含量变化较大，微量元素平均值与地壳克拉克值比较，亲石元素 Hf 强富集，Rb、Th、Nb、Zr、U、Y 富集，Sr、Ta 亏损，Ba 强亏损，过渡元素 Sc、Cr、V 富集，Co、Ni、Ga 亏损。

表 2-21 桑株塔格岩群微量元素特征

样品号	岩石名称	Sr	Rb	Ba	Th	Ta	Nb	Zr	U	Hf	Y	Sc
D3097/1	斜长黑云石英片岩	205.00	228.00	269.00	18.70	1.24	20.20	146.00	1.37	2.86	37.00	23.40
D3097/2	白云石大理岩	177.00	3.78	18.50	0.43	0.05	0.93	6.17	3.20	0.12	4.10	0.76
D3097/3	含透灰大理岩	719.00	15.80	25.70	3.03	0.26	4.28	34.80	3.35	0.74	13.50	4.99
D3232/1	白云石大理岩	50.80	4.36	30.90	0.27	0.04	0.85	2.84	0.17	0.06	1.65	0.98
D3233/1	大理岩	243.00	8.94	28.10	0.22	0.03	0.86	3.06	0.506	0.06	2.52	1.07
D3099/2	白云石英片岩	76.10	134.00	205.00	27.10	0.55	23.00	381.00	5.79	6.73	40.30	22.20
碳酸盐岩平均值		297.50	8.22	25.80	0.99	0.09	1.72	11.72	1.81	0.24	5.44	1.95
变质碎屑岩平均值		140.60	181.00	237.00	22.90	0.90	21.60	263.50	3.58	4.80	38.65	22.80
世界碳酸盐岩平均值（涂和费，1961）		610.00	3.00	10.00	1.70	0.01	0.30	19.00	2.20	0.30	30.00	1.00
地壳克拉克值（维氏，1962）		340.00	150.00	650.00	13.00	2.50	20.00	170.00	2.50	1.00	29.00	10.00

样品号	岩石名称	Cr	Co	Ni	V	Ga	Au	Ag	Cu	Pb	Zn
D3097/1	斜长黑云石英片岩	76.50	11.60	31.10	137.00	24.70	—	—	35.20	13.00	63.60
D3097/2	白云石大理岩	7.56	5.24	19.20	30.70	0.71	2.00	120.00	147.00	10.80	22.70
D3097/3	含透灰大理岩	16.90	9.44	46.50	41.70	4.69	2.26	230.00	123.00	25.80	32.80
D3232/1	白云石大理岩	7.78	2.06	22.30	28.00	0.50	0.66	45.00	222.00	7.37	41.90
D3233/1	大理岩	8.43	2.85	46.40	29.80	0.64	1.37	94.00	131.00	6.83	43.60
D3099/2	白云石英片岩	93.40	9.25	20.60	156.00	27.00	—	—	81.50	26.60	207.00
碳酸盐岩平均值		10.17	4.90	33.60	24.88	1.64	1.57	122.5	—	—	—
变质碎屑岩平均值		84.95	10.45	25.85	146.50	25.85	—	—	123.30	15.07	68.60
世界碳酸盐岩平均值（涂和费，1961）		11.00	0.10	20.00	20.00	4.00	—	—	—	—	—
地壳克拉克值（维氏，1962）		83.00	18.00	58.00	90.00	19.00	4.00	80.00	63.00	12.00	94.00

注：表中 Au、Ag 含量单位为 $\times10^{-9}$，其他元素含量单位为 $\times10^{-6}$。

3. 稀土元素特征

桑株塔格岩群变质碎屑岩稀土元素特征见表 2-22，由表中反映碎屑岩稀土元素含量及稀土总量变化较大；轻重稀土元素比值 LREE/HREE 为 8.46～10.37；δEu 为 0.52～0.50，Eu 显示强亏损；δCe 为 0.84～0.89，Ce 显示弱亏损；$(La/Yb)_N$ = 10.31～10.41，$(La/Sm)_N$ = 3.18～3.54，$(Gd/Yb)_N$ = 1.96～2.34，由此表明轻重稀土比值也较大，轻稀土强富集，轻、重稀土分馏明显，稀土配分模式曲线向右陡倾（图 2-15）。与被动陆缘变质碎屑岩稀土配分模式曲线相似。

表 2－22 桑株塔格岩群稀土元素特征

样品号	岩石名称	稀土元素含量(×10⁻⁶)												
		La	Ce	Pr	Nd	Sm	Eu	Gd	Tb	Dy	Ho	Er	Tm	Yb
D3097/1	斜长黑云石英片岩	61.5	113	13.8	56.8	11.1	1.86	10.7	1.38	7.78	1.47	4.01	0.66	3.86
D3099/2	白云石英片岩	84.6	168	20.0	78.9	13.7	2.15	12.2	1.47	8.24	1.64	4.85	0.86	5.26

样品号	岩石名称	稀土元素含量($\times10^{-6}$)				特征参数					
		Lu	ΣREE	LREE	HREE	LREE/HREE	δEu	δCe	$(La/Yb)_N$	$(La/Sm)_N$	$(Gd/Yb)_N$
D3097/1	斜长黑云石英片岩	0.64	288.56	258.06	30.50	8.46	0.52	0.84	10.31	3.18	2.34
D3099/2	白云石英片岩	0.89	402.76	367.35	35.41	10.37	0.50	0.89	10.41	3.54	1.96

4. 成矿元素特征

成矿元素特征见表 2－21，成矿元素与地壳克拉克值对比，Au 亏损，Ag 富集，含量变化大，最大为 230×10^{-9}，是地壳克拉克值的 2.9 倍，但此样品附近有岩体，发生接触交代作用；Cu 富集，含量变化大，最大为 222×10^{-6}，是地壳克拉克值的 3.5 倍；Pb 富集，含量变化较大，一部分样品大于克拉克值，另一部分样品小于克拉克值；Zn 亏损，仅个别样品大于克拉克值，多数样品小于克拉克值。

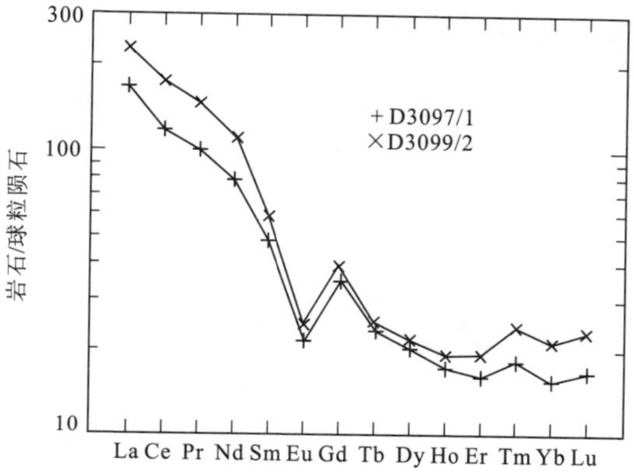

图 2－15 桑株塔格岩群稀土元素配分模式

综合以上成矿元素特征分析，该岩群总体成矿不好，仅部分层位有利于铜成矿。

桑株塔格岩群根据野外宏观特征及室内镜下薄片观察，片岩及石英岩原岩应为石英砂岩类，所以桑株塔格岩群原岩应为稳定浅海环境沉积物。

碎屑岩稀土配分模式曲线特征与被动陆缘碎屑岩稀土配分模式曲线特征相似，与不同沉积盆地砂岩构造背景的 REE 判别函数(Bhatia，1985)对比，也与被动陆缘相似，物源来自克拉通内部高地。综合分析，桑株塔格岩群变质碎屑岩形成环境主体为被动陆缘环境。

(四)区域对比及形成时代

图幅区内桑株塔格岩群被奥陶纪岩体侵入，该岩群变质变形均比赛图拉岩群弱。前人在图幅区内该套地层中采到有叠层石：*Conophyton*，*Baicalia*，*Jacutophyton*，*Paraconophyton* 等。新疆区调队在阿拉玛斯玉石矿一带的该套地层中发现有 *Jacutophyton* sp. 等叠层石。综上所述，该岩群时代应为蓟县纪。

七、博查特塔格岩组(Jxb)

(一)概述

该岩组由地矿部十三地质大队吴文奎等(1958)创名于叶城县阿克其克-乌斯坦河谷，定名为博查特塔格岩系。原始定义：以不整合覆于赫罗斯坦岩体之上，与上覆苏玛兰岩系为整合关系，时代寒武纪—早奥陶世，东部为碳酸盐岩类，向西为碳酸盐岩类与泥质物和喷出岩、绢云石英片岩、页岩互层。现在定义:为不整合于长城系或下元古界之上,整合伏于苏玛兰组之下的一套杂色岩层,主要岩性为白云岩、白云质灰岩、泥质灰岩、砂岩、页岩、泥板岩,以底砾岩及不整合面与塞拉加兹塔格岩群中酸性火山岩及桑株特格群中深变质岩为界,上界以泥质物质增加、白云岩消失及鲜艳色的苏玛兰组相区别,富含叠层石。层型剖面位于阿克其克-乌斯坦河谷。汪玉珍、马世鹏等(1984—1991)多次将博查特塔格组置于蓟县系,在新疆岩石地层清理中经过对比将其划为青白口系。图幅区内西北侧叶城县幅发现博查特塔格组之上呈整合关系的苏玛兰组与其上覆青白口系苏库罗克组为角度不整合,所以本次区调将博查特塔格岩组划为蓟县系,属塔里木地层区铁克里克地层分区。

(二)地层特征

博查特塔格组在图幅区内分布受局限,仅出露于西北角一带(图 2-2),与埃连卡特岩群、塞拉加兹塔格岩群、他龙群均为断层接触。该岩组依据岩石组合,可进一步分为 a、b 两个岩段,总面积约 20km²。由于博查特塔格岩组在图幅区内分布极少,未作实测剖面,现引用西邻《麻扎幅》资料。

1. 博查特塔格岩组 a 段

现以新疆皮山县博斯腾塔河蓟县系博查特塔格岩组 a 岩段实测地质剖面(图 2-16)介绍如下,剖面上 a 岩段与埃连卡特岩群及 b 岩段均为断层接触,出露总厚度大于 804m。

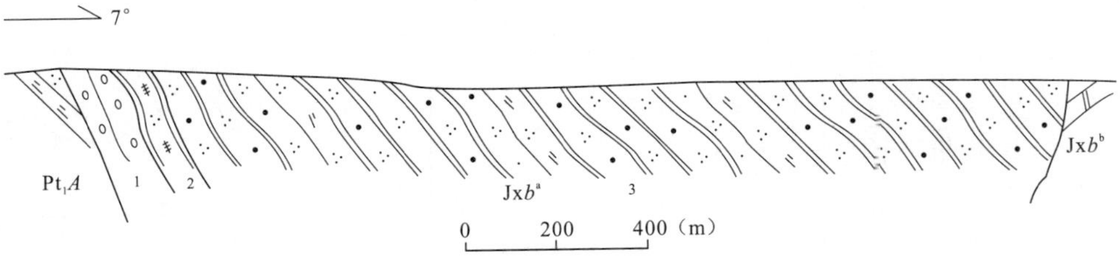

图 2-16　新疆皮山县博斯腾塔河蓟县系博查特塔格岩组 a 岩段实测地质剖面图

剖面由北向南列述如下:

上覆:蓟县系博查特塔格岩组 b 岩段灰白色白云岩

══════ 断　层 ══════

蓟县系博查特塔格岩组 a 岩段(Jxb^a)	**>804m**
3. 灰色、浅灰色中厚层状变质石英砂岩	690m
2. 灰绿色砂砾岩夹中层状变质细粒石英杂砂岩	38m
1. 复成分砾岩、砂砾岩	76m

══════ 断　层 ══════

下伏:埃连卡特岩群白云石英片岩

剖面未见顶、底,岩石组合主要为变质石英砂岩、砂砾岩、砾岩。剖面上、下部发育大量的砾岩、砂砾岩,砾岩成分复杂,露头上可见大量的粒序层理,由砾岩、砂砾岩、(细)砂岩、粉砂岩组成,向上碎屑岩粒度变细,且分选较好。横向上岩性略有变化,向西吾鲁乌斯塘河一带为变质长石石英砂岩和灰质砾岩。总体为滨浅海相碎屑沉积,可见反映海进沉积序列。

2. 博查特塔格岩组 b 岩段

该岩段岩石组合主要为一套碳酸盐岩夹少量细碎屑岩,现以新疆叶城县吾鲁乌斯塘河蓟县系博查特塔格岩组 b 岩段实测地质剖面(图 2-17)介绍如下,剖面上 b 岩段与塞拉加兹塔格岩群及 a 岩段均为断层接触,出露总厚度为 4 588.82m。

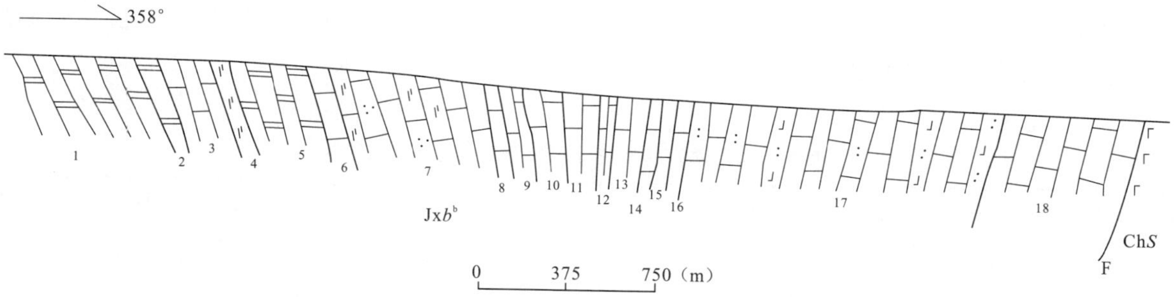

图 2-17 新疆叶城县吾鲁乌斯塘河蓟县系博查特塔格岩组 b 岩段实测地质剖面图

剖面由北向南列述如下：

北侧：塞拉加兹塔格岩群玄武岩

断 层

博查特塔格岩组 b 岩段(Jxb^b) **>4 588.82m**

18. 灰白色、白色中厚层结晶灰岩 823.85m
17. 浅灰色薄层状粉晶含粉砂灰岩、钙质粉砂岩夹灰色薄层细晶灰岩 1 318.85m
16. 灰白色、白色中厚层粉晶灰岩 96.66m
15. 紫红色薄层粉晶灰岩 29.33m
14. 灰白色、白色结晶灰岩 68.24m
13. 浅灰色薄层状灰岩、紫红色薄层粉晶灰岩互层状 37.40m
12. 紫红色极薄层条纹状含石英灰岩 48.45m
11. 紫红色、浅灰色薄层灰岩 108.06m
10. 灰白色、白色中厚层细晶灰岩 196.76m
9. 灰色、紫红色薄层灰岩 69.28m
8. 白色薄层灰岩 77.17m
7. 灰白色、白色中厚层状细晶含白云母石英灰岩、粉晶灰岩 663.98m
6. 灰色、浅灰色中薄层状灰岩 46.18m
5. 灰白色、白色中厚层状粉晶含灰质白云岩 289.41m
4. 灰绿色绢云母板岩夹灰色薄层粉晶灰岩 67.23m
3. 白色中层状灰岩 115.25m
2. 灰色中薄层状细晶白云岩 49.68m
1. 白色、灰白色厚层块状粗晶灰岩、细晶灰岩 483.04m

断 层

下伏：博查特塔格岩组 a 岩段灰色钙质砾岩

剖面未见顶、底，主要岩石组合有粗晶灰岩、细晶灰岩、粉晶灰岩夹细晶白云岩、灰质白云岩、绢云母板岩及钙质粉砂岩等，以灰白—紫红色为主要外观特征，灰岩均不同程度重结晶。剖面上依据泥质岩石及紫红色薄层灰岩出露为特征，可划分出 5 个完整的沉积旋回，每个旋回的下部均以中—厚层状碳酸盐岩开始，以泥质岩石或紫红色薄层灰岩结束。剖面下部有灰岩、白云岩交替出现的特点，反映沉积环境变化频繁。

该套地层总体变质变形较弱，变质达低绿片岩相。其沉积环境总体为浅海碳酸盐岩台地。

(三)岩石地球化学特征

1. 岩石化学特征

博查特塔格组岩石化学成分见表 2-23 和表 2-24，由表中反映 a 岩段 SiO_2、Al_2O_3、FeO、

CaO、MgO、K_2O 变化大，其余成分变化较小，$K_2O > Na_2O$，$Fe_2O_3 > FeO$，反映物源较复杂。根据野外宏观特征，a 段为被动陆缘环境。

表 2－23　博查特塔格岩组 a 岩段岩石化学特征　（%）

样品号	岩石名称	SiO_2	Al_2O_3	Fe_2O_3	CaO	MgO	MnO	TiO_2	P_2O_5	K_2O	Na_2O	FeO	H_2O^+	H_2O^-	LOI	Σ
D1169/2	变质细粒石英砂岩	68.05	12.50	3.89	0.44	3.54	0.03	0.90	0.21	2.38	1.60	3.78	2.82	0.13	0.49	100.76
D1169/5	变质中粒石英砂岩	76.99	5.05	2.01	5.32	1.37	0.10	0.80	0.12	1.13	0.81	1.44	1.23	0.09	4.14	100.60

表 2－24　博查特塔格岩组 b 岩段岩石化学特征　（%）

样品号	岩石名称	SiO_2	Al_2O_3	Fe_2O_3	CaO	MgO	MnO	TiO_2	P_2O_5	K_2O	Na_2O	FeO	H_2O^+	CO_2	SO_3^{2-}	Σ
D3214/2	含云质石英灰岩	20.18	0.21	0.03	40.12	3.91	0.01	<0.01	0.02	0.05	0.05	0.04	<0.01	35.61	0.05	100.28
D3216/2	粗晶白云岩	24.13	1.26	0.17	23.33	14.67	0.02	0.05	0.03	0.12	0.70	0.50	0.07	34.74	0.02	99.81
碳酸盐岩平均值		22.16	0.74	0.1	31.73	9.29	0.02	—	0.03	0.09	0.38	0.27	—	34.67	0.04	—
世界碳酸盐岩值(涂和费,1961)		5.19	0.81	0.15	42.01	7.90	0.12	0.06	0.03	0.03	0.04	0.16	—	42.25	—	—

b 岩段 SiO_2、Al_2O_3、CaO、MgO、K_2O、Na_2O、FeO 含量变化大，其余组分含量变化较小。平均值与世界碳酸盐岩平均值相比，SiO_2、MgO、K_2O、Na_2O、FeO 明显偏高，CaO、Al_2O_3、Fe_2O_3 明显偏低，其余组分含量相当。说明原岩在沉积过程中有较多碎屑物加入，形成于滨浅海环境。

2. 微量元素特征

微量元素特征见表 2－25，从表中可以看出 a 岩段微量元素中亲石元素 Sr、Rb、Zr、Ba 含量变化较大，其余元素含量变化较小，过渡元素 Sc、Co、Ni 含量变化小，其余含量变化大。碎屑岩微量元素平均值与地壳克拉克(维氏，1962)值比较，亲石元素 Rb、Ba、Sr、Zr 强亏损，Th、U、Ta 弱亏损，而 Nb 富集，过渡元素 Sc、V、Cr、Co、Ni、Ga 亏损。除 Nb 外几乎所有的微量元素发生亏损，说明 a 岩段源区微量元素亏损。

表 2－25　博查特塔格组 a 岩段微量元素结果

样品号	岩石名称	Sr	Rb	Ba	Th	Ta	Nb	Zr	U	Hf	Sc
D1169/2	变质细粒石英杂砂岩	193.00	37.20	189.00	6.54	0.96	16.40	64.00	0.999	1.06	6.43
D1169/3	变质细粒石英砂岩	32.30	74.00	325.00	8.58	1.59	26.20	95.70	1.25	1.64	10.20
D1169/4	变质细粒石英砂岩	82.30	69.80	339.00	8.90	1.49	25.40	103.00	1.58	1.76	11.10
D1169/5	变质中粒石英砂岩	51.90	39.10	193.00	5.82	1.23	21.50	79.60	1.15	1.42	7.30
碎屑岩平均值		89.88	55.03	261.50	7.46	1.32	22.38	85.58	1.24	1.47	8.76
地壳克拉克值(维氏,1962)		340.00	150.00	650.00	13.00	2.50	20.00	170.00	2.50	1.00	10.00

样品号	岩石名称	Cr	Co	Ni	V	Ga	Au	Ag	Cu	Pb	Zn
D1169/2	变质细粒石英杂砂岩	30.80	8.67	22.60	48.30	6.66	2.28	150.00	100.00	23.50	104.00
D1169/3	变质细粒石英砂岩	65.40	9.89	35.30	78.20	12.00	—	—	33.50	6.25	166.00
D1169/4	变质细粒石英砂岩	52.00	12.20	34.10	69.10	11.30	1.80	130.00	110.00	15.40	151.00
D1169/5	变质中粒石英砂岩	121.00	10.80	26.50	65.60	7.98	—	—	22.10	7.44	123.00
碎屑岩平均值		67.30	10.39	29.63	65.30	9.48	2.04	140.00	66.40	13.15	136.00
地壳克拉克值(维氏,1962)		83.00	18.00	58.00	90.00	19.00	4.00	80.00	63.00	12.00	94.00

注：表中 Au、Ag 含量单位为 $\times 10^{-9}$，其他元素含量单位为 $\times 10^{-6}$。

b岩段微量元素分析结果见表2-26，由表中可以看出碳酸盐岩微量元素含量变化大，表明有陆源砂泥质物混入。碳酸盐岩微量元素与世界碳酸盐岩（涂和费，1961）平均值比较，过渡元素Co强富集，Sc、V富集，Cr相似，Ga亏损。亲石元素Sr强亏损，Rb、Ba、Ta、Nb强富集，Th、Zr、Hf富集。浅变质碎屑岩平均值与地壳克拉克（维氏，1962）值比较，亲石元素Sr强亏损，Rb、Ba、Th、Ta、Nb、Zr亏损，过渡元素Sc富集，Cr、Co、Ni、Ga、U亏损。变质碎屑岩微量元素除Sc外基本都亏损，说明碎屑岩形成环境简单，而且物源单一。碳酸盐岩与世界碳酸盐岩平均值比较相对复杂，说明碳酸盐岩不纯。形成环境为台地相同时有较多陆缘碎屑物供给。a、b岩段碎屑岩微量元素与地壳克拉克值对比基本都亏损，表明碎屑物源可能来自微量元素亏损的构造剥蚀源区。

表2-26 博查特塔格组b岩段微量元素结果

样品号	岩石名称	Sr	Rb	Ba	Th	Ta	Nb	Zr	U	Hf	Sc
D3212/1	粉晶含粉砂灰岩	356.00	4.28	204.00	1.59	0.23	5.42	43.20	0.48	0.71	5.13
D3212/2	细晶灰岩	438.00	7.02	2 151.00	3.84	0.38	8.60	228.00	6.52	3.70	3.63
D3212/3	细晶灰岩	475.00	118.00	702.00	22.70	1.42	27.70	21.90	1.89	0.63	3.97
D3213/1	粉晶灰岩	154.00	3.69	387.00	0.51	0.03	0.83	6.33	0.22	0.11	0.70
D3213/2	粉晶灰岩	97.80	1.71	33.80	0.23	0.02	0.51	4.24	0.21	0.07	0.54
D3213/3	粉晶灰岩	156.00	13.50	255.00	1.68	0.15	2.65	22.30	0.35	0.41	1.77
D3213/4	粉晶灰岩	232.00	11.00	875.00	1.40	0.12	2.15	15.70	0.27	0.29	1.58
D3213/5	细晶含石英灰岩	296.00	18.10	862.00	3.03	0.32	5.55	44.30	1.51	0.74	5.01
D3214/1	细晶灰岩	195.00	4.46	123.00	0.42	0.03	0.77	4.84	0.34	0.08	0.60
D3214/2	细晶含云质石英灰岩	1 070.00	1.30	21.80	0.13	0.02	0.43	2.10	0.61	0.04	0.39
D3215/1	粉晶含灰质白云岩	108.00	1.56	34.70	0.29	0.04	1.02	3.82	0.34	0.08	0.68
D3215/2	绢云母板岩	190.00	31.80	112.00	2.38	0.39	7.14	51.50	0.66	0.85	6.40
D3215/3	粉晶灰岩	202.00	24.10	87.60	1.63	0.30	5.79	38.10	0.47	0.65	5.38
D3216/1	细晶白云岩	96.10	17.80	61.20	1.62	0.33	6.19	43.80	0.69	0.74	3.89
D3216/2	粗晶白云岩	85.90	1.44	15.70	0.11	0.01	0.41	2.70	0.68	0.05	0.38
D3216/3	细晶白云岩	84.20	2.99	26.50	0.62	0.10	2.17	12.10	0.95	0.19	1.27
D3216/4	含石英绿泥绢云千枚岩	44.90	198.00	768.00	15.80	1.36	26.70	175.00	2.33	3.00	20.20
碳酸盐岩平均值		—	269.73	15.39	389.35	1.04	0.23	4.53	32.90	1.04	9.04
变质碎屑岩平均值		—	117.45	114.90	440.00	9.09	0.87	16.92	113.25	1.50	15.80
世界碳酸盐岩平均值(涂和费,1961)		—	610.00	3.00	10.00	1.70	0.01	0.30	19.00	2.20	30.00
地壳克拉克值(维氏,1962)		340.00	150.00	650.00	13.00	2.50	20.00	170.00	2.50	1.00	10.00
样品号	岩石名称	Cr	Co	Ni	V	Ga	Au	Ag	Cu	Pb	Zn
D3212/1	粉晶含粉砂灰岩	18.90	4.50	39.60	28.70	1.87	1.46	70.00	111.00	16.60	51.20
D3212/2	细晶灰岩	5.53	9.45	22.90	25.50	3.66	0.68	77.00	263.00	29.40	76.30
D3212/3	细晶灰岩	19.50	4.33	8.13	39.10	16.00	—	—	43.00	29.00	65.00
D3213/1	粉晶灰岩	6.52	2.06	31.00	25.70	0.32	1.53	91.00	35.80	18.60	56.30
D3213/2	粉晶灰岩	7.13	2.05	32.70	28.50	0.06	1.42	65.00	254.00	16.30	39.20
D3213/3	粉晶灰岩	11.20	3.24	27.80	28.80	1.57	1.67	98.00	48.40	11.80	27.50
D3213/4	粉晶灰岩	9.34	2.77	27.60	26.70	1.17	1.40	78.00	71.10	22.00	23.10
D3213/5	细晶含石英灰岩	18.40	6.72	27.90	32.70	3.39	2.16	160.00	57.70	16.30	42.10

续表 2－26

样品号	岩石名称	Cr	Co	Ni	V	Ga	Au	Ag	Cu	Pb	Zn
D3214/1	细晶灰岩	6.29	2.40	30.70	23.10	0.244	1.54	100.00	197.00	13.30	29.30
D3214/2	细晶含云质石英灰岩	5.80	2.90	29.90	25.20	—	1.14	100.00	26.70	4.18	69.70
D3215/1	粉晶含灰质白云岩	5.40	2.65	22.20	27.50	0.14	1.07	170.00	34.00	11.70	73.50
D3215/2	绢云母板岩	14.00	4.24	26.80	44.40	5.00	1.72	160.00	79.30	24.90	67.10
D3215/3	粉晶灰岩	9.96	3.32	22.30	33.60	3.51	1.74	81.00	47.70	10.30	65.30
D3216/1	细晶白云岩	20.90	3.00	18.20	33.90	2.61	1.93	51.00	43.40	10.70	52.40
D3216/2	粗晶白云岩	6.61	1.84	19.7	27.40	—	1.57	160.00	61.60	12.20	85.90
D3216/3	细晶白云岩	11.70	2.75	17.00	38.10	1.45	1.74	140.00	96.10	11.80	116.00
D3216/4	含石英绿泥绢云千枚岩	111.00	19.50	47.60	132.00	23.90	1.66	62.00	60.10	13.30	116.00
碳酸盐岩平均值		10.88	3.30	25.18	29.63	2.77	—	—	94.81	15.61	58.19
变质碎屑岩平均值		62.50	11.87	37.20	88.20	14.45	1.53	103.90	69.70	19.10	91.55
世界碳酸盐岩平均值（涂和费，1961）		11.00	0.10	20.00	20.00	4.00	—	—	—	—	—
地壳克拉克值（维氏，1962）		83.00	18.00	58.00	90.00	19.00	4.00	30.00	63.00	12.00	94.00

注：表中 Au、Ag 含量单位为 $\times 10^{-9}$，其他元素含量单位为 $\times 10^{-6}$。

3. 成矿元素特征

该岩组主要成矿元素均未见明显的富集（成矿），a 岩段成矿元素 Ag、Cu、Pb 含量变化大，Au、Ag、Cu、Pb、Zn 元素平均值与地壳克拉克值相比，除 Au 亏损外，其他元素弱富集，成矿条件较差。b 岩段变质碎屑岩成矿元素 Ag、Cu、Zn 变化较大，Cu、Pb、Zn 元素平均值与地壳克拉克值对比，比较接近，不利于成矿。碳酸盐岩平均值与地壳克拉克值相比，Ag、Cu、Pb 元素弱富集，Au、Zn 元素亏损，不利于成矿。

（四）区域对比及形成时代

博查特塔格岩组比桑珠塔格岩群变质浅，建造特征相似。在叶城幅中整合于博查特塔格组之上的苏玛兰组与上覆青白口系苏库罗克组为角度不整合，该组平行不整合于长城系塞拉加兹塔格群之上，与新疆岩石地层剖面在岩性组合、沉积环境均相同。本次工作暂将博查特塔格组时代厘定为蓟县纪。

第二节　下古生界

图幅区内下古生界地层主要有西合休岩组[$(\in—O)x$]、下古生界（未分）地层（Pz_1）、早古生代蛇绿混杂岩和下志留统温泉沟群（S_1W）等。分别出露于昆中北带、昆中南带和甜水海陆块上（图 2－18）及微陆块间。西合休岩组和下古生界（未分）地层均具裂解期建造特征，温泉沟群则为一套较深水复理石建造。

一、下古生界(未分)(Pz_1)

(一)概述

该套地层是麻扎幅 1∶25 万区调从前人所划的蓟县系地层中解体出的一套变质碎屑岩夹火山岩建造,主要岩石为变质粗面流纹岩、玄武岩、薄层灰岩、白云岩、凝灰质变细砂岩,与两侧地层断层接触。它与桑株塔格岩群建造类型完全不同,火山岩具双峰式特征,沉积环境为裂陷盆地。

图幅区内该套地层主要分布于蒙古包-普守早古生代蛇绿构造混杂岩带南侧,呈东西向带状展布,与周围地层均为断层接触,呈构造岩片叠置(图 2-18)。图幅区内出露范围极少,其面积约 96km^2。

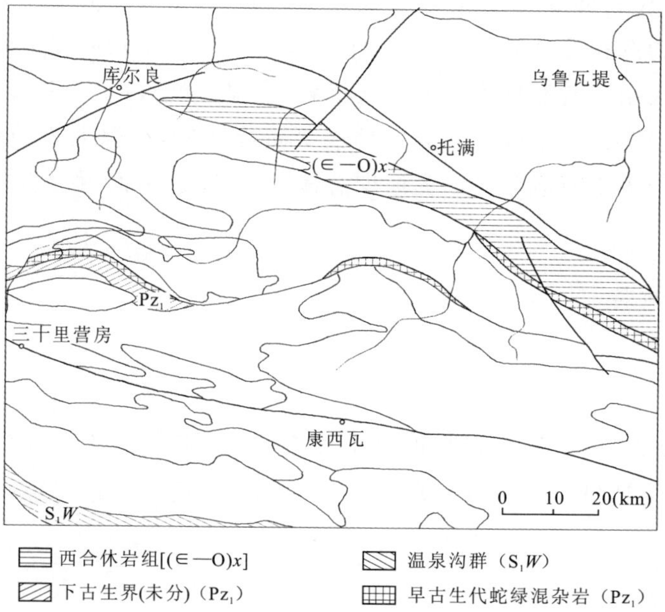

图 2-18　下古生界地层分布图

(二)地层特征

该套地层变质较浅、变形较弱。主要为黑云石英片岩、钙质斜长片岩、玄武岩夹变质粗面流纹岩及大理岩透镜体。剖面上由火山岩—含凝灰质变细砂岩韵律清楚,火山岩具双峰式特征。该套地层与赛图拉岩群为断层接触,北部被石炭纪闪长岩侵入,出露叠置总厚度为 3 080.4m。

现以新疆皮山县喀拉喀什河无依别克下古生界(未分)路线地质剖面(图 2-19)介绍如下。

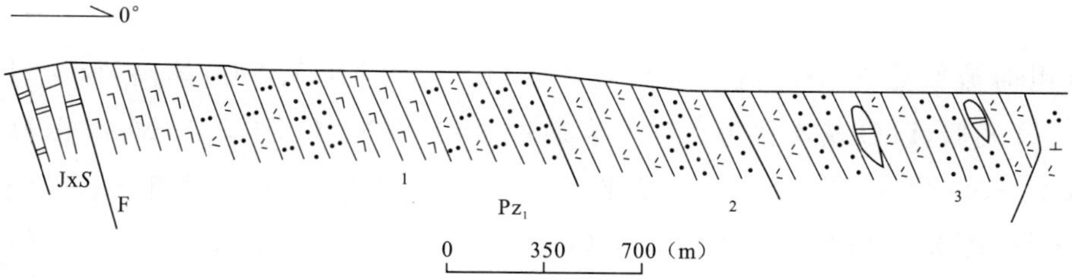

图 2-19　新疆皮山县喀拉喀什河无依别克下古生界(未分)路线地质剖面图

北侧：中细粒角闪石英闪长岩

断　层

下古生界(未分) **>3 080.4m**

3.灰色变质粗面流纹岩、含凝灰质变细砂岩夹大理岩透镜体　856.3m

2.浅灰色变质粗面流纹岩夹(互)灰绿色凝灰质变细砂岩，局部偶含角砾　447.1m

1.灰绿色玄武岩、凝灰岩夹凝灰质变细砂岩　1 777.0m

断　层

南侧：桑株塔格岩群灰色条纹状大理岩

剖面上该套地层未见顶、底。下部岩性主要为灰绿色玄武岩、凝灰岩夹凝灰质变细砂岩。玄武岩具块状构造，隐晶结构，为基性火山熔岩类。凝灰岩呈灰绿色，具中—薄层状构造、凝灰结构；凝灰质变细砂岩呈灰—灰绿色，具中—薄层状构造，变砂状结构，砂岩中含有一定量凝灰成分。上部主要为灰色变质粗面流纹岩夹凝灰岩、含凝灰质变细砂岩等，以酸性火山岩为主要特征。地层中夹有大理岩透镜体(可能为沉积混杂块体)。地层中由火山岩—含凝灰质变细砂岩或凝灰岩构成的韵律较清楚的地层，基性火山岩与酸性火山岩直接接触，未见中性火山岩，具双峰式特征。

该套地层横向变化较大，在东部主要为一套浅变质碎屑岩，有绿泥长石钙质片岩、黑云石英片岩等，岩石中含有较多的火山质成分。该套地层总体变质较浅，为低绿片岩相变质。沉积环境主体为陆缘盆地相。

(三)岩石地球化学特征

1. 岩石化学特征

岩石化学特征见表2-27。玄武岩与世界基性玄武岩(维氏，1962)值对比，Al_2O_3、FeO偏高，SiO_2、Fe_2O_3、MnO、TiO_2、P_2O_5、K_2O、Na_2O偏低，CaO、MgO基本接近，显示其来源较深，可能是上地幔产物。

表2-27　下古生界(未分)地层火山岩化学特征表　(%)

样品号	岩石名称	SiO_2	Al_2O_3	Fe_2O_3	CaO	MgO	MnO	TiO_2	P_2O_5	K_2O	Na_2O	FeO	H_2O^+	H_2O^-	LOI	Σ
D3092/4	玄武岩	45.03	19.87	2.33	9.63	6.51	0.20	0.72	0.08	0.68	2.05	7.40	4.10	0.04	2.18	100.82
D3093/1	变质粗面流纹岩	67.39	12.36	1.70	2.91	2.06	0.06	0.35	0.08	3.51	2.69	2.18	1.81	0.13	2.42	99.65
世界基性玄武岩值(维氏，1962)		50.00	16.08	4.22	9.75	6.30	0.36	1.29	0.36	1.24	2.73	6.80	—	—	—	—
中国流纹岩平均值		72.06	13.40	1.81	0.75	0.28	0.08	0.29	0.10	4.55	3.71	2.11	—	—	—	—

世界变质粗面流纹岩与中国流纹岩对比，Al_2O_3、CaO、MgO、TiO_2偏高，SiO_2、Fe_2O_3、MnO、P_2O_5、K_2O、Na_2O偏低，FeO基本接近。玄武岩通过FeO^*-(Na_2O+K_2O)-MgO图解(图2-20)为拉斑玄武岩$K_2O+Na_2O=2.73$，$\delta=3.67$，碱性和钙碱性过渡类型，通过基性火山岩有关的FeO^*-MgO-Al_2O_3图解(图2-21)和基性火山岩TiO_2-MnO-P_2O_5图解(图2-22)，为岛弧拉斑玄武岩。变质粗面流纹岩通过全碱-氧化硅图解为英安岩，$K_2O+Na_2O=6.2$，$\delta=1.58$，钙碱性系列岩石。综合上述，下古生界(未分)地层火山岩为碱性-钙碱性系列岩石。

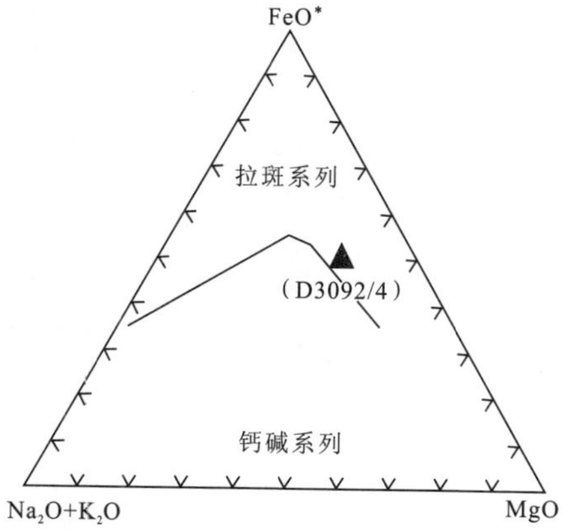

图 2-20 下古生界(未分)地层玄武岩 $FeO^*-(Na_2O+K_2O)-MgO$ 图解

▲D3092/4

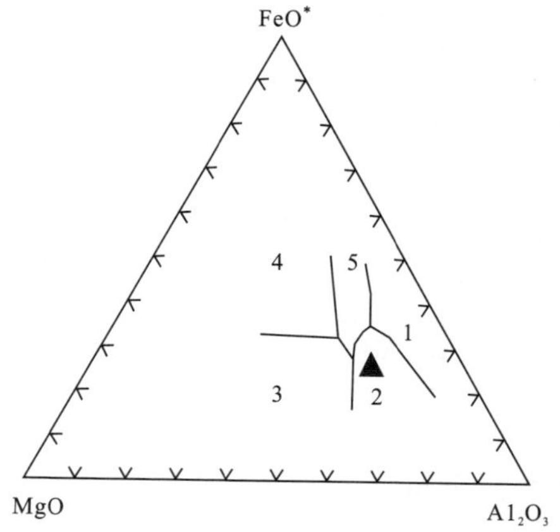

图 2-21 基性火山岩 $FeO^*-MgO-Al_2O_3$ 图解

1. 扩张中心洋岛玄武岩;2. 造山玄武岩(岛弧或活动陆缘);3. 洋脊和洋底玄武岩;4. 洋岛玄武岩;5. 大陆玄武岩 ▲D3092/4

2. 微量元素特征

下古生界(未分)地层微量元素特征见表 2-28,玄武岩与世界基性玄武岩平均值对比,除大离子亲石元素 Sc、Rb 强富集—富集外,其余元素均为亏损—强亏损。变质粗面流纹岩与地壳克拉克值对比,除 Ba、Hf、Th 富集外,其余元素均为弱亏损—亏损,反映火山岩微量元素大多亏损。

微量元素特征见表 2-28,玄武岩与世界基性玄武岩平均值对比,除大离子亲石元素 Sc、Rb 强富集—富集外,其余元素均亏损—强亏损。变质粗面流纹岩与地壳克拉克值对比,除 Ba、Hf、Th 富集外,其余元素均弱亏损—亏损,反映火山岩微量元素大多亏损。

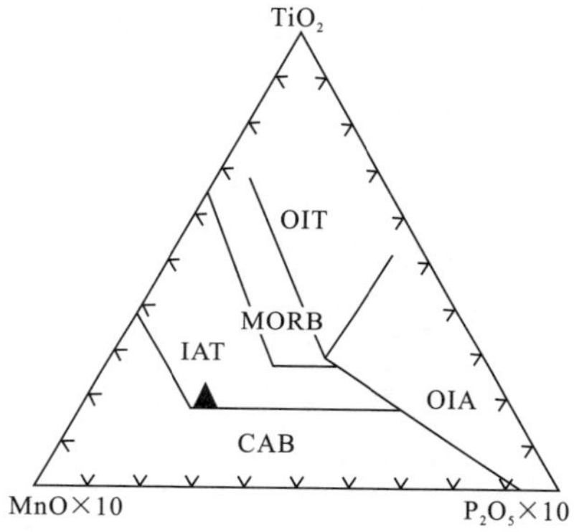

图 2-22 基性火山岩 $TiO_2-MnO\times10-P_2O_5\times10$ 图解

OIT. 洋岛拉斑玄武岩;OIA. 洋岛碱性玄武岩;CAB. 钙碱性玄武岩;IAT. 岛弧拉斑玄武岩;MORB. 洋中脊玄武岩 ▲D3092/4

表 2-28 下古生界(未分)地层火山岩微量元素特征

样品号	岩石名称	Cr	Ni	Co	Sc	Ba	Sr	Rb	Zr	Nb	Hf
D3092/4	玄武岩	27.10	8.61	18.70	38.10	77.00	246.00	11.10	4.05	2.14	0.15
D3093/1	变质粗面流纹岩	76.40	4.87	6.26	6.88	84.00	199.00	143.00	51.70	13.30	1.12
D3093/3	变质粗面流纹岩	27.10	6.37	6.06	6.82	603.00	101.00	154.00	118.00	13.80	2.18
变质粗面流纹岩平均值		51.75	5.62	6.16	6.85	721.00	150.00	148.50	84.90	13.60	1.65
地壳克拉克值		83.00	58.00	18.00	10.00	650.00	340.00	150.00	170.00	20.00	1.00
世界基性岩平均值(涂和费,1961)		200.00	160.00	45.00	2.40	300.00	440.00	4.5	100.00	20.00	1.00

样品号	岩石名称	Ta	Th	Bi	Sb	As	Au	Ag	Cu	Pb	Zn
D3092/4	玄武岩	0.11	0.50	—	—	—	—	—	54.30	16.70	119.00
D3093/1	变质粗面流纹岩	1.00	24.40	—	—	—	—	—	24.00	33.70	69.20

续表 2－28

样品号	岩石名称	Ta	Th	Bi	Sb	As	Au	Ag	Cu	Pb	Zn
D3093/3	变质粗面流纹岩	1.01	24.40	0.04	1.18	4.19	1.15	120.00	340.00	27.90	113.00
变质粗面流纹岩平均值		1.00	24.40	0.04	1.18	4.19	1.15	120.00	139.40	26.10	100.40
地壳克拉克值		2.50	13.00	0.01	0.50	1.70	4.00	80.00	63.00	12.00	94.00
世界基性岩平均值（涂和费，1961）		0.48	3.00	—	—	—	—	—	—	—	—

注：表中 Au、Ag 含量单位为 $\times10^{-9}$，其他元素含量单位为 $\times10^{-6}$。

3. 稀土元素特征

稀土元素特征见表 2－29，玄武岩轻、重稀土比值较大，轻稀土富集，Eu 富集，Ce 亏损，轻、重稀土分馏一般。稀土配分模式曲线向右缓倾(图 2－23)，与大陆玄武岩稀土配分模式相似，但稀土总量比大陆玄武岩要低很多；变质粗面流纹岩轻、重稀土比值较大，轻稀土强富集，Eu 强亏损，Ce 亏损，轻、重稀土分馏明显，稀土配分模式曲线向右陡倾，与花岗岩稀土配分模式曲线不同，可能与酸性岩浆物源有关，Eu 负异常反映岩浆分离结晶作用强，物源较深。

表 2－29　下古生界(未分)地层稀土元素特征表

样品号	岩石名称	稀土元素含量（$\times10^{-6}$）												
		La	Ce	Pr	Nd	Sm	Eu	Gd	Tb	Dy	Ho	Er	Tm	Yb
D3092/4	玄武岩	4.44	10.12	1.51	6.51	1.79	0.68	1.79	0.31	1.95	0.37	1.16	0.16	1.04
D3093/1	变质粗面流纹岩	48.40	94.70	10.20	33.40	5.66	1.21	6.01	0.78	3.99	0.75	2.38	0.33	2.04
D3093/3	变质粗面流纹岩	55.50	109.00	11.70	40.50	7.36	1.16	7.16	0.92	4.57	0.85	2.70	0.35	2.34

样品号	岩石名称	稀土元素含量（$\times10^{-6}$）				特征参数					
		Lu	ΣREE	LREE	HREE	LREE/HREE	δEu	δCe	$(La/Yb)_N$	$(La/Sm)_N$	$(Gd/Yb)_N$
D3092/4	玄武岩	0.15	31.98	25.05	6.92	3.62	1.17	0.87	2.76	1.42	1.45
D3093/1	变质粗面流纹岩	0.31	210.16	193.57	16.58	11.67	0.64	0.92	15.36	5.02	2.49
D3093/3	变质粗面流纹岩	0.35	244.46	225.22	19.23	11.71	0.49	0.92	15.34	4.33	2.59

（四）沉积相和沉积环境

该套地层原岩总体为变质碎屑岩夹火山岩，火山岩双峰式特征明显。火山岩地球化学特征显示为碱性-钙碱性系列，玄武岩为岛弧拉斑玄武岩，岩浆来源于上地幔，火山岩具裂谷火山岩特征。另外，该套地层中可见大理岩透镜体，具有深水滑塌成因特征。综上所述，该套地层总体构造环境比较复杂，主体表现为一套活动陆缘盆地相沉积物，应为蒙古包-普守早古生代蛇绿构造岩带构造活动的伴生产物。

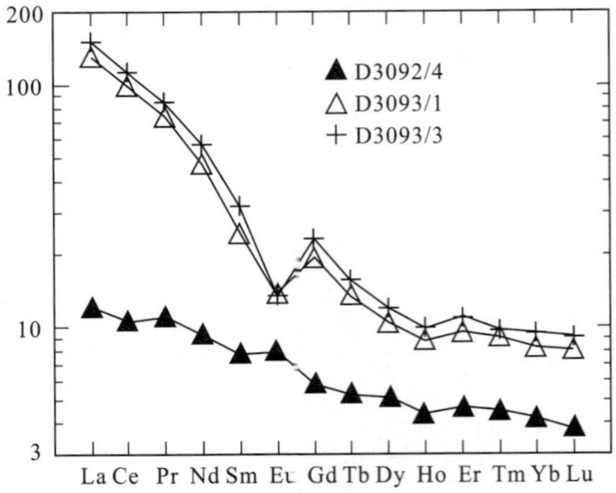

图 2－23　下古生界(未分)地层火山岩稀土元素模式图

(五)形成时代

该套地层变质比蓟县系桑株塔格岩群较浅,建造特征与库地蛇绿混杂岩带奥陶系玛列兹肯群酸性火山岩及北侧西合休岩组比较相似。在包孜阿日土南一带有中奥陶世花岗岩侵入其中,所以将该套地层时代暂定为早古生代。

二、西合休岩组[(∈—O)*x*]

(一)概述

西合休岩组是陕西省地质调查院计文化等(2004)新创名的组级岩石地层单位,命名地为新疆叶城县西合休一带,系指出露于西昆仑地层区沿库地-其曼于特早古生代蛇绿构造混杂岩带分布的一套绿片岩相变质地层,主要岩石为各种片岩、变粒岩、变质火山岩、千枚岩等,与相邻地层均以断层接触。

图幅区内该套地层主要分布于库尔良—苏格达坂一带,呈北西向带状展布,面积约 700km^2。该套地层为库地-其曼于特早古生代蛇绿构造混杂岩带相配套的早期裂解期建造。

(二)地层特征

西合休岩组变质较深、变形强烈,总体为构造岩片叠置。变形主要表现为中层次下的韧性变形,构造透镜体、紧闭褶皱,面理置换强烈,可见长英脉形成的无根褶皱、镜下"W"形褶皱发育,局部见褶皱轴面劈理与片理平行。该套地层变质相达低绿片岩相。其岩石组合主要为一套变质碎屑岩夹火山岩建造,该岩组与其下伏普守岩组为断层接触关系,与其上覆他龙群亦为断层接触(图 2-24),剖面上出露总厚度为 5 307.2m。

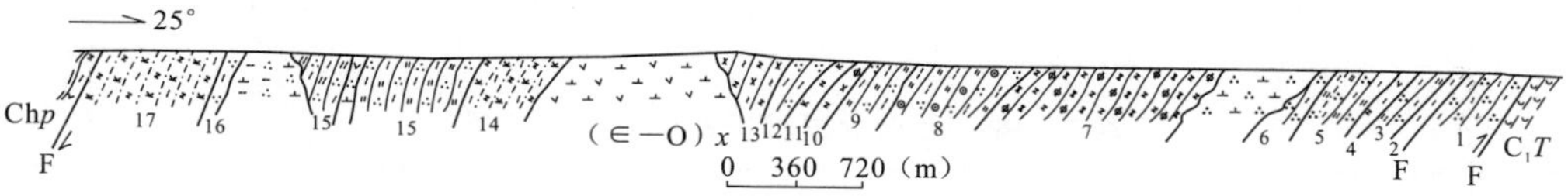

图 2-24　新疆和田市塔马尔特-托满西合休岩组实测地层剖面图

现以新疆和田市塔马尔特-托满西合休岩组实测地层剖面介绍,剖面位置 N36°37′57″,E79°65′33″。

剖面由北向南列述如下:

北侧:石炭系他龙群(C_1T)深灰色含碳质千枚岩夹片理化碳质灰岩

═══════　断　层　═══════

西合休岩组[(∈—O)*x*]	**5 307.2m**
17.灰色黑云二长变粒岩夹斜长角闪岩	713.9m
16.灰色黑云石英片岩	106.1m
15.灰色二云石英片岩	972.3m
14.灰色黑云二长变粒岩	446.4m
13.灰色阳起钠长绿泥片岩	360.8m
12.灰色黑云石英片岩	257.1m
11.浅灰色二长浅粒岩	70.7m
10.灰绿色钠长阳起绿帘片岩	35.4m
9.灰色二云石英片岩	219.4m

8.灰色含石榴子石二云石英片岩 451.4m

7.浅灰绿色绿帘阳起钠长片岩 819.9m

6.灰色黑云石英片岩 70.7m

5.灰色二云石英片岩 337.1m

4.灰—深灰色黑云角闪钠长片岩 64.2m

3.灰—深灰色二云石英片岩 63.6m

2.灰色黑云片岩 84.9m

1.灰色黑云石英片岩 233.3m

══════ 断 层 ══════

南侧:普守岩组(Ch*p*)黑云斜长片麻岩

剖面上西合休岩组未见顶、底,依据岩石组合可进一步划分成两部分,下部主要以片岩为主夹绿片岩,岩石组合为灰色黑云石英片岩、含石榴子石二云石英片岩、二云石英片岩夹绿帘阳起钠长片岩及黑云角闪钠长片岩等;上部主要有灰色黑云二长变粒岩、灰色黑云石英片岩夹灰绿色钠长阳起绿泥片岩及斜长角闪岩等。

该套地层图幅区内横向变化较大,总体由西向东地层中火山质成分逐渐增多,地层变质程度加深。

(三)岩石地球化学特征

1. 岩石化学特征

西合休岩组岩石化学分析结果见表2-30。由表可见,片岩、片麻岩化学成分总体变化较大,SiO_2、Al_2O_3、Fe_2O_3、MgO、CaO等含量较高,而TiO_2、MnO、P_2O_5等含量较低。其中SiO_2为42.72%~68.17%,Al_2O_3为14.28%~17.87%,TiO_2为0.28%~2.52%,说明原岩可能为陆源碎屑岩。斜长角闪中的SiO_2为52.58%,Fe_2O_3、MgO相对较高,原岩应为中基性火山岩类。

表2-30 西合休岩组岩石化学分析结果 (%)

样品号	岩石名称	SiO_2	TiO_2	Al_2O_3	Fe_2O_3	MgO	MnO	CaO	Na_2O	K_2O	P_2O_5	LOI	Σ
D2203/1	斜长角闪岩	52.58	0.49	16.34	12.41	4.17	0.20	9.17	2.25	0.77	0.10	1.55	100.03
D2204/1	混合岩化角闪斜长片麻岩	51.11	0.78	17.87	7.65	3.80	0.12	7.60	3.58	4.05	0.34	3.20	100.10
D2248/1	黑云石英片岩	53.39	1.16	16.68	10.05	5.25	0.13	5.38	2.13	3.86	0.27	1.38	99.68
D2249/1	黑云角闪钠长片岩	42.72	2.52	14.28	14.85	4.62	0.24	8.08	4.55	2.50	0.37	4.93	99.66
D2249/7	长英质糜棱片岩	68.17	0.28	14.65	3.66	1.13	0.06	2.51	3.78	3.39	0.09	2.18	99.90

2. 微量元素特征

西合休岩组微量元素及主要成矿元素分析结果见表2-31,由表中可以看出微量元素含量变化均较大。Hf元素几何平均值明显高于地壳克拉克值,Cr、Sr、Ba、Ta、U、Co、Ni等元素几何平均值明显低于地壳克拉克值,其余元素则与地壳克拉克值较为接近。微量元素聚集类型:Hf元素为聚集型,Sc、Rb、Ga等元素为弱聚集型,Sr、Ta、Ni等元素为极分散型,其余元素均为分散型。微量元素分布类型:微量元素总体分异程度不高,Th、P、Co、Ni等元素为强分异型,Sc、Cr、U等元素为分异型,Sr、Ba等元素为弱分异型,其余元素为均匀分布型。

表 2-31 西合休岩组微量元素分析结果

样品号	岩石名称	Sc	Cr	Rb	Sr	Zr	Nb	Ba	Hf	Ta	Th	U	P	Co	Ni	Ga	Sb	Hg	Au	Ag	Cu	Pb	Zn
D2247/2	黑云二长变粒岩	6.00	28.30	219.0	97.7	167.0	8.34	789.0	4.62	0.66	1.35	0.31	472.0	4.65	13.20	18.30	0.06	0.06	2.00	0.03	18.00	17.60	56.30
D2247/4	黑云石英片岩	21.60	95.10	132.0	153.0	161.0	13.50	368.0	4.39	1.00	11.60	1.62	774.0	26.90	58.30	21.80	0.19	0.32	3.00	0.07	88.60	18.50	129.00
D2248/1	黑云石英片岩	19.80	68.00	151.0	211.0	215.0	13.70	485.0	5.77	1.04	12.40	1.74	1 200.0	22.20	42.19	23.30	0.57	0.09	2.80	0.08	22.52	25.40	121.80
D2248/2	二长浅粒岩	7.67	14.70	156.0	76.2	198.0	14.90	393.0	6.38	0.80	27.20	1.99	248.0	3.90	13.50	18.70	0.39	0.04	2.00	0.03	14.50	33.00	56.20
D2248/5	含石榴子石二云石英片岩	16.35	78.75	175.5	106.0	152.5	12.90	590.0	4.16	1.05	14.70	1.72	493.0	24.20	47.10	23.05	0.23	0.08	7.00	0.05	34.60	18.25	122.00
D2249/1	黑云角闪钠长片岩	31.70	116.00	141.0	293.0	242.0	18.70	299.0	5.87	1.38	2.48	0.57	1 600.0	46.10	92.69	23.90	0.26	0.07	7.40	0.10	58.72	11.30	145.80
D2249/3	长英质碎裂岩	4.82	15.80	155.0	92.8	64.5	13.40	154.0	3.55	0.92	4.24	3.06	92.8	0.83	9.65	21.70	0.35	0.05	1.00	<0.02	9.52	9.81	21.10
D2249/7	长英质糜棱片岩	9.19	22.80	173.0	148.0	126.0	14.20	316.0	4.22	1.33	18.00	3.24	400.0	6.16	16.19	22.10	0.84	0.10	2.30	0.05	715.02	37.10	61.70
几何平均值		12.07	41.53	161.0	133.8	155.6	13.42	384.2	4.78	1.00	7.87	1.42	487.4	9.42	27.19	21.52	0.29	0.08	2.82	0.04	24.97	19.45	76.32
CV 值		0.78	0.95	0.17	0.55	0.35	0.21	0.51	0.21	0.24	1.11	0.73	1.04	1.67	1.08	0.1	0.86	1.14	0.85	0.53	1.10	0.50	0.60
KK 值		1.21	0.50	1.07	0.39	0.92	0.67	0.59	4.78	0.40	0.61	0.57	0.52	0.52	0.47	1.13	0.57	0.96	0.66	0.57	0.53	1.22	0.92
地壳克拉克值(维氏,1962)		10.00	83.00	150	340	170	20	650	1.00	2.50	13.00	2.50	930.00	18.00	58.00	19.00	0.50	0.08	4.3	0.07	47.00	16.00	83.00

注：表中 Au、Ag 元素含量单位为$\times 10^{-9}$，其他元素含量单位为$\times 10^{-6}$。

3. 主要成矿元素特征

由表 2－31 中可以看出，西合休岩组中主要成矿元素均未见明显的富集（成矿），7 种成矿元素几何平均值低于地壳克拉克值或与之接近，说明元素成矿背景值不高。主要成矿元素聚集类型：Pb 为弱聚集型，Sb、Hg、Au、Ag、Cu、Zn 等元素为分散型。主要成矿元素分布类型：Hg、Cu 为强分异型，Sb、Au 为分异型，Ag、Pb、Zn 为弱分异型。

4. 稀土元素特征

西合休岩组稀土元素分析结果见表 2－32，由表中可以看出：稀土总量 ΣREE 值变化较大，在 138.26×10^{-6}～231.98×10^{-6} 之间；轻、重稀土总量比值变化不大，LREE/HREE 在 4.87～8.49 之间，说明轻稀土含量较高，而重稀土则含量较低；δEu 为 0.37～1.04，表明 Eu 显示强亏损到弱富集；δCe 为 0.97～1.01，表明 Ce 亏损或富集不明显；$(La/Yb)_N$ 为 4.53～8.85，说明轻稀土富集明显；$(La/Sm)_N$ 为 1.92～3.45，$(Gd/Yb)_N$ 为 1.63～1.74，说明轻稀土分馏程度较高，重稀土分馏较差，稀土配分曲线斜率差异明显。稀土元素配分曲线（图 2－25）比较分散、复杂，均具有左高右低的特点，说明西合休岩组中的变质岩物源比较复杂。

表 2－32　西合休岩组稀土元素分析结果

样品号	岩石名称	稀土元素含量（$\times10^{-6}$）										
		La	Ce	Pr	Nd	Sm	Eu	Gd	Tb	Dy	Ho	Er
D2248/1	黑云石英片岩	46.01	96.22	11.01	43.96	8.40	1.92	7.47	1.12	6.24	1.24	3.77
D2249/1	黑云角闪钠长片岩	23.10	54.63	7.14	31.16	7.59	2.46	7.43	1.25	7.34	1.38	4.02
D2249/7	长英质糜棱片岩	28.58	56.32	6.10	22.40	5.34	0.61	5.14	0.94	5.47	1.03	2.98
样品号	岩石名称	稀土元素含量（$\times10^{-6}$）					特征参数					
		Tm	Yb	Lu	ΣREE	LREE	LREE/HREE	δEu	δCe	$(La/Yb)_N$	$(La/Sm)_N$	$(Gd/Yb)_N$
D2248/1	黑云石英片岩	0.54	3.52	0.56	231.98	207.52	8.49	0.76	0.99	8.85	3.45	1.72
D2249/1	黑云角闪钠长片岩	0.53	3.46	0.50	151.99	126.08	4.87	1.04	1.01	4.53	1.92	1.74
D2249/7	长英质糜棱片岩	0.41	2.55	0.39	138.26	119.34	6.31	0.37	0.97	7.59	3.37	1.63

（四）副矿物特征

西合休岩组中变粒岩副矿物主要有磁铁矿、石榴子石、黑云母、黄铁矿、磷灰石、锆石等，另有少量角闪石、褐铁矿、金红石、榍石、矽线石、绿泥石、重晶石等。

其中锆石呈浅玫瑰—玫瑰色，具金刚光泽，93%半透明，5%透明，少量不透明。所有锆石几乎都成浑圆状或粒状，仅见个别次浑圆状晶形，其棱角已圆钝，晶面稍能辨认。绝大部分表面被溶蚀成麻点状，少数为小丘状，比较粗糙。锆石中包裹体普遍存在，主要成分为极细小

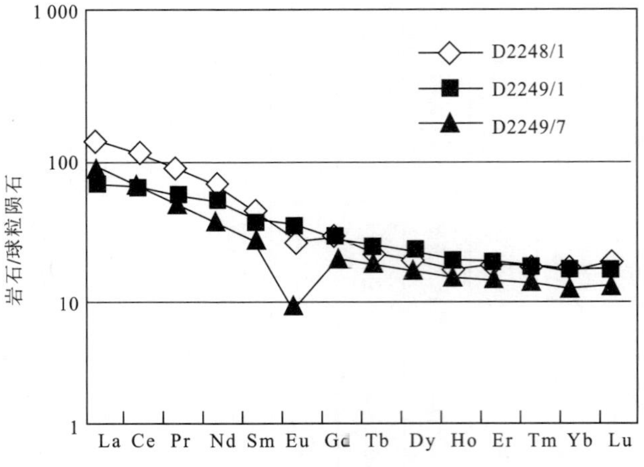

图 2－25　西合休岩组稀土元素配分模式

锆石。紫外灯光照射下锆石普遍发亮黄色光。该样品中锆石形态均为浑圆—次浑圆状，蚀象较粗糙，普遍含细小锆石包裹体，应为源区岩石中锆石。

(五)区域对比及形成时代

西合休岩组暂无确切时代依据，该岩组沿库地-其曼于特早古生代蛇绿构造混杂岩带分布，与同期俯冲-碰撞型花岗岩伴生，被奥陶纪花岗岩侵入。其变质变形特征、岩石组合与相邻的元古宇地层明显不同，比元古宇地层变质浅，比北侧石炭系他龙群变质深。该套地层与《于田县幅》(韩芳林等，2002)命名的库拉甫河岩群沉积建造、变质变形比较相似。故将其时代划为寒武纪—奥陶纪。

三、库地-其曼于特蛇绿混杂岩

(一)概述

图幅区内出露于北部库尔良至帕纳斯克塔格一带，呈一条南北宽度小于2km，东西延伸超过140km的狭长带状，总体走向近北西向。东、西两端均延伸图外。该蛇绿混杂岩带南侧为中昆仑微陆块北带，主要出露长城系普守岩组(Ch*p*)和蓟县系桑株塔岩群(JxS)，西部发育早古生代俯冲型和碰撞型侵入岩；蛇绿混杂岩带的北侧为库尔良晚古生代裂谷带，并残留裂解期建造的西合休岩组[(∈—O)*x*]，图幅区内西部有早古生代碰撞型侵入岩侵入其中。该蛇绿混杂岩带在西部库地一带和东部于田县其曼于特一带出露较完整，图幅区内出露的蛇绿混杂岩组成较为单一，仅见基性火山岩、辉长岩和超基性岩。

(二)蛇绿混杂岩地质特征

由于受到构造破坏，图幅区内未见完整的蛇绿岩组合，库地-其曼于特早古生代蛇绿构造混杂岩带在图幅区内仅发育有超基性岩和基性火山岩。

1. 超基性岩

超基性岩仅见于图幅区内托满南侧10km处，呈构造透镜体被挟持于蛇绿构造混杂岩带之中，东西断续延伸超过2km，岩性为二辉橄榄岩、斜辉橄榄岩和单辉辉石岩等。

2. 基性火山岩

基性火山岩呈带状分布于斯看杰达坂—苏热达坂南一带，呈北西向延伸大于40km，出露宽度1～3km，与周围地质体均为断层接触。岩性主要为绿泥钠长片岩，局部见少量斜长角闪岩。依据野外产状，结合变质分解的矿物特点分析，原岩可能为基性火山岩类。

图幅区内库地-其曼于特蛇绿岩所具有的复杂的岩石地球化学特征表明其并非典型的大洋蛇绿岩(详见第三章第四节)。明显富集的大离子亲石元素、较高稀土总量、轻稀土明显富集等一系列特征均表明该蛇绿岩带中混入了大量的洋岛残片，接近洋壳组成的岩石又具有明显的富集地幔特征，其所代表的洋盆规模不大，为陆缘小洋盆。

(三)库地-其曼于特蛇绿岩的形成时代

图幅区内该蛇绿岩组成单一，未见相关的沉积建造，但区域上，在西部的库地及东部的其曼于特前人研究较为详细。1∶25万《于田县幅》在与该蛇绿岩相关的层状辉长岩中取得了(526±1.0)Ma的表面年龄，代表了岩体的结晶年龄；其上交点年龄为(971±33)Ma，代表了地幔分异年龄；下交点年龄为(432±15)Ma，代表了蛇绿岩构造就位年龄。肖序常等在库地一带的不孜完沟沟垴与超镁铁质岩共生的具堆晶结构的辉长岩中获得 SHRIMP－Ⅱ年龄值为(510±4)Ma,可以代表后期蛇绿岩的分异的时代。以上年龄值的获得表明该蛇绿岩形成于早古生代——晚奥陶世—早志留世,表明该蛇绿岩形成于早古生代早期,构造就位于早古生代晚期。

四、蒙古包-普守蛇绿构造混杂岩

(一)概述

该蛇绿构造混杂岩为本次区调工作首次发现并命名的新的非正式地层单位,为早古生代蛇绿构造混杂岩。出露于图幅区内中部的蒙古包—普守一带,呈一条南北宽度小于 2km,东西延伸超过 130km 的狭长带状,总体走向近东西,但南北起伏明显。东、西两端均延伸出图外,西端在西邻麻扎幅中与康西瓦-苏巴什蛇绿构造混杂岩带相截;东端在东邻恰哈幅中与库地-其曼于特蛇绿构造混杂岩相切,该带将中昆仑微陆块进一步划分为中昆仑微陆块北带和中昆仑微陆块南带两个次级构造单元。中昆仑北带主要出露长城系普守岩组(Ch*p*)和蓟县系桑株塔岩群(Jx*S*),西部发育早古生代俯冲型和碰撞型侵入岩;中昆仑南带则主要出露长城系赛图拉岩群(Ch*St*),广泛发育早古生代碰撞型侵入岩,俯冲型侵入岩只在靠近康西瓦蛇绿构造混杂岩附近分布。蛇绿岩岩性单元较齐全,其中夹有少量深水沉积岩及构造混入透镜体。东部的普守一带出露少量的基性—超基性岩,西部的蒙古包南蛇绿岩套相对出露较齐全。

图 2－26 为蒙古包南 5km 处普守蛇绿构造混杂岩剖面图。蛇绿岩以巨大的两条北倾逆冲糜棱岩带夹于北侧的中昆仑北带蓟县系桑株塔格岩群和南侧的早古生代边缘建造之间,由北而南依次为钠长绿泥片岩(原岩为基性熔岩),其中下部夹有少量的深灰色硅质岩,中部有少量的大理岩构造透镜体混入;南侧为蚀变辉绿岩。由于构造变形强烈,各岩性单元间多为构造岩片接触。从其岩石组合规律看,该处蛇绿岩产状北倾正常。

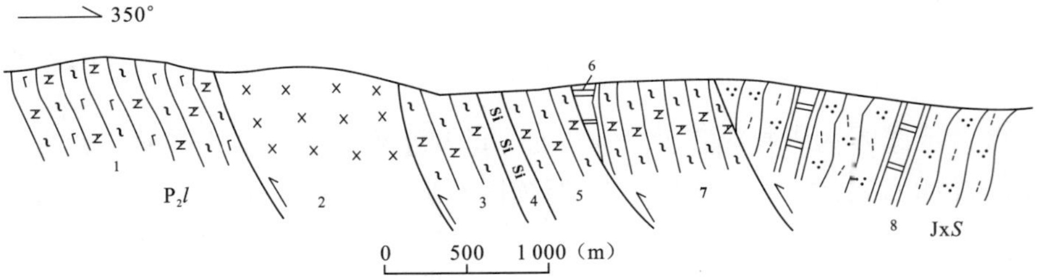

图 2－26　蒙古包南蒙古包-普守早古生代蛇绿构造混杂岩剖面

1. 绿泥钠长钙质片岩(P_2l);2. 蚀变辉绿岩;3、5、7. 钠长绿泥片岩(原岩为基性熔岩);4. 硅质岩;6. 大理岩构造透镜体;8. 黑云石英片岩夹大理岩(JxS^b)

(二)蛇绿混杂岩地质特征

蒙古包-普守早古生代蛇绿构造混杂岩岩石单元出露较齐全,图幅区内见有超基性岩、基性杂岩体和基性火山岩。因构造破坏未见完整的蛇绿岩剖面,相关的沉积岩有硅质岩和灰岩(已变质成大理岩)。

1. 超基性岩

超基性岩见于图幅区内的普守和包孜阿日东南一带,均呈透镜状被挟持于蛇绿构造混杂岩带之中,东西断续延伸超过 20km,岩性主要有蛇纹石化纯橄岩、云母二辉岩、含斜辉岩等。

2. 基性岩体

基性杂岩体是蒙古包-普守蛇绿岩的主要岩石单元，主要分布于色列克叶孜达坂、蒙古包南一带，呈透镜状展布，为构造混杂的块体夹于蛇绿混杂岩带中，原始产状已不可辨。岩性有辉长岩、辉石闪长岩和辉绿岩等。基性岩体普遍经轻微的变质作用，但原岩成分及结构仍较清楚。

3. 酸性岩脉

该蛇绿混杂岩带中的酸性岩脉不发育，仅见于图幅区内普守南部，脉体侵入于超基性岩之中，与云母二辉岩紧密共生，岩性为中细粒石榴英云闪长岩，为深源基性岩浆分异的产物。

4. 基性火山岩

基性火山岩仅见于图幅区内蒙古包南侧附近，岩石已变质为钠长绿泥片岩，呈灰绿色，显微粒状鳞片变晶结构，显微片状构造。原岩结构、构造变质后无残余，仅依据变质后的矿物组合分析应为中基性熔岩类。

5. 硅质岩

硅质岩仅见于蒙古包南侧，夹于基性火山岩之中，岩石呈深灰色，致密坚硬。

6. 灰岩

灰岩已变质成大理岩，呈构造透镜体夹于基性火山岩之中，宽度小于100m，长度约1 500m。岩石呈灰白色，块状、粒状变晶结构。

综上所述，蒙古包-普守蛇绿岩规模不大，除层状辉长岩和堆晶岩未见外，其他岩石种类基本齐全。其中的大理岩透镜体可能为混入的台地相碳酸盐岩。

蛇绿岩是大陆碰撞造山带中古洋壳的残片已成共识，现在，比较普遍的认识是蛇绿岩并不产于正常的大洋中脊，而是在大陆边缘-岛弧环境。图幅区内蒙古包-普守蛇绿岩所具有的复杂的岩石地球化学特征表明其并非典型的大洋蛇绿岩（详见第三章第四节）。明显富含大离子亲石元素、高稀土总量、轻稀土明显富集等一系列特征均表明该蛇绿岩所代表的洋盆规模不大，为陆缘小洋盆。蛇绿岩两侧的基底地层具有基本相似的地球化学特征（详见第四章变质岩）也支持上述观点。

（三）蒙古包-普守蛇绿混杂岩的形成时代

与该蛇绿岩相关的硅质岩和灰岩均已不同程度的重结晶，其中未发现微体古生物化石，但本次区调在蛇绿岩带两侧与其密切伴生的侵入岩中获得了大量的SHRIMP U－Pb法年龄值，俯冲期侵入岩形成于早中奥陶世，碰撞期侵入岩形成于晚奥陶世—早志留世，表明该蛇绿岩形成于早古生代早期，构造就位于早古生代晚期。

五、温泉沟群（S_1W）

（一）概述

温泉沟群由新疆地质局区调大队张玉谦、赵明钰、焦生瑞（1976）创名，创名地叶尔羌河上游，原始定义：与上覆达坂沟群整合接触，由一套海相碎屑岩夹碳酸盐岩组成，碎屑岩中含黄铁矿，纵、横向稳定。现在定义：岩性以浅变质的碎屑岩为主，有钙质粉砂岩、石英砂岩、千枚岩，顶界与达坂沟群整合接触，与下伏地层接触关系不明。1984年新疆地质局第一区调大队四分队西昆仑1∶100万地质调查，1990年《新疆古生界》(上)均使用温泉沟群，1993年《新疆维吾尔自治区区域地质志》改用温泉沟组。《新疆维吾尔自治区岩石地层》(1999)沿用温泉沟群名称，定义为"岩性以浅变质的碎屑岩为主，有钙质粉砂岩、石英砂岩、千枚岩，顶界与达坂沟群整合接触。与下伏地层关系不明"，时代为早—中志留世，本次区调工作沿用其名，但在该地层中采到了大量孢粉化石，依据其生物化石资料，将其时代厘定为早志留世。依据岩石组合，可进一步划分为粉砂岩组、砂岩组、板岩组3个。

图幅区内温泉沟群仅出露于图幅西南角一带，分布范围局限，呈近北西向带状展布(见图2-18下古生界地层分布图)，出露总面积约270km²。

(二)地层特征

图幅区内温泉沟群由于分布局限，仅出露砂岩组，与北侧二叠系黄羊岭群为断层接触，被侏罗系龙山组不整合覆盖。

砂岩组可分为上、下两个部分，下部岩性以砂岩为主夹有少量粉砂岩及硅质岩，岩性有长石石英砂岩、长石砂岩、长石石英杂砂岩、石英粉砂岩等；上部岩性以泥质石英粉砂岩、石英粉砂岩为主夹有长石石英砂岩、长石砂岩、硅质岩等。

该砂岩组总体成分和结构成熟度均不高，碎屑物中长石含量较高，具有近源快速堆积特征。由下到上总体有岩层越来越薄、砂粒越来越细、杂基含量越来越高的趋势。地层中粒序层理、水平层理、平行层理发育。由砂岩—粉砂岩构成的韵律清楚，单个韵律厚30～50cm，主要包括鲍马序列的B、C、D、E段。

图幅区内温泉沟群岩性、岩相稳定，横向变化不大。

(三)地球化学特征

1. 岩石化学特征

温泉沟群砂岩组岩石化学分析结果见表2-33。由表可见，岩石化学成分总体变化较小，SiO_2、Al_2O_3、CaO、Fe_2O_3、K_2O含量较高，而TiO_2、MgO、MnO、P_2O_5等含量较低。其中SiO_2为65.44%～74.85%，Al_2O_3为10.28%～14.34%，TiO_2为0.53%～1.01%。

表2-33　温泉沟群砂岩组岩石化学分析结果　　(%)

样品号	岩石名称	SiO_2	TiO_2	Al_2O_3	Fe_2O_3	MgO	MnO	CaO	Na_2O	K_2O	P_2O_5	LOI	Σ
D1410/1	中粒长石石英砂岩	65.92	0.53	10.29	2.09	1.90	0.07	5.87	0.35	5.93	0.13	6.92	100.00
D1412/3	石英细砂岩	74.85	0.74	10.11	4.71	1.10	0.03	0.86	3.36	2.08	0.17	2.02	100.03
D1417/1	石英粉砂岩	74.42	0.74	10.28	4.63	1.24	0.03	0.85	3.52	2.07	0.19	2.08	100.05
D2106/3	石英粉砂岩	67.93	0.75	11.89	7.64	2.08	0.12	1.58	2.23	1.96	0.10	3.71	99.99
D2106/6	泥质石英粉砂岩	65.44	1.01	14.34	5.97	1.51	0.07	2.23	1.32	3.21	0.09	4.81	100.00

2. 微量元素特征

温泉沟群砂岩组微量元素分析结果见表2-34，由表中可以看出Li、Sr、Zr、Nb、Ta、Mo、Co、Cu等元素含量变化较大，硅质岩数值与其他碎屑岩数值差异较大。Zr、Hf等元素几何平均值明显高于地壳克拉克值，Rb、Sr、Nb、Cu等元素几何平均值明显低于地壳克拉克值，其余元素则与地壳克拉克值较为接近。微量元素聚集类型：Hf为强聚集型，Zr属于聚集型，Li、Sc、Th、Ga等元素为弱聚集型，Sr 为极分散型，其余元素为分散型。微量元素分异类型：Li、Sr、Nb、Ta、Mo、Cu 等元素为强分异型，Co 为分异型，Zr、Hf、Co 为弱分异型，其余元素为均匀分布型。Cu 为分散型，强分异型，几何平均值略小于地壳克拉克值，所以砂岩组为 Cu 有利成矿层位。

表 2-34　温泉沟群砂岩组微量元素分析结果

($\times10^{-6}$)

样品号	岩石名称	Li	Be	Sc	Rb	Sr	Y	Zr	Nb	Cs	Ba
D1410/1	中粒长石石英砂岩	12.47	0.99	7.73	92.41	67.60	12.27	129.59	9.30	3.67	662.36
D1411/1	细粒长石石英砂岩	27.77	2.96	12.85	121.77	94.26	21.61	203.96	8.53	6.17	401.54
D1412/5	细粒长石石英砂岩	16.36	2.49	12.33	105.76	126.48	20.33	264.37	16.41	3.44	600.98
D1413/1	细粒长石石英砂岩	22.09	2.72	11.67	104.50	112.61	15.55	202.44	7.69	4.25	443.24
D1413/2	长石石英粉砂岩	28.64	2.49	11.49	82.63	119.35	21.80	201.86	5.90	2.52	371.12
D1413/3	中细粒长石砂岩	41.87	2.17	10.86	76.84	134.90	28.83	202.23	9.45	2.35	428.00
D1414/2	中细粒长石砂岩	35.53	2.13	12.91	62.12	126.80	26.16	304.80	13.84	1.58	413.97
D1414/3	硅质岩	172.90	4.05	25.81	12.07	564.83	40.60	714.64	94.90	1.14	149.86
D1416/3	细粒长石石英砂岩	29.40	2.60	10.98	93.34	90.27	18.17	212.93	8.48	2.03	239.89
D1416/4	泥质石英粉砂岩	36.61	2.87	13.89	119.29	102.30	28.64	245.76	11.29	3.08	349.29
D1417/1	石英粉砂岩	33.67	2.19	8.50	93.50	62.80	26.01	516.38	10.56	3.54	348.75
D1417/2	细粒长石石英砂岩	28.54	1.92	8.82	76.16	102.07	29.52	148.17	12.17	1.79	211.42
D1417/3	石英粉砂岩	43.03	1.11	8.43	79.70	52.14	27.03	397.56	20.26	4.10	446.77
几何平均值		32.26	2.22	11.44	77.67	109.44	23.32	255.75	12.51	2.77	363.39
CV 值		1.26	0.36	0.40	0.36	1.20	0.31	0.65	1.88	0.49	0.39
KK 值		1.01	0.58	1.14	0.52	0.32	0.80	1.50	0.63	0.75	0.56
地壳克拉克值(维氏,1962)		32.00	3.80	10.00	150.00	340.00	29.00	170.00	20.00	3.70	650.00

样品号	岩石名称	Hf	Ta	W	Th	U	Mo	Co	Ga	Cu	Pb
D1410/1	中粒长石石英砂岩	3.95	0.56	0.96	7.78	2.05	—	3.94	21.62	21.71	12.14
D1411/1	细粒长石石英砂岩	5.62	1.50	0.46	14.36	2.41	0.59	12.80	21.66	19.63	10.65
D1412/5	细粒长石石英砂岩	7.17	4.65	1.39	14.43	2.49	0.36	8.18	27.05	14.49	8.49
D1413/1	细粒长石石英砂岩	5.67	1.24	0.64	16.06	2.25	0.43	13.10	21.48	10.91	7.19
D1413/2	长石石英粉砂岩	5.34	1.25	0.34	10.86	2.14	1.67	13.96	20.59	11.38	10.08
D1413/3	中细粒长石砂岩	5.74	0.57	0.73	12.20	2.31	0.36	11.34	21.42	14.05	15.42
D1414/2	中细粒长石砂岩	8.60	1.11	1.30	19.49	2.67	3.11	11.85	20.67	23.88	10.77
D1414/3	硅质岩	17.84	31.89	1.12	14.72	3.22	2.15	41.47	20.72	94.26	12.49
D1416/3	细粒长石石英砂岩	5.93	0.54	0.80	15.21	2.28	0.21	12.86	17.67	14.11	6.21
D1416/4	泥质石英粉砂岩	6.86	1.36	1.24	16.15	2.42	1.06	14.06	20.89	14.53	7.08
D1417/1	石英粉砂岩	14.92	1.96	0.53	18.24	3.14	9.86	8.28	18.75	16.96	10.19
D1417/2	细粒长石石英砂岩	3.93	2.27	0.99	11.23	1.69	2.98	10.59	14.50	12.28	6.37
D1417/3	石英粉砂岩	12.07	1.68	1.66	17.01	3.42	—	6.31	19.24	14.73	12.88
几何平均值		7.13	1.65	0.85	14.06	2.46	1.08	11.17	20.30	17.57	9.62
CV 值		0.61	5.15	0.47	0.23	0.20	2.59	0.82	0.14	1.26	0.29
KK 值		7.13	0.66	0.65	1.08	0.98	0.98	0.62	1.07	0.37	0.60
地壳克拉克值(维氏,1962)		1.00	2.50	1.30	13.00	2.50	1.10	18.00	19.00	47.00	16.00

(四)沉积相及沉积环境分析

温泉沟群砂岩组岩性主要为砂岩、粉砂岩、板岩及硅质岩等。地层中由砂岩—粉砂岩或板岩—硅质岩构成的韵律发育。沉积构造有水平层理、平行层理及少量冲刷面构造。砂岩中碎屑总体磨圆不好,分选较差,成分复杂且见大量火山碎屑。上部砂岩组中可见硅质砾岩、灰岩质角砾岩透镜体等,具有水下滑塌成因特征。从沉积建造特征看该群应为较深水浊流沉积。

将温泉沟群碎屑岩化学成分用 SiO_2-(K_2O/Na_2O)图解(图 2-27)判别,结果 5 个样品中有 4 个落入活动陆缘区,仅有 1 个样品落入被动陆缘区。将该群碎屑岩微量元素分析结果用 La-Th-Sc 和 Th-Sc-Zr/10 图解(图 2-28)判别,其投影点较集中分布于大陆岛弧区及其附近,仅有极个别点分散于外围。综上所述,温泉沟群主体应为活动大陆边缘背景下的斜坡构造环境。

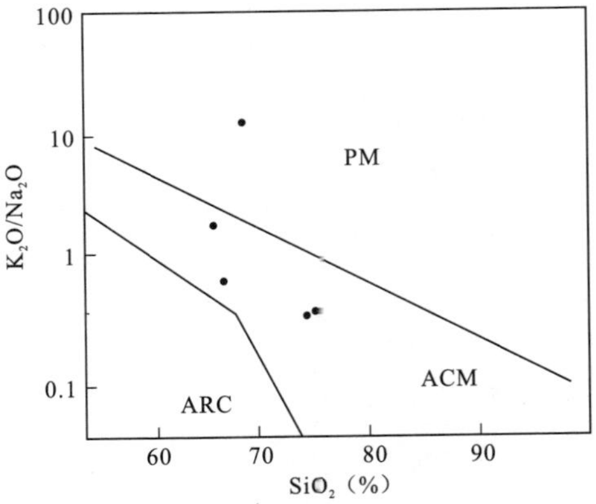

图 2-27 温泉沟群碎屑岩 SiO_2-(K_2O/Na_2O)图解

ARC. 大洋岛弧边缘;ACM. 活动陆缘;PM. 被动陆缘

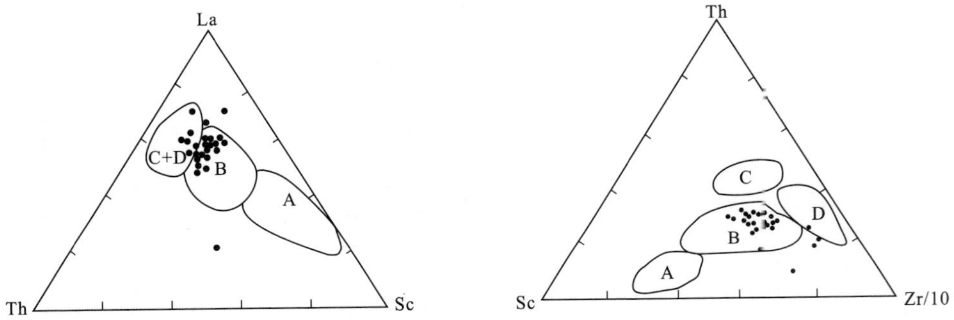

图 2-28 温泉沟群碎屑岩微量元素 La-Th-Sc 和 Th-Sc-Zr/10 图解

A. 大洋岛弧;B. 大陆岛弧;C. 活动大陆边缘;D. 被动大陆边缘

(五)关于形成时代

温泉沟群中未采到大化石,为确定其准确的时代,本次区调工作在岔路口幅该群板岩组中采集了大量的孢粉样品,经中国地质科学院高联达研究员鉴定,获得了较为丰富的疑原类和几丁虫,其形成时代为早志留世。故将其温泉沟群时代置于早志留世。

第三节 上古生界

图幅区内上古生界地层分布较广,主要有石炭系他龙群、库尔良群、塔哈奇组和二叠系黄羊岭群、杜瓦组等。其中他龙群、库尔良群和黄羊岭群具有深水海盆成因特征,塔哈奇组为浅海碳酸盐岩夹少量碎屑岩,杜瓦组为一套陆相碎屑岩建造(图 2-29)。

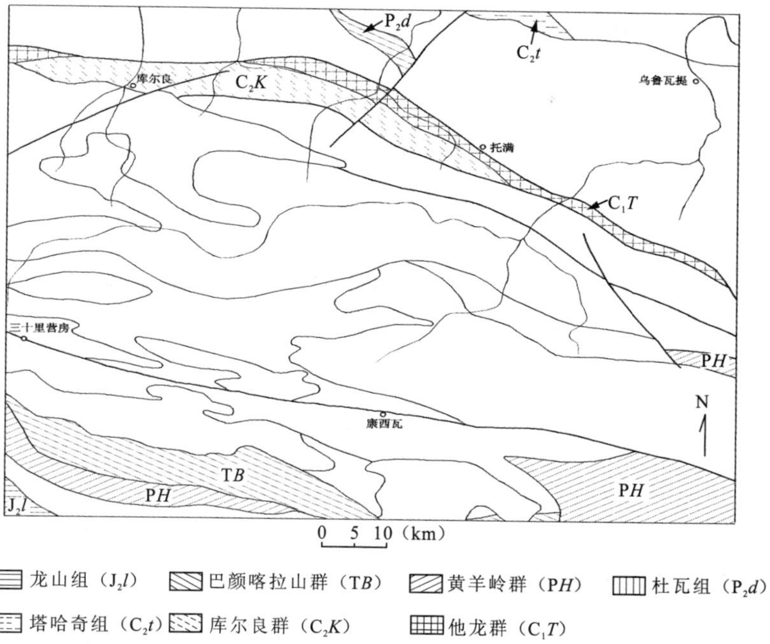

图 2-29　晚古生代—中古生代地层分布图

一、他龙群(C_1T)

(一)概述

该群由地质部第十三大队二中队张良臣等(1958)在昆仑山西北部进行 1∶20 万地质测量及普查工作时创名"塔仑岩系"。原始定义:塔仑岩系呈北西西—南东东向的带状延伸,与下伏岩系关系不清,与上覆岩层未见直接接触。下部沉积物是由黑色泥质碳质页岩所组成,占全岩系的 30%,其中夹有砂岩、石灰岩,大理岩以及绿色绢云母绿泥石片岩和细砂岩;上部沉积物主要有黑色、灰黑色碳质泥质页岩和砂岩组成。1984 年新疆地质局区调大队四分队、十分队分别在西昆仑康西瓦—喀喇昆仑河尾滩地区、叶尔羌河上游地区进行 1∶100 万区域地质调查时,将该套地层命名为他龙群(命名地形图上为"他龙"而非"塔仑")。《新疆维吾尔自治区岩石地层》重新定义:指与上覆库尔良群断层接触,与下伏奇自拉夫组不整合接触的一套海相细碎屑岩夹少量碳酸盐岩和粗碎屑岩及火山碎屑岩沉积。岩性为灰黑色碳质泥质粉砂岩、石英砂岩夹大理岩、晶屑岩屑凝灰岩,局部夹绢云绿泥石英片岩。依据生物化石将其时代置于早石炭世。

本次区调工作沿用地层清理名称及划分。图幅区内该群呈近东西—北西向带状分布于库尔良—苏热达坂一带(图 2-29),与上、下地层均为断层接触。图幅区内地层出露发育不全,顶、底均为断层接触,出露总面积约 380km^2。该群与西合休岩组、塞拉加兹塔格岩群均为断层接触,剖面上出露总厚度大于 1 906.2m。

(二)地层特征

他龙群总体为一套片理化的浅变质碎屑岩夹基性火山岩及碳酸盐岩,变质相达低绿片岩相。该群下部主要为一套长英质细碎屑岩夹中基性火山岩,上部主要为一套细碎屑岩夹少量碳酸盐岩。

现以新疆和田市塔马尔特-托满他龙群实测地层剖面(图 2-30)介绍如下,剖面位置 N36°37′57″,E79°65′33″。

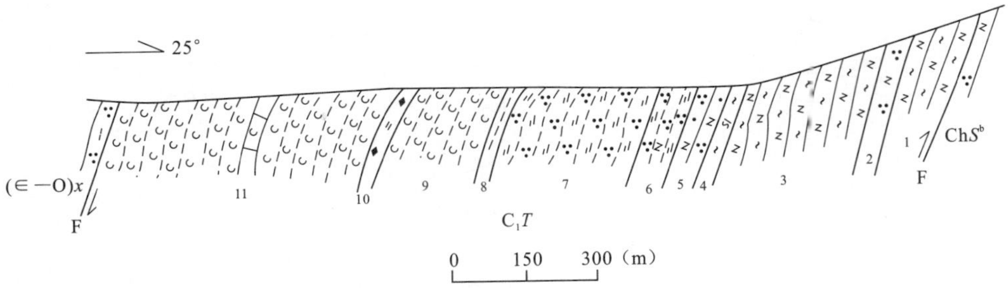

图 2-30　新疆和田市塔马尔特-托满他龙群实测地层剖面图

剖面由南向北列述如下：

南侧：西合休岩组[(∈—O)x]灰色黑云石英片岩

═══════ 韧性断层 ═══════

他龙群(C_1T)	**>1 906.2m**
11. 深灰色含碳质千枚岩夹片理化碳质灰岩	574.3m
10. 灰白—灰色白云石绢云千枚岩	8.7m
9. 深灰色含碳质千枚岩夹石英绢云千枚岩	108.2m
8. 深灰色绢云千枚岩	63.4m
7. 灰色绢云石英千枚岩	317.2m
6. 灰色石英绢云千枚岩夹片理化变质细粒长石石英砂岩	51.7m
5. 灰—浅灰绿色变质细粒长石石英砂岩夹灰色绢云石英千枚岩	26.5m
4. 灰色硅质硬绿泥石千枚岩夹灰色变质中粒长石石英砂岩	17.3m
3. 灰—浅灰绿色绿泥石钠长片岩	493.5m
2. 灰色片理化变质细粒长石石英砂岩	84.7m
1. 灰—浅灰绿色绿泥钠长片岩	160.7m

═══════ 韧性断裂 ═══════

北侧：塞拉加兹塔格岩群(ChS^b)灰色绢云石英片岩

剖面上未见顶、底。下部岩性组合主要为片理化变质细粒长石石英砂岩、灰—浅灰绿色绿泥石钠长片岩、灰色石英绢云千枚岩夹细粒长石砂岩等；上部岩石主要有深灰色含碳质千枚岩、石英绢云千枚岩、灰白—灰色白云石绢云千枚岩夹片理化碳质灰岩等。局部有蚀变辉绿岩脉贯入。地层中由变质长石石英砂岩—石英绢云千枚岩构成的韵律清楚，单个韵律层厚30～40cm。该群下部夹大量中基性火山岩，上部夹薄层状灰岩，碳质、泥质含量较高，表明水位较深。该套地层总体为一套深水裂谷盆地沉积特征。

图幅区内该群岩性、岩相稳定，横向变化不大。总体自下而上火山质成分逐渐减少，碳酸盐物质增加，沉积物粒度逐渐变细。

(三)岩石地球化学特征

1. 岩石化学特征

他龙群岩石化学分析结果见表 2-35。由表可见，长石石英砂岩化学成分中 SiO_2、Al_2O_3、Fe_2O_3含量较高，而 TiO_2、MnO 等含量较低，其中 MgO>CaO、Na_2O>K_2O。

表 2-35　他龙群硅酸盐岩分析结果　(%)

样品号	岩石名称	SiO_2	TiO_2	Al_2O_3	Fe_2O_3	MgO	MnO	CaO	Na_2O	K_2O	P_2O_5	LOI	Σ
D2251/1	中细粒长石石英砂岩	70.62	0.75	11.72	6.17	2.13	0.09	1.84	3.20	1.66	0.15	1.44	99.77
D2251/5	蚀变辉绿岩	44.28	3.30	12.68	14.22	4.89	0.22	7.48	2.52	1.46	1.18	6.97	99.20

2. 微量元素特征

他龙群微量元素分析结果见表2-36，由表中可以看出微量元素含量变化均较大。除Sc、Hf等元素外，其他元素几何平均值均低于地壳克拉克值，Rb、Nb、Ba、Ta、Th、U等元素几何平均值明显低于地壳克拉克值，说明微量元素总体呈亏损。微量元素聚集类型：Hf元素为聚集型，Sc元素为弱聚集型，Cr、Sr、Zr、P、Co、Ga等元素为分散型，其余元素均为极分散型。微量元素分布类型：微量元素总体分异程度较高，Sr、Ba、Th、U、P等元素为强分异型，Sc、Co、Ga等元素为弱分异型，Ni为均匀分布型，其余元素为分异型。

表2-36　他龙群微量元素分析结果

样品号	岩石名称	Sc	Cr	Rb	Sr	Zr	Nb	Ba	Hf	Ta	Th	U
D2250/1	含碳质千枚岩	8.02	27.80	27.30	925.00	37.90	3.30	82.80	1.01	0.24	2.61	2.16
D2250/2	碳质钙质板岩	5.47	17.20	31.80	309.00	29.30	2.55	57.20	0.74	0.19	1.57	0.38
D2250/3	白云绢云千枚岩	22.00	91.70	35.90	269.00	45.60	2.62	97.40	1.21	0.19	1.38	0.14
D2250/4	石英绢云千枚岩	7.14	20.30	48.50	382.00	38.60	2.13	121.00	0.83	0.17	1.36	0.34
D2250/5	石英绢云千枚岩	11.00	83.10	53.70	192.00	200.00	10.40	244.00	5.21	0.89	9.94	0.82
D2250/7	石英绢云千枚岩	14.60	94.40	112.00	92.80	174.00	12.40	489.00	4.61	0.91	11.40	0.95
D2251/1	中细粒长石石英砂岩	10.00	61.10	65.20	225.00	214.00	11.10	410.00	6.15	1.02	15.30	1.80
D2251/2	绢云石英千枚岩	17.15	94.35	138.00	104.00	110.50	9.54	570.00	2.77	0.60	1.56	0.28
D2251/3	硅质硬绿泥石千枚岩	25.10	92.00	18.70	137.00	130.00	10.80	127.00	3.53	0.75	1.25	0.29
D2251/5	蚀变玄武岩	33.20	14.50	31.20	534.00	180.00	7.08	1 659.00	4.60	0.49	1.99	0.31
几何平均值		13.18	47.10	46.55	248.44	90.69	5.88	224.69	2.34	0.44	2.96	0.52
CV值		0.68	0.76	0.84	1.02	0.81	0.71	2.15	0.87	0.76	1.78	1.36
KK值		1.32	0.57	0.31	0.73	0.53	0.29	0.35	2.34	0.18	0.23	0.21
地壳克拉克值(维氏,1962)		10.00	83.00	150.00	340.00	170.00	20.00	650.00	1.00	2.50	13.00	2.50

样品号	岩石名称	P	Co	Ni	Ga	Sb	Hg	Au	Ag	Cu	Pb	Zn
D2250/1	含碳质千枚岩	324.00	8.00	29.90	7.93	12.35	0.07	4.00	0.13	46.90	17.10	63.80
D2250/2	碳质钙质板岩	386.00	2.40	6.77	5.73	0.12	0.03	2.00	0.06	5.39	12.10	69.20
D2250/3	白云绢云千枚岩	241.00	18.20	37.30	9.28	0.36	0.04	3.00	0.03	11.10	16.50	77.40
D2250/4	石英绢云千枚岩	1 289.00	3.90	11.10	7.04	0.25	0.03	1.00	0.03	10.70	10.30	81.90
D2250/5	石英绢云千枚岩	563.00	15.30	40.60	13.30	0.55	0.04	2.00	0.05	36.10	12.00	45.00
D2250/7	石英绢云千枚岩	716.00	17.95	48.50	20.30	0.15	0.05	4.00	0.03	46.20	22.00	112.00
D2251/1	中细粒长石石英砂岩	630.00	13.60	33.39	15.00	0.64	0.02	7.70	0.052	31.62	10.50	57.00
D2251/2	绢云石英千枚岩	1 092.00	19.15	32.90	14.85	0.43	0.03	2.00	0.03	18.60	7.55	95.00
D2251/3	硅质硬绿泥石千枚岩	830.00	26.70	44.30	18.00	0.11	0.01	2.00	<0.02	67.70	2.87	113.00
D2251/5	蚀变玄武岩	5 100.00	34.80	29.49	21.90	0.85	0.05	11.00	0.052	58.72	10.60	127.80
几何平均值		734.35	12.47	27.38	12.15	0.44	0.03	3.03	0.04	25.52	10.84	80.22
CV值		1.96	0.80	0.49	0.47	8.62	0.51	1.04	0.83	0.85	0.49	0.34
KK值		0.79	0.69	0.47	0.64	0.88	0.40	0.70	0.63	0.54	0.68	0.97
地壳克拉克值(维氏,1962)		930.00	18.00	58.00	19.00	0.50	0.08	4.30	0.07	47.00	16.00	83.00

注：表中Au、Ag元素含量单位为$\times10^{-9}$，其他元素含量单位为$\times10^{-6}$。

3. 主要成矿元素特征

由表 2－36 中可以看出，他龙群中主要成矿元素均未见明显的富集(成矿)，7 种成矿元素几何平均值均低于地壳克拉克值，说明元素成矿背景值较低。主要成矿元素聚集类型：Hg 为极分散型，Sb、Au、Ag、Cu、Pb、Zn 等元素为分散型。主要成矿元素分布类型：Sb、Au 为强分异型，Ag、Cu 为分异型，Hg 为弱分异型，Pb、Zn 为均匀分布型。

(四)沉积相及沉积环境分析

他龙群下部岩性为变质中—细粒长石石英砂岩、灰—浅灰绿色绿泥石钠长片岩夹绢云千枚岩等。砂岩主要为长石石英砂岩，碎屑物结构和成分成熟度均较低，发育粒序层理。地层中由变砂岩—千枚岩构成的韵律发育，具有较深水复理石沉积特征。该群上部主要为含碳质千枚岩夹碳质灰岩，前人在该群灰岩中采到大化石，表明该群上部沉积水体较浅。将该群碎屑岩微量元素分析结果用 Th－Sc－Zr/10 判别图解(图 2－31)，投点较为分散，有 3 个点落入大陆岛弧区，4 个点落入大洋岛弧区，两个点位于大洋岛弧区附近，表明他龙群构造背景比较复杂，可能具有扩张的裂谷盆地性质，物源主要来自于岛弧区。

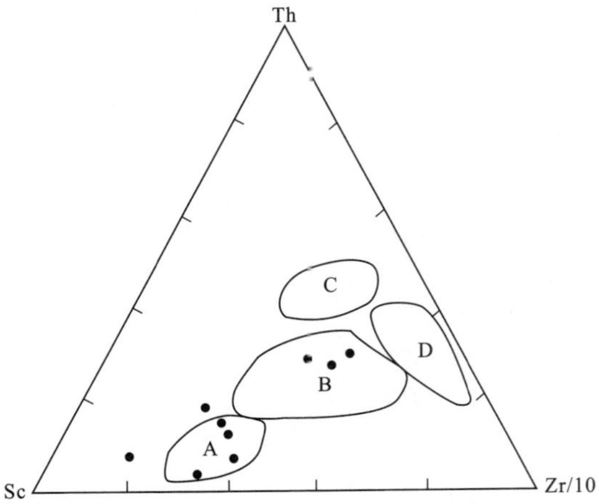

图 2－31　他龙群微量元素 Th－Sc－Zr/10 判别图
A. 大洋岛弧；B. 大陆岛弧；C. 活动大陆边缘；D. 被动大陆边缘

(五)关于形成时代

图幅区内该群中前人采到 *Eostaffella* sp.，*Endothyra* sp.，*Eostaffella* cf. *amabilis*，*Grozdilova* et *Lebedeva*，*Multithecopora* sp.，*Kueichowpora* sp.，*Syringopora* sp. 和 *Loxonematidae* 及海百合茎和腹足类碎片，其中䗴 *Eostaffella* sp. 和珊瑚 *Kueichowpora* sp.，均为早石炭世特征分子；麻扎幅区调时在他龙河一带该群中采集到：*Leiotriletes minutus* (Wilson and Coe) Schopf, Wilson and Bentall.，*Lycospora pusilla* (Ibrahim) Somers.？*Torispora secures* (Balme) Alpern 等孢粉组合，其中弱小石松孢是石炭纪典型种，开始于早石炭世大塘阶(相当于西欧维宪阶)，消失于早石炭世末期；小斧-头沉孢也是石炭纪典型种，开始于晚石炭世早期，在我国北部该种可延至晚二叠世。综上分析，他龙群时代应为早石炭世。

二、库尔良群(C_2K)

(一)概述

该群由新疆地质局区调大队四分队张志德等(1984)在西昆仑康西瓦-喀喇昆仑河尾滩地区进行 1：100 万区域地质调查，在皮山县克里杨河建立。原始定义：本群下亚组不整合在长城系之上，未见顶。下亚组由正常碎屑岩组成；中亚组由灰色、灰黑色变质砂岩、碎屑灰岩、碳质粉砂岩和石英片岩组成，自西向东灰岩成分增加、碎屑岩减少；上亚组由杂色碎屑岩和火山岩组成，属浅海-滨海相沉积。现在定义与原始定义一致。本次区调沿用该群命名，岩性相当于原定义的下亚组，与现在定义基本一致，时代为晚石炭世。

图幅区内该群主要分布于库尔良—托满一带，呈近东西—北西向带状展布，依据岩石组合，可进一步分为上、下两个组，图幅区内未见顶，与下伏地层均为断层接触（见图 2－29 地层分布图），总面积约 460km^2。

（二）地层特征

库尔良群主要为一套碎屑岩夹中基性火山岩及少量碳酸盐岩建造。该群未见顶，与其下伏他龙群为断层接触关系，剖面上出露总厚度为 5 020.45m。

现以新疆皮山县桑株-库尔良群实测地层剖面（图 2－32）介绍如下，剖面位置 N36°50′14″，E78°14′03″。

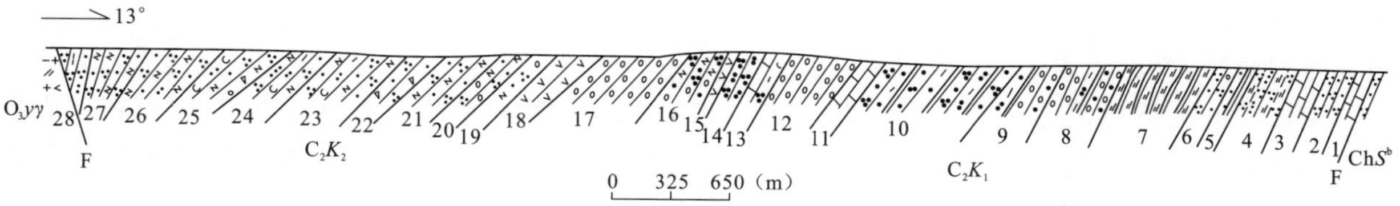

图 2－32　新疆皮山县桑株-库尔良群实测地层剖面图

（未见顶）

库尔良群上组（C_2K_2）	**1 528.00m**
28. 灰色薄层状石英粉砂岩夹灰色薄层状粗—中粒石英砂岩	44.29m
27. 灰色中—薄层状中粒长石石英砂岩夹灰色薄层状长石石英粉砂岩	110.39m
26. 灰色厚层状中粒长石石英砂岩夹灰色长石石英粉砂岩，局部含有砾石	46.03m
25. 含砾不等粒长石岩屑石英杂砂岩、细粒长石石英砂岩夹含碳粉砂岩	242.75m
24. 灰色厚层状细粒长石石英砂岩、长石砂岩夹灰黑色含碳粉砂岩	239.75m
23. 灰色中层状细粒长石石英砂岩夹灰色薄层状含碳泥质粉砂岩	298.53m
22. 灰色巨厚层状粗粒岩屑石英砂岩	166.68m
21. 灰色中层状中粗粒长石石英砂岩	203.48m
20. 灰色中层状中粗粒长石石英砂岩夹灰色厚层状中粗粒含砾长石石英砂岩	176.10m
库尔良群下组（C_2K_1）	**3 492.45m**
19. 灰色厚层状粗粒长石石英砂砾岩	13.78m
18. 灰—灰绿色蚀变安山岩	24.78m
17. 灰白色厚层—块状灰质砾岩	514.29m
16. 灰色厚层—中层状粗粒含砾长石石英砂岩	210.38m
15. 浅灰绿色片理化蚀变安山岩	25.35m
14. 灰—深灰色薄层状石英粉砂岩，局部见有砾石	86.30m
13. 灰色厚层状含砾中粒岩屑石英砂岩、粉晶含生屑灰岩	104.26m
12. 灰色厚层状砾岩夹砂砾岩	272.41m
11. 深灰色薄层状细晶灰岩	97.98m
10. 灰色中层状中粒石英砂岩夹（互）粉砂质泥板岩	528.14m
9. 浅灰绿色片理化变质石英质砾岩、砂砾岩夹粉砂质泥板岩	206.89m
8. 灰色片理化变质粗粒长英质砂砾岩夹粘土质板岩、细粒石英砂岩	284.35m
7. 深灰色绢云母板岩	367.17m
6. 灰色片理化轻变质中粗粒石英砂岩夹片理化轻变质粗粒含砾石英砂岩	110.90m
5. 深灰色砂质板岩夹片理化粗粒石英砂岩	56.37m
4. 灰色石英绢云母千枚岩夹轻变质细粒石英砂岩	207.64m
3. 灰—深灰色片理化粉晶灰岩	154.32m

2. 灰绿色片理化变质中细粒石英砂岩　　135.22m

1. 灰—深灰色片理化粉晶灰岩　　91.92m

═══════ 断 层 ═══════

北侧：塞拉加兹塔格岩群B岩组灰—浅灰绿色片理化石英变粒岩

库尔良群剖面上未见顶、底。下组主要为一套砾岩、砂岩、粉砂岩、板岩等，夹有少量蚀变安山岩及灰岩。主要岩石有变质石英质砾岩、灰质砾岩、石英砂岩、岩屑石英砂岩、含碳泥质长石石英砂岩、石英粉砂岩、粘土质板岩、石英绢云母千枚岩、粉晶含生屑灰岩、蚀变安山岩等。地层中基本层序由砾岩（含砾砂岩）—砂岩—粉砂岩（泥板岩）构成（图2-33），砾岩底部发育侵蚀面，单个基本层序厚2～5m。灰质砾岩中砾石成分主要为灰岩，复成分砾岩中砾石有石英、砂岩、灰岩等，大小混杂，一般呈次棱角状，磨圆分选均较差，填隙物较多，形成基底式胶结型，具快速堆积特征。地层中灰岩与周围碎屑岩界限截然，横向上不稳定，总体呈透镜状，具有外来滑块成因特征。该套地层中鲍马序列清楚，可见ABC、BCD等组合。

库尔良群上组总体为一套碎屑岩，主要岩性有灰色厚层状粗粒长石石英砂砾岩、中粗粒含砾长石石英砂岩、灰色中层状细—粗粒长石石英砂岩、粗粒岩屑石英砂岩、含砾不等粒长石岩屑石英杂砂岩、灰色薄层状长石石英粉砂岩、石英粉砂岩、含碳泥质粉砂岩。岩石单层厚度总体较大，多为中—中厚层状，颜色呈灰色，粒度为中—中粗粒。砂岩中长石、岩屑含量较高，碎屑磨圆分选均较差，成分和结构成熟度不高。上组的底部为一套含砾砂岩，其中砾石成分主要为石英，次为砂岩、粉砂岩等，呈次棱角—次圆状，砾径2～5mm。该套地层中由砂岩—粉砂岩构成的韵律发育（图2-34），单个韵律厚50～70cm，其中砂岩与粉砂岩比例为9∶1。砂岩中发育块状层理、平行层理、粒序层理等，粉砂岩中发育水平层理。该套地层中鲍马序列清楚可见BC、CD、DE等组合，该套地层总体为一套深水浊积岩夹中基性火山岩建造，岩性、岩相横向变化较大。由西向东，碎屑岩逐渐减少，火山岩逐渐增加。自下而上沉积物粒度变细，火山活动减弱。

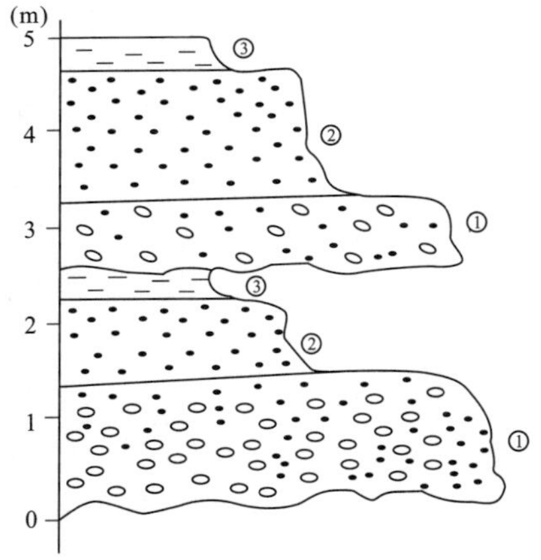

图2-33　库尔良群下组基本层序模式图

①砾岩；②砂岩；③板岩

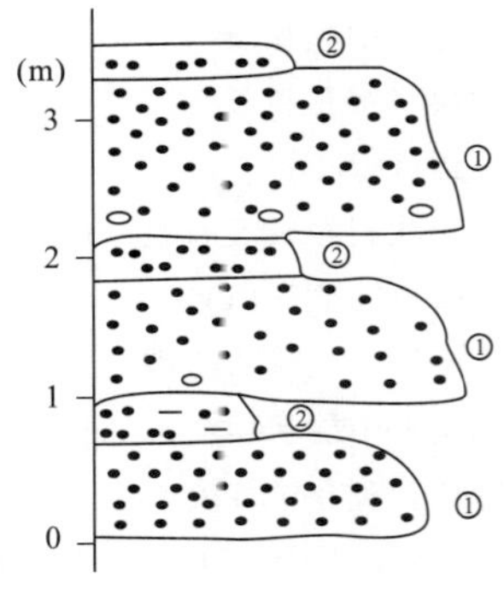

图2-34　库尔良群上组韵律模式图

①砂岩；②粉砂岩

（三）岩石地球化学特征

1. 岩石化学特征

库尔良群岩石化学分析结果见表2-37。由表可见，砂岩化学成分中SiO_2、Al_2O_3、Fe_2O_3、MgO含量较高，而TiO_2、MnO等含量较低，其中SiO_2为69.29%～73.16%，Al_2O_3为9.64%～10.41%，

TiO_2为 0.63%～1.22%，MgO>CaO、Na_2O>K_2O。总体变化较大，SiO_2、Al_2O_3、Fe_2O_3、P_2O_5等含量较高，说明原岩可能为陆源碎屑岩。蚀变安山岩中的 SiO_2为 52.58%，Fe_2O_3、MgO 相对较高，原岩应为中性火山熔岩类。

表 2-37 库尔良群碎屑岩岩石化学分析结果表

(%)

样品号	岩石名称	SiO_2	TiO_2	Al_2O_3	Fe_2O_3	MgO	MnO	CaO	Na_2O	K_2O	P_2O_5	LOI	Σ
D2253/13	中粒长石石英砂岩	73.16	0.63	10.41	5.68	2.39	0.06	1.03	2.13	2.03	0.13	2.08	99.73
D2257/2	变中细粒石英砂岩	69.29	1.22	9.64	5.52	2.32	0.06	3.64	1.70	1.62	0.15	4.17	99.33

2. 微量元素特征

库尔良群微量元素分析结果见表 2-38，由表中可以看出微量元素含量变化均较大。除 Hf 元素外，其他元素几何平均值均低于地壳克拉克值，Rb、Nb、Ba、Ta、Co、Ga 等元素几何平均值明显低于地壳克拉克值，说明微量元素总体呈亏损。微量元素聚集类型：Hf 元素为聚集型，Sc、Cr、Sr、Zr、Th、U、P 等元素为分散型，其余元素均为极分散型。微量元素分布类型：微量元素总体分异程度较高，Pb、Sr、Nb、Ba、Ni、Ga 等元素为强分异型，Sc 元素为弱分异型，P 元素为均匀分布型，其余元素为分异型。

3. 主要成矿元素特征

由表 2-38 中可以看出，库尔良群中主要成矿元素均未见明显的富集（成矿），除 Sb 外，其余 6 种成矿元素几何平均值均低于地壳克拉克值，说明元素成矿背景值较低。主要成矿元素聚集类型：Hg 为聚集型，Sb 为弱聚集型，Cu、Pb 为分散型，Au、Ag、Zn 等元素为极分散型。主要成矿元素分布类型：Hg 为强分异型，Sb 为分异型，Au、Ag、Cu、Pb、Zn 等元素为弱分异型。

（四）沉积相及沉积环境分析

图幅区内该群下组主要为碎屑岩夹碳酸盐岩建造，碎屑岩中的砾石磨圆度较好，成分较单一，发育冲刷面构造、粒序层理等，总体为一套重力流沉积。上组以细碎屑沉积为主，碎屑磨圆、分选均较差，结构和成分成熟度不高，地层中韵律层特征明显，鲍马序列发育，可见到鲍马序列有 ABC、BCD、BC、CD、DE 等组合，为典型的浊积岩建造。所以库尔良群应为较深水沉积环境，无疑将该群碎屑岩常量元素用 SiO_2-(K_2O/Na_2O)图解（图 2-35）进行判别，结果两个样品全部落入活动陆缘区。将该群碎屑岩微量元素分析结果用 Th-Sc-Zr/10 判别图解（图 2-36），其投影点较为集中，几乎全落入大陆岛弧区，仅有一个点位于该区附近。其中的火山岩构造环境判别结果为板内环境（详见第三章）。综上所述：库尔良群应为一套板内裂谷盆地沉积建造，其物源主要来自于岛弧区。

（五）关于形成时代

前人在图幅区内苏纳克一带该群灰岩（可能为滑块）中采到珊瑚 *Syringopora* sp.，在西邻幅的阿克齐乌斯塘河一带产 *Koninckophyllum* sp.，*Empodesma* sp. 等化石，据此将其时代厘定为晚石炭世。

表 2－38　库尔良群微量元素分析结果

样号	岩石名称	Sc	Cr	Rb	Sr	Zr	Nb	Ba	Hf	Ta	Th	U	P	Co	Ni	Ga	Sb	Hg	Au	Ag	Cu	Pb	Zn
D2253/2	石英粉砂岩	13.20	127.00	135.00	92.90	190.00	11.30	625.00	5.01	0.86	11.90	1.99	757.00	19.00	73.50	18.00	0.37	0.13	4.00	0.07	44.80	12.20	100.00
D2253/3	粗粒石英砂岩	7.65	108.00	67.60	115.00	148.00	8.61	302.00	3.67	0.71	8.38	1.36	398.00	8.37	28.50	10.20	0.15	0.73	3.00	0.03	15.60	6.93	49.60
D2253/6	含碳泥质粉砂岩	14.00	188.00	185.00	81.60	173.00	12.40	831.00	4.70	0.93	13.10	4.74	626.00	12.70	66.30	22.80	0.29	0.14	1.00	0.08	13.60	4.49	78.00
D2253/13	中粒长石石英砂岩	10.90	101.00	69.50	153.00	141.00	7.90	559.00	4.01	0.71	7.62	0.79	620.00	11.70	43.09	13.40	0.71	0.14	3.50	0.067	30.32	14.20	50.50
D2257/1	片理化粉晶灰岩	1.42	6.06	7.19	437.00	10.30	0.59	19.90	0.26	0.05	0.76	0.95	338.00	2.16	2.31	0.73	$<$0.01	0.11	3.00	0.02	4.68	1.28	17.40
D2257/2	变中细粒石英砂岩	8.87	76.60	63.30	91.90	203.00	11.70	356.00	5.47	0.99	9.27	0.92	630.00	11.40	51.29	13.10	0.73	0.21	6.00	0.061	28.02	14.20	60.20
D2256/6	石英绢云千枚岩	12.40	129.00	170.00	506.00	262.00	21.20	556.00	6.91	1.59	18.00	4.68	467.00	3.36	32.20	26.70	0.74	0.04	2.00	0.03	34.2	13.10	40.90
D2255/7	粉晶含生屑灰岩	3.52	23.00	18.90	831.00	20.40	1.48	81.00	0.54	0.13	2.43	1.79	337.00	1.55	7.55	2.83	1.33	0.05	2.00	$<$0.02	20.4	11.40	38.00
几何平均值		7.35	65.97	60.16	196.80	96.73	6.16	269.70	2.56	0.50	6.47	1.71	500.20	6.46	25.38	8.93	0.50	0.13	2.72	0.04	20.07	7.86	48.73
CV 值		0.62	0.90	1.11	1.40	0.90	1.06	1.03	0.91	0.97	0.87	0.95	0.32	0.95	1.01	1.01	0.78	1.69	0.56	0.59	0.64	0.62	0.52
KK 值		0.73	0.79	0.40	0.58	0.57	0.31	0.41	2.56	0.20	0.50	0.69	0.54	0.30	0.44	0.47	1.01	1.58	0.63	0.59	0.43	0.49	0.59
地壳克拉克值(维氏,1962)		10.00	83.00	150.00	340.00	170.00	20.00	650.00	1.00	2.50	13.00	2.50	930.00	18.00	58.00	19.00	0.50	0.08	4.30	0.07	47.00	16.00	83.00

注：表中 Au、Ag 元素含量单位为 $\times 10^{-9}$，其他元素含量单位为 $\times 10^{-6}$。

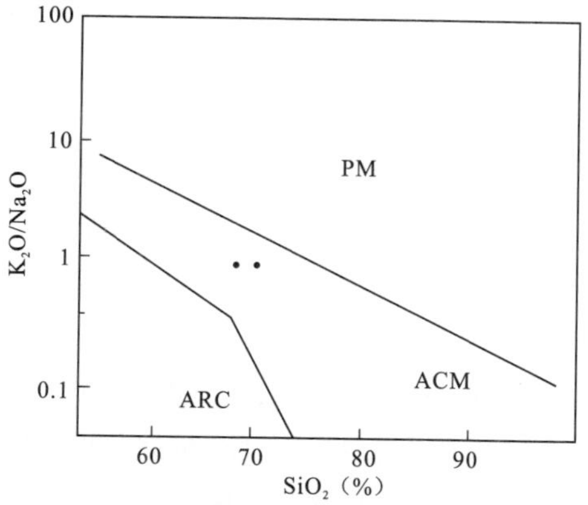

图 2-35 库尔良群碎屑岩 SiO_2-(K_2O/Na_2O)图解

ARC. 大洋岛弧边缘；ACM. 活动陆缘；PM. 被动陆缘

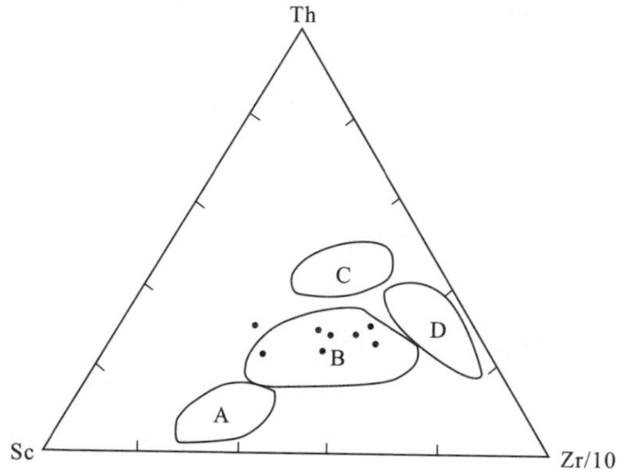

图 2-36 库尔良群微量元素 Th-Sc-Zr/10 判别图

A. 大洋岛弧；B. 大陆岛弧；C. 活动大陆边缘；D. 被动大陆边缘

三、塔哈奇组(C_2t)

(一)概述

新疆区域地层表编写组(1981)据新疆石油管理局的克孜里奇曼剖面资料创名，原始定义：指整合于阿孜干组厚层灰岩之上，克孜里奇曼组厚层鲕粒、团粒灰岩，白云岩、砂岩及泥岩之下的一套碳酸盐岩夹少量碎屑岩沉积，灰岩常具疙瘩状构造或含鲕粒、团粒，与上覆克孜里奇曼组及下伏阿孜干组均为整合接触，含丰富的䗴、珊瑚、腕足类、牙形石化石，其时代为晚石炭世。《新疆维吾尔自治区岩石地层》(1999)重新定义为：指整合于阿孜干组之上，平行不整合于普司格组(或整合于棋盘组)之下，含丰富的䗴、珊瑚、腕足类、牙形石化石的一套深灰—灰色中厚层—块状灰岩，常含鲕粒、团粒结构及疙瘩状构造，上以普司格组夹薄层状灰岩夹砂岩、砂质泥岩为主的海相碳酸盐岩夹碎屑岩建造。

图幅区内该组分布局限，仅出露于阿池克兽西一带(见图 2-29 地层分布图)，与下伏塞拉加兹塔格岩群及上覆阿图什组均为断层接触，面积约 60km²。

(二)地层特征

该组岩石组合主要为一套碳酸盐岩夹少量碎屑岩。该组与下伏塞拉加兹塔格岩群及上覆阿图什组均为断层接触关系。剖面上未见顶、底，出露厚度为 163.47m。

现以新疆墨玉县阿池克兽塔哈奇组实测地层剖面(图2-37)介绍如下，剖面位置N36°56′48″，E79°09′19″。

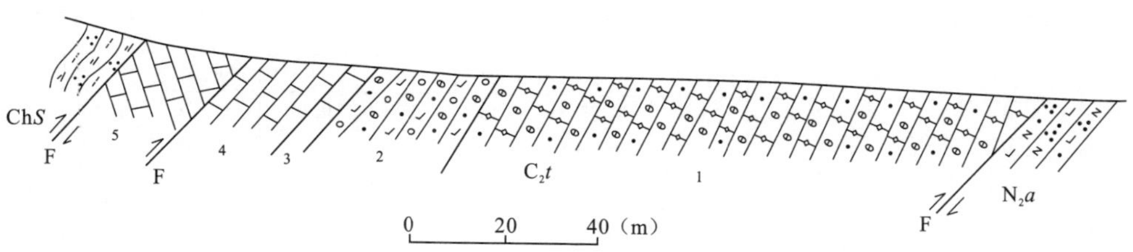

图 2-37 新疆墨玉县阿池克兽塔哈奇组实测地层剖面图

上覆：阿图什组(N_2a)褐红色中—薄层状细粒钙质长石石英砂岩

═══════ 断 层 ═══════

塔哈奇组(C_2t) **163.47m**

5. 灰—灰黄色碎裂岩化灰岩 11.15m

4. 灰—灰黄色中—薄层状微晶灰岩夹粉晶灰岩 20.53m

3. 深灰色中—厚层状微晶灰岩 5.52m

2. 灰白—灰黄色中厚层状细粒含砾生屑钙质砂岩 27.74m

1. 灰白色中厚层状亮晶砂屑生屑灰岩 98.53m

═══════ 断　层 ═══════

下伏:塞拉加兹塔格岩群(ChS)灰色二云石英片岩

塔哈奇组剖面上,与上覆、下伏地层均为逆断层接触,岩性主要为一套碳酸盐岩夹少量碎屑岩建造。依据岩石组合,可进一步划分3个部分。下部岩性为灰白色亮晶砂屑生屑灰岩,灰岩具中厚层状构造,亮晶砂屑生屑结构,含大量生物化石,有蜓、腕足、海百合茎等,局部生物可占岩石的20%以上。蜓类个体较小,一般呈米粒状;中部岩性为灰白—灰黄色中厚层状细粒含砾生屑钙质砂岩,砾石含量9%,成分主要为石英,磨圆一般呈次棱角状。砂粒成分主要为石英、长石及少量生屑,胶结物主要为方解石。砂岩总体具滨浅海砂岩特征;上部岩性为灰—灰黄色粉晶灰岩、微晶灰岩等,灰岩中方解石占95%以上,另有少量泥质及陆源碎屑。由上述岩石组合及生物化石特征判断该组应为浅海碳酸盐岩台地相沉积。

(三)岩石地球化学特征

1. 微量元素特征

塔哈奇组微量元素分析结果见表2-39,由表中可以看出微量元素含量变化均较大。Sc、Cr、Nb、Ba、Ta、Co等元素几何平均值明显高于碳酸盐岩平均值,Zr、P、Ni、Ga等元素几何平均值明显低于碳酸盐岩平均值,其余元素则与该值相差不大。微量元素聚集类型:Co元素为强聚集型,Sc、Cr、Rb、Nb、Ba等元素为聚集型,Sr、Hf、U等元素为分散型,其余元素为极分散型。微量元素分布类型:微量元素总体分异程度不高,Ba元素为强分异型,Cr、Sr、U等元素为分异型,Nb、Th、P、Ga等元素为弱分异型,其余元素为均匀分异型。

表2-39　塔哈奇组微量元素分析结果

样品号	岩石名称	Sc	Cr	Rb	Sr	Zr	Nb	Ba	Hf	Ta	Th	U
D950/3	微晶灰岩	2.87	24.00	5.96	519.00	9.99	0.96	16.20	0.25	0.10	0.75	1.16
D950/4	粉晶灰岩	2.92	58.10	9.41	608.00	13.30	1.31	20.80	0.35	0.12	1.18	2.71
D950/5	微晶灰岩	1.40	6.49	3.71	1 034.00	5.43	0.36	200.00	0.15	0.05	0.32	1.76
D950/7	亮晶砂屑生屑灰岩	2.37	30.20	5.22	155.00	8.12	0.54	21.00	0.19	0.06	0.70	0.29
几何平均值		2.30	22.86	5.74	474.22	8.75	0.70	34.49	0.22	0.08	0.67	1.13
CV值		0.31	0.94	0.42	0.76	0.38	0.61	2.62	0.39	0.43	0.53	0.90
KK值		2.30	2.08	1.91	0.78	0.46	2.34	3.45	0.74		0.39	0.51
碳酸盐岩平均值(涂和费,1961)		1.00	11.00	3.00	610.00	19.00	0.30	10.00	0.30	0.00	1.70	2.20
样品号	岩石名称	P	Co	Ni	Ga	Sb	Hg	Au	Ag	Cu	Pb	Zn
D950/3	微晶灰岩	30.60	3.22	7.07	1.18	0.12	0.02	3.00	<0.02	6.70	2.85	14.60
D950/4	粉晶灰岩	46.50	2.37	3.02	1.85	0.08	0.04	19.00	<0.02	6.96	3.61	10.90
D950/5	微晶灰岩	109.00	4.38	4.02	0.50	0.22	0.02	2.00	<0.02	12.80	8.25	28.50
D950/7	亮晶砂屑生屑灰岩	50.40	3.35	6.12	0.89	0.12	0.03	4.00	0.02	17.50	2.69	17.40
几何平均值		52.88	3.25	4.79	0.99	0.13	0.03	4.62	0.02	10.11	3.89	16.76
CV值		0.65	0.25	0.39	0.57	0.47	0.32	1.74		0.51	0.68	0.45
KK值		0.13	32.53	0.24	0.25	0.63	0.68			2.53	0.43	0.84
碳酸盐岩平均值(涂和费,1961)		400.00	0.10	20.00	4.00	0.20	0.04	0.00	0.0	4.00	9.00	20.00

注:表中Au元素含量单位为$\times10^{-9}$,其他元素含量单位为$\times10^{-6}$。

2. 主要成矿元素特征

由表 2－39 中可以看出，塔哈奇组中主要成矿元素均未见明显的富集（成矿），除 Au、Cu 外，其余 5 种成矿元素几何平均值均低于碳酸盐岩平均值，但 Au、Cu 平均值均低于地壳克拉克值，说明元素成矿背景值不高。主要成矿元素聚集类型：Cu 为聚集型，Pb 为极分散型，其余元素为分散型。主要成矿元素分布类型：Au 为强分异型，Cu、Sb 为弱分异型，其余元素为均匀分布型。综上所述，塔哈奇组中主要成矿元素的成矿条件均不甚好。

（四）关于形成时代

本次区调工作在该组中采到大量化石，经西安地质矿产研究所付力甫研究员鉴定，主要有腕足：*Choristites* sp.，*Martinia* cf. *semipiata* Waagen，*Martinia decorauarlata* Groeber，*Chonetes* sp. 等，据此确定塔哈奇组时代为晚石炭世晚期。

四、杜瓦组（P_2d）

（一）概述

该组由新疆地层表编写组（1981）创名于图幅区内皮山县杜瓦一带。原始定义：分布于杜瓦、皮牙曼、阿其克等地，整合于普司格组之上，其上为下—中侏罗统平行不整合覆盖，主要岩性为棕褐色、灰绿色、浅灰色厚层状砾岩夹泥岩、灰岩薄层。本次工作沿用该组名称其划分。

图幅区内该组分布范围较少，主要分布于杜瓦镇南一带（见地层分布图），与下伏长城系塞拉加兹塔格岩群为不整合接触关系，图幅区内未见顶，面积约 105km^2。

（二）地层特征

该组主要为一套碎屑岩建造，角度不整合于下伏长城系塞拉加兹塔格岩群之上，剖面上出露厚度约 1 220.58m。

现以新疆和田市苏纳克－杜瓦煤矿杜瓦组实测地层剖面（图 2－38）介绍如下，剖面位置 N36°54′59″，E78°46′87″。

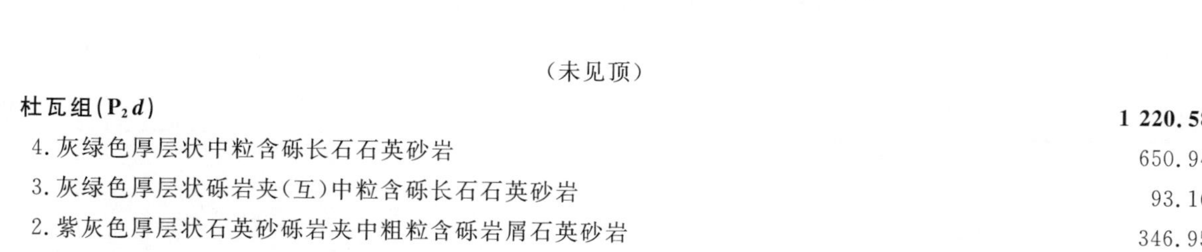

图 2－38 新疆和田市苏纳克－杜瓦煤矿杜瓦组实测地层剖面图

（未见顶）

杜瓦组（P_2d）	**1 220.58m**
4. 灰绿色厚层状中粒含砾长石石英砂岩	650.94m
3. 灰绿色厚层状砾岩夹（互）中粒含砾长石石英砂岩	93.16m
2. 紫灰色厚层状石英砂砾岩夹中粗粒含砾岩屑石英砂岩	346.95m
1. 紫灰色厚层状砾岩夹中粒含砾长石岩屑砂岩	129.53m

～～～～～～～～ 角度不整合 ～～～～～～～～

下伏：塞拉加兹塔格岩群（ChS^b）灰绿色绿泥钠长片岩

剖面上该组与下伏塞拉加兹塔格岩群为角度不整合接触(图 2-39)。下部主要为一套紫灰色厚层状砾岩、砂砾岩夹中粗粒岩屑含砾岩屑石英砂岩、含砾长石岩屑砂岩等。砾岩具厚层—块状构造,层厚可达 1m。砂岩多呈透镜状展布,一般含砾,岩屑含量较高,成分和结构成熟度均较低,表现为近源快速堆积特征。上部主要为一套灰绿色厚层状砾岩、中粒含砾长石石英砂岩,砂岩中斜层理和粒序层理发育(图 2-40),地层中由砂砾岩—砂岩构成的韵律清楚,单个韵律厚 3~5m,其中砂砾岩与砂岩比例约为 2∶8。该组岩石特征反映其沉积环境为一套陆相河流-湖泊相碎屑岩沉积。

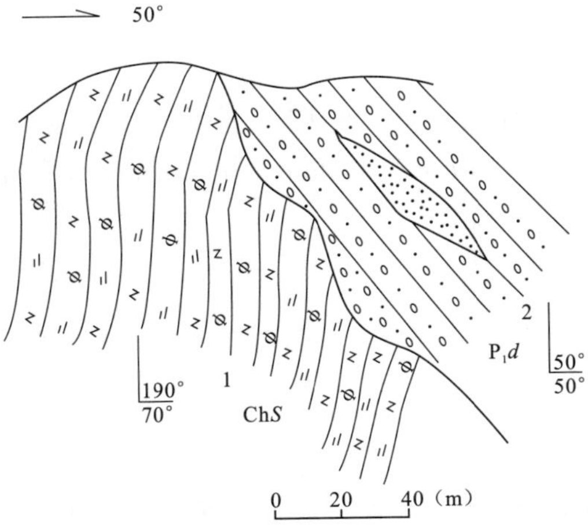

图 2-39　二叠系杜瓦组角度不整合于长城系塞拉加兹塔格岩群之上素描图

1.绿泥钠长片岩;2.紫红色砂岩夹砂岩透镜体

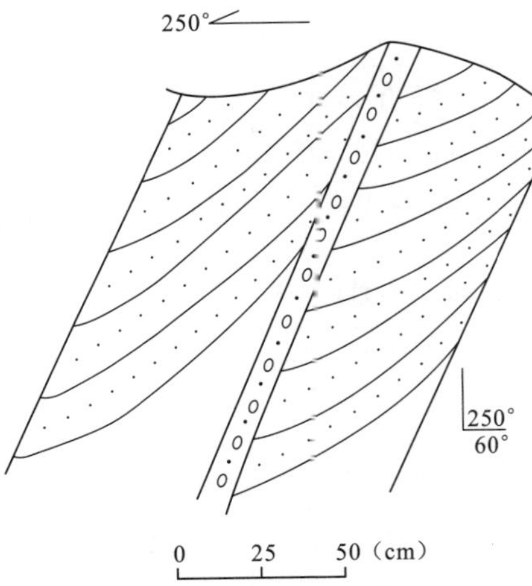

图 2-40　杜瓦组砂岩中斜层理素描图

图幅区内杜瓦组分布局限,横向变化不大。该组自下而上沉积碎屑由粗变细,沉积物颜色由紫红色变为灰绿色,由河流相转变为湖泊相。

(三)岩石地球化学特征

1. 岩石化学特征

杜瓦组岩石化学分析结果见表 2-40。由表可见,砂岩化学成分中 SiO_2、Al_2O_3、Fe_2O_3 含量较高,而 TiO_2、MnO 等含量较低,其中 SiO_2 为 79.06%~80.25%,Al_2O_3 为 7.79%~7.89%,TiO_2 为 0.43%~0.62%,MgO>CaO、K_2O>Na_2O。

表 2-40　杜瓦组岩石化学分析结果　(%)

样品号	岩石名称	SiO_2	TiO_2	Al_2O_3	Fe_2O_3	MgO	MnO	CaO	Na_2O	K_2O	P_2O_5	LOI	Σ
D301/4	粗粒岩屑石英砂岩	80.25	0.43	7.89	3.50	1.46	0.04	0.87	0.70	2.14	0.10	1.93	99.31
D301/7	中粒含砾石英砂岩	79.06	0.62	7.79	4.51	1.37	0.06	1.00	0.61	2.46	0.12	1.72	99.32

2. 微量元素特征

杜瓦组微量元素分析结果见表 2-41,由表中可以看出,微量元素含量变化均较大。Hf 元素几何平均值明显高于地壳克拉克值,Sr、Nb、Ta、P、Co、Ni、Ga 等元素几何平均值明显低于地壳克拉克值，其余元素则与该值相差不大，微量元素总体亏损。微量元素聚集类型：Hf 元素为聚集型，Sr、Nb、Ta、P、Co、Ni 等元素为分散型，其余元素均为极分散型。微量元素分布类型：微量元素总体分异程度不高，P 元素为强分异型，Rb 元素为分异型，Sr 元素为弱分异型，其余元素为均匀分异型。

表 2-41 杜瓦组微量元素分析结果

样品号	岩石名称	Sc	Cr	Rb	Sr	Zr	Nb	Ba	Hf	Ta	Th	U
D301/4	粗粒岩屑石英砂岩	6.83	87.00	80.90	77.00	107.00	8.27	351.00	3.01	0.71	9.10	1.39
D301/6	粗粒含砾岩屑石英砂岩	5.04	43.10	57.70	49.40	76.50	5.09	275.00	1.95	0.43	4.71	0.73
D301/7	中粒含砾石英砂岩	6.87	73.80	212.00	91.80	212.00	14.30	428.00	5.57	1.36	18.60	2.55
D301/9	中粒长石石英砂岩	6.35	80.00	94.50	65.30	140.00	11.00	378.00	3.50	0.91	11.70	1.48
D302/2	粗粒长石岩屑砂岩	6.18	43.50	52.90	179.00	138.00	12.00	446.00	3.99	0.91	8.00	1.00
几何平均值		6.22	62.62	86.87	83.59	127.37	9.55	370.32	3.40	0.81	9.43	1.31
CV 值		0.12	0.33	0.75	0.61	0.40	0.37	0.18	0.39	0.42	0.55	0.53
KK 值		0.62	0.75	0.58	0.25	0.75	0.48	0.57	3.40	0.32	0.73	0.52
地壳克拉克值(维氏，1962)		10.00	83.00	150.00	340.00	170.00	20.00	650.00	1.00	2.50	13.00	2.50

样品号	岩石名称	P	Co	Ni	Ga	Sb	Hg	Au	Ag	Cu	Pb	Zn
D301/4	粗粒岩屑石英砂岩	0.04	8.53	30.39	10.30	0.30	0.00	22.00	0.069	10.72	10.30	37.10
D301/6	粗粒含砾岩屑石英砂岩	312.00	6.28	20.10	7.66	0.08	0.04	1.00	0.03	14.20	4.30	38.00
D301/7	中粒含砾石英砂岩	0.05	7.08	28.39	10.30	1.21	0.52	30.00	0.14	36.92	11.90	47.90
D301/9	中粒长石石英砂岩	502.00	8.74	29.80	10.60	0.22	0.03	1.00	0.06	25.50	7.70	54.10
D302/2	粗粒长石岩屑砂岩	424.00	6.81	16.20	10.40	0.19	0.15	2.00	0.04	19.60	13.00	53.40
几何平均值		10.74	7.43	24.24	9.78	0.26	0.05	4.21	0.04	19.49	8.80	45.50
CV 值		21.97	0.15	0.26	0.13	1.76	4.04	3.28	0.31	0.53	0.40	0.18
KK 值		0.01	0.41	0.42	0.51	0.52	0.64	0.98	0.60	0.41	0.55	0.55
地壳克拉克值(维氏，1962)		930.00	18.00	58.00	19.00	0.50	0.08	4.30	0.07	47.00	16.00	83.00

注：表中 Au、Ag 元素含量单位为 $\times10^{-9}$，其他元素含量单位为 $\times10^{-6}$。

3. 主要成矿元素特征

由表 2-41 中可以看出，杜瓦组中主要成矿元素均未见明显的富集(成矿)，7 种成矿元素几何平均值均低于地壳克拉克值，说明元素成矿背景值不高。主要成矿元素聚集类型：Sb、Hg、Au、Ag、Pb、Zn 为分散型，Cu 为极分散型。主要成矿元素分布类型：Sb、Hg、Au 为强分异型，Cu 为弱分异型，Ag、Pb、Zn 等元素为均匀分布型。

(四)关于形成时代

前人在图幅区内杜瓦南一带该组中采到双壳类、叶肢介等化石，计有双壳类 *Anthraconauta duwaensis*，叶肢介 *Lioestheria evenkiensis*，*Cyclotungusites*，*Polygrapta chatangensis* 等化石，时代为中二叠世。所以杜瓦组时代应划归为中二叠世。

五、黄羊岭群(PH)

(一)概述

该群由新疆地质矿产局第一区调大队一分队齐德义等(1986)在木孜塔格以西独高山、黄羊岭一带创建黄羊岭群，并分为上、中、下 3 个亚组。原始定义：下亚组为灰褐色砂岩、粉砂岩、钙质石英岩屑砂岩夹灰岩、粗砂岩，灰岩中含䗴、腕足类等化石；中上亚组为深灰色长石岩屑砂岩、石英岩屑砂岩及砂岩不均匀互层夹放射虫硅质岩、泥岩、钙质粉砂岩、灰岩、含䗴及腕足类化石，与上覆云雾岭群下亚组呈断层接触，下部未见底。现在定义：分上、下亚组，上亚组同原定义上亚组，下亚组同原定义中下亚组，岩性一致。

新疆地质矿产局第一区调大队孙巧缡（1993）在《新疆昆仑山黄羊岭—木孜塔格一带早二叠世的䗴》一文中将黄羊岭群分为上、下两个亚群；《新疆维吾尔自治区岩石地层》改用黄羊岭组，并划分为上、下两个亚组。本次调查沿用该群命名，岩性相当于定义的中上亚组，但未见大化石，仅见微古孢粉化石。依据该群出露的化石及岩性特征将其时代置于二叠纪。

本次区调首次在前人原划归三叠系克勒青河群中采到了大量二叠纪孢粉化石，依据生物化石资料，结合区域对比，将该套地层时代重新厘定为二叠系黄羊岭群。依据岩石组合，可进一步划分为上、中、下 3 个组。

图幅区内该群位于巴颜喀拉地层区、大红柳滩地层分区。主要分布于大红柳滩、苏盖提达坂—哈巴克达坂及三十里营房北一带，与其上、下地层均为断层接触（见地层分布图），出露总面积约 700km^2。

（二）地层特征

该群主要为一套细碎屑岩夹少量碳酸盐岩及中基性火山岩，与下伏下元古界康西瓦岩群呈韧性剪切带接触关系，与上覆三叠系巴颜喀拉山群为断层接触，局部地段被侏罗纪花岗岩侵蚀。图幅区内出露不全，总厚度为 6 576.38m。

现以新疆和田市大红柳滩黄羊岭群实测地层剖面（图 2－41）介绍如下，剖面位置N35°53′31″，E79°19′27″。

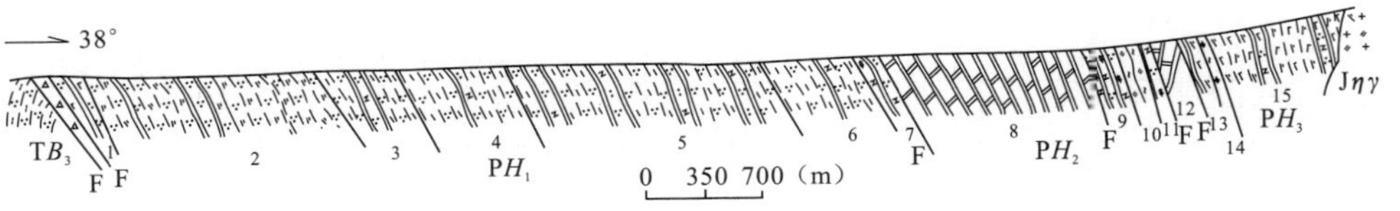

图 2－41　新疆和田市大红柳滩黄羊岭群实测地层剖面图

上覆：巴颜喀拉山群（TB_3）深灰色石英云母千枚岩

═══════ 断　层 ═══════

黄羊岭群上组（PH_3）	**>939.56m**
15. 变质钙质长石石英粉砂岩夹（互）钙质绢云千枚岩	939.56m
黄羊岭群中组（PH_2）	**1 918.24m**
14. 灰—灰绿色绿帘绿泥片岩夹绢云板岩	73.12m
13. 灰色钙质绢云千枚岩夹变质钙质长石石英粉砂岩	146.19m
12. 大理岩滑块	187.28m
11. 灰色变质细粒长石石英杂砂岩	73.19m
10. 灰—灰绿色绿帘绿泥片岩（原岩可能为基性熔岩类）	144.40m
9. 灰色变质细粒长石石英杂砂岩夹石英云母千枚岩	218.38m
8. 含白云质大理岩、含碳质灰岩滑体	1 075.68m
黄羊岭群下组（PH_1）	**3 718.58m**
7. 深灰色变质长石石英粉砂岩夹变质细粒石英杂砂岩	119.40m
6. 深灰色石英云母千枚岩夹千枚状变质长石石英粉砂岩	457.95m

5.深灰色石英云母千枚岩夹(互)千枚状变质长石石英粉砂岩 1 242.01m
4.深灰色石英云母千枚岩夹千枚状变质长石石英粉砂岩 565.44m
3.深灰色石英云母千枚岩夹(互)千枚状变质长石石英粉砂岩 458.46m
2.深灰色石英绢云千枚岩夹千枚状变质石英粉砂岩 832.21m
1.灰色变质不等粒含钙石英砂岩夹(互)千枚状变质长石石英粉砂岩 43.11m

(未见底)

剖面上黄羊岭群未见顶、底。依据岩石组合,可进一步分为3个组,各组之间均为整合接触关系。

下组岩性主要为深灰色石英云母千枚岩夹千枚状变质长石石英粉砂岩、变质不等粒含钙石英砂岩夹变质细粒石英杂砂岩等,剖面出露厚度为3 718.58m。地层中总体韵律极为发育,一般由长石石英粉砂岩—石英云母千枚岩或不等粒含钙石英砂岩—粉砂岩构成二分韵律,单个韵律厚30～50cm。砂岩中砂粒成分主要为石英、长石等,磨圆、分选较差,呈棱角—次棱角状,总体表现为近源快速堆积特征。

中组岩性主要为灰色变质细粒长石石英杂砂岩、石英云母千枚岩夹灰绿色绿帘绿泥片岩及白云质大理岩等,剖面出露厚度为1 918.24m。该段以夹有大量火山岩及大理岩、灰岩以滑块表现为主要特征。火山岩主要为基性熔岩类和火山凝灰岩等。大理岩和灰岩总体呈透镜状展布,局部具角砾状构造(图2-42),与碎屑岩接触关系截然,大理岩层理产状与地层产状多数不一致,应为外来滑块。大理岩透镜体在卫片上呈灰白—肉红色,影像特征明显,延伸可达30km。该段地层总体具快速堆积特征。

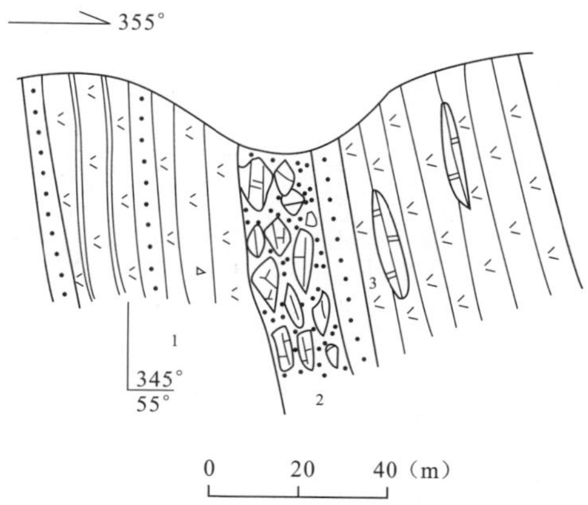

图2-42 黄羊岭群中角砾状大理岩及大理岩透镜体素描图

①凝灰岩夹砂岩;②角砾状大理岩;③大理岩透镜体

上组剖面未见顶,剖面出露厚度大于939.56m。岩性为变质钙质长石石英粉砂岩夹(互)钙质绢云千枚岩,砂岩具中—薄层状构造,细粒砂状结构,层厚5～10cm,砂粒成分主要为石英、长石,磨圆分选较差,表现为成分和结构成熟度较低的特征。地层中由砂岩—千枚岩构成的韵律发育。

图幅区内该群横向变化较大,在苏盖提达坂一带该群岩石基本未变质,岩性有长石石英砂岩、粉砂岩、粉砂质板岩等,岩石特征与大红柳滩一带相差甚远。在大红柳滩北一带该群中夹有硅质岩,该群由下而上碎屑粒度由细变粗。

(三)岩石地球化学特征

1. 微量元素特征

黄羊岭群微量元素分析结果见表2-42,由表中可以看出,微量元素含量变化均较大。Hf元素几何平均值明显高于地壳克拉克值,Rb、Sr、Nb、Ba、Ta、U等元素几何平均值明显低于地壳克拉克值,其余元素则与地壳克拉克值较为接近。微量元素聚集类型:Hf元素为聚集型,Sc、Cr等元素为弱聚集型,Ta、U等元素为极分散型,其余元素为分散型。微量元素分布类型:Co为分异型,Sr、Ba等元素为弱分异型,其余元素均为均匀分布型。

表 2-42　黄羊岭群微量元素分析结果

样品号	岩石名称	Sc	Cr	Rb	Sr	Zr	Nb	Ba	Hf	Ta	Th	U	P	Co	Ni	Ga	Sb	Hg	Au	Ag	Cu	Pb	Zn
D800/3	绢云石英千枚岩	13.80	85.10	122.00	170.00	194.00	13.40	602.00	4.96	0.97	9.57	1.22	975.00	14.60	42.70	21.90	0.23	0.05	1.00	0.06	93.20	15.70	121.00
D800/4	变质细粒长石石英砂岩	10.60	94.90	90.50	194.00	149.00	11.80	266.00	4.20	0.87	10.50	1.25	838.00	8.40	28.10	15.10	0.14	0.03	2.00	0.03	27.50	14.60	86.10
D802/1	变质细粒长石石英砂岩	12.00	78.50	108.00	143.00	192.00	11.30	547.00	4.80	0.86	7.55	1.06	763.00	12.50	31.90	18.10	0.61	0.02	2.00	0.05	79.50	27.10	151.00
D802/4	变质细粒石英砂岩	2.79	44.40	34.30	70.80	162.00	5.46	208.00	4.15	0.45	5.38	0.65	175.00	3.16	8.99	5.05	0.20	0.02	6.00	<0.02	14.50	16.60	29.90
D802/5	石英绿泥绢云千枚岩	15.50	90.80	106.00	219.00	135.00	17.00	215.00	3.53	1.16	13.20	0.92	755.00	26.50	52.80	22.20	0.10	0.05	5.00	<0.02	167.00	20.80	160.00
D802/6	变质含钙石英粉砂岩	14.00	83.20	142.00	96.90	158.00	13.50	927.00	4.71	0.97	9.17	1.34	931.00	13.20	36.00	21.60	0.22	0.02	4.00	<0.02	27.60	10.90	96.00
D803/1	变质不等粒含钙石英砂岩	9.05	93.90	53.80	459.00	141.00	11.50	245.00	3.55	0.81	11.30	1.45	651.00	6.44	20.40	12.30	0.09	0.02	5.00	0.04	9.72	18.20	52.50
D803/2	千枚状变长石石英粉砂岩	11.30	87.00	94.60	216.00	146.00	12.60	400.00	4.11	0.89	9.35	1.11	866.00	10.70	32.80	17.90	0.29	0.02	4.00	0.04	128.00	15.60	121.00
D803/4	石英绢云千枚岩	14.40	78.10	89.30	162.00	178.00	11.50	510.00	4.38	0.85	8.84	1.18	884.00	15.70	40.40	20.60	0.04	0.02	5.00	<0.02	21.00	14.80	95.60
D803/6	石英云母千枚岩	15.90	132.00	166.00	178.00	140.00	11.90	677.00	4.35	0.88	12.10	2.11	605.00	21.60	91.80	21.70	0.58	0.03	7.00	<0.02	78.80	22.00	155.00
D805/1	变细粒长石石英杂砂岩	10.40	83.60	84.50	165.00	184.00	13.20	424.00	5.00	0.96	10.90	1.51	952.00	12.00	29.70	16.10	0.25	0.03	2.00	0.03	60.70	21.90	111.00
D805/3	绿泥绿帘片岩	25.50	136.00	28.30	526.00	150.00	34.50	175.00	3.82	2.02	3.21	0.531	311.00	43.30	86.30	23.90	1.07	0.02	2.00	<0.02	134.0	5.21	134.00
D846/3	粉砂质板岩	6.67	72.60	57.10	183.00	129.00	8.84	212.00	3.20	0.67	7.98	1.25	488.00	7.69	21.70	9.07	0.28	0.02	3.00	<0.02	16.40	14.10	51.00
D846/5	变质中粒长石砂岩	8.68	63.90	73.70	233.00	160.00	10.50	320.00	4.16	0.80	8.96	1.31	625.00	8.32	24.50	15.20	0.53	0.02	3.00	0.03	18.50	15.40	69.20
D846/6	变质细粒石英砂岩	7.95	74.20	80.00	220.00	210.00	9.52	253.00	5.18	0.73	9.07	1.34	621.00	6.38	23.60	9.89	0.02	0.03	3.00	0.05	9.69	13.80	70.10
D846/7	粉砂质板岩	10.55	83.10	88.45	248.00	197.00	12.80	334.00	5.16	0.93	10.30	1.82	694.00	9.94	33.70	13.85	<0.01	0.13	5.00	0.04	17.10	14.95	82.40
D846/11	变质细粒石英砂岩	8.07	74.20	61.40	217.00	253.00	10.70	215.00	6.45	0.88	10.80	1.31	598.00	6.53	20.80	9.81	0.18	0.03	10.00	0.04	20.30	11.60	66.80
D846/12	变质细粒长石石英砂岩	10.40	79.60	96.60	248.00	152.00	12.70	306.00	3.71	0.85	9.01	1.56	575.00	8.73	28.20	13.10	0.19	0.02	17.00	0.03	24.50	16.20	76.70
几何平均值		10.57	82.93	80.38	198.10	165.80	12.10	338.70	4.35	0.88	8.92	1.22	691.40	10.91	31.68	14.91	0.20	0.03	3.83	0.04	34.83	15.28	87.38
CV 值		0.46	0.26	0.43	0.56	0.19	0.49	0.60	0.18	0.35	0.26	0.30	0.35	0.87	0.68	0.36	1.33	0.97	0.98	0.27	1.42	0.32	0.44
KK 值		1.06	1.00	0.54	0.58	0.98	0.61	0.52	4.35	0.35	0.69	0.49	0.74	0.61	0.55	0.78	0.40	0.33	0.89	0.55	0.74	0.95	1.05
地壳克拉克值(维氏,1962)		10.00	83.00	150.00	340.00	170.00	20.00	650.00	1.00	2.50	13.00	2.50	930.00	18.00	58.00	19.00	0.50	0.08	4.30	0.07	47.00	16.00	83.00

注：表中 Au、Ag 元素含量单位为 $\times 10^{-9}$，其他元素含量单位为 $\times 10^{-6}$。

2. 主要成矿元素特征

由表 2-42 中可以看出，主要成矿元素均未见明显的富集(成矿)，几何平均值均低于地壳克拉克值，主要成矿元素背景值较低。成矿元素聚集类型：Zn 为弱聚集型，Au、Ag、Cu、Pb 元素属分散型，Sb、Hg 为极分散型。成矿元素分异类型：Sb、Cu 为强分异型，Au、Hg 为分异型，Ag、Pb、Zn 属均匀分布型。综上所述，黄羊岭群对以上主要成矿元素的成矿不甚有利。

(四)沉积相及沉积环境分析

黄羊岭群在图幅区内出露的岩性主要为一套细粒碎屑岩、火山岩和少量硅质岩，岩石颜色为灰—深灰色，地层中韵律发育，由薄层细砂岩—粉砂岩或粉砂质板岩构成，主要包括鲍马序列的 C、D、E 段。中组地层中见大量火山岩、大理岩或灰岩滑块，滑体局部具角砾状构造；下组地层中局部可见代表深水化学沉积的硅质岩。以上特征总体反映黄羊岭群为深水环境下的产物。将该群碎屑岩微量元素分析结果用 Th-Sc-Zr/10 图解(图 2-43)判别，其投影点集中分布于大陆岛弧区，仅有 1 个点分布于周围。因此，黄羊岭群构造环境应为大陆岛弧环境，或物源主要来自于大陆岛弧，其沉积环境可能为深水浊积岩弧前盆地。

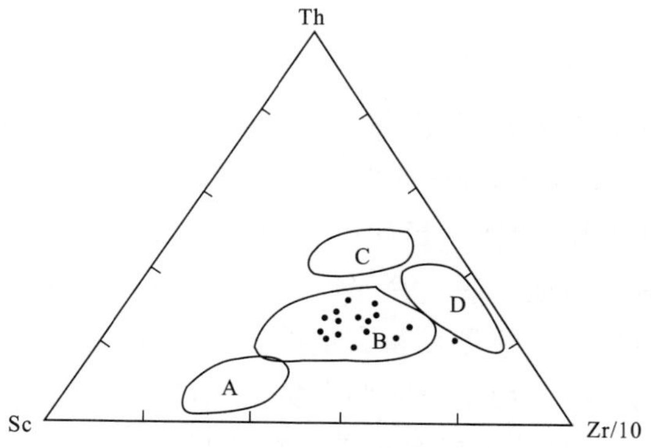

图 2-43 黄羊岭群碎屑岩微量元素 Th-Sc-Zr/10 图解
A. 大洋岛弧；B. 大陆岛弧；C. 活动大陆边缘；D. 被动大陆边缘

(五)关于形成时代

本次区调工作在图幅区内哈巴克达坂南苏盖提达坂一带的黄羊岭群中采到大量微古化石，经中国地质科学院地质研究所高联达鉴定有 21 个种：*Calamospora breradiata* Kosanke，*Punctatisporites obliquus* Kosanke，*Cyclogranisporites micrograms* Bharadwaj，*Raistrickia* sp.，*Brialatisporites incundus*(Kaiser)Gao，*Lundblandispora* sp.，*Laevigatosporites perminutus* Alpern，*Protohaploxypinus perfeciformis* Pulukhina，*Corisaccites alatus* Venkatachala and Ker，*Crucisaccites monolatus* Maithy，*Alisporites* sp.，*Alisporites spleendens*(Leschik)Foster，*Pteruchipollenites indarraensis*(Segrove)Foster，*Protopodocarpus* sp.，*Vitreisporites signatus*(=*V. pallidus*)(Reissinger)Balme。其中典型分子：记号开通缝孢 *Vitreisporites signatus*(=*V. pallidus*)(Reissinger)Balme 是世界性分子，出露于世界各地晚二叠世早期沉积物中，在我国主要出现在华北晚二叠世早期上石盒子组及其相当的沉积物中，其他分子为二叠纪常见分子。综上所述，黄羊岭群时代应为二叠纪无疑。

大红柳滩一带出露二叠系黄羊岭群，其形成时代主要依据东邻阿克萨依湖幅，在该地层中采到的大化石资料，图幅区内该套地层时代划分依据不足。主要存在有下列疑问：①大红柳滩北一带包括剖面上地层中未见任何化石，与东邻图幅含化石地层特征有差异；②大红柳滩一带地层变质较深，主要为千枚岩、片岩、变砂岩等，而区域上黄羊岭群基本未变质(如苏盖提达坂一带)；③剖面上该套地层岩石特征与苏巴什南一带原 1∶100 万区调资料所划归寒武系黑黑孜群基本相同，而东部伯力克幅在原划归黑黑孜群火山岩中获得同位素单矿物 U-Pb 法年龄为(416±1.3)Ma(韩芳林等，2002)。所以大红柳滩一带出露的二叠系黄羊岭群，其形成时代可能为志留纪。但由于在图幅区内划分依据不很充分，依据东邻图幅资料暂将其划归为二叠系黄羊岭群。

第四节　中生界

图幅区内中生界地层分布范围较少，主要出露于图幅区内东南角及西南角一带，主要有三叠系巴颜喀拉山群、赛力亚克达坂群和侏罗系龙山组等。

一、巴颜喀拉山群(TB)

(一)概述

该群于1961年由原北京地质学院创建，青海区调队1970年在1：100万《玉树幅区域地质调查报告》中介绍，原始定义：指一套厚度巨大的类复理石杂砂质碎屑建造，分别称上巴颜喀拉山群、中巴颜喀拉山群、下巴颜喀拉山群，分别代表三叠系上、中、下三统。现在定义：指分布于可可西里-巴颜喀拉山地区的一套厚度巨大，几乎全由砂岩、板岩组成的地层，未见顶、底。化石稀少，属种单调，有双壳类、腕足类和头足类。西藏区调队(1986)引用巴颜喀拉山群一名，时代限定为晚三叠世。新疆地质矿产局第一区调大队十分队(1984)在1：100万区调工作中将其划为上三叠统克勒青河群。《西藏自治区岩石地层》(1997)沿用巴颜喀拉山群，时代为三叠纪。本次工作沿用该群名称及划分。

图幅区内巴颜喀拉山群出露于三十里营房—哈巴克达坂一带(见地层分布图)，与下伏地层二叠系黄羊岭群为断层接触，被侏罗纪花岗岩侵入破坏，图幅区内出露不全，总面积约650km²。

(二)地层特征

巴颜喀拉山群主要为一套碎屑岩夹少量碳酸盐岩建造，依据岩石组合，可进一步划分为上、中、下3个组级地层单位，出露总厚度为10 529.43m。

现以新疆和田市苦水湖巴颜喀拉山群实测地层剖面(图2-44)介绍如下，剖面位置N35°48′06″，E79°24′06″。

图2-44　新疆和田市苦水湖巴颜喀拉山群实测地层剖面

(未见顶)

断　层

巴颜喀拉山群(TB)　　10 529.43m

上组(TB_3)　　4 484.78m

12. 深灰色变质细粒石英砂岩夹粉砂质板岩　　864.38m
11. 深灰色厚层状变质细粒石英砂岩夹粉砂岩　　956.97m
10. 灰黑色角岩化薄层状泥灰岩　　76.34m
9. 灰色厚层状变质细粒石英砂岩夹粉砂岩　　1 235.68m
8. 灰黑色薄层状角岩化泥灰岩夹少量石英粉砂岩　　25.79m
7. 灰褐色变质细粒石英砂岩夹少量石英粉砂岩　　1 325.62m

中组(TB_2)	**1 875.22m**
6.灰色变质细粒含钙石英杂砂岩夹少量粉砂质板岩	131.44m
5.灰色粉砂质板岩夹变质中细粒长石石英杂砂岩	1 021.53m
4.深灰色粉砂质板岩夹(互)变质细粒石英砂岩	402.15m
3.灰色变质细粒石英砂质夹变质细粒长石石英砂岩	320.10m

断 层

下组(TB_1)	**4 169.43m**
2.深灰色变质细粒含钙石英砂岩夹少量粉砂质板岩	3 620.42m
1.深灰色变质中细粒长石石英砂岩夹粉砂质板岩	549.01m

断 层

(未见底)

剖面上该群顶、底均为断层,下组与中组之间为断层接触,依据岩石组合可进一步划分 3 个组级岩石地层单位。

下组岩性主要为细粒长石石英砂岩、含钙石英砂岩夹少量粉砂质板岩。该套地层总体以砂岩为主。该组地层中由砂岩—板岩构成的粗细韵律极为发育,单个韵律厚 30~60cm,其中砂岩和板岩的比例为 8∶2,地层总体具较深水的复理石沉积特征。

中组岩性主要为深灰色粉砂质板岩、绢云母板岩夹变质中细粒长石砂岩。地层中由砂岩—板岩构成的韵律发育,总体为较深水的复理石建造。

上组岩性主要为灰—灰褐色变质细粒石英砂岩夹石英粉砂岩、粉砂质板岩及泥灰岩等。该岩组以泥质灰岩的出现为主要特征,灰岩具薄层状构造,层厚一般 5~10cm,泥质含量较高。砂岩主要为石英砂岩,粉砂岩具粉砂结构、薄层状构造。该组中由砂岩—粉砂岩、板岩构成的韵律发育(图 2-45),单个韵律厚约 40~60cm,其中砂岩与粉砂岩、板岩比例约为 7∶3。总体具复理石建造特征。

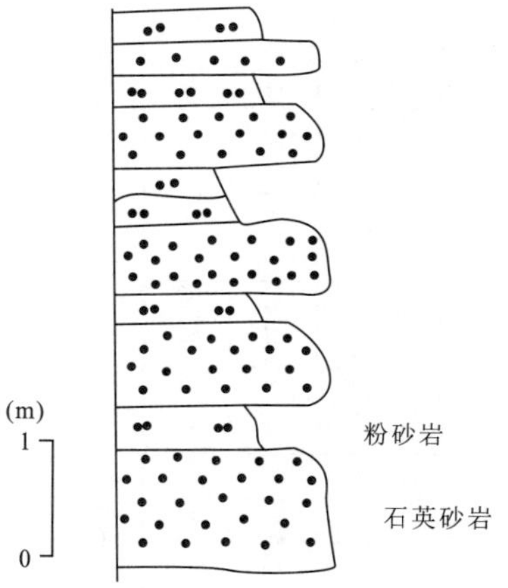

图 2-45 巴颜喀拉山群上组基本层序模式图

图幅区内巴颜喀拉山群总体岩性单调,横向变化不大。在三十里营房南一带该群岩石热变质及动力变质较强,岩性主要有含碳红柱云母千枚岩、云母石英千枚岩等。

(三)岩石地球化学特征

1. 微量元素特征

巴颜喀拉山群微量元素分析结果见表 2-43,由表中可以看出,微量元素含量变化均不大。Hf 元素几何平均值明显高于地壳克拉克值,Rb、Nb、Ba、Ta、Co、Ni 等元素几何平均值明显低于地壳克拉克值,其余元素则与地壳克拉克值较为接近。微量元素聚集类型:Hf 元素为聚集型,Zr、Au、Pb 等元素为弱聚集型,Ta、Co、Ni、Sb、Cu 等元素为极分散型,其余元素为分散型。微量元素分布类型:微量元素总体分异程度不高,Cu 为强分异型,Sb、Hg、Au、Ag 为分异型,其余元素均为均匀分布型。

表 2-43　巴颜喀拉山群微量元素分析结果

样品号	岩石名称	Sc	Cr	Rb	Sr	Zr	Nb	Ba	Hf	Ta	Th	U	P	Co	Ni	Ga	Sb	Hg	Au	Ag	Cu	Pb	Zn
D846/3	粉砂质板岩	6.67	72.60	57.10	183.00	129.00	8.84	212.00	3.20	0.67	7.98	1.25	488.00	7.69	21.70	9.07	0.28	0.02	3.00	<0.02	16.40	14.10	51.00
D846/5	变质中粒长石砂岩	8.68	63.90	73.70	233.00	160.00	10.50	320.00	4.16	0.80	8.96	1.31	625.00	8.32	24.50	15.20	0.53	0.02	3.00	0.03	18.50	15.40	69.20
D846/6	变质细粒石英砂岩	7.95	74.20	80.00	220.00	210.00	9.52	253.00	5.18	0.73	9.07	1.34	621.00	6.38	23.60	9.89	0.02	0.03	3.00	0.05	9.69	13.80	70.10
D846/7	粉砂质板岩	10.55	83.10	88.45	248.00	197.00	12.80	334.00	5.16	0.93	10.30	1.82	694.00	9.94	33.70	13.85	<0.01	0.13	5.00	0.04	17.10	14.95	82.40
D846/11	变质细粒石英砂岩	8.07	74.20	61.40	217.00	253.00	10.70	215.00	6.45	0.88	10.80	1.31	598.00	6.53	20.80	9.81	0.18	0.03	10.00	0.04	20.30	11.50	55.80
D846/12	变细粒长石石英砂岩	10.40	79.60	96.60	248.00	152.00	12.70	306.00	3.71	0.85	9.01	1.56	575.00	8.73	28.20	13.10	0.19	0.02	17.00	0.03	24.50	16.20	76.70
D848/1	砂质绢云板岩	10.70	79.10	90.70	175.00	177.00	10.80	425.00	4.28	0.82	8.01	1.23	676.00	10.10	25.50	16.20	0.34	0.04	10.00	0.03	80.70	20.30	102.00
D848/6	变质中粒长石砂岩	8.91	67.10	81.40	387.00	151.00	9.61	488.00	3.90	0.74	9.15	1.42	523.00	5.34	21.00	14.90	0.70	0.04	5.00	0.05	13.10	21.10	62.10
D848/8	变质细粒含钙石英砂岩	9.90	81.60	86.10	266.00	185.00	11.00	320.00	4.63	0.81	8.49	1.11	611.00	7.49	21.50	15.80	0.38	0.02	6.00	<0.02	17.90	17.10	61.70
D848/10	碳质板岩	14.60	81.70	166.00	408.00	199.00	14.50	750.00	4.82	1.06	11.40	2.03	841.00	12.70	40.70	20.60	0.82	0.05	5.00	0.05	69.30	26.70	127.00
D848/11	砂质绢云板岩	14.30	84.10	148.00	119.00	178.00	13.50	617.00	4.57	1.01	10.20	1.45	786.00	11.80	40.20	20.80	0.57	0.07	3.00	<0.02	28.90	29.20	107.00
几何平均值		9.80	76.20	88.95	232.90	178.20	11.19	355.80	4.48	0.84	9.34	1.42	632.30	8.36	26.58	13.97	0.29	0.04	5.35	0.04	22.99	17.52	75.63
CV 值		0.26	0.09	0.38	0.37	0.19	0.16	0.48	0.20	0.14	0.12	0.19	0.17	0.28	0.28	0.28	0.86	0.93	0.82	0.30	1.02	0.32	0.32
KK 值		0.98	0.92	0.59	0.69	1.05	0.56	0.55	4.48	0.34	0.72	0.57	0.68	0.46	0.46	0.74	0.58	0.43	1.24	0.52	0.49	1.09	0.91
地壳克拉克值(维氏,1962)		10.00	83.00	150.00	340.00	170.00	20.00	650.00	1.00	2.50	13.00	2.50	930.00	18.00	58.00	19.00	0.50	0.08	4.30	0.07	47.00	16.00	83.00

注：表中 Au、Ag 元素含量单位为$\times10^{-9}$，其他元素含量单位为$\times10^{-6}$。

2. 主要成矿元素特征

由表 2－43 中可以看出，巴颜喀拉山群中主要成矿元素均未见明显的富集（成矿），几何平均值均低于或接近于地壳克拉克值，说明主要成矿元素背景值不高。成矿元素聚集类型：Au、Pb 等元素为弱聚集型，其余均为分散型。成矿元素分异类型：Cu 为强分异型，Sb、Hg、Au 为分异型，Ag、Pb、Zn 属均匀分布型。综上所述，黄羊岭群对以上主要成矿元素的成矿不甚有利。

（四）沉积相及沉积环境分析

该群中、下组主要为陆源碎屑岩，有长石砂岩、长石石英砂岩、石英杂砂岩、石英砂岩、粉砂岩、粉砂质板岩等。砂岩中碎屑物磨圆、分选均较差，成分和结构成熟度不高。地层中由砂岩—粉砂岩（粉砂质板岩）构成的韵律清楚，具有较深水复理石沉积特征。该群上组中夹有少量泥质灰岩层，表明沉积水体较深。将该群碎屑岩微量元素分析结果用 Th－Sc－Zr/10 图解（图 2－46）判别，结果投影点全部集中分布于大陆岛弧区。

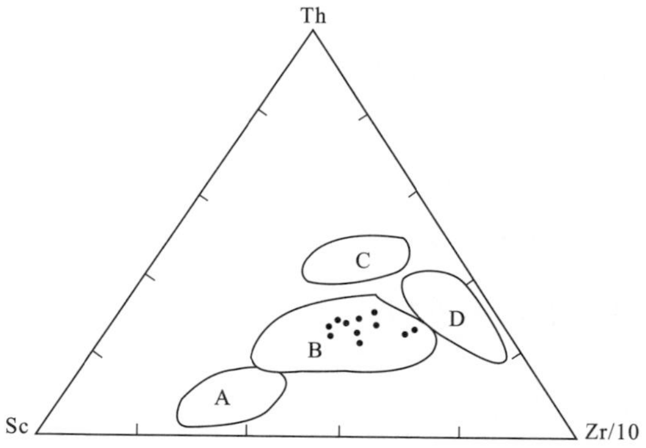

图 2－46　巴颜喀拉山群碎屑岩微量元素 Th－Sc－Zr/10 图解

A. 大洋岛弧；B. 大陆岛弧；C. 活动大陆边缘；D. 被动大陆边缘

综上所述，巴颜喀拉山群应为大陆岛弧构造背景（或物源主要来源于岛弧）下的深水的浊积岩盆地沉积。

（五）关于形成时代

该套地层中大化石稀少，本次工作未采集到。关于巴颜喀拉群形成时代，东部《羊湖幅 1∶25 万区调报告》(2002)中论述详细，在其中采到大量牙形石及孢粉，结果显示该群下部时代为早三叠世，而地层上部时代为晚三叠世。另外在西邻图幅中该群被晚三叠世花岗岩侵入（U－Pb 年龄 214Ma，224Ma，229Ma）。同时，结合区域资料综合分析，将巴颜喀拉群形成时代划归为三叠纪。

二、赛力亚克达坂群(TS)

（一）概述

赛力亚克达坂群为《麻扎幅》区调(2004)新建立的岩石地层单位，定义为“分布于康西瓦构造混杂岩带内，划分为两个岩性组：砂岩组位于下部为海陆交互相碎屑岩，岩性为中粗粒岩屑石英砂岩、中粗粒岩屑长石杂砂岩、钙质长石粉砂岩夹砾岩、含砾砂岩，含化石；砾岩组位于上部，为磨拉石建造，岩性以砾岩、粗粒岩屑石英砂岩、细粒长石石英杂砂岩为主夹粉砂岩等。两侧以断层与相邻地层接触，未见顶、底，时代为三叠纪”。

图幅区内该群零星出露于康西瓦北侧一带，被挟持于康西瓦-苏巴什蛇绿构造混杂岩带之间，出露面积不足 1km^2。岩性主要为一套紫红色砾岩夹砂砾岩，呈构造岩片产出。该套地层仅相当于赛力亚克达坂群上部砾岩组，与其他地层均呈断层接触。

（二）地层描述

该群在剖面上未见顶、底，受断层破坏，出露不全，与南侧赛图拉岩群和北侧志留纪花岗岩均为断层接触。出露厚度大于100m。

图幅区内该群出露极少，故无实测剖面。岩石组合主要为棕红色复成分砾岩夹紫红色砂砾岩透镜体。砾岩具厚层块状构造，局部可见粒序层理。该套地层岩石特征表现为山间盆地中磨拉石建造特征。

（三）形成时代与环境分析

赛力亚克达坂群在西邻麻扎幅中采到了生物化石，主要有双壳类：克氏蛤 *Claraia* sp. 时代为早三叠世，植物化石为新芦木 *Neocalamites* sp.，时代为中晚三叠世。新疆地质矿产局第一区调大队四分队（1984）在该地区1∶100万地质调查中采集有植物：*Nilssonia* sp.，*Ctenis*? sp.，*Podozamites* sp.，*Taeniopteris* sp.；双壳类：*Eumorphotis* sp.。其中 *Taeriopteris* sp. 从二叠纪晚期开始，三叠纪为繁盛期。*Eumorphotis* sp. 在我国西南地区贵州分布较广，与三叠纪常见分子 *Claraia* sp. 共生。本次区调依据上述前人资料，综合分析将赛力亚克达坂群时代置于三叠纪。

该群岩石组合主要为棕红色复成分砾岩夹紫红色砂砾岩透镜体。砾岩具厚层块状构造，局部可见粒序层理。依据西邻幅区调资料，该地层主体为一套造山期后的山间盆地中磨拉石建造。

三、龙山组（J_2l）

（一）概述

龙山组由新疆地质矿产局第一区调大队四分队张志德等（1984）创名，创名地位于喀喇昆仑山萨利吉勒干南库勒湖湖西。原始定义：为一套浅海相碳酸盐岩沉积或碳酸盐岩夹碎屑岩，局部夹火山岩、石膏层，含极丰富的动物化石。现在定义：指不整合于克勒青河群之上、整合于红其拉甫组之下的一套浅海相碳酸盐岩夹碎屑岩，局部夹火山岩。本次区调工作沿用该划分方案，并将其划分为上、下两段，即灰岩段（J_2l^b）和砂砾岩段（J_2l^a）。

图幅区内龙山组分布非常局限，仅分布图幅区内东南角一带（见图2-29），总面积为40km^2。

（二）地层特征

图幅区内龙山组与下伏温泉沟群为角度不整合接触，仅出露灰岩段。图幅区内无实测剖面，据《岔路口幅》资料，该段主要为一套浅海碳酸盐岩建造。该段下部主要为鲕粒灰岩、砾屑灰岩夹角砾状灰岩等；上部主要为微晶灰岩、砂屑微晶灰岩、生物碎屑灰岩等。生物碎屑主要为腕足、有孔虫，部分地段以海百合茎为主，局部层位见有保存完好的群体珊瑚化石，但多数呈碎片状、细粒状，粒径一般小于3mm，腕足碎片个体较为粗大，可达1cm左右。总之，该套碳酸盐岩显示出浅海高能环境，个别层位（腕足碎片富集成层）还显示出礁滩相生物堆积。

图幅区内龙山组出露极少，岩性、岩相稳定，横向变化不大。

（三）地球化学特征

1. 岩石化学特征

龙山组灰岩段岩石化学分析结果见表2-44。由表可见，岩石化学成分总体变化较大，SiO_2、Al_2O_3、CaO等含量较高，而TiO_2、Fe_2O_3、MnO、Na_2O、K_2O、P_2O_5等含量较低，一般$K_2O > Na_2O$。灰岩化学成分平均值与世界碳酸盐岩平均值（涂和费，1961）相比，TiO_2、Al_2O_3、Fe_2O_3、CaO、Na_2O、K_2O明显偏大，而SiO_2、MgO、MnO偏小，说明该组的碳酸盐岩陆源碎屑物含量较小，该组碳酸盐岩较纯净。

表 2－44 龙山组岩石化学分析结果

(%)

样品号	岩石名称	SiO_2	TiO_2	Al_2O_3	Fe_2O_3	MgO	MnO	CaO	Na_2O	K_2O	P_2O_5	LOI	Σ
D1402/1	微晶鲕粒灰岩	7.71	0.15	1.73	0.98	1.52	0.03	48.37	0.10	0.35	0.08	39.15	100.17
D1402/7	亮晶鲕粒灰岩	3.16	0.06	1.10	0.82	0.91	0.04	52.16	0.08	0.17	0.05	41.79	100.34
D1402/10	亮晶鲕粒灰岩	2.63	0.06	1.14	0.72	1.57	0.04	51.47	0.16	0.22	0.06	41.89	99.96
平均值		4.50	0.09	1.32	0.84	1.33	0.04	50.67	0.11	0.25	0.06	—	—
碳酸盐岩平均值(涂和费,1961)		5.19	0.06	0.81	0.33	7.90	0.12	42.01	0.04	0.03	0.03	—	—

2. 微量元素特征

龙山组灰岩段微量元素分析结果见表 2－45,由表中可以看出,微量元素含量变化均较大。Be、Zr、Nb、Co、Pb 等元素几何平均值明显高于碳酸盐岩平均值,Y、Cs、U 等元素几何平均值明显低于碳酸盐岩平均值,其余元素则与该值较为接近。微量元素聚集类型:Ba、Co 等元素为强聚集型,Sc、Rb、Zr、Nb、Hf、Pb 等元素为聚集型,Ga 元素为弱聚集型,Y、Mo 等元素为分散型,其余元素为极分散型。微量元素分布类型:微量元素总体分异程度较高,Sc、Zr、U、Co、Cu 等元素为弱分异型,Mo、Sr 等元素为均匀分布型,其他元素为强分异型或分异型。

表 2－45 龙山组微量元素分析结果(灰岩段)

($\times 10^{-6}$)

样品号	岩石名称	Li	Be	Sc	Rb	Sr	Y	Zr	Nb	Cs	Ba
D1402/1	微晶鲕粒灰岩	2.13	0.19	1.08	4.69	278.94	2.26	21.05	0.84	0.31	32.84
D1402/2	亮晶鲕粒灰岩	1.36	0.13	0.89	3.31	856.58	0.86	33.30	0.33	0.11	48.97
D1402/6	亮晶砾屑灰岩	1.00	0.10	0.81	0.36	578.97	3.76	22.04	0.28	0.09	26.23
D1402/7	亮晶鲕粒灰岩	0.15	0.05	0.80	0.36	193.55	0.61	14.39	0.13	0.04	12.76
D1402/10	亮晶鲕粒灰岩	1.46	0.12	0.99	0.44	282.41	10.10	25.74	0.33	0.08	24.00
D1403/5	亮晶砂屑灰岩	5.26	0.35	2.01	14.31	440.34	5.71	40.71	2.91	0.58	73.32
D1403/6	亮晶鲕粒灰岩	1.98	0.26	0.86	6.08	222.56	0.31	42.64	0.45	0.13	62.25
D1403/7	砂屑微晶灰岩	2.78	0.17	1.01	9.14	139.67	0.41	39.04	0.36	0.29	432.80
D1403/9	微晶灰岩	3.14	0.35	1.30	10.51	335.03	2.70	30.82	0.56	2.41	56.93
D1403/8	生物碎屑灰岩	12.49	0.60	1.69	26.37	318.74	10.28	83.73	2.49	1.98	173.16
D1404/1	生物碎屑灰岩	7.07	0.48	1.81	14.40	287.82	9.30	45.37	1.77	1.74	54.12
D1404/2	细晶大理岩	6.44	0.40	1.66	16.41	396.42	7.46	37.57	2.83	0.52	74.36
D1404/5	微晶灰岩	3.32	0.21	1.20	5.26	362.22	9.13	24.70	0.46	0.45	322.75
D1450/1	泥晶灰岩	12.77	0.73	2.37	23.81	276.15	9.30	53.02	2.60	1.58	103.90
D1450/2	泥晶灰岩	27.99	1.70	4.24	64.70	309.05	14.00	93.42	7.65	5.71	94.22
D1450/3	泥晶灰岩	24.93	1.22	3.46	43.64	297.26	11.52	75.26	5.54	3.53	169.04
D1450/4	泥晶灰岩	21.77	1.28	3.74	44.33	271.18	12.22	75.85	5.77	3.75	80.37
D1450/8	粉砂泥质灰岩	22.59	1.17	3.36	43.47	321.21	12.31	96.50	6.37	3.34	116.52
D1450/11	生屑微晶灰岩	9.17	0.43	2.08	17.27	281.14	6.24	40.07	1.88	1.08	52.56
D1451/1	亮晶鲕粒灰岩	4.12	0.16	1.18	3.71	384.37	16.15	25.48	0.90	0.35	30.18

续表 2-45

样品号	岩石名称	Li	Be	Sc	Rb	Sr	Y	Zr	Nb	Cs	Ba
几何平均值		4.60	0.33	1.58	8.23	317.60	4.53	40.13	1.19	0.62	70.02
CV 值		1.93	1.41	0.68	2.21	0.48	1.09	0.63	1.95	2.59	1.50
KK 值		0.92	—	1.58	2.74	0.52	0.15	2.11	3.98	—	7.00
碳酸盐岩平均值(涂和费,1961)		5.00	0.00	1.00	3.00	610.00	30.00	19.00	0.30	0.00	10.00

样品号	岩石名称	Hf	Ta	W	Th	U	Mo	Co	Ga	Cu	Pb
D1402/1	微晶鲕粒灰岩	0.22	0.05	5.41	0.34	0.64	0.45	2.93	3.33	5.88	6.82
D1402/2	亮晶鲕粒灰岩	0.22	0.02	0.03	0.15	0.33	0.31	1.85	3.69	4.08	4.22
D1402/6	亮晶砾屑灰岩	0.24	0.02	0.03	0.18	0.28	0.21	1.69	4.36	3.16	3.18
D1402/7	亮晶鲕粒灰岩	0.07	0.01	0.01	0.08	0.31	0.30	1.01	2.59	3.01	40.51
D1402/10	亮晶鲕粒灰岩	0.21	0.02	0.04	0.24	0.36	0.30	1.76	2.23	10.18	9.66
D1403/5	亮晶砂屑灰岩	0.53	0.20	0.28	0.79	0.43	0.28	5.57	5.96	8.94	8.97
D1403/6	亮晶鲕粒灰岩	0.48	0.04	0.05	0.26	0.71	0.33	1.98	4.13	2.16	219.53
D1403/7	砂屑微晶灰岩	0.58	0.01	0.15	0.32	0.26	0.29	1.54	15.58	3.90	32.45
D1403/9	微晶灰岩	0.31	0.05	0.10	0.44	0.66	0.42	2.00	3.60	17.63	381.95
D1403/8	生物碎屑灰岩	1.50	0.17	0.28	2.71	0.87	0.30	2.58	9.19	6.44	44.08
D1404/1	生物碎屑灰岩	0.58	0.12	0.17	1.07	0.47	0.46	3.78	1.29	4.22	25.00
D1404/2	细晶大理岩	0.58	0.17	0.16	0.85	0.46	0.30	5.33	4.49	9.14	8.01
D1404/5	微晶灰岩	0.25	0.03	0.04	0.35	0.54	0.34	1.92	12.70	5.82	314.21
D1450/1	泥晶灰岩	0.86	0.11	0.27	2.18	0.46	0.23	3.94	8.27	5.14	4.04
D1450/2	泥晶灰岩	2.08	0.65	0.94	6.90	1.19	0.37	7.14	10.30	12.68	17.38
D1450/3	泥晶灰岩	1.62	0.46	0.64	4.80	0.94	0.36	5.73	12.22	8.78	9.27
D1450/4	泥晶灰岩	1.58	0.53	0.68	4.74	0.92	0.34	5.81	8.71	11.26	9.71
D1450/8	粉砂泥质灰岩	2.38	0.62	1.17	5.20	1.08	0.38	5.98	9.52	10.99	11.79
D1450/11	生屑泥晶灰岩	0.55	0.11	0.18	1.54	0.57	0.89	2.64	7.35	5.36	4.02
D1451/1	亮晶鲕粒灰岩	0.55	0.03	0.14	0.86	0.37	0.54	1.21	0.51	3.55	10.79
几何平均值		0.53	0.08	0.17	0.80	0.54	0.35	2.82	4.99	6.15	17.57
CV 值		1.28	2.75	7.01	2.59	0.52	0.42	0.68	0.84	0.65	6.28
KK 值		1.77	—	0.28	0.47	0.24	0.88	28.17	1.25	1.54	1.95
碳酸盐岩平均值(涂和费,1961)		0.30	0.00	0.60	1.70	2.20	0.40	0.10	4.00	4.00	9.00

3. 主要成矿元素特征

由表 2-45 中可以看出,龙山组灰岩段主要成矿元素均未见明显的富集(成矿),Cu、Pb 等元素几何平均值与地壳克拉克值或碳酸盐岩平均值较为接近,说明元素成矿背景值不高。在碳酸盐岩中二者为聚集型,Pb 为强分异型,Cu 为弱分异型。综上所述该组对 Cu、Pb 成矿条件不甚好。

(四)关于形成时代

由于龙山组在图幅区内分布局限,本次区调在南部岔路口幅该组灰岩段中采到大量的生物化石,经陕西省地质矿产局区域地质矿产研究院史秉德鉴定有:始中齿蚶(未定种)*Eomiodon* sp.,膨凸同海螂 *Homomya gibbosa* (Sowerby)(J_2),梯氏刮具海扇 *Chlamys* (*Radolopecten*) *tippericox*

(J_2)，近坚实岔套海扇 *Camptonectes*(*Camptochlamys*) *subrigidus* Liu(J_2)，棱笋海螂 *Pholadomya corfnafa* Goldfuss(J_2)，桶头菊石 *Dolikephalites* sp. (J_2)，亚洲缅甸贝 *Burmirhynchia asiatica* Buckman(J_2)，滚古拉沟孔贝 *Holcothyris tanggulaica* Ching. Sun et Ye(J_2)，格尔木沟孔贝 *Holcothyris golmuensis* Ching Sun et Ye(J_2)，短根沟孔贝 *Holcothyris breviseptata* Chiug Sun et Ye(J_2)，*Radiolites* sp.(辐射蛤、未定种)，*Aulacosphinctes* sp.(沟旋菊石、未定种)，*Kellawagsites* sp.(凯拉维斯菊石、未定种)等。所以龙山组时代应为中侏罗世无疑。

第五节　新生界

图幅区内新生界地层主要出露于图幅东北角一带，有新近系阿图什组、西域组等，另外还有第四纪各类松散堆积物。

一、阿图什组(N_2a)

(一)概述

该组由新疆区域地层表编写组(1981)命名，创名地位于阿图什市西北约 20km 的塔浪河西岸。原始定义：为灰—灰黑色、浅棕色泥岩和砂岩，偶夹灰绿色砂岩。《新疆维吾尔自治区岩石地层》(1999)重新命名：指整合于西域组之下、帕卡布拉克组之上的以灰色、灰褐色、浅棕色的泥岩和砂岩为主，有灰绿色砂岩夹层的湖相沉积序列。上以砾岩、砾状砂岩为上界；下以厚层砂岩为底界。本次工作沿用该组名及划分。

图幅区内该组主要分布于阿池克兽—乌鲁瓦提一带，该组与下伏长城系塞拉加兹塔格岩群及石炭系塔哈奇组均为断层接触，西域组角度不整合于该组之上。出露面积约 90km²。

(二)地层特征

阿图什组主要为一套陆相碎屑岩夹泥质岩沉积，剖面上该组顶、底均为断层接触，出露总厚度为 437.03m。

现将新疆墨玉县阿池克兽阿图什组实测地层剖面(图 2-47)介绍如下，剖面位置N36°57′08″，E79°11′16″。

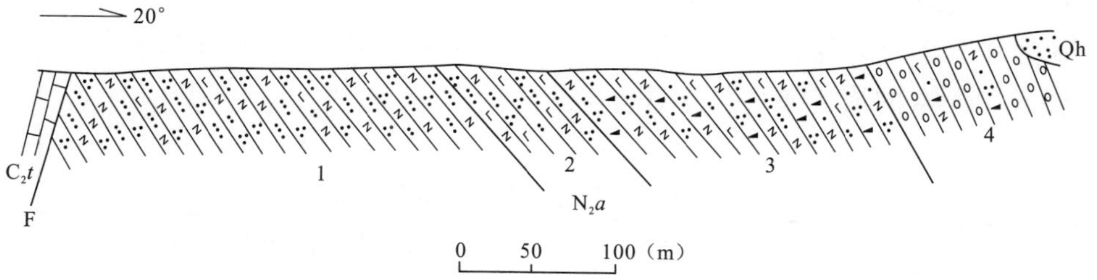

图 2-47　新疆墨玉县阿池克兽阿什组实测地层剖面图

(未见顶)

阿图什组(N_2a)	**437.03m**
4. 浅紫红色砾岩夹粗粒含砾钙质长石岩屑砂岩、中粒岩屑石英砂岩	94.56m
3. 浅紫红中粗粒含砾岩屑长石石英砂岩夹含粉砂钙质泥岩	166.2m

2.紫红色中—厚层状细粒含钙长石石英砂岩夹(互)含钙石英粉砂岩　42.07m

1.紫红色中厚层状细粒长石石英砂岩夹含钙长石石英粉砂岩　134.2m

断　层

下伏:塔哈奇组粉晶灰岩、生物灰岩

剖面上阿图什组未见顶、底,依据岩石特征可分为上、中、下三个部分。

下部为剖面上的第1、2自然层,岩性主要为紫红色中厚层状钙质细粒长石石英砂岩夹少量粉砂岩,岩石总体呈紫红色,具中厚层状构造,细粒砂状结构。该段常夹有膏盐层,呈无色透明的薄片状,为蒸发岩。

中部为剖面上的第3自然层,岩性主要为浅紫红色厚层状中粗粒含砾岩屑长石石英砂岩夹细粒含钙长石石英砂岩、含粉砂钙质泥岩。粗砂岩、细砂岩、泥岩比例约为5∶3∶2。

上部为剖面上的第4自然层,岩性主要为浅紫红色砾岩夹灰黄色粗粒含砾钙质长石岩屑砂岩、中粒岩屑石英砂岩。其中砾岩呈紫红色,砾石成分比较复杂,总体具有磨拉石成因特征;细砂岩总体呈灰黄色,具细粒砂状结构,一般为透镜体夹于砾岩中,风成斜层理及交错层理发育,具明显的风成特征。

阿图什组剖面总体呈由下往上岩石粒度由细变粗的反粒序。反映了该组沉积环境由深变浅,并可能发生了沉积间断。其沉积相由湖相转变为磨拉石相,与上覆西域组呈微角度不整合接触。该组在图幅区内横向总体岩性、岩相变化不大。

(三)岩石地球化学特征

1. 微量元素特征

阿图什组微量元素分析结果见表2-46,由表中可以看出微量元素含量变化均不大。Hf元素几何平均值明显高于地壳克拉克值,其余元素几何平均值明显低于地壳克拉克值,微量元素总体亏损。微量元素聚集类型:Hf元素为聚集型,Sr、Nb、Ta、P、Co、Ni等元素为分散型,其余元素均为极分散型。微量元素分布类型:微量元素总体分异程度不高,Rb、Co、Ni等元素为弱分异型,其余元素为均匀分异型。

2. 主要成矿元素特征

由表2-46中可以看出,阿图什组中主要成矿元素均未见明显的富集(成矿),除Au、Sb外,其余5种成矿元素几何平均值均低于地壳克拉克值,说明元素成矿背景值总体不高。主要成矿元素聚集类型:Sb属聚集型,Au属弱聚集型,Hg、Ag、Pb、Zn为分散型,Cu属极分散型。主要成矿元素分布类型:Sb为强分异型,Hg、Au、Zn为弱分异型,Ag、Cu、Pb等元素为均匀分布型。综上所述,阿图什组主要成矿元素的成矿条件均不甚好。

表2-46　阿图什组微量元素分析结果

样品原号	岩石名称	Sc	Cr	Rb	Sr	Zr	Nb	Ba	Hf	Ta	Th	U
D951/1	细粒钙质长石石英砂岩	6.27	35.00	61.10	150.00	242.00	8.87	239.00	5.32	0.64	6.42	2.13
D952/3	细粒含钙长石石英砂岩	7.48	48.50	61.70	211.00	210.00	10.20	441.00	5.31	0.75	7.12	1.64
D952/4	含钙石英粉砂岩	11.75	69.00	123.00	137.00	165.00	11.95	363.00	4.33	0.89	10.60	2.53
D952/5	长石石英砂岩	4.79	33.70	77.70	138.00	99.60	5.08	454.00	2.51	0.42	4.98	1.12

续表 2-46

样品原号	岩石名称	Sc	Cr	Rb	Sr	Zr	Nb	Ba	Hf	Ta	Th	U
D952/6	细粒含钙长石石英砂岩	4.96	34.40	53.10	99.40	102.00	5.43	206.00	2.61	0.43	4.52	0.87
D952/7	含钙粉砂质泥岩	13.10	85.40	157.00	123.00	156.00	13.60	341.00	4.34	1.01	12.30	2.45
几何平均值		7.45	47.58	81.84	139.33	153.90	8.60	326.89	3.89	0.65	7.15	1.66
CV 值		0.48	0.46	0.51	0.27	0.37	0.40	0.31	0.32	0.37	0.44	0.42
KK 值		0.75	0.57	0.55	0.41	0.91	0.43	0.50	3.89	0.26	0.55	0.66
地壳克拉克值(维氏,1962)		10.00	83.00	150.00	340.00	170.00	20.00	650.00	1.00	2.50	13.00	2.50
样品原号	岩石名称	P	Co	Ni	Ga	Sb	Hg	Au	Ag	Cu	Pb	Zn
D951/1	细粒钙质长石石英砂岩	308.00	4.30	14.20	9.41	0.24	0.03	4.00	0.05	14.70	11.00	34.70
D952/3	细粒含钙长石石英砂岩	483.00	6.18	20.30	9.94	1.09	0.06	3.00	0.07	25.10	13.40	50.10
D952/4	含钙石英粉砂岩	665.00	12.40	39.90	17.55	1.27	0.04	5.00	0.04	27.80	20.75	90.80
D952/5	长石石英砂岩	326.00	5.51	18.00	8.33	0.48	0.04	7.00	0.06	19.40	11.30	37.60
D952/6	细粒含钙长石石英砂岩	290.00	6.84	17.90	7.60	0.64	0.11	10.00	0.06	17.70	8.98	38.50
D952/7	含钙粉砂质泥岩	573.00	14.20	45.40	21.20	2.75	0.06	13.00	0.08	35.70	23.80	105.00
几何平均值		418.33	7.49	23.50	11.41	0.81	0.05	6.16	0.06	22.38	13.96	53.71
CV 值		0.38	0.54	0.56	0.49	1.12	0.58	0.62	0.26	0.34	0.43	0.57
KK 值		0.45	0.42	0.41	0.60	1.62	0.62	1.43	0.83	0.48	0.87	0.65
地壳克拉克值(维氏,1962)		930.00	18.00	58.00	19.00	0.50	0.08	4.30	0.07	47.00	16.00	83.00

注：表中 Au、Ag 元素含量单位为$\times10^{-9}$，其他元素含量单位为$\times10^{-6}$。

(四)沉积相及沉积环境分析

剖面上阿图什组下部岩石以细碎屑岩为主，总体呈紫红色及褐红色，局部夹有膏盐层，应为炎热、干燥环境下的陆相湖泊沉积；上部岩石以砾岩为主，亦呈紫红色，砾岩中砾石磨圆、分选均较差，其间夹有岩屑砂岩透镜体，岩石特征具炎热、干燥环境下的山间盆地中磨拉石建造特征。

(五)关于形成时代

图幅区内该组与上覆西域组为微角度不整合接触关系，该组中前人采到介形虫 *Ilyocypris manasensis*, *I. errabundis*, *Candona comprissaformis* 等，将其时代划归上新世是比较合适的。

二、泉水沟组火山岩(N_2q)

泉水沟组火山岩是本次区调新建的岩石地层单位，图幅区内主要见于康西瓦东一带，出露面积约 5km^2。火山岩夹于河流Ⅰ级阶地砾石层中(详见第三章)，可分为上、中、下 3 个火山岩层。

(一)地质特征

下火山岩层：为褐灰色凝灰角砾岩，主要由火山灰、火山弹、火山角砾组成。角砾全为碱性橄榄玄武玢岩，大小(5cm×10cm)～(10cm×15cm)，气孔构造发育。胶结物为紫灰色火山灰，较松散。该岩层厚约 1m。

中火山岩层：为灰—紫灰色气孔状辉石安山岩，岩石中气孔发育，具斑状结构、块状构造，基质显微晶质粒状结构。总体为溢流相熔岩类。该岩层厚约10m。

上火山岩层：主要为咖啡色火山灰及火山角砾，局部见椭圆形火山弹。火山灰未固结或半固结，火山弹大小(5cm×10cm)～(10cm×15cm)。

(二)关于形成时代

中国地质科学院罗照华等在图幅区内康西瓦一带对该火山岩作了离子探针SHRIMP U－Pb法同位素年龄为3.8Ma*。在命名地泉水沟一带该火山岩与下伏阿克萨依湖组($N_{1-2}a$)为整合接触关系，本次工作综合分析将泉水沟组火山岩时代定为新近纪上新世。

三、西域组[(N_2—Qp^1)x]

(一)概述

该组由黄汲清等(1944)命名于库车县库车河盐水沟一带，之后被广泛引用。在新疆西域组广泛分布于塔里木盆地周缘，主要为一套河流或磨拉石建造，砾岩呈固结—半固结状，多数地区该组已掀斜，局部已发生了褶皱。

该组主要分布于图幅区内北部山前一带，与下伏阿图什组为整合或微角度不整合接触，与上覆地层为整合接触。图幅区内该组主要分布于乌鲁瓦提北一带，出露面积约180km²。

(二)地层特征

现将新疆墨玉县阿池克兽南西域组实测地层剖面(图2－48)介绍如下，剖面位置N36°56′59″，E79°14′21″。剖面上西域组与下伏阿图什组呈微角度不整合接触关系(图2－49)。

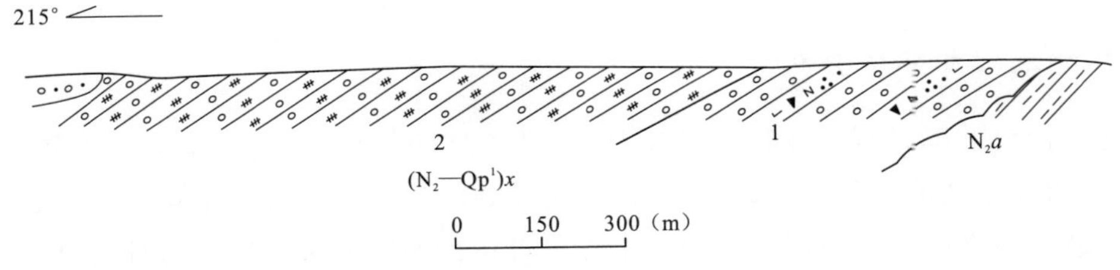

图2－48　新疆墨玉县阿池克兽南西域组实测地层剖面图

(未见顶)

西域组[(N_2—Qp^1)x]	**598.41m**
2.灰色砾岩夹灰黄色中细粒含钙岩屑长石石英砂岩	168.33m
1.灰色复成分砾岩	430.08m

～～～～～～～～ 微角度不整合 ～～～～～～～～

阿图什组(N_2a)紫红色泥岩夹钙质粉砂岩

剖面上西域组未见顶，厚度为598.41m。

依据岩石特征可分为上、下两部分，下部岩性主要为灰色砾岩，砾岩层厚一般40～80cm，砾石成分复杂。上部岩性为砾岩夹灰黄色细粒含钙岩屑长石石英砂岩，砾岩具厚层块状构造，砾状结构，层厚30～60cm。细砂岩总体呈透镜状，延伸5～35m，风成斜层理、交错层理发育。

* 地球化学.第33卷第5期。

剖面上下部砾岩具有冲积砾岩特征，当时气候温暖湿润，水量充沛；上部砾岩具有磨拉石建造特征，其间夹有风成沙层，风成斜层理、交错层理发育，表明气候由暖湿向冷干环境转变。

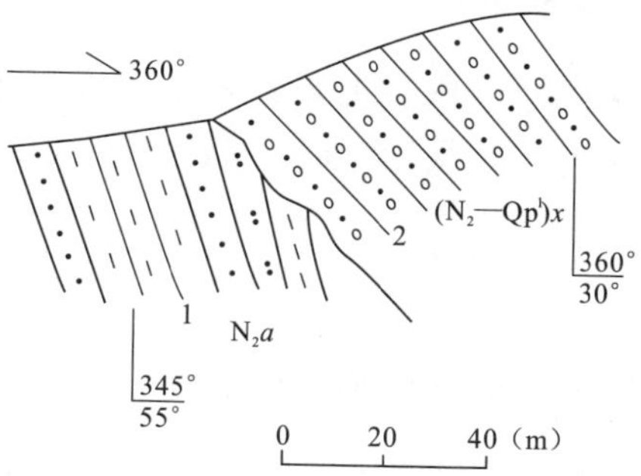

图 2-49 西域组与阿图什组微角度不整合关系素描图
1. 紫红—灰绿色泥岩夹粉砂岩；2. 灰色砂岩

(三)西域组时代

西域组(西域砾岩)遍布于新疆天山南北、昆仑山和阿尔金北麓及甘肃西部，沉积厚度巨大，岩性单一，区域对比性强。在塔里木盆地及其周缘地区，由于受到新构造运动的影响，普遍发生掀斜或褶皱。为了确定西域组时代，西北大学滕志宏等(1993)在库车河剖面上系统采集大量古地磁样品，样品测试工作在西北大学古地磁实验室完成。结果显示西域组记录了高斯(Gauss)正极性带和松山(Matuyama)反极性带，时限在 3.40～1.60Ma 之间，所以西域组时代应为上新世—早更新世。西域组岩石特征反映为山麓磨拉石沉积建造，为盆地强烈下陷和山脉急剧隆升作用的产物。

四、第四系

第四系在图幅区内分布较少，其成因复杂，沉积类型多种多样，包括规模宏大的各期冰碛、冲洪积物等，形成时代从更新世到全新世，不同时代的沉积物特征明显，易于划分区别。本次区调工作，按照成因类型分大类，再按照时代顺序进行划分的原则。其主要沉积类型如下。

(一)冲洪积层

图幅区内冲洪积层广泛分布于山间断陷盆地及现代河谷中，图幅区内出露总面积约 400km^2。现图幅区内所见冲洪积层大多数为全新世以来的松散堆积，更新世冲洪积物仅在乌鲁瓦提一带出露。

1. 晚更新世冲洪积层(Qp^{3pal})

图幅区内分布于三十里营房—康西瓦及乌鲁瓦提一带，见于喀拉喀什河流Ⅱ级阶地之上(图 2-50)，为固结—半固结砂砾石层，厚度 20～150m 不等，砾石成分复杂，磨圆较好，呈次棱角—次圆状，砾径一般 3～10cm。其间夹有透镜状细砂层或粉砂层。细砂层为河流成因，而粉砂层为风积成因。其上被松散全新世堆积物覆盖。

在乌鲁瓦提一带该套地层主要为河流成因的冲积物；在三十里营房—康西瓦一带主要为冲洪积物，砾石磨圆较差，特征类似于新疆群，形成时代为晚更新世。Ⅱ级阶地为当地居民主要的栖息地和耕作区，其上土地肥沃，水资源丰富，生活、生产条件良好。

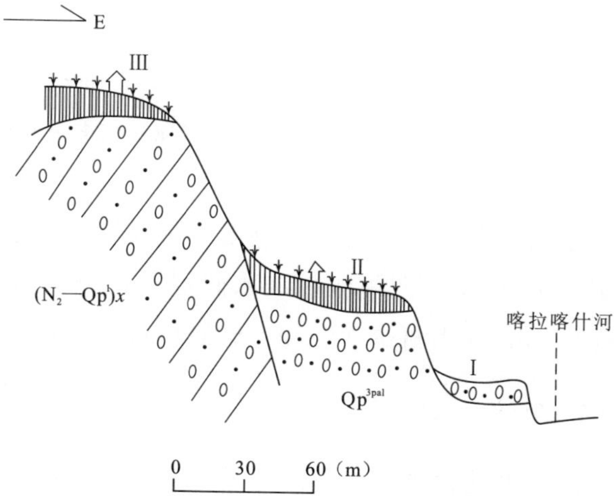

图 2-50 乌鲁瓦提一带喀拉喀什河三级地素描图

2. 全新世冲积层(Qh^{al})

现代冲洪积层主要分布于现代河床、河漫滩及山口冲积扇平原上,厚度不大,仅 5～15m。砾石层呈灰色松散状,磨圆度较好,具一定分选性,成层性较差,砾间为砂泥质充填,其上风积沙较少。

(二)冰碛层

1. 中更新世冰碛层(Qp^{2gl})

图幅区内主要分布于曲谷达坂一带,为冰积砾石层,呈未固结—半固结状,冰积地貌保存不好,已夷平化,其上覆有厚 2～4m 的风成黄土、粉砂或上更新统冰碛层等(图 2 - 51),该冰碛层一般分布于 3 900～4 000m 之间。西昆仑地区已知最老、规模最大的冰碛物为玉龙喀什冰碛层,年龄为(333±46)ka(郑兴本等,1987),一般分布于 5 000m 左右。图幅区内该套冰碛物分布高度比玉龙喀什冰碛层低约 1 000m,可能为早更新世大冰盖期残留物,但由于没有可靠的年龄依据,暂时将其时代划归中更新世。

2. 晚更新世冰碛层(Qp^{3gl})

图幅区内主要分布于哈巴克达坂及昆仑山脊两侧,为冰积砾石层,一般呈松散状,冰碛垄虽遭切割,但其形态保存完好。该冰碛层主要出露于 4 300～5 000m(图 2 - 51),特征与郑兴本等命名的里田冰碛层相似,形成时限在 30 915～14 930a 之间,时代为晚更新世晚期,相当于庐山冰期,可与欧洲的里斯冰期对比。

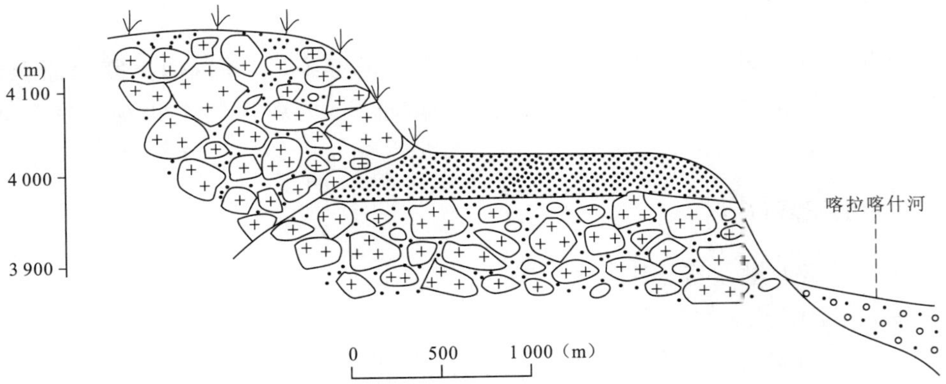

图 2 - 51　喀拉喀什河南岸无名沟两期冰碛物特征素描图

近年来许多地质学家在昆仑山一带陆续发现了更新世的冰期,称为小冰期或现代冰期,时间大约为 17—19 世纪。图幅区内该冰碛层在山脊南侧的冰川前缘可见及,可进一步分辨出两个冰碛垄,高约 10m,由冰湖粉砂泥和冰碛砾构成。

(三)现代冰雪

图幅区内现代冰雪主要分布于昆仑山脊及附近的高山之上,总面积约 1 500km^2。在昆仑山南坡雪线较高,一般为 5 800～6 000m,北坡雪线较低,一般 5 500m 左右,局部雪线低于 5 000m。

图幅区内冰川前沿高一般 20～60m,冰面有明显裂纹及消融的槽沟,冰川内具层状构造,节理发育,夹有大量冰蚀作用的角砾、粉砂、泥等。冰川下部可见由层理形成的平卧褶皱,为冰川运动所致。

图幅区内大多数冰川前(尤其是山脊南坡)均有大量冰碛物,冰面上有明显的消融迹象,表明为冰退,这与全球气候变暖、气温升高相一致。然而图幅区内局部冰川前无冰碛物,冰面未见有明显消融迹象,表现为基本平衡或冰进的反常现象,这种反常在地形较陡的山峰表现得异常明显,我们认为究其原因大致有两点:其一,是由于包括西昆仑在内的青藏高原现今持续不断隆升(青藏高原西部上升速度 42mm/a,昆仑山西段北坡 6~8mm/a),而这种隆升是有一定差异的(整体隆升,局部下降),海拔的增高可能抵消了气温升高对冰川的影响作用(尽管目前还不清楚海拔增高和气温升高共同作用影响冰川进退的细节,但两种作用无疑是相互消减的);其二,是由于地形上的差异,坡度陡的地方冰川在自身重力作用下易向下运动,但如果是这种因素起主导作用,那么所表现出来的冰川前进也并非真正意义上的冰进。

图幅区内冰雪层可谓巨大的陆上淡水资源库,在西部干旱—半干旱地区显得尤为重要,冰川融水主要向北流入塔里木盆地,为当地生产、生活用水的主要来源。但近年来的科学观测表明,昆仑山冰雪覆盖区面积正以惊人的速度逐年递减,若干年后将消失殆尽。到时主要依靠冰川融水补给的玉龙喀什、卡拉喀什、叶尔羌等河流水量势必锐减,将给依靠这几大河流供水的南疆各县带来严重影响,这是河流中下游各县可持续发展不得不面对的又一难题。

第三章　岩浆岩

图幅区内岩浆岩分布较广，总面积达到 4 619km²，占图幅区内总面积的 31%，是造山带极其重要的组成部分（图 3-1）。其中侵入岩占绝对优势，主要分布于图幅区内大红柳滩-郭扎错断裂带以北、柯岗断裂以南的广大地区，北侧的铁克里克断隆带极少分布。岩浆岩集中分布的构造单元包括了库尔良晚古生代裂陷槽、中昆仑微陆块、巴颜喀拉中生代—晚古生代边缘裂陷带等。

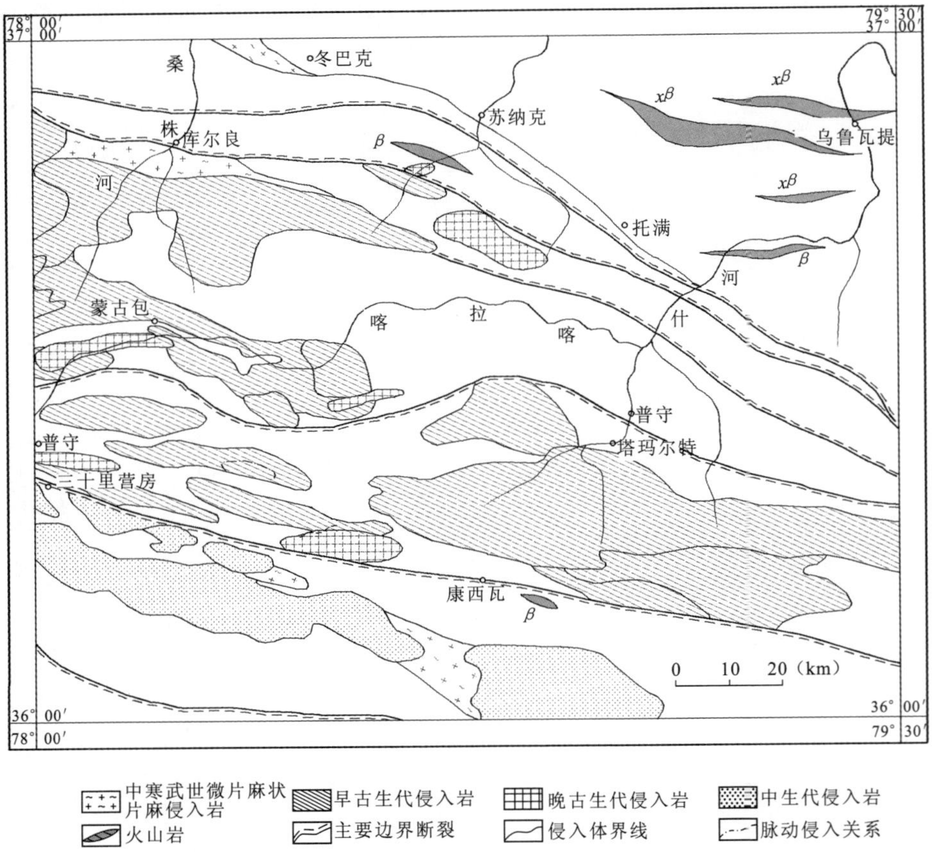

图 3-1　测区岩浆岩分布图

岩浆岩岩石种类较多，从超基性岩—基性岩—中性岩—酸性岩均有出露，在规模上，侵入岩以中酸性为主，火山岩以基性、碱性为主；岩浆活动频繁，从晚元古代、古生代、中生代至新生代均有岩浆活动，其中以早古生代岩浆活动最为强烈、规模最大。其岩石组合及产出构造位置反映出岩浆岩的时空展布具有一定的规律性，即总体受主要边界断裂（蛇绿构造混杂岩带）及区域性大断裂控制，反映了其与板块体制下的蛇绿构造混杂岩带有着密切的伴生及演化关系。

第一节　侵入岩

侵入岩是图幅区内最主要的岩浆岩岩石类型，分布面积达 4 341km²。地质历史上岩浆活动频繁，早古生代岩浆活动最为活跃，其分布面积为 3 165km²，占图幅区内侵入岩的 73%；其次为中生代侵入岩，分布面积约 939km²，占侵入岩的 22%；晚古生代侵入岩仅有 237km²，占 5%。岩石类型齐全，从超基性到酸性均有分布，以酸性岩为最主要的岩石类型，基性、超基性岩主要分布于蛇绿混杂岩带之中（详见第四节）。

按照构造-岩浆岩带的划分原则将图幅区内侵入岩解体为 35 个侵入体，归并为 20 个填图单元。进一步按其所处的空间位置、成因和形成时代归并为如下 4 个构造-岩浆岩带、6 个构造-岩浆岩亚带及 3 个独立侵入体（表 3－1），以构造-岩浆岩带为单位、按其形成时代由老到新分述于下。

表 3－1　构造-岩浆岩带划分

构造-岩浆岩带（亚带）		代 号	岩 性	年 龄(Ma)	构造环境
中生代三十里营房-泉水沟构造-岩浆岩带		$J\eta\gamma$	浅肉红色中细粒黑云二长花岗岩	201.7 [K]	碰撞
		$J\pi\eta\gamma$	灰白色中粒含斑黑云二长花岗岩		
晚古生代构造-岩浆岩带	库尔良-阿羌亚带	$P_2\gamma\pi$	灰白色中粒二长花岗斑岩		闭合
		$P_2\eta\gamma Mu$	灰白色中细粒白云二长花岗岩		
		$\Sigma/\beta\mu$	辉岩/蚀变辉绿岩		裂陷
	康西瓦-再依勒克河亚带	$P_2\eta\gamma$	灰白色中粒黑云二长花岗岩	267 [K]	闭合
		$P\eta\gamma$	灰白色细粒二长花岗岩		
早古生代构造-岩浆岩带	库地-其曼于特亚带	$O_2\eta\gamma$	灰白色中细粒黑云二长花岗岩	466.1±1.0 [S]	碰撞
		$O_2\eta o$	浅绿灰色中粒黑云石英二长岩	467.8±3.2 [S]	俯冲
		$O\delta$	灰绿色细粒黑云角闪闪长岩		
	蒙古包-普守亚带	$S_1\eta\gamma$	灰白色中粒(少斑)黑云二长花岗岩	430.7±2.6 [S]	碰撞
		$O_3\gamma\pi$	灰白色中粗粒斑状角闪黑云二长花岗岩	443.1±2.3 [S]	
		$S\xi\gamma$	浅肉红色中粒黑云钾长花岗岩	418 [U]	
		$O_3\pi\eta\gamma$	灰白色中粒含斑黑云二长花岗岩		
		$O_3\gamma o Hb$	灰色中细粒角闪黑云英云闪长岩		俯冲
		$O_3\delta$	深灰色中细粒暗色角闪闪长岩	440.0±4.6 [S]	
	三十里营地房-康西瓦亚带	$O_3\gamma o$	灰色中细粒黑云角闪英云闪长岩		碰撞
		$O_3\delta o$	灰色中粒黑云角闪石英闪长岩	447.0±7.0 [S]	俯冲
寒武纪侵入体	桑株河东	$\in_2\gamma o$	浅灰色片麻状英云闪长岩	502.3±9.1 [S]	裂张
	桑株河中游	$\in_2\gamma\delta$	浅灰色微片麻状中粒似斑状花岗闪长岩	506.8±9.8 [S]	
	哈巴克北	$\in_2\eta\gamma$	灰白色片麻状中粒二云二长花岗岩	503±0.7 [U]	

注：[S]为 SHRIMP 法；[U]为单颗粒锆石 U－Pb 法；[K]为黑云母 K－Ar 法。

一、寒武纪侵入体

图幅区内寒武纪侵入体有 4 个，规模一般较小，出露总面积约 236km²。依据其出露位置分别称为桑株河东侵入体、桑株河中游侵入体和哈巴克北侵入体。

（一）地质特征

（1）北部的桑株河东侵入体、桑株河中游侵入体分布于库地-其曼于特早古生代蛇绿构造混杂岩带南、北两侧附近，其中北侧的桑株河东深变质侵入岩为本次区调首次从铁克里克隆起带结晶基底岩系之中解体而来，其分布非常局限，仅见于图幅区内西北角的桑株河以东、冬巴克以西，以构造透镜体的形式出现。图幅区内出露面积约 $26km^2$，向北延伸出图外。围岩主要有下元古界埃连卡特岩群灰色含石榴子石黑云斜长片麻岩、灰色含石榴子石斜长变粒岩夹黑云斜长石英片岩，以及长城系塞拉加兹塔格岩群灰绿色绢云石英片岩、灰色绢云石英片岩等。

该套侵入岩岩石变质较深，已达高绿片岩相，内部构造变形强烈，可见到紧闭同斜褶皱、塑性流变褶皱。主要岩性为石榴二云斜长片麻岩，恢复原岩为英云闪长岩。岩石呈灰色，斑状变晶结构，基质具片粒状变晶结构、片麻状构造。变斑晶为石榴子石，大小 5～6mm；基质粒径 0.3～1mm，少数 1.5mm，主要矿物成分为：石英 41%～42%、斜长石 25%～26%、黑云母 16%～17%、白云母 8%～10%。从局部残余斜长石呈半自形柱状、长径 1～1.5mm，长石之间杂乱穿插、嵌接的关系和个别锆石自形晶体等特征分析，原岩为侵入岩类。

（2）库尔良南侧桑株河中游侵入体分布于库地-其曼于特蛇绿构造混杂岩带南侧，呈长条状紧贴蛇绿构造混杂岩带分布，走向与蛇绿构造混杂岩带平行，是区内仅有的一个侵入体，面积约 $88km^2$。岩体北侧与石炭系库尔良群一套细碎屑岩呈断层接触；南侧被后期奥陶纪侵入岩超动侵入。

主要岩性为浅灰色片麻状中粒似斑状花岗闪长岩。岩石呈浅灰、灰绿色，片麻状、块状构造，矿物粒径 2～4mm，主要矿物成分有石英 20%、斜长石 48%～50%、钾长石 20%～25%、绿泥石 3%～5%。其中斜长石呈半自形柱粒状，晶体浑浊、双晶不清；钾长石呈它形粒状，较干净，具格子双晶和个别的条纹结构，为微斜长石。岩石蚀变主要表现为斜长石普遍明显的绢云母化，布满了次生矿物，原黑云母全变成绿泥石和个别绿帘石。

（3）南部的哈巴克北侵入体呈残留体出露于康西瓦-苏巴什蛇绿构造混杂岩带的南侧附近，图幅区内仅见两个侵入体，总面积 $122km^2$，单个侵入体呈长条状、不规则状产出，侵入下元古界康西瓦岩群一套深变质碎屑岩中，又被晚期侏罗纪花岗岩超动侵入。与三叠系巴颜喀拉群呈断层接触。侵入界面多向外陡倾，边部未见细粒边。

主体组成岩石为灰白色中粒二云二长花岗岩，岩石呈灰白色，中粒半自形粒状结构，局部斑晶含量较多（图版Ⅲ-5），块状构造。矿物粒径 2～3mm。主要矿物成分有斜长石 32%～34%、钾长石 30%～32%、黑云母 3%～4%、白云母 3%～4%、石英 26%～28%。其中斜长石呈半自形柱状，晶体稍浑浊，双晶极不发育，隐约可见钠长石律双晶；钾长石呈它形粒状，晶体洁净，具条纹结构，为条纹长石，条纹呈细脉、粗细有规律出现，为析离作用形成。石英为它形粒状，晶体比长石细小；黑云母和白云母呈半自形—它形晶片，自形程度差。岩石蚀变不明显，仅表现为斜长石的高岭土化和绢云母化。

（二）地球化学特征

1. 岩石化学特征

岩石化学成分列于表 3-2 中，表中可见库尔良北侧的桑株河东石榴二云斜长片麻岩的化学成分中 SiO_2 含量为 59.21%，属中酸性岩类；Na_2O 含量较低，而 K_2O 含量较高，所以在 K_2O-Na_2O 图解中落入 S 型花岗岩区；库尔良南侧桑株河中游片麻状中粒似斑状花岗闪长岩和图幅区内南部哈巴克北的二云二长花岗岩均为酸性岩类，在 K_2O-Na_2O 图解中落入 A 型花岗岩区（图 3-2）。

岩石化学计算表明，寒武纪裂解期侵入岩铝饱和指数均为小于或接近于 1.1，为次铝—准铝的 S 型花岗岩类。SI 为 8.13～20.33，分异程度中等；里特曼指数(σ)多数集中于 1.83～3.01，小于 4，为正常太平洋型钙碱性岩石。

表 3-2　寒武纪侵入岩岩石化学成分含量及特征参数表

代号	样品号	氧化物含量(%)										
		SiO_2	TiO_2	Al_2O_3	Fe_2O_3	FeO	MnO	MgO	CaO	Na_2O	K_2O	P_2O_5
$\in_2\gamma o$	D2187/1	59.21	1.05	13.90	—	—	0.19	3.83	3.72	1.94	3.86	0.35
$\in_2\gamma\delta$	D2199/1	64.22	0.58	15.85	—	—	0.07	1.53	3.40	2.83	5.17	0.17
	D2201/1	65.22	0.66	14.47	—	—	0.06	1.87	3.17	2.79	4.89	0.27
	D2204/1	51.11	0.78	17.87	—	—	0.12	3.80	7.60	3.58	4.05	0.34
$\in_2\eta\gamma$	D832/1	69.44	0.40	13.80	0.27	3.86	0.08	1.14	2.07	2.78	4.22	0.14
	D1667/1	70.73	0.25	14.29	0.22	2.64	0.06	0.97	1.80	3.07	5.09	0.10
代号	样品号	氧化物含量(%)					特征参数					
		$Fe_2O_3^*$	H_2O^+	CO_2	LOI	Σ	A/CNK	DI	SI	σ	AR	W
$\in_2\gamma o$	D2187/1	9.20	—	—	2.87	100.11	0.98	—	20.33	2.07	1.98	—
$\in_2\gamma\delta$	D2199/1	4.87	—	—	1.47	100.16	0.97	—	10.62	3.01	2.42	—
	D2201/1	5.02	—	—	1.68	100.10	0.92	—	12.82	2.66	2.55	—
	D2204/1	7.65	—	—	3.20	100.11	0.74	—	19.93	3.18	1.86	—
$\in_2\eta\gamma$	D832/1	4.13	0.86	0.32	0.69	100.07	1.07	78.32	9.29	1.83	2.58	0.07
	D1667/1	2.86	—	—	0.70	99.93	1.03	83.06	8.13	2.39	3.06	0.08

2. 稀土元素特征

稀土元素分析结果见表 3-3。北侧的桑河东深变质侵入体稀土总量明显偏低，远远小于世界花岗岩(维氏，1962)平均含量(273×10^{-6})，$\delta Eu=0.77$，具较弱的负铕异常；$(La/Yb)_N=6.22$，轻稀土富集较明显，$(La/Sm)_N=3.76$，$(Gd/Yb)_N=1.00$，轻稀土略有分馏，重稀土分馏不明显。稀土元素配分曲线模式(图 3-3)总体向右缓倾斜。

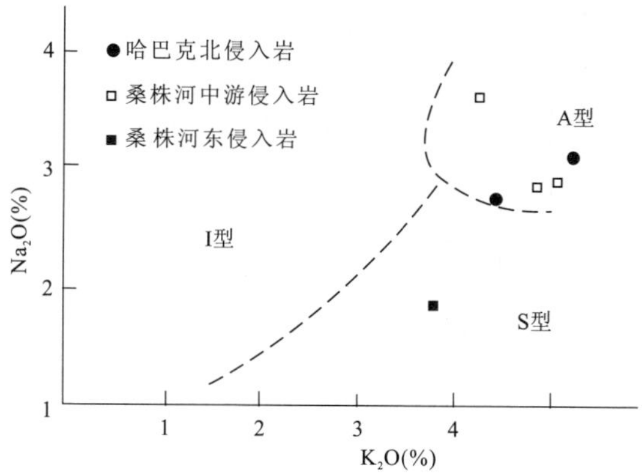

图 3-2　寒武纪侵入岩 K_2O-Na_2O 判别图

桑株河中游的片麻状花岗闪长岩稀土总量与世界花岗岩大体相当或明显偏高，$\delta Eu=0.51\sim0.90$ 之间，具明显的负铕异常；$(La/Yb)_N=17.13\sim32.55$，轻稀土富集明显，$(La/Sm)_N=3.44\sim5.27$，$(Gd/Yb)_N=2.39\sim3.28$，轻稀土分馏明显，重稀土略有分馏。稀土元素配分曲线模式(图 3-3)总体向右缓倾的"V"字形。

哈巴克北侵入岩稀土总量变化于 $164.97\times10^{-6}\sim196.37\times10^{-6}$，平均值明显低于世界花岗岩。$(La/Yb)_N=8.81\sim24.73$，轻重稀土分馏强烈，$(La/Sm)_N=3.59\sim4.05$，轻稀土分馏明显，$(Gd/Yb)_N=1.72\sim3.25$，重稀土有较弱的分馏。$\delta Eu=0.50\sim0.59$，铕具清晰的负异常；稀土元素配分曲线模式(图 3-4)总体呈向右缓倾"V"字形曲线。稀土配分曲线上各样品的曲线特征较为相似，表明它们具有相同或相近的岩浆来源及演化经历。

3. 微量元素特征

微量元素含量见表 3-4。以世界花岗岩为参数标准化得到曲线图 3-5，可见北侧的桑株河。

表 3-3 寒武纪侵入岩稀土元素分析结果表

代号	稀土元素含量 $\times10^{-6}$															特征参数				
	样品号	La	Ce	Pr	Nd	Sm	Eu	Gd	Tb	Dy	Ho	Er	Tm	Yb	Lu	ΣREE	$(La/Yb)_N$	$(La/Sm)_N$	$(Gd/Yb)_N$	δEu	δCe
$\in_2\gamma o$	D2187/1	35.42	69.31	7.44	28.91	5.88	1.32	5.53	0.84	5.00	0.98	2.90	0.47	3.38	0.52	167.90	6.22	3.76	1.00	0.77	0.85
	D2664/1	22.06	51.95	5.25	19.67	5.00	0.97	5.46	0.79	3.84	0.58	1.44	0.17	1.01	0.12	118.29	13.01	2.76	3.32	0.62	0.98
$\in_2\gamma\delta$	D2199/1	103.81	196.10	19.56	69.41	12.30	1.81	10.81	1.31	6.01	1.05	2.83	0.38	2.14	0.3	427.82	28.80	5.27	3.10	0.51	0.86
	D2199/3	75.99	152.00	16.13	58.43	9.02	1.47	8.16	1.23	6.14	0.95	2.36	0.32	2.09	0.31	334.60	21.59	5.27	2.39	0.56	0.87
	D2201/1	54.25	111.00	12.77	47.60	9.86	1.96	8.34	1.09	5.06	0.85	2.19	0.29	1.88	0.25	257.39	17.13	3.44	2.72	0.70	0.86
	D2204/1	98.96	181.60	19.54	74.46	13.36	3.09	11.04	1.33	5.96	1.11	3.06	0.38	2.53	0.38	416.80	23.22	4.63	2.67	0.83	0.82
	D2208/3	38.37	67.98	8.01	28.06	6.27	1.43	3.75	0.48	1.95	0.35	0.83	0.12	0.70	0.11	158.41	32.55	3.82	3.28	0.90	0.77
$\in_2\eta\gamma$	D832/1	44.57	87.08	9.17	35.16	6.87	0.96	5.68	0.71	3.01	0.49	1.30	0.16	1.07	0.14	196.37	24.73	4.05	3.25	0.50	0.86
	D1667/1	33.66	70.08	7.67	28.96	5.87	1.07	6.35	0.81	4.32	0.81	2.43	0.34	2.27	0.34	164.97	8.81	3.59	1.72	0.59	0.88

表 3-4 寒武纪侵入岩微量元素分析数据表

代号	样品号	Cr	Ni	Co	Sc	Ba	Sr	Rb	Y	Zr	Nb	Hf	Ta	Ti	Th	Bi	Sb	Pb	Zn	Cu	Ag	Au	P
$\in_2\gamma o$	D2187/1	—	—	16.5	12.97	540	111	160	26.05	139	17.26	4.58	1.27	6 275	12.51	—	—	34.30	—	97.25	—	—	1 510
	D2264/1	83.90	40.60	16.60	14.25	294	170	85.40	30.70	232	15.90	5.82	1.21	4 077	11.50	0.164	0.20	14.35	105.50	14.60	0.022	0.004	816
$\in_2\gamma\delta$	D2199/1	—	—	7.75	8.33	1 049	217	185	26.69	260	16.73	8.67	1.19	3 499	69.64	—	—	46.20	—	30.64	—	—	735
	D2199/3	—	—	—	—	609	151	221	22.69	165	23.61	5.67	10.35	—	81.64	—	—	53.20	—	—	—	—	—
	D2201/1	—	—	8.4	9.02	1 218	221	170	21.99	176	12.97	5.68	0.77	3 959	11.56	—	—	26.70	—	78.85	—	—	1 165
	D2208/3	—	—	—	—	1 252	536	92	5.84	120	9.79	3.86	1.57	—	11.45	—	—	25.40	—	—	—	—	—
	D2204/1	—	—	14.20	12.73	2 349	757	93	28.70	230	27.45	6.62	1.62	4 699	95.56	—	—	36.60	—	66.14	—	—	1 500
$\in_2\eta\gamma$	D1667/1	—	—	4.65	5.45	496	127	151	13.70	97.80	13.66	3.42	1.16	1 522	19.35	—	—	28.80	—	22.86	—	—	445
	D832/1	21.70	15.30	6.86	8.47	444	165	186	22.71	142	14.70	3.89	1.75	2 398	15.50	0.25	0.46	33.40	52.10	24.52	0.078	0.006 0	610

注：表中 Au、Ag 元素含量单位为 $\times10^{-9}$，其他元素含量单位为 $\times10^{-6}$。

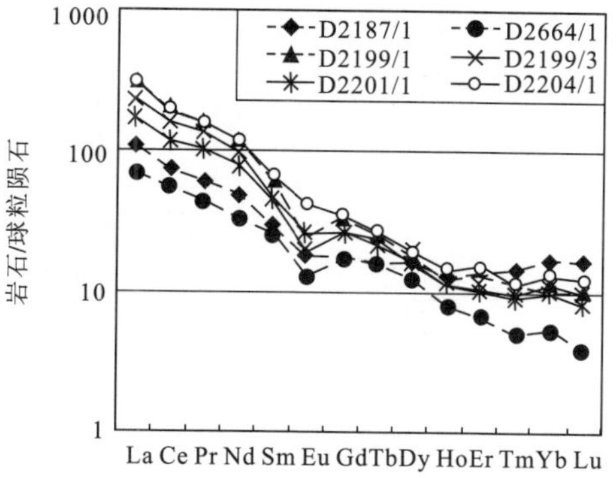

图 3－3　北部库尔良一带寒武纪侵入岩稀土配分模式图

虚线条为桑株河东深变质英云闪长岩；细线条为桑株河中游片麻状花岗闪长岩

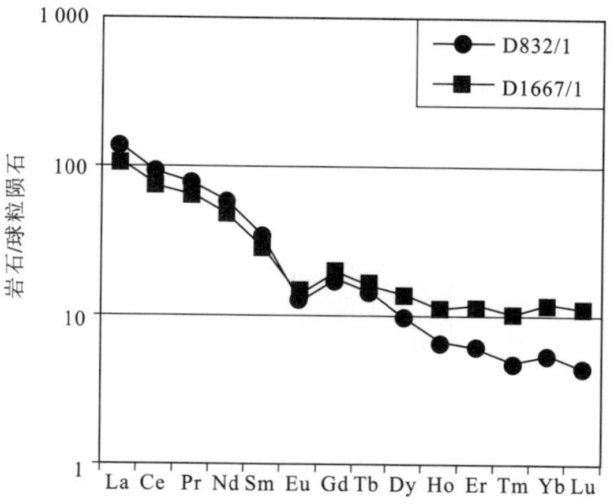

图 3－4　南部哈巴克北寒武纪侵入岩稀土配分模式

东深变质侵入岩的亲铁元素明显富集，大离子亲石元素（除 Sr 外）略有亏损，表明岩浆来源于地壳深部。高场强元素选择性富集或亏损——Hf、Ti 明显富集，而 Ta、Th 有较明显的亏损；亲铜元素略有富集或大体相当。南侧的桑株河中游微片麻状花岗闪长岩与北侧冬巴克侵入岩大体相似，差别在于 Th 强烈富集，大离子亲石元素略有富集。

南部哈巴克北侵入岩以世界花岗岩为参数标准化得到曲线图 3－6。其亲铁元素 Ni，高场强元素中的 Hf 和亲铜元素中的 Bi 均有较明显的富集；而大离子亲石元素中的 Ba、Sr，高场强元素中的 Zr、Ta 呈较弱的亏损状；其他元素则大体与世界花岗岩相当。

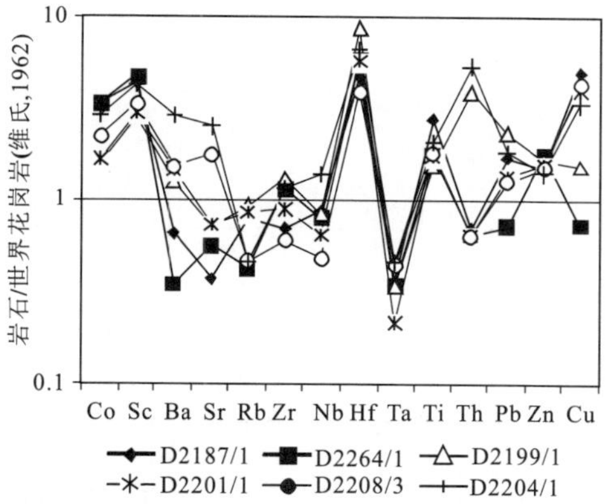

图 3－5　库尔良一带寒武纪侵入岩微量元素蛛网图

粗线条为桑株河东深变质英云闪长岩岩；细线条为桑株河中游微片麻状花岗闪长岩

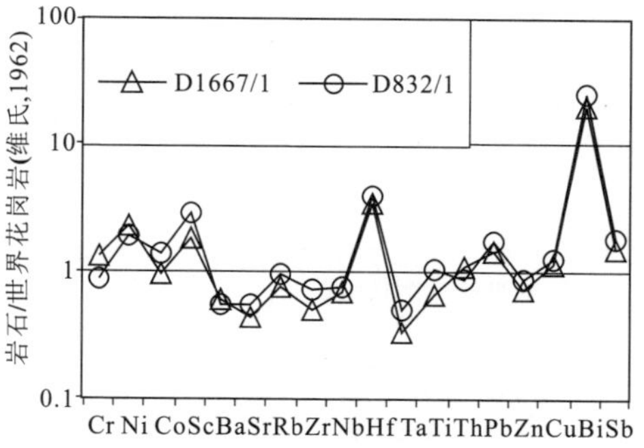

图 3－6　哈巴克北寒武纪侵入岩蛛网图

以 MORB 为参数标准化得到图 3－7。寒武纪裂解期侵入岩均表现出大离子亲石元素强烈富集，高场强元素多数富集，Ti、Y、Yb 大体相当或略有亏损，亲铁元素明显亏损。曲线形态与典型的智利型钙碱性大陆火山弧较为接近，表明岩浆的主体来源于下地壳。相比之下，南侧片麻状花岗闪长岩曲线上“三弧隆起”表现更为典型，反映其物源相对浅一些。

以 MORB 为参数作标准化得到曲线图 3－8。哈巴克北寒武纪侵入岩各个样品具有相似的曲线特征，均表现出大离子亲石元素（Sr、K、Rb、Ba、Th）强烈富集，高场元素中 Nb、Ce、P、Zr、Hf、Sm 表现出弱富集；而 Ti、Sc、Cr 则表现出较明显的亏损。整个曲线型式不很典型，既有大陆火山弧所具有的“三弧隆起”曲线特征，又有板内玄武岩的一个“大隆起”，反映其形成环境可能为大陆边缘的裂张环境，由于地处大陆边缘，罗迪尼亚超大陆汇聚在该处留下了深刻的印记，形成了具有造山性质陆壳基底，由此而熔融形成的岩浆就必然带有火山弧岩浆岩的特征。

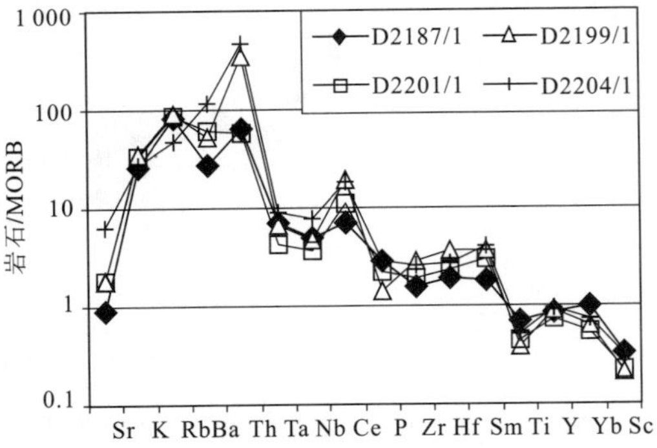

图 3-7　库尔良一带寒武纪侵入岩微量元素 MORB 标准化形式

粗线条为桑株河东深变质英云闪长岩；
细线条为桑株河中游微片麻状花岗闪长岩

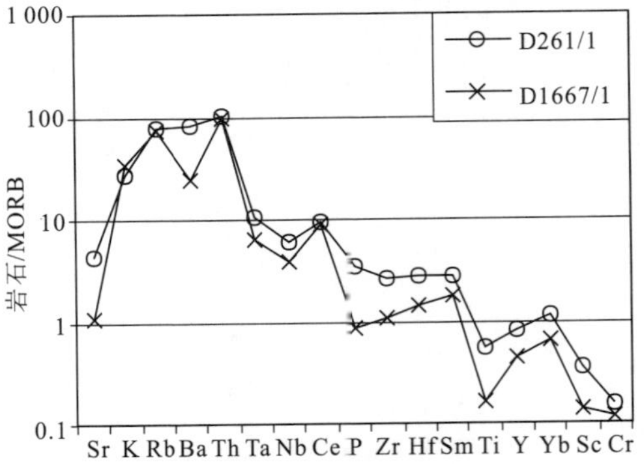

图 3-8　哈巴克北寒武纪侵入岩 MORB 标准化形式

（三）副矿物特征

寒武纪侵入岩副矿物含量见表 3-5，主要由磷灰石、磁铁矿、榍石、锆石等组成，为常见岩浆型副矿物组合。北侧的桑株河东岩体中出现了大量的石榴子石，为后期变质作用过程中形成。南部的哈巴克北侵入岩中出现大量的原生石榴子石，表明岩石富铝。

表 3-5　寒武纪侵入岩副矿物含量表　　(g/t)

划分	岩石名称	样品号	磷灰石	白钛矿	磁铁矿	榍石	锆石	石榴子石	黄铁矿	方铅矿
桑株河东	浅灰色片麻状英云闪长岩	D21870/1	—	90	60	225	0 4	32 448	微量	—
桑株河中游	浅灰色微片麻状中粒似斑状花岗闪长岩	D2199/1	65	—	—	65	217	少量	19.5	1.67
		D2204/1	少量	—	194.3	微量	[illegible]1	—	少量	1.14
哈巴克北	灰白色片麻状中粒二云二长花岗岩	D1667/2	少量	—	77.18	12.02	1.11	1 082	少量	25.3（金红石）

寒武纪侵入岩锆石以色深——玫瑰色—深玫瑰色、晶形较简单及柱面最发育为最大特征。锆石详细特征见表 3-6。

表 3-6　寒武纪侵入岩锆石特征表

岩体	岩石名称	粒径（mm）	长宽比	颜色	光泽	透明度	发光性	晶形晶面特征	包裹体	晶形
桑株河东	浅灰色片麻状英云闪长岩（D2187/1）	0.52×0.14 0.04×0.02	2∶1 4∶1 个别 6∶1	玫瑰色	金刚光泽	不透明	未见发光	以复方柱状晶（m、p 面发育）为主，表面多粗糙，多被熔蚀成麻点状；多数晶体熔蚀度较深	多数晶体内存在包裹体，有柱状、粒状小锆石和少量的金红石等呈杂乱分布	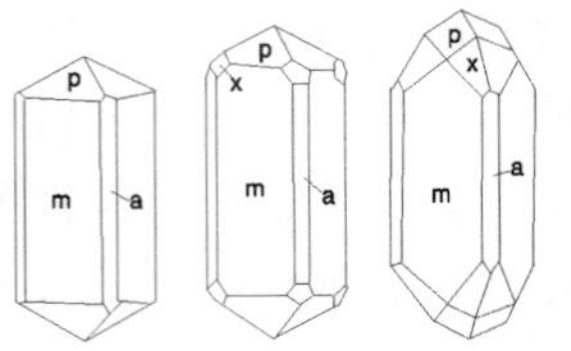

续表 3-6

岩体	岩石名称	粒径(mm)	长宽比	颜色	光泽	透明度	发光性	晶形晶面特征	包裹体	晶形
桑株河中游	浅灰色微片麻状中粒似斑状花岗闪长岩(D2204/1)	0.4×0.15 0.04×0.02	2∶1 4∶1 个别 6∶1	深玫瑰色	金刚光泽	半透明	暗黄光	以较简单的复方柱状晶(m 面发育)为主,晶体表面蚀象较细,略显光滑平整	包裹体普遍,成分主要为细小锆石	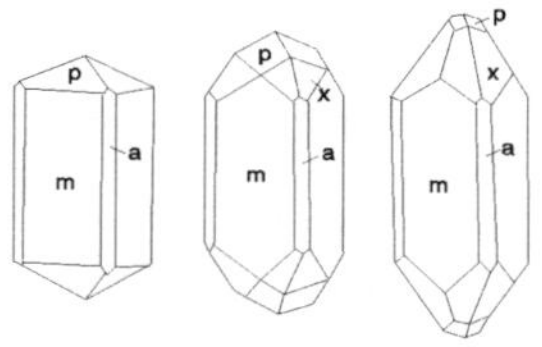
哈巴克北	灰白色片麻状中粒二云二长花岗岩	0.4×0.12 0.06×0.03	2∶1 3∶1	玫瑰色	金刚光泽	半透明	未见发光	以短柱状晶(m 面发育)为主,表面多粗糙,多被熔蚀成麻点状;少量晶体具不规则裂纹	多数晶体内存在包裹体,有柱状、粒状小锆石和少量的金红石、黄铁矿等	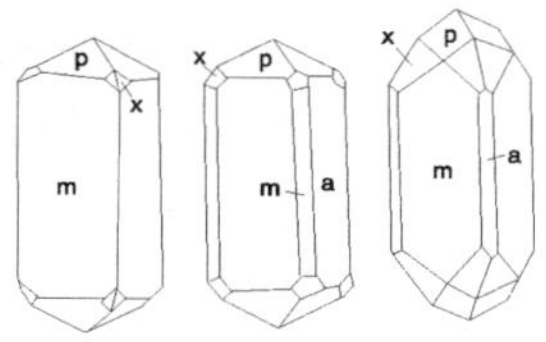

(四)岩浆来源及构造环境分析

寒武纪侵入岩主体为一套中酸性侵入岩,依据其矿物及岩石化学组成、岩石组合特征,按照 BarBarin 划分原则属碱性花岗岩类(PAG),是大陆隆起作用和裂谷作用过程中岩浆活动的产物,其岩浆主要来自于地壳。在 F-A-M 图解(图 3-9)中又落入钙碱性系列区,表明岩浆中有明显的陆壳物质加入。

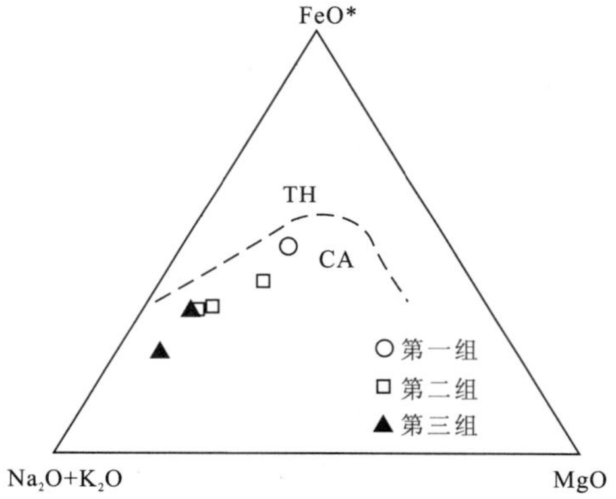

图 3-9　寒武纪侵入岩 F-A-M 图解

第一组:桑株河东侵入岩;第二组:桑株河中游侵入岩;第三组:哈巴克北侵入岩元

TH:拉斑系列;CA:钙碱系列

在 K_2O-Na_2O 图解(图 3-2)中寒武纪侵入岩落入"A—S"区,表明其岩浆主要来源于造山过程中下地壳物质部分熔融。综合分析认为,该期侵入岩为加里东期初始裂张阶段,由于减压熔融而引起下地壳物质的部分熔融形成碱性岩浆,向上运移贯入到两侧基底岩系之中而形成。

结合分析地球化学特征认为:寒武纪侵入岩产出于蛇绿构造混杂岩带侧旁,是板块离散过程中,由下地壳物质受上隆地幔的烘烤发生部分熔融形成岩浆,进一步分异演化形成的一套酸性且偏碱性岩石。

(五)形成时代

在库尔良南侧桑株河中游微片麻状花岗闪长岩和图幅区内南部的哈巴克北片麻状中粒二云二长花岗岩上采用锆石 U-Pb 法测试,分析结果见表 3-7 及谐和图(图 3-10、图 3-11)。样品点较为集中,均落在了谐和线上或其上方附近,表明岩浆就位后有少量的 Pb 增加。获得同位素年龄值为(500.2±1.2)Ma、(503.3±0.7)Ma,其形成时代为中寒武世。

本次区调中新解体出的桑株河东深变质岩体仅见于图幅区内西北角桑株河下游冬巴克西侧附近的埃连卡特岩群之中,与埃连卡特岩群紧密共生,二者经历了相同的变质作用,产生了基本一致

表 3-7　桑株河中游和哈巴克北寒武纪侵入岩锆石 U-Pb 同位素组成表

岩体	序号	锆石类型及特征	同位素原子比率					表面年龄(Ma)		
			$^{206}Pb/^{204}Pb$	$^{208}Pb/^{206}Pb$	$^{206}Pb/^{238}U$	$^{207}Pb/^{235}U$	$^{207}Pb/^{206}Pb$	$^{206}Pb/^{238}U$	$^{207}Pb/^{235}U$	$^{207}Pb/^{206}Pb$
桑株河中游	1	浅棕色透明长柱状	344	0.129 60	0.080 80	0.631 4	0.056 68	500.9	497.0	479.0
	2	浅棕色透明短柱状	757	0.126 00	0.080 77	0.637 2	0.057 22	500.7	500.6	500.0
	3	浅棕色透明中长柱状	604	0.122 60	0.080 71	0.618 1	0.055 54	500.3	488.7	434.2
	4	浅棕色透明短柱状	529	0.124 80	0.080 51	0.609 3	0.054 89	499.2	483.1	407.6
哈巴克北	1	浅棕色透明短柱状	235	0.118 90	0.081 40	0.598 1	0.053 29	504.4	476.0	341.3
	2	浅棕色透明不规则状	303	0.125 50	0.081 19	0.639 4	0.057 11	503.2	501.9	496.0
	3	深棕色透明中长柱状	318	0.078 60	0.065 22	0.494 9	0.055 03	407.3	408.2	413.6
	4	浅棕色透明中长柱状	494	0.026 14	0.037 90	0.264 4	0.050 59	239.8	238.2	222.3

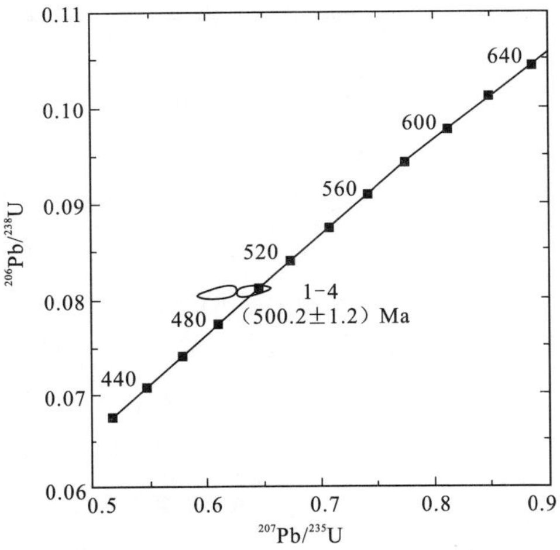

图 3-10　寒武纪桑株河中游侵入岩锆石 U-Pb 谐和图

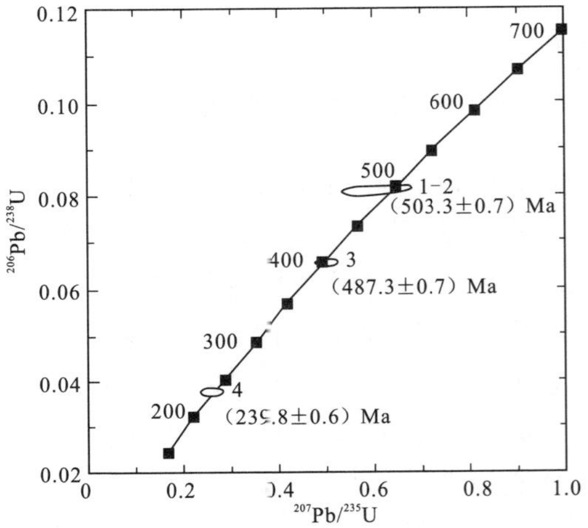

图 3-11　寒武纪哈巴克北侵入岩锆石 U-Pb 谐和图

的片麻状构造。本次区调在其自形的岩浆结晶锆石上采用 SHRIMP 法测试，获得分析结果见表 3-8，谐和图见图 3-12。图上样品点非常集中，主体落在谐和线下或其下方附近，获得地质年龄值为(502.3±9.1)Ma，表明该岩体形成于中寒武世。

二、早古生代构造-岩浆岩带

图幅区内早古生代侵入岩规模巨大，出露面积约 3 165km²，其时、空、成因与库地-其曼于特早古生代蛇绿构造混杂岩带、蒙古包-普守早古生代蛇绿构造混杂岩带、康西瓦-苏巴什蛇绿构造混杂岩带密切相关，空间上形成

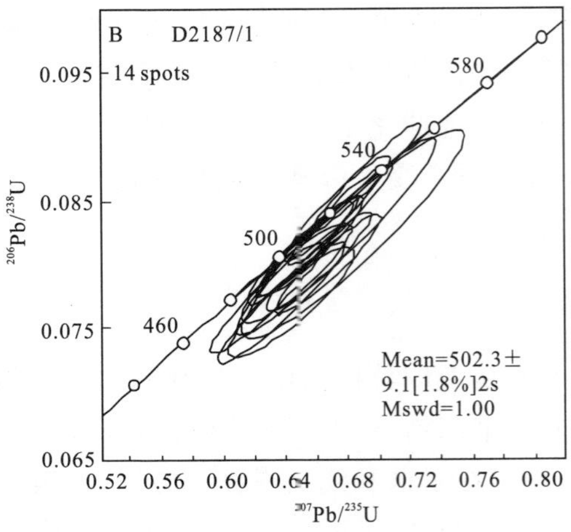

图 3-12　寒武纪桑株河东侵入岩锆石 U-Pb 谐和图

表 3-8 桑株河东寒武纪侵入岩锆石 SHRIMP 同位素组成表

样品号	$^{206}Pb_c$ ($\times10^{-2}$)	U ($\times10^{-6}$)	Th ($\times10^{-6}$)	比值	^{206}Pb ($\times10^{-6}$)	同位素年龄值(Ma) (1) $^{206}Pb/^{238}U$		(2) $^{206}Pb/^{238}U$		(3) $^{206}Pb/^{238}U$		(1) $^{207}Pb/^{206}Pb$		(1) $^{208}Pb/^{232}Th$		Discordant ($\times10^{-2}$)	Total $^{238}U/^{206}Pb$	$\pm\times10^{-2}$	Total $^{207}Pb/^{206}Pb$	$\pm\times10^{-2}$
B-1.1	0.22	4 102	2 998	0.76	297	520	±16	520	±16	523	±18	542	±22	496	±18	4	11.88	3.2	0.060 11	0.9
B-2.1	0.16	789	757	0.99	53.9	493	±15	492	±15	491	±18	568	±37	501	±17	13	12.57	3.2	0.060 33	1.5
B-3.1	0.05	1 487	820	0.57	108	522	±16	522	±16	524	±18	524	±24	508	±20	0	11.84	3.2	0.058 28	1.1
B-4.1	0.09	919	285	0.32	63.4	498	±15	496	±16	496	±16	594	±25	530	±18	16	12.45	3.2	0.060 45	1.1
B-5.1	0.11	836	196	0.24	57.5	496	±15	494	±15	496	±16	618	±27	519	±19	20	12.48	3.2	0.061 29	1.1
B-6.1	0.13	1 062	633	0.62	70.5	479	±19	477	±19	478	±21	602	±30	487	±21	20	12.95	4.0	0.060 97	1.2
B-7.1	0.09	2 281	940	0.43	170	537	±16	537	±17	534	±18	523	±19	579	±19	-3	11.51	3.2	0.058 56	0.7
B-8.1	0.11	1 176	734	0.64	82.5	505	±15	505	±16	505	±17	544	±29	505	±17	7	12.25	3.2	0.059 32	1.1
B-9.1	0.71	1 490	743	0.52	106	511	±32	509	±32	510	±35	608	±54	523	±36	16	12.04	6.5	0.065 88	1.0
B-10.1	0.18	1 446	849	0.61	102	510	±30	509	±30	510	±33	578	±39	507	±33	12	12.13	6.1	0.060 7	1.7
B-11.1	0.21	1 756	1 135	0.67	122	502	±16	501	±16	502	±17	536	±27	494	±17	6	12.33	3.2	0.059 90	1.0
B-12.1	0.55	1 351	609	0.47	90.0	479	±17	477	±17	478	±18	621	±43	493	±20	23	12.90	3.7	0.064 93	1.5
B-13.1	0.07	1 157	358	0.32	80.9	504	±15	504	±16	504	±16	540	±21	520	±18	7	12.28	3.2	0.058 82	0.9
B-14.1	0.23	840	208	0.26	56.1	481	±17	480	±17	480	±18	560	±28	507	±20	14	12.87	3.7	0.060 62	1.2

样品号	(1) $^{238}U/^{206}Pb^*$	$\pm\times10^{-2}$	(1) $^{207}Pb^*/^{206}Pb^*$	$\pm\times10^{-2}$	(1) $^{207}Pb^*/^{235}U$	$\pm\times10^{-2}$	(1) $^{206}Pb/^{238}U$	$\pm\times10^{-2}$	误差	(3) $^{238}U/^{206}Pb^*$	$\pm\times10^{-2}$	(3) $^{207}Pb^*/^{206}Pb^*$	$\pm\times10^{-2}$	(3) $^{207}Pb^*/^{235}U$	$\pm\times10^{-2}$	(3) $^{206}Pb^*/^{238}U$	$\pm\times10^{-2}$	误差
B-1.1	11.90	3.2	0.058 32	10.0	0.676	3.3	0.084 0	3.2	0.954	11.83	3.2	0.063 01	0.8	0.734	3.3	0.084 5	3.2	0.969
B-2.1	12.59	3.2	0.059 04	1.7	0.647	3.6	0.079 4	3.2	0.886	12.63	3.2	0.056 71	1.6	0.619	3.6	0.079 2	3.2	0.900
B-3.1	11.85	3.2	0.057 85	1.1	0.673	3.4	0.084 4	3.2	0.944	11.82	3.2	0.059 96	1.1	0.700	3.4	0.084 6	3.2	0.949
B-4.1	12.46	3.2	0.059 74	1.2	0.661	3.4	0.080 3	3.2	0.940	12.50	3.2	0.057 09	1.1	0.630	3.4	0.080 0	3.2	0.942
B-5.1	12.49	3.2	0.060 42	1.3	0.667	3.4	0.080 1	3.2	0.930	12.51	3.2	0.059 04	1.1	0.651	3.4	0.079 9	3.2	0.945
B-6.1	12.97	4.0	0.059 95	1.4	0.637	4.3	0.077 1	4.0	0.948	12.99	4.0	0.058 63	1.3	0.622	4.2	0.077 0	4.0	0.955
B-7.1	11.52	3.2	0.057 82	0.9	0.692	3.3	0.086 8	3.2	0.967	11.58	3.2	0.053 53	0.8	0.637	3.3	0.086 4	3.2	0.969
B-8.1	12.27	3.2	0.058 39	1.3	0.656	3.4	0.081 5	3.2	0.925	12.27	3.2	0.058 37	1.2	0.656	3.4	0.081 5	3.2	0.940
B-9.1	12.13	6.5	0.060 10	2.5	0.684	7.0	0.082 5	6.5	0.934	12.15	6.5	0.058 59	1.1	0.665	6.6	0.082 3	6.5	0.986
B-10.1	12.15	6.1	0.059 30	1.8	0.673	6.4	0.082 3	6.1	0.959	12.15	6.1	0.059 70	1.7	0.678	6.3	0.082 3	6.1	0.964
B-11.1	12.36	3.3	0.058 17	1.2	0.649	3.5	0.080 9	3.3	0.936	12.34	3.2	0.059 50	1.0	0.665	3.4	0.081 1	3.2	0.959
B-12.1	12.97	3.7	0.060 50	2.0	0.643	4.2	0.077 1	3.7	0.877	13.00	3.7	0.058 79	1.7	0.624	4.0	0.077 0	3.7	0.907
B-13.1	12.29	3.2	0.058 27	1.0	0.654	3.3	0.081 4	3.2	0.958	12.31	3.2	0.057 02	0.9	0.639	3.3	0.081 3	3.2	0.961
B-14.1	12.90	3.7	0.058 80	1.3	0.628	3.9	0.077 5	3.7	0.944	12.93	3.7	0.057 08	1.2	0.609	3.9	0.077 3	3.7	0.948

北、中、南3个构造-岩浆岩亚带且伴生于3个蛇绿混杂岩带附近，反映出它们之间密切的承生关系。依据不同的岩石组成、成因类型，结合差别明显的地球化学特征，进一步将各亚带侵入岩划分为俯冲型和碰撞型两类。

(一)库地-其曼于特亚带(以下简称北亚带)

1. 地质特征

图幅区内主体分布于桑株河上游库尔良南侧一带，在图幅区内出露面积890km^2，其中俯冲型侵入岩面积为42km^2，碰撞型侵入岩为448km^2。区域上总体呈带状出露于库地-其曼于特早古生代蛇绿构造混杂岩带南、北两侧，图幅区内均分布于其南侧，岩体规模较大。单个侵入体多呈岩基状产出，长轴方向与区域构造线大体一致。主体侵入于蓟县系桑株塔格岩群一套中深变质细碎屑岩之中，局部可见呈枝叉状侵入围岩之中，界面向外陡倾，围岩接触变质作用不明显，这些特征表明该侵入体就位深度中等，剥蚀较浅。俯冲型侵入岩图幅区内仅见两个侵入体，其中闪长岩体分布于图幅区内西北部，在西邻麻扎幅中有较大面积出露，其北侧边界为库地-其曼于特早古生代蛇绿构造混杂岩带，南部被奥陶纪中细粒黑云二长花岗岩超动侵入。岩石呈灰绿色，细粒结构，块状构造，矿物粒径为0.1～1mm，主要矿物成分有斜长石61%～63%，自形—自形柱状，晶体干净，纳长石律双晶和卡钠复合双晶均较发育，双晶面平直，An=46—48，为中长石；角闪石25%～30%，呈自形柱状，棕色；石英3%，呈它形粒状。蚀变主要表现为暗色矿物的绿泥石化和斜长石的绢云母化。

另一个俯冲型侵入岩为石英二长岩岩体，侵入于西合休岩组一套浅变质细碎屑岩夹火山岩之中。岩石呈浅灰绿色，具中细粒它形粒状结构、块状构造。矿物粒径1～3mm。主要矿物成分有：钾长石42%～43%，呈它形粒状，晶体具条纹结构和格子双晶，为微斜条纹长石，有时包裹有斜长石或边缘交代斜长石现象；斜长石38%～40%，为半自形—它形柱状、粒状，晶体浑浊、双晶不清；石英6%～8%，为它形粒状。蚀变主要表现为斜长石的绢云母化和黑云母的绿泥石化。

碰撞型侵入岩以灰白色中细粒黑云二长花岗岩为主体组成岩石，其次有少量的中粒黑云石英二长岩。黑云二长花岗岩呈灰白色，中细粒半自形粒状结构，块状构造。矿物粒径0.8～2mm、极少数2.5～4mm。主要矿物成分有：斜长石30%～33%，为半自形柱状，较洁净，聚片双晶不明显，普遍具环带构造，一般3～4个环，个别6～8个环，利用最大消光角法测得An=26—28，为更长石；钾长石35%，呈它形粒状，洁净，格子双晶十分清晰，为微斜长石，晶体中常包裹有斜长石小晶体，偶尔见交代斜长石，在斜长石一侧显示蠕虫结构；石英25%～30%，为它形粒状；黑云母呈半自形片状，已变成绿泥石。蚀变主要表现为黑云母的绿泥石化和斜长石的微绢云化。

2. 地球化学特征

1)岩石化学特征

岩石化学成分含量见表3-9。各单元岩石SiO_2含量变化在54.0%～68.8%之间。为中酸性岩石。在图3-13的K_2O-Na_2O图解中，除一个俯冲型侵入岩中粒石英二长岩落入A型花岗岩区外，另外两个单元的样品投影点均落入I型花岗岩区，表明岩浆来源较深。

岩石化学计算表明，铝饱和指数均小于或接近于1.1，为次铝的I型花岗岩类。SI为2.67～26.06，分异程度中等，并且表现出由早到晚分异程度明显降低的规律；俯冲、碰撞型侵入岩里特曼指数(σ)多集中于1.38～2.05，小于4，为正常太平洋型钙碱性岩石；而碰撞期后侵入岩里特曼指数达4.95，并且其$K_2O>Na_2O$，为钾质碱性岩类(地中海型)。

表 3-9　早古生代北亚带岩石化学分析数据表

代号	样品号	氧化物含量(%)									
		SiO_2	TiO_2	Al_2O_3	Fe_2O_3	FeO	MnO	MgO	CaO	Na_2O	K_2O
Oδ	神 1598/1	54.49	1.30	19.19	3.06	5.04	0.12	2.47	7.04	3.91	0.94
	神 1601/1	54.00	1.03	18.60	2.76	5.24	0.13	4.19	8.09	2.99	0.90
$O_2ηo$	D1272/1	61.01	0.49	17.76	0.63	5.19	0.02	0.88	2.16	3.91	5.53
$O_2ηγ$	D2202/2	68.80	0.36	14.60	—	—	0.00	1.00	2.80	3.80	3.20
	D1185/1	66.04	0.44	16.40	0.63	3.65	0.07	1.12	4.32	3.92	1.99
	D2213/1	63.69	0.18	13.63	—	—	0.06	0.52	2.42	9.52	3.15

代号	样品号	氧化物含量(%)						特征参数			
		P_2O_5	$Fe_2O_3{}^*$	H_2O^+	CO_2	LOI	Σ	A/CNK	SI	σ	AR
Oδ	神 1598/1	0.43	8.10	1.26	0.77	—	100.02	0.95	16.02	2.05	1.45
	神 1601/1	0.23	8.00	0.75	0.79	0.07	99.77	0.90	26.06	1.38	1.34
$O_2ηo$	D1272/1	0.28	5.82	1.32	0.23	0.87	100.28	1.09	5.45	4.95	2.80
$O_2ηγ$	D2202/2	0.12	3.78	—	—	1.24	99.70	0.97	9.07	1.95	2.37
	D1185/1	0.17	4.28	0.56	0.32	0.28	99.91	1.00	9.90	1.52	1.80
	D2213/1	0.14	6.14	—	—	0.50	99.95	0.58	2.67	7.77	8.51

2)稀土元素特征

稀土元素含量见表 3-10。俯冲型侵入岩两种岩性稀土特征差别明显，闪长岩稀土总量变化于 107.39×10^{-6}～147.31×10^{-6} 之间，稀土总量较低。$(La/Yb)_N=6.34$～10.27，轻重稀土分馏较弱，$(La/Sm)_N=2.83\sim3.62$，$(Gd/Yb)_N=1.46$～1.89，轻稀土略有分馏，重稀土分馏不明显。$\delta Eu=0.89$～0.99，个别达 1.19，总体上铕亏损不明显；稀土元素配分曲线模式(图 3-14)总体呈向右缓倾较平滑的曲线，相对而言，石英二长岩稀土总量更低，曲线近于平坦型，表明其岩浆中有更多的幔源岩浆加入。

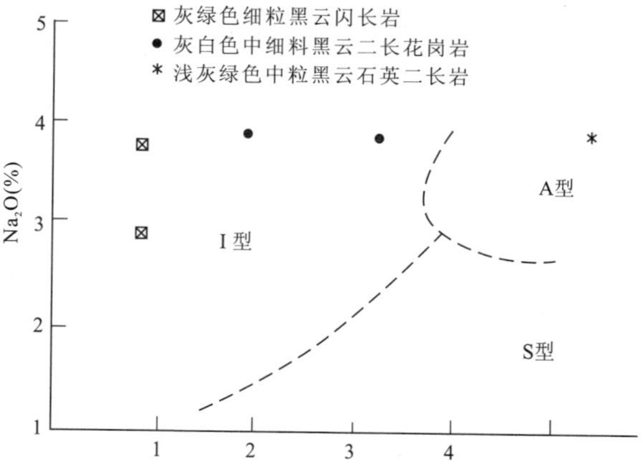

图 3-13　早古生代北亚带侵入岩 K_2O-Na_2O 判别图

碰撞型侵入岩稀土总量明显低于世界花岗岩，$(La/Yb)_N=15.96$～35.01，轻稀土富集明显，$(La/Sm)_N=4.09$～5.32，$(Gd/Yb)_N=2.03$～4.68，轻稀土分馏明显，重稀土略有分馏。$\delta Eu=0.71$～0.91，具较弱的负铕异常；稀土元素配分曲线模式(图 3-15)总体呈向右缓倾的斜线。碰撞期后侵入岩稀土曲线为近于平坦形。

3)微量元素特征

微量元素含量见表 3-11。利用世界闪长岩对俯冲型、碰撞型侵入岩作标准化得到曲线图 3-16、图 3-17。俯冲型侵入岩中的两种岩性差别较显著，反映出二者具有不同的岩浆来源。闪长岩表现出亲铁元素有较弱的富集，亲石元素随着亲石的降低，其在岩石中的富集程度明显降低。高场强元素与世界闪长岩大体相当，俯冲型侵入岩的 Zr 有较明显的贫化、亲铜元素中铜有明显的富集。

表 3-10　早古生代北亚带稀土元素分析数据表

代号	样品号	稀土元素含量($\times10^{-6}$)															特征参数				
		La	Ce	Pr	Nd	Sm	Eu	Gd	Tb	Dy	Ho	Er	Tm	Yb	Lu	∑REE	$(La/Yb)_N$	$(La/Sm)_N$	$(Gd/Yb)_N$	δEu	δCe
$O\delta$	神 1598/1	21.90	44.50	5.04	18.80	3.97	1.38	3.73	0.6	3.12	0.58	1.81	0.22	1.52	0.22	107.39	8.56	3.45	1.50	1.19	0.86
	神 1601/1	26.60	58.30	7.53	28.20	5.88	1.69	5.94	0.89	5.12	0.95	2.98	0.39	2.49	0.36	147.31	6.34	2.83	1.46	0.95	0.85
	神 1601/2	29.40	59.50	6.73	24.50	5.08	1.38	5.23	0.73	3.65	0.67	2.05	0.24	1.7	0.25	141.11	10.27	3.62	1.89	0.89	0.86
	神 1601/3	25.90	58.50	6.96	26.90	5.62	1.68	5.65	0.86	4.62	0.88	2.72	0.34	2.25	0.33	143.21	6.83	2.88	1.54	0.99	0.90
$O_2\eta o$	D1272/1	8.71	19.84	2.57	11.85	3.19	1.0	3.40	0.61	3.79	0.76	2.23	0.31	1.98	0.30	60.54	2.62	1.71	1.05	1.02	0.87
$O_2\eta\gamma$	D2202/1	53.75	93.48	9.63	36.43	6.31	1.64	5.61	0.72	3.56	0.63	1.68	0.23	1.55	0.24	215.46	20.59	5.32	2.22	0.91	0.80
	D2202/2	35.47	63.06	7.15	25.48	4.95	1.14	4.44	0.62	3.15	0.54	1.53	0.21	1.32	0.2	149.26	15.96	4.48	2.06	0.80	0.79
	D2202/4	42.01	75.26	8.51	29.03	5.64	1.1	4.4	0.59	2.7	0.51	1.41	0.2	1.33	0.22	172.91	18.75	4.66	2.03	0.71	0.79
	D1185/1	31.45	61.94	6.69	25.33	4.71	1.09	3.90	0.56	2.70	0.47	1.31	0.16	1.06	0.15	141.52	17.65	4.17	2.26	0.82	0.86
	D2207/1	54.24	109.20	12.09	43.61	8.28	1.75	7.02	0.74	2.92	0.49	1.19	0.15	0.92	0.13	242.73	35.01	4.09	4.68	0.75	0.86

表 3-11　早古生代北亚带微量元素分析数据表

代号	样品号	Cr	Ni	Co	Sc	Ba	Sr	Rb	Y	Zr	Nb	Hf	Ta	Ti	Th	Bi	Sb	Pb	Zn	Cu	Ag	Au	P
$O\delta$	D1601/1	84.7	27.50	22.50	20.80	336	408	39	24.50	51.3	19.6	1.28	0.95	6 175	4.60	0.11	0.80	8.6	109	44.90	0.074	1.25	1 002
	D1601/2	16.3	14.80	26.30	21.20	234	436	31	17.60	41.9	13.5	0.92	0.74	—	4.58	0.07	0.99	19.2	126	297.00	0.095	1.20	1 220
	D1601/3	38.1	23.60	22.70	19.50	314	405	35	22.70	54.9	22.9	1.16	1.02	—	5.75	—	—	29.3	142	808.00	—	—	—
$O_2\eta o$	D1272/1	16.3	8.59	5.65	24.00	789	179	185	19.76	410.0	54.6	2.35	1.53	2 938	31.70	0.30	0.74	36.5	169	27.62	0.080	0.006 5	1 221
$O_2\eta\gamma$	D2202/1	—	—	5.87	7.39	960	520	129	18.23	77.4	15.22	2.71	1.20	—	17.13	—	—	14.3	—	18.49	—	—	—
	D2202/2	—	—	5.75	6.17	823	246	105	15.52	83.3	12.75	3.03	1.25	2 161	10.92			17.7	—	30.81	—	—	542
	D2202/4	—	—	—	—	569	259	111	13.37	20.2	7.01	0.89	0.40	—	18.76	—	—	25.6	—	—	—	—	—
	D1185/1	19	10.50	5.43	3.58	639	484	75	12.73	197	12.4	5.07	1.04	2 638	10.80	0.09	1.04	19.5	77.9	48.52	0.15	0.004 7	741
	D2207/1	—	—	—	—	995	647	94	8.97	207	19.87	6.28	3.18	—	13.63	—	—	23.8	—	—	—	—	—

注：表中 Au、Ag 元素含量单位为$\times10^{-9}$，其他元素含量单位为$\times10^{-6}$。

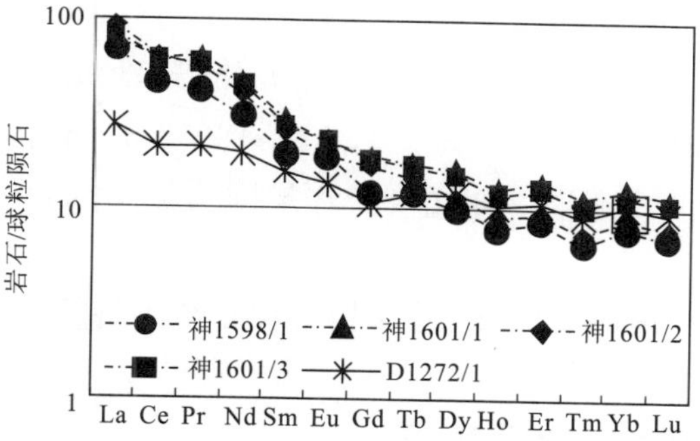

图 3－14　早古生代北亚带俯冲型侵入岩稀土配分模式

细线为石英二长岩；虚线为闪长岩

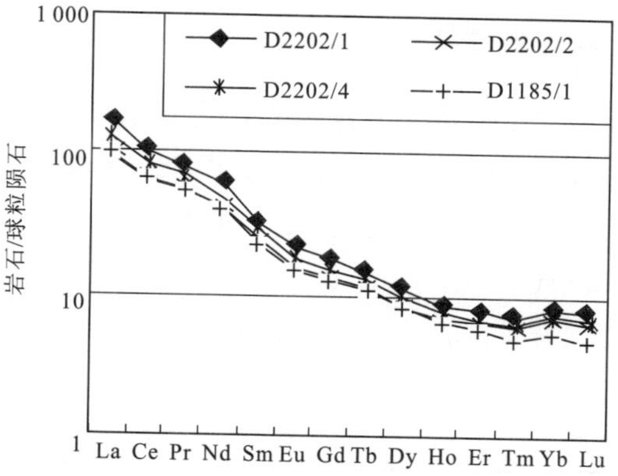

图 3－15　早古生代北亚带碰撞型侵入岩稀土配分模式

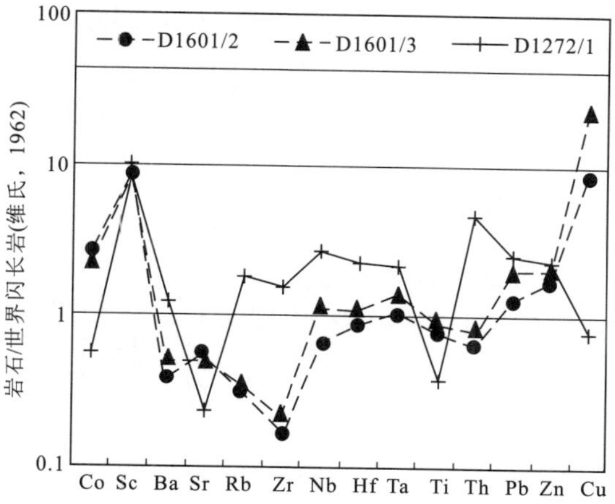

图 3－16　早古北亚带俯冲型侵入岩蛛网图

细线为石英二长岩；虚线为角闪闪长岩

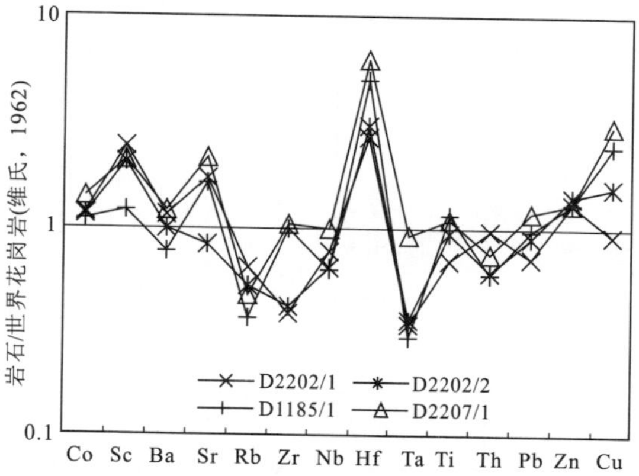

图 3－17　早古生代北亚带碰撞型侵入岩蛛网图

碰撞早期侵入岩与俯冲型侵入岩微量元素蛛网图有较大差别，其大离子亲石元素中 Sc、Sr 有一定的富集，高场强元素中明显富集 Hf，而 Ta 则明显亏损。亲铜元素大体相当，仅 Cu 有一定的富集。

以 MORB 为参数作标准化得到曲线图 3－18。俯冲、碰撞型侵入岩均表现出大离子亲石元素(Sr、K、Rb、Ba、Th)强烈富集，高场强元素中 Ta、Nb、Ce、Sm 富集明显，亲铁元素有明显的亏损。整个曲线形态表现出三弧隆起状，显示出亲大陆岛弧的特征。曲线中碰撞期后侵入岩曲线形态则不具三弧隆起的特征，而表现出大隆起的曲线形式，具典型的板内岩浆岩的特征。

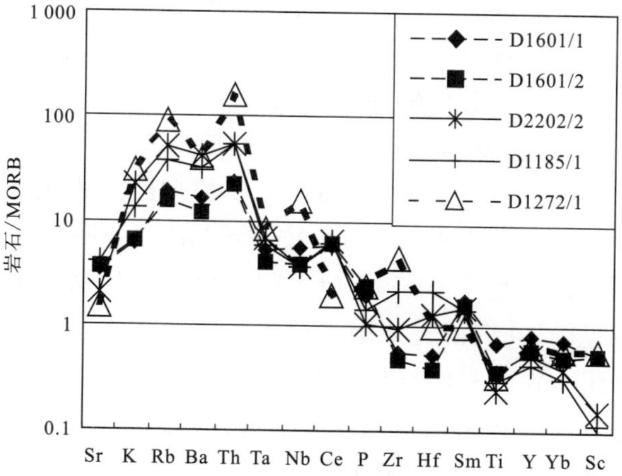

图 3－18　早古北亚带俯冲、碰撞型侵入岩 MORB 标准化形式图

虚线代表俯冲型；细线为碰撞早期侵入岩

3. 副矿物特征

俯冲、碰撞型侵入岩副矿物含量较低，俯冲型侵入岩中磁铁矿 1.67g/t、锆石 33.3g/t、黄铁矿 30.83g/t；碰撞型侵入岩中磁铁矿 20g/t、锆石 3.3g/t、黄铁矿 0.83g/t、方铅矿 25g/t。总体上北亚带侵入岩与寒武纪裂解期侵入岩相比，磁铁矿含量明显减少，而黄铁矿含量则明显增加，反映其物源相对较浅。

锆石特征见表 3-12。锆石以色浅—浅玫瑰色、透明度较高、晶形相对较复杂为特征。

表 3-12　早古生代北亚带侵入岩锆石特征表

岩体	岩石名称	粒径(mm)	长宽比	颜色	光泽	透明度	发光性	晶形晶面特征	包裹体	晶形
碰撞期	灰白色中细粒二长花岗岩(D2202/2)	0.4×0.16 0.02×0.01	2：1 4：1	浅玫瑰色	金刚光泽	多数半透明	部分发亮黄光	以复方柱状晶(m、a 面发育)为主，表面略具蚀象；晶棱、晶面清晰、稍显光滑平整	包裹体较普遍，成分主要为细小锆石和极少的金红石等多呈星点状分布	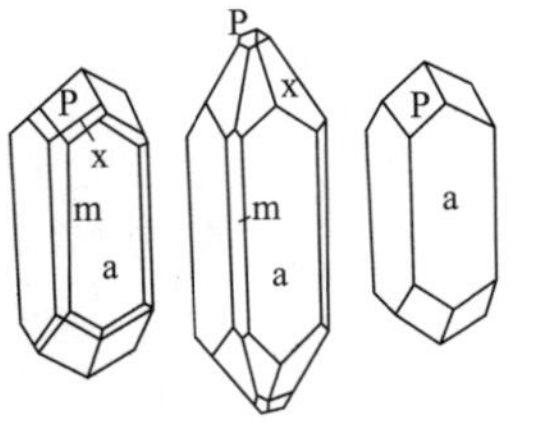
俯冲期	浅灰绿色中粒黑云石英二长闪长岩(D1272/1)	0.4×0.2 0.04×0.02	2：1 3：1	浅玫瑰色	强金刚光泽	透明	发亮黄光	以复方柱状晶(m 或 a 面发育)为主，表面略显细蚀象；晶棱、晶面较清晰、稍显光滑平整	包裹体较普遍，成分主要为细小锆石和少量的黑云母等暗色矿物	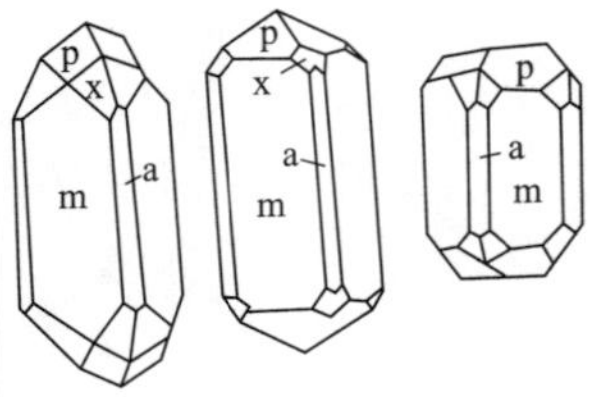

4. 岩浆来源及构造环境分析

库地-其曼于特亚带中的俯冲、碰撞型侵入岩主要伴生于库地-其曼于特早古生代蛇绿构造混杂岩带南侧附近，与蛇绿混杂岩带表现出明显的伴生关系。岩石组合为一套中酸性岩石，依据其矿物组成及岩石组合特征，按 BarBarin 划分原则，俯冲型侵入岩属含角闪石钙碱性花岗岩类(ACG)，碰撞型侵入岩则属富钾钙碱性花岗岩类(KCG)，按 BarBarin 的研究，前者属俯冲作用过程中产物，后者则主要产于构造体制转换过程中，它们的岩浆均来源于下地壳和上地幔的混合岩浆。在 A-F-M 图解(图 3-19)上，俯冲型落在了拉斑系列和钙碱系列界线附近，碰撞型侵入岩均落入钙碱系列区，并明显偏向于碱性端元一侧，这一特征表明其岩浆均具混合特征，而俯冲型岩浆主体来源于地幔，碰撞型岩浆主体来源于地壳。

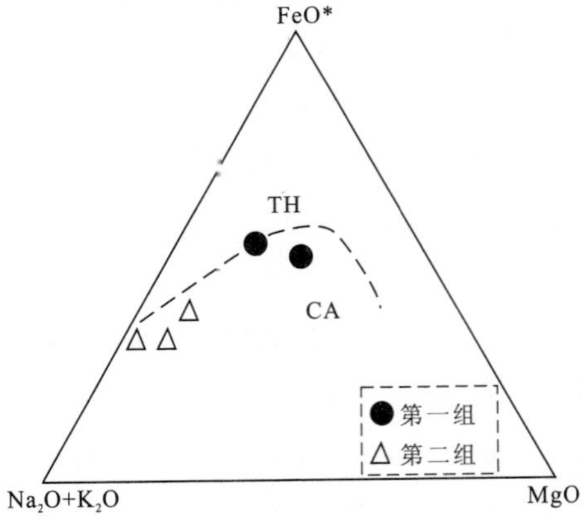

图 3-19　早古生代北亚带侵入岩 A-F-M

第一组：早古生代北亚带俯冲型侵入岩

第二组：早古生代北亚带碰撞型侵入岩

TH. 拉斑系列；CA. 钙碱系列

在 R_1-R_2 构造判别图解(图 3-20)中，俯冲型侵入岩落入碰撞前区，碰撞型花岗岩则落入同碰撞花岗岩区附近，这一结果也支持上述结论。

综合分析认为：俯冲型侵入岩产出于蛇绿混杂岩带侧旁，是板块汇聚过程中，由俯冲带下方地幔楔分异演化的岩浆、混入少量的下地壳物质，进一步分异演化形成的一套中酸性岩石；碰撞型侵入岩虽然具有I型花岗岩的部分特征，但其偏酸性的岩石组成、较富集的轻稀土及富集大离子亲石元素的微量元素特征则表明其物源主要来源于下地壳，仅有少量上地幔物质的加入，是在汇聚作用中，由于上隆的地幔楔烘烤岩浆弧下方的下地壳而引发部分熔融形成岩浆，经进一步分异演化形成一套偏酸性的岩石。俯冲型中的石英二长岩体产出于蛇绿混杂岩带附近，SiO_2含量较低，为中性岩浆岩，结合其接近平坦的稀土配分模式说明其岩浆主体来源于上地幔，但其氧化物中强富碱、微量元素中强烈富集大离子亲石元素又表明其岩浆中有大量的地壳物质加入，可能由于上隆地幔楔消化了大量的地壳物质，从而形成了局部的富集地幔，进而分异演化出该套偏碱性的中性岩浆岩。

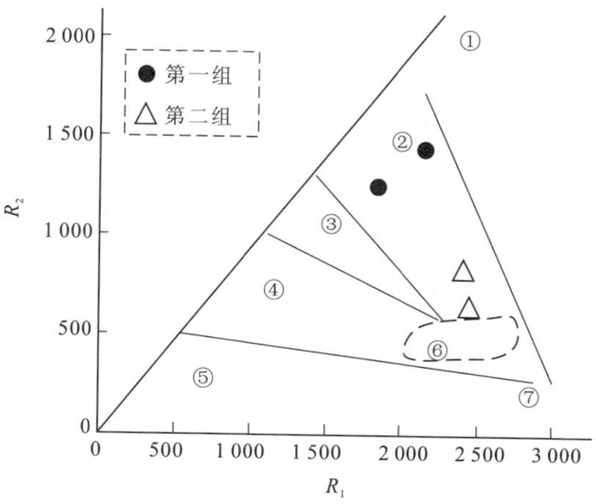

图 3-20　早古生代北亚带侵入岩的 R_1-R_2 图解

第一组：早古生代北亚带俯冲型侵入岩；第二组：早古生代北亚带碰撞型侵入岩。①地幔斜长花岗岩；②碰撞前花岗岩；③碰撞晚期花岗岩；④晚造山期花岗岩；⑤非造山A型花岗岩；⑥同碰撞S型花岗岩；⑦造山期后A型花岗岩

5. 形成时代

早古生代北亚带侵入岩侵入的最新地层为西合休岩组，其形成时代为寒武纪—奥陶纪。该岩浆岩带伴生于其曼于特蛇绿混杂岩带侧旁，是该蛇绿混杂岩带俯冲碰撞作用的忠实记录者，为确定岩体的形成时代，本次区调中在俯冲型侵入岩和碰撞型侵入岩上分别作了单颗粒锆石U-Pb法和SHRIMP法同位素测年分析，测定结果见表3-13和表3-14。谐和曲线见图3-21和图3-22。

表 3-13　早古生代北亚带碰撞型侵入岩锆石U-Pb同位素结果表

序号	锆石类型及特征	同位素原子比率					表面年龄(Ma)		
		$^{206}Pb/^{204}Pb$	$^{208}Pb/^{206}Pb$	$^{206}Pb/^{238}U$	$^{207}Pb/^{235}U$	$^{207}Pb/^{206}Pb$	$^{206}Pb/^{238}U$	$^{207}Pb/^{235}U$	$^{207}Pb/^{206}Pb$
1	浅棕色透明短柱状	320	0.093 82	0.080 63	0.644 5	0.057 97	499.9	505.1	528.5
2	浅棕色透明短柱状	153	0.075 76	0.080 21	0.618 3	0.055 91	497.4	488.8	448.9
3	浅棕色透明中长柱状	252	0.087 48	0.080 11	0.639 8	0.057 92	496.8	502.2	526.8
4	浅棕色透明长柱状	908	0.063 85	0.074 98	0.574 6	0.055 59	446.1	461.0	435.8

图3-21上，俯冲型侵入岩样品投影点比较集中，均落在了谐和线上，表明锆石封闭体完好，未发生Pb的丢失和增加。获得同位素年龄值为(467.8±3.2)Ma，属于中奥陶世，代表该岩体的结晶就位年龄。该数据的获得，为进一步确定早古生代库地-其曼于特早古生代蛇绿构造混杂岩带汇聚俯冲时限提供了可靠的依据。

图3-22曲线图上，样品投影点亦落在了谐和线上，说明岩浆结晶后保持了锆石的封闭体系，未发生Pb的丢失或增加。1～3号样品较为集中，其同位素年龄值为(498.0±3.9)Ma，4号样品的

表 3-14 早古生代北亚带俯冲型侵入岩锆石 SHRIMP 同位素组成表

样品原号	$^{206}Pb_c$ ($\times10^{-2}$)	U ($\times10^{-6}$)	Th ($\times10^{-6}$)	$^{232}Th/^{238}U$	$^{206}Pb^*$ ($\times10^{-6}$)	同位素年龄值/Ma (1) $^{206}Pb/^{238}U$		(2) $^{206}Pb/^{238}U$		(3) $^{206}Pb/^{238}U$		(1) $^{207}Pb/^{206}Pb$		(1) $^{208}Pb/^{232}Th$		Discordant ($\times10^{-2}$)	Total $^{238}U/^{206}Pb$	$\pm\times10^{-2}$	Total $^{207}Pb/^{206}Pb$	$\pm\times10^{-2}$
D1272.1	0.13	288	179	0.64	17.9	449.5	±6.6	449.4	±6.7	450.2	±7.4	457	±54	443.0	±11.0	2	13.83	1.50	0.057 2	2.3
D1272.2	0.16	680	323	0.49	44.4	471.7	±3.4	473.4	±3.5	472.8	±3.7	354	±36	457.5	±7.2	−33	13.15	0.75	0.054 9	1.4
D1272.3	0.26	212	93	0.45	13.9	474.2	±5.1	475.9	±5.2	474.8	±5.5	353	±73	465.0	±15.0	−34	13.07	1.10	0.055 7	2.4
D1272.4	0.12	263	165	0.65	16.6	458.2	±4.6	458.2	±4.7	458.5	±5.2	458	±54	455.2	±9.5	0	13.56	1.00	0.057 2	2.3
D1272.5	0.31	343	213	0.64	20.7	437.0	±17.0	436.0	±17.0	438.0	±19.0	462	±57	427.0	±20.0	6	14.23	4.10	0.058 8	2.0
D1272.6	0.16	732	439	0.62	47.3	466.3	±3.4	465.9	±3.4	466.5	±3.8	491	±35	464.1	±6.8	5	13.31	0.74	0.058 3	1.4
D1272.7	0.12	649	342	0.54	40.5	451.3	±3.8	451.3	±3.8	453.7	±4.2	448	±44	422.6	±8.1	−1	13.77	0.86	0.056 8	1.4
D1272.8	0.32	645	340	0.54	42.0	469.2	±3.9	470.7	±3.9	471.2	±4.2	362	±50	445.6	±9.3	−29	13.20	0.85	0.056 4	1.4
D1272.9	0.28	844	319	0.39	57.3	488.8	±3.7	491.4	±3.8	490.3	±4.0	310	±30	463.9	±7.1	−58	12.66	0.79	0.054 9	1.2
D1272.10	0.03	795	297	0.39	49.5	450.8	±3.2	450.7	±3.3	452.2	±3.4	459	±62	427.6	±9.1	2	13.80	0.73	0.056 4	2.8
D1272.11	0.32	320	137	0.44	20.7	467.3	±4.3	469.3	±4.4	469.6	±4.7	322	±87	434.0	±19.0	−45	13.26	0.95	0.055 5	2.7
D1272.12	0.38	379	168	0.46	25.9	491.0	±25.0	493.0	±26.0	493.0	±27.0	318	±69	462.0	±28.0	−54	12.60	5.30	0.055 9	1.9
D1272.13	0.24	417	279	0.69	26.4	456.5	±3.9	456.6	±4.0	455.2	±4.4	451	±47	468.8	±8.3	−1	13.59	0.88	0.057 9	1.8

样品原号	(1) $^{238}U/^{206}Pb^*$	$\pm\times10^{-2}$	(1) $^{207}Pb^*/^{206}Pb^*$	$\pm\times10^{-2}$	(1) $^{207}Pb^*/^{235}U$	$\pm\times10^{-2}$	(1) $^{206}Pb/^{238}U$	$\pm\times10^{-2}$	误差	(3) $^{238}U/^{206}Pb^*$	$\pm\times10^{-2}$	(3) $^{207}Pb^*/^{206}Pb^*$	$\pm\times10^{-2}$	(3) $^{207}Pb^*/^{235}U$	$\pm\times10^{-2}$	(3) $^{206}Pb^*/^{238}U$	$\pm\times10^{-2}$	误差
D1272.1.1	13.85	1.50	0.056 10	2.4	0.559	2.9	0.072 20	1.50	0.534	13.82	1.50	0.057 4	2.2	0.572	2.7	0.072 30	1.50	0.562
D1272.2.1	13.17	0.75	0.053 59	1.6	0.561	1.8	0.075 92	0.75	0.429	13.14	0.75	0.055 5	1.4	0.582	1.6	0.076 10	0.75	0.471
D1272.3.1	13.10	1.10	0.053 60	3.2	0.564	3.4	0.076 33	1.10	0.325	13.08	1.10	0.054 7	2.5	0.576	2.7	0.076 44	1.10	0.403
D1272.4.1	13.58	1.00	0.056 10	2.4	0.570	2.7	0.073 66	1.00	0.389	13.57	1.00	0.056 7	2.3	0.576	2.5	0.073 71	1.00	0.406
D1272.5.1	14.27	4.10	0.056 20	2.6	0.543	4.8	0.070 10	4.10	0.844	14.24	4.10	0.058 0	2.0	0.562	4.6	0.070 20	4.10	0.895
D1272.6.1	13.33	0.75	0.056 98	1.6	0.589	1.8	0.075 01	0.75	0.424	13.33	0.74	0.057 4	1.4	0.594	1.6	0.075 05	0.74	0.473
D1272.7.1	13.79	0.86	0.055 90	2.0	0.559	2.1	0.072 51	0.86	0.403	13.71	0.86	0.060 4	1.4	0.607	1.6	0.072 92	0.86	0.536
D1272.8.1	13.25	0.86	0.053 80	2.2	0.560	2.4	0.075 50	0.86	0.358	13.19	0.85	0.057 4	1.4	0.600	1.7	0.075 84	0.85	0.513
D1272.9.1	12.69	0.79	0.052 56	1.3	0.571	1.5	0.078 78	0.79	0.515	12.65	0.79	0.055 1	1.2	0.601	1.5	0.079 03	0.79	0.543
D1272.10.1	13.80	0.73	0.056 20	2.8	0.561	2.9	0.072 44	0.73	0.253	13.76	0.73	0.058 7	2.6	0.588	2.7	0.072 67	0.73	0.266
D1272.11.1	13.30	0.96	0.052 80	3.8	0.548	4.0	0.075 18	0.96	0.244	13.23	0.95	0.056 9	2.7	0.593	2.8	0.075 56	0.95	0.335
D1272.12.1	12.65	5.30	0.052 80	3.1	0.575	6.1	0.079 10	5.30	0.867	12.59	5.30	0.056 2	1.9	0.615	5.7	0.079 40	5.30	0.941
D1272.13.1	13.63	0.88	0.056 00	2.1	0.566	2.3	0.073 39	0.88	0.387	13.67	0.88	0.053 4	2.0	0.539	2.2	0.073 16	0.88	0.402

年龄为(466.1±1.0)Ma。结合该岩浆岩中斜长石具有最多达6～8个的环带构造，推断该岩浆岩经历了多期次的阶段性分离结晶及分异演化作用，所以498Ma可能代表岩浆源区最早的结晶锆石的形成时限，而466.1Ma则代表了最终岩浆就位年龄。

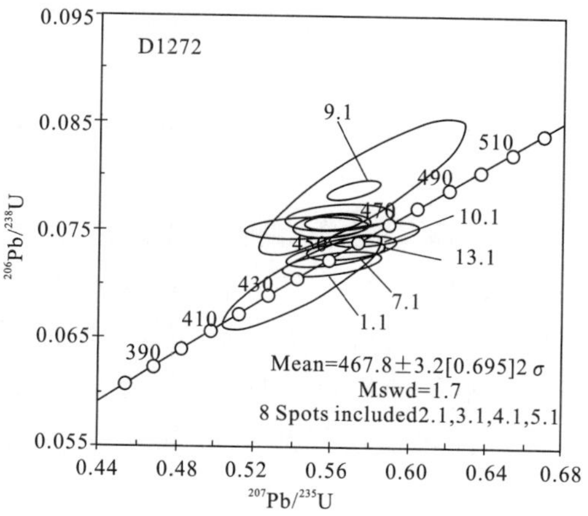

图3-21 俯冲型侵入岩锆石U-Pb同位素年龄谐和图

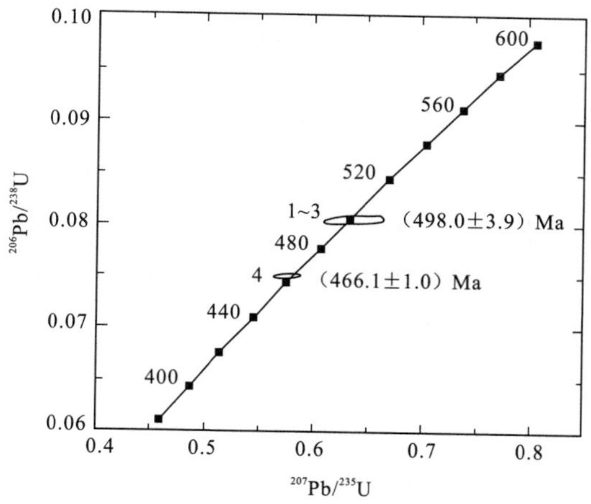

图3-22 早古生代北带碰撞型侵入岩锆石U-Pb同位素谐和图

与俯冲型侵入岩获得的年龄相比较，二者相差无几，反映了岩浆弧上同一时期岩浆活动的多样性，靠近蛇绿混杂岩带是以幔源岩浆为主的中酸性岩浆活动；而远离蛇绿混杂岩带，则是以下地壳熔融为主要来源的酸性岩浆活动。

（二）蒙古包-普守亚带（以下简称中亚带）

早古生代蒙古包-普守亚带（中亚带）岩浆活动最为活跃，图幅区内总面积约1 952km²，向东、向西延伸出图幅区内。主要分布于蛇绿混杂岩带北侧10～15km，南侧10～25km附近，少数岩体侵吞蛇绿混杂岩带分布。该岩浆岩带岩石组合成分较为复杂，从中基性—酸性—碱性均有出露，图幅区内以中性—中酸性岩为主。依据岩石组合特征及产出构造位置，将早古生代中亚带侵入岩划分为裂解期、俯冲型、碰撞型3期（裂解期侵入岩描述见第四节蛇绿混杂岩部分）。

1. 俯冲型侵入岩

1）地质特征

俯冲型侵入岩呈带状展布于蛇绿混杂岩带的北侧附近，图幅区内东西长约50km，南北宽10～15km，单个侵入体呈长条状、不规则枝叉状产出，侵入于蓟县系桑株塔格岩群一套中深变质碎屑岩及碳酸盐岩之中（图3-23），围岩接触变质作用不明显。侵入界面多向外陡倾或呈枝叉状贯入，岩体边部发育5～20m的细粒边。

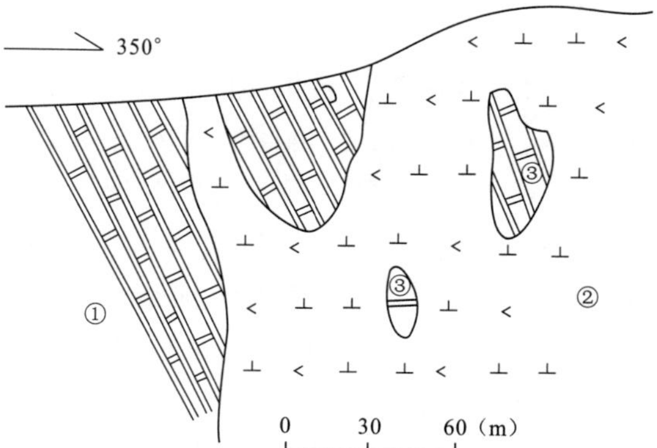

图3-23 奥陶纪闪长岩侵入蓟县系桑株塔格岩群素描图
①$JxSb$灰白色大理岩；②$O_2\delta$深灰色中细粒暗色角闪闪长岩；③捕虏体

主体组成岩石为深灰色中细粒暗色闪长岩和灰色中细粒角闪黑云英云闪长岩。岩石呈灰—深灰色，内部组构不均一，暗色矿物与石英呈负相关、变化较大。岩体内不均匀地含有较多的深源暗色包裹体，多呈浑圆状，大小从 3cm×5cm 到 15cm×20cm 不等，与围岩大部分界线清晰(图版Ⅲ-3)，少部分呈过渡关系，局部还可见包裹体呈残影状出现。包裹体有集中成群出现的趋势，局部含量可达 30%，包裹体成分为闪长质。

辉石闪长岩呈深灰色、细粒半自形粒状结构，块状构造。岩石以色率深为最大特征，岩体内部大致均一，矿物粒径从 0.3～1mm 为主，少数为 1～2mm。主要矿物成分有斜长石 50%～53%、角闪石 36%～38%、黑云母 6%～8%、透辉石 1%。

中细粒角闪黑云英云闪长岩呈浅灰色，中细粒半自形粒状结构，块状构造。矿物粒径 0.8～2mm，少数 2～2.5mm。主要矿物成分有斜长石 50%～55%、石英 20%～25%、钾长石 3%～10%、黑云母 8%～10%、角闪石 5%～10%。其中斜长石呈半自形柱状，晶体洁净，钠长石律双晶最为发育，其次为卡钠复合双晶较为发育，双晶皆十分清晰，双晶结合面平直，An=26—28，石英多为它形粒状，多呈堆出现；黑云母呈半自形片状，晶片中常有锆石包裹体；角闪石呈半自形柱状，部分晶体被细小石英和个别黑云母鳞片交代。另外镜下还可见到明显的不平衡矿物出现，如石英包裹次闪石，而次闪石中又包裹有石英[图 3-24(a)]，发育环带的斜长石与聚片双晶斜长石共生[图 3-24(b)]，次闪石矿物中包裹斜长石细小晶体[图 3-24(c)]等。

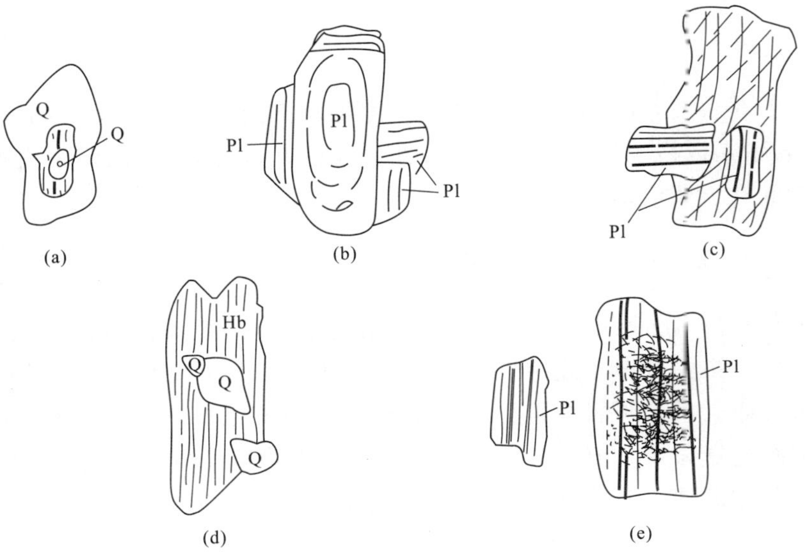

图 3-24　早古生代中亚带俯冲型侵入岩镜下特征浆混素描图

Q. 石英；Pl. 斜长石；Hb. 次闪石

包裹体岩性为细粒黑云角闪闪长岩，岩石呈深灰、灰绿色，细粒半自形粒状结构，块状构造，主要矿物成分有斜长石 42%～44%、角闪石 38%～35%，其次有石英 1%、黑云母 10%、纤闪石 1%～2%、钾长石 4%～5%、绿帘石+黝帘石 3%～4%。其中斜长石呈半自形—它形柱状、粒状，晶体洁净、钠长律双晶发育；角闪石呈它形粒状，自形程度差，个别较大晶体中心部分已变纤闪石；黑云母呈它形—半自形晶片，岩石基本无蚀变。另外，镜下可见角闪石晶体中包裹有粒状石英[图 3-24(d)]，岩石中大小不同的两种斜长石共生[图 3-24(e)]，而小者一般 0.5～0.6mm，洁净并聚片双晶发育，大者 2～3mm，晶体中心部分强绢云母化双晶不清，应为不同世代矿物。这些不平衡的矿物共生在一起，是浆混作用的有力证据。

2)地球化学特征

(1)岩石化学特征。岩石化学成分含量见表 3-15。各单元岩石 SiO_2 含量变化在 48.5%～61.2%之间，为中酸性岩石。较基性的角闪闪长岩 $Na_2O>K_2O$。

表 3-15　早古生代蒙古包-普守构造-岩浆岩亚带岩石化学分析数据表

划分	代号	样品号	氧化物含量(%)																特征参数					
			SiO_2	TiO_2	Al_2O_3	Fe_2O_3	FeO	MnO	MgO	CaO	Na_2O	K_2O	P_2O_5	$Fe_2O_3{}^*$	H_2O^+	CO_2	LOI	Σ	A/CNK	DI	SI	σ	AR	W
南侧碰撞期	$S_1\eta\gamma$	D249/1	71.57	0.28	13.30	0.47	2.66	0.05	0.46	1.65	2.91	5.10	0.08	3.13	0.52	0.50	0.71	103.39	1.00	85.24	3.96	2.23	3.31	0.15
		D256/1	71.07	0.29	13.92	0.75	2.37	0.04	0.72	1.58	4.27	3.80	0.08	3.12	0.56	0.14	0.43	103.14	0.99	85.46	6.05	2.31	3.17	0.24
	$O_3\gamma\pi$	D2222/5	73.07	0.19	12.58	1.04	2.34	0.04	0.53	0.37	2.94	5.65	0.02	3.38	0.96	0.09	0.94	104.14	1.08	90.74	4.24	2.44	4.94	0.31
		D261/1	57.03	0.86	16.08	1.98	5.25	0.12	2.98	6.28	3.31	4.09	0.42	7.23	1.00	0.41	0.62	107.66	0.76	57.83	16.93	3.78	1.99	0.27
		D238/1	72.91	0.36	12.45	0.16	3.86	0.05	0.33	1.32	3.65	3.83	0.08	4.02	0.54	0.23	0.12	103.91	0.99	85.34	2.79	1.86	3.38	0.04
北侧碰撞期	$S\xi\gamma$	D222/1	69.49	0.33	14.43	0.99	2.78	0.06	0.82	2.00	2.43	5.28	0.19	3.78	0.90	0.23	0.63	104.33	1.08	81.11	6.67	2.23	2.77	0.26
		神 3098/1	72.14	0.30	13.49	1.50	0.70	0.06	0.69	1.15	2.70	5.33	0.04	2.20	0.04	0.50	1.08	101.92	1.10	88.67	6.32	2.19	3.43	0.68
	$O_3\pi\eta\gamma$	D1178/1	73.35	0.12	12.88	0.62	3.34	0.10	0.30	0.92	3.68	4.40	0.04	3.96	0.50	0.23	0.01	104.45	1.03	87.60	2.43	2.15	3.83	0.16
		D3507/1	72.20	0.30	12.92	0.40	2.93	0.06	0.86	1.68	3.18	4.58	0.07	3.33	0.76	0.44	0.70	104.41	0.98	84.11	7.19	2.05	3.27	0.12
		D236/1	66.67	0.79	14.87	0.62	4.19	0.06	1.21	2.07	2.37	5.06	0.14	4.81	1.32	0.23	1.03	105.44	1.13	76.35	8.99	2.30	2.56	0.13
	包裹体	D3506/3	43.46	0.68	12.98	2.72	6.70	0.19	12.6	14.90	1.67	0.76	0.08	9.42	1.98	0.70	1.80	110.64	0.42	11.68	51.56	3.33	1.19	0.29
俯冲期	$O_2\gamma o$	D1229/2	52.17	2.34	15.84	2.37	7.62	0.16	3.59	7.25	3.06	2.23	0.99	9.99	1.98	0.14	1.49	111.22	0.77	45.32	19.02	2.81	1.59	0.24
		D1194/1	56.46	0.66	17.13	1.45	6.66	0.15	2.97	7.08	2.80	2.11	0.17	8.11	1.60	0.59	1.54	109.48	0.87	46.88	18.58	1.71	1.51	0.18
		D220/1	51.65	0.86	18.32	2.38	6.66	0.17	3.64	7.92	2.57	2.85	0.26	9.04	2.52	0.23	1.95	111.02	0.84	41.27	20.11	3.08	1.52	0.26
		D232/1	50.49	0.97	17.74	0.72	9.23	0.18	4.29	8.23	2.77	2.35	0.24	9.95	1.38	0.95	1.12	110.61	0.80	38.39	22.16	3.10	1.49	0.07
		D3504/5	61.20	0.49	17.21	1.07	4.90	0.12	2.51	5.85	3.02	1.91	0.20	5.97	1.20	0.44	1.24	107.33	0.97	54.82	18.71	1.31	1.54	0.18
	包裹体	D1194/2	58.06	0.75	17.20	0.90	6.93	0.14	2.77	6.12	3.07	2.14	0.14	7.83	1.74	0.23	0.94	108.96	0.93	50.22	17.52	1.75	1.58	0.11
	$O_2\delta$	D3519/2	48.50	0.55	19.38	2.09	8.12	0.20	4.94	10.80	2.37	0.48	0.09	10.21	1.88	0.57	1.27	111.45	0.81	23.48	27.45	1.26	1.21	0.20
		D3505/2	51.48	0.31	17.73	1.95	7.96	0.20	6.10	9.58	2.19	0.72	0.08	9.91	1.66	0.35	1.13	111.35	0.81	26.24	32.23	0.94	1.24	0.20

中酸性的石英闪长岩 Na_2O 与 K_2O 大体相当。A/CNK 变化于 0.77～0.97 之间，里特曼指数(σ)最大为 3.10，小于 4，为次铝的钙碱性(太平洋型)花岗岩类。在图 3-25 的 K_2O-Na_2O 图解中，俯冲型侵入岩的两个岩石单元的样品投影点均落入 Ⅰ 型花岗岩区，表明岩浆来源较深，主体来源于地幔。

岩石化学计算表明，铝饱和指数均小于或接近于 1.1，为次铝的 Ⅰ 型花岗岩类。DI 为 23.48～54.82，分异程度中等，并且表现出由早到晚分异程度明显增高的规律，在 A-F-M 图解(图 3-26)中，俯冲型侵入岩落在拉斑系列与钙碱性系列界线附近，早期单元处于拉斑系列一侧，而晚期单元则靠在钙碱性系列一侧。

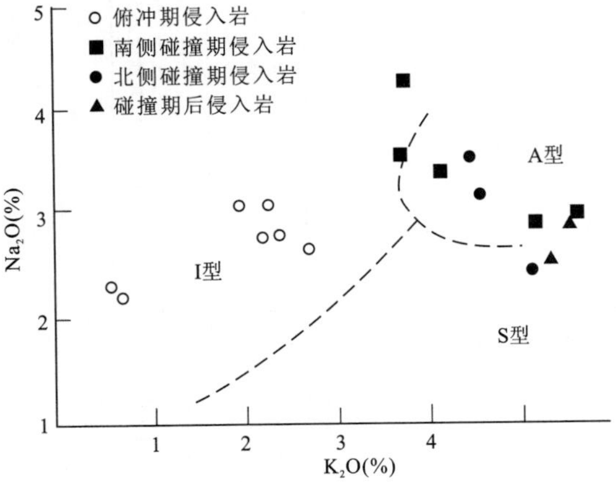

图 3-25 早古生代中亚带侵入岩 Na_2O-K_2O 岩石类型图解

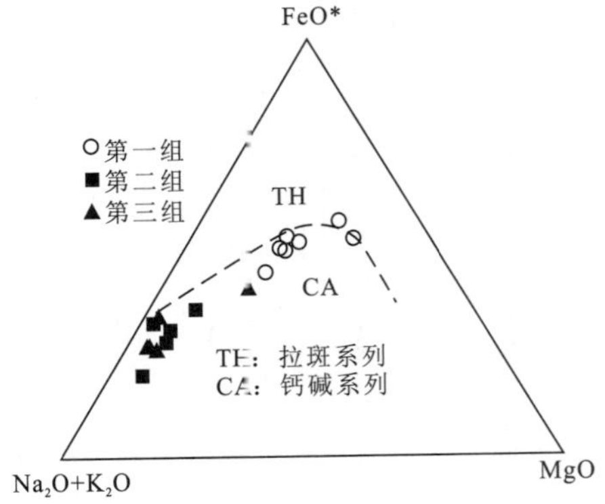

图 3-26 早古生代中亚带侵入岩 A-F-M 图解

第一组：俯冲型侵入岩；第二组：北侧碰撞型侵入岩；第三组：南侧碰撞型侵入岩

(2)稀土元素特征。稀土元素含量见表 3-16。早期单元稀土总量很低，变化于 43.10×10^{-6}～53.36×10^{-6}；$(La/Yb)_N$=2.68～3.31，轻重稀土分馏极弱；$(La/Sm)_N$=1.80～2.58，$(Gd/Yb)_N$=0.80～0.97，轻稀土有极弱的分馏，重稀土未分馏；δEu=1.02～1.08，铕具正异常。稀土元素配分曲线模式(图 3-27)总体呈向右缓倾较平滑的曲线，接近于平坦型。晚期单元稀土总量明显增高，变化于 158.38×10^{-6}～332.81×10^{-6}；$(La/Yb)_N$=7.11～21.00，轻重稀土分馏极较明显，$(La/Sm)_N$=3.10～6.25，$(Gd/Yb)_N$=1.31～1.74，轻稀土有明显的分馏，重稀土分馏较弱；δEu=0.73～0.88，铕具弱的负异常；稀土元素配分曲线模式(图 3-27)中的细线部分，各样品的曲线特征极为相似，甚至同暗色包裹体的曲线也有很多相似之处，表明它们具有相同或相近的岩浆来源及演化经历。

(3)微量元素特征。微量元素含量见表 3-17。以世界闪长岩为参数作标准化得到曲线图 3-28，可见各个样品具有相似的曲线特征，表明它们具有相同或相似的物质来源和岩浆演化经历。早期单元相对晚期单元富集亲铁元素(Cr、Ni、Co)，亏损大离子亲石元素和高场强元素(Ba、Sr、Rb、Zr、Nb、Hf、Ta、Ti、Th)，反映早期单元中有更多的幔源成分。相对于世界闪长岩，俯冲型侵入岩强烈富集 Sc、Bi，亏损 Ni、Th。

以 MORB 为参数作标准化得到曲线图 3-29。早期单元和晚期单元具有相似的曲线特征，均表现出大离子亲石元素(Sr、K、Rb、Ba、Th、Nb、Ce)强烈富集，高场强元素中 P、Zr、Hf、Sm 在早期单元中表现出弱富集，在晚期单元中表现出弱亏损；而 Ti、Y、Yb、Sc、Cr 均表现出较明显的亏损。整个曲线表现出大陆弧所具有的“三弧隆起”曲线特征，反映其形成于俯冲带上方火山弧环境。

表 3-16 早古生代蒙古包-普守构造-岩浆岩亚带稀土元素分析数据表

划分	代号	样品号	稀土元素含量($\times10^{-6}$)															特征参数				
			La	Ce	Pr	Nd	Sm	Eu	Gd	Tb	Dy	Ho	Er	Tm	Yb	Lu	ΣREE	$(La/Yb)_N$	$(La/Sm)_N$	$(Gd/Yb)_N$	δEu	δCe
南侧碰撞型	$S_1\eta\gamma$	D249/1	54.03	113.90	12.35	44.80	8.79	0.65	7.67	1.31	7.76	1.54	4.70	0.64	3.97	0.55	262.65	8.09	3.84	1.18	0.26	0.89
	$O_3\gamma\pi$	D2222/5	73.47	148.40	15.60	56.40	10.67	0.68	9.50	1.62	9.59	1.89	5.81	0.82	5.55	0.80	340.81	7.86	4.30	1.05	0.22	0.88
		D261/1	43.66	93.43	10.79	42.33	9.01	0.98	8.25	1.33	7.62	1.47	4.41	0.59	3.93	0.59	228.40	6.60	3.03	1.29	0.37	0.88
北侧碰撞期	$S\xi\gamma$	D222/1	74.58	136.80	13.45	45.18	7.25	1.33	5.91	0.87	4.62	0.88	2.71	0.39	2.64	0.38	296.99	16.76	6.43	1.37	0.66	0.84
		神 3098/1	65.30	112.00	12.80	39.80	7.09	1.17	7.66	1.02	5.54	1.03	3.41	0.46	3.16	0.46	260.90	12.27	5.76	1.49	0.53	0.77
		神 3098/2	56.00	110.00	11.30	35.40	6.26	1.06	6.96	0.97	5.31	1.03	3.24	0.42	2.84	0.43	241.23	11.71	5.59	1.50	0.54	0.87
		神 3098/3	104.00	170.00	16.30	50.20	7.55	0.98	8.29	0.93	4.48	0.76	2.57	0.30	2.07	0.30	368.72	29.83	8.61	2.45	0.42	0.79
	$O_3\pi\eta\gamma$	D1178/1	26.52	49.16	4.79	16.03	3.22	0.47	3.87	0.55	3.25	0.70	2.36	0.37	2.89	0.45	114.62	5.44	5.15	0.82	0.45	0.85
		D3507/1	45.18	95.28	10.31	37.38	8.02	0.65	7.01	1.26	7.72	1.51	4.75	0.71	4.81	0.71	225.30	5.58	3.52	0.89	0.28	0.89
		D236/1	50.15	97.45	10.26	39.20	8.85	1.16	6.83	1.01	4.98	0.88	2.52	0.34	2.09	0.30	226.02	14.27	3.54	2.01	0.48	0.86
	包裹体	D3506/3	4.65	10.51	1.38	6.23	1.73	0.54	1.97	0.38	2.48	0.52	1.60	0.23	1.61	0.25	34.08	1.71	1.68	0.75	0.99	0.86
俯冲期	$O_2\gamma o$	D1229/2	63.03	137.80	16.04	65.08	12.72	2.74	11.35	1.77	9.59	1.82	5.22	0.68	4.34	0.64	332.81	8.62	3.10	1.60	0.75	0.89
		D220/1	44.19	87.95	9.81	37.78	7.59	1.75	8.51	1.13	6.18	1.21	3.60	0.50	3.36	0.51	214.06	7.81	3.64	1.55	0.73	0.85
		D232/1	30.64	64.17	7.55	30.14	6.06	1.52	5.46	0.86	4.85	0.96	2.87	0.38	2.56	0.38	158.38	7.11	3.16	1.31	0.87	0.86
		D3504/5	58.90	106.60	10.65	37.04	5.89	1.43	4.73	0.66	3.35	0.64	1.88	0.25	1.67	0.25	233.94	21.00	6.25	1.74	0.88	0.83
		D1194/1	39.41	79.05	8.65	32.72	5.98	1.29	5.33	0.85	4.86	0.92	2.81	0.39	2.56	0.39	185.20	9.15	4.12	1.28	0.75	0.86
	包裹体	D1194/2	16.89	36.37	4.49	18.76	4.52	0.99	4.28	0.75	4.81	0.99	3.07	0.44	3.10	0.48	99.94	3.23	2.33	0.85	0.75	0.86
	$O_2\delta$	D3519/2	6.36	14.67	1.90	8.60	2.21	0.68	2.24	0.37	2.31	0.48	1.47	0.21	1.41	0.21	43.11	2.68	1.80	0.97	1.02	0.87
		D3505/2	9.49	19.51	2.30	9.70	2.30	0.74	2.22	0.38	2.40	0.51	1.61	0.24	1.7	0.27	53.35	3.31	2.58	0.80	1.08	0.85

表 3-17 早古生代蒙古包-普守构造-岩浆岩亚带微量元素分析数据表

划分	代号	样品号	Cr	Ni	Co	Sc	Ba	Sr	Rb	Y	Zr	Nb	Hf	Ta	Ti	Th	Bi	Sb	Pb	Zn	Cu	Ag	Au	P
南侧碰撞期	$S_1\eta\gamma$	D249/1	15.5	8.19	2.95	4.30	442	85.8	234	44.38	160.0	11.2	4.77	1.30	1 679	33.9	0.17	0.6	34.7	37.7	20.62	0.084	0.004 6	349
		D256/1	16.4	9.89	4.36	5.72	792	186.0	154	10.74	134.0	12.6	4.11	0.69	1 739	17.9	0.08	0.54	26.8	37.6	22.42	0.058	0.004 7	349
		D252/1	25.5	4.73	3.54	4.59	667	236.0	165	15.6	151.0	14.6	4.01	1.58	1 199	16.8	3.85	0.05	22.6	50.7	5.38	0.035	0.001 0	486
	$O_3\gamma\pi$	D2222/5	16.8	13.10	1.74	3.28	423	56.6	259	51.17	240.0	16.2	7.89	1.49	1 139	35.6	0.54	13.7	39.7	61.6	47.02	0.350	0.080 0	87.2
		D238/1	17.2	8.99	3.42	8.28	536	105.0	203	38.31	340.0	16.3	10.20	1.4	2 158	20.6	0.14	0.68	26.5	42.4	20.72	0.056	0.006 1	349
		D238/2	35.2	3.37	2.80	7.89	834	87.6	291	46.4	269.0	16.4	7.90	1.14	1 499	26.7	0.63	0.11	32.8	75.5	54.50	0.025	0.001 0	390
		D238/3	22.4	2.56	2.97	8.31	809	90.2	273	46.5	260.0	14.9	7.70	1.01	1 379	24.15	0.43	0.11	29.1	57.4	6.83	0.037	0.002 0	374
		D238/4	25.5	3.97	2.58	6.92	737	88.6	303	36.1	265.0	16.7	7.25	1.31	1 259	24.9	1.18	0.1	30.2	56.2	28.60	0.049	0.002 0	346
		D1228/1	18.4	10.20	4.72	7.24	707	178.0	312	42.5	353.0	31.1	8.39	1.71	2 518	23.2	0.148	0.13	23.2	77.3	14.30	0.030	0.002 0	946
		D261/1	38.5	18.00	14.60	14.00	1 675	508.0	157	24.67	239.0	20.8	6.87	1.88	5 156	20.5	0.12	0.73	25.9	82.5	30.92	0.074	0.004 2	1 831
		D261/2	48.9	17.90	15.60	15.60	1 574	682.0	168	29.9	273.0	28	6.50	2.03	3 537	16.9	0.168	0.1	22.9	93.9	17.50	0.022	0.000 8	2 368
		D261/3	36.5	15.30	22.20	24.50	834	568.0	132	40.7	288.0	33.9	6.88	2.52	4 616	24.6	0.988	0.12	14	137.0	16.40	0.026	0.001 0	2 521
北侧碰撞期	$S\xi\gamma$	D222/1	12.0	8.10	5.21	6.64	811	193.0	272	25.24	173.0	34.5	4.93	2.69	1 978	31.7	0.18	0.42	32.9	27.5	12.22	0.074	0.003 3	828
		D223/1	40.2	5.62	4.53	7.11	845	206.0	246	23.5	226.0	40.0	5.54	2.70	1 259	30.3	0.16	0.12	29.6	34.1	15.90	<0.02	0.003 0	853
		D223/2	35.4	5.01	10.90	12.80	1 090	367.0	141	23.9	220.0	11.9	4.93	0.82	1 918	10.2	0.10	0.08	21.7	87.7	30.20	<0.02	0.002 0	608
		D3098/2	6.75	1.09	1.50	4.75	390	80.5	226	27.8	135.0	37.4	2.77	2.08	—	36.0	0.16	0.54	21.3	30.0	46.90	0.12	2.140 0	87.2
		D3098/3	10.3	2.21	2.31	4.33	385	99.4	165	20.9	86.3	22.4	1.78	1.19	—	41.9	0.20	0.33	18.7	48.4	65.40	0.13	1.350 0	218
		D3098/1	85.5	1.48	2.46	5.50	470	89.7	213	27.3	76.7	35.0	1.93	2.20	1 799	44.5	—	—	22.8	33.1	12.50	—	—	174
	$O_3\pi\eta\gamma$	D1178/1	19.3	8.19	1.68	0.91	154	110.0	327	22.09	121.0	20.2	4.13	3.09	719	24.9	0.88	0.31	31.9	37.7	23.82	0.053	0.005 7	174
		D3506/3	728.0	311.00	47.60	24.90	112	91.8	49	15.0	65.3	4.31	1.58	0.47	4 077	1.65	0.83	0.27	9.31	188.0	59.12	0.049	0.000 4	349
		D3507/1	34.30	19.70	5.33	4.95	289	97.4	324	45.25	147.0	30.9	5.25	4.48	1 799	1.04	0.66	0.67	43.1	42.6	19.92	0.054	0.006 6	305
		D236/1	32.8	16.70	6.74	6.17	589	142.0	302	24.44	252.0	18.4	8.06	1.81	4 736	16.3	0.45	0.44	40.1	67.1	22.52	0.035	0.002 3	610
		D236/2	48.5	13.60	7.25	6.48	615	165.0	244	22.3	242.0	20.5	6.06	1.62	3 297	21.8	0.24	0.10	36.7	98.5	12.40	0.049	0.005 0	734
		D236/3	41.4	12.90	6.56	5.42	671	142.0	323	22.9	236.0	19.1	6.05	1.60	3 237	17.6	0.48	0.10	36.9	90.7	22.50	<0.02	0.001 0	708
俯冲期	$O_2\gamma o$	D1229/2	41.8	11.80	21.40	19.60	704	485.0	126	47.89	375.0	32.5	9.42	1.99	—	8.43	0.07	0.12	17.4	132.0	30.12	0.15	0.002 1	4 316
		D1233/1	26.6	16.00	18.30	21.60	573	253.0	109	115.0	445.0	58.2	9.72	3.61	6 595	15.4	0.12	0.11	18.1	143.0	21.00	<0.02	0.002 0	3 262
		D220/2	42.3	6.32	8.07	14.40	730	382.0	243	23.7	243.0	20.8	5.37	1.49	2 878	14.0	0.37	0.12	16.2	111.0	16.20	<0.02	0.002 0	1 010
		D220/4	31.9	5.17	11.90	19.30	1 025	538.0	153	27.0	331.0	18.7	7.54	1.03	2 938	13.7	0.12	0.08	16.5	133.0	10.80	<0.02	<0.000 5	1 170
		D233/2	88.2	7.42	21.50	30.90	604	317.0	113	26.5	171.0	13.8	3.45	0.57	3 657	1.33	0.04	0.08	8.85	137.0	18.30	0.041	0.004 0	818
		D3504/5	45.1	32.90	10.10	10.60	1 014	588.0	78	17.29	155.0	14.9	4.33	0.85	2 938	3.81	1.97	0.26	27	75.0	18.32	0.078	0.008 3	872
		D1194/1	24.0	8.29	11.40	14.60	629	415.0	103	25.26	182.0	12.7	5.12	0.88	3 957	10.2	0.21	7.41	21.3	96.8	54.12	0.43	0.099 0	741
	$\delta_2 o$	D3519/1	83.3	26.30	28.60	29.50	65.3	283.0	13	6.64	12.1	0.95	0.42	0.06	1 679	0.36	0.28	1.11	9.63	75.2	59.00	0.030	0.004 0	156
		D3519/2	34.7	17.10	24.00	40.10	89.3	281.0	21	12.83	35.4	3.53	1.03	0.41	3 297	0.14	0.13	1.03	18.2	79.1	48.92	0.042	0.002 2	392
		D3505/2	42.4	35.20	32.30	38.00	240	228.0	60	13.6	38.3	2.42	0.98	0.2	1 858	1.0	0.60	0.63	11.6	77.1	70.12	0.064	0.012 0	348

注：表中 Au、Ag 元素含量单位为 $\times 10^{-9}$，其他元素含量单位为 $\times 10^{-6}$。

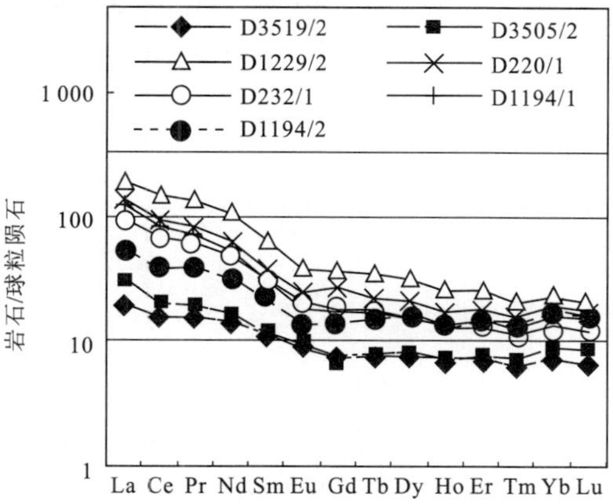

图 3-27　早古生代中亚带俯冲型侵入岩稀土配分模式

粗线代表早期单元；细线代表晚期单元；虚线代表暗色包裹体

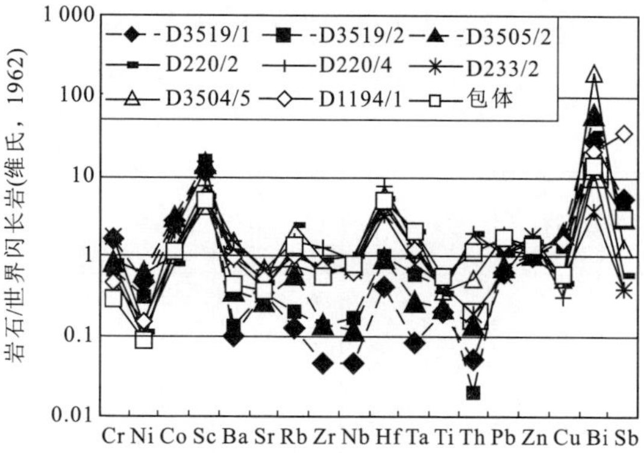

图 3-28　早古生代中亚带俯冲型侵入岩蛛网图

虚线条为暗色角闪闪长岩；细线条为英云闪长岩

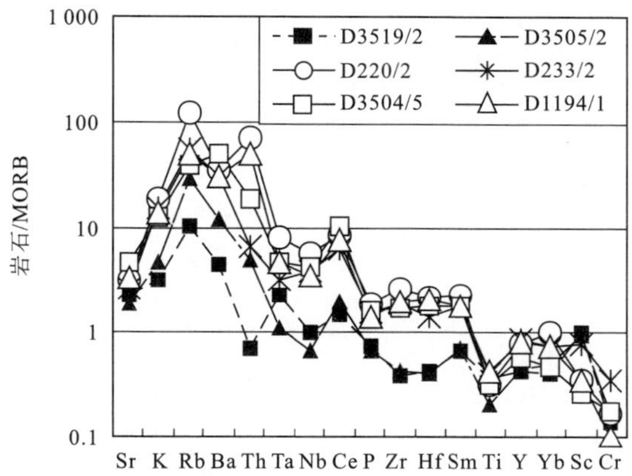

图 3-29　早古生代中亚带俯冲型侵入岩 MORB 标准化形式图

虚线为角闪闪长岩；细线为英云闪长岩

3)副矿物特征

中亚带俯冲型侵入岩副矿物含量见表 3-18，主要由磷灰石、磁铁矿、锆石、黄铁矿组成，为常见岩浆型副矿物组合。

表 3-18　早古生代中亚带侵入岩副矿物含量表　(g/t)

划分	岩石名称	样品号	磷灰石	钛铁矿	磁铁矿	榍石	锆石	褐铁矿	黄铁矿	电气石
碰撞	中粒含斑黑云二长花岗岩	D1178/1	46.15		58.50	个别	27.70	—	4.62	—
		D3507/1	18.60	108.30	56.67	—	33.30	—	少	—
	灰白色中粒(少斑)黑云二长花岗岩	D249/1	少量	105.50	10.91	—	10.00	—	31.36	—
	灰白色中—中粗粒斑状角闪黑云二长花岗岩	D2225/5	—	—	0.75	—	12.50	73.5	15.00	—
		D238/1	12.10	337.50	17.50	个别	150.00	27.0	31.42	—
		D261/1	155.00	—	1 157.00	129.30	114.30	—	35.43	—
俯冲	中细粒角闪黑云英云闪长岩	D1194/1	45.00	少量	20.00	个别	62.50	—	7.50	少量
		D220/1	50.91	—	138.18	—	60.00	865.1	26.18	—
	细粒黑云角闪闪长岩	D3519/2	8.18	—	12.73	—	1.36	—	0.41	—

锆石特征见表 3-19。俯冲型侵入岩以浅玫瑰色、长宽比值较小(2∶1)～(3∶1)为共同特征,长宽比值较小,一般指示其物源相对较深。

表 3-19　早古生代中亚带侵入岩锆石特征表

岩体	岩石名称	大小(mm²)	长宽比	颜色	光泽	透明度	发光性	晶形晶面特征	包裹体	晶形
碰撞	灰白色中粒含斑黑云二长花岗岩(D1178/1)	0.45×0.12 0.08×0.04	2∶1 4∶1 少数 6∶1	玫瑰色	金刚光泽	半透明	亮黄光	以复方柱状晶(a、p 面发育)为主,多数晶棱晶面清晰;多数晶体有较细的蚀象,晶面有较细的裂纹	多数晶体内存在包裹体,主要为细的小锆石和性质不明微量的黑色包裹体	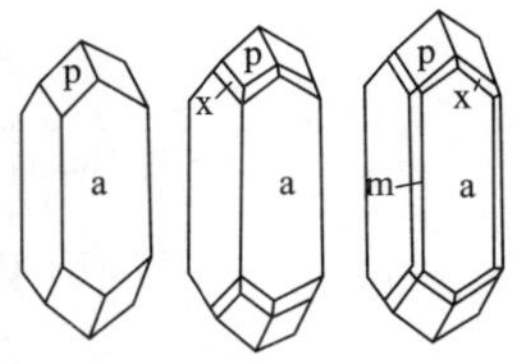
碰撞	灰白色中粒(少斑)黑云二长花岗岩	0.44×0.12 0.04×0.02	2∶1 3∶1 微量 4∶1	浅玫瑰色	金刚光泽	透明	暗黄光	以 a 柱面发育的柱状晶形为主,晶体表面局部粗糙,多被熔蚀成麻点状、总体较平整光滑、晶棱晶面清晰	多数晶体内存在包裹体,有柱状、粒状小锆石和少量的黑云母等暗色矿物	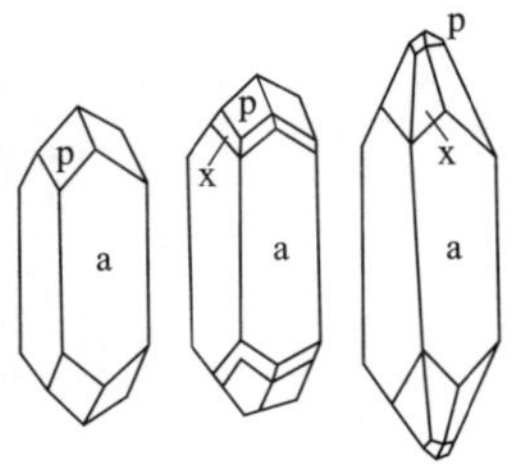
碰撞	灰白色中—中粗粒斑状角闪黑云二长花岗岩	0.36×0.08 0.04×0.02	2∶1 3∶1 微量 4∶1	深玫瑰色	金刚光泽	半透明	未见发光	以柱状晶形(m、p 面发育)为主,表面多粗糙,多被熔蚀成麻点状、小丘状或坑凹状	多数晶体内存在包裹体,有柱状、粒状小锆石和微量的黑云母	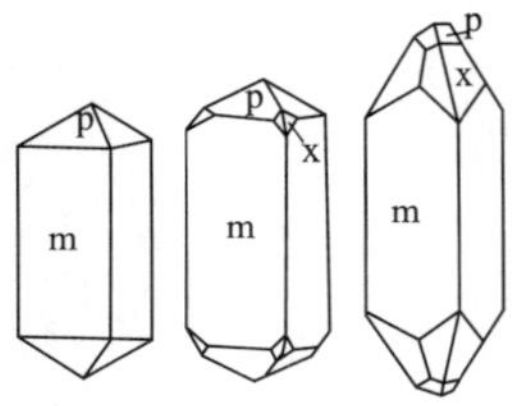
俯冲	灰色中细粒角闪黑云英云闪长岩(D220/1)	0.6×0.1 0.06×0.02	2∶1 3∶1 少数 6∶1	浅玫瑰色	强金刚光泽	半透明	弱黄光	以简单复方柱状(m、p 面发育)为主,多数晶面完整,但晶棱稍有圆化,多数晶体有较细的蚀象而呈麻点状	多数晶体内存在包裹体,主要为细的小锆石和个别黑云母等暗色矿物	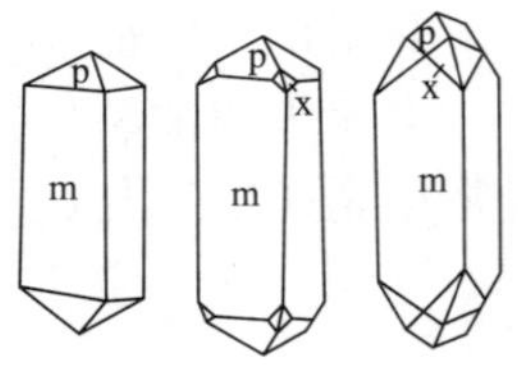
俯冲	深灰色细粒黑云角闪闪长岩(D3519/2)	0.28×0.06 0.04×0.02	2∶1 3∶1 少数 4∶1	浅玫瑰色	金刚光泽	透明	未见发光	以 a 柱面和 p 锥面发育为特征复方短柱状晶,多数晶棱晶面完整,多数晶体有较细的蚀象而呈麻点状	多数晶体内存在包裹体,主要为细的小锆石	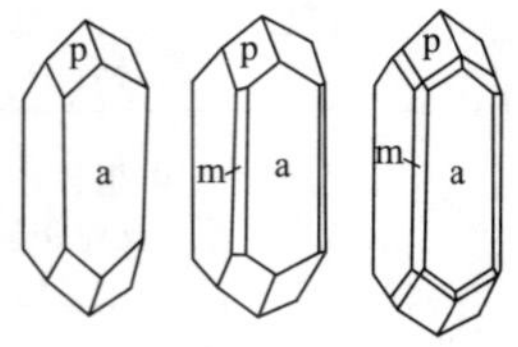

4)岩浆来源及构造环境分析

俯冲型侵入岩主要伴生于普守-蒙古包蛇绿混杂岩带北侧附近。岩石组合为一套中酸性岩石，依据其矿物及岩石组合特征，按 BarBarin 划分原则属含角闪石钙碱性花岗岩类(ACG)，为俯冲作用过程中产物，它们的岩浆均来源于下地壳和上地幔的混合岩浆。在 A-F-M 图解(见图 3-26)上，俯冲型侵入岩均落入 I 型花岗岩区，也表明其岩浆中有地幔物质的大量加入。在 R_1-R_2 构造判别(图 3-30)图中，俯冲型侵入岩落入碰撞前区，表明其形成于俯冲环境之中。

综合分析认为：俯冲型侵入岩产出于蛇绿混杂岩带侧旁，是板块汇聚过程中，由俯冲带下方地幔楔分异演化的岩浆，混入少量的下地壳物质，进一步分异演化形成的一套中酸性岩石。

5)关于形成时代

中亚带俯冲型侵入岩侵入蓟县系桑侏塔格岩群之中，为确定岩体的形成时代，本次区调在俯冲型侵入岩中细粒暗色角闪闪长岩中作了 SHRIMP 法同位素测年分析，分析结果见表 3-20。谐和曲线见图 3-31。样品投影点比较集中，均落在了谐和线上，表明锆石封闭体完好，未发生 Pb 的丢失和增加。样品点集中于两个地段，450～400Ma 及 530～500Ma，分别对 450～400Ma 和 530～500Ma 进行样品年龄比值加权平均获得同位素年龄值(440.5±4.6)Ma 和(521±0.25)Ma，其中 440.5Ma可能代表该岩体的结晶就位年龄，而 515Ma 则可能代表地幔分离年龄。该数据的获得，表明早古生代普守-蒙古包蛇绿构造混杂岩带汇聚俯冲时限早于晚奥陶世。

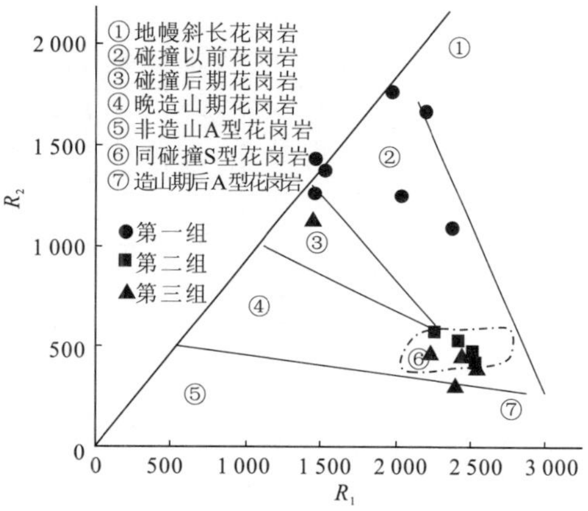

图 3-30　早古生代中亚带侵入岩 R_1-R_2 图解

第一组：俯冲型侵入岩；第二组：北侧碰撞型侵入岩；第三组：南侧碰撞型侵入岩

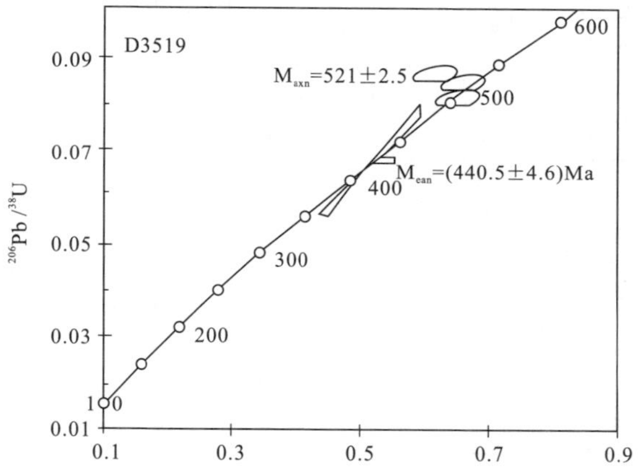

图 3-31　俯冲型侵入岩锆石 SHRIMP 同位素年龄谐和图

2. 中亚带碰撞型侵入岩

1)地质特征

碰撞型侵入岩呈带状展布于蒙古包-普守早古生代蛇绿构造混杂岩带的两侧附近，依据产出构造位置进一步将碰撞型侵入岩划分为北侧碰撞型侵入岩和南侧碰撞型侵入岩两种。

(1)北侧碰撞型侵入岩。图幅区内东西长约 50km，南北宽约 10～15km，单个侵入体呈椭圆状或水滴状产出，侵入于蓟县系桑株塔格岩群一套中深变质碎屑岩及碳酸盐岩之中，围岩接触变质作用不明显。侵入界面多向外陡倾，边部未见明显细粒边，表明岩体就位深度较大。

北侧主体组成岩石为灰色中粒含斑黑云二长花岗岩，其次为浅肉红色中粒黑云钾长花岗岩，后者均超动侵入于前者之中(图 3-32)。岩体内不均匀地含有少量的深源暗色包裹体，多呈浑圆状，大小(3cm×5cm)～(15cm×20cm)，与围岩界线清晰，包裹体成分为闪长质。

表 3-20 早古生代中亚带俯冲型侵入岩锆石 U-Pb 同位素组成表

样品号	$^{206}Pb_c$ ($\times10^{-2}$)	U ($\times10^{-6}$)	Th ($\times10^{-6}$)	$^{232}Th/^{238}U$	^{206}Pb ($\times10^{-6}$)	同位素年龄值(Ma) (1) $^{206}Pb/^{238}U$		(2) $^{206}Pb/^{238}U$		(3) $^{206}Pb/^{238}U$		(1) $^{207}Pb/^{206}Pb$		(1) $^{208}Pb/^{232}Th$		Discordant ($\times10^{-2}$)	Total $^{238}U/^{206}Pb$	$\pm\times10^{-2}$	Total $^{207}Pb/^{206}Pb$	$\pm\times10^{-2}$
D3519.3.1	0.04	3 075	641.0	0.22	176	414.8	±2.6	414.5	±2.7	415.1	±2.7	433	±17	405.2	±6.0	4	15.04	0.65	0.055 81	0.72
D3519.4.1	0.17	726	37	0.05	51.2	507.6	±4.0	507.7	±4.1	506.6	±4.0	505	±49	641.0	±37	−1	12.18	0.81	0.058 70	2.10
D3519.5.1	0.06	2 429	598	0.25	149	443.6	±2.5	443.6	±2.5	444.5	±2.6	445	±17	419.8	±6.2	0	14.03	0.58	0.056 27	0.73
D3519.7.1	0.03	5 494	728	0.14	361	475.2	±2.6	475.9	±2.6	475.9	±2.6	432	±11	440.2	±4.7	−10	13.07	0.56	0.055 76	0.48
D3519.8.1	0.41	2 078	383	0.19	124	431.7	±2.5	432.3	±2.6	432.0	±2.6	380	±46	419.0	±13	−13	14.38	0.60	0.057 55	1.6
D3519.11.1	0.04	6 312	1 470	0.24	386	443.2	±3.1	443.7	±3.1	445.5	±3.2	409	±12	379.9	±4.3	−8	14.04	0.72	0.055 23	0.48
D3519.12.1	0.62	143	27	0.19	10.7	533.5	±6.4	537.3	±6.6	535.6	±6.6	293	±88	458.0	±35	−82	11.52	1.20	0.057 30	2.80
D3519.13.1	0.14	550	393	0.74	31.9	420.8	±3.3	419.5	±3.3	421.0	±3.8	520	±42	419.2	±6.9	19	14.80	0.80	0.058 86	1.60
D3519.14.1	0.24	5 147	984	0.20	267	475.0	±17	474.0	±17	476.0	±18	573	±17	436.0	±17	21	16.58	4.60	0.058 46	0.57
D3519.15.1	0.12	2 296	911	0.41	119	378.3	±2.2	378.1	±2.3	379.5	±2.4	395	±21	359.8	±4.1	4	16.53	0.60	0.055 51	0.80
D3519.C1	0.24	192	28	0.15	14.1	525.0	±5.7	525.0	±5.9	526.2	±5.9	469	±67	472.0	±32	−12	11.76	1.10	0.058 40	2.50
D3519.C2	0.04	7 653	1 287	0.17	551	518.5	±3.6	520.3	±3.7	519.7	±3.7	406	±11	473.2	±6.2	−28	11.94	0.72	0.055 15	0.44
D3519-16.1	0.07	3 058	586	0.20	194	459.0	±24	460.0	±25	459.0	±25	368	±19	471.0	±27	−25	13.54	5.50	0.054 53	0.74
D3519-17.1	0.47	1 070	390	0.38	60.7	450.0	±2.8	451.7	±2.8	451.8	±2.9	307	±51	419.0	±10	−54	15.15	0.69	0.055 43	1.40
D3519-18.1	0.12	1 382	320	0.24	79.7	418.4	±2.7	418.6	±2.7	418.9	±2.8	406	±27	406.3	±7.1	−3	14.89	0.65	0.055 82	1.10

续表 3-20

样品号	(1) $^{238}U/^{206}Pb^*$	$\pm\times10^{-2}$	(1) $^{207}Pb^*/^{206}Pb^*$	$\pm\times10^{-2}$	(1) $^{207}Pb^*/^{235}U$	$\pm\times10^{-2}$	(1) $^{206}Pb/^{238}U$	$\pm\times10^{-2}$	误差	(3) $^{238}U/^{206}Pb^*$	$\pm\times10^{-2}$	(3) $^{207}Pb^*/^{206}Pb^*$	$\pm\times10^{-2}$	(3) $^{207}Pb^*/^{235}U$	$\pm\times10^{-2}$	(3) $^{206}Pb^*/^{238}U$	$\pm\times10^{-2}$	误差
D3519.3.1	15.047	0.65	0.055 51	0.75	0.508 7	10.00	0.066 46	0.65	0.658	15.04	0.65	0.056 13	0.72	0.514 7	0.97	0.066 51	0.65	0.674
D3519.4.1	12.205	0.81	0.057 30	2.20	0.648 0	2.40	0.081 93	0.81	0.344	12.23	0.81	0.055 70	2.20	0.628 0	2.30	0.081 76	0.81	0.348
D3519.5.1	14.037	0.58	0.055 81	0.76	0.548 2	0.96	0.071 24	0.58	0.609	14.01	0.58	0.057 53	0.71	0.566 2	0.92	0.071 39	0.58	0.632
D3519.7.1	13.071	0.56	0.055 49	0.50	0.585 4	0.75	0.076 51	0.56	0.748	13.05	0.56	0.056 74	0.47	0.599 4	0.73	0.076 62	0.56	0.765
D3519.8.1	14.439	0.61	0.054 20	2.00	0.518 0	2.10	0.069 25	0.61	0.287	14.43	0.60	0.054 94	1.70	0.525 1	1.80	0.069 32	0.60	0.334
D3519.11.1	14.050	0.72	0.054 93	0.51	0.539 1	0.88	0.071 18	0.72	0.812	13.98	0.72	0.059 22	0.45	0.584 3	0.85	0.071 56	0.72	0.844
D3519.12.1	11.590	1.30	0.052 20	3.90	0.620 0	4.10	0.086 30	1.30	0.309	11.54	1.20	0.055 50	2.90	0.663 0	3.20	0.086 60	1.20	0.395
D3519.13.1	14.820	0.80	0.057 70	1.90	0.537 0	2.10	0.067 46	0.80	0.390	14.82	0.80	0.058 13	1.60	0.540 9	1.80	0.067 49	0.80	0.438
D3519.14.1	16.620	4.60	0.056 57	0.78	0.469 0	4.70	0.060 20	4.60	0.986	16.57	4.60	0.059 12	0.57	0.492 0	4.70	0.060 40	4.60	0.993
D3519.15.1	16.550	0.61	0.054 58	0.96	0.454 8	1.10	0.060 44	0.61	0.534	16.493	0.60	0.057 17	0.78	0.477 9	0.99	0.060 63	0.60	0.613
D3519.C1	11.780	1.10	0.056 40	3.00	0.660 0	3.20	0.084 85	1.10	0.352	11.76	1.10	0.058 30	2.50	0.683 0	2.80	0.085 05	1.10	0.409
D3519.C2	11.939	0.72	0.054 85	0.47	0.633 5	0.86	0.083 76	0.72	0.837	11.91	0.72	0.056 73	0.43	0.656 7	0.84	0.083 95	0.72	0.860
D3519-16.1	13.550	5.50	0.053 92	0.85	0.549 0	5.60	0.073 80	5.50	0.988	13.56	5.50	0.053 29	0.76	0.542 0	5.60	0.073 70	5.50	0.991
D3519-17.1	15.230	0.70	0.051 60	2.20	0.4670	2.30	0.065 67	0.70	0.300	15.16	0.69	0.055 23	1.40	0.502 3	1.50	0.065 97	0.69	0.446
D3519-18.1	14.912	0.66	0.054 85	1.20	0.507 2	1.40	0.067 06	0.66	0.481	14.90	0.65	0.055 72	1.10	0.515 7	1.30	0.067 13	0.65	0.518

灰色中粒含斑黑云二长花岗岩：岩石呈浅灰色，似斑状结构，基质具中粒半自形粒状结构，块状构造。矿物粒径：斑晶为 8～12mm，基质为 3～2mm。斑晶占 8%～10%，主要矿物成分为钾长石，此外有少量的石英及斜长石斑晶；基质主要矿物成分有：钾长石 19%～20%、斜长石 34%～36%、石英 30%～32%、黑云母 3%～5%。其中斜长石呈半自形柱状，晶体稍洁净，钠长石律双晶和卡钠复合双晶均较发育，且清晰，An=24—26，石英呈它形粒状，常呈聚晶出现；钾长石呈它形粒状，洁净，具格子双晶和个别晶体显示细脉状条纹结构，为微斜长石和个别微斜条纹长石；个别黑云母显自形片状，多数已蚀变。岩石蚀变表现为轻度绢云母化及绿泥石化。

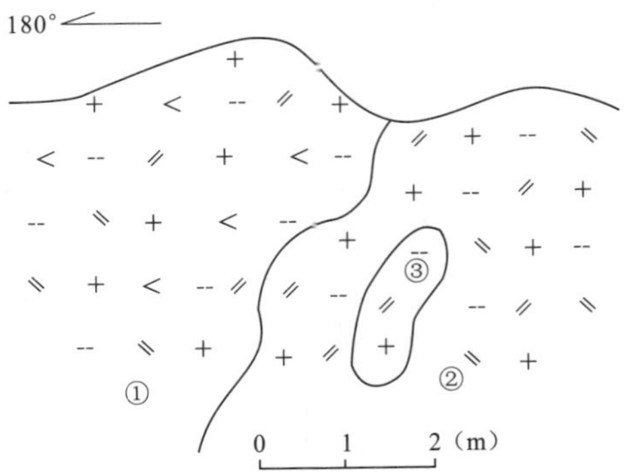

图 3-32　志留纪钾长花岗岩超动侵入于奥陶纪斑状二长花岗岩素描图

①$O_3\eta\gamma$ 灰色中粒含斑黑云二长花岗岩；②$S_1\eta\gamma$ 浅肉红色中粒黑云钾长花岗岩；③捕虏体

暗色包裹体岩性为角闪岩，呈深灰色，块状，细晶结构。矿物粒径为 0.2～0.3mm，0.4～0.5mm，主要矿物成分为角闪石 97%，透辉石 1%～2%。岩石具变晶结构，矿物之间紧密接触，大致定向排列。包裹体可能为深源捕虏体。

中粒黑云钾长花岗岩呈浅肉红色，中—中细半自形粒状结构，块状构造，矿物粒径 13mm，主要矿物成分有钾长石 45%～50%，呈它形—半自形粒状、板状，格子双晶及条纹结构清楚，为微斜长石和条纹长石；斜长石 15%～20%，呈半自形粒状，双晶发育；石英 20%～25%，它形粒状，干净；黑云母 4%，半自形片状。

(2)南侧碰撞型侵入岩带。图幅区内东西长超过 130km，南北宽小于 35km。图幅区内出露 4 个侵入体，总面积达1 490km^2。单个侵入体呈长条状、椭圆状岩基产出，长宽比达(3∶1)～(6∶1)。岩体侵入于长城系赛图拉岩群一套中深变质碎屑岩及碳酸盐岩之中，围岩接触变质作用不明显。侵入界面多向外陡倾，边界较为平滑，岩体边部细粒边不发育。依据岩石组合将碰撞型侵入岩分为碰撞早期灰白色中—中粗粒斑状角闪黑云二长花岗岩和碰撞晚期的灰白色中粒(少斑)黑云二长花岗岩两个岩性单元。

其中早期岩性单元有 3 个侵入体，分别分布于三十里营房北 10 余千米的无依别克、塔马尔特西侧的科落克和塔马尔特南东 20 余千米的托改牙达坂 3 个地方。岩石以粗斑、斑晶含量较高为特征(图版Ⅲ-2、图版Ⅲ-6)。无依别克岩体中发育微片麻状构造，片麻理较稳定，走向近东西。塔马尔特西岩体中发育大量中细闪长岩、石英闪长岩捕虏体，捕虏体与围岩大多界线清楚，部分存在混染过渡关系。捕虏体岩石地球化学特征相同于早古生代中带俯冲型侵入岩，表明该套岩石的岩浆源较深，温度较高，在向上运移过程中捕获、熔蚀了部分侵位于地壳中的早古生代俯冲型中酸性岩石。灰白色中—中粗粒斑状角闪黑云二长花岗岩，为该带岩浆岩中最主要的组成岩石。岩石呈灰白色，似斑状结构、基质中粗粒半自形粒状结构，块状构造，个别岩体中发育微片麻状构造。矿物粒径：似斑晶为 15～40mm，基质多数为 3～5mm，少数为 5～6mm；斑晶主要为半自形钾长石，含量为 20%～25%；基质中主要成分有斜长石 28%～30%、钾长石 10%～12%、石英 28%～29%、黑云母 4%～5%、角闪石 3%，岩石有较强的绢云母化蚀变。

晚期岩性单元区内仅见一个侵入体，但规模巨大，在图幅区内面积达 880km^2，向东延伸出图外。岩体中发育较多的赛图拉岩群变质地层捕虏体、残留体，多呈条带状、不规则状，大小(3m×10m)～(30m×100m)不等。组成岩石较均匀，主要岩性为灰白色中粒少斑状黑云二长花岗岩，岩石呈灰白—浅灰色，中粒半自形粒状结构、少斑状结构，局部斑晶含量明显（图版Ⅲ-1），块状构造。主要矿物成分有：似斑晶为钾长石，含量3%～5%，粒径6～10mm；基质矿物粒径2～4mm，成分有钾长石35%～37%、斜长石30%～35%、石英20%～25%、黑云母3%～5%。钾长石似斑晶为半自形厚板状，晶体洁净，格子双晶清晰，常包裹早期结晶的细小斜长石晶体；基质中斜长石呈半自形柱状，晶体较洁净，双晶不发育，显示钠长律双晶和个别的卡钠复合双晶，An=26—28；钾长石呈它形粒状，部分具钠长石条纹结构，系条纹微斜长石和微斜长石。

2）地球化学特征

（1）岩石化学特征。岩石化学成分含量见表3-15。各单元岩石SiO_2含量变化在66.67%～73.35%之间，为酸性岩石。在图3-25的K_2O-Na_2O图解中，碰撞型侵入岩的两个岩石单元的样品投影点均落入A型花岗岩区，部分靠近S型花岗岩区。在A-F-M图解（见图3-26）中，碰撞型侵入岩落在钙碱系列区，并且明显偏向于碱性端元一侧，表明岩浆主要来源于下地壳。

岩石化学计算表明，铝饱和指数在1.1左右或略大于1.1，为次铝—过铝的S型花岗岩类。DI为76.35～90.74，分异程度较高，从岩石化学成分含量也可以看出，碰撞型侵入岩以碱度较高为特征，其Na_2O+K_2O的碱度变化于7.43～8.08之间，并且K_2O明显高于Na_2O，特别是碰撞期后的钾长花岗岩更是超过其2倍之多。里特曼指数（σ）变化于2.05～3.78之间，均小于4，为正常太平洋型—弱太平洋型钙碱性岩类。

（2）稀土元素特征。稀土元素含量见表3-16。中带碰撞型侵入岩稀土总量变化于114.62×10^{-6}～368.72×10^{-6}，平均值与世界花岗岩大体相当。$(La/Yb)_N$=5.44～29.83，轻重稀土分馏极强，$(La/Sm)_N$=3.03～8.61，轻稀土分馏明显，$(Gd/Yb)_N$=0.82～2.45，重稀土分馏极弱或不明显。δEu=0.22～0.66，铕具清晰的负异常；稀土元素配分曲线模式见图3-33至图3-35，可见中带北侧和南侧具有基本相似的稀土曲线，均呈向右缓倾"V"字形曲线，表明它们具有相同或相近的岩浆来源及演化经历。

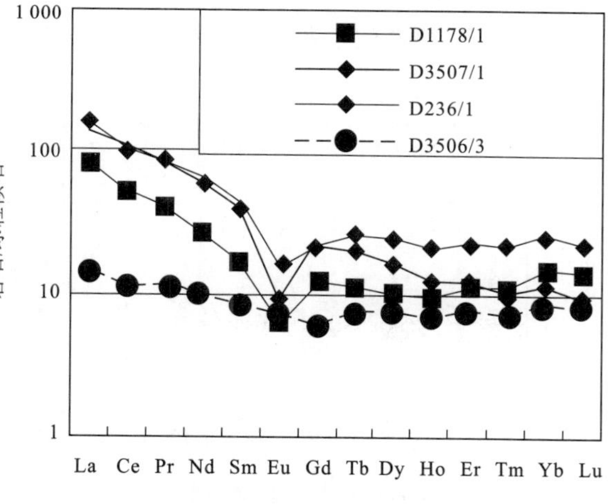

图3-33　早古生代中亚带北侧碰撞型侵入岩稀土配分模式

细线代表碰撞型侵入岩；虚线代表暗色包裹体

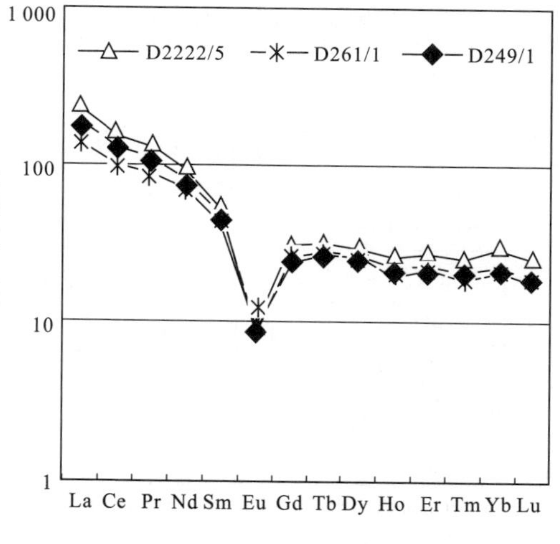

图3-34　早古生代中亚带南侧碰撞型侵入岩稀土配分模式

虚线代表碰撞期后侵入岩；细线代表碰撞早期侵入岩

相比较而言，碰撞期后侵入岩稀土总量略高，轻重稀土分馏更强烈，反映岩浆可能经历了较充分的（重矿物）分离结晶作用，稀土配分曲线上各样品的曲线特征极为相似，反映岩浆均一化强烈。岩石中的暗色包裹体的曲线却截然不同，其成因可能为深源捕虏体，曲线呈近水平状，可能代表地壳中早期侵位的幔源基性玄武质岩浆岩。

(3)微量元素特征。微量元素含量见表3-17。以世界花岗岩为参数作标准化得到曲线图3-36至图3-39,可见它们中亚带碰撞型侵入岩具有相似的曲线特征,表明它们具有相同或相似的物源和演化经历。碰撞型侵入岩各岩性单元中的绝大多数元素与世界花岗岩大体相当,大离子亲石元素中弱富集Sc(特别是南侧碰撞型侵入岩),高场强元素中富集Hf,亲铜元素中强烈富集Bi,超过或接近世界花岗岩的近百倍。相对而言,碰撞期后侵入岩的Bi的富集程度明显降低,仅为世界花岗岩的10倍左右。

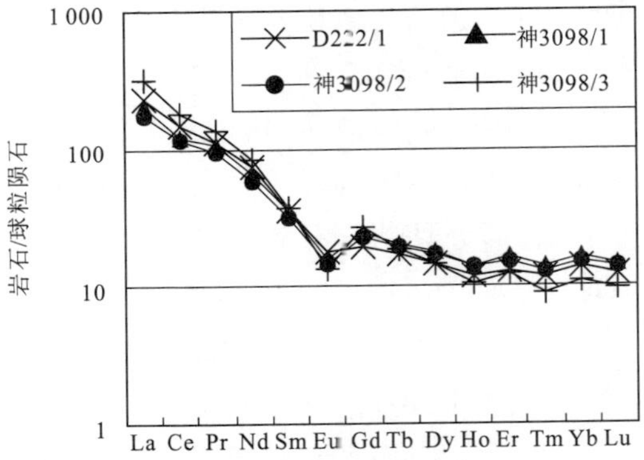

图3-35　早古生代中亚带北侧碰撞期后侵入岩稀土配分模式

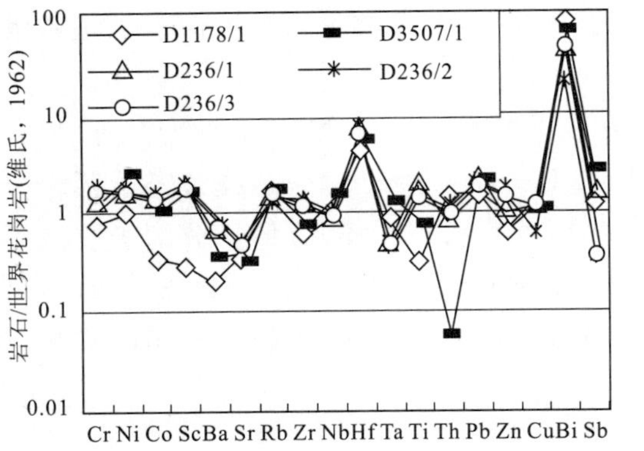

图3-36　早古生代中亚带北侧碰撞型侵入岩蛛网图

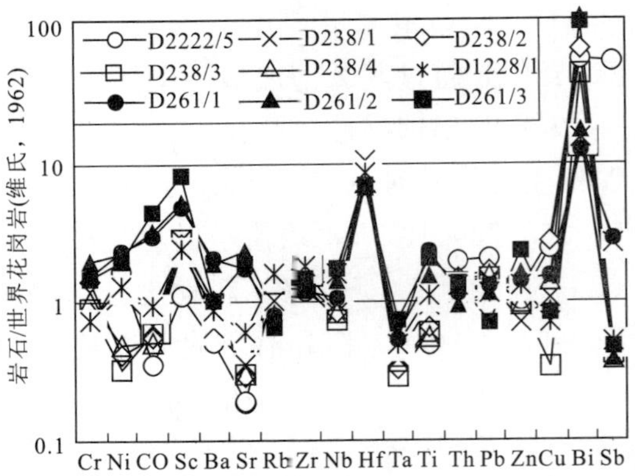

图3-37　早古生代中亚带南侧碰撞型侵入岩蛛网图

粗线条为塔马尔特岩体;细线条为另外两个岩体

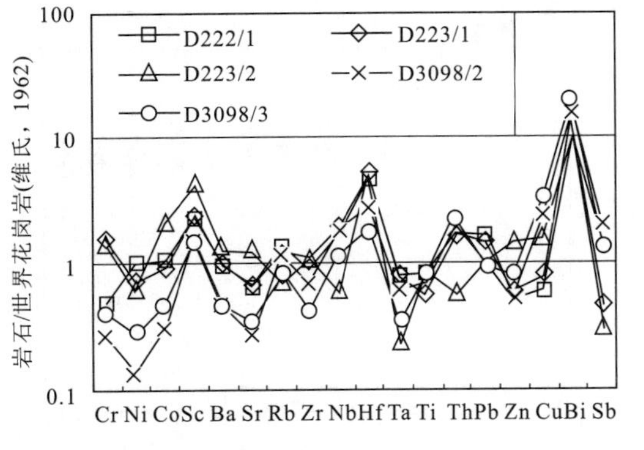

图3-38　早古中亚带北侧碰撞期后钾长花岗岩蛛网图

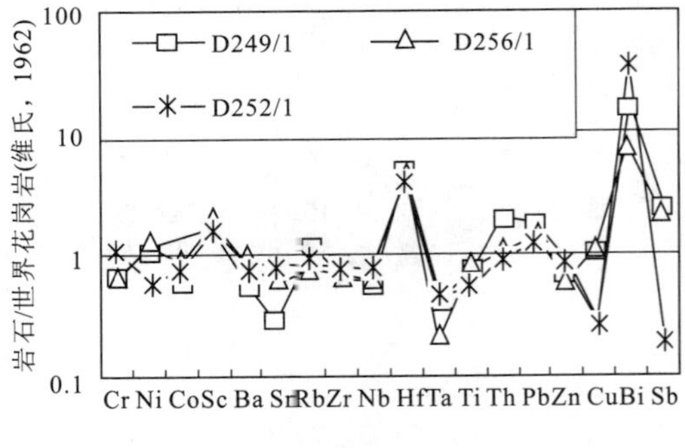

图3-39　早古中亚带南侧碰撞期后侵入岩蛛网图中粒(少斑)黑云二长花岗岩

以MORB为参数作标准化得到曲线图3-40、图3-41。南侧和北侧碰撞型侵入岩及碰撞期后侵入岩具有相似的曲线特征,均表现出大离子亲石元素(Sr、K、Rb、Ba、Th、Nb、Ce)强烈富集,高场元素中P、Zr、Hf、Sm表现出弱富集;而Ti、Y、Yb、Sc、Cr均表现出较明显的亏损。整个曲线表现出大陆弧所具有的"三弧隆起"曲线特征,反映其形成于俯冲带上方火山弧环境。

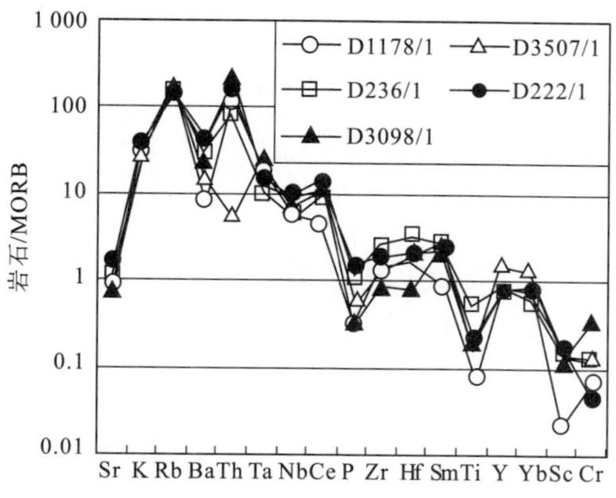

图 3-40　早古生代中亚带北侧碰撞型侵入岩 MORB 标准化形式

粗线代表钾长花岗岩；细线为中粒含斑二长花岗岩

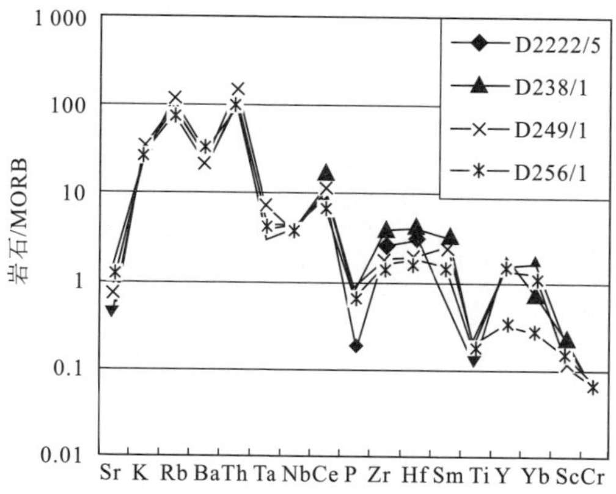

图 3-41　早古生代中亚带南侧碰撞型侵入岩 MORB 标准形式

粗线代表粗斑二长花岗岩；细线为少斑二长花岗岩

3)副矿物特征

中亚带碰撞型侵入岩副矿物含量见表 3-18。主要由磷灰石、磁铁矿、锆石和少量的黄铁矿组成，相对中带南侧碰撞型侵入岩中副矿物含量较高，总体上均为常见岩浆型副矿物组合。

锆石详细特征见表 3-19。以颗粒较粗、长宽比较大[(2∶1)～(4∶1)]、晶形较复杂为最大特征。

4)岩浆来源及构造环境分析

中亚带碰撞型侵入岩主要伴生于普守-蒙古包早古生代蛇绿构造混杂岩带两侧附近，与蛇绿混杂岩带表现出明显的伴生关系。岩石组合为一套酸性岩石，依据其矿物组成及岩石组合特征，按 BarBarin 划分原则和研究，碰撞型侵入岩属富钾钙碱性花岗岩类(KCG)，为构造体制转换过程中岩浆活动的产物，它们的岩浆均来源于下地壳。在 Na_2O-K_2O 图(见图 3-25)解上，碰撞型侵入岩均落入 A 型花岗岩区，表明其岩浆主要来源于造山过程中下地壳物质部分熔融。在 R_1-R_2 构造判别图(见图 3-30)中，碰撞型侵入岩落入同碰撞花岗岩区，表明其形成于陆壳叠置造山环境之中。

综合分析认为：碰撞型侵入岩产出于蛇绿混杂岩带侧旁，是板块汇聚过程中，由下地壳物质受上隆地幔的烘烤加上造山过程中的高温高压环境发生部分熔融形成岩浆，进一步分异演化形成的一套酸性且偏碱性岩石。

5)形成时代

早古生代中亚带北侧碰撞型侵入岩伴生于普守-蒙古包早古生代蛇绿构造混杂岩带侧旁，与中带俯冲型侵入岩共生在一起，并且超动侵入其中。图幅区内西邻麻扎幅 1∶25 万区调，在碰撞期后侵入岩浅肉红色钾长花岗岩中获得了 418Ma 的单颗粒锆石 U-Pb 法同位素年龄值，其形成时代为志留纪晚期。因此，该套侵入岩形成于晚志留世以后的早古生代晚期。

中亚带南侧碰撞型侵入岩侵入长城系赛图拉岩群之中。该岩浆岩带伴生于蒙古包-普守早古生代蛇绿构造混杂岩带侧旁，是该蛇绿混杂岩带碰撞作用的忠实记录者，为确定岩体的形成时代，本次区调在碰撞早期和碰撞晚期侵入岩上作了 SHRIMP 法同位素测年分析，分析结果见表 3-21、表 3-22，谐和曲线见图 3-42。

图 3-42 中碰撞早期及碰撞期后侵入岩样品投影点比较集中，碰撞早期(右图)均落在了谐和线上，表明锆石封闭体完好，未发生Pb的丢失和增加；而碰撞晚期(左图)侵入岩样品投影点落在了

表 3－21　早古生代中亚带南侧碰撞晚期侵入岩锆石 SHRAMP 法同位素组成表

样品号	$^{206}Pb_c$ ($\times10^{-2}$)	U ($\times10^{-6}$)	Th ($\times10^{-6}$)	$^{232}Th/^{238}U$	^{206}Pb ($\times10^{-6}$)	同位素年龄值/Ma (1) $^{206}Pb/^{238}U$		(2) $^{206}Pb/^{238}U$		(3) $^{206}Pb/^{238}U$		(1) $^{207}Pb/^{206}Pb$		(1) $^{208}Pb/^{232}Th$		Discordant ($\times10^{-2}$)	Total $^{238}U/^{206}Pb$	$\pm10^{-2}$	Total $^{207}Pb/^{206}Pb$	$\pm\times10^{-2}$
D249.1.1	0.22	469	106	0.23	27.6	425.8	±3.9	426.5	±4.0	426.6	±4.0	364	±53	401	±16.0	−17	14.62	0.94	0.055 58	1.8
D249.2.1	0.77	132	89	0.70	7.77	425.7	±5.7	428.2	±5.8	429.1	±6.4	216	±150	395	±19.0	−97	14.54	1.40	0.056 70	3.3
D249.3.1	0.05	1 928	50	0.03	110.0	413.0	±3.2	412.8	±3.3	413.2	±3.2	430	±20	370	±14.0	4	15.10	0.80	0.055 86	0.9
D249.4.1	0.18	159	138	0.90	9.57	436.6	±5.4	437.6	±5.6	438.3	±6.4	360	±85	426	±11.0	−21	14.24	1.30	0.055 20	3.2
D249.5.1	0.07	758	502	0.68	45.6	436.4	±3.1	436.8	±3.2	436.6	±3.6	410	±34	435.0	±5.8	−7	14.27	0.74	0.055 47	1.4
D249.6.1	0.05	2 208	957	0.45	131.0	430.5	±2.5	430.4	±2.6	430.9	±2.7	435	±20	424.3	±4.3	1	14.47	0.61	0.055 95	0.9
D249.7.1	0.01	3 265	579	0.18	193.0	429.1	±2.7	429.3	±2.7	429.6	±2.8	418	±15	411	±11.0	−3	14.53	0.65	0.055 26	0.7
D249.8.1	1.22	164	196	1.24	9.68	424.0	±15.0	427.0	±16.0	423.0	±19.0	181	±190	427	±21.0	−134	14.54	3.70	0.059 60	2.8
D249.9.1	0.59	248	271	1.13	15.6	452.7	±4.7	455.7	±4.7	458.7	±5.7	219	±100	421.7	±9.9	−107	13.67	1.00	0.055 30	2.4
D249.10.1	0.03	2 096	1 357	0.67	137.0	472.9	±2.8	472.8	±2.8	475.4	±3.1	481	±18	449.2	±4.0	2	13.13	0.61	0.057 00	0.8
D249.11.1	0.06	900	646	0.74	52.2	420.9	±2.9	420.5	±3.0	421.7	±3.3	455	±30	414.9	±5.5	8	14.81	0.71	0.056 55	1.3
D249.12.1	0.82	287	279	1.01	17.1	429.8	±4.3	433.3	±4.3	434.8	±5.1	128	±120	400	±11	−235	14.39	1.00	0.055 30	2.3

样品号	(1) $^{238}U/^{206}Pb^*$	$\pm\times10^{-2}$	(1) $^{207}Pb^*/^{206}Pb^*$	$\pm\times10^{-2}$	(1) $^{207}Pb^*/^{235}U$	$\pm\times10^{-2}$	(1) $^{206}Pb/^{238}U$	$\pm\times10^{-2}$	误差	(3) $^{238}U/^{206}Pb^*$	$\pm\times10^{-2}$	(3) $^{207}Pb^*/^{206}Pb^*$	$\pm\times10^{-2}$	(3) $^{207}Pb^*/^{235}U$	$\pm\times10^{-2}$	(3) $^{206}Pb^*/^{238}U$	$\pm\times10^{-2}$	误差
D249.1.1	14.65	0.94	0.053 8	2.40	0.507	2.5	0.068 27	0.94	0.372	14.62	0.94	0.055 51	1.8	0.524	2.0	0.068 42	0.94	0.466
D249.2.1	14.65	1.40	0.050 5	6.60	0.475	6.8	0.068 26	1.40	0.206	14.53	1.40	0.057 30	3.2	0.544	3.5	0.068 84	1.40	0.385
D249.3.1	15.11	0.80	0.055 4	0.90	0.506	1.2	0.066 17	0.80	0.663	15.11	0.80	0.055 78	0.9	0.509	1.2	0.066 20	0.80	0.668
D249.4.1	14.27	1.30	0.053 7	3.80	0.519	4.0	0.070 07	1.30	0.323	14.21	1.30	0.056 90	3.1	0.552	3.3	0.070 35	1.30	0.382
D249.5.1	14.28	0.74	0.054 9	1.50	0.531	1.7	0.070 05	0.74	0.435	14.27	0.74	0.055 24	1.4	0.534	1.6	0.070 07	0.74	0.472
D249－6.1	14.48	0.61	0.055 6	0.88	0.529	1.1	0.069 06	0.61	0.566	14.47	0.61	0.056 39	0.9	0.538	1.0	0.069 13	0.61	0.580
D249.7.1	14.53	0.65	0.055 1	0.66	0.523	0.9	0.068 83	0.65	0.698	14.51	0.65	0.056 09	0.7	0.533	0.9	0.068 91	0.65	0.704
D249.8.1	14.72	3.70	0.049 7	8.00	0.465	8.8	0.067 90	3.70	0.423	14.75	3.70	0.048 10	3.5	0.449	5.1	0.067 80	3.70	0.724
D249.9.1	13.75	1.10	0.050 5	4.50	0.507	4.6	0.072 74	1.10	0.232	13.56	1.00	0.061 60	2.1	0.627	2.4	0.073 75	1.00	0.442
D249.10.1	13.14	0.61	0.056 7	0.84	0.595	1.0	0.076 11	0.61	0.586	13.07	0.61	0.061 18	0.7	0.646	0.9	0.076 53	0.61	0.645
D249.11.1	14.82	0.71	0.056 1	1.30	0.522	1.5	0.067 48	0.71	0.470	14.79	0.71	0.057 53	1.2	0.536	1.4	0.067 60	0.71	0.496
D249.12.1	14.51	1.00	0.048 6	5.20	0.462	5.3	0.068 94	1.00	0.197	14.33	1.00	0.058 40	2.1	0.562	2.4	0.069 78	1.00	0.424

表 3－22 早古生代中亚带南侧碰撞早期侵入岩锆石 SHRIMP 法同位素组成表

样品号	$^{206}Pb_c$ ($\times10^{-2}$)	U ($\times10^{-6}$)	Th ($\times10^{-6}$)	$^{232}Th/^{238}U$	^{206}Pb ($\times10^{-6}$)	同位素年龄值/Ma (1) $^{206}Pb/^{238}U$		(2) $^{206}Pb/^{238}U$		(3) $^{206}Pb/^{238}U$		(1) $^{207}Pb/^{206}Pb$		(1) $^{208}Pb/^{232}Th$		Discordant ($\times10^{-2}$)	Total $^{238}U/^{206}Pb$	$\pm\times10^{-2}$	Total $^{207}Pb/^{206}Pb$	$\pm\times10^{-2}$
D261.1.1	0.04	650	367	0.58	41.0	456.7	±3.4	456.6	±3.4	457.8	±3.7	464	±34	445.6	±6.5	2	13.61	0.76	0.056 60	1.5
D261.2.1	0.10	494	282	0.59	30.7	449.2	±3.5	449.6	±3.6	449.0	±4.0	420	±40	451.0	±10.0	−7	13.84	0.81	0.055 99	1.7
D261.3.1	0.04	802	427	0.55	48.8	441.0	±13.0	439.0	±13.0	440.0	±15.0	577	±30	451.0	±15.0	24	14.12	3.10	0.059 60	1.3
D261.4.1	0.10	569	364	0.66	37.4	474.4	±3.6	475.3	±3.7	473.6	±4.1	413	±39	482.4	±8.8	−15	13.08	0.78	0.055 84	1.5
D261.5.1	0.00	1 066	785	0.76	66.9	454.9	±3.3	455.0	±3.4	455.3	±3.8	446	±25	451.9	±5.1	−2	13.68	0.75	0.055 84	1.1
D261.6.1	0.21	870	573	0.68	52.5	436.7	±3.3	436.6	±3.4	437.0	±3.8	449	±37	434.0	±6.3	3	14.24	0.79	0.057 62	1.2
D261.7.1	0.13	834	572	0.71	51.2	444.7	±4.9	444.1	±5.0	445.1	±5.5	487	±36	441.0	±7.5	9	13.98	1.10	0.057 94	1.3
D261.8.1	0.17	857	579	0.70	52.5	443.3	±3.1	444.0	±3.1	444.3	±3.4	393	±54	434.6	±6.1	−13	14.02	0.71	0.055 90	2.1
D261.9.1	0.65	518	313	0.62	31.4	437.6	±3.4	439.3	±3.4	438.1	±3.8	299	±72	433.0	±11.0	−46	14.15	0.79	0.057 56	1.6
D261.10.1	0.11	952	825	0.90	58.5	445.0	± 3.0	445.8	±3.1	447.7	±3.5	385	±37	427.1	± 5.1	−16	13.98	0.70	0.055 25	1.4
D261.11.1	0.05	1 072	544	0.52	65.7	443.9	±2.9	444.0	±2.9	444.9	±3.2	435	±30	431.5	±5.1	−2	14.02	0.67	0.056 01	1.3
D261.12.1	0.06	861	641	0.77	52.9	445.2	±3.4	444.9	±3.4	447.1	±3.9	471	±29	430.5	±5.3	5	13.98	0.78	0.056 93	1.2

点位	(1) $^{238}U/^{206}Pb^*$	$\pm\times10^{-2}$	(1) $^{207}Pb^*/^{206}Pb$	$\pm\times10^{-2}$	(1) $^{207}Pb^*/^{235}U$	$\pm\times10^{-2}$	(1) $^{206}Pb/^{238}U$	$\pm\times10^{-2}$	误差	(3) $^{238}U/^{206}Pb$	$\pm\times10^{-2}$	(3) $^{207}Pb^*/^{206}Pb$	$\pm\times10^{-2}$	(3) $^{207}Pb^*/^{235}U$	$\pm\times10^{-2}$	(3) $^{206}Pb^*/^{238}U$	$\pm\times10^{-2}$	误差
D261.1.1	13.62	0.76	0.056	1.5	0.570	1.7	0.073 42	0.76	0.447	13.59	0.76	0.058 16	1.4	0.590	1.6	0.073 59	0.76	0.470
D261.2.1	13.86	0.81	0.055	1.8	0.549	2.0	0.072 16	0.81	0.409	13.86	0.81	0.054 90	1.7	0.546	1.9	0.072 13	0.81	0.430
D261.3.1	14.13	3.10	0.059	1.4	0.578	3.4	0.070 80	3.10	0.915	14.16	3.10	0.057 59	1.4	0.561	3.4	0.070 60	3.10	0.918
D261.4.1	13.09	0.78	0.055	1.7	0.579	1.9	0.076 37	0.78	0.410	13.12	0.78	0.053 52	1.6	0.563	1.8	0.076 23	0.78	0.436
D261.5.1	13.68	0.75	0.056	1.1	0.563	1.4	0.073 12	0.75	0.550	13.67	0.75	0.056 51	1.1	0.570	1.4	0.073 18	0.75	0.555
D261.6.1	14.27	0.79	0.056	1.7	0.540	1.9	0.070 10	0.79	0.425	14.26	0.79	0.056 48	1.3	0.546	1.5	0.070 15	0.79	0.526
D261.6.1	14.00	1.10	0.057	1.6	0.560	2.0	0.071 41	1.10	0.576	13.99	1.10	0.057 67	1.3	0.568	1.7	0.071 48	1.10	0.666
D261.8.1	14.05	0.71	0.055	2.4	0.535	2.5	0.071 19	0.71	0.282	14.01	0.71	0.056 40	2.1	0.555	2.2	0.071 36	0.71	0.320
D261.9.1	14.24	0.81	0.052	3.2	0.507	3.3	0.070 23	0.81	0.247	14.22	0.79	0.053 27	1.7	0.517	1.9	0.070 32	0.79	0.420
D261.10.1	13.99	0.70	0.054	1.6	0.536	1.8	0.071 48	0.70	0.393	13.91	0.70	0.059 34	1.3	0.588	1.5	0.071 92	0.70	0.478
D261.11.1	14.03	0.67	0.056	1.3	0.546	1.5	0.071 29	0.67	0.449	13.99	0.67	0.057 47	1.3	0.566	1.4	0.071 45	0.67	0.464
D261.12.1	13.98	0.79	0.057	1.3	0.557	1.5	0.071 51	0.79	0.514	13.92	0.78	0.059 93	1.2	0.593	1.4	0.071 82	0.78	0.552

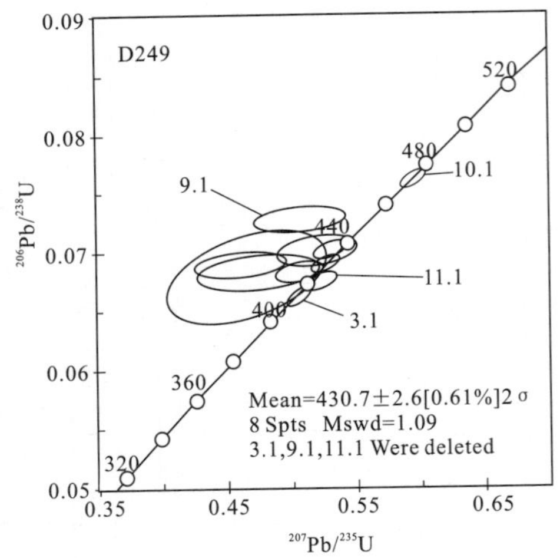

图 3-42　碰撞型侵入岩锆石 SHRIMP 法同位素年龄谐和图

谐和线上方附近，表明有其 Pb 的加入。对样品模式年龄按比值进行加权平均获得碰撞早期同位素年龄值(443.1±2.3)Ma，而碰撞晚期侵入岩同位素年龄为(430.7±2.6)Ma，可以代表该岩体的结晶就位年龄。该数据的获得，表明蒙古包-普守早古生代蛇绿混杂岩带汇聚碰撞时限为晚奥陶世—早志留世。

(三)三十里营房-康西瓦亚带(以下简称南亚带)

1. 地质特征

该亚带侵入岩呈带状展布于康西瓦-苏巴什蛇绿构造混杂岩带的北侧附近，图幅区内东西长超过 100km，南北宽小于 10km，单个侵入体呈长条状、不规则枝叉状产出，长宽比达 6∶1。岩体侵入于长城系赛图拉岩群一套中深变质碎屑岩及碳酸盐岩之中，绝大多数围岩接触变质作用不明显，仅在与大理岩接触处，发生交代变质作用，形成“和田玉”。侵入界面多向外陡倾或呈枝叉状贯入，岩体边部发育 10～20m 的细粒边。

主体组成岩石为灰色中粒黑云角闪石英闪长岩和灰色中细粒黑云角闪英云闪长岩，二者之间为脉动侵入关系(图 3-43)。岩石呈灰—深灰色，内部组构不均一，暗色矿物与石英呈负相关、含量变化较大。岩体内不均匀地含有较多的深源暗色包裹体，多呈浑圆状，大小(3cm×5cm)～(15cm×20cm)，与围岩大部分界线清晰，少部分呈过渡关系，局部还可见包裹体呈残影状出现。包裹体有集中成群出现的趋势，局部含量可达 30%，包裹体成分为闪长质。

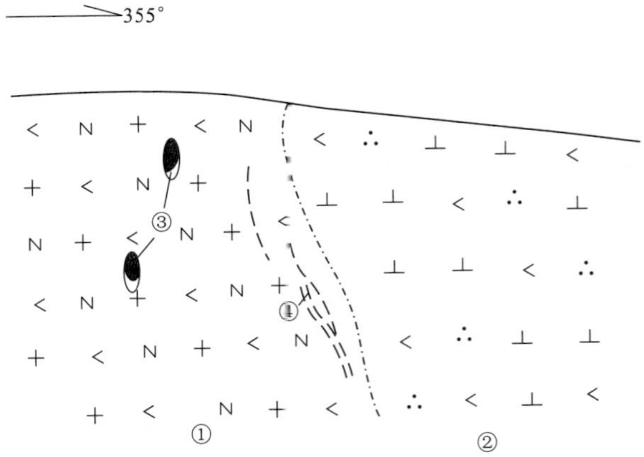

图 3-43　俯冲型侵入岩之间脉动侵入关系素描图

①$O_2\gamma o$Hb 灰色中细粒黑云角闪英云闪长岩；②$O_2\delta o$ 灰色中粒黑云角闪石英闪长岩；③暗色包裹体；④黑云母条带

灰色中粒黑云角闪石英闪长岩呈灰色，中细粒半自形柱状结构，块状构造。矿物粒径 2～4mm。主要矿物成分有斜长石 60%～62%、角闪石 14%～16%、黑云母 14%～16%、石英 6%～8%。其中斜长石呈半自形柱状，晶体较洁净，钠长石律双晶和卡钠复合双晶均较清晰，An＝40—42；角闪石呈半自形—自形柱状；黑云母呈半自形片状。岩石新鲜、基本无蚀变。

灰色中细粒黑云角闪英云闪长岩呈浅灰色，中细粒半自形柱粒状结构，块状构造。矿物粒径0.2～1.5mm占60％，少数2～4mm则占40％。主要矿物成分有斜长石54％～55％、石英20％～22％、钾长石3％～4％、黑云母12％～10％、纤闪石12％～10％。其中斜长石呈半自形柱状，晶体较洁净，钠长石律双晶和卡钠复合双晶较为清晰，双晶结合面平直，An＝26—28，为更长石，石英多为它形粒状，充填于粒间；黑云母呈自形片状，多数被细粒石英交代，晶片中形成交代穿孔特点；角闪石半自形柱状。岩石发生轻微蚀变，表现为原生角闪石边部的纤闪石化和斜长石的中心绢云母化。

包裹体岩性为细粒黑云角闪闪长岩，岩石呈深灰、灰绿色，细粒半自形粒状结构，块状构造，主要矿物成分有斜长石42％～44％、角闪石35％～38％，其次有石英1％、黑云母10％、纤闪石1％～2％、钾长石4％～5％、绿帘石＋黝帘石3％～4％。其中斜长石呈半自形—它形柱状、粒状，晶体洁净，钠长石律双晶发育；角闪石呈它形粒状，自形程度差，个别较大晶体中心部分已变纤闪石；黑云母呈它形—半自形晶片。岩石基本无蚀变。

2. 地球化学特征

1)岩石化学特征

岩石化学成分含量见表3－23，岩石化学计算表明，俯冲型侵入岩铝饱和度(A/CNK)0.80～0.89，小于1.1，为准铝的I型花岗岩类。DI为37.70～57.33，分异程度中等，Na_2O略大于K_2O，属钠质系列，在K_2O-Na_2O图解(图3－44)中主体落入I型花岗岩区。从岩石化学成分含量也可以看出，俯冲型侵入岩碱度较高。里特曼指数(σ)变化在1.48～2.06，小于3，为正常太平洋型钙碱性系列岩石。在A－F－M图解(图3－45)中亦落入钙碱性系列区。

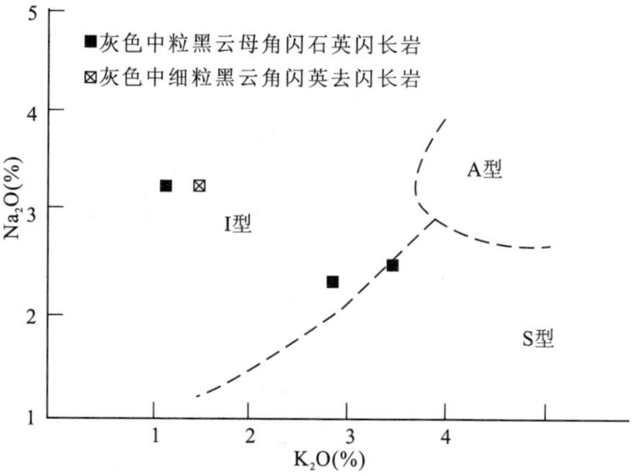

图3－44 早古生代南亚带侵入岩K_2O-Na_2O判别图

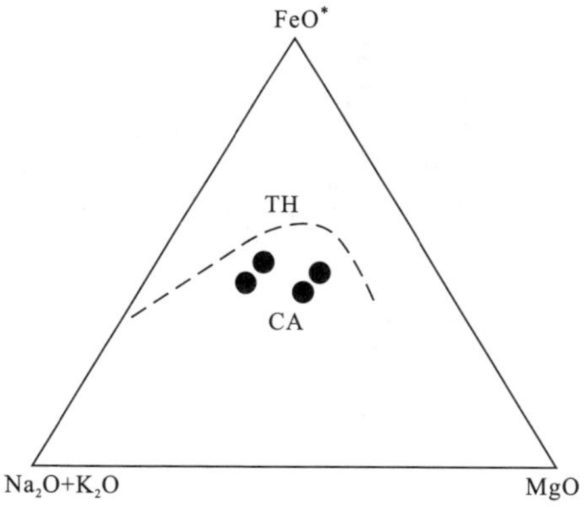

图3－45 早古生代南亚带侵入岩A－F－M图解
TH.拉斑系列；CA.钙碱系列

2)稀土元素特征

稀土元素含量见表3－24。俯冲型侵入岩稀土总量变化较大，从96.11×10^{-6}～236.83×10^{-6}变化，并且由早期单元到晚期单元稀土总量有变低的趋势，表明岩浆源中有更多幔源物质的加入。$(La/Yb)_N$＝5.28～10.81，轻重稀土分馏强烈，$(La/Sm)_N$＝2.07～4.48，$(Gd/Yb)_N$＝1.26～1.65，轻稀土有明显的分馏，重稀土分馏较弱。δEu＝0.76～1.05，铕亏损不明显；稀土元素配分曲线模式(图4－39)总体呈向右缓倾较平滑的曲线，接近于平坦型。晚期单元($O_2\gamma o Hb$)稀土总量明显变低，仅为96.13×10^{-6}。$(La/Yb)_N$＝6.78，轻重稀土分馏较明显，$(La/Sm)_N$＝3.23，$(Gd/Yb)_N$＝1.26，

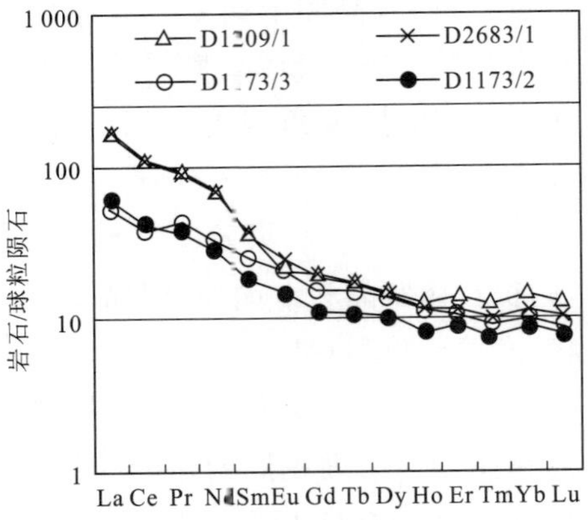

图 3-46　早古生代南亚带俯冲型侵入岩稀土配分模式

轻稀土有明显的分馏，重稀土分馏较弱。δEu＝0.99，铕具弱的负异常。稀土元素配分曲线模式（图 3-46）中的粗线部分，总体呈向右缓倾较平滑的曲线。

稀土配分曲线上各样品的曲线特征极为相似，表明它们具有相同或相近的岩浆来源及演化经历。

3）微量元素特征

俯冲型侵入岩微量元素含量见表 3-25。以世界闪长岩为参数作标准化得到曲线图 3-47。早期岩性单元和晚期岩性单元具有基本一致的曲线特征，均表现出大离子亲石元素中的 Sc、高场强元素中的 Hf 和亲铜元素中的 Bi 强烈富集；而大离子亲石元素中的 Sr、高场强元素中的 Zr 和 Ti 呈较弱的负异常。相比较而言，晚期侵入岩的亲铁元素中富集 Cr、Ni 元素，反映其物源更深一些。

以 MORB 为参数标准化得到曲线图 3-48。俯冲型侵入岩各个样品具有相似的曲线特征，均表现出大离子亲石元素（Sr、K、Rb、Ba、Th）强烈富集，高场元素中 Nb、Ce、P、Zr、Hf、Sm 表现出弱富集；而 Ti、Sc、Cr 则表现出较明显的亏损。整个曲线型式有大陆弧所具有的"三弧隆起"曲线特征，但却不很典型，又有板内岩浆岩的一个"大隆起"曲线特征，反映其形成环境可能为大陆边缘的裂张末期、俯冲早期，幔源岩浆中加入部分地壳物质形成的混合岩浆，经分异演化形成的一套中酸性岩浆岩。

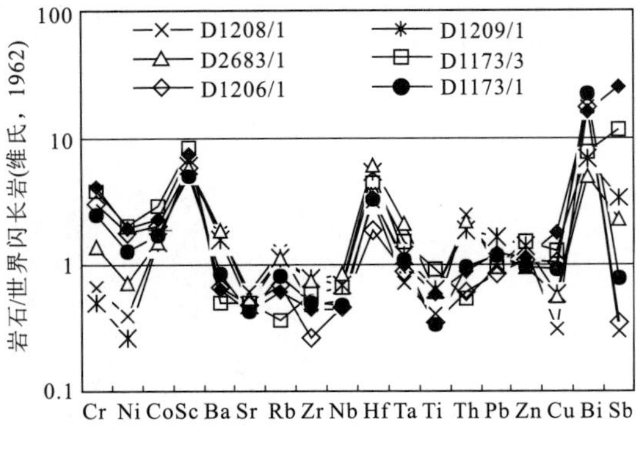

图 3-47　早古生代南亚代俯冲型侵入岩蛛网图

粗线为角闪英云闪长岩；细线为石英闪长岩

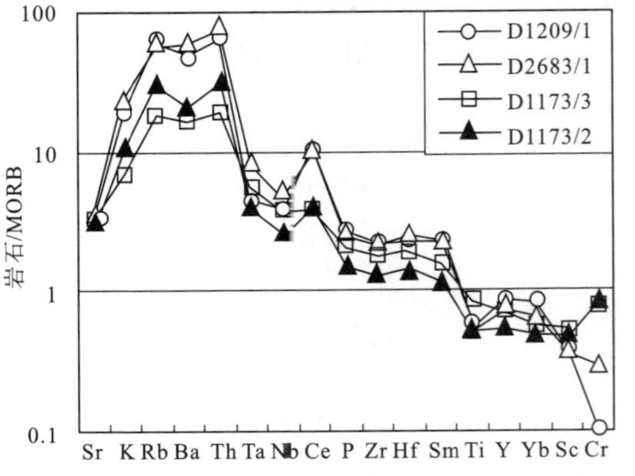

图 3-48　早古生代南亚带俯冲型侵入岩 MORB 标准化形式

粗线为角闪英云闪长岩；细线为石英闪长岩

3. 副矿物特征

副矿物主要由磷灰石（64.29～80g/t）、钛铁矿（705.7g/t）、磁铁矿（14.29g/t）、榍石（26.67g/t）、锆石（57.1～61.1g/t）、黄铁矿（3.56～6.43g/t）组成，为常见岩浆型副矿物组合。

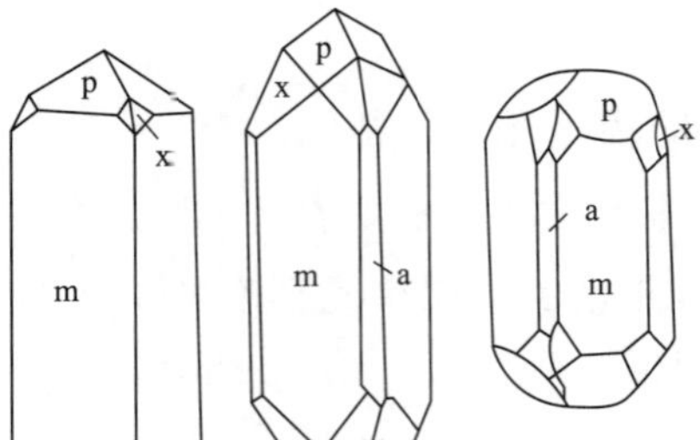

图 3-49　俯冲型侵入岩中主要锆石晶形图

锆石为浅玫瑰色，强金刚光泽，透明，紫外线照射下发亮黄光。颗粒大小（0.5mm×0.06mm）～（0.07mm×0.03mm），长短轴之比为（2∶1）～（3∶1），微量 4∶1。以短柱状晶形为特征（图3-49），晶体表面略粗糙，多被蚀

表 3-23　早古生代三十里营房-康西瓦亚带岩石化学成分含量及特征参数表

代号	样品号	氧化物含量(%)																特征参数					
		SiO_2	TiO_2	Al_2O_3	Fe_2O_3	FeO	MnO	MgO	CaO	Na_2O	K_2O	P_2O_5	$Fe_2O_3^*$	H_2O^+	CO_2	LOI	Σ	A/CNK	DI	SI	σ	AR	W
$O_2\delta o$	D1209/1	57.73	0.86	15.89	1.38	6.52	0.14	3.51	5.97	2.38	2.90	0.32	7.90	1.60	0.50	1.08	100.78	0.89	50.44	21.03	1.81	1.64	0.18
	D2683/1	59.52	0.82	14.86	1.51	5.35	0.13	3.22	5.38	2.49	3.48	0.30	6.86	1.98	0.44	1.79	101.27	0.84	57.33	20.06	2.06	1.84	0.22
	D1173/3	53.27	1.24	15.62	1.21	7.63	0.14	6.23	7.24	3.20	1.03	0.24	8.84	2.12	0.32	1.64	101.13	0.80	37.70	32.28	1.60	1.45	0.14
$O_2\gamma oHb$	D1173/2	58.03	0.80	15.35	1.11	6.16	0.12	5.56	5.81	3.20	1.60	0.17	7.27	1.40	0.41	0.95	100.67	0.87	47.36	31.53	1.48	1.59	0.15

表 3-24　早古生代三十里营房-康西瓦亚带稀土元素分析结果表

代号	稀土元素含量($\times10^{-6}$)																特征参数				
	样品号	La	Ce	Pr	Nd	Sm	Eu	Gd	Tb	Dy	Ho	Er	Tm	Yb	Lu	ΣREE	$(La/Yb)_N$	$(La/Sm)_N$	$(Gd/Yb)_N$	δEu	δCe
$O_2\delta o$	D1209/1	51.48	103.50	11.29	41.99	7.50	1.58	6.03	0.90	4.95	0.97	3.00	0.41	2.83	0.42	236.83	10.81	4.29	1.31	0.76	0.86
	D2683/1	52.43	104.50	11.23	41.51	7.31	1.84	5.93	0.86	4.46	0.85	2.41	0.34	2.20	0.33	236.19	14.12	4.48	1.65	0.90	0.86
	D1173/3	17.15	38.09	4.70	20.53	5.17	1.58	4.81	0.76	4.32	0.81	2.31	0.30	1.93	0.27	102.73	5.28	2.07	1.53	1.05	0.87
$O_2\gamma oHb$	D1173/2	19.10	38.75	4.36	17.35	3.70	1.07	3.43	0.55	3.18	0.63	1.84	0.25	1.67	0.25	96.11	6.78	3.23	1.26	0.99	0.86

表 3-25　早古生代三十里营房-康西瓦亚带微量元素分析数据表

代号	样品号	Cr	Ni	Co	Sc	Ba	Sr	Rb	Y	Zr	Nb	Hf	Ta	Ti	Th	Bi	Sb	Pb	Zn	Cu	Ag	Au	P
$O_2\delta o$	D1208/1	33.2	21.4	15.5	13.9	1 146	483	128.0	19.40	126	10.4	3.06	0.51	3 237	17.30	0.178	0.06	14.6	95.6	10.90	<0.02	0.003	1 415
	D1209/1	25.5	14.5	15.1	15.2	1 006	386	115.0	26.54	200	13.70	5.56	0.81	5 156	12.60	0.07	0.68	24.0	97.8	21.02	0.13	0.029	1 395
	D2683/1	69.7	39.3	15.1	14.9	1 180	441	112.0	22.76	193	17.30	6.16	1.47	4 916	14.90	0.05	0.44	17.2	70.4	19.92	<0.03	0.002	1 308
	D1173/3	190.0	107.0	28.70	21.2	329	405	37.0	21.23	156	13.10	4.52	1.04	7 434	3.77	0.08	2.34	14.4	108.0	44.22	0.14	0.021	1 046
	D1206/1	148.0	95.9	19.5	14.7	434	386	70.9	16.50	69.3	9.19	1.87	0.61	2 758	4.35	0.178	0.07	12.9	78.9	36.00	<0.02	0.003	748
$O_2\gamma oHb$	D1173/1	123.0	69.3	16.9	12.7	564	344	83.3	14.30	133	9.82	3.29	0.77	2 638	6.64	0.228	0.16	17.6	68.4	32.90	0.04	0.002	611
	D1173/2	205.0	106.0	22.6	19.1	420	343	61.0	16.44	115	8.86	3.43	0.71	4 796	6.28	0.16	4.98	18.1	79.7	62.22	0.21	0.035	741

注：表中Au、Ag元素含量单位为$\times10^{-9}$，其他元素含量单位为$\times10^{-6}$。

成麻点状，样品中见有大量的歪晶。多数晶体内有柱状、粒状细小锆石及少量黑云母、钛铁矿包裹体。

4. 岩浆来源及构造环境分析

早古生代三十里营房-康西瓦亚带俯冲型侵入岩主要伴生于康西瓦-苏巴什蛇绿构造混杂岩带南侧附近，与其有明确的伴生关系。岩石组合为一套中酸性岩石，依据其矿物组成及岩石组合特征，按 BarBarin 划分原则，俯冲型侵入岩属含角闪石钙碱性花岗岩类(ACG)，为俯冲作用过程中岩浆活动的产物，它们的岩浆均来源于下地壳。在 K_2O-Na_2O图解(见图 3-44)上，俯冲型侵入岩均落入 I 型花岗岩区，表明其岩浆主要来源于造山过程中上地幔物质部分熔融。在 R_1-R_2 判别图(图 3-50)上，俯冲型侵入岩样品投影点均落在了板块碰撞前区，表明其形成于碰撞前的俯冲作用过程中。

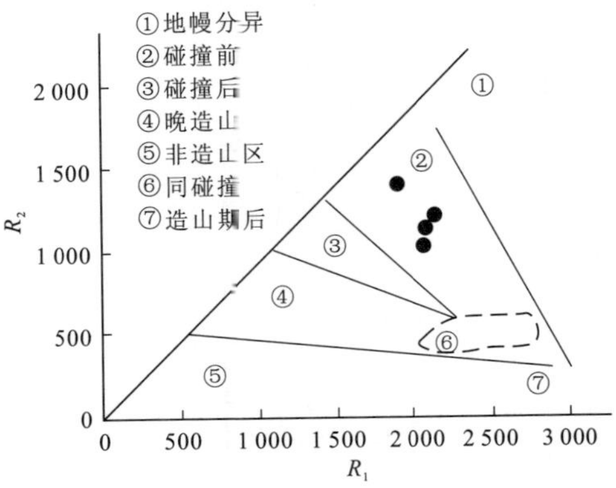

图 3-50　早古生代南亚带侵入岩 R_1-R_2图解

结合地球化学特征综合分析认为：俯冲型侵入岩产出于蛇绿构造混杂岩带侧旁，是板块汇聚过程中，由下地壳物质受上隆地幔的烘烤发生部分熔融形成岩浆并与上地幔分异的基性岩浆发生混合，形成壳幔混合岩浆，经进一步分异演化形成的一套中酸性岩石。

5. 形成时代

俯冲型侵入岩侵入长城系赛图拉岩群之中。该岩浆岩带伴生于康西瓦-苏巴什蛇绿构造混杂岩带侧旁，为确定岩体的形成时代，本次区调在俯冲型侵入岩灰色中粒黑云角闪石英闪长岩上作了高精度 SHRIMP 法同位素测年分析，分析结果见表 3-26，谐和曲线见图 3-51。在图 3-51 上，南亚带俯冲型侵入岩样品投影点比较集中，但均落在了谐和线上，表明锆石封闭体完好，未发生 Pb 的丢失和增加。对样品模式年龄按比值进行加权平均取得同位素年龄值(447.0±7)Ma，可以代表该岩体的结晶就位年龄。该数据的取得，表明早古生代康西瓦-苏巴什蛇绿构造混杂岩带汇聚俯冲时限为晚奥陶世，相对于北侧的库地-其曼于特蛇绿混杂岩带和普守-豪古包蛇绿混杂岩带，该带明显的俯冲作用要略晚些。

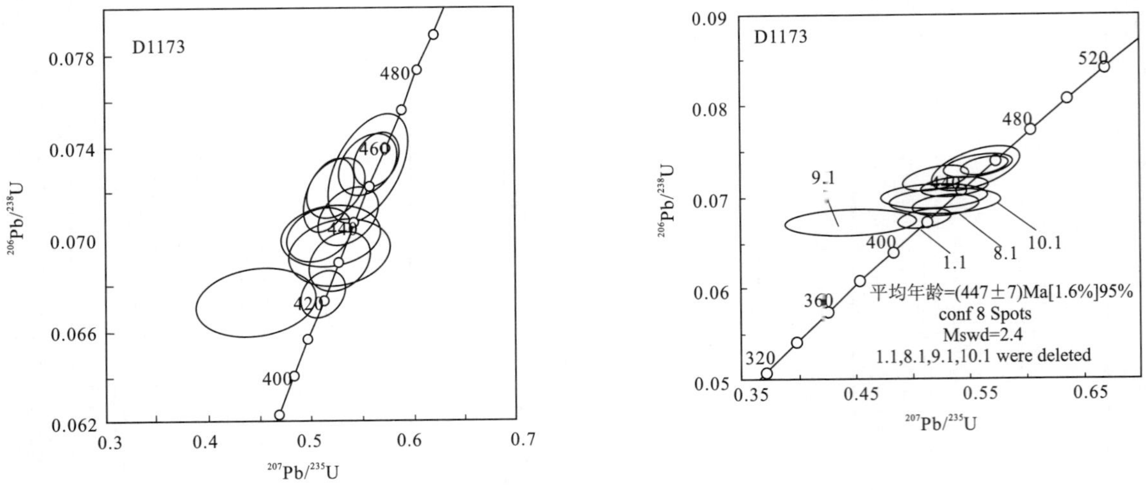

图 3-51　俯冲型侵入岩锆石 SHRIMP 法同位素年龄谐和图

表 3-26 早古生代南亚带俯冲型侵入岩锆石 SHRIMP 法同位素分析结果表

样品号	$^{206}Pb_c$ ($\times10^{-2}$)	U ($\times10^{-6}$)	Th ($\times10^{-6}$)	$^{232}Th/^{238}U$	^{206}Pb ($\times10^{-6}$)	同位素年龄(Ma) (1) $^{206}Pb/^{238}U$	±	(2) $^{206}Pb/^{238}U$	±	(3) $^{206}Pb/^{238}U$	±	(1) $^{207}Pb/^{206}Pb$	±	(1) $^{208}Pb/^{232}Th$	±	Discordant ($\times10^{-2}$)	Total $^{238}U/^{206}Pb$	$\pm\times10^{-2}$	Total $^{207}Pb/^{206}Pb$	$\pm\times10^{-2}$
D1173.1.1	0.35	336	153	0.47	19.6	421.8	±4.0	422.0	±4.1	424.3	±4.3	406	±62	388	±11	−4	14.74	1.0	0.057 7	2.2
D1173.2.1	0.63	219	105	0.50	13.3	437.1	±4.7	438.8	±4.8	439.2	±5.1	306	±89	410	±15	−43	14.16	1.1	0.057 6	2.6
D1173.3.1	0.71	245	128	0.54	15.2	447.6	±6.3	449.5	±6.5	448.1	±7.1	294	±64	441	±13	−52	13.81	1.5	0.058 0	2.4
D1173.4.1	0.28	180	86	0.49	11.0	442.1	±5.1	442.7	±5.2	442.8	±5.5	401	±77	433	±14	−10	14.05	1.2	0.057 0	2.8
D1173.5.1	0.25	167	57	0.35	10.4	449.7	±5.3	451.5	±5.4	450.0	±5.6	316	±77	444	±16	−42	13.81	1.2	0.054 7	2.9
D1173.6.1	0.48	181	86	0.49	11.4	454.7	±9.4	455.1	±9.5	457	±10	421	±90	419	±18	−8	13.62	2.1	0.059 1	2.8
D1173.7.1	0.40	247	134	0.56	15.6	455.5	±5.2	456.1	±5.3	457.8	±5.7	413	±72	429	±13	−10	13.60	1.2	0.058 3	2.3
D1173.8.1	0.40	181	87	0.50	10.8	430.2	±5.1	430.1	±5.2	431.7	±5.5	434	±80	411	±14	1	14.43	1.2	0.058 7	2.8
D1173.9.1	1.17	137	60	0.46	7.99	419.7	±5.8	423.3	±5.7	423.8	±6.0	110	±200	361	±31	−282	14.69	1.4	0.057 7	3.3
D1173.10.1	0.53	129	56	0.45	7.71	432.6	±5.8	432.7	±6.1	435.1	±6.3	419	±130	397	±17	−3	14.33	1.4	0.059 4	5.2
D1173.11.1	0.00	218	108	0.51	13.70	456.9	±4.8	457.1	±4.9	457.8	±5.3	444	±56	445	±17	−3	13.61	1.1	0.055 8	2.5
D1173.12.1	0.67	212	109	0.53	12.9	436.9	±5.5	437.9	±5.5	437.5	±6.0	362	±130	430	±22	−21	14.16	1.3	0.059 2	3.4

样品号	(1) $^{238}U/^{206}Pb^*$	$\pm\times10^{-2}$	(1) $^{207}Pb^*/^{206}Pb^*$	$\pm\times10^{-2}$	(1) $^{207}Pb^*/^{235}U$	$\pm\times10^{-2}$	(1) $^{206}Pb/^{238}U$	$\pm\times10^{-2}$	误差	(3) $^{238}U/^{206}Pb^*$	$\pm\times10^{-2}$	(3) $^{207}Pb^*/^{206}Pb^*$	$\pm\times10^{-2}$	(3) $^{207}Pb^*/^{235}U$	$\pm\times10^{-2}$	(3) $^{206}Pb^*/^{238}U$	$\pm\times10^{-2}$	误差
D1173.1.1	14.79	1.0	0.054 8	2.8	0.511	2.9	0.067 62	1.0	0.333	14.70	1.0	0.059 8	2.1	0.561	2.3	0.068 03	1.0	0.422
D1173.2.1	14.25	1.1	0.052 5	3.9	0.508	4.1	0.070 16	1.1	0.271	14.18	1.1	0.056 4	2.6	0.549	2.8	0.070 50	1.1	0.386
D1173.3.1	13.91	1.5	0.052 2	2.8	0.517	3.2	0.071 90	1.5	0.463	13.89	1.5	0.053 3	2.6	0.529	3.0	0.072 00	1.5	0.486
D1173.4.1	14.09	1.2	0.054 7	3.4	0.536	3.6	0.070 99	1.2	0.326	14.06	1.2	0.056 1	2.8	0.550	3.0	0.071 11	1.2	0.386
D1173.5.1	13.84	1.2	0.052 7	3.4	0.525	3.6	0.072 25	1.2	0.339	13.83	1.2	0.053 3	3.0	0.532	3.3	0.072 31	1.2	0.373
D1173.6.1	13.68	2.1	0.055 2	4.1	0.556	4.6	0.073 10	2.1	0.466	13.60	2.1	0.060 2	2.8	0.611	3.5	0.073 50	2.1	0.608
D1173.7.1	13.66	1.2	0.055 0	3.2	0.556	3.4	0.073 22	1.2	0.342	13.59	1.2	0.059 3	2.3	0.602	2.6	0.073 61	1.2	0.455
D1173.8.1	14.49	1.2	0.055 5	3.6	0.528	3.8	0.069 01	1.2	0.322	14.44	1.2	0.058 5	2.8	0.558	3.1	0.069 26	1.2	0.391
D1173.9.1	14.86	1.4	0.048 2	8.6	0.447	8.7	0.067 27	1.4	0.163	14.71	1.4	0.056 4	3.4	0.529	3.7	0.067 96	1.4	0.370
D1173.10.1	14.41	1.4	0.055 2	6.0	0.528	6.2	0.069 41	1.4	0.225	14.32	1.4	0.059 9	5.2	0.577	5.4	0.069 82	1.4	0.258
D1173.11.1	13.61	1.1	0.055 8	2.5	0.565	2.7	0.073 45	1.1	0.395	13.59	1.1	0.057 5	2.4	0.584	2.7	0.073 61	1.1	0.405
D1173.12.1	14.26	1.3	0.053 8	5.9	0.520	6.1	0.070 13	1.3	0.214	14.24	1.3	0.054 9	3.7	0.532	3.9	0.070 23	1.3	0.325

三、晚古生代构造-岩浆岩带

图幅区内晚古生代侵入岩规模不大，出露面积约 237km²，其时、空、成因与晚古生代库尔良裂谷带、康西瓦-苏巴什晚古生代蛇绿混杂岩带密切相关，空间上形成北、南两个构造-岩浆岩亚带，分别伴生于北部库尔良晚古生代裂谷带和南侧康西瓦-苏巴什（再依勒克河）蛇绿构造混杂岩带附近，反映出它们之间密切的伴生关系。由于图幅区内岩体规模较小、岩性不很复杂，所以二者合并叙述于后。

（一）地质特征

1. 晚古生代库尔良-阿羌亚带（北亚带）

依据产出构造位置、岩石组合特征及成因可将晚古生代侵入岩划分为裂陷型和闭合型两种类型。裂陷型侵入岩分布于库尔良晚古生代裂陷槽内，以构造透镜体的形式产出于托满东侧附近及苏纳克南侧一带，以基性岩为主要组成岩石；闭合型侵入岩分布于图幅区内北部的杜瓦河上游夏河巴斯康南和卡里克阿克达西的东南附近，总面积约 88km²。区内仅有两个侵入体，其中分布于夏河巴斯康南侧的岩体规模极小，面积不足 10km²，呈水滴状产出，侵入于石炭系库尔良群一套细碎屑岩夹火山岩建造之中，岩体边部发育 1～2m 的细粒边。围岩热变质明显，形成 5～8m 的角岩化（含碳空晶石石英角岩）带。较大的岩体分布于卡里克阿克达西的东南 5～20km 处，岩体呈近椭圆形，侵入于早古生代西合休岩组[(∈—O)x]之中，侵入界面向外陡倾，岩体边部发育 3～5m 的细粒边，围岩热变质不明显。

1）裂陷型侵入岩

该侵入岩主要组成岩石有蚀变碎裂化辉绿岩：岩石呈灰绿色，块状构造，残余辉绿结构、碎裂结构。矿物粒径 1～1.5mm，少数 2mm，主要矿物成分有斜长石 64%～65%、绿泥石 28%～30%、黑硬绿泥石 4%～6%。蚀变主要表现为原生暗色矿物的强绿泥石化和黑硬绿泥石化等。

蚀变辉绿岩　岩石呈深灰色，块状，具辉绿结构。矿物粒度 2～5mm，主要矿物成分有斜长石 56%～57%、黑云母 7%～8%、纤闪石（辉石变来）30%～32%、辉石 3%～5%。蚀变表现为斜长石的轻泥化和暗色矿物辉石的强纤闪石化，基本被纤闪石所代替，仅残留少数辉石晶体。

辉岩　岩石呈黑—深灰色，中粒柱状结构，块状构造，矿物粒度 3～4mm，主要矿物成分有单斜辉石（轻纤闪石化）76%～78%、蛇纹石 18%～20%、黑云母 2%～3%、磁铁矿 1%～2%。单斜辉石呈半自形—自形短柱状，无色，最大消光角($C \wedge Ng$)40°～42°，为透辉石，另外，在单斜辉石之间或空隙中有蛇纹石集合体，有析出的磁铁矿质点成分，分析这种蛇纹石可能是斜方辉石蚀变形成。由此分析原岩应为二辉岩类。

2）闭合型侵入岩

该侵入岩岩石组成简单，小岩体岩性为灰白色中粒二长花岗斑岩。岩石呈灰白色，中粒半自形粒状结构、斑状结构，块状构造。斑晶粒径为 5～8mm，基质粒径为 2～4mm；斑晶主要为它形石英，其次为半自形钾长石，含量在 5%～8%之间；基质主要矿物成分有钾长石 38%～40%、斜长石 32%～33%、石英 26%～28%、黑云母 1%～2%。其中斜长石呈半自形柱状，晶体较浑浊，双晶不清；钾长石呈它形粒状，晶体稍洁净，具显微钠长石条纹结构，为条纹长石，晶体中包裹有斜长石晶体；石英呈它形粒状，常呈聚晶出现。

大岩体岩性为灰白色中细粒白云二长花岗岩。岩石呈灰白色，中细粒半自形粒状结构，块状构造。矿物粒径中 1～1.5mm 者约占 60%，2～3mm 者约占 40%。主要矿物成分有钾长石 36%～38%、斜长石 30%～31%、石英 28%～30%、白云母 2%～3%。其中斜长石呈半自形柱状，多数显示钠长石律双晶；钾长石呈它形粒状，晶体洁净，具条纹结构，为条纹长石；石英呈它形粒状；白云母呈片形片状。岩石新鲜，基本无蚀变。

2. 晚古生代康西瓦-再依勒克河亚带（南亚带）

图幅区内分布于吐日苏和铁日克带、三十里营房北3～5km处和康西瓦达坂北西3～15km处。总面积约146km^2。区内有4个侵入体，单个侵入体均呈长条状，长宽比达10∶1，部分呈椭圆形，长短轴之比达3∶1。岩体侵入于蓟县系桑株塔格岩群（JxS）（图3-49）或长城系普守岩组（Ch*p*）之中，赛图拉岩群（ChS）或超动侵入于早古生代中带侵入岩之中。侵入界面多向外陡倾，倾角一般大于60°，界面平整或略有起伏，内侧见有椭圆形大理岩捕虏体，大小一般小于2m×4m。围岩接触变质作用不明显。

该带侵入岩岩石组成单一，岩性为灰白色细粒二长花岗岩，岩石中见有少量暗色包裹体，与围岩界线清楚（图版Ⅲ-4）。岩石呈灰白色，细粒半自形粒状结构，块状构造。矿物粒径以1～2mm为主，少数小于0.7mm。主要矿物成分有斜长石35%～38%、钾长石30%～33%、石英20%～22%、黑云母8%～12%。其中斜长石呈半自形柱状，少数呈它形粒状，稍干净，卡钠复合双发育，钠长石律双晶较少见，An=26—28，为更长石；钾长石呈半自形板状和它形粒状，洁净，格子双晶普遍发育，系条纹长石，个别晶体中被粒状石英穿孔交代现象；黑云母呈半自形片状。岩石蚀变微弱。

灰白色中粒黑云二长花岗岩，岩石呈灰白—浅灰色，中粒半自形粒状结构，块状构造。矿物粒径以3～2mm为主，少数小于1.5mm。主要矿物成分有斜长石26%～28%、钾长石43%～45%、石英26%～27%、黑云母3%～8%。其中斜长石呈半自形柱状，较浑浊，双晶不清；钾长石呈半自形板状和它形粒状，洁净，具条纹结构，系条纹长石；黑云母呈半自形片状。岩石蚀变微弱。

（二）地球化学特征

1. 岩石化学特征

岩石化学成分含量见表3-27。北带裂陷型侵入岩SiO_2含量变化于44.28%～60.67%之间，为基性岩类。在图3-52的K_2O-Na_2O图解中，样品投影点均落入Ⅰ型花岗岩区，表明岩浆主要来源于上地幔。在A-F-M（图3-53）中，晚古生代裂陷型侵入岩落在钙碱系列区与拉斑系列区界线附近，为一过渡类型。

两个亚带闭合型侵入岩具有基本相同的岩石化学组成。岩石中SiO_2含量变化在66.59%～75.22%之间，为酸性岩类。在K_2O-Na_2O图解（图3-52）中，晚古生代侵入岩的样品投影点均落入A型花岗岩区，表明岩浆主要来源于上地壳。在A-F-M（图3-53）中，晚古生代侵入岩落在钙碱系列区，并且明显偏向于碱性端元一侧，表明岩浆主要来源于地壳物质的部分熔融。

岩石化学计算表明，裂陷型侵入岩铝饱和度多集中在0.60～0.66之间，个别为0.93，为次铝—偏铝的Ⅰ型花岗岩类。DI为33.31～52.79，分异程度较低；K_2O+Na_2O为0.93%～7.68%，碱度变化较大，$Na_2O>K_2O$，总体上以碱度较高。从岩石化学成分含量也可以看出。里特曼指数（σ）变化在3.06～5.50，大于3，为弱太平洋型钙碱性系列。

闭合型侵入岩铝饱和度为0.93～1.09，在1.1左右，为次铝—过铝的S型花岗岩类。DI为76.68～93.62，分异程度较高；K_2O+Na_2O为7.23%～8.33%，$K_2O>Na_2O$，以富碱为特征。从岩石化学成分含量也可以看出，里特曼指数（σ）变化在2.00～2.87，小于3，为正常太平洋型钙碱性系列。

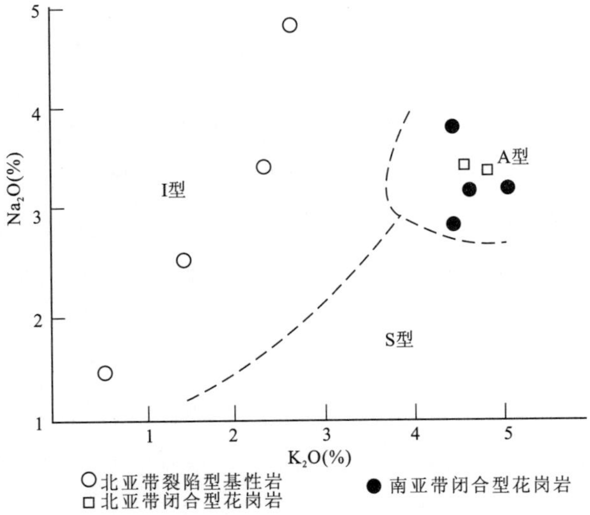

图 3-52　晚古生代侵入岩 K_2O-Na_2O 判别图

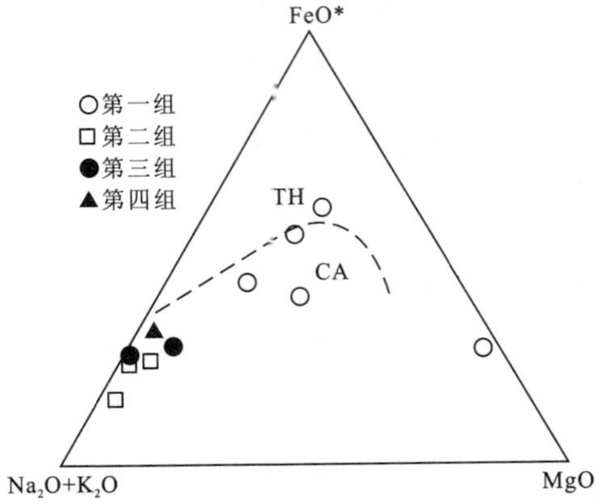

图 3-53　晚古生代侵入岩 A-F-M 图解

TH. 拉斑系列；CA. 钙碱系列

第一组：(北带裂陷型)基性岩；第二组：(北带闭合型)灰白色中粒二长花岗岩及花岗斑岩；第三组：(南带闭合型)灰白色细粒二长花岗岩；第四组：(南带闭合型)灰白色中粒黑云二长花岗岩

2. 稀土元素特征

稀土元素含量见表 3-28，裂陷型侵入岩稀土元素特征除个别样品稀土总量较低外，其他样品差别不大。稀土总量从 $215.96\times10^{-6}\sim319.64\times10^{-6}$ 变化较大；$(La/Yb)_N=7.26\sim15.86$，轻重稀土分馏较强烈；$(La/Sm)_N=2.19\sim4.77$，$(Gd/Yb)_N=1.91\sim2.15$，轻稀土分馏较明显，重稀土亦发生了明显的分馏；$\delta Eu=0.86\sim1.31$，铕未发生亏损，反而多数具有正异常。稀土元素配分曲线模式(图 3-54)总体呈右倾斜线。

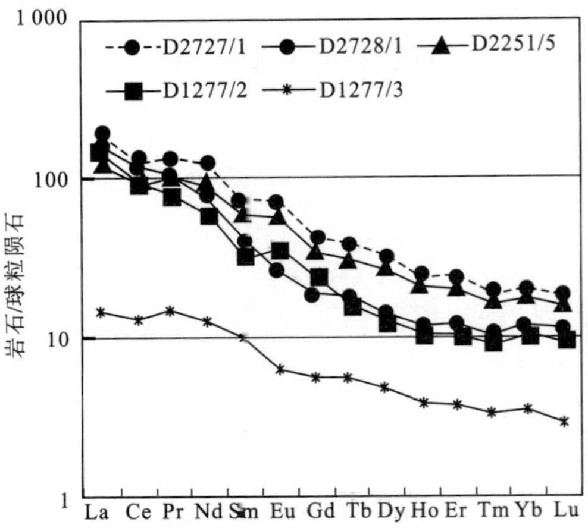

图 3-54　晚古生代北亚带裂陷型侵入岩稀土配分模式

闭合型侵入岩稀土元素特征差别较大。库尔良-阿羌亚带侵入岩稀土总量从 $98.31\times10^{-6}\sim101.97\times10^{-6}$ 变化不大，其平均值明显低于世界花岗岩；$(La/Yb)_N=1.47\sim1.86$，轻重稀土分馏极弱；$(La/Sm)_N=1.43\sim1.63$，$(Gd/Yb)_N=0.71\sim0.98$，轻稀土分馏极弱，重稀土未发生明显的分馏；$\delta Eu=0.06\sim0.18$，铕呈极强烈的亏损状。稀土元素配分曲线模式(图 3-55)总体呈“V”字形曲线。各岩性单元的稀土配分曲线特征极为相似，表明它们具有相同或相近的岩浆来源及演化经历。

康西瓦-再依勒克河亚带(南亚带)侵入岩具有大致相似的稀土特征。稀土总量变化较大，为 $105.41\times10^{-6}\sim345.64\times10^{-6}$，平均值略低于或接近于世界花岗岩稀土平均含量；$(La/Yb)_N=3.01\sim20.93$，多数轻重稀土分馏较明显；$(La/Sm)_N=2.92\sim4.19$，$(Gd/Yb)_N=0.69\sim2.34$，轻稀土分馏较明显，重稀土分馏较弱；$\delta Eu=0.25\sim0.74$，铕呈较明显的亏损状。稀土元素配分曲线模式(图 3-56)总体呈向右缓倾的“V”字形曲线。

表 3－27　晚古生代北、南亚带构造-岩浆岩带岩石化学分析结果表

岩带	代号	样品号	氧化物含量(%)																特征参数					
			SiO_2	TiO_2	Al_2O_3	Fe_2O_3	FeO	MnO	MgO	CaO	Na_2O	K_2O	P_2O_5	$Fe_2O_3{}^*$	H_2O^+	CO_2	LOI	Σ	A/CNK	DI	SI	σ	AR	W
北带	$P_2\eta\gamma Mu$	D1181/1	72.79	0.12	12.83	0.41	2.77	0.07	0.71	1.38	3.99	4.33	0.02	3.19	0.68	0.32	0.35	100.77	0.93	87.29	5.81	2.32	3.83	0.13
	$P\gamma\pi$	D1271/1	75.22	0.04	12.60	0.11	2.46	0.04	0.13	0.56	3.37	4.67	0.04	2.57	0.48	0.32	0.39	100.43	1.08	91.24	1.21	2.00	4.14	0.04
		830A4*	75.57	0.004	12.77	0.56	0.94	0.06	0.33	0.47	3.36	4.94	0.04	1.50	0.02	0.07	0.30	99.43	1.09	93.62	3.26	2.11	4.36	0.37
	Σ	D2727/1	46.53	3.28	13.38	2.37	8.96	0.22	4.19	6.96	3.44	2.27	1.87	11.33	3.84	2.37	4.88	104.56	0.64	45.49	19.73	5.50	1.78	—
		D2728/1	60.67	0.61	15.64	1.05	4.51	0.10	2.16	2.99	4.97	2.60	0.16	5.56	2.56	1.84	3.70	103.56	0.95	70.47	14.13	3.06	2.37	—
		D2251/5	44.28	3.30	12.68	2.46	10.70	0.22	4.89	7.48	2.52	1.46	1.18	13.15	4.26	4.30	6.97	106.69	0.66	33.31	22.21	3.42	1.49	—
		D1277/2	53.74	0.87	12.88	1.57	7.33	0.15	6.45	6.50	2.44	5.24	0.59	8.904	1.12	0.44	0.76	100.08	0.60	52.79	28.00	5.16	2.31	—
		D1277/3	47.33	0.39	2.63	3.04	5.75	0.15	23.10	12.40	0.36	0.57	0.03	8.79	3.42	1.14	3.60	103.91	0.11	6.70	70.39	0.15	1.13	—
南带	$P\eta\gamma$	D226/1	66.59	0.48	15.33	0.58	3.02	0.05	1.19	2.26	3.18	5.11	0.19	3.60	1.10	0.59	1.16	100.83	1.03	79.12	9.10	2.87	2.78	0.16
	$P_2\eta\gamma$	D2225/6	73.30	0.12	12.90	1.01	1.89	0.04	0.39	0.41	3.79	4.54	0.03	2.90	1.04	0.18	0.76	100.40	1.08	91.70	3.36	2.28	4.35	0.35
		D2686/1	67.50	0.76	12.90	1.71	4.89	0.10	1.05	2.11	2.71	4.52	0.17	6.60	1.16	0.26	0.54	100.38	0.98	76.68	7.06	2.11	2.86	0.26

注:带 * 号样品来自 1∶100 万西昆仑山康西瓦-喀喇昆仑山河尾滩地区区调报告,新疆第一区调大队,1827—1983。

表 3－28　晚古生代北、南亚带构造-岩浆岩带稀土元素分析结果表

岩带	代号	样品号	稀土元素含量($\times10^{-6}$)															特征参数				
			La	Ce	Pr	Nd	Sm	Eu	Gd	Tb	Dy	Ho	Er	Tm	Yb	Lu	ΣREE	$(La/Yb)_N$	$(La/Sm)_N$	$(Gd/Yb)_N$	δEu	δCe
北带	$P_2\eta\gamma Mu$	D1181/1	12.65	30.98	3.94	16.52	5.53	0.32	5.89	1.18	7.98	1.65	5.09	0.75	5.11	0.73	98.31	1.47	1.43	0.71	0.18	0.91
	$P\gamma\pi$	D1271/1	13.59	33.20	4.12	16.03	5.20	0.11	6.93	1.44	9.06	1.76	4.90	0.69	4.35	0.60	101.97	1.86	1.63	0.98	0.06	0.92
	Σ	D2727/1	52.06	120.80	15.90	74.18	14.88	5.40	13.13	1.86	9.68	1.79	4.97	0.61	3.81	0.57	319.64	8.12	2.19	2.11	1.27	—
		D2728/1	61.02	116.30	12.74	47.71	8.03	1.88	6.04	0.89	4.44	0.83	2.54	0.34	2.28	0.35	265.39	15.86	4.75	1.62	0.86	—
		D2251/5	40.85	92.75	12.16	56.47	11.47	4.31	10.41	1.49	8.17	1.53	4.29	0.53	3.34	0.48	248.25	7.26	2.23	1.91	1.30	—
		D1277/2	49.52	92.86	9.99	37.02	6.48	2.63	7.04	0.81	4.01	0.76	2.23	0.30	2.01	0.30	215.96	14.63	4.77	2.15	1.31	—
		D1277/3	4.67	12.31	1.72	7.93	1.91	0.45	1.74	0.27	1.50	0.28	0.78	0.11	0.66	0.09	34.42	4.23	1.53	1.63	0.82	—
南带	$P\eta\gamma$	D226/1	55.37	116.30	12.82	46.20	8.26	1.05	6.00	0.82	3.84	0.63	1.86	0.23	1.57	0.22	255.18	20.93	4.19	2.34	0.47	0.88
		D2216/3	11.46	23.52	2.69	10.24	3.13	0.25	3.50	0.81	5.89	1.29	4.13	0.64	4.49	0.64	72.68	1.521	2.29	0.48	0.25	0.86
	$P_2\eta\gamma$	D2686/1	63.39	139.20	16.14	64.77	13.57	2.93	12.42	2.11	12.45	2.47	7.40	1.01	6.79	0.99	345.64	5.55	2.92	1.12	0.74	0.89
		D2225/6	20.29	40.02	4.35	16.35	3.85	0.66	4.53	0.75	4.83	1.06	3.57	0.55	4.00	0.60	105.41	3.01	3.29	0.69	0.53	0.85

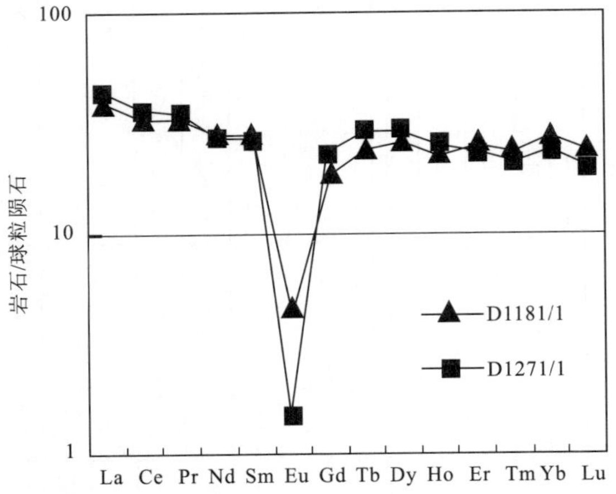

图 3-55 晚古生代北亚带闭合型侵入岩稀土配分模式

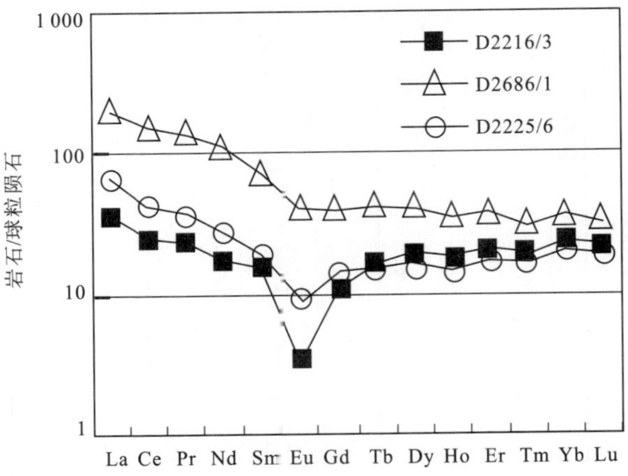

图 3-56 晚古生代南亚带侵入岩稀土配分模式

北带、南带侵入岩各岩性单元的稀土配分曲线特征极为相似，表明它们具有相同或相近的岩浆来源及演化经历。较强烈的负铕异常，表明岩浆可能经历了强烈的斜长石的分离结晶作用或岩浆源区与斜长石处于平衡熔融状态。

3. 微量元素特征

微量元素含量见表 3-29。

表 3-29 晚古生代北、南亚带构造-岩浆岩带微量元素分析数据

岩带	代 号	样品号	Cr	Ni	Co	Sc	Ba	Sr	Rb	Y	Zr	Nb	Hf
北带	$P_2\eta\gamma Mu$	D1181/1	22.10	11.20	3.74	4.56	83.2	52.6	279.0	43.55	86.0	44.5	4.04
	$P\gamma\pi$	D1271/1	9.83	6.20	1.31	9.66	40.4	23.3	219.0	50.63	67.6	22.5	3.07
	Σ	D2727/1	15.70	10.99	24.70	28.70	2 137.0	480.0	56.5	45.70	201.0	4.15	4.94
		D2728/1	27.10	12.49	9.58	10.80	899.0	255.0	77.8	22.10	230.0	11.7	6.64
		D2251/5	14.50	29.49	34.80	33.20	1 659.0	534.0	31.2	39.20	180.0	7.08	4.60
		D1277/2	274.00	92.59	29.10	20.80	1 620.0	610.0	262.0	20.50	141.0	18.70	3.86
		D1277/3	1 473.00	497.20	73.20	45.10	225.0	95.2	35.9	7.17	27.1	1.95	0.59
南带	$P\eta\gamma$	D226/1	23.40	13.30	4.86	5.28	534.0	181.0	327.0	17.69	219.0	13.10	6.80
		D226/2	28.40	8.00	4.27	5.80	509.0	171.0	304.0	17.00	271.0	16.60	7.62
		D243/2	26.70	7.46	3.77	3.80	750.0	132.0	219.0	39.80	226.0	10.40	6.27
		D243/3	26.80	9.28	7.44	7.85	790.0	185.0	228.0	34.00	297.0	20.00	7.24
		D3505/1	14.30	9.33	1.31	3.55	239.0	72.5	387.0	37.20	113.0	22.10	3.72
		D2216/3	13.10	9.29	1.39	4.26	88.3	57.2	210.0	38.18	48.1	15.90	2.59
	$P_2\eta\gamma$	D2686/1	25.30	10.10	6.15	12.40	726.0	116.0	159.0	65.46	501.0	37.30	14.40
		D2225/6	15.90	8.99	1.60	1.93	436.0	87.2	228.0	31.33	106.0	17.70	3.53

续表 3 - 29

岩带	代号	样品号	Ta	Ti	Th	Bi	Sb	Pb	Zn	Cu	Ag	Au	P
北带	$P_2\eta\gamma$ Mu	D1181/1	4.45	719	36.10	0.95	0.13	42.8	29.3	10.82	0.110	0.003 4	87
	$P\gamma\pi$	D1271/1	1.85	240	13.80	0.47	0.44	41.2	60.9	14.32	0.092	0.003 0	174
	Σ	D2727/1	0.17	19 664	2.07	0.08	0.40	11.4	129.8	24.12	<0.030	<0.000 3	8 153
		D2728/1	0.69	3 657	8.61	0.08	0.32	12.6	81.9	14.22	<0.030	0.015 0	698
		D2251/5	0.49	19 784	1.99	0.14	0.85	10.6	127.8	58.72	0.052	0.011 0	5 145
		D1277/2	1.16	5 216	13.50	1.16	0.61	33.9	100.8	87.32	0.076	0.004 8	2 572
		D1277/3	0.13	2 338	0.62	0.07	0.43	7.72	51.4	131.5	0.054	0.012 0	131
南带	$P\eta\gamma$	D226/1	1.45	2 878	37.70	0.79	0.42	57.0	53.0	26.32	0.075	0.003 4	828
		D226/2	1.56	1 679	55.20	1.16	0.09	56.6	54.8	15.20	0.140	0.025 0	784
		D243/2	1.00	1 319	38.20	0.23	0.35	53.8	49.9	24.50	0.042	<0.000 5	496
		D243/3	1.72	2 518	35.00	0.23	0.23	35.0	74.9	11.10	0.035	0.000 5	1 024
		D3505/1	2.95	540	40.00	0.21	0.15	44.6	40.9	14.80	0.036	0.003 0	349
		D2216/3	1.58	180	7.41	1.38	0.76	59.6	18.6	26.32	0.160	0.052 0	131
	$P_2\eta\gamma$	D2686/1	2.76	4 556	15.20	0.08	0.31	19.6	91.8	15.82	0.088	0.003 1	741
		D2225/6	2.7	719	14.40	0.15	9.64	41.3	28.8	39.82	0.310	0.070 0	131

注：表中 Au、Ag 元素含量单位为 $\times10^{-9}$，其他元素含量单位为 $\times10^{-6}$。

以世界花岗岩为参数标准化得到曲线图 3 - 57 和图 3 - 58。图中可以看出，晚古生代各侵入岩具有基本相似的微量元素特征，均表现出亲铁元素与世界花岗岩基本相当，高场强元素中的 Hf 和亲铜元素中的 Bi 强烈富集，大离子亲石元素中的 Ba、Sr 和高场强元素中的 Ti 表现出较弱的亏损。相比之下，晚古生代南亚带侵入岩的 Bi 正异常更为强烈，北亚带侵入岩的 Ba、Sr 负异常更为突出。

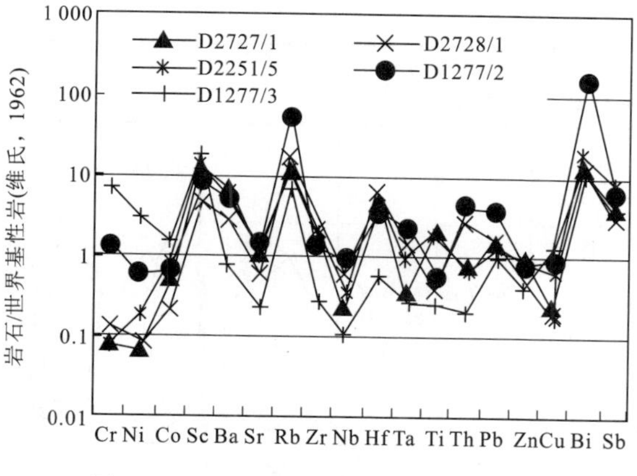

图 3 - 57　晚古生代裂陷型侵入岩蛛网图

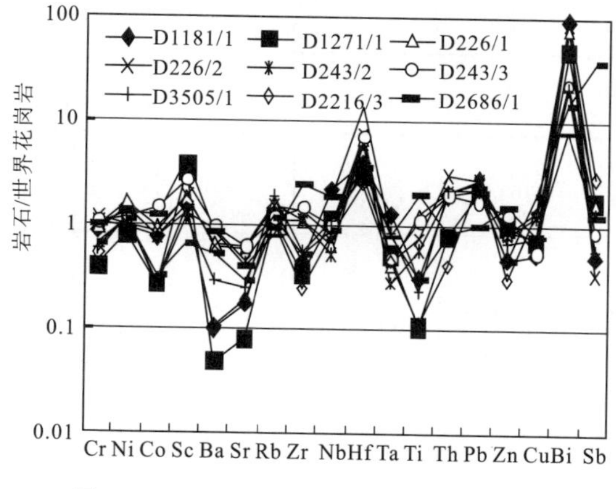

图 3 - 58　晚古生代南亚带侵入岩蛛网图

裂陷型侵入岩以 MORB 为参数标准化得到曲线图 3 - 59。裂陷型侵入岩各样品具有大致相似的曲线特征，均表现出大离子亲石元素（K、Rb、Ba）强烈富集，其他元素呈弱富集或大体与 MORB 相当，整个曲线特征表现出碱性大陆玄武岩的曲线特征，表明岩浆主体来源于上地幔。

闭合型侵入岩以 MORB 为参数标准化得到曲线图 3 - 60。各个样品具有相似的曲线特征，均表现出大离子亲石元素（Sr、K、Rb、Ba、Th）强烈富集，高场元素中 Nb、Ce、Zr、Hf、Sm 表现出弱富集；而 Ti、Sc、Cr 则表现出较明显的亏损。整个曲线型式有大陆弧所具有的“三弧隆起”曲线特征，表明其形成环境为岩浆弧，岩浆来源于下地壳的部分熔融。

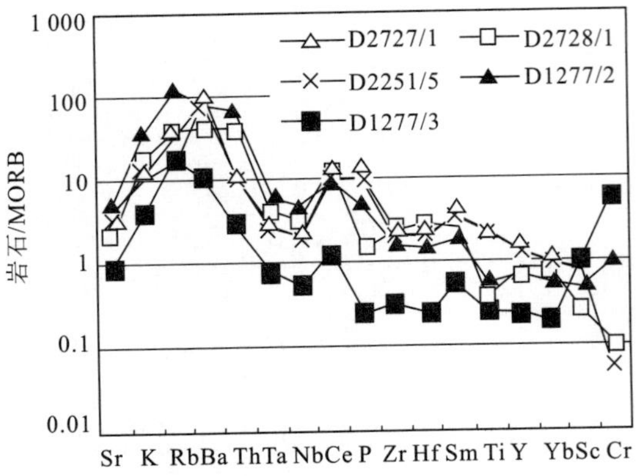

图 3-59　晚古生代裂陷型侵入岩 MORB 标准化形式

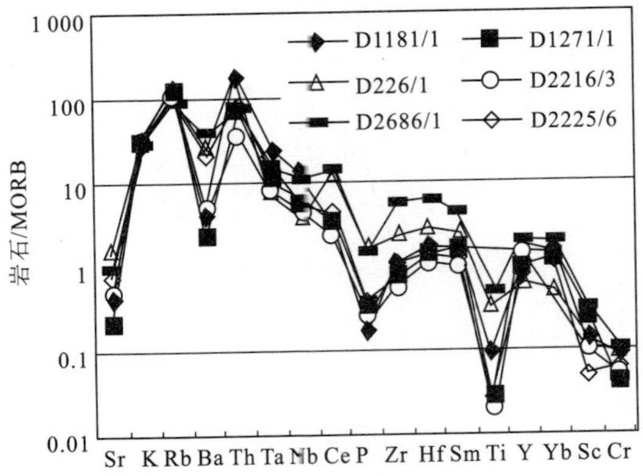

图 3-60　晚古生代闭合型侵入岩 MORB 标准化形式

（三）副矿物特征

晚古生代侵入岩副矿物含量见表 3-30，闭合型侵入岩副矿物主要由磷灰石、锆石、钛铁矿、磁铁矿及少量的黄铁矿组成，为常见岩浆型副矿物组合；裂陷型侵入岩中出现大量的磁铁矿、铬铁矿，副矿特征组合也反映岩石基性程度较高。

锆石特征见表 3-31，以浅玫瑰色、长柱状晶形为特征。

表 3-30　晚古生代侵入岩副矿物含量表　(g/t)

划分	岩石名称	样品号	磷灰石	钛铁矿	磁铁矿	锆石	石榴子石	铬铁矿	黄铁矿
北亚带碰撞型	灰白色中细粒白云二长花岗岩	1277/1	4.62	微量	—	0.15	—	2.31	11.54
北亚带裂陷型	辉岩、辉绿岩	864/1	—	—	133.57	0.28	—	21.43	17.00
南亚带碰撞型	灰白色中粒黑云二长花岗岩	2686/1	242.02	25.53	334.7	0.64	3.83	—	少

表 3-31　晚古生代侵入岩锆石特征表

岩体	岩石名称	大小(mm^2)	长宽比	颜色	光泽	透明度	发光性	晶形晶面特征	包裹体	晶形
北亚带碰撞型	灰白色中细粒白云二长花岗岩	0.42×0.16 0.06×0.04	3∶1 4∶1 少数 2∶1	浅玫瑰色	金刚光泽	透明	发黄光	以复方短柱状晶(m、p 面发育)为主，晶棱、锥面蚀象突出，呈细小的麻点状，个别晶体有细小的裂纹	多数晶体内存在包裹体，有柱状、粒状小锆石等	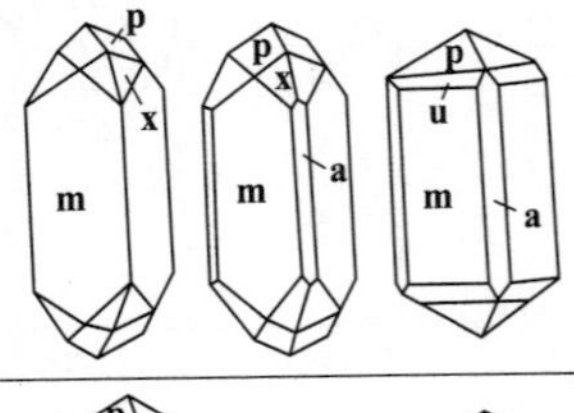
北亚带裂陷型	橄榄岩	0.24×0.06 0.04×0.02	4∶1 少数 2∶1	玫瑰色	金刚光泽	透明	发光不明显	以柱面 a 或 m 发育为特征、复方双锥状晶为主，多数晶体蚀象较粗	包裹体普遍 主要为细小锆石，个别为极细、不明性质、不透明的物质	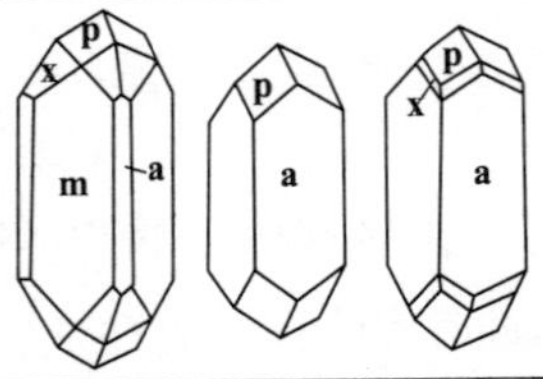
南亚带碰撞型	灰白色中粒黑云二长花岗岩	0.5×0.08 0.04×0.02	2∶1 3∶1 少数 4∶1	淡玫瑰色	金刚光泽	透明	发光不明显	以柱面 a 或 m 发育为特征、复方双锥状晶为主，多数晶体蚀象较粗，少数晶面平滑，晶棱清晰	多数晶体内存在包裹体，以细小锆石为主，个别为磷灰石等	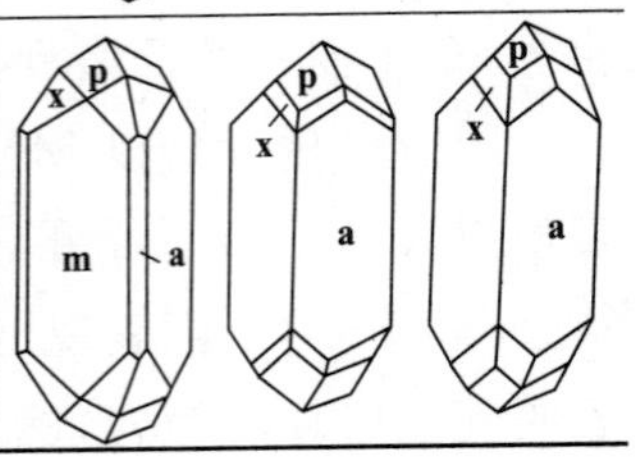

（四）岩浆来源及构造环境分析

晚古生代北亚带侵入岩伴生于库尔良晚古生代裂陷槽南侧附近，南亚带侵入岩伴生于苏巴什蛇绿混杂岩带的北侧附近，均表现出与构造活动带有一定的亲缘关系。

裂陷型侵入岩岩石组合为一套基性岩组合，按 BarBarin 的划分原则属洋中脊花岗岩（ORG），在 K_2O-Na_2O 图解（图 3-52）上，闭合型侵入岩均落入 I 型花岗岩区，这些特征均表明该岩类的裂解期侵入岩岩浆主体来源于上地幔，是伴随着晚古生代裂陷槽的裂张，上地幔发生减压熔融而形成的一套基性岩浆岩。

闭合型侵入岩岩石组合为一套碱度较高酸性岩石，依据其矿物组成及岩石组合特征，按 BarBarin 划分原则晚古生代侵入岩属于富钾钙碱性花岗岩类（KCG），据 BarBarin 的研究，为构造体制转换过程中岩浆活动的产物，它们的岩浆均来源于下地壳。在 K_2O-Na_2O 图解（图 3-52）上，闭合型侵入岩均落入 A 型花岗岩区，表明其岩浆主要来源于造山过程中下地壳物质部分熔融。在 R_1-R_2 判别图（图 3-61）上，晚古生代闭合型侵入岩样品投影点均落在了同碰撞花岗岩区，也表明其形成于碰撞作用过程中。

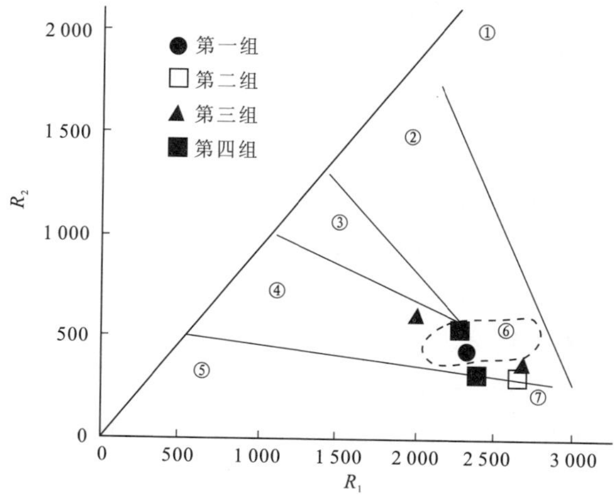

图 3-61　晚古生代闭合型侵入岩 R_1-R_2 图解

第一组（北亚带）：灰白色中细粒白云二长花岗岩；第二组（北亚带）：灰白色中粒二长花岗岩；第三组（南亚带）：灰白色细粒二长花岗岩；第四组（南亚带）：灰白色中粒黑云二长花岗岩。①地幔斜长花岗岩；②碰撞前花岗岩；③碰撞晚期花岗岩；④晚造山期花岗岩；⑤非造山 A 型花岗岩；⑥同碰撞 S 型花岗岩；⑦造山期后 A 型花岗岩

结合地球化学特征综合分析认为：晚古生代闭合型侵入岩产出于晚古生代蛇绿混杂岩带或构造活动带的侧旁，是板块汇聚过程中，由下地壳物质受上隆地幔的烘烤及造山过程中的高温高压环境下而发生部分熔融形成岩浆，经进一步分异演化形成的一套中酸性岩石。

（五）形成时代

晚古生代北亚带侵入岩侵入石炭系库尔良群（C_2K）之中，库尔良晚古生代裂陷槽区域上在东部于田县幅区调中取得了中二叠世的硅质岩放射虫年龄，表明该裂陷槽的封闭应在中二叠世以后。该套岩浆岩正是伴随着该裂陷槽的闭合造山而形成，所以其形成时代应为中二叠世或其后。

南亚带侵入岩中，前人在三十里营房北侧岩体中取得了 267Ma 黑云母 K-Ar 法地质年龄，其时代为中二叠世，也表明康西瓦-苏巴什蛇绿构造混杂岩带在中二叠世存在一期闭合造山事件。

四、中生代构造-岩浆岩带

（一）地质特征

中生代侵入岩规模较大，多呈规模巨大的岩基状产出，图幅区内出露面积约 939km²，分布于图幅区内南部，构造位置上属于甜水海微陆块的北缘，或巴颜喀拉中生代—晚古生代边缘裂陷带。图幅区内见有 6 个侵入体，多呈长条形或近椭圆形，长轴方向为北西西—南东东向，与区域构造线相一致。规模较大的岩体边界较平整，小岩体边界见有枝叉状。岩体侵入于三叠系巴颜喀拉山岩群

(T*B*)、二叠系黄羊岭岩群(P*H*)及下元古界康西瓦岩群(Pt_1K)(图 3-62)之中,侵入界面向陡倾,部分岩体内部和边部含有大量不规则状围岩捕虏体。围岩有较为明显的接触变质作用,发育3~10m 的角岩带。岩体内部组构较均一,岩性有灰白色中粒含斑黑云二长花岗岩和浅肉红色中细粒黑云二长花岗岩两种,规模上以含斑黑云二长花岗岩为主,二者之间为脉动侵入关系。

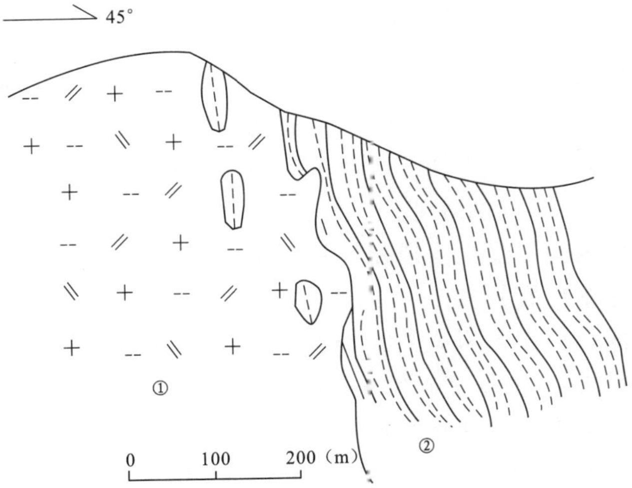

图 3-62 三十里营房东侏罗纪花岗岩侵入于下元古界康西瓦岩群关系素描

①灰白色中细粒黑云二长花岗($J_2\eta\gamma$);
②含石榴子石黑云斜长片麻岩(Pt_1K)

灰白色中粒含斑黑云二长花岗岩:岩石具似斑状结构,基质中粗粒半自形粒状结构,块状构造。斑晶为半自形钾长石,自形程度较高(图版Ⅲ-7),大小一般小于 2cm×1cm,含量小于 10%;基质矿物粒径 2~5mm,主要矿物成分有钾长石 33%~35%、斜长石 27%~28%、石英 28%~30%、黑云母 6%~8%、白云母 1%~2%。岩石蚀变极微弱,仅见斜长石有轻微绢云母化。

浅肉红色中细粒黑云二长花岗岩:岩石具中细粒半自形粒状结构,块状构造。矿物粒径多数 0.8~1.5mm,少数 2~3mm。主要矿物成分有钾长石 38%~39%、斜长石 30%~31%、石英 26%~28%、黑云母 3%、白云母 1%~3%。岩石新鲜。

该套岩石总体上为一套酸性侵入岩,其矿物特征及岩石组合特征属 BarBarin 划分的含白云母过铝质花岗岩类(MPG),其形成环境为碰撞造山过程。前人曾在泉水沟黑云二长花岗岩体中获得黑云母 K-Ar 法为 172.2Ma 年龄值,属侏罗纪(新疆和田地区 1∶50 万地质矿产编图,李一声等)。

(二)地球化学特征

1. 岩石化学特征

岩石化学成分含量见表 3-32。中生代侵入岩具有基本相同的岩石化学组成。岩石中 SiO_2 含量变化在 61.81%~74.68%之间,为中酸性岩类,以酸性岩类为主。在 K_2O-Na_2O 图解(图 3-63)中,晚古生代侵入岩的样品投影点均落入 A—I 型花岗岩区,表明岩浆主要来源于上地壳,并有部分上地幔物质的加入。在 A-F-M 图解(图 3-64)中,中生代侵入岩落在钙碱系列区,并且明显偏向于碱性端元一侧,表明岩浆主要来源于地壳物质的部分熔融。

岩石化学计算表明,中生代侵入岩 A/CNK 0.84~1.16,在 1.1 左右,为次铝—过铝的 S 型花岗岩类。DI 为 62.45~91.18,分异程度较高;K_2O+Na_2O 为 5.09%~8.47%,早单元 K_2O 与 Na_2O相当或 Na_2O 略大于 K_2O;晚期单元 $K_2O>Na_2O$,总体上以富碱为特征。从岩石化学成分含量也可以看出。里特曼指数(σ)变化在 1.17~2.35,小于 3,为正常太平洋型钙碱性系列。

2. 稀土元素特征

稀土元素含量见表3-33,可见中生代侵入岩稀土元素特征差别较大,反映出各个侵入体分异

表 3-32 中生代侵入岩岩石化学分析表

代号	样品号	氧化物含量(%)																特征参数					
		SiO_2	TiO_2	Al_2O_3	Fe_2O_3	FeO	MnO	MgO	CaO	Na_2O	K_2O	P_2O_5	Fe_2O_3*	H_2O^+	CO_2	LOI	Σ	A/CNK	DI	SI	σ	AR	W
Jηγ	D1734/1	66.70	0.36	15.34	0.31	5.46	0.11	0.91	3.41	3.12	3.13	0.11	5.77	0.68	0.35	0.25	100.24	1.04	69.54	7.04	1.63	2.00	0.05
	D2697/1	72.16	0.25	14.47	0.14	2.46	0.06	0.46	1.20	2.87	5.17	0.21	2.60	0.86	0.26	0.67	101.24	1.16	86.40	4.15	2.21	3.11	0.05
	800A4 *	64.47	0.48	14.69	0.65	2.96	0.08	1.03	5.07	2.84	3.42	0.12	3.61	—	—	—	95.81	0.84	69.54	9.45	1.76	1.93	0.18
Jπηγ	820A4 *	69.20	0.34	15.11	0.89	3.12	0.08	0.05	1.94	3.40	4.43	0.14	4.01	—	—	—	98.70	1.09	82.53	0.42	2.32	2.70	0.22
	800A4 *	69.12	0.48	14.97	0.88	2.94	0.06	0.04	3.45	3.36	4.47	0.13	3.82	—	—	—	99.90	0.90	79.27	0.34	2.35	2.48	0.23
	830A2 *	74.68	0.16	13.51	0.36	0.82	0.05	0.34	1.19	2.97	5.50	0.21	1.18	—	0.09	0.59	100.47	1.04	91.18	3.40	2.26	3.72	0.31
	830A3 *	61.81	0.90	16.35	0.90	5.36	0.08	1.26	4.27	3.47	3.18	0.45	6.26	—	0.08	1.10	99.21	0.97	65.48	8.89	2.29	1.95	0.14
	D807/1	64.79	0.35	16.61	0.40	4.29	0.09	1.68	4.83	3.11	1.98	0.13	4.69	1.08	0.59	1.22	101.15	1.04	62.45	14.66	1.17	1.62	0.09
	D1665/1	63.08	0.579	16.53	0.70	4.80	0.10	2.11	5.28	2.94	2.57	0.154	5.58	—	—	1.151	100.07	0.96	59.65	16.10	1.50	1.68	0.13
	D1729/1	67.58	0.48	15.39	0.18	4.31	0.08	1.26	2.66	2.94	4.13	0.20	4.49	0.56	0.26	0.07	100.10	1.09	74.23	9.83	2.02	2.29	0.04

注:带 * 号样品来自河尾滩地区 1/100 万地质调查报告。

表 3-33 中生代侵入岩稀土元素分析结果表

代号	样品号	稀土元素含量($\times10^{-6}$)															特征参数				
		La	Ce	Pr	Nd	Sm	Eu	Gd	Tb	Dy	Ho	Er	Tm	Yb	Lu	ΣREE	$(La/Yb)_N$	$(La/Sm)_N$	$(Gd/Yb)_N$	δEu	δCe
Jηγ	D1734/1	32.62	69.54	7.28	27.84	5.48	1.16	4.91	0.82	4.87	0.99	3.10	0.45	3.07	0.47	162.60	6.30	3.72	0.98	0.74	0.91
	D2697/1	32.29	73.75	7.78	29.06	6.35	0.73	4.48	0.57	2.28	0.34	0.98	0.12	0.74	0.10	159.55	26.09	3.18	3.73	0.43	0.95
Jπηγ	D1664/1	39.20	75.13	8.14	28.96	6.78	1.76	5.19	0.71	3.84	0.79	2.21	0.31	2.01	0.31	175.34	11.58	3.61	1.58	0.95	0.84
	D1664/2	53.38	100.70	10.52	37.97	7.75	1.74	5.80	0.86	4.51	0.81	2.19	0.31	2.05	0.32	228.91	15.46	4.30	1.73	0.83	0.84
	D1665/1	45.21	88.56	9.12	34.12	6.29	1.45	5.81	0.77	3.39	0.69	1.80	0.23	1.47	0.21	199.12	18.26	4.49	2.42	0.79	0.87
	D1665/2	60.41	114.70	11.77	43.78	6.88	1.75	6.77	0.72	3.33	0.56	1.55	0.21	1.39	0.23	254.05	25.81	5.49	2.99	0.85	0.85
	D1665/3	37.57	67.81	7.27	24.50	5.20	1.26	5.36	0.68	3.57	0.66	1.86	0.25	1.61	0.24	157.84	13.86	4.52	2.04	0.80	0.81
	D1729/1	41.70	87.07	9.31	34.98	6.70	1.06	5.26	0.74	3.66	0.63	1.80	0.23	1.46	0.22	194.80	17.02	3.89	2.21	0.58	0.89
	D807/1	21.19	42.82	4.70	17.70	3.33	0.85	2.61	0.37	1.96	0.37	1.10	0.15	1.05	0.16	98.35	12.03	3.98	1.53	0.93	0.86

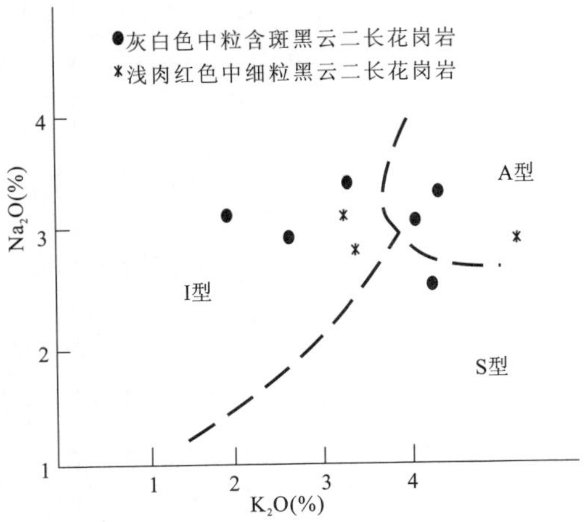

图 3-63　中古生代侵入岩 K_2O-Na_2O 判别图

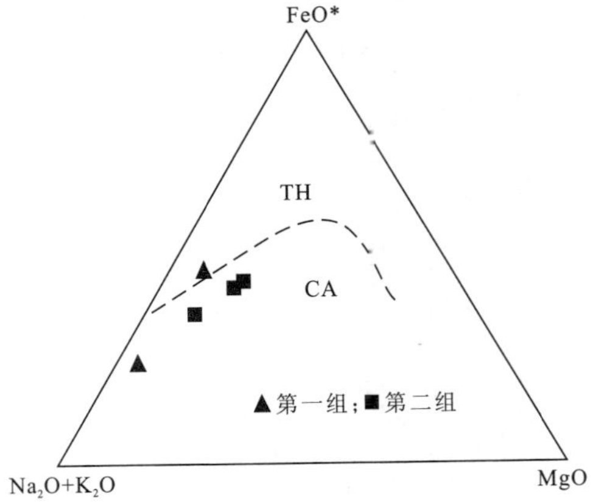

图 3-64　中生代侵入岩 A-F-M 图解

TH. 拉斑系列;CA. 钙碱系列。第一组:浅肉红色中细粒黑云二长花岗岩;第二组:灰白色中粒含斑黑云二长花岗岩

演化程度不一。早期单元中稀土总量最低的是大红柳滩东岩体,表明其分异程度较低,其分异指数在各侵入体中最低也证明了这一点;其他岩体稀土特征偏差不大。稀土总量从 157.84×10^{-6} ~ 254.05×10^{-6},平均值低于世界花岗岩稀土含量(272×10^{-6})。$(La/Yb)_N=6.30$ ~ 26.09,轻重稀土分馏强烈,$(La/Sm)_N=3.18$ ~ 5.49,$(Gd/Yb)_N=0.98$ ~ 3.73,轻稀土分馏强烈,重稀土分馏显著。$\delta Eu=0.43$ ~ 0.93,铕有弱的亏损;稀土元素配分曲线模式(图 3-65、图 3-66),早期单元呈右倾平滑曲线,晚期单元呈右倾的"V"字形曲线。

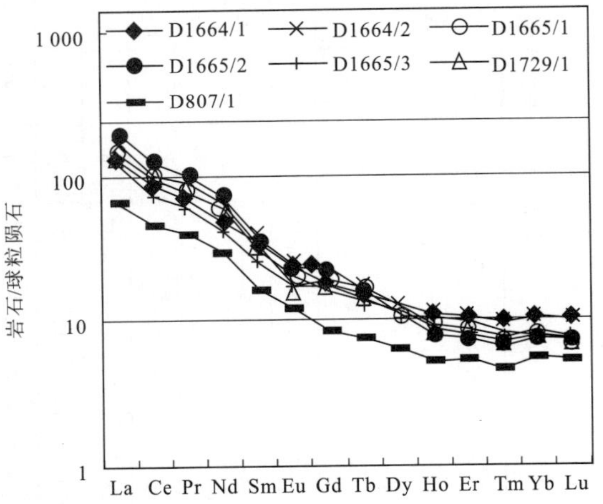

图 3-65　中生代早期单元侵入岩稀土配分模式

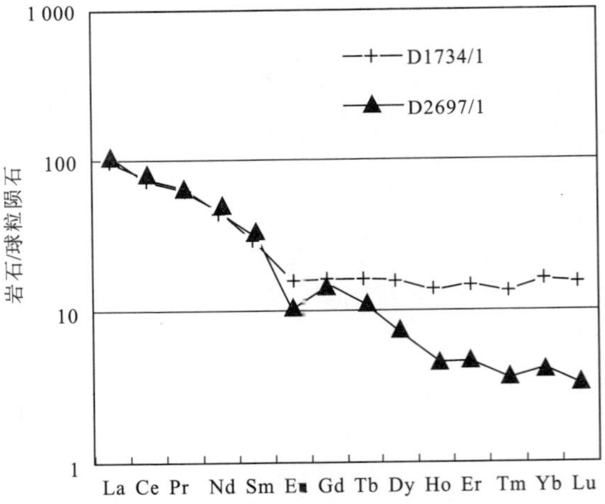

图 3-66　中生代晚期单元侵入岩稀土配分模式

中生代早期侵入岩各样品的稀土配分曲线特征大体相似,表明它们具有相同或相近的岩浆来源及演化经历。晚期单元具有明显的负铕异常,反映晚期单元相对早期单元岩浆分离结晶作用较强。

3. 微量元素特征

微量元素含量见表 3-34。以世界花岗岩为参数标准化,得到曲线图 3-67。中生代侵入岩相对于世界花岗岩,亲铁元素大体相当,大离子亲石元素相对略低;高场强元素中除 Hf 较富集外,其他元素也偏差不大;亲铜元素中除 Bi 强烈富集外,其他元素大体相当。

表 3-34　中生代侵入岩微量元素分析数据

代号	样品号	Cr	Ni	Co	Sc	Ba	Sr	Rb	Y	Zr	Nb	Hf
Jηγ	D1734/1	17.9	7.06	4.91	9.85	482	201	107	27.01	167	11.30	5.26
	D2697/1	13.6	7.39	2.55	2.61	227	92.5	307	9.89	107	15.60	3.37
Jπηγ	D807/1	24.2	9.29	6.74	7.18	361	215	75	10.20	120	8.93	3.38
	D1729/1	32.7	17.50	7.53	8.19	507	190	172	16.84	162	16.50	5.02
	D1664/1	—	—	—	—	618	299	125	18.99	139	28.66	4.67
	D1664/2	—	—	—	—	842	300	113	20.37	167	28.81	5.27
	D1665/1	—	—	8.23	10.74	532	305	94	18.60	55.8	14.99	2.00
	D1665/2	—	—	—	—	523	349	118	13.10	174	25.85	6.01
	D1665/3	—	—	—	—	500	277	140	14.38	139	28.16	4.12
	D2226/1	15.0	10.50	1.47	2.04	1 043	352	220	9.90	102	9.38	2.80
代号	样品号	Ta	Ti	Th	Bi	Sb	Pb	Zn	Cu	Ag	Au	P
Jηγ	D1734/1	1.11	2 158	12.00	18.8	0.41	29.6	59.0	26.12	0.910	0.004 1	479
	D2697/1	1.57	1 499	15.80	0.26	0.25	38.7	65.4	15.92	0.056	0.002 6	916
Jπηγ	D807/1	0.77	2 098	6.99	0.09	0.15	18.0	71.9	17.92	0.073	0.002 7	567
	D1729/1	1.42	2 878	15.90	0.20	0.89	35.3	72.0	35.52	0.049	0.170 0	872
	D1664/1	7.28	—	14.84	—	—	27.1	—	—	—	—	—
	D1664/2	5.33	—	17.12	—	—	21.3	—	—	—	—	—
	D1665/1	1.05	3 471	16.52	—	—	14.5	—	24.19	—	—	672
	D1665/2	5.54	—	19.02	—	—	18.1	—	—	—	—	—
	D1665/3	5.91	—	17.38	—	—	28.0	—	—	—	—	—
	D2226/1	0.76	600	9.47	0.15	0.07	19.8	36.8	5.80	0.024	0.002 0	167

注：表中 Au、Ag 元素含量单位为 $\times10^{-9}$，其他元素含量单位为 $\times10^{-6}$。

以 MORB 为参数作标准化，得到曲线图 3-68。中生代侵入岩各个样品具有相似的曲线特征，均表现出大离子亲石元素(Sr、K、Rb、Ba、Th)强烈富集，高场元素中 Nb、Ce、Zr、Hf、Sm 表现出弱富集；而 Ti、Sc、Cr 则表现出较明显的亏损。整个曲线型式有大陆火山弧所具有的“三弧隆起”曲线特征，表明其形成环境为岩浆弧，岩浆来源于下地壳的部分熔融。

(三)副矿物特征

中生代侵入岩副矿物含量见表 3-35，可见中生代岩体中的副矿物含量较低、种类也较少，锆石特征见表 3-36。主要由磷灰石、锆石、石榴子石及少量的磁铁矿组成。

表 3-35　中生代侵入岩副矿物含量表　(g/t)

岩石名称	样品号	磷灰石	磁铁矿	榍石	锆石	石榴子石	黄铁矿	电气石
浅肉红色中细粒黑云二长花岗岩	2697/1	156	48.00	—	0.2	20.00	少	—
	833/1	310	5.14	微量	21.4	71.43	少量	—
灰白色中粒含斑黑云二长花岗岩	830C4—13	273	—	0.9	58.0	0.53	—	0.4

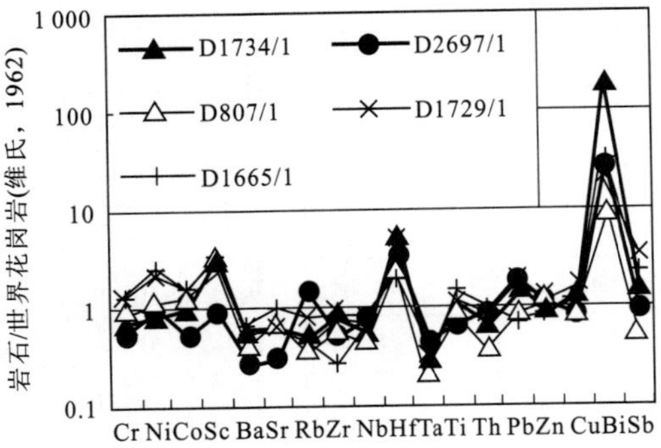

图 3-67　中生代侵入岩蛛网图

粗线为晚期侵入岩；细线为早期侵入岩

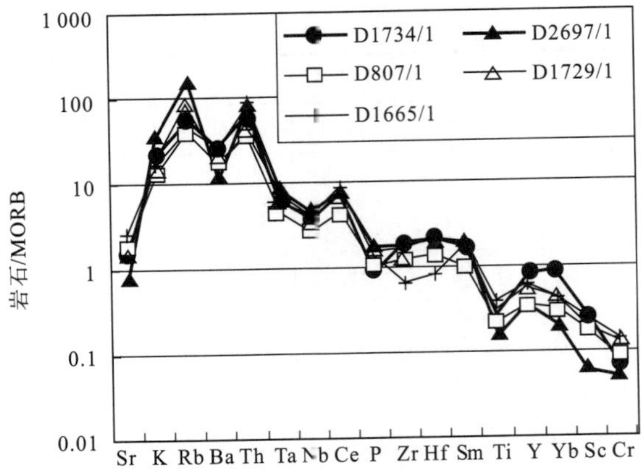

图 3-68　中生代侵入岩 MORB 标准化形式

粗线为晚期侵入岩；细线为早期侵入岩

表 3-36　中生代侵入岩锆石特征表

岩石名称	大小(mm^2)	长宽比	颜色	光泽	透明度	发光性	晶形晶面特征	包裹体	晶形
浅肉红色中细粒黑云二长花岗岩	0.06×0.04 0.48×0.16	3∶1 4∶1 个别 5∶1	浅玫瑰色	金刚光泽	透明	未见发光	以长柱状晶(m面发育)为主，约半数晶体表面被熔蚀成麻点状，其余晶棱晶面清晰	部分晶体内存在包裹体，为细小锆石	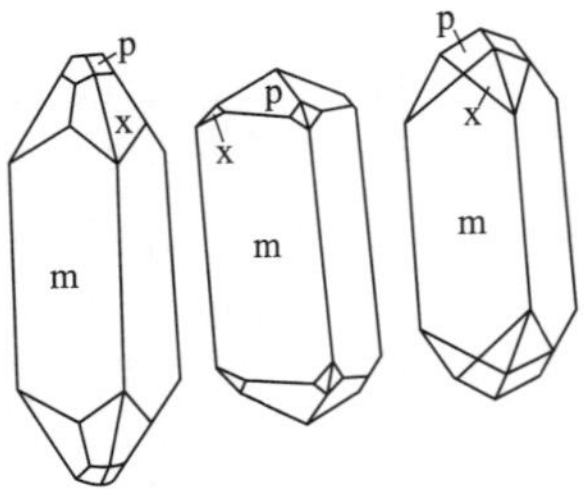
灰白色中粒含斑黑云二长花岗岩	0.32×0.2 0.08×0.04	2∶1 4∶1 个别 5∶1	浅玫瑰色	金刚光泽	透明	未见发光	以复方短柱状为主，以 m 柱面发育为特征；晶棱、锥面蚀象突出。个别近无色，晶体光亮、光滑	多数晶体内存在包裹体，有柱状、粒状小锆石，有个别黄铁矿	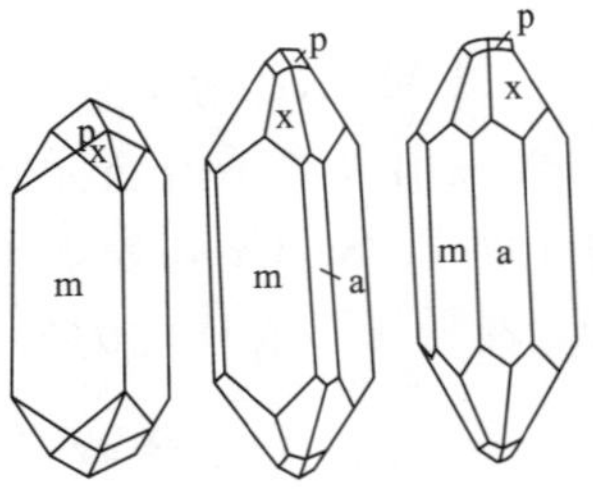

(四)岩浆来源及构造环境分析

中生代北带侵入岩伴生于中生代巴颜喀拉山海槽之中或其北侧附近。岩石组合为一套碱度较高酸性岩石，依据其矿物组成及岩石组合特征，按 BarBarin 划分原则晚古生代侵入岩属于富钾钙碱性花岗岩类(KCG)，据 BarBarin 的研究，为构造体制转换过程中岩浆活动的产物，它们的岩浆均来源于下地壳。在 A-F-M 图解(图 3-64)上，碰撞型侵入岩均落入 A—I 型花岗岩区，表明其岩浆主要来源于造山过程中下地壳物质部分熔融，并有部分地幔物质加入。

在 R_1-R_2 判别图(图 3-69)上，中生代碰撞型侵入岩样品投影点均落在了同碰撞花岗岩区或碰撞前花岗岩区，也表明其主体形成于碰撞作用过程中。

结合地球化学特征综合分析认为：中生代侵入岩在区域产于中生代活动带的侧旁，是海槽闭合造山过程中，由下地壳物质受上隆地幔的烘烤及造山过程中的高温高压环境下而发生部分熔融形成岩浆、经进一步分异演化形成的一套中酸性岩石。

（五）形成时代

区域上中生代侵入岩主体伴生并侵入于三叠系巴颜喀拉山岩群（T*B*）之中，形成于印支旋回之中。图幅区内前人作了较多的同位素测年分析，《喀喇昆仑地质演化》一书张玉泉在三十里南中生代晚期侵入体和哈巴克达坂北中生代早期侵入体中，分别作了黑云母K-Ar法和锆石U-Pb法测年分析，取得了（187.7±1.2）Ma、201.7Ma和（91.0±4.81）Ma的侏罗纪年龄值，代表了岩体的就位年龄。

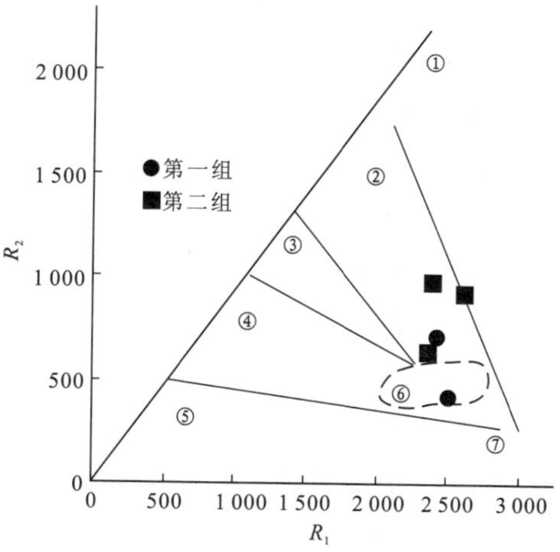

图3-69 中生代侵入岩R_1-R_2图解

第一组：浅肉红色中细粒黑云二长花岗岩；
第二组：灰白色中粒含斑黑云二长花岗岩
①地幔斜长花岗岩；②碰撞前花岗岩；③碰撞晚期花岗岩；④晚造山期花岗岩；⑤非造山A型花岗岩；⑥同碰撞S型花岗岩；⑦造山期后A型花岗岩

第二节 脉 岩

图幅区内脉岩不很发育，但具有多期次、多类型的特点，由早到晚分述如下。

一、侏罗纪—白垩纪伟晶岩脉

该岩脉分布于康西瓦—大红柳滩一带，即康西瓦断裂南侧附近的三叠系巴颜喀拉山群及下元古界布伦阔勒岩群中，脉体成群、成带出现，呈透镜状、串珠状产出，多数为顺层侵入。脉长5～50m，宽20cm～5m，由微斜长石及酸性斜长石、石英、云母和少量电气石、石榴子石组成。

该脉中富含稀有金属（Li、Be等），局部已成矿。该脉成因上与其附近的侏罗纪—白垩纪的二云二长花岗岩相关，表现出近岩体脉体密集、远离岩体则稀疏的特征。前人在该类脉体中取得91Ma（白云母）、172Ma（黑云母）的同位素地质年龄，时代为白垩纪和侏罗纪。

二、中基性岩脉

（一）地质特征

在图幅区内集中分布于北部库尔良晚古生代裂陷槽两侧附近，多呈近东西向或北西—南东向延伸，与区域晚期断裂相伴生。顺层或沿构造面理贯入，一般脉长50～200m，脉宽3～20m。依据岩石变形特征进一步可分为两期：早古生代早期和晚古生代早期。

晚古生代早期岩石以块状构造为特征，库尔良晚古生代裂陷槽两侧均有出露；早古生代早期只出现于库尔良晚古生代裂陷槽南侧的西合休岩组之中，岩石发育微片麻状构造，同围岩一起发生了变质变形。主要岩石类型如下：

细粒暗色角闪闪长岩 岩石呈绿灰色，细粒半自形柱状结构，块状构造，矿物粒径1.5～2mm，主要矿物成分有：斜长石60%～62%，为半自形柱状，晶体中常包裹有角闪石晶体，钠长石律双晶发育且清晰，An＝46—48为中长石；角闪石36%～38%，呈半自形柱状，部分它形粒状；黑云母1%；方解石1%。

蚀变辉绿岩　岩石呈灰绿色，残余辉绿结构，块状构造，矿物粒径1.5～0.7mm，主要矿物成分有：蚀变斜长石60%～61%，强烈钠黝帘石化；原暗色矿物已蚀变成次闪石10%、绿泥石26%～28%。

微片麻状黑云英云闪长斑岩　岩石呈灰—深灰色，微片麻状构造，具多斑结构，基质具微粒它形状结构。斑晶粒径2～3mm，基质粒径0.15～0.2mm，斑晶成分为斜长石（An＝26—28），含量38%～39%；基质成分有石英20%～22%、斜长石12%～13%、黑云母17%～18%、钾长石5%～6%、角闪石4%～5%。暗色矿物显定向构造。

微片麻状中细粒角闪石英闪长岩　岩石呈灰色，微片麻状构造，具中细粒半自形柱状结构。粒径1.5～1.8mm者约占60%，2～3mm者约占40%；主要矿物成分有斜长石38%～40%、角闪石38%～40%、石英10%、黑云母8%～10%。岩石中暗色矿物略显定向构造。

（二）岩石地球化学特征

1. 岩石化学特征

岩石化学成分含量见表3-37，SiO_2变化于43.62%～57.33%，属中基性岩类；岩石中基性组分FeO、MgO、CaO含量较高，而碱性组分中$K_2O<Na_2O$，A/CNK＜0.65，为次铝—偏铝的I型侵入岩。

2. 稀土元素特征

稀土元素含量见表3-38，稀土配分曲线见图3-70、图3-71。可见早古生代早期脉岩和晚古生代早期脉岩具有基本相似的稀土曲线形式，均表现为略微右倾的接近平坦的斜线。但稀土总量变化较大，这可能与熔融程度有关。D3503/4号样品的SiO_2含量低于45%，已进入超基性岩范畴，其稀土含量仅14.12×10^{-6}，表明岩浆直接来源于地幔深部；而D2247/5号样品则为地幔岩分异演化的产物。

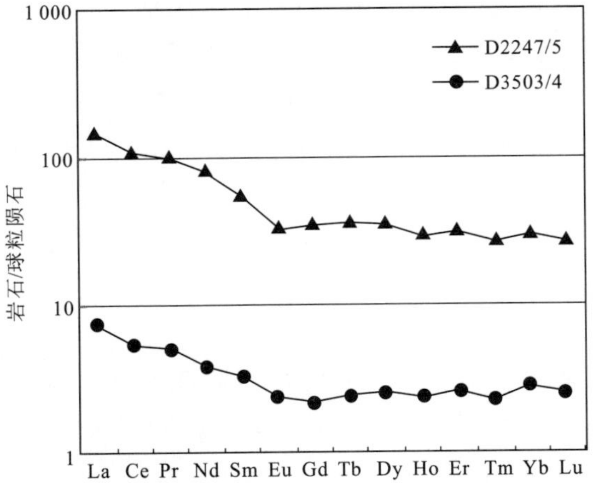

图3-70　早古生代早期脉岩稀土配分模式

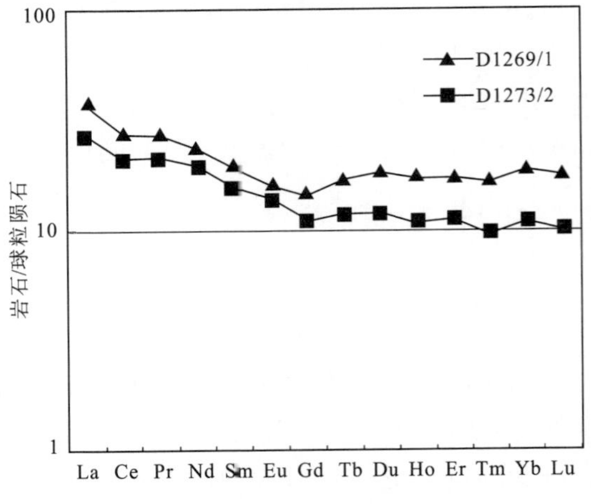

图3-71　晚古生代早期脉岩稀土配分模式

3. 微量元素特征

微量元素含量见表3-39。以MORB为参数标准化，得到曲线图3-72。可见晚古生代脉岩微

表 3-37 中基性岩脉岩石化学成分含量及特征参数表

形成时期	产地	氧化物含量(%)													特征参数			
		样品号	SiO_2	TiO_2	Al_2O_3	Fe_2O_3	FeO	CaO	MgO	K_2O	Na_2O	MnO	P_2O_5	LOI	Σ	σ	SI	AR	A/CNK
晚古生代早期	苏纳克南	D1269/1	52.84	1.22	13.07	4.36	8.33	6.93	4.47	1.24	2.74	0.18	0.12	3.17	98.67	3.31	40.76	1.73	0.59
		D1273/2	48.31	1.37	12.84	0.97	10.31	10.63	6.54	0.40	1.89	0.20	0.13	4.76	98.35	9.07	57.34	1.86	0.48
早古生代早期	托满北	D2247/5	57.33	1.98	14.33	1.211	8.53	4.87	1.89	2.82	3.42	0.15	0.46	1.48	98.47	1.55	45.13	1.52	0.65
	英艾西	D3503/4	43.62	0.12	4.32	1.678	5.59	3.14	32.30	0.18	0.37	0.13	0.02	7.23	98.70	—	8.42	—	0.10

表 3-38 中基性岩脉稀土元素含量及特征参数表

时期	产地	样品号	稀土元素含量($\times10^{-6}$)															特征参数			
			La	Ce	Pr	Nd	Sm	Eu	Gd	Tb	Dy	Ho	Er	Tm	Yb	Lu	ΣREE	δEu	$(La/Yb)_N$	$(La/Sm)_N$	$(Gd/Yb)_N$
晚古生代早期	苏纳克南	D1269/1	11.38	25.38	3.21	14.03	3.80	1.16	4.46	0.84	5.63	1.22	3.60	0.53	3.58	0.55	79.37	0.95	1.89	1.87	0.76
		D1273/2	8.59	19.64	2.54	11.68	3.12	0.99	3.36	0.59	3.73	0.76	2.29	0.32	2.07	0.31	59.99	1.03	2.46	1.72	0.99
早古生代早期	托满北	D2247/5	47.34	100.90	11.80	48.68	10.70	2.43	10.60	1.82	10.90	2.16	6.48	0.89	5.83	0.86	261.39	0.76	4.82	2.75	1.11
	英艾西	D3503/4	2.36	5.01	0.60	2.35	0.65	0.18	0.67	0.12	0.78	0.17	0.55	0.08	0.52	0.08	14.12	0.89	2.71	2.28	0.79

表 3-39 中基性岩脉微量元素含量表

形成时期	产地	样品号	Cr	Ni	Co	Sc	Ba	Sr	Rb	Y	Zr	Nb	Hf	Ta	Ti	Th	Bi	Sb	Pb	Zn	Cu	Ag	Au	P
晚古生代早期	苏纳克南	D1269/1	19.9	32.5	40.8	37.0	288.0	127	28.4	32.8	111.0	4.95	3.227	0.43	7 314	3.49	0.21	1.85	7.91	68.6	102.5	0.16	0.014	523.2
		D1273/2	181.0	91.1	41.7	37.2	71.4	201	13.3	19.9	91.9	8.76	2.457	0.63	8 213	1.72	0.03	1.39	11.5	120.8	116.5	0.06	0.002	566.8
早古生代早期	托满北	D2247/7	22.3	31.6	32.4	36.6	235.0	203	53.4	37.0	123.0	26.80	3.440	1.74	10 611	4.59	0.128	0.84	10.1	100.0	38.0	0.044	0.004	248.0
		D2247/5	12.8	11.5	18.5	18.4	523.0	183	130.0	58.7	339.0	23.20	9.413	1.84	11 870	14.6	1.72	1.57	32.3	113.8	56.42	0.11	0.008	2 006.0
	英艾西	D3503/4	1 836.0	1 651	86.7	15.2	40.1	29	11.4	4.81	19.9	0.94	0.384	0.095	719	0.1	0.18	0.33	5.12	51.7	23.22	0.045	0.006	87.2

注：表中 Au、Ag 元素含量单位为$\times10^{-9}$，其他元素含量单位为$\times10^{-6}$。

量元素中，除大离子亲石元素 K、Rb、Ba、Th 较明显富集外，其他元素大体相当；其曲线介于拉斑玄武质火山弧玄武岩与拉斑玄武质洋中脊玄武岩之间，其岩浆来源于上地幔的部分熔融；早古生代脉岩中，1 个样品具有碱性板内玄武岩“双隆起”的曲线特征，另 1 个样品则具有典型的拉斑质大洋性的火山弧玄武岩的曲线特征，其岩浆仍来源于上地幔的部分熔融。

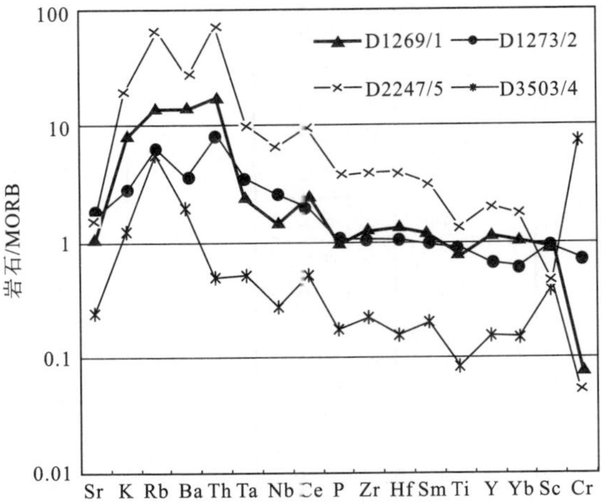

图 3-72　中基性岩脉微量元素 MORB 标准化形式

粗线为晚古生代岩脉；细线为早古生代岩脉

（三）形成时代及构造背景分析

中基性岩脉中发育片麻状构造、微片麻状构造者应为早期岩脉，脉体贯入于西合休岩组、赛图拉岩群等地层中，走向与区域构造线相一致，推测其形成于早古生代早期，伴随着原特提斯洋扩张，地幔岩浆贯入上地壳形成。而不发育片麻状构造者，推测其形成于晚古生代早期，理由是：脉体分布于库尔良晚古生代裂陷槽的两侧，走向与区域构造相一致，并且脉体多沿区域性大断裂分布。

第三节　火山岩

图幅区内火山岩规模不大，区内出露面积约 105km²。但火山活动时限跨度较大，分属于长城纪的塞拉加兹塔格岩群、石炭纪的库尔良岩群和新生代新近纪火山岩。规模上以前两期火山为主，后一种仅见零星出露。岩石类型以中基性和碱性火山岩为主。其中以水下溢流相为最主要产出相，陆相火山岩仅见于康西瓦达坂东侧。按其形成时代划分为长城纪火山岩、石炭纪火山岩和新近纪火山岩 3 类。

一、长城纪火山岩

（一）地质特征

这一期火山岩分布于图幅区内东北角的喀拉喀什河下游西侧一带，呈似层状夹于长城系一套浅变质细碎屑岩之中。单层出露宽度不大，一般小于 600m，但往往集中成群出现，与地层为整合接触，走向近东西向，延伸超过 30km，图幅区内出露总面积约 60km²。岩石已随地层一起发生了明显的变质变形，现多变质成绿片岩。由上、下两套岩石组成：下部以变酸性火山岩为主夹少量变质基性火山岩；上部主要为变质基性火山岩。主要岩石类型如下：

绿泥白云石英片岩　岩石呈绿灰色，具鳞片、粒状变晶结构，片状构造，矿物粒径 0.15～0.2mm，主要矿物成分有石英 60%、白云母 20%、绿泥石 15%、斜长石 4%。从矿物组合及残余砂屑特征分析，原岩为含火山碎屑的沉积碎屑岩类。

绿泥钠长片岩　岩石呈灰绿色片状，具鳞片粒状变晶结构。矿物粒径 0.06～0.12mm，主要矿物成分有石英 5%～8%、黑云母 10%～12%、绿泥石 30%～35%、钠长石 35%～37%、方解石 10%、绿帘石 3%～5%。从变质矿物组合分析，原岩为基性岩类。

绿帘绿泥钠长片岩　岩石呈灰绿色，片状，具显微鳞片粒状变晶结构。矿物粒径 0.05～

0.1mm，主要矿物成分有石英 8%～10%、黑云母 10%～12%、绿泥石 15%～25%、钠长石 25%～30%、方解石 3%～4%、绿帘石 15%～20%、阳起石 10%。从变质矿物组合分析，原岩可能为基性岩类。

阳起钠长绿泥片岩　岩石呈灰绿色，片状，具显微鳞片粒状变晶结构。矿物粒径 0.08～0.12mm，主要矿物成分有石英 3%～5%、黑云母 1%～2%、绿泥石 38%～43%、钠长石 35%～30%、方解石 3%～4%、阳起石 10%～12%。从变质矿物组合分析，原岩可能为基性岩类。

（二）岩石地球化学特征

1. 岩石化学特征

岩石化学成分含量见表 3-40。在 SiO_2-(Na_2O+K_2O)硅碱分类图（图 3-73）中，下部的 4 个样品较为分散，相对以碱玄岩为中心分布，总体上位于 Ir 线上方，为碱性玄武岩系列；上部 6 个样品则相对集中，除 1 个样品位于苦橄岩区外，其他 5 个样品均分布于玄武岩区，样品集中于 Ir 界线附近，主体位于其下方附近，属拉斑玄武岩系列。下部岩石以富碱为特征，Na_2O+K_2O 变化于 4.95%～8.91%，平均为 6.69%，Na_2O 与 K_2O 大体相当，钾含量相对较高；上部岩石碱度较低，Na_2O+K_2O 变化于 2.63%～4.94%，平均为 3.66%，Na_2O 远大于 K_2O，以富钠为特征。

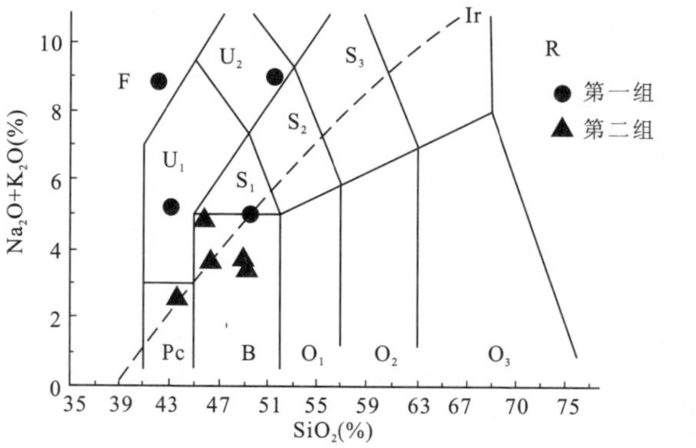

图 3-73　长城纪火山岩 SiO_2-(Na_2O+K_2O)硅碱分类图

第一组：下部火山岩；第二组：上部火山岩。F. 副长岩；U_1. 碱玄岩；U_2. 响岩质玄武岩；S_1. 粗面玄武岩；S_2. 玄武质粗面安山岩；S_3. 粗面安山岩；Pc. 苦橄（玄）岩；B. 玄武岩；O_1. 玄武安山岩；O_2. 安山岩；O_3. 英安岩

2. 稀土元素特征

稀土元素含量见表 3-41，稀土配分曲线见图 3-74。下部火山岩与上部火山岩有较大的区别：下部火山岩稀土总量较高，变化于 443.25×10^{-6}～480.57×10^{-6}，轻重稀土、轻稀土分馏强烈，$(La/Yb)_N$=7.97～9.14，$(La/Sm)_N$=3.85～4.05，重稀土有较弱的分馏，$(Gd/Yb)_N$=1.17～

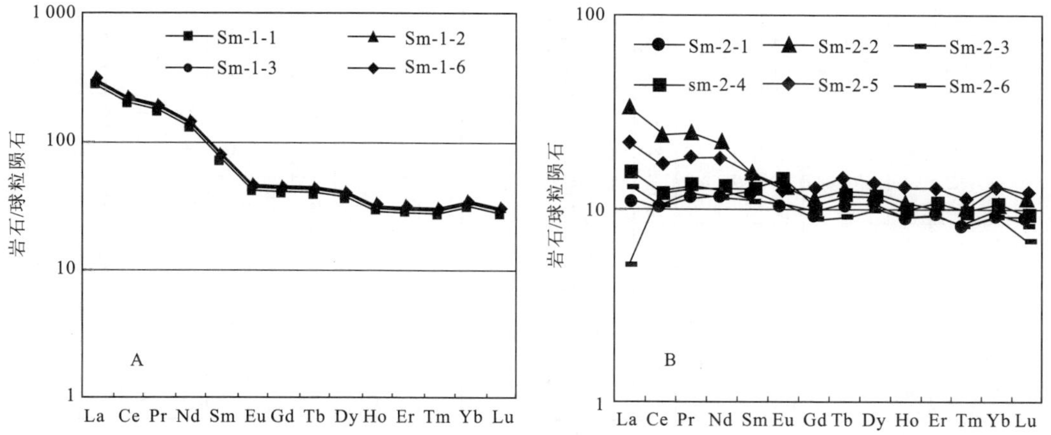

图 3-74　长城纪火山岩稀土配分模式

A 为下部火山岩；B 为上部火山岩

表 3-40　长城纪火山岩岩石化学成分含量表

样品号	氧化物含量(%)													特征参数			
	SiO_2	TiO_2	Al_2O_3	Fe_2O_3	FeO	CaO	MgO	K_2O	Na_2O	MnO	P_2O_5	LOI	Σ	A/CNK	SI	σ	AR
Sm-3-1	49.55	1.20	16.92	2.70	8.59	5.31	7.19	2.15	2.80	0.26	0.11	3.07	99.85	1.02	30.69	3.74	1.57
Sm-3-2	42.34	2.72	17.74	3.53	7.04	5.92	4.90	5.71	3.10	0.36	0.56	5.39	99.31	0.80	20.18	—	2.19
Sm-3-3	43.59	1.80	15.90	2.35	4.93	4.93	4.10	2.04	3.06	0.32	0.36	3.28	86.66	0.98	24.88	44.08	1.65
Sm-3-6	51.57	1.52	14.55	4.00	3.03	6.70	4.42	6.30	2.61	0.41	0.16	4.72	99.99	0.62	21.71	9.26	2.44
Sm-2-1	46.15	1.19	17.95	2.50	6.93	8.46	8.13	0.55	4.39	0.27	0.12	3.28	99.92	0.77	36.13	7.75	1.46
Sm-2-2	43.86	1.60	14.49	1.20	10.00	5.90	12.30	0.43	2.20	0.22	0.18	7.96	100.34	0.98	46.92	8.04	1.30
Sm-2-3	49.29	1.10	17.50	2.92	6.77	8.14	6.93	0.19	3.40	0.20	0.16	3.95	100.55	0.85	34.29	2.05	1.33
Sm-2-4	46.32	1.25	15.62	2.76	8.16	9.16	8.93	0.29	3.40	0.22	0.15	3.66	99.92	0.69	37.94	4.10	1.35
Sm-2-5	48.76	1.28	16.85	3.38	7.49	7.82	7.80	0.50	3.08	0.27	0.05	2.49	99.77	0.85	35.06	2.23	1.34
Sm-2-6	49.23	1.10	18.23	2.33	7.32	7.30	7.20	0.39	2.93	0.28	0.07	3.23	99.61	0.98	35.70	1.77	1.30

表 3-41　长城纪火山岩稀土元素含量及特征参数表

样品号	稀土元素含量($\times10^{-6}$)															特征参数			
	La	Ce	Pr	Nd	Sm	Eu	Gd	Tb	Dy	Ho	Er	Tm	Yb	Lu	ΣREE	$(La/Yb)_N$	$(La/Sm)_N$	$(Gd/Yb)_N$	δEu
Sm-1-1	90.17	191.30	21.17	78.78	14.60	3.14	12.80	2.12	11.70	2.31	6.56	0.97	6.72	0.91	443.25	7.97	3.85	1.17	0.75
Sm-1-2	98.41	207.90	22.89	86.89	15.80	3.28	13.60	2.13	12.20	2.31	6.91	0.96	6.39	0.90	480.57	9.14	3.90	1.31	0.73
Sm-1-3	92.14	197.79	22.06	81.25	14.70	3.04	12.10	1.95	10.90	2.16	5.81	0.92	5.99	0.85	451.66	9.13	3.91	1.24	0.74
Sm-1-6	97.81	206.21	22.84	84.36	15.10	3.00	12.50	2.03	11.10	2.28	6.51	0.92	6.40	0.89	471.95	9.07	4.05	1.20	0.71
Sm-2-1	3.61	9.62	1.39	6.99	2.43	0.76	2.88	0.52	3.30	0.66	1.97	0.27	1.74	0.28	36.42	1.23	0.93	1.01	0.97
Sm-2-2	10.62	22.62	2.95	13.24	3.11	0.99	3.53	0.63	3.85	0.79	2.22	0.34	2.52	0.36	67.77	2.50	2.13	0.86	1.01
Sm-2-3	4.25	9.93	1.46	6.97	2.18	0.80	2.77	0.46	3.02	0.65	1.96	0.27	1.76	0.21	36.69	1.43	1.22	0.96	1.10
Sm-2-4	5.05	11.56	1.57	7.98	2.52	1.05	3.14	0.60	3.69	0.74	2.31	0.32	2.04	0.29	42.86	1.47	1.25	0.94	1.27
Sm-2-5	7.17	16.46	2.26	11.15	3.03	0.92	3.96	0.74	4.33	0.94	2.71	0.37	2.46	0.37	56.87	1.73	1.48	0.99	0.90
Sm-2-6	1.65	11.41	1.60	7.57	2.22	0.76	2.67	0.51	3.34	0.66	1.88	0.29	1.91	0.26	36.73	0.51	0.46	0.86	1.06

1.31，δEu＝0.71～0.75，铕具较弱的亏损；上部火山岩稀土总量明显偏低，∑REE＝36.42×10^{-6}～42.86×10^{-6}，轻重稀土、轻稀土分馏较弱，$(La/Yb)_N$＝1.43～2.50，$(La/Sm)_N$＝0.93～2.13；重稀土基本未分馏，$(Gd/Yb)_N$＝0.86～1.01，δEu＝0.90～1.06，铕未发生亏损。

3. 微量元素特征

微量元素含量见表 3-42。以正常洋脊玄武岩为参数标准化得到曲线图 3-75。可见上部与下部火山岩具有截然不同的曲线形式，反映它们具有不同的物质来源。下部火山岩除 Sr、P、Ti 和强相容元素外，其他元素均明显富集，曲线形态整体表现为一大弧隆起的特征，具有板内裂谷火山岩的曲线形式；上部火山岩除 Rb、Ba 有较弱的富集外，其他元素与 MORB 大体相当，表明该火山岩来源于正常地幔的部分熔融。

表 3-42 长城纪火山岩微量元素含量表 （$\times10^{-6}$）

样品号	Sr	K	Rb	Ba	Th	Ta	Nb	Ce	P	Zr	Hf	Sm	Ti	Y	Yb	Sc	Cr
D1215/1	1 590	5.00	237.0	2 398	19.70	0.78	21.90	263.50	6 758.0	541.0	14.00	19.80	11 870	30.25	2.12	17.00	247.0
D1219/1	1 091	5.06	211.0	1 949	44.00	1.55	25.20	300.40	3 662.0	420.0	10.80	15.83	7 434	20.83	1.54	8.46	65.5
D2782/1	119	0.95	39.3	155	0.06	0.40	4.78	21.51	348.8	82.2	2.30	2.75	4 796	17.20	1.77	30.20	243.0
D2199/2	216	1.87	89.4	986	21.19	0.74	11.40	229.40	6 331.0	201.0	5.26	12.89	16 298	52.59	3.11	21.30	—
D2207/2	45	0.67	17.1	108	3.00	0.58	8.74	29.99	566.8	44.4	1.86	4.19	4 963	29.38	3.08	37.97	—
D2248/7	376	0.77	98.0	862	8.65	0.75	10.70	10.74	609.0	138.0	3.70	1.67	2 758	25.70	1.89	13.40	61.1
Sm-1-1	96	2.15	59.7	990	16.69	5.61	100.30	191.30	523.2	685.0	16.70	14.63	3 117	63.39	6.72	12.24	0.04
Sm-1-2	86	5.71	63.2	817	17.71	6.29	109.70	207.90	784.8	719.0	17.80	15.76	3 417	63.59	6.39	12.29	—
Sm-1-3	71	2.04	59.1	822	17.05	5.61	105.30	197.79	697.6	698.0	17.40	14.74	3 297	57.26	5.99	11.34	8.38
Sm-1-6	77	6.30	52.4	845	17.63	5.79	108.00	206.20	654.0	725.0	18.10	15.11	3 537	60.01	6.40	13.66	1.39
Sm-2-1	118	0.55	17.9	230	0.34	0.22	3.84	9.62	231.1	24.1	0.82	2.43	3 957	18.43	1.74	48.20	143.1
Sm-2-2	80	0.43	33.3	178	1.00	0.57	9.23	22.62	283.4	69.4	2.00	3.11	5 276	20.07	2.52	46.51	119.5
Sm-2-3	113	0.19	6.4	47	0.31	0.22	3.74	9.93	2 442.0	19.6	0.85	2.18	3 657	19.02	1.76	43.38	127.3
Sm-2-4	134	0.29	9.5	113	0.35	0.26	3.84	11.56	479.6	51.3	1.48	2.52	4 017	21.40	2.04	47.91	136.0
Sm-2-5	77	0.50	19.6	267	0.62	0.37	5.52	16.46	1 570.0	56.2	1.71	3.03	4 256	26.72	2.46	46.75	51.7
Sm-2-6	193	0.39	16.6	231	0.41	0.24	6.54	11.41	697.6	23.2	0.86	2.22	3 717	17.61	1.91	44.08	48.02

(三)构造环境探讨

塞拉加兹塔格岩群主体为一套中浅变质的细碎屑岩夹火山岩建造，构造位置上处于塔里木南缘。火山岩下部以碱性火山岩为主，上部以碱性-钙碱性玄武岩为主，从长城纪到早古生代，岩石由富钾逐渐向富钠方向演化，表明它们形成于不断扩张的构造过程中。在 Zr-Zr/Y 图解（图 3-76）中下部火山岩集中分布于板内玄武岩一侧；上部火山岩则分布于岛弧玄武岩和洋脊玄武岩区；在 Nb×2-Zr/4-Y 图解（图 3-77）中，下部火山岩集中分布于碱性板内玄

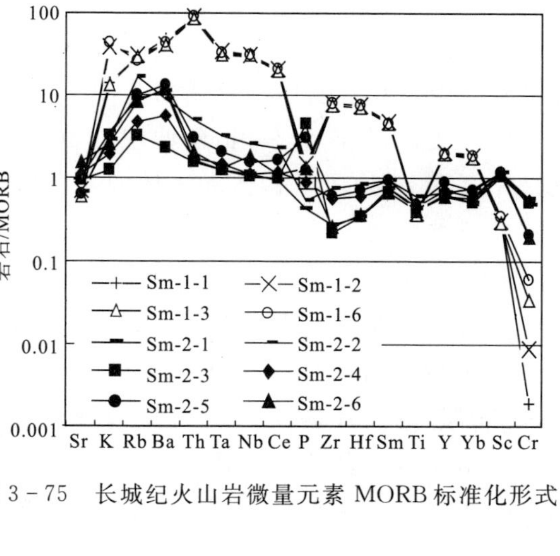

图 3-75 长城纪火山岩微量元素 MORB 标准化形式

武岩区，上部火山岩分布于P+N型MORB区。岩石地球化学反映的构造环境具有从在陆裂谷环境向大陆边缘拉张减薄环境的过渡性质。

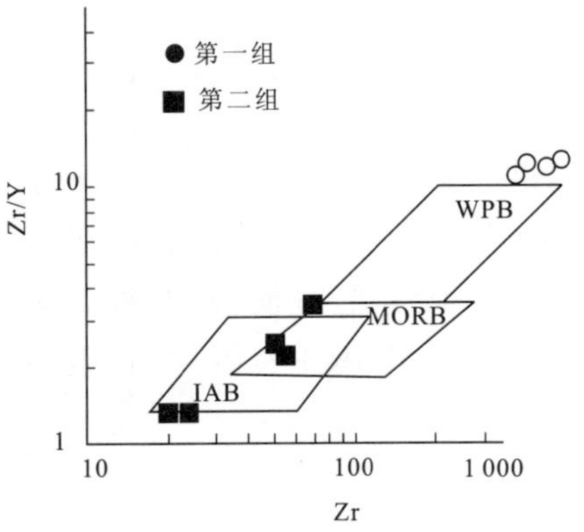

图 3-76　长城纪火山岩 Zr-Zr/Y 图解

第一组为下部火山岩；第二组为上部火山岩

WPB. 板内玄武岩；MORB. 洋脊玄武岩；

IAB. 岛弧玄武岩

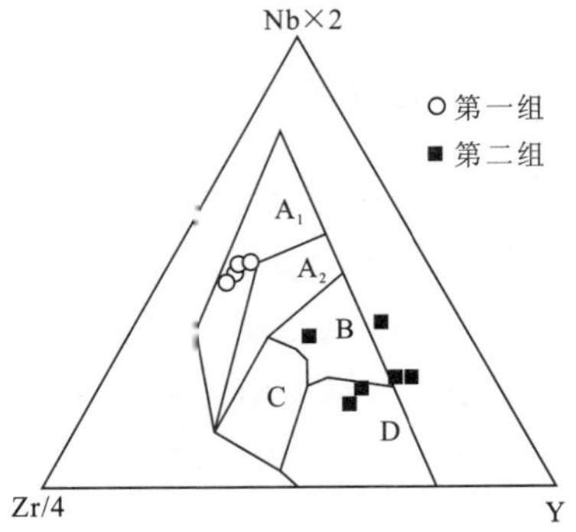

图 3-77　长城纪火山岩 Nb×2-Zr/4-Y 图解

第一组为下部火山岩；第二组为上部火山岩

A_1+A_2. 板内碱性玄武岩；A_2+C. 板内拉斑玄武岩；

B. P型MORB；D. N型MORB；C+D. 火山弧玄武岩

综上所述，长城纪火山岩一个可能的模式是，在中元古代早期，在古元古代末期形成的统一的古中国板块上发生裂解，在古塔里木板块南缘发生的裂解首先形成大陆裂谷环境，喷发了大量的陆壳重熔的酸性火山岩及少量的碱玄岩，随着裂解深度的增加，陆壳的拉伸减薄，上地幔部分重熔形成的拉斑质玄武岩岩浆喷出地表，形成本区的双峰式火山岩。

（四）形成时代分析

塞拉加兹塔格岩群为一套低绿片岩相变质细碎屑岩夹火山岩，其变质程度明显低于下元古界的埃连卡特岩群，临区又见有早古生代侵入岩侵入其中，表明该套地层形成时代晚于古元古代，而早于早古生代。张传林研究员于2003年在图幅区内该套地层中取得了较为精确的Sm-Nd同位素年龄值(1 200±82.3)Ma的等时线年龄值，其时代为蓟县纪，但通过区域地层对比，综合分析，本次区调将其形成时代仍沿用前人划分的长城纪。

二、奥陶纪火山岩

（一）地质特征

这一期火山岩分布于图幅区内北部米提孜大队—杜瓦牧场带，呈似层状夹于寒武系—奥陶系西合休岩群中一套浅变质细碎屑岩之中。单层厚度不大，一般小于30m，但往往集中成群出现，与地层为整合接触，走向近东西，延伸超过500m。岩石已随地层一同发生了明显的变质变形，现多变质成绿片岩，个别地段受构造和岩体的共同作用，岩石已变质成斜长角闪岩。图幅区内奥陶纪火山岩主要岩石类型如下：

阳起钠长绿泥片岩　　岩石呈灰绿色，片状，具显微鳞片粒状变晶结构。矿物粒径0.06～0.1mm，主要矿物成分有石英25%～27%、黑云母3%～4%、绿泥石24%～26%、钠长石20%、阳起石20%～22%、绿帘石3%～5%、白云石4%～5%。从变质矿物组合分析，原岩为中酸性熔岩类。

绿帘阳起钠长片岩　　岩石呈灰绿色，片状，具显微鳞片纤柱状、粒状变晶结构。矿物粒径0.03～0.08mm，主要矿物成分有钠长石42%、阳起石31%～32%、绿帘石+黝帘石18%～20%、白云石6%～8%。从变质矿物组合分析，原岩为基性熔岩类。

斜长角闪岩　岩石呈深灰色，块状构造，具粒柱状变晶结构，矿物粒径1～0.3mm，主要矿物成分有石英3%～5%、角闪石55%～58%、斜长石35%～40%、绿泥石1%～2%。由于原岩结构消失殆尽，难以恢复。

（二）岩石地球化学特征

1. 岩石化学特征

岩石化学成分含量见表3－43。在硅碱分类图（图3－78）中，2个样品分布于玄武岩区玄武安山岩界线附近，1个样品分布于粗面玄武岩区。总体上样品集中于Ir界线下方附近，属拉斑玄武岩系列。Na_2O含量明显大于K_2O含量。

表3－43　火山岩岩石化学成分含量及特征参数表

层位	样品号	氧化物含量（%）								
		SiO_2	TiO_2	Al_2O_3	Fe_2O_3*	Fe_2O_3	FeO	CaO	MgO	K_2O
$Qp^3\beta$	D1215/1	47.80	1.98	12.30	9.02	5.75	3.27	7.79	7.51	5.00
	D1219/1	57.86	1.24	14.25	6.63	2.95	3.68	5.38	3.5	5.06
C_2K	D2782/1	46.33	0.80	14.42	8.59	0.85	7.74	6.93	7.51	0.95
(∈－O)x	D2199/2	50.83	2.72	13.82	12.12	—	—	5.94	3.54	1.87
	D2203/1	52.58	0.49	16.34	12.41	—	—	9.17	4.17	0.77
	D2207/2	51.01	0.83	7.62	12.37	—	—	11.90	13.10	0.67
层位	样品号	氧化物含量（%）					特征参数			
		Na_2O	MnO	P_2O_5	LOI	Σ	A/CNK	SI	σ	AR
$Qp^3\beta$	D1215/1	3.19	0.14	1.55	2.68	98.96	0.50	30.39	13.97	2.38
	D1219/1	3.87	0.10	0.84	0.20	98.93	0.66	18.36	5.37	2.67
C_2K	D2782/1	2.81	0.22	0.08	10.50	99.14	0.79	37.82	4.25	1.43
(∈－O)x	D2199/2	3.51	0.15	1.45	4.08	100.03	0.74	16.85	3.69	1.75
	D2203/1	2.25	0.20	0.10	1.55	100.03	0.77	21.26	0.95	1.27
	D2207/2	1.06	0.24	0.13	1.07	100.00	0.32	48.22	0.37	1.19

2. 稀土元素特征

稀土元素含量见表3－44，稀土配分曲线见图3－79。奥陶纪火山岩稀土特征有较大的区别：其中1个样品稀土总量较高，达501.96×10^{-6}，轻重稀土、轻稀土分馏强烈，$(La/Yb)_N=22.72$，$(La/Sm)_N=5.77$，重稀土有较明显的分馏，$(Gd/Yb)_N=2.23$，$\delta Eu=0.47$，铕具较强的亏损；其余2个样品稀土总量明显偏低，$\sum REE=34.48\times10^{-6}\sim89.59\times10^{-6}$，轻重稀土、轻稀土分馏较弱$(La/Yb)_N=1.45\sim2.70$，$(La/Sm)_N=1.72\sim2.09$，重稀土基本未分馏，$(Gd/Yb)_N=0.70\sim0.98$，$\delta Eu=0.77\sim1.06$，铕具较强的亏损不明显。

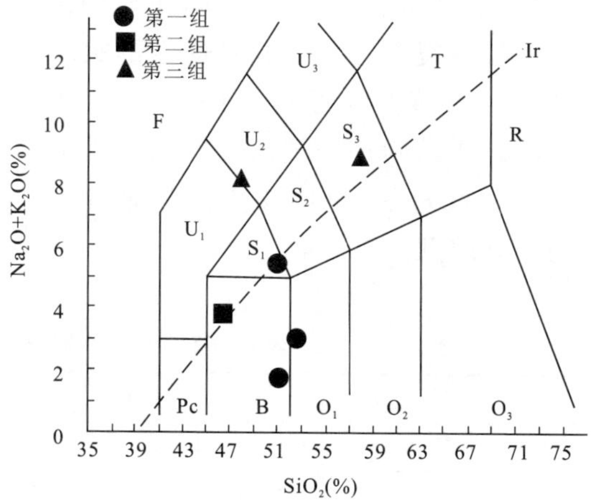

图3－78　奥陶纪、石炭纪、第四纪火山岩硅-碱图

第一组：奥陶纪火山岩；第二组：石炭纪火山岩；第三组：第四纪火山岩。F. 副长岩；U_1. 碱玄岩；U_2. 响岩质玄武岩；U_3. 碱玄质响岩；S_1. 粗面玄武岩；S_2. 玄武质粗面安山岩；S_3. 粗面安山岩；Pc. 苦橄（玄武）岩；B. 玄武岩；O_1. 玄武安山岩；O_2. 安山岩；O_3. 英安岩；T. 粗面岩；R. 流纹岩；Ir. 分界线，其上方为碱性，下方为亚碱性

表 3-44　火山岩稀土元素含量及特征参数表

层位	样品号	稀土元素含量(×10⁻⁶)									
		La	Ce	Pr	Nd	Sm	Eu	Gd	Tb	Dy	Ho
$Qp^3\beta$	D1215/1	120.20	263.50	30.19	118.90	19.80	4.76	13.60	1.67	7.12	1.15
	D1219/1	156.00	300.40	30.54	108.90	15.80	3.59	10.80	1.24	4.92	0.78
C_2K	D2782/1	9.85	21.51	2.64	11.33	2.75	0.77	2.89	0.52	3.24	0.64
(∈—O)x	D2199/2	119.00	229.41	23.35	85.5	12.90	1.72	11.30	1.61	7.91	1.49
	D2203/1	4.60	10.74	1.35	5.72	1.67	0.59	2.15	0.38	2.71	0.49
	D2207/2	14.03	29.99	4.20	16.51	4.19	1.03	4.93	0.86	5.42	1.14

层位	样品号	稀土元素含量(×10⁻⁶)					特征参数			
		Er	Tm	Yb	Lu	ΣREE	$(La/Yb)_N$	$(La/Sm)_N$	$(Gd/Yb)_N$	δEu
$Qp^3\beta$	D1215/1	3.07	0.35	2.12	0.31	586.74	33.63	3.79	3.91	0.91
	D1219/1	2.24	0.24	1.54	0.22	637.21	60.19	6.16	4.32	0.86
C_2K	D2782/1	2.03	0.28	1.77	0.27	60.49	3.30	2.24	1.00	0.91
(∈—O)x	D2199/2	3.73	0.51	3.11	0.42	501.96	22.72	5.77	2.23	0.47
	D2203/1	1.57	0.31	1.89	0.31	34.48	1.45	1.72	0.70	1.06
	D2207/2	3.30	0.47	3.08	0.44	89.59	2.70	2.09	0.98	0.77

3. 微量元素特征

微量元素含量见表 3-45。以正常洋脊玄武岩为参数标准化得到曲线图 3-80,可见奥陶纪火山岩具有不一致的曲线形式,反映它们具有不同的物质来源。其中两个样品代表较基性的火山岩,除 K、Rb、Ba、Th 大离子亲石元素较富集外,其他元素呈弱富集或弱亏损,曲线形态整体具有碱性板内裂谷玄武岩和钙碱性的火山弧玄武岩两者的过渡曲线形式;而另一个代表较酸性的火山岩样品则是表现出高钾钙碱性大洋性玄武岩的曲线特征,表明该火山岩来源于富集地幔的部分熔融。

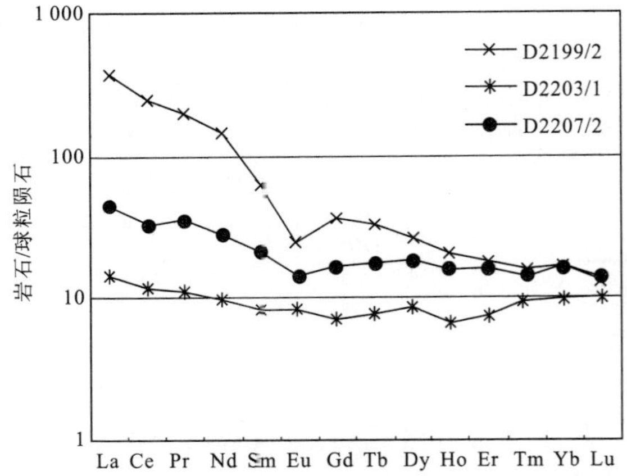

图 3-79　奥陶纪火山岩稀土配分模式

表 3-45　火山岩微量元素含量及特征参数表　(×10⁻⁶)

层位	样品号	Sr	K	Rb	Ba	Th	Ta	Nb	Ce	P
$Qp^3\beta$	D1215/1	1 590	5.00	237.0	2 398	19.70	0.78	21.90	263.50	6 758.0
	D1219/1	1 091	5.06	211.0	1 949	44.00	1.55	25.20	300.40	3 662.0
C_2K	D2782/1	119	0.95	39.3	155	0.06	0.40	4.78	21.51	348.8
(∈—O)x	D2199/2	216	1.87	89.4	986	21.19	0.74	11.40	229.40	6 331.0
	D2207/2	45	0.67	17.1	108	3.00	0.58	8.74	29.99	566.8
	D2248/7	376	0.77	98.0	862	8.65	0.75	10.70	10.74	609.0

续表 3-45

层位	样品号	Zr	Hf	Sm	Ti	Y	Yb	Sc	Cr	Co
$Qp^3\beta$	D1215/1	541	14.00	19.80	11 870	30.25	2.12	17.00	247.0	29.9
	D1219/1	420	10.80	15.83	7 434	20.83	1.54	8.46	65.5	14.0
C_2K	D2782/1	82.2	2.30	2.75	4 796	17.20	1.77	30.20	243.0	44.7
(∈—O)x	D2199/2	201	5.26	12.89	16 298	52.59	3.11	21.30	—	21.07
	D2207/2	44.4	1.86	4.19	4 963	29.38	3.08	37.97	—	42.13
	D2248/7	138	3.70	1.67	2 758	25.70	1.89	13.40	61.1	12.2

（三）构造环境探讨

西合休岩群主体为一套中浅变质的细碎屑岩夹火山岩建造，构造位置上处于昆北与昆中的蛇绿混杂岩带上。火山岩主体为拉斑系列的玄武安山岩。在 Zr-Zr/Y 图解（图 3-81）中 2 个火山岩样品集中分布于板内玄武岩一侧，1 个样品则落在了岛弧区；在 Nb×2-Zr/4-Y 图解（图 3-82）中，2 个样品分布于板内拉斑玄武岩或火山弧玄武岩区。地球化学特征总体上反映出板内拉张的构造环境。综上所述，奥陶纪火山岩一个可能的模式是，在早古生代早期，在新元古代末期的罗迪尼亚超大陆的基础上发生裂解，在塔里木板块南缘发生的裂解首先形成大陆裂谷环境，随着陆壳的拉伸减薄，上地幔部分重熔形成的拉斑质玄武岩浆喷出地表，形成本区的奥陶纪火山岩。

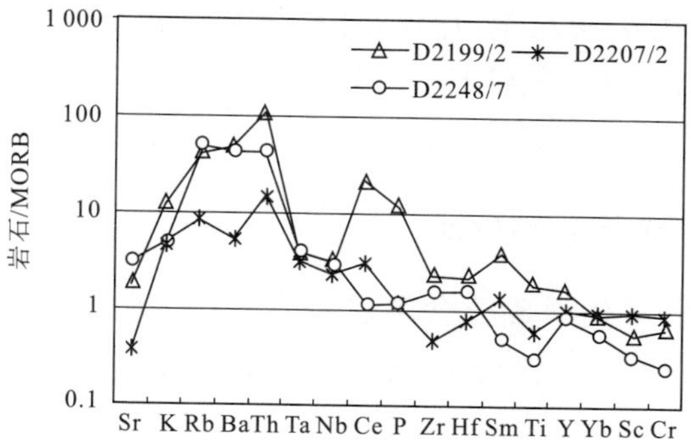

图 3-80　奥陶纪火山岩微量元素 MORB 标准化形式

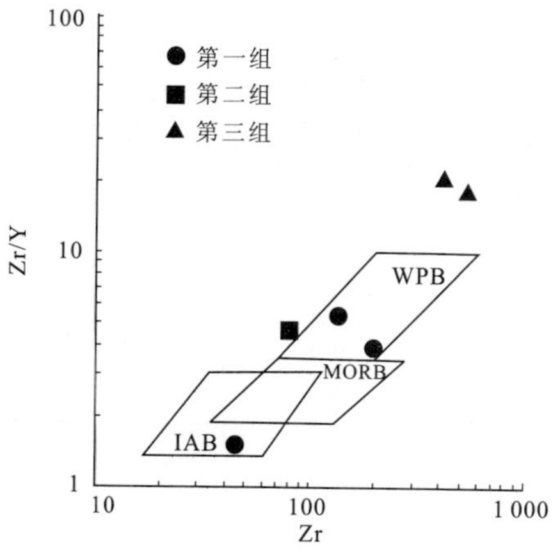

图 3-81　奥陶纪火山岩 Zr-Zr/Y 图解

第一组：西合休中火山岩；第二组：库尔良中火山岩；

第三组：第四纪火山岩

WPB. 板内玄武岩；MORB. 洋脊玄武岩；IAB. 岛弧玄武岩；

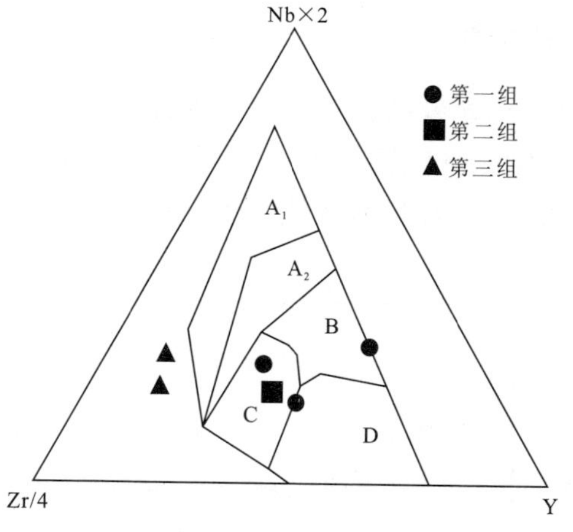

图 3-82　奥陶纪火山岩 Nb×2-Zr/4-Y 图解

第一组：西合休中火山岩；第二组：库尔良中火山岩；

第三组：第四纪火山岩

A_1+A_2. 板内碱性玄武岩；A_2+C. 板内拉斑玄武岩；

B. P 型 MORB；D. N 型 MORB；C+D. 火山弧玄武岩

(四)形成时代分析

西合休岩群为一套低绿片岩相变质细碎屑岩夹火山岩，其产出构造位置及岩石组合具有库地-其曼于特早古生代蛇绿构造混杂岩带边缘增生杂岩的特征，经区域地层对比，其形成时代应为奥陶纪。

三、石炭纪火山岩

(一)地质特征

该期火山岩分布于图幅区内北部阿巴勒克南5km一带，呈短轴透镜状夹于石炭系库尔良群一套弱变质碎屑岩之中，出露面积约44km²。南北宽度小于4km，东西延伸约15km，与地层为整合接触。岩石已随地层一起发生了明显的变质变形，现多变质成绿片岩，主要岩石类型有钠长绿泥片岩，岩石呈灰绿色，片状，具显微粒状鳞片变晶结构，矿物粒径0.06～0.3mm，主要矿物成分有绿泥石49%～50%、钠长石28%～30%、方解石16%～18%、绢云母3%～4%。从变质矿物组合分析，原岩为玄武岩类。

1. 岩石化学特征

岩石化学成分含量见表3-43。在硅-碱分类图(图3-78)中，仅有的1个样品落在了玄武岩区，位于Ir界线上，属拉斑玄武岩系列与碱性玄武岩系列的过渡类型。Na_2O含量远大于K_2O含量。

2. 稀土元素特征

稀土元素含量见表3-44，稀土配分曲线见图3-83。石炭纪火山岩稀土总量较低，仅为60.49$\times10^{-6}$，轻稀土分馏较弱，$(La/Yb)_N=3.30$，$(La/Sm)_N=2.24$，重稀土未发生明显的分馏，$(Gd/Yb)_N=1.00$，$\delta Eu=0.91$，铕亏损不明显。

3. 微量元素特征

微量元素含量见表3-45。以正常洋脊玄武岩为参数标准化得到曲线图3-84，可见石炭纪火山岩除K、Rb、Ba大离子亲石元素较富集外，其他元素均呈弱富集或弱亏损，曲线形态整体具有碱性板内裂谷玄武岩和钙碱性的火山弧玄武岩两者的过渡曲线形式。

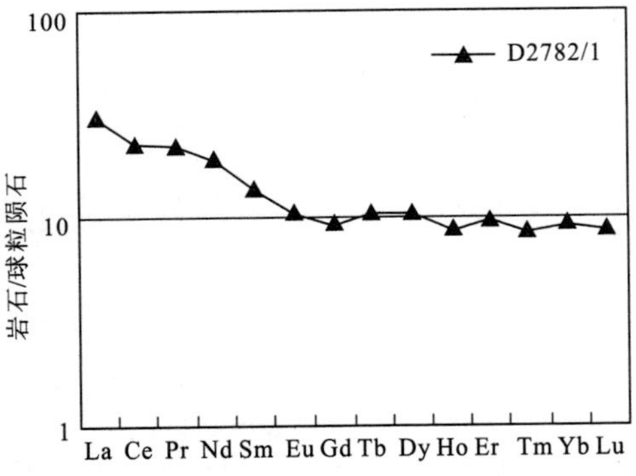

图3-83　石炭纪火山岩稀土配分模式

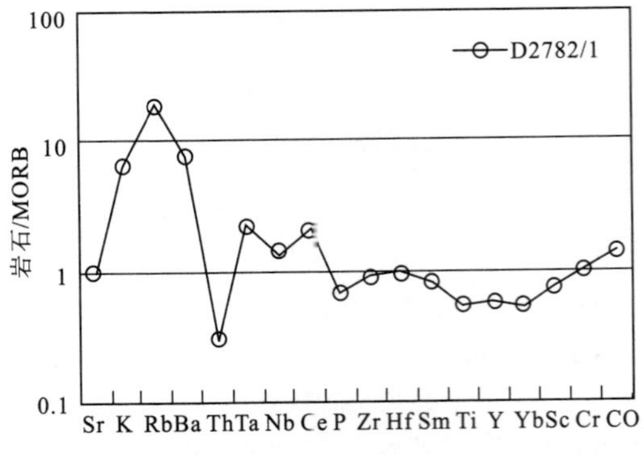

图3-84　石炭纪火山岩微量元素MORB标准化形式

(二)构造环境探讨

库尔良群主体为一套弱变质的细碎屑岩夹火山岩建造,构造位置上处于晚古生代裂陷槽内。火山岩为拉斑系列与碱性系列过渡的玄武岩。在 Zr - Zr/Y 图解(图 3 - 81)中样品落在了板内玄武岩一侧;在 Nb×2 - Zr/4 - Y 图解(图 3 - 82)中,样品落在板内拉斑玄武岩或火山弧玄武岩区。地球化学特征总体上反映出板内拉张的构造环境。

综上所述,石炭纪火山岩可能是在晚古生代早期,在早古生代末期基本拼合的西昆仑陆块的基础上发生裂解,沿塔里木板块南缘发生的裂解形成大陆裂谷环境,随着陆壳的拉伸减薄,上地幔部分重熔形成的拉斑质玄武岩浆喷出地表,形成了图幅区内的石炭纪火山岩。

(三)形成时代分析

库尔良群为一套低绿片岩相变质细碎屑岩夹火山岩,其产出构造位置处于库尔良晚古生代裂陷槽内,区域上 1∶25 万于田县幅在阿羌晚古生代裂陷槽内取得了早二叠世的放射虫化石,从而可以推断该裂陷槽的初始裂张应早于二叠纪。经区域地层对比,前人在库尔良群的灰岩中采到了石炭纪珊瑚化石,依据该套地层形成时代,确定其火山岩形成时代应为石炭纪。

四、新近纪火山岩

(一)地质特征

新生代火山岩在图幅区内仅见于康西瓦达坂东 10km 处的喀拉喀什河南岸,南邻幅中见于滚石河口西侧。火山岩均呈层状夹于新生界河床阶地砾石层之中(图 3 - 85),出露厚度约 20m,东西延伸约 2 000m,与地层为整合接触。下部为褐灰色凝灰角砾岩,厚度小于 4m,其下方的砾石层可见明显的烘烤现象;中部为灰—紫灰色气孔橄榄玄武岩,厚度约 10m;上部为咖啡色火山灰及火山角砾,局部可见火山弹,厚度小于 5m;火山岩上部为灰色砂砾层覆盖。

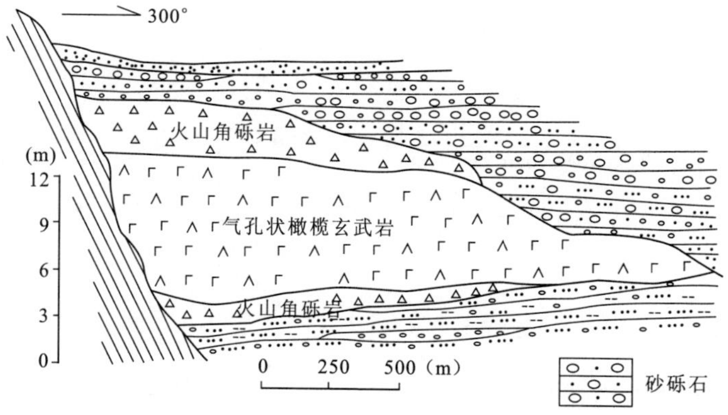

图 3 - 85　康西瓦东 11km 处第四纪火山岩纵断面图

以溢流相为主要喷发形式。主要岩石类型如下:

气孔状橄榄玄武岩　岩石呈灰—紫灰色,气孔状构造,斑状结构。斑晶含量约为 10%,斑晶矿物为单斜辉石、斜长石、黑云母(常见暗化边),偶见橄榄石。基质粒度为 0.01～0.03mm,主要矿物成分有斜长石 28%～30%、单斜辉石 14%～15%、黑云母 6%～8%、玻璃质 14%～15%。

凝灰角砾岩　岩石呈褐灰色,由火山灰、火山弹、火山角砾组成,角砾全为碱性橄榄玄武岩,大小(5cm×10cm)～(10cm×15cm),具气孔状构造,由紫灰色火山灰胶结,较松散。

此外，岩石中不均匀地含有深源暗色包裹体，大小一般为 0.8mm，多呈浑圆形。岩性为尖晶石二辉橄榄岩、尖晶石方辉橄榄岩等幔源岩，岩石呈黄绿色，块状构造，细粒变晶结构，主要由橄榄石组成部分，含有少量斜方辉石和单斜辉石。

1. 岩石化学特征

岩石化学成分含量见表 3－43。在硅-碱分类图(图 3－78)中，两个样品中一个落在碱玄岩区，另一个落在粗面安山岩，均位于 Ir 界线上方，属碱性玄武岩系列。Na_2O 含量远少于 K_2O 含量。Na_2O+K_2O 最小碱度为 8.49，最大为 8.93，总体上碱度非常高。

2. 稀土元素特征

稀土元素含量见表 3－44，稀土配分曲线见图 3－86。新生代火山岩稀土总量非常高，为 $586.74\times10^{-6}\sim637.21\times10^{-6}$，轻稀土、重稀土分馏强烈，$(La/Yb)_N=33.63\sim60.19$，$(La/Sm)_N=3.79\sim6.16$，$(Gd/Yb)_N=3.91\sim4.32$，$\delta Eu=0.86\sim0.91$，铕亏损不明显。稀土曲线呈一条右倾斜线。

3. 微量元素特征

微量元素含量见表 3－45。以正常洋脊玄武岩为参数标准化得到曲线图 3－87。可见新生界火山岩除 Yb、Sc、Co 强相容元素弱亏损外，其他元素均呈强富集或富集状，曲线形态呈大隆起状，具有板内碱性玄武岩的曲线特征。

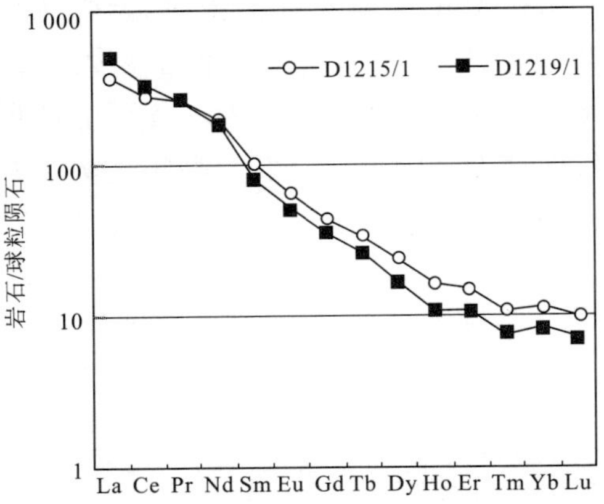

图 3－86　新生代火山岩稀土配分模式

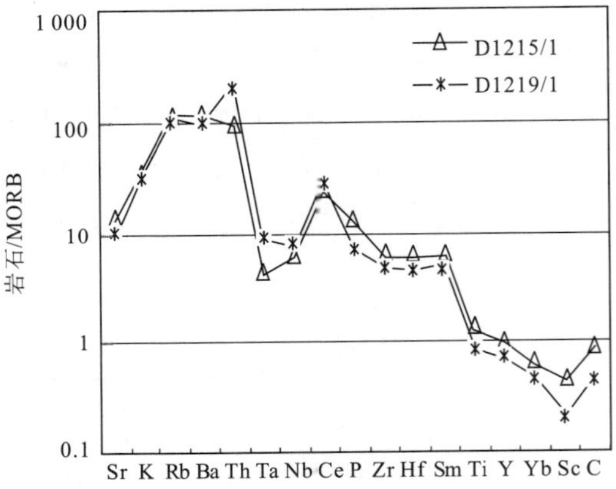

图 3－87　新生代火山岩微量元素 MORB 标准化形式

（二）构造环境探讨

自中生代以来，图幅区内构造环境已进入板内演化阶段，新生代火山岩为板内构造环境无疑。在 Nb×2－Zr/4－Y 图解(图 3－82)中亦落在板内碱性玄武岩一侧，以及微量元素 MORB 标准化形式也支持这一观点。据张招崇、肖序常 2004 年研究，康西瓦新生代火山岩具有较低的 TiO_2，但富集大离子亲石元素和轻稀土元素，加上微量元素标准化曲线上显著的 Nb、Ta，指示康西瓦火山岩形成于富集地幔的部分熔融。

（三）形成时代分析

图幅区内自中生代以来已进入了板内演化阶段，康西瓦火山岩夹于现代河床阶地砾石层中，火山岩产状近于水平，形成时代较新。罗照华于 2004 年对其进行了精确的 SHRIMP 法测年分析，取得了(3.80±0.11)Ma 的地质年龄，与东部规模巨大的黑石北湖火山岩为同期形成(全岩 K－Ar 法 3.19Ma，3Ma)，其时代为新近纪，表明该火山岩形成于新近纪。

第四节　蛇绿混杂岩

图幅区内发育 3 条大的结合带，但蛇绿混杂岩套不发育，仅在本次区调中首次发现并命名的早古生代蒙古包-普守带和北部的库地-其曼于特带中有零星出露。蛇绿混杂岩地质特征见第二章第二节，这里就蛇绿混杂岩岩石特征予以分述。

一、蒙古包-普守蛇绿混杂岩

(一)蛇绿混杂岩岩石特征

蒙古包-普守早古生代蛇绿构造混杂岩带中岩石单元出露相对较齐全，图幅区内见有超基性岩、基性杂岩体和基性火山岩。

1. 超基性岩

超基性岩仅见于图幅区内的普守一带，呈透镜状被挟持于蛇绿构造混杂岩带之中，东西断续延伸超过 20km，岩性为蛇纹石化纯橄岩、云母二辉岩、含斜辉岩。

蛇纹石化纯橄岩　岩石呈灰绿色，块状，细晶结构、半自形粒状结构，块状构造。矿物粒径 0.25～0.4mm，主要矿物成分有橄榄石 85%～86%、蛇纹石 8%～10%、磁铁矿 1%、斜方辉石4%～5%。晶体间紧密接触，蚀变表现出蛇纹石化。

云母二辉岩　岩石呈灰色，自形片、粒状结构，平行构造，矿物粒径 0.3～1mm，主要矿物成分有单斜辉石 28%～30%、斜方辉石 2%～21%、斜长石 7%～8%、黑云母 40%～42%、橄榄石 1%，次要矿物有锆石及金属矿物等。其中单斜辉石呈自形短柱状和个别粒状，无色，最大消光角(C∧Ng)40°～42°，为透辉石；斜方辉石具很淡的褐黄色，平行消光，为古铜辉石；黑云母呈自形片柱状，受应力作用，定向平行排列，形成平行构造。

含斜辉岩　岩石呈灰色，半自形粒状结构，块状构造，矿物粒径 0.6～1.5mm，主要矿物成分有斜方辉石 75%～76%、单斜辉石 10%～14%、斜长石 8%～10%、橄榄石 1%，次要矿物有榍石和石榴子石等，辉石特征大致同上一个岩性。

2. 基性岩体

基性岩有辉长岩、辉石闪长岩、辉绿岩 3 种。

辉长岩　岩石呈灰色，细粒半自形粒状结构，块状构造。矿物粒径 0.3～1mm，主要矿物成分有斜长石 58%～59%、斜方辉石 28%～30%、黑云母 8%～10%、透辉石 1%，次要矿物有锆石及金属矿物等。其中斜方辉石呈短柱状，无色，平行消光，或稍显很淡的褐黄色，为古铜辉石；斜长石较洁净，钠长石律双晶清晰；黑云母呈片状，多色性为褐色。岩石具轻微的变质作用，但原岩成分及结构仍较清楚。

辉石闪长岩　岩石呈灰—深灰色，粒柱状结构，块状构造。矿物粒径 0.5～1mm，主要矿物成分有角闪石 34%～36%、斜长石 40%～41%、透辉石 12%～15%、黑云母 8%～10%。岩石中的角闪石分布不均匀，显示不规则带状聚集。

蚀变辉绿岩　岩石呈灰绿色，块状，具辉绿结构。矿物粒径 1～2mm，主要矿物成分有斜长石 49%、纤闪石 48%、石英 1%，次要矿物有钛铁矿、榍石、磷灰石等。岩石蚀变表现为斜长石的绢云母化和泥化，双晶极不清楚，辉石类暗色矿物蚀变为纤闪石。

3. 酸性岩脉

酸性岩脉 与云母二辉岩紧密共生，岩性为中细粒石榴英云闪长岩，岩石呈浅灰色，变余中细粒半自形粒状结构，块状构造，矿物粒径 0.8～2.5mm，主要矿物成分有斜长石 46%～48%、钾长石 7%～8%、石英 38%～40%、黑云母 2%～3%、石榴子石 3%。岩石受到一定程度的变质作用。

4. 基性火山岩

基性火山岩 岩石已变质为钠长绿泥片岩，呈灰绿色，显微粒状鳞片变晶结构，显微片状构造，矿物粒径以 0.03～0.06mm 为主，少数 0.15mm。主要矿物成分有绿泥石 42%～45%、钠更长石 35%～38%、石英 6%～7%、方解石 6%～7%、绿帘石 4%～5%、磁铁矿 2%～3%。原岩性质变质后无残余，仅依据变质后的矿物组合分析应为中基性熔岩类。

（二）岩石地球化学特征及构造环境信息

1. 岩石化学特征

岩石化学成分含量见表 3－46。除酸性岩脉 SiO_2 含量为 71.92%外，其他岩石 SiO_2 含量变化于 42.91%～52.54%，均小于 54%，属基性—超基性岩范畴。蒙古包南的基性玄武岩和蚀变辉绿岩的 $Na_2O>K_2O$，而普守一带的基性岩则 $K_2O>Na_2O$，表现出不同的岩石化学特性，但总体上碱度较高。

利用判别图 3－88 进行分析，样品并不集中，1 个样品投影钙碱性玄武岩区，2 个样品落在洋岛拉斑玄武岩区和洋中脊玄武岩的界线上；另 2 个样品落在洋岛碱性玄武岩区，主体表现出洋岛性质。

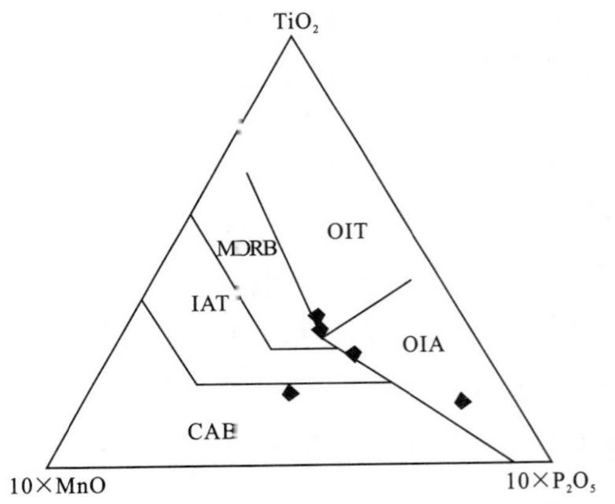

图 3－88 $TiO_2-MnO-P_2O_5$ 图解

OIT. 洋岛拉斑玄武岩；OIA. 洋岛碱性玄武岩；CAB. 钙碱性玄武岩；IAT. 岛弧拉斑玄武岩；MORB. 洋中脊玄武岩

2. 稀土元素特征

稀土元素含量及特征参数见表 3－47。蒙古包南的基性岩及基性火山岩稀土总量较低。配分模式（图 3－89）上稀土曲线近于水平，铕异常不明显，具有 MORB 蛇绿混杂岩的特征。而普守带的基性岩、超基性岩稀土总量较高，特别是超基性岩高达 480.59×10^{-6}，轻、重稀土分馏明显，轻稀土分馏强烈，重稀土分馏较弱，稀土曲线表现为右倾斜线。

3. 微量元素特征

微量元素含量见表 3－48。以 MORB 为参数标准化得到曲线图 3－90，可见蒙古包南基性岩与普守一带的基性岩具有明显不同的微量元素组成。蒙古包南基性岩及基性火山岩（图中的粗线条）除大离子亲石元素（K、Rb、Ba、Th）富集明显外，高场强元素均呈弱富集，亲铁元素 Cr 呈中弱亏损状。普守带的基性、超基性岩除大离子亲石元素明显富集外，高场强元素中的 Ta、Hf 亦呈明显富集状。

表 3-46 蛇绿混杂岩岩石化学分析结果表

蛇绿混杂岩带	岩石名称	样品号	氧化物含量(%)														特征参数				
			SiO_2	TiO_2	Al_2O_3	Fe_2O_3	FeO	MnO	MgO	CaO	Na_2O	K_2O	P_2O_5	$Fe_2O_3^*$	LOI	Σ	A/CNK	SI	DI	σ	AR
蒙古包-普守带	蚀变辉绿岩	D240/1	52.54	2.04	13.42	2.18	9.75	0.21	5.36	7.16	3.04	1.37	0.39	11.94	1.05	98.52	0.69	24.69	39.20	1.88	1.55
	钠长绿泥片岩(玄武岩)	D241/1	42.91	2.26	12.40	7.69	8.84	0.19	7.02	8.20	1.42	0.30	0.25	16.53	7.52	99.00	0.71	27.78	21.49	0.90	1.18
	英云闪长岩	D2242/8	71.92	0.64	13.33	0.31	3.41	0.06	1.09	2.28	2.82	3.07	0.08	3.72	0.06	99.07	1.10	10.19	77.93	1.19	2.21
	云母二辉岩	D2242/10	46.70	2.40	8.24	1.32	9.97	0.18	15.30	8.24	0.48	3.93	1.34	11.29	0.31	98.41	0.41	49.29	27.82	4.37	1.73
	辉石闪长岩	D2243/1	49.52	0.76	12.98	0.77	9.59	0.20	12.20	9.37	0.96	1.57	0.19	10.36	0.18	98.29	0.64	48.58	17.74	0.89	1.26
库地-其曼于特带	斜长角闪岩(原为基性岩)	D867/1	50.13	1.12	15.18	3.38	7.92	0.25	6.40	9.22	3.69	0.68	0.12	11.30	0.92	99.01	0.64	29.00	35.93	2.45	1.44
	斜长角闪岩(原为基性岩)	D868/1	52.67	0.70	14.61	2.01	6.63	0.27	3.75	13.00	1.38	0.46	0.14	8.64	3.36	98.98	0.55	26.35	27.65	0.31	1.14
	变安山岩	D2202/3	47.22	0.85	17.62	1.90	5.18	0.16	3.62	7.82	3.66	5.99	0.29	7.08	5.77	100.08	0.66	17.77	54.73	14.80	2.22
	强蚀变辉绿岩	D2199/2	50.83	2.72	13.82	2.52	9.59	0.15	3.54	5.94	3.51	1.87	1.45	12.12	4.08	100.03	0.74	16.85	47.44	3.15	1.75
	石榴角闪岩	D2731/2	39.87	4.22	15.13	1.39	15.70	0.21	9.10	8.25	1.88	0.59	0.23	17.11	1.34	97.93	0.81	31.73	18.94	−3.80	1.24
	黑云角闪钠长片岩	D2249/1	42.72	2.52	14.28	2.44	11.30	0.24	4.62	8.08	4.55	2.50	0.37	13.72	4.93	98.53	0.57	18.20	42.33	21.48	1.92

表 3-47 蛇绿混杂岩稀土元素分析结果表

蛇绿混杂岩带	样品号	稀土元素含量($\times10^{-6}$)															特征参数			
		La	Ce	Pr	Nd	Sm	Eu	Gd	Tb	Dy	Ho	Er	Tm	Yb	Lu	ΣREE	$(La/Yb)_N$	$(La/Sm)_N$	$(Gd/Yb)_N$	δEu
蒙古包-普守带	D240/1	24.44	54.89	6.90	30.06	7.49	2.01	8.09	1.43	9.00	1.86	5.60	0.78	5.10	0.77	158.42	2.85	2.04	0.97	0.86
	D241/1	7.00	20.15	3.21	17.03	5.00	1.35	6.57	1.25	8.20	1.72	4.80	0.73	4.60	0.70	82.31	0.90	0.88	0.88	0.80
	D2242/8	24.80	44.80	5.30	18.10	3.10	1.22	3.36	0.70	4.96	1.03	3.12	0.44	2.89	0.42	114.24	5.10	5.00	0.71	1.27
	D2242/10	112.00	210.00	25.60	90.60	13.10	2.97	11.40	1.38	6.04	1.06	3.27	0.38	2.44	0.35	480.59	27.25	5.34	2.86	0.80
	D2243/1	27.70	58.80	8.26	32.80	6.55	1.26	5.75	0.94	5.32	1.05	3.22	0.44	2.90	0.43	155.42	5.67	2.64	1.22	0.67
库地-其曼于特带	D867/1	5.69	13.06	1.94	9.65	2.80	1.08	3.64	0.71	4.64	0.99	2.70	0.42	2.60	0.43	50.35	1.30	1.27	0.86	1.15
	D868/1	8.55	18.11	2.25	10.07	2.69	1.01	3.14	0.59	3.92	0.82	2.52	0.36	2.39	0.37	56.79	2.12	1.99	0.80	1.18
	D2202/3	56.39	121.10	13.17	50.07	9.54	2.64	10.09	1.16	5.53	0.91	2.59	0.38	2.34	0.35	276.26	14.31	3.69	2.64	0.90
	D2731/2	16.78	35.31	4.29	18.59	4.11	1.59	3.82	0.60	3.40	0.62	1.76	0.22	1.48	0.20	92.77	6.74	2.55	1.58	1.33
	D2249/1	23.10	54.63	7.14	31.16	7.59	2.46	7.43	1.25	7.34	1.38	4.02	0.53	3.46	0.50	151.99	3.97	1.90	1.32	1.09

表 3-48　蛇绿混杂岩微量元素分析结果表

蛇绿混杂岩带	样品号	Cr	Ni	Co	Sc	Ba	Sr	Rb	Y	Zr	Nb	Hf
蒙古包-普守带	D240/1	144.0	60.49	29.40	33.80	256.0	227	101.00	50.3	238.0	9.05	6.10
	D240/2	39.1	9.94	28.70	50.50	242.0	206	70.70	50.0	162.0	12.40	4.08
	D241/1	41.4	44.59	63.70	49.30	69.2	124	12.40	45.0	104.0	5.76	3.11
	D241/2	39.4	50.40	63.70	54.40	46.7	164	9.29	49.5	202.0	9.33	4.98
	D241/3	38.4	44.00	72.50	54.00	39.7	167	5.25	48.6	88.6	9.37	2.57
	D2242/8	81.8	16.90	7.12	8.82	436.0	141	117.00	30.3	365.0	9.11	12.30
	D2242/10	680.0	482.00	67.00	25.40	585.0	76	264.00	30.3	473.0	44.90	131.00
	D2243/1	909.0	235.00	55.00	36.10	292.0	196	90.50	29.9	82.1	11.60	24.60
库地-其曼于特带	D867/1	35.0	43.89	39.30	40.50	158.0	179	30.40	26.2	79.3	3.04	2.04
	D868/1	238.0	117.20	27.00	29.30	150.0	117	15.10	23.5	76.0	4.22	2.02
	D2202/3	—	—	21.68	14.65	676.0	923	183.00	28.1	193.0	33.70	3.88
	D2731/2	59.4	100.20	77.10	18.90	222.0	394	17.30	16.0	125.0	19.00	3.31
	D2249/1	116.0	92.69	46.10	31.70	299.0	293	141.00	36.5	242.0	18.70	5.87

蛇绿混杂岩带	样品号	Ta	Ti	Th	Bi	Sb	Pb	Zn	Cu	Ag	Au	P
蒙古包-普守带	D240/1	0.76	12 230	7.26	0.150	0.32	9.75	106.80	34.92	0.072	0.005 3	1 700
	D240/2	0.70	10 371	9.27	0.128	0.08	5.57	92.40	25.30	0.028	0.003 0	2 314
	D241/1	0.39	13 549	1.14	0.660	2.00	8.25	79.2	65.92	0.100	0.003 3	1 090
	D241/2	0.51	8 573	1.08	0.148	1.53	6.27	91.20	58.00	0.036	0.006 0	1 677
	D241/3	0.53	7 374	0.50	0.148	1.59	6.90	79.60	136.00	0.040	0.002 0	1 310
	D2242/8	12.40	2 638	0.75	—	1.39	0.06	0.04	38.90	62.700	20.640	349
	D2242/10	12.80	8 213	8.49	—	8.32	0.10	0.23	10.10	279.50	28.540	5 842
	D2243/1	2.87	3 417	0.95	—	3.35	0.04	0.08	12.10	159.50	39.540	828
库地-其曼于特带	D867/1	0.27	6 714	1.82	0.120	1.32	9.93	117.80	73.12	0.072	0.011 0	523
	D868/1	0.27	4 197	2.22	0.040	0.23	8.22	103.80	49.12	0.066	0.005 6	610
	D2202/3	1.51	5 079	12.49	—	—	20.57	—	68.33	—	—	1 268
	D2731/2	1.51	25 299	<0.05	0.050	0.37	5.65	131.80	46.92	0.140	<0.000 3	1 003
	D2249/1	1.38	15 107	2.48	0.140	0.26	11.30	145.80	58.72	0.100	0.007 4	1 613

注：表中 Au、Ag 元素含量单位为 $\times 10^{-9}$，其他元素含量单位为 $\times 10^{-6}$。

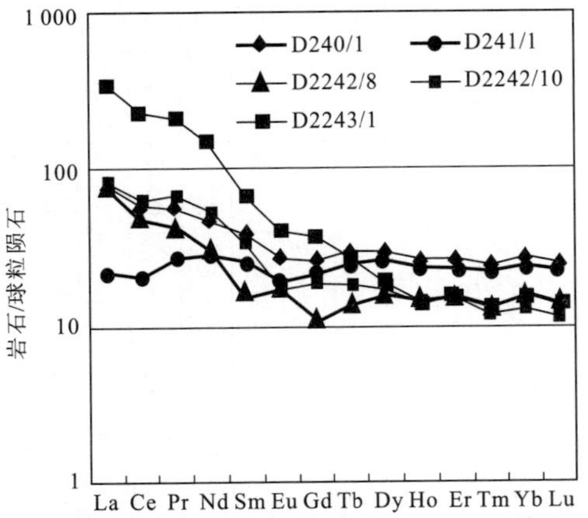

图 3-89　蒙古包-普守蛇绿混杂岩中基性—超基性岩稀土配分模式

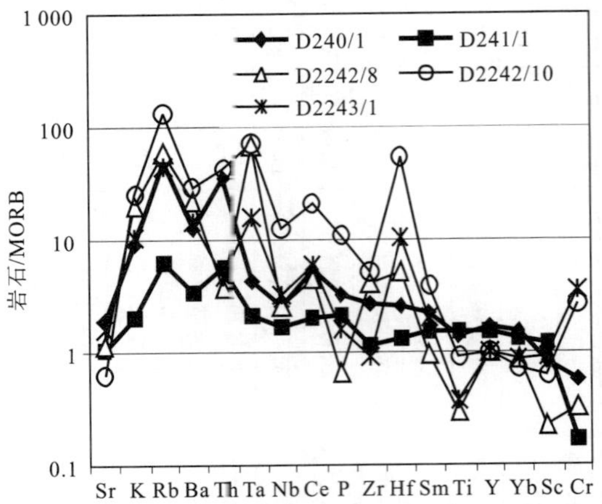

图 3-90　蒙古包-普守蛇绿混杂岩中基性—超基性岩微量元素 MORB 标准化形式

利用 Hf/3－Th－Ta 图解(图 3－91)判别,该蛇绿混杂岩投影点极为分散,有岛弧环境,也有洋中脊环境,个别样品还可能为板内环境,反映出一个大混杂的特征。

蛇绿岩主体是大陆碰撞造山带中古洋壳的残片已成共识,现在,比较普遍的认识是蛇绿岩并不产于正常的大洋中脊,而是在大陆边缘-岛弧环境。图幅区内蒙古包-普守蛇绿岩所具有的复杂的岩石地球化学特征表明其并非典型的大洋蛇绿岩。其明显富的大离子亲石元素、高稀土总量、轻稀土明显富集等一系列特征均表明该蛇绿岩所代表的洋盆规模不大,为陆缘小洋盆。蛇绿岩两侧的基底地层具有基本相似的地球化学特征(详见第四章变质岩)也支持上述观点。

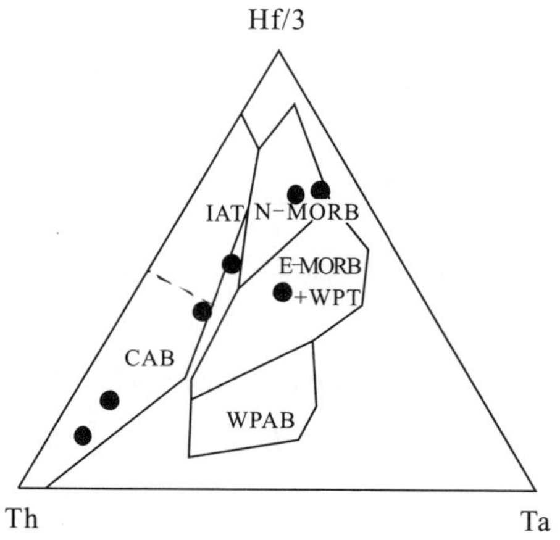

图 3－91 Hf/3－Th－Ta 图解
CAB. 岛弧钙碱性玄武岩;IAT. 岛弧拉斑玄武岩;
WPAB. 内玄武岩;N－MORB. 洋脊玄武岩;
E－MORB＋WPT. 富集型玄武岩

二、库地-其曼于特蛇绿混杂岩

(一)蛇绿混杂岩岩石特征

由于构造破坏,图幅区内未见完整的蛇绿混杂岩组合,库地-其曼于特早古生代蛇绿构造混杂岩带,在图幅区内仅发育有超基性岩、基性杂岩体和中性火山岩。

1. 超基性岩

超基性岩岩性为斜辉橄榄岩、二辉岩。

斜辉橄榄岩　岩石呈绿灰色,它形粒状结构,块状构造。矿物粒径 0.3～1mm,主要矿物成分有橄榄石 79%～81%、斜方辉石 18%～20%。橄榄石呈它形粒状,无色,晶体较新鲜;斜方辉石呈半自形柱状,稍显黄色,干涉色为一级黄色,平行消光,应属古铜辉石,在岩石中呈条带状聚集,大致相间平行分布,构成带状构造特征。

二辉岩　岩石呈灰色,半自形粒状结构,块状构造。矿物粒径 0.3～1mm。主要矿物成分有斜方辉石 55%～56%、单斜辉石 35%～37%、橄榄石 6%～8%,次要矿物有镁铁尖晶石等。

2. 基性岩体

斜长角闪岩(基性岩)　岩石呈深灰色,粒柱状变晶结构,平行构造。矿物粒径 0.15～0.2mm,另一种 0.3～0.5mm。主要矿物成分有斜长石 16%～18%、角闪石 67%～68%、绿帘石＋黝帘石 10%～12%、透辉石 1%,次要矿物有榍石及金属矿物等。镜下可见粗大的纤闪石晶体中残留有透辉石晶体,可能为原生暗色矿物,结合变质分解的矿物特点,原岩可能为基性岩类。

3. 中性火山岩

中性火山岩　仅见于图幅区内库尔良南侧附近,呈残留体状残存于早古生代侵入岩之中。岩性为变安山岩,呈深灰色,变余斑状结构、基质显微晶质粒状结构,块状构造,矿物粒径基质以 0.02～0.03mm 为主,斑晶 1～1.5mm。斑晶主要矿物成分有阳起石 3%～5%、黑云母 3%～4%;基质成分有钠更长石 45%～50%、方解石 8%～10%、阳起石 25%～30%、黑云母 3%～5%、钾长石 3%～5%。岩石蚀变表现为斜长石板条状晶体已变质分解为十分细小的晶质粒状晶体,原暗色矿物已变质为阳起石细小纤状和鳞片片，黑云母也脱色褐色变得很浅。

（二）岩石地球化学特征及构造环境信息

1. 岩石化学特征

岩石化学成分含量见表3－46。其他岩石 SiO_2 含量变化于39.87%～52.67%，均小于54%，属基性—超基性岩范畴。除个别样品外，多数样品 $Na_2O>K_2O$，但总体上碱度较高。

利用判别图3－92进行分析，样品并不集中，1个样品投影在钙碱性玄武岩区，1个样品落在洋岛拉斑玄武岩区；另2个样品落在洋岛碱性玄武岩区，主体表现出洋岛性质。

2. 稀土元素特征

稀土元素含量及特征参数见表3－47。除变安山岩稀土总量明显偏高外，其他样品稀土总量较低，变化于 $50.35\times10^{-6}\sim151.99\times10^{-6}$。稀土配分曲线见图3－93。多数样品稀土曲线近于水平，轻、重稀土发生较弱的分馏，铕具正异常，具有MORB蛇绿混杂岩的特征。变安山岩稀土曲线为明显的右倾斜线外，轻重稀土分馏明显，铕具不明显的亏损，加上较高的稀土总量，反映其可能来自于俯冲带上方岛弧带。

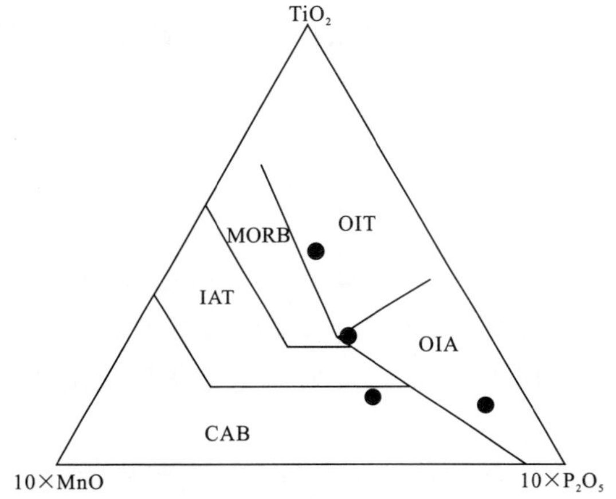

图3－92 $TiO_2－MnO－P_2O_5$ 图解

OIT. 洋岛拉斑玄武岩；OIA. 洋岛碱性玄武岩；CAB. 钙碱性玄武岩；IAT. 岛弧拉斑玄武岩；MORB. 洋中脊玄武岩

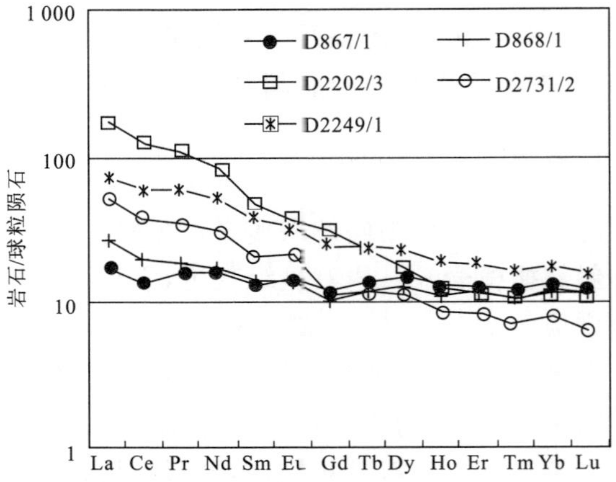

图3－93 库地-其曼于特蛇绿混杂岩中基性—超基性岩稀土配分模式

3. 微量元素特征

微量元素含量见表3－48。以MORB为参数标准化得到曲线图3－94，可见除大离子亲石元素（K、Rb、Ba、Th）富集明显外，高场强元素、亲铁元素均与MORB大体相当，表现出富集地幔的地球化学特征。

利用Hf/3－Th－Ta图解（图3－95）判别，该蛇绿混杂岩投影点较为分散，主体投入了岛弧钙碱性玄武岩区，仅有1个样品投在了富集地幔区或板内环境。结合岩石化学研究成果，图幅区内库地-其曼于特早古生代蛇绿构造混杂岩带中的基性岩主体并非是典型的蛇绿混杂岩残片，而是以洋岛残片为主，反映出一个由构造所形成的大混杂的特征。

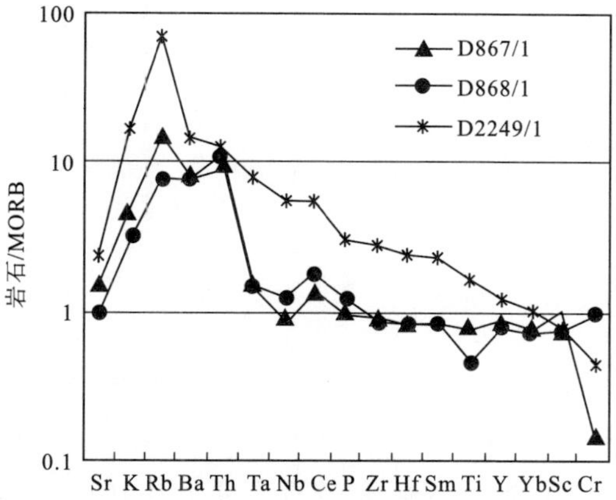

图 3-94 库地-其曼于特蛇绿混杂岩中基性—超基性岩微量元素 MORB 标准化形式

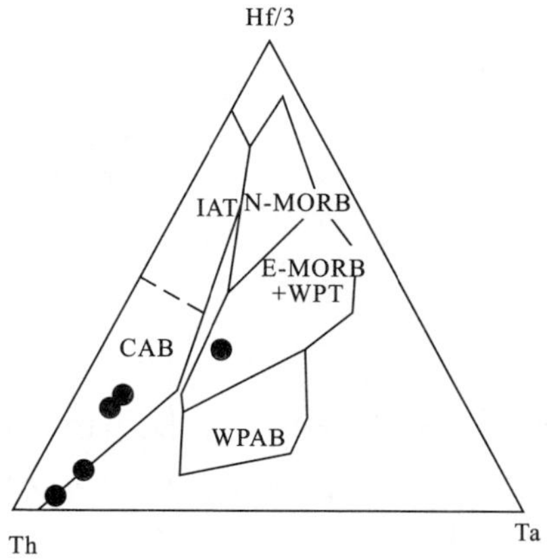

图 3-95 Hf/3-Th-Ta 图解

CAB. 岛弧钙碱性玄武岩;IAT. 岛弧拉斑玄武岩;WPAB. 板内玄武岩;N-MORB. 洋脊玄武岩;E-MORB+WPT. 富集型玄武岩

综上所述,图幅区内库地-其曼于特蛇绿混杂岩所具有的复杂的岩石地球化学特征表明其并非典型的大洋蛇绿混杂岩。明显富的大离子亲石元素、较高稀土总量、轻稀土明显富集等一系列特征均表明该蛇绿混杂岩带中混入了大量的洋岛残片,接近洋壳组成的岩石又具有明显的富集地幔特征,其所代表的洋盆规模不大,为陆缘小洋盆。

第四章 变质岩

图幅区内变质岩分布广泛，除第四系各类沉积层、新近系阿图什组、侏罗系龙山组和二叠系杜瓦组地层基本未变质外，其余地层均遭受变质作用而发育变质岩，出露面积约 11 980km²。变质岩主要岩石类型为区域变质岩、混合岩、动力变质岩和接触变质岩。区域变质岩主要分布在塔里木地层区、铁克里克地层分区的埃连卡特岩群、塞拉加兹塔格岩群、博查特塔格岩组、塔哈奇组和桑株河东古变质侵入体内；昆北地层分区的早古生代蛇绿混杂岩带、西合休岩组、他龙群、库尔良群和昆中地层分区的赛图拉岩群、普守岩组、桑株塔格岩群、下古生界(未分)地层内；甜水海地层分区的温泉沟群和巴颜喀拉地层区、大红柳滩地层分区的康西瓦岩群、黄羊岭群、巴颜喀拉山群地层内。混合岩主要分布于普守岩组内和一些侵入体边缘。动力变质岩主要分布在库地-其曼于特早古生代蛇绿构造混杂岩带、蒙古包-普守早古生代蛇绿构造混杂岩带和各类断层带中。接触变质岩分布局限，主要分布在三十里营房岩体外接触带内。

变质岩分类命名、变质作用、变质带、变质相系等划分主要依据部直管局《变质岩区 1∶5 万区域地质填图方法指南》(1991)和贺同兴等《变质岩石学》(1980)提出的方案进行。

第一节 区域变质岩

图幅区内区域变质岩包括变质沉积岩、变质火山岩和变质古侵入岩三大类，依据变质变形程度可划分为低级变质岩和中、高级变质岩两类，进一步根据主要岩石结构构造和矿物组合等特征划分岩石类型，其岩石学、岩石地球化学特征和原岩建造等方面均各具特色。其中低级变质岩类依据原岩不同可划分为 3 类，即泥质—长英质变质岩类、中基性变质岩类和变质碳酸盐岩类，岩石大部分为变形较弱，变质达低绿片岩相的片岩、千枚岩、板岩、变砂岩、绿片岩及各类大理岩等，其岩石主要分布在西合休岩组、温泉沟群、他龙群、库尔良群、塔哈奇组、黄羊岭群、巴颜喀拉山群等地层中；中、高级变质岩依据原岩建造不同可划分为 3 类，即泥质—长英质变质岩类、基性变质岩类和变质镁质碳酸盐岩类，岩石变形强烈，变质达高绿片岩相-高角闪岩相的片麻岩、粒岩、片岩、斜长角闪岩、角闪岩和大理岩等，岩石主要分布在埃连卡特岩群、康西瓦岩群、塞拉加兹搭格岩群、赛图拉岩群、桑株塔格岩组、下古生界(未分)及蛇绿构造混杂岩带中。

现将岩石类型、变质作用、变质带、变质相系特征及划分、原岩恢复、形成构造环境等论述如下。

一、低级变质岩类

图幅区内低级变质岩类大部分原岩面貌特征保存较好，根据矿物共生组合及残余结构构造和矿物特征，一般都能较准确地恢复其原岩，唯绿片岩类原岩组构和矿物成分基本消失殆尽，仅从显微镜下残余矿物特征来分析推测原岩性质。本图幅低级变质岩可分为正变质火山岩和副变质岩两类，变质火山岩岩石学特征和原岩恢复及构造环境特征详见第三章第三节。此节只对副变质岩和绿片岩主要岩石类型及岩石学特征、原岩恢复及建造特征列述如下。

(一)主要岩石类型及岩石学特征

1. 泥质—长英质变质岩类

该岩石类型包括片岩、千枚岩、板岩、变砂岩等，主要分布于塞拉加兹塔格岩群B岩组、下古生界(未分)地层、西合休岩组、温泉沟群、他龙群、库尔良群、塔哈奇组、黄羊岭群、巴颜喀拉山群等地层中，其次桑株塔格岩群中也有少量分布。

1)片岩类

主要分布于塞拉加兹塔格岩群B岩组、桑株塔格岩群及西合休岩组中，现将各岩类岩石学特征列述如下：

黑云石英片岩　岩石为灰色，鳞片粒状变晶结构，片状构造。主要矿物有石英68%～70%、黑云母25%～27%，次要矿物为白云母1%～2%，副矿物有电气石、磁铁矿等。石英呈等轴变晶粒状，粒径0.3～0.4mm，较均匀分布；黑云母呈鳞片状，相间聚集，平行排列，偶见白云母晶片切穿黑云母，说明其生成晚于黑云母。

黑云片岩　岩石为黑色，片状变晶结构，片状构造。主要矿物为黑云母88%左右，次要矿物有石英8%～10%、透闪石1%、绿泥石1%、磁铁矿<1%。石英呈等轴变晶粒状，粒径0.15～0.3mm，干净，分布极不均匀；黑云母晶片较大，自形程度高，多色性为Ng红褐色、Np浅褐黄色，在晶片孔隙中偶见透闪石矿物，晶片矿物平行定向排列，发育面理片状构造。黑云母有退变为绿泥石现象。

二云石英片岩　岩石为浅灰色，显微鳞片粒状变晶结构，片状构造。主要矿物为石英61%～63%，次要矿物有黑云母18%～20%、白云母10%～12%、斜长石7%～8%，副矿物有电气石、磁铁矿、磷灰石等。石英呈等轴变晶粒状，粒径0.25～0.3mm，较均匀分布，相互之间接触紧密；黑云母、白云母呈鳞片状，黑云母多色性为Ng红褐色、Np浅褐黄色，两者多呈薄层或条纹，相间平行排列。

绿泥云母石英片岩　岩石为浅灰绿色，鳞片粒状变晶结构，片状构造。主要矿物有石英51%～52%、白云母15%～16%，次要矿物有绿泥石14%～15%、黑云母5%～6%、方解石16%～17%，金属矿物微量。石英呈等轴变晶粒状，粒径0.1～0.15mm，较均匀，大致呈定向分布；黑云母、白云母和绿泥石呈鳞片状聚集成相间的条带，平行排列。

二云钙质石英片岩　岩石为灰色，鳞片粒状变晶结构，显微片状构造。主要矿物有石英42%左右、方解石25%～26%，次要矿物有黑云母12%～14%、白云母16%～18%、斜长石1%～2%，副矿物有电气石、磷灰石等。石英、方解石呈变晶粒状，粒径0.2～0.5mm，相互紧密接触，定向性排列；黑云母、白云母呈鳞片状，平行定向相间聚集成条纹状。

二云绿泥石英片岩　岩石为灰绿色，显微鳞片粒状变晶结构，片状构造。主要矿物有石英56%～58%、绿泥石15%～20%，次要矿物有黑云母5%～8%、白云母8%～10%、斜长石8%～10%，副矿物有磁铁矿、锆石、电气石等。长英矿物呈等轴变晶粒状，粒径0.15～0.25mm，相互紧密接触；黑云母、白云母及绿泥石呈细小鳞片状，相间聚集，平行定向排列。

石英二云片岩　岩石为暗灰色，显微鳞片变晶结构，片状构造。主要矿物有白云母(主)+绢云母(少)34%～35%、黑云母28%～30%、石英25%～28%，次要矿物有斜长石8%～10%、磁铁矿<1%。石英呈等轴变晶粒状，粒径0.05～0.1mm，相对较均匀分布于鳞片矿物之间；黑云母与绢云母鳞片平行定向排列，白云母呈较大的晶片，长轴切割和包裹黑云母和绢云母鳞片，晶片延长方向与先期片理斜交。

绢云白云石英片岩　岩石为浅灰色，显微鳞片粒状变晶结构，片状构造。主要矿物有石英

35%～36%、白云石25%～26%、绢云母18%～20%，次要矿物有钠更长石8%～10%、绿泥石5%～7%、白云母约1%，副矿物有电气石和磁铁矿等。石英、白云石和少数钠更长石呈等轴变晶粒状，特别是白云石呈自形菱形晶体，粒径以0.1～0.15mm为主，少数0.3mm，较均匀分布；绢云母和绿泥石呈晶片状、鳞片状相间聚集，平行排列。

绢云石英片岩　岩石为浅灰色，显微鳞片粒状变晶结构，片状构造。主要矿物有石英50%～51%、绢云母26%～28%，次要矿物有绿泥石8%～10%、斜长石4%～5%、白云母1%～2%、方解石6%～7%，副矿物有电气石、锆石、磁铁矿等。石英和少数斜长石、方解石呈等轴变晶粒状，粒径0.1～0.3mm不等，均匀分布；绢云母、绿泥石和白云母皆呈鳞片状，相间平行聚集，形成片状面理构造。

绿泥绢云石英片岩　岩石为灰绿色，显微鳞片粒状变晶结构，片状构造。主要矿物有石英55%～57%、绢云母22%～24%，次要矿物有绿泥石12%～13%、钠更长石4%～5%、方解石1%～2%、白云母1%，副矿物有电气石、锆石、磁铁矿等。石英和少量斜长石呈等轴变晶粒状，粒径0.06～0.1mm占主要，少部分为0.15～0.3mm，均匀分布；绢云母和绿泥石呈鳞片状，平行相间排列聚集成线理。

绢云绿泥石英片岩　岩石为灰绿色，显微鳞片粒状变晶结构，片状构造。主要矿物有石英52%～53%、绿泥石16%～18%，次要矿物有绢云母15%～16%、斜长石8%左右、白云石2%～3%、黑云母4%～5%，副矿物有锆石等。长英矿物呈等轴变晶粒状，粒径0.1～0.3mm不等，不均匀大致平行定向分布；绿泥石、绢云母呈鳞片状。

白云石英片岩　岩石为浅灰色，显微鳞片粒状变晶结构，片状构造。主要矿物有石英57%左右、白云母30%左右，次要矿物有黑云母5%、斜长石4%、方解石3%，副矿物有锆石、电气石、磁铁矿等。石英和斜长石呈等轴变晶粒状，粒径0.15～0.2mm，粒状镶嵌，均匀分布。白云母、黑云母呈鳞片状，与粒状矿物各自相间呈薄层聚集，平行排列。

绿泥石英片岩　岩石为灰绿色，鳞片粒状变晶结构，片状构造。主要矿物有石英56%～57%、绿泥石40%～42%，次要矿物为绢云母1%～2%，含微量金属矿物。石英呈变晶粒状，因应力作用显示压扁拉长现象，长径0.2～0.3mm，相互紧密接触；绿泥石、绢云母呈鳞片状相间聚集成条带，平行排列。

绿泥白云石英片岩　岩石为灰绿色，鳞片粒状变晶结构，片状构造。主要矿物有石英60%左右、白云母20%，次要矿物有绿泥石15%左右、斜长石4%，副矿物有磁铁矿、锆石、电气石等。石英呈等轴变晶粒状，粒径0.15～0.2mm，晶体间接触紧密，分布均匀；白云母和绿泥石呈鳞片状，相间聚集，平行排列。

白云钙质石英片岩　岩石为灰色，显微鳞片粒状变晶结构，片状构造。主要矿物有石英50%左右、方解石25%～30%，次要矿物有白云母15%～18%、黑云母1%、绿泥石3%～5%、斜长石1%，副矿物有电气石、锆石等。石英、方解石呈镶嵌粒状，粒径多数为0.2～0.3mm，少数为0.4mm，仍显示原方解石胶结物特点。白云母、绿泥石和个别黑云母呈鳞片状与粒状矿物各自相间呈薄层聚集，平行排列。

二云石英钙质片岩　岩石为浅灰色，鳞片粒状变晶结构，片状构造。主要矿物有方解石33%～36%、石英30%左右，次要矿物有黑云母14%～16%、白云母8%～10%、斜长石8%～10%、绿泥石2%～3%、绿帘石<1%。方解石、石英和少数斜长石呈变晶粒状颗粒，粒径0.3～0.5mm，相互紧密接触，定向分布；黑云母、白云母呈鳞片状，定向排列，偶见绿泥石切穿黑云母晶片现象。

绿泥云母钙质片岩　岩石为浅绿灰色，鳞片粒状变晶结构，片状构造。主要矿物有方解石40%～41%、石英25%～26%，次要矿物有白云母12%～13%、绿泥石8%～10%、黑云母6%～

7%、白云石 2%～3%、斜长石≥1%，副矿物有锆石、黝帘石等。方解石、石英粒状镶嵌，粒径 0.2～0.3mm，定向分布；白云母、绿泥石、黑云母呈鳞片状，线理状聚集。

含石英绿泥钙质片岩　岩石为浅灰绿色，显微鳞片粒状变晶结构，片状构造。主要矿物有方解石 50%～52%、绿泥石 20%～22%，次要矿物有绢云母 8%～10%、石英 18%～20%。方解石和石英变质重结晶，呈变晶粒状，方解石显扁长状，粒径 0.06～0.15mm，相互紧密接触，平行定向分布；原粘土成分变质形成绿泥石和绢云母鳞片，平行定向排列，形成显微片状构造。

2)千枚岩、板岩类

该类岩石主要分布在他龙群、库尔良群、黄羊岭群和巴颜喀拉山群，其次在塞拉加兹塔格岩群B岩组中有少量千枚岩出露。现将其岩石学特征列述如下：

云母石英千枚岩　岩石为灰色，显微鳞片粒状变晶结构，千枚状构造。主要矿物为石英 55%～57%，次要矿物有绢云母 18%～20%、黑云母 10%～12%、斜长石 6%～8%、绿泥石 3%～4%、白云母和方解石各＜1%，副矿物有电气石、锆石等。石英、斜长石呈等轴变晶粒状，粒径 0.05～0.1mm占主要，少数为 0.3～0.6mm，较均匀分布，定向排列；绢云母、黑云母呈鳞片状，呈条纹状聚集，平行相间排列。

绢云石英千枚岩　岩石呈灰色，显微鳞片粒状变晶结构，千枚状构造。主要矿物有石英 49%～50%、绢云母 38%～40%，次要矿物为白云石 10%～12%，副矿物主要有锆石等(图版Ⅳ-5)。石英呈粒状变晶，粒径 0.03～0.06mm，较均匀分布。绢云母呈鳞片状，定向排列。形成先期面理 S_0，到后期被新生面理置换，形成 S_1，为Ⅰ型的千枚理构造。

绢云斜长石英千枚岩　岩石为浅灰色，显微鳞片粒状变晶结构，千枚状构造。主要矿物有石英 45%左右、绢云母 20%～25%，次要矿物有绿泥石 10%～15%、斜长石 15%、方解石 3%～4%，副矿物有电气石、磁铁矿、锆石等。石英、长石呈等轴粒状变晶，粒径 0.1～0.15mm，较均匀分布；绢云母、绿泥石呈鳞片状与粒状矿物一起，连续平行排列。

含钙绢云石英千枚岩　岩石为灰色，显微鳞片粒状变晶结构，千枚状构造。主要矿物有石英 48%左右、绢云母(主)＋绿泥石(少)30%～35%，次要矿物有斜长石 3%左右、方解石 15%～18%、黑云母＜1%，副矿物有磁铁矿、电气石、锆石等。石英呈等轴变晶粒状，粒径 0.1～0.2mm，晶体之间接触紧密，相对分布均匀；混入的方解石呈粒状，粒径 0.25～0.3mm，分布均匀；绢云母和绿泥石呈鳞片状，与粒状矿物一起连续平行定向排列。

石英云母千枚岩　岩石为深灰色，显微粒状鳞片变晶结构，千枚状构造。主要矿物有绢云母 40%～41%、石英 38%～40%，次要矿物有黑云母 16%～18%、绿泥石 2%～3%，副矿物有电气石、磁铁矿、磷灰石等。绢云母和黑云母呈鳞片状，显细条带聚集，平行相间排列；石英呈等轴变晶粒状，粒径 0.03～0.05mm，分布不均匀。

绢云千枚岩　岩石为灰色，显微鳞片变晶结构，千枚状构造。主要矿物为绢云母 71%～72%，次要矿物有黑云母 15%～16%、石英 4%～5%、粘土矿物 6%～8%、金属矿物＜1%。绢云母呈细小鳞片状，因岩石中富含 FeO，使粘土矿物变质重结晶形成少量黑云母鳞片，二者显平行定向排列，均匀分布。

石英绢云千枚岩　岩石为浅灰色，显微粒状鳞片变晶结构，千枚状构造。主要矿物有绢云母 55%～56%、石英 28%～30%，次要矿物有粘土矿物 14%～15%，微量金属矿物。石英呈变晶粒状，粒径 0.05～0.1mm，较均匀分布；绢云母呈鳞片状，与粒状矿物平行定向排列，形成先期的面状构造，即微片理，到后期出现面理置换，即先期面状构造为 S_n，被后期面状构造所置换，形成 S_{n+1} 面理，两种面状构造斜交，后期面状构造即为应变滑劈理。

含石榴子石石英绢云千枚岩　岩石为灰色，斑状变晶结构，基质显微鳞片粒状变晶结构，千枚状构造。主要矿物有绢云母 65%～66%、石英 20%～25%，次要矿物有黑云母 8%～10%、石榴子石1%～2%、金属矿物微量。绢云母与黑云母鳞片与同构造期形成的石榴子石变斑晶(自形晶体,粒径0.3～0.4mm)边部推开千枚理。鳞片矿物之间有石英变晶颗粒,粒径0.06～0.15mm,均匀平行定向排列。

白云石绢云千枚岩　岩石为灰色,显微鳞片粒状变晶结构,千枚状构造。主要矿物有白云石40%～45%、绢云母48%左右,次要矿物有石英5%～6%、碳质≤1%,副矿物有锆石等。白云石呈变晶粒状,粒径0.1～0.15mm,呈不均匀分布;绢云母呈鳞片状,二者显示平行定向排列。

含凝灰质绢云千枚岩　岩石为暗灰色,变余凝灰质显微鳞片变晶结构,千枚状构造。主要矿物为绢云母69%～70%,次要矿物有石英15%～16%、斜长石4%～5%、钾长石3%～4%、钠长岩屑6%～7%、绿泥石≤1%,副矿物主要有锆石等。绢云母呈鳞片状定向平行分布;在绢云母形成的基底中,较均匀分布有石英和长石及压扁拉长的钠长岩屑,粒径0.1～0.3mm及个别1～2mm不等,长石呈次棱角状,钠长岩屑为火山岩屑变化形成。

长英质绢云千枚岩　岩石为灰色,变余显微晶质粒状变晶结构,千枚状构造。主要矿物有绢云母46%～47%、斜长石25%～26%、石英24%～25%,次要矿物有绿帘石≥2%、黑硬绿泥石1%～2%。绢云母呈鳞片状;残余斜长石和石英,粒径0.03～0.06mm,少数0.3～0.5mm;偶见石英(粒径0.5～0.6mm)显示残存斑晶与基质的特点。

钙质千枚岩　岩石为浅灰色,显微鳞片粒状变晶结构,千枚状构造。主要矿物有方解石56%～57%、绢云母18%～20%、绿泥石13%～15%,次要矿物有斜长石6%～8%、石英3%～4%。方解石呈变晶细—粉晶颗粒,粒径0.06～0.08mm,呈平行定向排列;绢云母、绿泥石呈鳞片状聚集成条纹相间分布;原残余的斜长石和石英呈不规则变晶粒状,粒径0.1～0.3mm,大小不等。

含碳质千枚岩　岩石为黑灰色,显微鳞片粒状变晶结构,千枚状构造。主要矿物有方解石62%～63%、绢云母30%～31%,次要矿物有碳质成分4%～5%、石英≤1%,副矿物有电气石等。方解石呈自形粒状变晶,粒径0.1～0.15mm,相互紧密接触,大致定向分布;绢云母呈鳞片状与碳质成分混合一起,平行定向排列。

硅质硬绿泥石千枚岩　岩石为暗灰色,显微隐晶状鳞片变晶结构,千枚状构造。主要矿物有硬绿泥石33%～34%、绢云母30%～32%、隐晶石英28%～30%,次要矿物有黑云母4%～5%、绿帘石1%～2%。绢云母、硬绿泥石和黑云母呈鳞片状,平行定向排列,均匀分布;隐晶状石英,粒径0.001～0.002mm,不均匀分布。

绢云板岩　岩石为浅灰色,显微鳞片变晶结构,板状构造。主要矿物为绢云母48%～50%,次要矿物有粘土矿物38%～40%、石英4%～5%、绿泥石4%～6%、金属矿物微量。绢云母呈细小鳞片状或具毡状特点,平行定向排列,均匀分布,形成板状面理构造。

粉砂绢云板岩　岩石为灰色,变余粉砂显微鳞片变晶结构,板状构造。主要矿物有绢云母(主)+粘土矿物(次)60%～62%,次要矿物有石英28%～30%、板岩屑8%～9%、白云母≥1%,副矿物有锆石、电气石等。绢云母呈鳞片状,平行定向排列,均匀分布;在均匀的基底中散布着石英和板岩屑等粉砂成分,粒径0.03～0.1mm,原形态不清,略显次棱角状或次圆状特点。

含粉砂绢云板岩　岩石为灰色,变余含粉砂结构,显微鳞片变晶结构,板状构造。主要矿物有绢云母57%～58%、粘土矿物28%～30%,次要矿物有石英12%～15%。石英呈等轴变晶粒状,粒径0.02～0.04mm,较均匀分布;绢云母呈鳞片状,平行定向排列,形成早期的板状劈理构造,即S_1,后期又出现一期面理置换,即形成应变滑劈理,与早期面理斜交($S_2 \perp S_1$),晚期面理即由绢云母聚集平行排列所形成。

碳质钙质板岩　岩石为黑灰色,变余泥质显微粒状变晶结构,板状构造。主要矿物有方解石51%～53%、粘土矿物28%～30%,次要矿物有绢云母10%～12%、碳质成分6%～8%、石英≤1%,次生方解石和石英少量。绢云母呈鳞片状;方解石显微变晶粒状,粒径0.003～0.005mm;

碳质质点均匀分布，平行定向排列；次生矿物形成混合细脉产出。

粘土质板岩　岩石为灰色，显微鳞片变晶结构，板状构造。主要矿物有绢云母(主)＋粘土矿物(次)95%左右，次要矿物有石英3%～4%、斜长石≤1%。绢云母呈鳞片状、纤状或毛发状，约占主要矿物总量的60%，与残余粘土矿物平行定向排列，在均匀的基底中散布有石英粉砂，粒径0.01～0.03mm。

砂质泥板岩　岩石为灰色，含砂质泥质结构，平行板状构造。主要矿物为粘土矿物72%～74%，次要矿物有石英20%～22%、斜长石1%～2%、千枚岩屑3%～4%、白云母≤1%。粘土矿物经压实固结作用，重结晶形成显微鳞片，少部分向绢云母过渡，多数仍是纤维形态和泥质质点，显示定向性；在均匀的基底中散布着砂屑成分，粒径0.06～0.15mm，个别0.2mm，砂屑呈棱角状，较均匀分布。

粉砂质泥板岩　岩石为灰色，粉砂泥质结构，定向构造。主要矿物有粘土矿物55%～58%、石英35%～36%，次要矿物有斜长石1%～2%、千枚岩屑2%～3%、白云母<1%、方解石2%～3%。粘土矿物重结晶形成极细的鳞片状或毛发状，有相当一部分为水云母和少数高岭石等，显示定向排列，造成矿物干涉色和消光方位一致，形成定向构造；在均匀的基底中散布有大量的石英粉砂成分，粒径以0.03～0.06mm为主，少数0.1～0.2mm，显次棱角状—棱角状特点。

泥质板岩　岩石为灰色，泥质结构，定向构造。主要矿物为粘土矿物(主)＋绢云母(少)85%左右，次要矿物有白云石10%、石英3%～4%、铁质质点≤1%。粘土矿物经变质作用发生重结晶，少量生成绢云母，绝大多数形成极细的鳞片状和毛发状，部分属水云母和高岭石等，在均匀的基底中散布有少量它形微晶白云石和个别石英粉砂成分。

3)变砂岩类

该类岩石主要分布在他龙群、库尔良群、黄羊岭群、巴颜喀拉山群、塔哈奇组中，其次温泉沟群、博查特塔格岩组地层中亦有分布。现将各类岩石学特征列述如下：

变质石英砂岩　岩石为灰色，变余中细粒砂状结构，块状构造。碎屑成分有石英79%左右、斜长石3%～4%，副矿物有电气石、锆石、磁铁矿等；填隙物成分有绢云母(主)＋绿泥石(少)10%～12%、方解石5%～6%。原岩结构仍保留，石英碎屑重结晶，但残留次棱角状特点，大小不等，可分为0.15～0.2mm细砂级，占60%～65%，其余部分为0.25～0.4mm中砂级。绢云母、绿泥石呈鳞片状，平行定向排列。能分辨出接触式胶结和线接触性质及颗粒支撑。

轻变质细粒石英砂岩　岩石为浅灰色，变余细粒砂状结构，块状构造。碎屑成分有石英83%～84%、硅质岩屑≤1%、白云母<1%，副矿物有电气石、锆石等；填隙物成分有隐晶硅质石英8%～10%、绢云母3%～4%。碎屑矿物重结晶后棱角不清，现呈次圆状和粒状，粒径0.15～0.25mm，分选性良好；填隙物隐晶石英为胶结物和绢云母杂基，形成孔隙式胶结型和颗粒支撑结构及线接触性质。

变质中细粒石英砂岩　岩石为灰色，变余中细粒砂状结构，平行构造。碎屑成分有石英77%～78%、斜长石2%～3%、石英岩屑≤1%，副矿物有锆石、电气石等；填隙物成分有绢云母(主)＋绿泥石(次)13%～15%、隐晶石英3%～4%。石英、斜长石粒径可分为0.1～0.25mm细砂级，占60%，其余0.25～0.4mm为中砂级，分选性差；碎屑呈变晶粒状，仍有部分呈棱角状；原粘土矿物杂基已变晶形成绢云母、绿泥石鳞片，少数隐晶石英胶结，残余接触式胶结类型和颗粒支撑结构特征。

变质中粗粒石英砂岩　岩石为浅灰色，变余中粗粒砂状结构，块状构造。碎屑成分有石英81%～82%、硅质岩屑>3%，副矿物有电气石、锆石等；填隙物成分有绢云母8%～10%、隐晶石英3%～4%。碎屑成分可分为0.6～0.7mm粗砂级，占总量的60%，其余为0.25～0.5mm中砂级，分选中等，磨圆度差，石英晶体波状消光明显，成分和结构成熟度皆较高；绢云母鳞片与隐晶石英胶结,形成孔隙式胶结和颗粒支撑及线接触性质。

轻变质粗粒含砾石石英砂岩 岩石为浅灰色,变余含砾石粗粒砂状结构,块状构造。碎屑成分有石英70%～71%、石英岩屑1%～2%、硅质岩屑2%～3%、钾长石1%～2%,副矿物有电气石、锆石等;砾石成分有硅质岩屑6%～7%、石英岩屑4%～5%、石英单晶>2%;填隙物成分有绢云母杂基6%～7%、隐晶石英≥3%。碎屑粒径0.6～0.7mm,个别1mm,为粗粒级;砾石砾径>2～4mm者约占13%。绢云母杂基与隐晶石英胶结,形成孔隙式胶结和颗粒支撑。

变质细粒长石石英砂岩 岩石为灰色,变余细粒砂状结构,块状构造。碎屑成分有石英69%～70%、斜长石<10%、钾长石3%～4%、硅质岩屑4%～5%,副矿物有电气石、锆石等;填隙物成分有绢云母杂基7%～8%、黑云母8%～10%、石英岩屑2%～3%。长英矿物显示变晶粒状,粒径0.1～0.25mm,为细砂级,个别0.3mm,说明分选性中等,磨圆度较差。绢云母鳞片分布于碎屑粒间,为接触式胶结和颗粒支撑结构。

变质中细粒长石石英砂岩 岩石为浅灰色,变余中细粒砂状结构,块状构造。碎屑成分有石英74%～75%、钾长石5%～6%、斜长石4%～5%、绿帘石<1%,副矿物有电气石等;填隙物成分有绿泥石≤10%、绢云母4%～5%。长英碎屑粒径可分为0.06～0.25为细砂级,约占总量的60%,其余0.25～0.4mm为中砂级,可见分选性差,形态多呈棱角状,个别呈尖角状,磨圆度极差,说明结构成熟度低的特点。绿泥石、绢云母鳞片分布于碎屑之间,形成接触式胶结类型和颗粒支撑结构。

变质中粒长石石英砂岩 岩石为灰绿色,变余中粒砂状结构,块状构造。碎屑成分有石英76%～77%、斜长石6%～7%、钾长石3%～4%、绿帘石1%～2%,副矿物主要有锆石等;填隙物成分有方解石3%～4%、粉砂级碎屑4%～5%、绿泥石1%～2%、绢云母1%～2%。长英碎屑粒径0.25～0.4mm,较均匀,分选性良好,原形态已变化不清,现砂屑多数已呈齿状边缘,大致具圆形轮廓,成分及结构成熟度皆较高;方解石胶结物及绢云母、绿泥石和粉砂级碎屑混合的杂基,形成孔隙式胶结类型及颗粒支撑结构,部分为无胶结式的缝合接触性质。

变质石英岩质砾岩 岩石为浅灰色,变余砾状结构,块状构造。砾石成分有石英岩屑(主)+石英砂岩屑(次)64%～65%、硅质岩屑6%～7%、钾长石单晶2%～3%;填隙物成分有石英7%～8%、斜长石3%～4%、钾长石2%～3%、绢云母5%～6%以及与砾石成分相同的细小岩屑3%～4%。砾石成分占60%,砾径2～20mm不等,形状以次圆状为主,个别呈次棱角状,分选性差,磨圆度较好。对砾石而言,小于2mm的碎屑均为填隙物成分,形成接触式-孔隙式胶结类型,绢云母鳞片,砾石皆显示定向性排列。

变质粗粒长石石英砾质砂岩 岩石为浅灰色,变余粗粒砾质砂状结构,平行构造。砾石成分有石英岩屑15%～17%、石英砂岩屑8%～10%、斜长石单晶3%～4%;砂质成分有石英≥23%、钾长石≥6%、斜长石≥4%、硅质岩屑5%～6%、板岩岩屑2%～3%;填隙物成分有硅质隐晶石英胶结物12%～14%、绢云母杂基8%～10%及与砾石成分相同的细小岩屑8%～10%。碎屑可分为2～3mm为砾级砂屑,个别达10mm,呈次圆形态,粒径0.6～1.5mm为粗砂级碎屑,呈棱角状和次棱角状,说明分选性及磨圆度均较差;隐晶石英硅质胶结物和少量绢云母鳞片等杂基成分,显示定向分布。

变质中细粒石英杂砂岩 岩石为灰色,变余中细粒砂状结构,块状构造。碎屑成分有石英58%～60%、泥板岩屑≤1%、硅质岩屑8%～10%、斜长石(主)+钾长石(少)3%～4%,副矿物有磁铁矿、褐铁矿等;填隙物成分有绿泥石(主)+绢云母(少)20%～25%、白云石3%～4%。碎屑粒径0.15～0.2mm为细粒砂级,占总量的60%～65%,粒径为0.3～0.5mm,个别0.6mm,为中粒砂级,多呈次棱角状、次圆状,分选性差,磨圆度中等。斜长石稍浑浊,仍显双晶。

片理化石英杂砂岩 岩石为灰色,变余不等粒砂状结构,片理构造。碎屑成分有石英

72%～75%、石英岩屑3%～5%、斜长石1%～2%、白云母1%～10%，副矿物有磁铁矿、锆石等。填隙物成分有绢云母(主)＋绿泥石(少)15%～20%、方解石1%～2%，碎屑粒径可分为0.15～0.25mm、0.3～0.5mm、0.6～1.5mm，分选性差。绿泥石、绢云母聚集成条纹，平行相间排列，形成微片状面理特征。

变质石英粉砂岩　岩石为灰色，变余粉砂状结构，平行构造。主要矿物有石英70%～71%、绢云母18%～20%，次要矿物有粘土矿物6%～8%、白云母1%～2%、板岩屑1%～2%，副矿物主要有电气石等。粉砂碎屑棱角不清，呈次圆状，粒径0.03～0.06mm，少数0.1mm，均匀分布。绢云母鳞片平行定向排列，有时聚集成薄层。

2. 中基性变质岩—绿片岩类

该类岩石分布局限，主要见于塞拉加兹塔格岩群、西合休岩组和蛇绿混杂岩带中，其次尚在下古生界(未分)地层、库尔良群和黄羊岭群中有少量分布。兹将其岩石学特征列述如下：

黑云钠长片岩　岩石为灰色，显微鳞片粒状变晶结构，片状构造。主要矿物有钠更长石47%、黑云母28%～30%、石英10%～15%，次要矿物有方解石5%～7%、绿泥石3%～4%，副矿物有锆石、磁铁矿、电气石等。钠更长石呈变晶粒状，粒径0.03～0.04mm，较干净，双晶极不明显，呈晶质粒状，较均匀分布；黑云母雏晶，呈细小鳞片状，大部分晶片不清，多色性为绿色，有的与绿泥石呈过渡特征，定向分布，形成片状面理构造。

黑云角闪钠长片岩　岩石为灰绿色，纤柱状、粒状变晶结构，片状构造。主要矿物有钠长石48%～50%、角闪石26%～28%，次要矿物有黑云母17%～18%、绿帘石2%～3%、白云石3%左右，副矿物有磁铁矿等。粒状钠长石双晶极不发育，晶体洁净，粒径0.03～0.05mm，较均匀分布；黑云母呈鳞片状；角闪石自形纤柱状，长径0.6～1.5mm，多色性为Ng蓝绿色、Np浅黄绿色。纤柱状矿物和鳞片状矿物平行定向排列。

绢云钠长片岩　岩石为浅灰色，显微鳞片粒状变晶结构，显微片状构造。主要矿物有石英28%～30%、钠长石28%～30%，次要矿物有绢云母26%～28%、黑云母8%～10%、绿帘石4%～5%、方解石1%～2%。石英、钠长石呈等轴粒状，粒径0.06～0.1mm，相互紧密接触，平行排列；绢云母和黑云母呈鳞片状，平行定向排列，并显示条纹聚集。

二云钙质钠长片岩　岩石为灰色，鳞片粒状变晶结构，片状构造。主要矿物有钠长石34%～38%、方解石20%，次要矿物有石英8%～10%、白云母20%、黑云母10%、绿泥石3%～5%，副矿物有磁铁矿、电气石等。长石、石英、方解石呈镶嵌变晶粒状，粒径0.5～0.6mm，较均匀分布；新生变晶矿物有白云母、黑云母和绿泥石等，呈鳞片状相间聚集，平行定向排列。黑云母晶片大，0.6～0.8mm，多色性为Ng褐红色、Np浅褐黄色。

绿帘绿泥钠长片岩　岩石为浅灰绿色，鳞片粒状变晶结构，片状构造。主要矿物有钠长石25%～30%、绿泥石15%～20%，次要矿物有绿帘石15%～20%、阳起石≤10%，石英8%～10%、黑云母8%～10%、方解石3%～4%，副矿物有榍石等。钠长石呈变晶粒状，粒径0.05～0.1mm，晶体明亮洁净，双晶极不发育；新生矿物有绿泥石鳞片和纤状阳起石及显微粒状绿帘石等，平行定向排列；黑云母变斑晶晚期形成，晶片大多为0.6～1.5mm不等，多色性为Ng褐色、Np浅褐黄色，晶片延长方向常与片理斜交。

钙质绿泥钠长片岩　岩石为浅绿灰色，显微鳞片粒状变晶结构，片状构造。主要矿物有钠更长石30%～32%、绿泥石29%～30%、方解石25%～26%，次要矿物有石英13%～15%、金属矿物≤1%。绿泥石呈鳞片状，往往聚集成条带；方解石呈粒状；钠更长石呈细小变晶粒状和残余板条状，粒径0.02～0.03mm，少数0.1～0.3mm；石英呈残余粒状，粒径较粗大，0.6～1mm。以上诸矿物均呈平行定向排列。

绿帘阳起钠长片岩　岩石为浅灰绿色，纤柱状、粒状变晶结构，片状构造。主要矿物有钠长石≤42%、阳起石31%～32%，次要矿物有绿帘石（主）+黝帘石（次）18%～20%、白云石6%～8%，副矿物有榍石等。原岩结构和矿物成分不清。钠长石呈它形粒状，洁净，聚片双晶清晰；阳起石呈纤状或纤柱状，浅绿色；帘石呈粒状。矿物粒径0.03～0.08mm，平行定向排列。

绿泥钠长片岩　岩石为灰绿色，鳞片粒状变晶结构，片状构造。主要矿物有钠更长石32%左右、绿泥石28%～30%，次要矿物有石英15%～18%、绢云母8%～10%、方解石1%～2%、绿帘石10%～12%，副矿物有榍石等。钠更长石呈变晶粒状，粒径0.1～0.2mm，少数呈碎屑状，粒径0.3～0.6mm不等，较均匀分布；绿泥石、绢云母呈鳞片状，平行定向排列。

绿泥片岩　岩石为浅绿色，显微鳞片变晶结构，片状构造。主要矿物为绿泥石74%～75%，次要矿物有绿帘石18%～20%、长石1%～2%、石英≤1%、方解石2%～3%、金属矿物微量。原岩结构和矿物成分消失殆尽，新生矿物为极细小的绿泥石鳞片和绿帘石晶粒，粒径≤0.01mm或更细小，大致呈定向排列。

钠长绿泥片岩　岩石为灰绿色，显微粒状鳞片变晶结构，片状构造。主要矿物有绿泥石42%～45%、钠更长石35%～38%，次要矿物有石英6%～7%、方解石6%～7%，副矿物有磁铁矿、榍石等。钠更长石呈变晶粒状，粒径多数为0.03～0.06mm，少数为0.15mm，较均匀分布；绿泥石显微鳞片，大致呈平行定向排列。

钠长阳起绿泥片岩　岩石为淡绿色，显微鳞片粒状变晶结构，片状构造。主要矿物有绿泥石24%～26%、钠长石≥20%、石英25%～27%，次要矿物有阳起石20%～22%、白云石4%～5%、黑云母3%～4%、磁铁矿微量。原岩结构和矿物成分消失殆尽，变质和分解的新生矿物绿泥石呈鳞片状，阳起石呈细柱状，钠长石和石英呈变晶粒状，粒径0.06～0.1mm，片柱状矿物平行定向排列。

钙质绿泥片岩　岩石为浅灰绿色，显微粒状鳞片变晶结构，显微片状构造。主要矿物有绿泥石30%～32%、方解石28%～29%，次要矿物有黑云母6%～8%、绢云母12%～13%、石英16%～18%、白云石3%～5%，副矿物有电气石等。绿泥石、绢云母、黑云母呈鳞片状，定向排列；方解石呈粉晶状细小颗粒，粒径0.02～0.03mm，混入少部分石英，粒径0.05～0.06mm，较均匀分布；绿泥石和方解石各自分布不均匀，时少时多。

阳起钠长绿泥片岩　岩石为灰绿色，显微粒状鳞片变晶结构，片状构造。主要矿物有绿泥石38%～43%、钠长石30%～35%，次要矿物有阳起石10%～12%、绿帘石5%～7%、方解石3%～4%、石英3%～5%、黑云母1%～2%，副矿物有榍石、磁铁矿等。绿泥石呈鳞片状，阳起石呈纤状变晶，绿帘石和方解石呈粒状，钠长石晶体明亮洁净，双晶不明显，粒径多为0.1～0.15mm，少数为2mm，较均匀分布。粒状和鳞片状矿物各自相间分别聚集，平行定向排列。

钠长阳起绿帘片岩　岩石为浅灰绿色，纤柱状、粒状变晶结构，片状构造。主要矿物有绿帘石（主）+黝帘石（次）36%～38%、阳起石21%～22%、钠长石≤20%，次要矿物有黑云母≤1%、方解石12%～14%、石英16%～17%、磁铁矿微量。原岩结构和矿物成分消失殆尽。新生矿物帘石和钠长石呈显微粒状晶体，粒径0.03～0.06mm；钠长石晶体洁净，双晶极不发育；阳起石为纤柱状，呈淡绿色，与帘石、钠长石三者聚集成条带并与方解石聚集的条带大致相间平行排列。

斜长阳起片岩　岩石为灰绿色，粒状、纤柱状变晶结构，片状构造。主要矿物有阳起石70%～71%，次要矿物有绿帘石10%～15%、斜长石20%～25%、绢云母2%～3%。原岩结构与矿物成分面貌不清。阳起石呈纤状或纤柱状，浅绿色，平行定向排列；阳起石矿物间充有斜长石粒状矿物，粒径0.3～0.5mm，斜长石晶体十分浑浊，具明显的黝帘石化和绢云母化。

3. 变质碳酸盐岩类

该类岩石在图幅区内分布较少，主要分布在桑株塔格岩群、下古生界（未分）、库尔良群以及黄羊岭群有少量分布。现将其岩石学特征列述如下：

大理岩 岩石为灰白色，粗晶变晶结构，块状构造。主要矿物为方解石98%，次要矿物有白云母≤1%、黑云母<1%，副矿物主要有磁铁矿等。岩石中方解石自形程度高，多数半自形，少部分自形粒状，粒径0.5～0.7mm，个别1mm，双晶解理清晰，晶体间多数呈折线紧密接触，形成块状构造；个别黑云母、白云母呈细小鳞片状，出现于方解石粒间。

含白云石大理岩 岩石为灰白色，细晶变晶结构，平行构造。主要矿物为方解石74%～75%，次要矿物有白云石22%～23%、石英≤3%。经轻微变质，方解石和石英重结晶呈变晶粒状，粒径0.15～0.25mm，相互间呈折线状接触，呈平行定向排列。

白云质大理岩 岩石为灰白色，中粗粒变晶结构，块状构造。主要矿物有方解石65%～66%、白云石26%～28%，次要矿物有金云母5%～8%，金属矿物微量。方解石、白云石呈半自形—自形变晶粒状，相互紧密接触，均匀分布。白云石原晶粒细小，经变晶后粒径为0.25～0.3mm；方解石粒径为0.5～0.6mm，少部分0.7～1mm。金云母为细小鳞片，呈浅褐色，较均匀分布。

含灰质白云石大理岩 岩石为灰白色，粗晶变晶结构，块状构造。主要矿物为白云石83%～84%，次要矿物有方解石12%～14%、白云母1%～2%、透闪石≤1%、石英≥1%。白云石重结晶加大，呈半自形粗大晶体，粒径0.6～1mm，晶体间界线呈曲线状紧密接触，均匀分布；白云母晶片和透闪石自形柱状晶体都较粗大，方解石呈细晶粒状，为白云石强烈交代后的残余成分，极不均匀。

（二）原岩恢复及建造特征

1. 片岩类

岩石类型简单，主要有云母石英片岩类、石英片岩类和钙质片岩类等。根据野外产出特征，岩石中残余层理构造，显微镜下岩石结构平衡关系及矿物组合特征以及部分岩石残余有碎屑等特点分析：云母片岩类原岩为粘土岩类，岩石形成于没有粗物质的缓慢沉积环境中，为泥岩建造；石英片岩类为碎屑岩类石英砂岩，石英砂岩类形成于稳定水流环境，原岩建造为碎屑岩建造；钙质片岩类原岩为含砂质泥质灰岩和泥质灰岩类，为泥质碳酸盐岩建造。

2. 千枚岩类

岩石类型主要有石英千枚岩类、绢云千枚岩类和钙质千枚岩类等。根据野外产出特征，岩石中残余层理构造、纹层构造，结合显微镜下岩石结构平衡关系、矿物组合特征以及残余部分碎屑的特点分析：绢云石英千枚岩和云母石英千枚岩类原岩为泥质粉砂岩，石英绢云千枚岩和石英云母千枚岩类原岩为粉砂质泥岩或富粉砂质粘土岩，岩石形成于水动力条件较弱而稳定、沉积速率缓慢的条件下，为泥质碎屑岩建造；绢云千枚岩类原岩为粘土岩类，岩石形成于没有粗物质的缓慢沉积环境中，为泥岩建造；钙质千枚岩类原岩为泥质灰岩类，为泥质碳酸盐岩建造。至于硬绿泥石千枚岩的形成，是由于岩石中FeO含量较多，岩石处于弱氧化环境中；含凝灰质绢云千枚岩因在绢云母形成的基底中均匀分布有石英和钠长石岩屑，呈次棱角状，钠长石岩屑可能为火山岩屑，分析原岩为含凝灰质泥岩、长英质绢云千枚岩，从岩石矿物成分与结构看，显示残余斑晶与基质的特点，原岩为酸性熔岩类，二者原岩建造为火山岩建造。

3. 板岩类

岩石类型主要有粉砂质绢云板岩、砂质泥板岩和粉砂质泥板岩、绢云板岩、粘土质板岩、泥质板岩以及碳质钙质板岩等。根据野外产出特征，岩石残余有纹层状构造和层状构造特征，变余砂状、粉砂状结构，结合显微镜下部分岩石残余有砂屑、粉砂屑，具次棱角状残留特点，矿物组合及结构平衡关系等分析：粉砂质绢云板岩、粉砂质泥板岩和砂质泥板岩原岩分别为粉砂质粘土岩和砂质粘土岩，原岩形成于水流缓慢的沉积环境中，原岩建造为砂质、粉砂质泥岩建造；绢云板岩、粘土质板岩、泥质板岩原岩为粘土岩类，岩石形成于没有粗物质的缓慢沉积环境中，为泥岩建造；碳质钙质板岩原岩为碳质泥质灰岩，为泥质碳酸盐岩建造。

4. 绿片岩类

岩石类型主要有钠长片岩类、绿泥片岩类、绿帘片岩类和阳起片岩类等。本类岩石原岩结构和矿物组合消失殆尽，但从显微镜下看，部分岩石仍残余长石斑晶或石英斑晶，且晶体一般较大，粒径在 0.2～0.4mm 区间，原生可能为斑晶，又根据蚀变矿物分解类型，有的呈板条状或细粒状特点等分析：以钙质绿泥钠长片岩、绿帘阳起钠长片岩为代表的钠长片岩类岩石原岩为中基性火山熔岩；以绿帘绿泥钠长片岩、黑云钠长片岩为代表的钠长片岩类原岩为基性岩类；绿泥片岩、钠长阳起绿泥片岩、钙质绿泥片岩原岩为中基性熔岩；钠长阳起绿帘片岩原岩为基性火山熔岩类，原岩建造为中基性火山岩建造。另外，阳起钠长绿泥片岩、钙质绿泥钠长片岩等少数绿片岩原岩为中酸性熔岩类，原岩建造为中酸性火山岩建造。

5. 大理岩类

岩石类型主要有大理岩、含白云石大理岩、白云质大理岩、含灰质白云石大理岩、白云石大理岩等。根据野外产出特征，层状构造明显，矿物成分和组构特征均显示其沉积特点，大理岩原岩为纯灰岩；含白云石大理岩、白云质大理岩原岩分别为含白云质灰岩和白云质灰岩；含灰质白云石大理岩和白云石大理岩原岩为含灰质白云岩和白云岩，其原岩建造总体为镁质碳酸盐岩建造。

二、中、高级变质岩类

图幅区内中、高级变质岩类大部分原岩特征不易辨认，面貌全非，须借助镜下显微组构和矿物共生组合再结合岩石化学图解佐证恢复原岩。变质地层主要岩石类型有片麻岩、粒岩、片岩、斜长角闪岩、角闪岩及大理岩等，其岩石学、原岩性质、形成构造环境特征如下。

（一）主要岩石类型及岩石学特征

1. 泥质—长英质变质岩类

1)片麻岩类

该类岩石主要分布在埃连卡特岩群、赛图拉岩群、普守岩组和桑株河东变质古侵入体中，其次在康西瓦岩群中有少量出露。岩石变形强烈，变质程度较深，变质达低角闪岩相-高角闪岩相。现将岩石学特征列述如下：

单辉黑云斜长片麻岩　岩石为暗灰色，片状、粒状变晶结构，片麻状构造。主要矿物有斜长石 34％～35％、石英 28％～30％，次要矿物有黑云母 16％～18％、单斜辉石 15％～16％、钾长石 3％～5％，副矿物主要有锆石等。斜长石、石英呈变晶粒状，相互紧密接触，粒径 0.7～1.5mm 占主要，少数 2mm，大致呈定向分布；黑云母呈片状，多色性为 Ng 红褐色、Np 浅褐黄色，相间聚集成条纹，平行断续排列。单斜辉石呈自形—半自型短柱状，无色或部分显示淡淡的褐色，为透辉石。

透辉黑云斜长片麻岩　岩石为暗灰色，鳞片粒状变晶结构，片麻状构造。主要矿物有石英 31％～32％、斜长石 20％～22％，次要矿物有黑云母 18％～20％、透辉石 18％～20％、钾长石 8％～10％，副矿物有锆石等。长英矿物呈变晶粒状，相互紧密嵌接，部分有压扁拉长现象，长径

0.6～1.5mm；黑云母呈鳞片状，多色性为 Ng 红褐色、Np 浅棕黄色。透辉石呈半自形短柱状，无色，最大消光角(C∧Ng)38°～40°；石英、斜长石波状消光，黑云母鳞片相间聚集平行断续排列。

矽线石榴黑云斜长片麻岩 岩石为灰色，斑状变晶结构，基质鳞片粒状变晶结构，片麻状构造。主要矿物有斜长石 26%～28%、石英 28%～30%、黑云母＞30%，次要矿物有矽线石 5%、钾长石 2%～3%、石榴子石变斑晶 6%～7%，副矿物主要有锆石等。斜长石、石英呈变晶粒状，粒径 0.3～1mm，变质分结聚集成条带。黑云母呈鳞片状，矽线石呈细柱状；石榴子石呈半自形粒状，粒径 3～4mm。以上矿物形成后，岩石经受一次强韧性挤压作用，使石英粉碎重结晶，黑云母被挤压弯曲。

矽线黑云斜长片麻岩 岩石为暗灰色，片、粒状变晶结构，片麻状构造。主要矿物有石英 32%～34%、斜长石 25%～27%，次要矿物有黑云母 25%～26%、矽线石 14%～15%、钾长石＞1%、金属矿物微量。石英、斜长石呈变晶粒状，粒径 1～1.5mm，长轴方向显示定向排列；黑云母呈片状，多色性为 Ng 红褐色、Np 浅褐黄色；矽线石呈细柱状，无色，长径达 1～1.5mm 不等，常出现在黑云母晶片中。片状矿物与柱状矿物相间聚集成条纹，呈平行断续排列。

矽线石榴黑云二长片麻岩 岩石为深灰色，鳞片粒状变晶结构，片麻状构造。主要矿物有斜长石 20%、钾长石 17%～18%、石英 38%～40%，次要矿物有黑云母 10%～14%、石榴子石 7%～8%、矽线石 3%，副矿物有锆石等。长石、石英矿物呈粒状变晶，粒径 0.6～1.5mm，相互紧密嵌接，大致定向分布；石榴子石呈不规则粒状，粒径 1～1.5mm；黑云母呈半自型鳞片状，多色性为 Ng 褐红色、Np 浅褐黄色；矽线石呈细柱状和针状，无色。以上矿物大致相间聚集成条带，呈平行断续排列。

石榴黑云钾长片麻岩 岩石为浅肉红色，片状、粒状变晶结构，片麻状构造。主要矿物有钾长石 69%～70%，次要矿物有黑云母 10%～12%、斜长石 3%～5%、石榴子石 7%～8%、石英 6%～8%，副矿物有磁铁矿、锆石等。钾长石呈变晶挤压拉长状，粒径 2.5～3mm，波状消光，定向分布；石榴子石自形晶，粒径 1～1.5mm，受挤压裂纹发育；黑云母晶片增大，多色性为 Ng 褐红色、Np 浅褐黄色，部分被挤压弯曲或折断，大致呈平行断续排列。

石榴黑云斜长片麻岩 岩石为暗灰色，斑状变晶结构，基质片状、粒状变晶结构，片麻状构造。主要矿物有斜长石 41%～44%、石英 25%～26%，次要矿物有黑云母 20%～22%、石榴子石变斑晶 10%～12%、金属矿物微量(图版Ⅳ-7)。斜长石和石英呈变晶粒状，粒径 0.3～0.6mm，相互紧密嵌接，大致呈定向分布。黑云母鳞片状，多色性为 Ng 褐红色、Np 浅褐黄色，反映温度较高的特点。石榴子石它形晶体，粒径 3～4mm，晶体内包裹有黑云母和石英，显示筛状变晶结构。片状矿物相间聚集成条纹断续平行排列。

含石榴子石角闪黑云斜长片麻岩 岩石为暗绿灰色，鳞片柱粒状结构，片麻状构造。主要矿物有斜长石 46%～47%、黑云母 18%～20%、角闪石 16%～18%，次要矿物有石英 13%～14%、石榴子石 1%～2%，副矿物有锆石、磁铁矿、磷灰石、褐帘石等。长英矿物呈变晶粒状，粒径 0.6～1mm，相互接触紧密，大致定向分布；黑云母呈鳞片状，多色性为 Ng 红褐色、Np 浅褐黄色；角闪石呈柱状，绿色；石榴子石变晶粒状。片状和柱状矿物相间聚集成条纹，呈平行断续排列。

含石榴子石角闪斜长片麻岩 岩石为灰绿色，柱粒状变晶结构，片麻状构造。主要矿物有斜长石 47%～48%、角闪石 32%～34%，次要矿物有黑云母 10%～12%、石英 4%～5%、石榴子石 1%～2%，副矿物有磁铁矿等。长英矿物呈变晶粒状，粒径 0.5～0.6mm，较均匀分布；黑云母呈鳞片状，多色性为 Ng 红褐色、Np 浅褐黄色；角闪石呈柱状和它形粒状；石榴子石它形粒状变晶，粒径 0.3～0.6mm，呈片、柱状矿物平行断续排列。

角闪黑云斜长片麻岩 岩石为深灰色，片、粒状变晶结构，片麻状构造。主要矿物有斜长石 49%～50%、石英 16%～18%，次要矿物有黑云母 15%～16%、角闪石 14%～15%、透辉石

2%～3%，副矿物有锆石、磁铁矿、榍石和褐帘石等。斜长石呈等轴变晶粒状，粒径 0.3～0.6mm，晶体洁净，聚片双晶发育而清晰。黑云母鳞片状，多色性为 Ng 棕色、Np 浅褐黄色；角闪石纤柱状，浅棕色，透辉石无色。鳞片状矿物和纤柱状矿物分结聚集，大致呈相间平行断续排列。

黑云角闪斜长片麻岩　岩石为暗绿灰色，片状、粒状变晶结构，片麻状构造。主要矿物有斜长石 40%～41%、角闪石 36%～38%，次要矿物有黑云母 16%～18%、绿帘石 3%～4%，副矿物有榍石、磷灰石等。斜长石呈等轴变晶粒状，粒径 0.6～1mm 相互紧密接触，定向分布；角闪石呈半自形柱状，绿色；黑云母呈片状，多色性为 Ng 褐色、Np 浅棕黄色。片柱状矿物平行定向分布，相间聚集成条纹断续排列。

石榴黑云二长片麻岩　岩石为深灰色，片状、粒状变晶结构，片麻状构造。主要矿物有斜长石 22%～24%、钾长石 20%、石英 24%～25%，次要矿物有黑云母 26%～28%、石榴子石 3%、透辉石 1%，副矿物有磷灰石、锆石等。长英矿物呈变晶粒状，粒径 0.7～1.5mm 占主要，少数达 2mm；黑云母鳞片弯曲变形，长英矿物双晶波状消光，石榴子石变晶碎裂。

石榴二云斜长片麻岩　岩石为暗灰色，斑状变晶结构，基质鳞片粒状变晶结构，片麻状构造。主要矿物有石英 42%～43%、斜长石 25%～26%，次要矿物有白云母 10%～12%、黑云母 8%～10%、石榴子石变斑晶 3%～4%、绿泥石 3%～4%、方解石 2%～3%，副矿物有磁铁矿、电气石、锆石等。长英矿物呈等轴变晶粒状，粒径 0.15～0.2mm，相互接触紧密，平行分布；斜长石晶体浑浊，双晶不发育；黑云母、白云母和绿泥石呈鳞片状，相间聚集成条纹，平行断续排列；石榴子石呈变斑晶，粒径 3～4mm，晶体呈它形，具残缕结构，晶体内残缕晶体为石英，排列方向与围岩中同种矿物石英一致，说明为同构造期形成。

绿泥石化含石榴子石白云斜长片麻岩　岩石为灰色，斑状变晶结构，基质鳞片粒状变晶结构，片麻状构造。主要矿物有斜长石 36%～38%、石英 28%～30%，次要矿物有白云母 14%～15%、绿泥石 16%～18%、石榴子石变斑晶 1%～2%、黑云母<1%，副矿物有磁铁矿、电气石等。长英矿物呈等轴变晶粒状，粒径 0.15～0.2mm，相互紧密接触，平行定向排列；白云母、绿泥石和黑云母呈鳞片状，石榴子石变斑晶呈它形粒状，粒径 4～5mm，具残缕结构，残缕矿物石英排列方向与片理方向一致。鳞片矿物相间聚集成条纹，平行断续排列。黑云母退变为绿泥石，斜长石绢云母化，晶体浑浊，双晶不清。

黑云斜长片麻岩　岩石为深灰色，鳞片粒状变晶结构，片麻状构造。主要矿物有斜长石 59%、黑云母 20%～22%，次要矿物为石英 18%～20%，副矿物有褐帘石、锆石、钛铁矿等。斜长石、石英呈等轴变晶粒状，粒径 0.3～0.6mm，斜长石不洁净，具发育的钠长石律双晶和少数卡钠复合律双晶，与石英较均匀分布；黑云母呈半自形—它形鳞片状，多色性表现为 Ng 深褐色、Np 浅黄色，相间聚集，大致呈平行断续排列。

黑云二长片麻岩　岩石为灰色，鳞片粒状变晶结构，片麻状构造。主要矿物有斜长石 31%～33%、钾长石 24%～25%、石英 28%～30%，次要矿物有黑云母 10%左右，白云母 3%～4%，副矿物有榍石、钛铁矿、锆石等。长石、石英呈它形粒状变晶，粒径 0.6～1mm，个别 1.5mm，有少部分斜长石呈半自形柱状变晶；黑云母和白云母呈鳞片状相间聚集成条纹与石英一起大致呈断续平行排列。岩石中可见少部分钾长石交代斜长石形成蚕蚀结构和出现蠕英石等。

二云二长片麻岩　岩石为灰色，鳞片粒状变晶结构，片麻状构造。主要矿物有钾长石 16%～18%、斜长石 10%～12%、石英 53%～54%，次要矿物有黑云母 10%～12%、白云母 5%～6%，次生矿物黝帘石微量，副矿物主要有锆石、磁铁矿等。长石、石英呈变晶粒状，粒径 0.5～0.6mm，少数达 1mm，钾长石晶体洁净，格子双晶清晰，斜长石大部分退变黝帘石化；黑云母、白云母呈细小鳞片，显示条纹状聚集，大致平行相间断续排列。岩石中出现钾长石交代斜长石，显示交代混合特点。

二云斜长片麻岩　岩石为灰色，鳞片粒状变晶结构，片麻状构造。主要矿物有石英43%～44%、斜长石25%～26%，次要矿物有白云母14%～15%、黑云母8%～10%、绿泥石5%～6%，副矿物主要有电气石等。石英和长石呈等轴变晶粒状，粒径0.2～0.3mm，相互紧密接触，大致平行分布；黑云母、白云母和绿泥石呈鳞片状聚集成条纹状，断续排列。

绿泥石化斜长片麻岩　岩石为灰绿色，鳞片粒状变晶结构，片麻状构造。主要矿物有斜长石47%～48%、石英26%～28%，次要矿物有黑云母(变绿泥石)13%～15%、钾长石8%～10%，副矿物有榍石、锆石等。长英矿物呈等轴变晶粒状，粒径以0.3～0.4mm为主，占10%～15%，斜长石粒径粗大，3～5mm，部分聚集，多数为单晶，由于应力作用，显眼球状特点；黑云母呈鳞片状多蚀变成绿泥石，仍残留少数黑云母，大致相间聚集成条纹，呈定向断续排列。

2)粒岩类

该类岩石主要分布于康西瓦岩群、赛图拉岩群、普守岩组及塞拉加兹塔格岩群地层中，次为埃连卡特岩群、桑株塔格岩群中有少量出露。现将其岩石学特征列述于下：

透辉斜长变粒岩　岩石为浅灰色，粒状变晶结构，块状构造。主要矿物有斜长石54%～55%、透辉石20%～22%，次要矿物有钾长石4%～5%、方柱石8%～10%、黝帘石4%～5%、次闪石4%～5%，副矿物有榍石等。斜长石呈等轴变晶粒状，粒径0.6～1mm，相互紧密嵌接在一起，均匀分布；透辉石呈自形短柱状，无色；方柱石，无色，呈自形—半自形柱状，干涉色达三级；黝帘石呈半自形粒状，皆较均匀分布于岩石中。

透辉二长变粒岩　岩石为灰色，粒状变晶结构，块状构造。主要矿物有钾长石25%～27%、斜长石25%、单斜辉石38%～40%，次要矿物有石英2%～3%、透闪石3%～4%、方解石3%～4%，副矿物有榍石等。长石呈等轴变晶粒状，粒径0.2～0.3mm，矿物晶体洁净，钾长石具格子双晶，相互紧密接触，均匀分布；单斜辉石呈短柱状，无色，最大消光角($C\wedge Ng$)40°～42°，为透辉石。

含红柱石二云石英粒岩　岩石为浅灰色，鳞片粒状变晶结构，块状构造。主要矿物为石英66%～67%，次要矿物有黑云母15%～16%、白云母14%～15%、红柱石1%～2%，副矿物主要有电气石、金属矿物等。石英呈等轴变晶粒状，粒径0.1～0.15mm，均匀无定向性分布；黑云母鳞片和白云母细小晶片，均匀分布，无方向性杂乱排列；红柱石呈它形粒状，为初晶形态，包裹体较多。

单辉斜长浅粒岩　岩石为浅灰色，粒状变晶结构，块状构造。主要矿物有斜长石50%～51%、石英24%～25%，次要矿物有钾长石11%～12%、单斜辉石8%～9%、黑云母2%～3%，副矿物主要有锆石等。长英矿物呈变晶粒状，粒径0.6～1.5mm，晶体受挤压显示变形纹和波状消光及消光带等特点，均匀分布；单斜辉石呈半自形短柱状，无色，为透辉石，粒径0.5～0.6mm；黑云母鳞片多色性为Ng红褐色、Np浅褐黄色。

角闪斜长变粒岩　岩石为灰色，柱粒状变晶结构，平行构造。主要矿物有斜长石44%～45%、角闪石28%～30%，次要矿物有石英18%～20%、黑云母4%～5%、钾长石2%～3%，副矿物有榍石、锆石等。长英矿物呈等轴变晶粒状，粒径0.15～0.3mm，较均匀，斜长石双晶不发育，稍显绢云母化；角闪石呈细柱状，多色性为Ng绿色、Np浅绿黄色；黑云母呈鳞片状，平行定向排列，均匀分布，黑云母大部分已变为绿泥石。

石榴黑云斜长变粒岩　岩石为浅灰色，斑状变晶结构，基质鳞片粒状变晶结构，块状构造。主要矿物有石英47%～49%、斜长石25%～27%、黑云母13%～14%，次要矿物有角闪石8%～10%、石榴子石＞2%，副矿物有榍石、磷灰石、锆石等。长英矿物呈等轴变晶镶嵌粒状，粒径0.15～0.25mm，晶体洁净；黑云母鳞片状，角闪石柱状，石榴子石变斑晶为它形初晶粒状，粒径粗大达3mm，具包含变晶结构，晶体包裹较多的石英晶体与围岩晶片排列为整合关系。

石榴斜长变粒岩　岩石为浅灰色，斑状变晶结构，基质显微鳞片粒状变晶结构，平行构造。主要矿物有石英39%～40%、斜长石≤36%，次要矿物有白云母3%～4%、绿泥石14%～15%、石榴子石2%～3%、黑云母1%～2%，副矿物有锆石、褐铁矿等。长英矿物呈变晶粒状，粒径0.2～0.3mm，均匀分布；黑云母和白云母呈鳞片状；石榴子石变斑晶呈它形粒状，粒径1～2mm，晶体内石英包裹体较多，为包含变晶结构，晶体推开围岩中的云母晶片。黑云母退变成绿泥石和斜长石蚀变成钠黝帘石等。

矽线黑云斜长变粒岩 岩石为浅灰色，鳞片粒状变晶结构，平行构造。主要矿物有石英57%～58%、斜长石26%～27%，次要矿物有黑云母16%～18%、白云母1%～2%、矽线石2%～3%、钾长石1%～2%、石榴子石<1%，副矿物有锆石、电气石、磁铁矿等。长英矿物呈等轴变晶粒状，粒径0.3～0.5mm，相互嵌接紧密，均匀分布；黑云母呈鳞片状，呈现褐红色多色性，大致定向分布；石榴子石呈半自形粒状，粒径0.2mm；矽线石呈针状和细粒状，个别呈纤维状，一般独立出现，但有的出现在黑云母晶片中。

矽线石榴长石石英粒岩 岩石为灰色，粒状变晶结构，平行构造。主要矿物有石英60%～61%、斜长石8%～10%，次要矿物有钾长石10%～12%、石榴子石8%～9%、黑云母6%～8%、矽线石1%～2%，副矿物有磁铁矿、锆石、磷灰石等。长英矿物受剪切应力作用被压扁拉长，个别石英边缘被粒化和少部分石英相互呈齿状接触，长英矿物均具强波状消光；石榴子石自形粒状，粒径0.6～1.5mm；矽线石呈细柱状，常和黑云母鳞片赋存在一起，呈条纹聚集，平行相间排列。

石榴黑云斜长石英粒岩 岩石为灰色，斑状变晶结构，基质为显微鳞片粒状变晶结构，定向构造。主要矿物为石英63%～64%，次要矿物有黑云母18%～20%、斜长石13%～15%、石榴子石2%～3%，副矿物有电气石、磁铁矿等。石英和少部分斜长石呈等轴变晶粒状，相互嵌接紧密，粒径0.1～0.15mm，较均匀分布；黑云母呈鳞片状，平行定向排列；石榴子石变斑晶，粒径0.6～1.2mm半自形粒状，晶体中包裹石英碎屑，为包含变晶结构，晶体推开微片理与鳞片矿物排列方向为整合关系。

石榴黑云二长变粒岩 岩石为灰色，鳞片粒状变晶结构，平行构造。主要矿物有斜长石28%～30%、石英27%～28%、钾长石28%～30%，次要矿物有黑云母（部分变为绿泥石）10%～12%、石榴子石2%～3%，副矿物有锆石、磷灰石等。长英矿物呈等轴变晶粒状，粒径0.3～0.6mm，相间紧密接触，大致定向分布；黑云母呈鳞片状，石榴子石半自形粒状，粒径0.3～0.4mm，片状矿物大致平行定向分布。

石榴二长浅粒岩 岩石为浅灰色，粒状变晶结构，块状构造。主要矿物有钾长石39%～40%、石英26%～28%、斜长石25%～26%，次要矿物有黑云母3%～4%、石榴子石3%～4%，副矿物有锆石、磷灰石等。长石、石英呈等轴变晶粒状，粒径0.3～0.6mm占主要，少数达1mm，相互紧密接触，均匀分布；黑云母鳞片多色性为Ng红褐色、Np浅棕黄色。特征矿物石榴子石晶粒自形程度高；斜长石双晶不发育，钾长石格子双晶不明显，二者均较洁净。

绿泥石化石榴斜长变粒岩 岩石为浅绿灰色，鳞片粒状变晶结构，平行构造。主要矿物有石英36%、蚀变斜长石35%～36%，次要矿物有白云母6%、绿泥石18%～20%、石榴子石2%～3%，副矿物有锆石、电气石等。长英矿物呈变晶粒状，因受强应力作用呈压扁拉长状，长径0.3～0.5mm，相互接触紧密，定向排列；白云母、黑云母和绿泥石呈鳞片状条纹聚集，平行相间分布，个别白云母片被挤压成"S"形；石榴子石呈粒状，有压碎现象；黑云母绿泥石化，斜长石绢云母化，均为晚期退变现象。

石榴钾长浅粒岩 岩石为浅肉红色，粒状变晶结构，块状构造。主要矿物有钾长石36%～38%、石英42%～45%，次要矿物有斜长石3%～4%、铁铝榴石10%～11%、黑云母（变为绿泥石）4%～5%，副矿物有锆石等。长英矿物呈等轴变晶粒状，粒径0.3～0.5mm，少部分0.6mm，紧密嵌接，较均匀分布；黑云母呈鳞片状，多色性为Ng褐红色、Np浅棕黄色，另一部分退变成绿泥石，具定向性；石榴子石呈自形—半自形粒状，浅褐色，为铁铝榴石，粒径0.2～0.3mm。

含石榴子石石英岩 岩石为烟灰色，粒状变晶结构，显微定向构造。主要矿物为石英84%～85%，次要矿物有白云母8%～10%、斜长石3%～4%、石榴子石2%，副矿物主要有电气石等。石英呈等轴变晶粒状，粒径大小均匀，0.1～0.15mm，晶体十分洁净，相互紧密嵌接，大致定向分布；白云母呈鳞片状，特征矿物石榴子石它形晶体，粒径0.3mm，偶见较粗大斜长石和石英晶体，粒径0.6～1mm，可能为原岩残余成分。白云母呈鳞片状平行分布，略具定向性。

含磁铁矿黑云石英粒岩 岩石为灰黑色，显微鳞片粒状变晶结构，块状构造。主要矿物为石英85%左右，次要矿物有黑云母7%～8%、磁铁矿5%～6%，副矿物有锆石等。石英呈等轴变晶粒状，粒径0.06～0.1mm，相互紧密嵌接在一起，均匀分布；石英粒间分布有黑云母鳞片及变晶形成的磁铁矿，粒径0.01～0.02mm，均匀分布。

石英粒岩 岩石为灰色，粒状变晶结构，块状构造。主要矿物为石英75%～76%，次要矿物有绢云母6%～7%、绿泥石6%～8%、斜长石3%～4%、石英砂岩屑1%～2%、石英岩屑1%～2%、方解石2%～3%，副矿物有电气石、锆石等。石英呈变晶粒状，粒径0.06～0.15mm，少数0.3～1mm，石英砂岩屑和石英岩屑为原岩中碎屑成分，因应力作用形成透镜状；绢云母和绿泥石呈鳞片状，定向性不明显。

黑云斜长变粒岩 岩石为暗灰色，鳞片粒状变晶结构，块状构造。主要矿物有斜长石44%～45%、石英38%～40%，次要矿物有黑云母14%～15%，副矿物有锆石、磷灰石等。长英矿物呈变晶粒状，长石粒径大，0.5～0.6mm，石英粒径小，0.1～0.15mm，接触紧密，分布均匀；黑云母呈鳞片状，方向性不明显，分布在斜长石粒间或成堆出现。变晶后的斜长石晶体洁净，隐约可见聚片双晶。

黑云二长变粒岩 岩石为灰色，鳞片粒状变晶结构，定向构造。主要矿物有石英45%～46%、钾长石16%～18%、斜长石12%～13%，次要矿物有黑云母18%～20%、白云母5%，副矿物有电气石、锆石等。长英矿物呈等轴变晶粒状，粒径0.1～0.15mm占优势，长石重结晶加大明显，粒径0.3～0.6mm，晶体增大后常包含有细小石英及黑云母晶片；白云母晶片较大，0.6～1.2mm，延伸方向与围岩中矿物排列方向斜交，晶片中残缕矿物石英排列方向与围岩中矿物排列方向一致，均说明其为构造期后结晶的产物。

二长浅粒岩 岩石为浅灰色，粒状变晶结构，块状构造。主要矿物有斜长石42%～43%、钾长石19%～20%、石英26%～27%，次要矿物有黑云母5%～6%、白云母2%～3%、绿帘石1%、方解石1%，副矿物主要有锆石等。石英呈等轴变晶粒状，粒径以0.03～0.06mm为主，少量0.12mm，个别0.6～1mm；斜长石和钾长石晶体细小，洁净，聚片双晶和格子双晶均较清晰，和石英一起相互嵌接紧密，均匀分布；黑云母、白云母鳞片状分布于长英矿物粒间，稍显方向性排列。

斜长浅粒岩 岩石为浅灰色，粒状变晶结构，块状构造。主要矿物有石英50%、斜长石45%，次要矿物有黑云母2%～3%、绿帘石1%～2%，次生绢云母少量，副矿物有锆石、黄铁矿等。长英矿物呈等轴变晶粒状，粒径0.15～0.3mm不等，嵌接紧密，均匀分布；斜长石绢云母化，晶体浑浊，双晶不清；黑云母鳞片状和极小的绿帘石晶粒不均匀分布于岩石中。

黑云石英粒岩 岩石为浅灰色，显微鳞片粒状变晶结构，平行构造。主要矿物为石英81%～83%，次要矿物有黑云母8%～10%、白云母2%～3%、斜长石4%～5%，副矿物有电气石、锆石、磁铁矿等。石英呈等轴变晶粒状，粒径0.15～0.25mm，大小均匀，晶体十分洁净，相互嵌接紧密，均匀分布；黑云母、白云母呈鳞片状，显示平行排列。

斜长黑云石英粒岩 岩石为灰色，显微鳞片粒状变晶结构，平行构造。主要矿物为石英70%～71%，次要矿物有黑云母14%～15%、斜长石12%～13%、石榴子石1%，副矿物有锆石、磷灰石、磁铁矿等。长英矿物呈等轴变晶粒状，粒径0.25～0.3mm，嵌接紧密，较均匀；黑云母呈鳞片状，定向分布。

二云斜长变粒岩　岩石为灰色，显微鳞片粒状变晶结构，平行构造。主要矿物有斜长石52%～53%、石英20%～22%，次要矿物有黑云母10%、白云母9%～10%、钾长石5%～6%、绿帘石1%～2%，副矿物有锆石、磷灰石等。斜长石、石英呈等轴变晶粒状，粒径0.03～0.06mm，相互接触紧密，大致定向分布；黑云母、白云母呈鳞片状，定向排列。

白云斜长变粒岩　岩石为灰白色，鳞片粒状变晶结构，平行构造。主要矿物有石英59%～60%、斜长石26%～28%，次要矿物有白云母10%～12%、钾长石1%～2%、黝帘石<1%、黑云母<1%，副矿物有锆石、磷灰石等。长石、石英呈变晶粒状，粒径以0.06～0.15mm为主，少部分0.2～0.3mm，相互接触紧密，大致平行分布；白云母呈鳞片状，定向排列。

黑云角闪斜长变粒岩　岩石为浅绿灰色，柱粒状变晶结构，块状构造。主要矿物有斜长石45%～46%、角闪石28%～30%，次要矿物有石英13%～14%、黑云母10%～12%，副矿物有锆石、磁铁矿等。长英矿物呈等轴变晶粒状，粒径0.6～0.7mm占主要，个别1mm，相互紧密接触，均匀分布；角闪石呈短柱状，浅绿—绿色；黑云母退变为绿泥石。

二云二长变粒岩　岩石为浅灰色，显微鳞片粒状变晶结构，平行构造。主要矿物有斜长石27%～28%、钾长石20%～21%、石英28%～30%，次要矿物有黑云母8%～10%、白云母7%～8%、绿帘石、黝帘石5%～6%，副矿物有锆石等。长石、石英呈细小等轴变晶粒状，粒径0.06～0.15mm，晶体洁净，定向分布；黑云母、白云母呈细小鳞片状，定向排列。

钙质斜长浅粒岩　岩石为浅灰色，粒状变晶结构，块状构造。主要矿物有石英22%～24%、斜长石28%～30%、方解石36%～38%，次要矿物有绢云母6%～8%、绿泥石3%～4%，副矿物有磁铁矿等。长英矿物呈等轴变晶粒状，粒径多数为0.03～0.15mm，少数为0.2～0.3mm，均匀分布；绢云母、绿泥石呈鳞片状。

长石浅粒岩　岩石为浅灰色，粒状变晶结构，块状构造。主要矿物有斜长石(主)+钾长石(次)53%～55%、石英40%～45%，次要矿物为绿帘石2%～3%，副矿物有锆石等。长石、石英呈变晶粒状，粒径0.6～0.8mm，相互之间呈曲线或齿状紧密镶嵌接触，分布均匀，钾长石较干净，显示格子双晶；斜长石较干净，斜长石律双晶不发育，但隐约可见；石英晶体中包裹尘状包裹体，显示不洁净。

片理化石英粒岩　岩石为浅灰色，粒状变晶结构，定向构造。主要矿物为石英70%～71%，次要矿物有斜长石7%～8%、绢云母12%～15%、绿泥石4%～5%、方解石2%～3%，副矿物有磁铁矿、电气石、锆石、榍石等。石英呈近等轴变晶粒状，粒径大多为0.15～0.2mm，少数为0.3mm，较均匀分布，稍显定向性；绢云母、绿泥石呈鳞片状与石英一起平行定向均匀分布。

片理化长石石英粒岩　岩石为灰色，显微鳞片粒状变晶结构，定向构造。主要矿物为石英59%～61%，次要矿物有绢云母15%～17%、绿泥石7%～8%、斜长石10%～12%、钾长石2%～3%、方解石1%～2%，副矿物有电气石、锆石、磁铁矿等。石英、长石呈变晶粒状，粒径以0.1～0.15mm为主，少数0.2～0.3mm，显定向分布；绢云母、绿泥石呈鳞片状，定向均匀分布。

片理化斜长变粒岩　岩石为浅灰色，粒状变晶结构，平行构造。主要矿物有斜长石38%～39%、石英35%～36%，次要矿物有白云母8%～9%、绿泥石10%～12%、绿帘石、黝帘石5%～6%，副矿物主要有磷灰石等。长英矿物呈等轴变晶粒状，粒径0.2～0.3mm，斜长石晶体浑浊，双晶不清；白云母、绿泥石呈鳞片状，平行定向分布。

片理化斜长石英粒岩　岩石为浅灰色，显微鳞片粒状变晶结构，平行构造。主要矿物有石英65%～67%、斜长石20%～22%，次要矿物有黑云母6%～7%、绢云母5%～6%，副矿物有电气石、锆石等。岩石受强挤压应力和变质作用，使石英重结晶呈压扁拉长状，边缘呈齿状，斜长石呈粒状，均匀分布，粒径0.15～0.2mm；黑云母、绢云母呈鳞片状与压扁的石英一起定向分布。

3)片岩类

该类岩石主要分布于埃连卡特岩群、康西瓦岩群、普守岩组及赛图拉岩群中，其次在桑株塔格岩群、塞拉加兹塔格岩群A岩组等地层单位有少量分布。现将其岩石学特征列述如下：

单辉石榴黑云石英片岩　岩石为深灰色，斑状变晶结构，基质片状。粒状变晶结构，片状构造。变斑晶成分为石榴子石13%～14%；基质成分有石英50%～52%、黑云母18%～20%、单斜辉石9%～10%、斜长石3%～5%，微量金属矿物。岩石受强应力作用，使石英重结晶和被压扁拉长形态，长径0.3～1mm，相互紧密接触，平行定向分布；黑云母呈鳞片状，多色性为Ng红褐色、Np浅褐黄色；石榴子石呈半自形粒状，粒径2～3mm，少数0.5～0.6mm，晶体中常包裹石英和黑云母细小鳞片；单斜辉石呈自形柱状，显很淡的黄褐色，长径2～3mm，部分0.3～0.4mm。片柱状矿物聚集成条带，平行相间排列。

石榴红柱二云石英片岩　岩石为浅灰色，斑状变晶结构，基质显微鳞片粒状变晶结构，片状构造。主要矿物有石英40%～42%、黑云母20%～22%、白云母18%～19%；次要矿物有斜长石8%～10%、绿泥石3%～4%；变斑晶成分有红柱石3%～4%、石榴子石2%～3%；副矿物有电气石、磁铁矿等。石英、斜长石呈等轴变晶粒状，粒径0.15～0.2mm，紧密嵌接，定向均匀分布；特征矿物石榴子石自形粒状，晶体内包裹较多的石英；红柱石呈粗大它形晶体，晶体内常包裹石英和个别黑云母等，二者粒径1～3mm不等，均形成筛状变晶结构。

矽线黑云石英片岩　岩石为灰色，磷片粒状变晶结构，片状构造。主要矿物有石英59%～60%、黑云母26%～28%，次要矿物有白云母<1%、斜长石4%～5%、矽线石4%～5%、钾长石3%～4%。石英变晶呈压扁拉长形态，长径0.5～0.7mm，与片状矿物相间出现；黑云母呈鳞片状，多色性为Ng红棕色、Np浅褐黄色；矽线石呈针状和纤维状，长径与云母方向一致；钾长石它形粒状，晶体洁净，见交代黑云母和石英现象。

矽线黑云片岩　岩石为暗灰色，磷片粒状变晶结构，片状构造。主要矿物有黑云母48%～49%、石英36%～38%，次要矿物有斜长石4%～5%、矽线石6%～8%、白云母<1%，副矿物有电气石、磁铁矿、锆石等。长英矿物呈等轴变晶粒状，粒径0.3～0.5mm，矽线石呈针状和细粒状，个别纤维状，晶体往往见于石英晶体云母晶片中；黑云母呈鳞片状，呈现褐红色多色性，呈定向分布。

矽线二云石英片岩　岩石为浅灰色，鳞片粒状变晶结构，片状构造。主要矿物为石英62%～63%，次要矿物有黑云母15%～16%、白云母10%、矽线石7%～8%、斜长石2%～3%，副矿物有锆石等。石英呈变晶粒状，粒径0.3～0.6mm；黑云母和白云母呈鳞片状，前者多色性为Ng红褐色、Np浅褐黄色；矽线石呈毛发状和针状，无色。岩石受韧性剪切挤压石英被压扁拉长且具波状消光。鳞片状矿物和矽线石聚集成条带，大致相间平行排列。

石榴矽线黑云石英片岩　岩石为浅灰色，斑状变晶结构，基质粒状磷片状变晶结构，片状构造。主要矿物有黑云母20%～21%、石英37%～38%，次要矿物有白云母7%～8%、斜长石4%～5%、矽线石13%、钾长石<8%、变斑晶石榴子石7%～8%、褐铁矿微量。石英、斜长石呈压扁拉长形态，长径0.3～0.6mm不等；黑云母、白云母呈鳞片状；矽线石呈针状和纤维状，个别为细粒状，常见矽线石堆积体中残余黑云鳞片或其出现在黑云母晶片中，石英晶体中有时也见到矽线石；石榴子石呈自形晶体，粒径0.8～1.5mm，常推开片理；钾长石为它形粒状，晶体洁净，交代石英和包含黑云母晶片。

含矽线钾长二云石英片岩　岩石为浅肉红色，鳞片粒状变晶结构，片状构造。主要矿物有石英50%～52%、黑云母18%～20%，次要矿物有钾长石16%～18%、白云母6%～8%、矽线石>2%、斜长石2%～3%，副矿物有电气石、锆石等。长英矿物呈变晶粒状，粒径0.3～0.6mm，个别0.8mm，呈定向分布；黑云母、白云母呈鳞片状，相间聚集成条纹，平行排列；矽线石呈细针状和纤维状，出现于黑云母晶片中或者呈过渡关系。

十字石石榴二云石英片岩 岩石为浅灰色，斑状变晶结构，基质显微鳞片粒状变晶结构，片状构造。主要矿物有石英48%～50%、黑云母16%～18%、白云母14%～16%，次要矿物有斜长石8%～10%、石榴子石2%～3%、十字石2%、红柱石2%、绿泥石<1%，副矿物有电气石、磁铁矿等。长英矿物呈等轴变晶粒状，粒径0.15～0.25mm，相互嵌接紧密，平行定向排列；黑云母、白云母呈鳞片状，黑云母多色性为Ng褐红色、Np浅褐黄色，相间聚集成条带，平行排列；石榴子石、十字石和红柱石初晶沿片理方向分布，粒径0.7～3mm不等，前两种矿物结晶和自形程度皆高，呈半自形—自形晶，常具筛状变晶结构。

十字二云石英片岩 岩石为浅褐色，鳞片粒状变晶结构，片状构造。主要矿物为石英68%～69%，次要矿物有黑云母18%～20%、白云母8%～10%、十字石>3%，副矿物有电气石等(图版Ⅳ-6)。石英呈等轴变晶粒状，粒径0.1～0.15mm，相互紧密接触，定向分布；黑云母、白云母呈鳞片状，平行相间聚集成条纹，定向排列；十字石变晶颗粒，粒径0.3～0.6mm，在十字石晶体中包裹有石英，平行排列方向与片理斜交，反映原面理S_n，到晚期出现面理置换，形成S_{n+j}面理构造。

石榴斜长白云石英片岩 岩石为浅灰色，斑状变晶结构，基质鳞片粒状变晶结构，片状构造。主要矿物有石英41%～42%、白云母25%～26%，次要矿物有斜长石15%～16%、黑云母4%～5%、绿泥石5%～6%、石榴子石变斑晶3%～4%、方解石2%～3%，副矿物有电气石、磷灰石、磁铁矿等。石英、长石等轴变晶粒状，粒径0.15～0.2mm，紧密接触，定向排列；黑云母、白云母、绿泥石呈鳞片状，条纹聚集，平行相间排列。石榴子石呈它形粒状，粒径3～5mm，具残缕结构，残缕矿物石英排列方向与围岩中石英分布方向一致，边缘与片理为整合关系。

石榴二云石英片岩 岩石为深灰色，鳞片粒状变晶结构，片状构造。主要矿物有石英62%～64%、黑云母18%～20%，次要矿物有白云母12%～13%、石榴子石2%、绿泥石2%～3%，副矿物有电气石、锆石等。石英和少部分斜长石呈等轴变晶粒状，粒径0.1～0.15mm；黑云母、白云母、绿泥石呈鳞片状，相间聚集成条纹，定向排列；石榴子石呈半自形粒状，粒径0.3～0.6mm，晶体中包裹石英碎屑，具包含变晶结构，晶体推开微片理与鳞片矿物排列方向为整合关系。

斜长石榴黑云石英片岩 岩石为灰色，斑状变晶结构，基质片状、粒状变晶结构，片状构造。主要矿物有石英47%～48%、黑云母30%，次要矿物有斜长石10%～12%、石榴子石变斑晶10%～12%。长英矿物显拉长和波状消光，粒径0.6～1mm。石榴子石半自形晶体，粒径2～3mm，晶体内普遍包裹石英晶体，为包含变晶结构；黑云母呈鳞片状，多色性为Ng棕色、Np浅棕黄色，相间聚集，平行排列。

石榴斜长二云石英片岩 岩石为灰色，斑状变晶结构，基质鳞片粒状变晶结构，片状构造。变斑晶成分为石榴子石3%，基质成分有石英38%～39%、斜长石18%～20%、白云母18%～20%、黑云母12%～13%、绿泥石6%～7%、方解石1%～2%，副矿物有磁铁矿、电气石等。长英矿物呈粒状变晶，粒径0.2～0.3mm，晶粒间接触紧密，定向排列；白云母鳞片聚集成条纹平行相间排列；石榴子石变斑晶(粒径6～7mm)和晶片较大的黑云母(粒径1～1.5mm)长轴方向与片理面斜交，黑云母退变为绿泥石。

含石榴斜长黑云片岩 岩石为暗灰色，鳞片粒状变晶结构，片状构造。主要矿物有斜长石38%～40%、黑云母44%～45%，次要矿物有石英10%～12%、绿泥石3%～4%、石榴子石>1%，副矿物有锆石、磷灰石等。斜长石呈等轴变晶粒状，粒径0.1～0.2mm，相互紧密接触，大致定向分布；黑云母呈鳞片状，平行定向排列，局部出现显微褶皱现象。

2. 基性变质岩—斜长角闪岩类—角闪岩类

该类型岩石主要分布在赛图拉岩群及普守岩组中，岩石变质程度较深，达低角闪岩相。现将其岩石学特征列述于下：

斜长角闪岩　岩石为灰绿色，柱状变晶结构，平行构造。主要矿物有角闪石 50%～51%、斜长石 28%～30%，次要矿物有石英 12%～14%、黑云母 2%～3%、绿泥石 3%～4%，次生矿物有绢云母、绿帘石、绿泥石等，副矿物有榍石、磁铁矿等。原岩结构和矿物成分消失殆尽。角闪石呈半自形柱状，长径 1～1.5mm，呈绿色，定向排列；角闪石粒间或孔隙中残余有斜长石和石英，斜长石为强绢云母化和帘石化，全被绢云母替代，仅石英颗粒清晰；黑云母呈鳞片状，绿泥石化强烈，条纹聚集，定向排列。

石榴斜长角闪岩　岩石为暗灰绿色，粒状柱状变晶结构，块状构造。主要矿物有角闪石 50%～51%、斜长石 38%～40%，次要矿物有石英 5%～6%、石榴子石 4%～5%、金属矿物微量。斜长石、石英呈变晶粒状，粒径 0.3～0.6mm，均匀分布；角闪石半自形柱状，绿色，较洁净；石榴子石呈它形粒状，粒径 0.3～0.5mm，晶体中常包裹斜长石、石英和角闪石等与围岩中同种矿物排列方向一致，为同构造期形成。

透辉斜长角闪岩　岩石为暗绿灰色，筛状变晶结构，柱状、粒状变晶结构，块状构造。主要矿物有角闪石 38%～40%、单斜辉石 30%，次要矿物有斜长石 28%～30%、石英>1%、金属矿物微量。斜长石呈等轴变晶粒状，粒径 0.5～0.7mm，晶体洁净，聚片双晶清晰，均匀分布；角闪石呈半自形短柱状，绿色，粒径大小与长石相同，二者相互接触紧密；单斜辉石呈变斑晶，粒径 5～6mm，无色，消光角大，为透辉石，晶体中均匀包裹有斜长石细小晶体，形成筛状变晶结构特征。

角闪片岩　岩石为灰绿色，纤状变晶结构，片状构造。主要矿物为角闪石 92%～93%，次要矿物有黑云母 3%～5%、绿帘石 2%～3%，副矿物主要有磁铁矿等。绝大部分角闪石呈纤柱状或纤维状晶体，长径 0.15～0.3mm，相互接触紧密，大致定向排列，形成片状构造。在晶体较小的角闪石组成的基质中，出现少数角闪石变斑晶，粒径为 0.6～1mm，晶体延伸方向与片理为整合关系，并推开片理明显，应为同构造期结晶形成。

角闪岩　岩石为暗绿灰色，柱状变晶结构，块状构造。主要矿物为角闪石 97%左右，次要矿物为透辉石 1%～2%，副矿物有榍石、钛铁矿等。角闪石呈变晶短柱状，少数为变晶粒状，粒径大多为 0.2～0.3mm，少部分 0.4～0.5mm，浅绿色，相互之间紧密接触，大致呈定向均匀分布。局部出现粒状透辉石，无色。

石榴角闪岩　岩石为暗绿灰色，柱状变晶结构，块状构造。主要矿物为角闪石 75%～77%，次要矿物有石榴子石 16%～18%、方解石 3%～4%、黑云母<1%、石英 1%、金属矿物微量。角闪石呈半自形—它形柱状或粒状，粒径 0.6～1mm，绿色，杂乱分布，稍具定向性。石榴子石它形粒状，结晶不完整，常和个别方解石共生。

3. 变质镁质碳酸盐岩—大理岩类

该类型岩石分布局限，主要分布在普守岩组和赛图拉岩群中，其次在康西瓦岩群有少量出露。现将其岩石学特征简介如下：

粗晶大理岩　岩石为灰白色，极粗晶变晶结构，块状构造。主要矿物为方解石 88%～90%，次要矿物有白云母 3%～4%、透闪石 1%～2%、石英 2%～3%、斜长石<1%，副矿物有榍石、磁铁矿、硅灰岩等。方解石呈自形—半自形极粗晶颗粒，粒径 1.5～2mm 占主要，少数为 1mm 和 3mm 不等，相互之间呈曲线和部分折线紧密接触，均匀分布。石英重结晶加大呈圆粒状。白云母呈鳞片状，透闪石呈细小柱晶和个别硅灰石出现于方解石间隙中。

粗晶白云石大理岩　岩石为白色，粗晶变晶结构，块状构造。主要矿物为白云石 90%左右，次要矿物有方解石 6%～7%、白云母 2%～3%、金属矿物微量。白云石晶体呈自形—半自形粗大晶体，粒径 1～1.5mm，晶体之间呈折线和个别齿状紧密嵌接，均匀分布。白云母呈鳞片状，稍具定向性。白云石的形成是由于岩石经强白云石化，交代方解石所形成，现仍残留有少数方解石晶体。

透闪大理岩 岩石为灰白色，粒状变晶结构，块状构造。主要矿物为方解石 88%左右，次要矿物有透闪石≥10%、石英<1%、金云母≥1%。方解石呈变晶粒状，粒径 0.5～0.6mm，均匀分布，晶体之间呈折线状和少数曲线状接触；透闪石呈自形柱状，无色；金云母呈晶片状，稍具定向性。

透辉大理岩 岩石为灰白色，粒状变晶结构，块状构造。主要矿物为方解石 75%～76%，次要矿物有石英 3%～4%、透辉石 14%～15%、钾长石 2%～3%、方柱石 1%、石英脉岩屑 1%～2%，副矿物有榍石、锆石等。方解石呈半自形变晶粒状，粒径 0.15～0.2mm，较均匀分布；透辉石呈短柱状和粒状，具变斑晶特点，粒径 0.3～1.5mm 不等，无色；方柱石亦为变斑晶颗粒，无色，粒径大小与透辉石相同。岩石中混杂有个别钾长石、石英和石英脉岩屑等碎屑成分。

金云透辉大理岩 岩石为浅淡绿色，粒状变晶结构，块状构造。主要矿物为方解石 88%左右，次要矿物有金云母 4%～5%、透辉石 3%～4%、镁橄榄石 1%、钙铝榴石<1%。方解石变晶颗粒增大，粒径 0.6～2mm 不等，个别达 3mm，相互之间呈折线或曲线状紧密嵌接，均匀分布。特征矿物有透辉石，呈自形短柱状，无色；金云母呈自形片状，稍具淡褐色，显示吸收性；镁橄榄石呈半自形圆粒状，无色，干涉色二级，解理缝明显；钙铝榴石呈半自形粒状，均匀性明显。以上诸矿物粒径大部分为 0.3～0.6mm，出现于方解石粒间。

（二）变质地层原岩恢复及形成环境探讨

1. 埃连卡特岩群

组成埃连卡特岩群的中、高级变质岩主要有石榴黑云斜长片麻岩、含石榴子石二云斜长片麻岩、黑云斜长片麻岩、二云斜长片麻岩、含石榴子石斜长变粒岩、黑云斜长石英片岩、含十字石二云石英片岩、二云石英片岩、石榴二云石英片岩等。现将其原岩恢复及形成环境探讨如下。

1）原岩恢复

根据野外产状，岩石中局部残留有层状特征，结合岩石化学特征，其原岩性质为沉积碎屑岩，为碎屑岩建造。对该岩群主要岩石进行岩石化学计算，利用[(al＋fm)-(c＋alk)]-Si 图解（图 4-1）恢复原岩，埃连卡特岩群变质碎屑岩 6 个样品有 3 个样品投影到泥质沉积岩区，2 个样品投影到火山岩区。利用(Al＋Fe＋Ti)-(Ca＋Mg)图解（图 4-2）恢复原岩，均投影到杂砂岩、亚杂砂岩类型区及其附近。进一步利用 $Log(Na_2O/K_2O)-Log(SiO_2/Al_2O_3)$ 图解（图 4-3）判别岩石类型，有 3 个样品投影到杂砂岩类，1 个样品投影到岩屑砂岩类，2 个样品投影到长石砂岩区。由上述图解得知，埃连卡特岩群变质碎屑岩原岩主体为一套杂砂岩类。

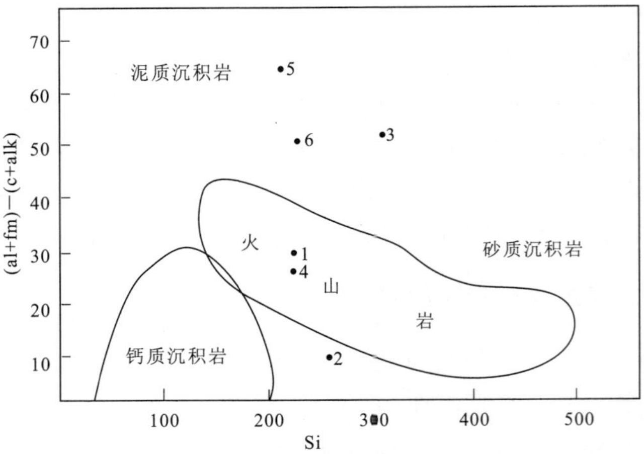

图 4-1 [(al＋fm)-(c＋alk)]-Si 图解
（据 Simonen，1953）

2）形成环境探讨

埃连卡特岩群变质碎屑岩的岩石化学成分平均值与太古宙和元古宙变质碎屑沉积岩相比，介于太古宙与元古宙之间，但主体与元古宙特征相近（表 4-1），与 Bhatia(1985)的不同构造环境沉积盆地中的杂砂岩平均值比较，其主要特征介于大洋岛弧与活动陆缘之间，以活动陆缘型为主。

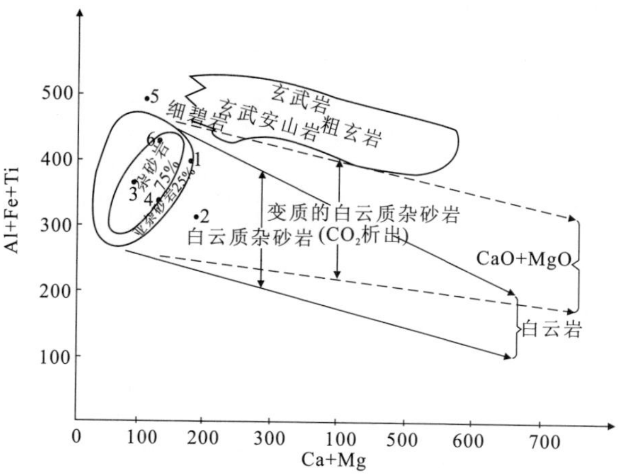

图 4-2　(Al+Fe+Ti)-(Ca+Mg)图解

(据 Moine 等,1968)

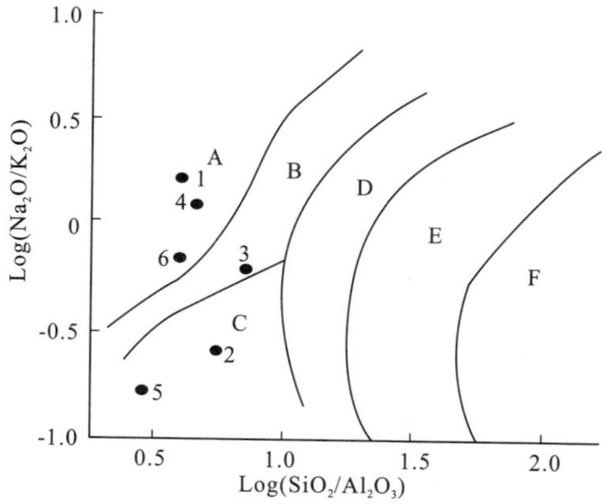

图 4-3　埃连卡特岩群变质碎屑岩

Log(Na_2O/K_2O)-Log(SiO_2/Al_2O_3)图解

(据 Pettijohn,1972)

A. 杂砂岩;B. 岩屑砂屑岩;C. 长石砂岩;

D. 亚长石砂岩;E. 亚岩屑砂屑岩;F. 石英砂屑岩

表 4-1　埃连卡特岩群、康西瓦岩群变质碎屑岩平均化学成分

与太古宙、元古宙碎屑沉积岩及不同构造环境杂砂岩对比表

(%)

类型	太古宙 (n=11)	元古宙 (n=7)	大洋岛弧 (n=7)	大陆岛弧 (n=9)	活动陆缘 (n=7)	被动陆缘 (n=7)	埃连卡特岩群	康西瓦岩群
SiO_2	65.7±2.2	70.0±3.4	58.83±1.6	70.69±2.6	73.86±4.0	81.95±6.2	61.54	64.39
TiO_2	0.6±0.1	0.6±0.1	1.06±0.2	0.64±0.1	0.46±0.1	0.49±0.2	0.90	0.71
Al_2O_3	14.9±1.3	14.5±1.7	17.1±1.7	14.04±1.1	12.89±2.1	8.41±2.2	15.18	15.32
Fe_2O_3	—	—	1.95±0.5	1.43±0.5	1.30±0.5	1.32±1.6	0.94	2.91
FeO	6.4±1.5	5.5±1.9	5.52±2.1	3.05±0.4	1.58±0.9	1.76±1.2	5.98	3.19
MnO	—	—	0.15	0.10	0.10	0.05	0.13	0.11
MgO	3.6±1.0	2.1±0.5	3.65±0.7	1.97±0.5	1.23±0.5	1.39±0.8	2.96	2.73
CaO	3.3±1.1	1.7±0.7	5.83±1.3	2.68±0.9	2.48±1.0	1.89±2.3	2.22	2.31
Na_2O	2.9±0.5	1.8±0.6	4.10±0.8	3.12±0.4	2.77±0.7	1.07±2.6	1.72	2.41
K_2O	2.2±0.3	3.5±0.6	1.60±0.6	1.89±0.5	2.90±0.5	1.71±0.6	3.40	2.94
P_2O_5	—	—	0.26±0.1	0.16±0.1	0.09	0.12	0.19	0.19
$Fe_2O_3^*$+MgO	—	—	11.73	6.79	4.63	2.89	3.90	5.64
Al_2O_3/SiO_2	0.23	0.21	0.29	0.20	0.18	0.10	0.25	0.24
K_2O/Na_2O	0.76	0.18	0.39	0.61	0.99	1.60	1.98	1.22
Al_2O_3/(CaO+Na_2O)	2.40	4.14	1.72	2.42	2.56	4.15	3.85	3.25

利用(Fe_2O_3+MgO)-TiO_2和($Fe_2O_3^*$+MgO)-Al_2O_3/SiO_2图解(图 4-4)判别构造环境,埃连卡特岩群变质碎屑岩 5 个样品投影到大洋岛弧及其附近,有 1 个样品投影到大陆岛弧区。利用

K_2O/Na_2O-SiO_2图解（图 4-5）判别环境，有 5 个样品投影到活动陆缘（大陆岛弧）区，1 个样品投影到被动陆缘区。

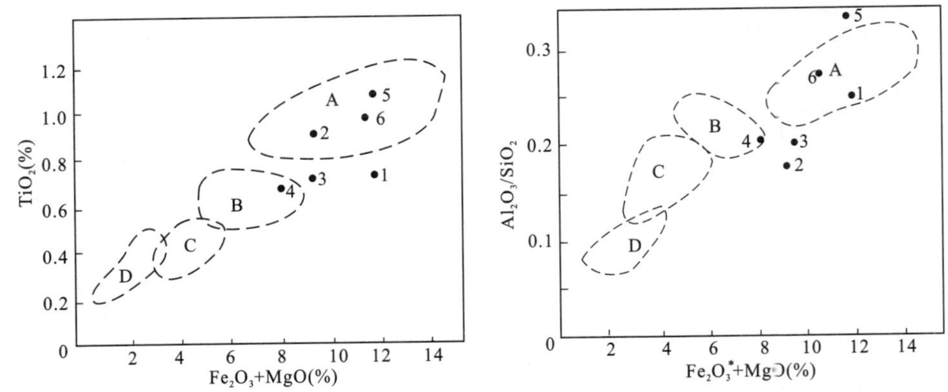

图 4-4　埃连卡特岩群变质杂砂岩常量元素构造环境判别图解（据 Bhatia，1985）

A. 大洋岛弧；B. 大陆岛弧；C. 活动陆缘；D. 被动边缘

埃连卡特岩群变质碎屑岩微量元素平均值与 Bhatia（1985）的不同构造环境沉积盆地中的杂砂岩平均值比较（表 4-2），其特征介于活动陆缘与大洋岛弧之间，其主体为活动陆缘型。

综上所述，埃连卡特岩群变质碎屑岩形成的构造环境比较复杂，介于活动陆缘与大洋岛弧之间，主体为活动陆缘型。据此说明该岩群变质碎屑岩不可能来自单一的物源区，而是来源于多个成因复杂的物源区。

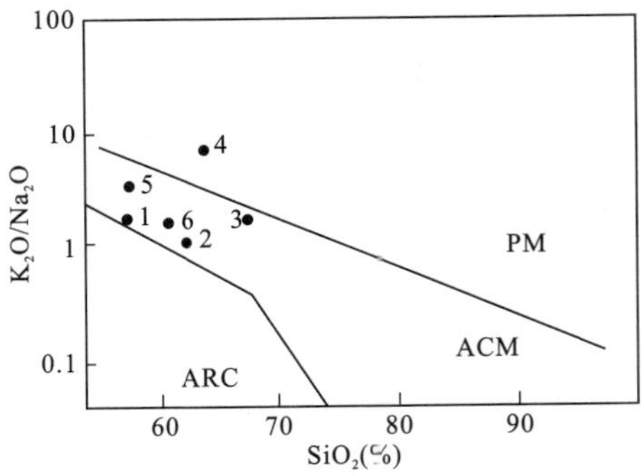

图 4-5　埃连卡特岩群变质杂砂岩构造环境 K_2O/Na_2O-SiO_2 判别图解（据 Roser，1986）

ABC. 大洋岛弧边缘；ACM. 活动陆缘（大陆岛弧）；PM. 被动陆缘

表 4-2　埃连卡特岩群、康西瓦岩群变质碎屑岩微量元素平均值与 Bhatia(1985)不同构造环境杂砂岩的微量元素平均值对比表

类 型	大洋岛弧	大陆岛弧	活动陆缘	被动陆缘	埃连卡特岩群	康西瓦岩群
K/Rb	578±92	219±28	189±20	178±20	198.47	236.34
Rb/Sr	0.05±0.05	0.65±0.33	0.89±0.24	1.19±0.40	0.68	0.42
Ba/Rb	21.3±5.0	7.5±1.3	4.5±0.8	4.7±1.1	3.47	3.17
Ba/Sr	0.95±0.6	3.55±1.4	3.8±0.7	4.7±1.3	2.37	1.32
Th($\times10^{-6}$)	2.27±0.7	1.11±1.1	18.8±3.0	16.7±3.65	12.53	8.80
U($\times10^{-6}$)	1.09±0.21	2.53±0.24	3.90±0.5	3.20±0.8	1.81	1.40
Zr($\times10^{-6}$)	96±20	229±27	179±33	298±80	180.59	100.05
Nb($\times10^{-6}$)	2.0±0.4	8.5±0.8	10.7±1.4	7.9±1.9	13.08	12.33
Y($\times10^{-6}$)	19.5±5.6	24.2±2.2	24.9±3.6	27.3±5.3	29.30	27.26
Th/U	2.1±0.78	4.6±0.45	4.8±0.38	5.6±0.67	6.92	6.29
Zr/Th	48.0±13.4	21.5±2.4	9.5±0.7	19.1±5.8	14.41	11.37
Zr/Y	5.67±1.94	9.6±0.8	7.2±0.4	12.4±4.0	6.16	3.67

续表 4-2

类 型	大洋岛弧	大陆岛弧	活动陆缘	被动陆缘	埃连卡特岩群	康西瓦岩群
Nb/Y	0.11±0.03	0.36±0.04	0.43±0.04	0.30±0.06	0.45	0.45
La(×10^{-6})	8.72±2.5	24.4±2.3	33.0±4.5	33.5±5.8	39.17	31.35
Ce(×10^{-6})	22.53±5.9	50.5±4.3	72.7±9.8	71.9±11.5	80.00	66.22
Nd(×10^{-6})	11.36±2.9	20.8±1.6	25.4±3.4	29.0±5.03	33.74	29.21
Ti(%)	0.48±0.12	0.39±0.06	0.26±0.02	0.22±0.06	0.54	0.43
Ti/Zr	56.8±21.4	19.7±4.3	15.3±2.4	6.74±0.9	53.97	42.98
Sc(×10^{-6})	19.5±5.2	14.8±1.7	8.0±1.1	6.0±1.4	13.60	11.45
Cr(×10^{-6})	37±13	51±6.5	26±4.9	39±8.5	92.00	71.18
Co(×10^{-6})	18±6.3	12±2.7	10±1.7	5±2.4	15.88	10.78
Ni(×10^{-6})	11±5.1	13±2.0	10±2.5	8±4.4	45.28	33.82
Gd(×10^{-6})	17±1.9	13±1.3	14±1.5	8±1.6	17.75	17.70
Ni/Co	0.62±0.16	1.22±0.25	1.04±0.19	1.42±0.41	2.85	3.14
Sc/Cr	0.57±0.16	0.32±0.06	0.30±0.02	0.6±0.02	0.15	0.16

2. 康西瓦岩群

组成康西瓦岩群的中、高级变质岩主要有片麻岩类、粒岩类、片岩类等。现将其原岩恢复及形成环境探讨如下。

1)原岩恢复

康西瓦岩群主要岩性有黑云斜长片麻岩、含石榴子石角闪黑云斜长片麻岩、含石榴子石黑云斜长石英粒岩、石榴斜长变粒岩、石榴黑云斜长变粒岩、矽线黑云斜长变粒岩、含石榴子石石英岩、矽线黑云石英片岩、二云石英片岩、石榴二云石英片岩、十字石二云石英片岩、矽线二云石英片岩、石榴矽线黑云石英片岩等,根据野外产状,该岩群中局部残留有层状构造、条纹状构造,结合岩石学特征,其原岩为一套沉积砂岩类、粉砂岩类。

对岩石化学分析结果进行计算,利用[(al+fm)-(c+alk)]-Si 图解(图 4-6)恢复原岩,康西瓦岩群变质碎屑岩均投影到泥质沉积岩区和砂质沉积岩区之间,靠近砂质沉积岩区。利用(Al+Fe+Ti)-(Ca+Mg)图解(图 4-7)恢复原岩,其变质碎屑岩投影到杂砂岩类和亚杂砂岩类区附近。进一步利用 Log(Na_2O/K_2O)-Log(SiO_2/Al_2O_3)图解(图 4-8)判别岩石类型,1 个样品投影到杂砂岩类区,1 个样品投影到岩屑砂岩区。由此可见,康西瓦岩群变质碎屑岩原岩主要为一套杂砂岩类。

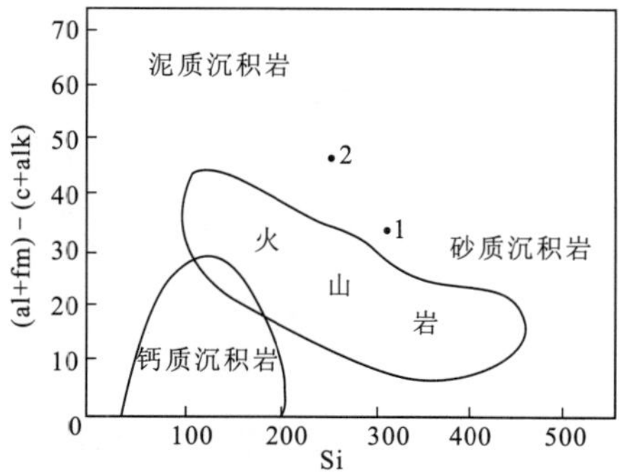

图 4-6 康西瓦岩群[(al+fm)-(c+alk)]-Si 图解

(据 Simonen,1953)

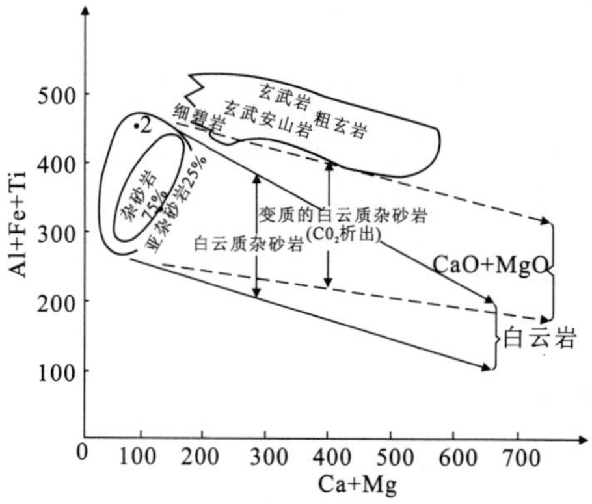

图 4-7 康西瓦岩群(Al+Fe+Ti)-(Ca+Mg)图解

(据 Moine 等,1968)

2)形成构造环境探讨

康西瓦岩群变质碎屑岩的岩石化学成分平均值与 Bhatia(1985)的不同构造环境沉积盆地中杂砂岩平均值相比较(表 4-1),兼具大洋岛弧和大陆岛弧的特征,主体则显示大陆岛弧特征,与太古宙和元古宙化学成分平均值相比较介于太古宙和元古宙之间,主体与太古宙特征相近似。

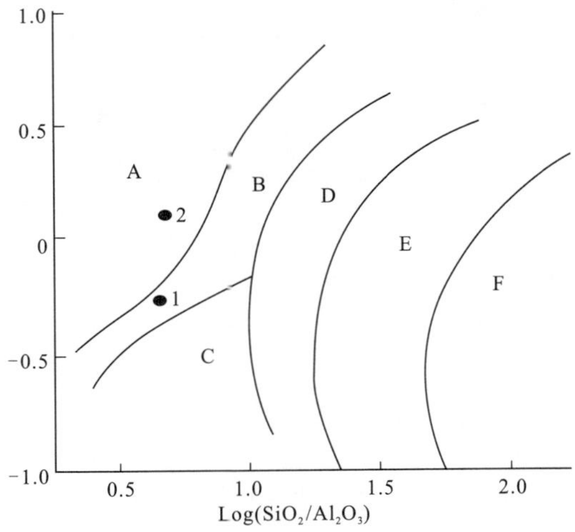

图 4-8　康西瓦岩群 Log(Na$_2$O/K$_2$O)-Log(SiO$_2$/Al$_2$O$_3$)图解(据 Pettijohn,1972)

A. 杂砂岩;B. 岩屑砂屑岩;C. 长石砂岩;D. 亚长石砂岩;E. 亚岩屑砂屑岩;F. 石英砂屑岩

利用常量元素杂砂岩的(Fe_2O_3+MgO)-TiO_2和($Fe_2O_3^*+MgO$)-Al_2O_3/SiO_2图解(图 4-9)判别构造环境,该岩群变质碎屑岩均投影到大陆岛弧区。进一步利用 K_2O/Na_2O-SiO_2图解(图 4-10)判别环境,两个样品均投影到活动陆缘(大陆岛弧)区。

康西瓦岩群变质碎屑岩微量元素平均值特征与 Bhatia(1985)的不同构造环境杂砂岩微量元素特征对比(表 4-2),则显示比较复杂,总体上与活动陆缘和大洋岛弧特征相近似,少数接近于被动陆缘特征,反映其具有不同岩石类型的物源区。

综上所述,康西瓦岩群变质碎屑岩其形成构造环境,主体属于大陆岛弧型,兼具大洋岛弧之特征。

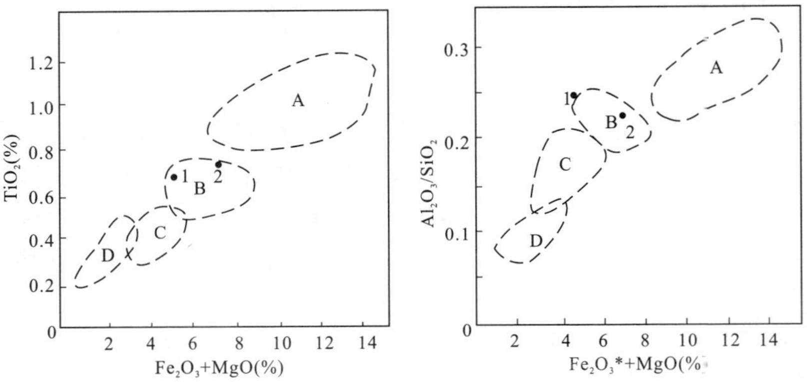

图 4-9　康西瓦岩群变质杂砂岩常量元素构造环境判别图解(据 Bhatia,1985)

A. 大洋岛弧;B. 大陆岛弧;C. 活动陆缘;D. 被动边缘

3. 塞拉加兹塔格岩

组成塞拉加兹塔格岩群的中、高级变质岩主要有粒岩类和片岩类等。现将各类岩石原岩恢复及形成构造环境探讨如下。

1)原岩恢复

塞拉加兹塔格岩群中的粒岩类有石英粒岩、片理化石英粒岩、钙质斜长浅粒岩、片理化长石石英粒岩;片岩类有斜长绢云石英片岩、绢云石英片岩、石榴斜长二云石英片岩、二云石英片岩、斜长二云石英片岩、白云石英片岩等,根据野外产状,岩石中局部残留有

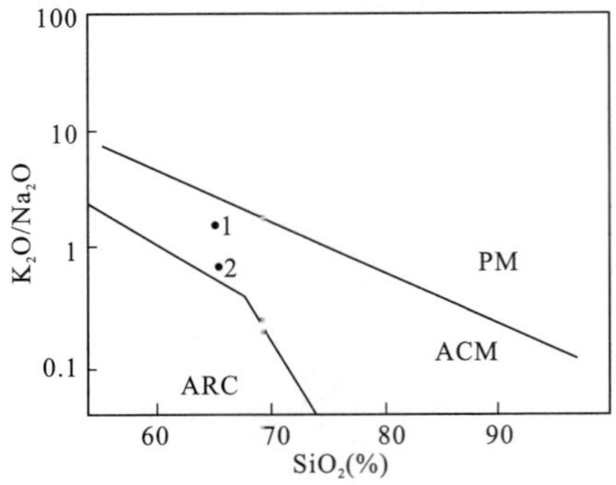

图 4-10　康西瓦岩群变质杂砂岩构造环境 K_2O/Na_2O-SiO_2 判别图解(据 Roser,1986)

ARC. 大洋岛弧边缘;ACM. 活动陆缘(大陆岛弧);PM. 被动陆缘

层状、纹层状、条纹状构造，结合岩石矿物组合及岩石学特征，其原岩为沉积砂岩和泥质粉砂岩类，为泥砂质碎屑岩建造。

对该岩群进行岩石学计算，利用[(al+fm)-(c+alk)]-Si 图解(图 4-11)恢复原岩，2 个样品投影到泥质沉积岩和砂质沉积岩区之间，1 个样品投影到火山岩区。利用(Al+Fe+Ti)-(Ca+Mg)图解(图 4-12)恢复原岩，样品均投影到杂砂岩类和亚杂砂岩类区及其附近。进一步利用 Log (Na_2O/K_2O)- Log(SiO_2/Al_2O_3)图解(图 4-13)判别岩石类型，3 个样品均投影到杂砂岩类区，由此可见，塞拉加兹塔格岩群变质碎屑岩原岩为一套杂砂岩类。

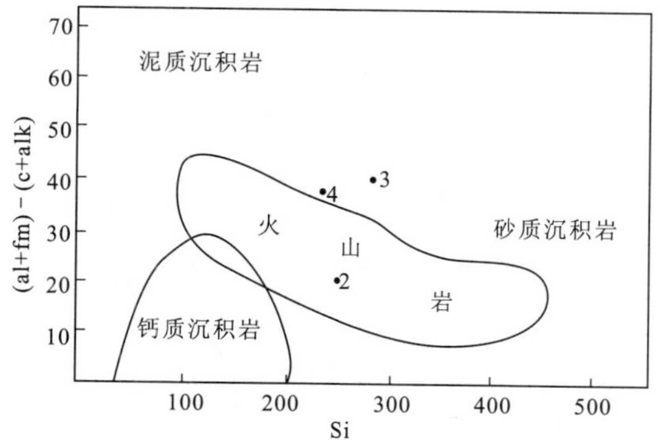

图 4-11　塞拉加兹塔格岩群[(al+fm)-(c+alk)]-Si 图解
(据 Simonen，1953)

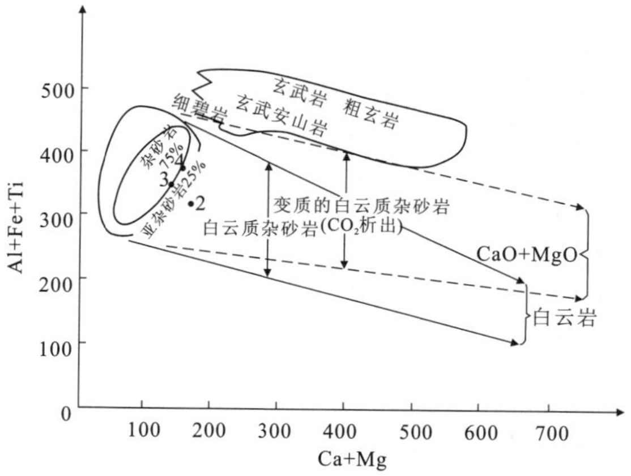

图 4-12　塞拉加兹塔格岩群(Al+Fe+Ti)-(Ca+Mg)图解
(据 Moine 等，1968)

2)形成构造环境探讨

塞拉加兹塔格岩群变质碎屑岩的岩石化学成分平均值与 Bhatia(1985)的不同构造环境沉积盆地中杂砂岩平均值比较(表 4-3)，则显示比较复杂，总体上兼具活动陆缘与大洋岛弧特征，以活动陆缘为主，与太古宙和元古宙相比较，接近元古宙特征。

利用常量元素杂砂岩的(Fe_2O_3+MgO)-TiO_2和($Fe_2O_3^*$+MgO)-Al_2O_3/SiO_2图解(图 4-14)判别环境，变质碎屑岩投影到大洋岛弧及大陆岛弧及其附近。进一步利用 K_2O/Na_2O-SiO_2图解(图 4-15)判别环境，均投影到活动陆缘(大陆岛弧)区。

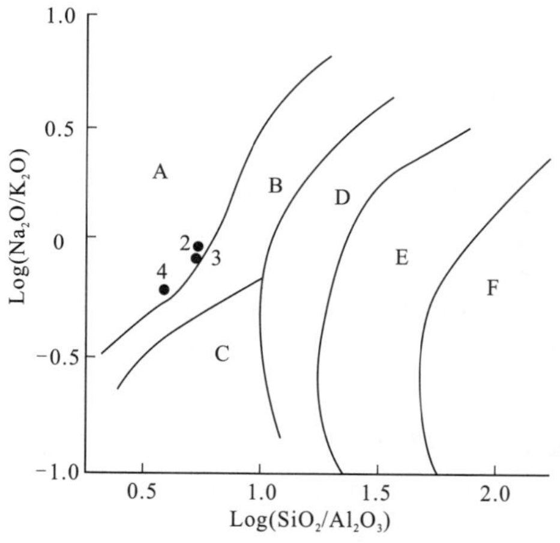

图 4-13　塞拉加兹塔格岩群 Log(Na_2O/K_2O)-Log(SiO_2/Al_2O_3)图解(据 Pettijohn，1972)
A. 杂砂岩；B. 岩屑砂屑岩；C. 长石砂岩；
D. 亚长石砂岩；E. 亚岩屑砂屑岩；F. 石英砂屑岩

表 4-3　塞拉加兹塔格岩群、普守岩组变质碎屑岩平均化学成分与 Bhatia(1985)太古宙、元古宙碎屑沉积岩及不同构造环境杂砂岩对比表　(%)

类型	太古宙 (n=11)	元古宙 (n=7)	大洋岛弧 (n=7)	大陆岛弧 (n=9)	活动陆缘 (n=7)	被动陆缘 (n=7)	塞拉加兹塔格岩群	普守岩组
SiO_2	65.7±2.2	70.0±3.4	58.83±1.6	70.69±2.6	73.86±4.0	81.95±6.2	63.41	51.67
TiO_2	0.6±0.1	0.6±0.1	1.06±0.2	0.64±0.1	0.46±0.1	0.49±0.2	0.92	1.31
Al_2O_3	14.9±1.3	14.5±1.7	17.1±1.7	14.04±1.1	12.89±2.1	8.41±2.2	11.76	16.05

续表 4-3

类 型	太古宙 ($n=11$)	元古宙 ($n=7$)	大洋岛弧 ($n=7$)	大陆岛弧 ($n=9$)	活动陆缘 ($n=7$)	被动陆缘 ($n=7$)	塞拉加兹塔格岩群	普守岩组
Fe_2O_3	—	—	1.95±0.5	1.43±0.5	1.30±0.5	1.32±1.6	0.68	1.6
FeO	6.4±1.5	5.5±1.9	5.52±2.1	3.05±0.4	1.58±0.9	1.76±1.2	5.40	9.57
MnO	—	—	0.15	0.10	0.10	0.05	0.15	0.13
MgO	3.6±1.0	2.1±0.5	3.65±0.7	1.97±0.5	1.23±0.5	1.39±0.8	2.67	6.93
CaO	3.3±1.1	1.7±0.7	5.83±1.3	2.68±0.9	2.48±1.0	1.89±2.3	4.51	5.20
Na_2O	2.9±0.5	1.8±0.6	4.10±0.8	3.12±0.4	2.77±0.7	1.07±2.6	2.03	1.61
K_2O	2.2±0.3	3.5±0.6	1.60±0.6	1.89±0.5	2.90±0.5	1.71±0.6	2.20	2.19
P_2O_5	—	—	0.26±0.1	0.16±0.1	0.09	0.12	0.17	0.25
$Fe_2O_3^*+MgO$	—	—	11.73	6.79	4.63	2.89	3.35	8.53
Al_2O_3/SiO_2	0.23	0.21	0.29	0.20	0.18	0.10	0.19	0.31
K_2O/Na_2O	0.76	0.18	0.39	0.61	0.99	1.60	1.08	1.36
$Al_2O_3/(CaO+NaO)$	2.40	4.14	1.72	2.42	2.56	4.15	1.80	2.36

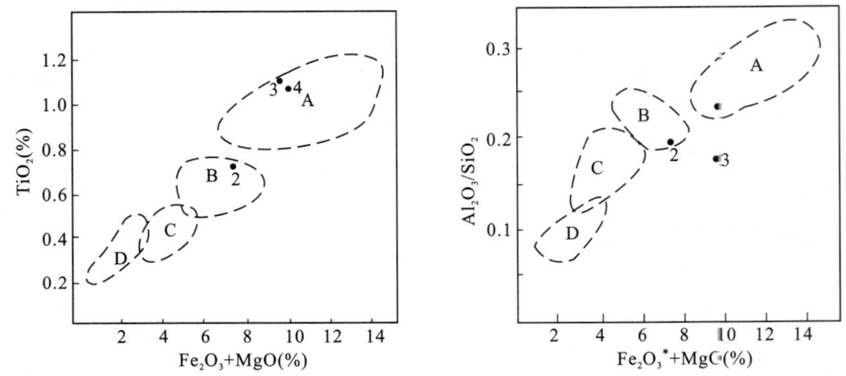

图 4-14　塞拉加兹塔格岩群变质杂砂岩常量元素构造环境判别图解(据 Bhatia,1985)

A. 大洋岛弧;B. 大陆岛弧;C. 活动陆缘;D. 被动边缘

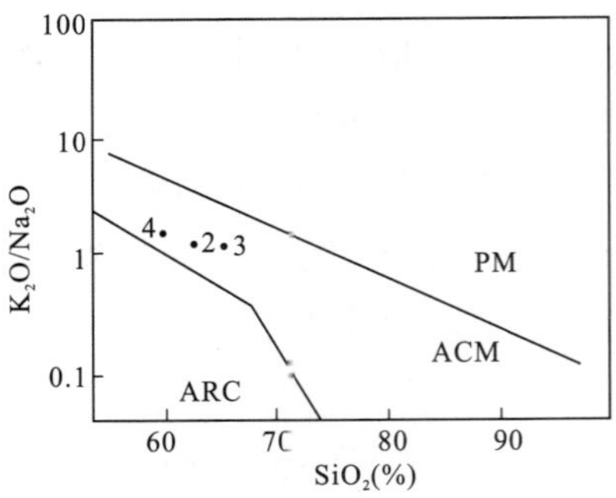

图 4-15　塞拉加兹塔格岩群变质杂砂岩构造环境 K_2O/Na_2O-SiO_2 差别图解(据 Roser,1986)

ARC. 大洋岛弧边缘;ACM. 活动陆缘(大陆岛弧);PM. 被动陆缘

塞拉加兹塔格岩群变质碎屑岩微量元素平均值特征与 Bhatia(1985)的不同构造环境杂砂岩微量元素特征对比(表 4-4),则显示以大陆岛弧为主,少数与被动陆缘和活动陆缘相近似,反映具有不同岩石类型的物源区。

纵观以上特征,塞拉加兹塔格岩群变质碎屑岩形成构造环境主体属于大陆岛弧特征。

4. 普守岩组

组成普守岩组的中、高级变质岩主要有片麻岩类、粒岩类、片岩类、斜长角闪岩和角闪岩类以及大理岩类等。现将各类岩石原岩恢复及形成构造环境探讨如下。

表 4-4　塞拉加兹塔格岩群、普守岩组变质碎屑岩微量元素平均值与 Bhatia(1985)不同构造环境杂砂岩的微量元素特征对比表

类 型	大洋岛弧	大陆岛弧	活动陆缘	被动陆缘	塞拉加兹塔格岩群	普守岩组
K/Rb	578±92	219±28	189±20	178±20	169.78	236.28
Rb/Sr	0.05±0.05	0.65±0.33	0.89±0.24	1.19±0.40	0.69	0.66
Ba/Rb	21.3±5.0	7.5±1.3	4.5±0.8	4.7±1.1	4.52	3.94
Ba/Sr	0.95±0.6	3.55±1.4	3.8±0.7	4.7±1.3	3.12	2.61
Th($\times10^{-6}$)	2.27±0.7	1.11±1.1	18.8±3.0	16.7±3.65	13.83	12.57
U($\times10^{-6}$)	1.09±0.21	2.53±0.24	3.90±0.5	3.20±0.8	1.69	1.27
Zr($\times10^{-6}$)	96±20	229±27	179±33	298±80	241.16	139.44
Nb($\times10^{-6}$)	2.0±0.4	8.5±0.8	10.7±1.4	7.9±1.9	16.29	9.77
Y($\times10^{-6}$)	19.5±5.6	24.2±2.2	24.9±3.6	27.3±5.3	26.02	40.11
Th/U	2.1±0.78	4.6±0.45	4.8±0.38	5.6±0.67	8.18	9.90
Zr/Th	48.0±13.4	21.5±2.4	9.5±0.7	19.1±5.8	17.44	11.09
Zr/Y	5.67±1.94	9.6±0.8	7.2±0.4	12.4±4.0	9.27	3.48
Nb/Y	0.11±0.03	0.36±0.04	0.43±0.04	0.30±0.06	0.63	0.24
La($\times10^{-6}$)	8.72±2.5	24.4±2.3	33.0±4.5	33.5±5.8	40.60	34.51
Ce($\times10^{-6}$)	22.53±5.9	50.5±4.3	72.7±9.8	71.9±11.5	81.58	78.09
Nd($\times10^{-6}$)	11.36±2.9	20.8±1.6	25.4±3.4	29.0±5.03	34.67	38.54
Ti(%)	0.48±0.12	0.39±0.06	0.26±0.02	0.22±0.06	0.55	0.79
Ti/Zr	56.8±21.4	19.7±4.3	15.3±2.4	6.74±0.9	22.89	56.37
Sc($\times10^{-6}$)	19.5±5.2	14.8±1.7	8.0±1.1	6.0±1.4	12.66	9.17
Cr($\times10^{-6}$)	37±13	51±6.5	26±4.9	39±8.5	99.70	38.99
Co($\times10^{-6}$)	18±6.3	12±2.7	10±1.7	5±2.4	14.78	10.26
Ni($\times10^{-6}$)	11±5.1	13±2.0	10±2.5	8±4.4	41.28	25.41
Gd($\times10^{-6}$)	17±1.9	13±1.3	14±1.5	8±1.6	17.10	20.67
Ni/Co	0.62±0.16	1.22±0.25	1.04±0.19	1.42±0.41	2.79	2.48
Sc/Cr	0.57±0.16	0.32±0.06	0.30±0.02	0.6±0.02	0.13	0.24

1)原岩恢复

普守岩组中的片麻岩类有混合岩化矽线石榴黑云斜长片麻岩、矽线石榴黑云条痕状混合片麻岩、矽线黑云条带状混合片麻岩、混合岩化角闪斜长片麻岩、单辉黑云斜长片麻岩、矽线石榴黑云斜长片麻岩、含石榴子石黑云斜长片麻岩、矽线石榴黑云二长片麻岩、黑云角闪斜长片麻岩、黑云二长片麻岩等，根据野外产状特征，部分片麻岩中残留有沉积纹层构造，结合岩石组合及岩石学特征，其原岩为沉积碎屑岩。

普守岩组中的粒岩类有矽线石榴长石石英粒岩、含石榴子石透辉斜长变粒岩、透辉二长变粒岩、透辉斜长变粒岩、透闪斜长浅粒岩等。片岩类有矽线黑云石英片岩、矽线二云石英片岩、石榴矽线黑云石英片岩、单辉石榴黑云石英片岩、斜长石榴黑云石英片岩、斜长二云石英片岩等，根据野外产状，岩石中局部残留有层状、纹层状构造，结合岩石组合及岩石学特征，其粒岩类和片岩类岩石原岩为沉积砂岩和泥质粉砂岩类。

通过岩石化学分析计算，利用[(al+fm)-(c+alk)]-Si 图解(图 4-16)恢复原岩，普守岩组变

质碎屑岩 1 个样品投影到泥质沉积岩区,1 个样品投影到钙质沉积岩区和火山岩区交界附近;而变质基性火山岩 2 个样品均投影到火山岩区。利用(Al+Fe+Ti)-(Ca+Mg)图解(图 4-17)恢复原岩,变质碎屑岩均投影到白云质杂砂岩类区。进一步利用 Log(Na_2O/K_2O)- Log(SiO_2/Al_2O_3)图解(图 4-18)判别岩石类型,变质碎屑岩 1 个样品投影到杂砂岩类区,1 个样品投影到长石砂岩类区。由上可见,普守岩组中的片岩类原岩为长石砂岩类,片麻岩类原岩为杂砂岩类。

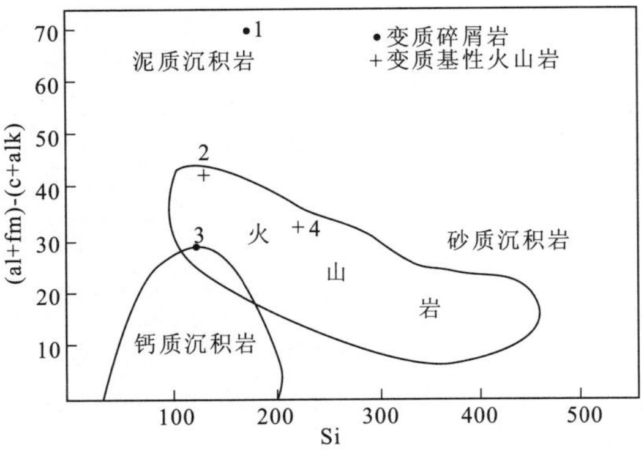

图 4-16　普守岩组[(al+fm)-(c+alk)]- Si 图解

(据 Simonen,1953)

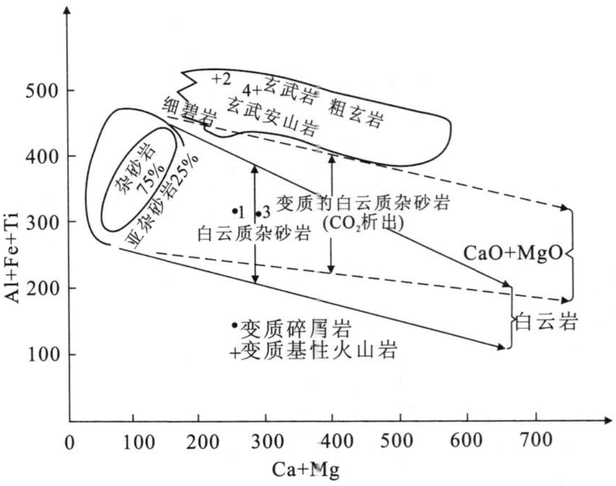

图 4-17　普守岩组(Al+Fe+Ti)-(Ca+Mg)图解

(据 Moine 等,1968)

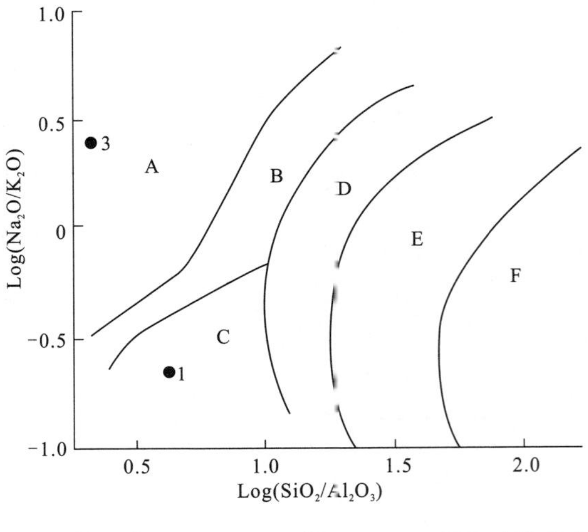

图 4-18　普守岩组 Log(Na_2O/K_2O)- Log(SiO_2/Al_2O_3)图解

(据 Pettijohn,1972)

A. 杂砂岩;B. 岩屑砂屑岩;C. 长石砂岩;
D. 亚长石砂岩;E. 亚岩屑砂屑岩;F. 石英砂屑岩

普守岩组中的变质基性火山岩类主要有石榴斜长角闪岩、透辉斜长角闪岩、斜长角闪岩、角闪岩、石榴角闪岩等。依据岩石学特征,其原岩为基性火山岩。通过岩石化学计算,利用[(al+fm)-(c+alk)]- Si 图解(图 4-16)恢复原岩,普守岩组变质基性岩均投影到火山岩区。进一步利用(Al+Fe+Ti)-(Ca+Mg)图解(图 4-17)恢复原岩,变质基性火山岩投影到玄武岩区。由此可见,普守岩组中的斜长角闪岩和角闪岩类原岩为一套玄武岩。

普守岩组中的大理岩类主要有透辉大理岩、金云透辉大理岩、透闪大理岩等,根据野外产状特征,部分岩石具有明显的残余层理构造,结合岩石学及岩石化学特征,其原岩为沉积灰岩。

纵观以上特征,普守岩组原岩为陆源碎屑岩夹碳酸盐岩及基性火山岩,为一套碎屑岩夹碳酸盐岩及火山岩建造。

2)形成环境探讨

普守岩组变质碎屑岩的岩石化学成分平均值与 Bhatia(1985)的不同构造环境杂砂岩平均值相比较(表 4-3),具明显的复杂性,兼具大陆岛弧和大洋岛弧特征,少数常量元素与活动陆缘特征相似。与太古宙和元古宙特征相比较,以元古宙特征为主,由此可见,该岩组物源具有不同的岩石类型区。

通过岩石化学计算，利用常量元素杂砂岩的(Fe_2O_3＋MgO)－TiO_2和($Fe_2O_3^*$＋MgO)－Al_2O_3/SiO_2图解(图4－19)判别不同构造环境，其变质碎屑岩样品投影到大洋岛弧区及其附近。进一步利用K_2O/Na_2O-SiO_2图解(图4－20)判别环境则投影到大洋岛弧边缘区及活动陆缘(大陆岛弧)区。

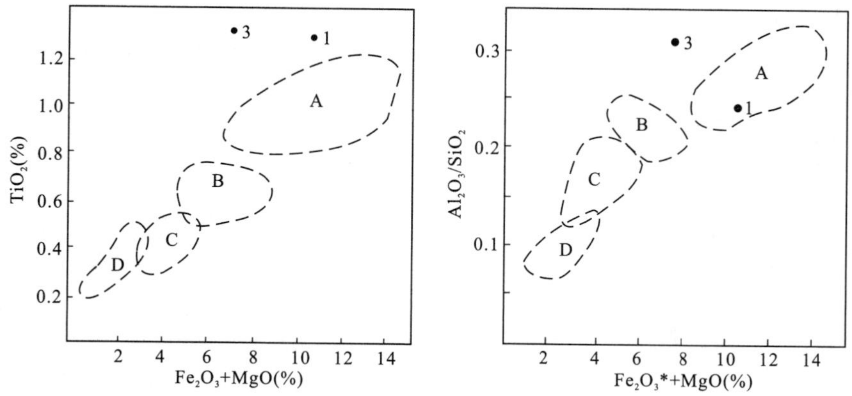

图4－19 普守岩组变质杂砂岩常量元素构造环境判别图解(据Bhatia,1985)
A. 大洋岛弧；B. 大陆岛弧；C. 活动陆缘；D. 被动边缘

普守岩组变质碎屑岩微量元素特征值与Bhatia(1985)的不同构造环境杂砂岩平均值比较(表4－4)，显示比较复杂，兼具活动陆缘和被动陆缘之特征，少量元素特征与大陆岛弧和大洋岛弧特征相近似，反映物源区复杂之特征。

由上可见，普守岩组变质碎屑岩构造环境主体为大陆岛弧型，兼具大洋岛弧型特征。

普守岩组中的变质基性火山岩，在A－F－M三角图解上(图4－21)，显示为拉斑玄武岩系列。岩石中FeO含量为14.75％，FeO/MgO值为3.85；TiO_2含量为2.99％，明显大于1.25％，表明不属于岛弧拉斑玄武岩，而与大陆和大洋拉斑玄武岩的TiO_2相近似(Pearce,1982；Condie,1989)；MgO含量为3.83％，CaO含量为8.32％。

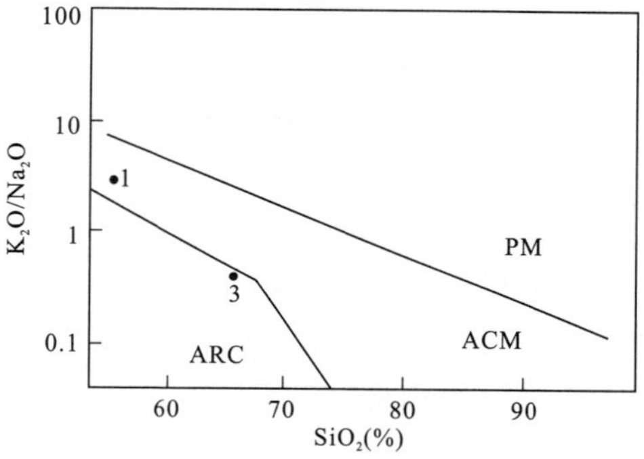

图4－20 普守岩组变质杂砂岩构造环境K_2O/Na_2O-SiO_2差别图解(据Roser,1986)
ARC. 大洋岛弧边缘；ACM. 活动陆缘(大陆岛弧)；PM. 被动陆缘

进一步利用$FeO^*-MgO-Al_2O_3$图解(图4－22)判别构造环境，变质基性火山岩投影到大陆玄武岩区。

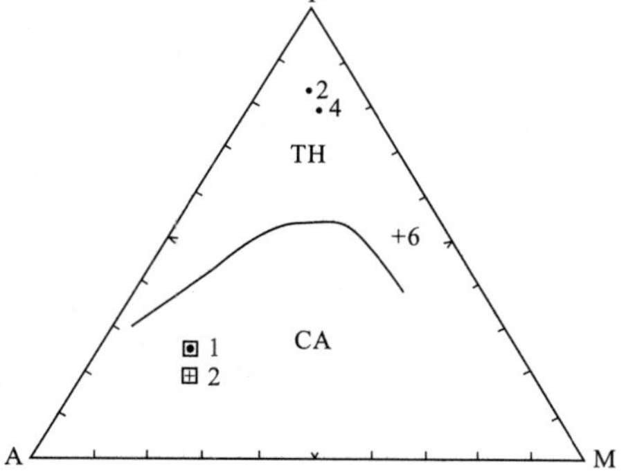

图4－21 A－F－M三角图解(据Irvine,1977)
TH. 拉斑玄武岩系列；CA. 钙碱性系列
·普守岩组斜长角闪岩；＋赛图拉岩群斜长角闪岩

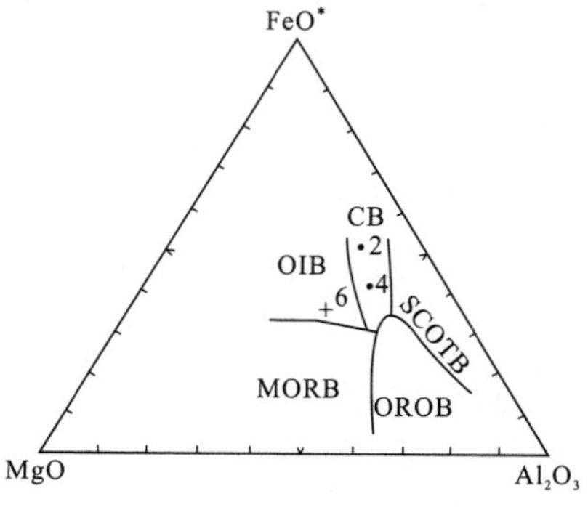

图4－22 $FeO^*-MgO-Al_2O_3$图解(据Pearce,1977)
MORB. 洋脊和洋底玄武岩；OIB. 洋岛玄武岩；
CB. 大陆玄武岩；OROB. 造山玄武岩(岛弧或活动陆缘)；
SCOTB. 扩张中心洋岛玄武岩石
·普守岩组斜长角闪岩；＋赛图拉岩群斜长角闪岩

利用微量元素特征值进行环境分析，选用 Zr/Y－Zr 图解（图 4－23），变质基性火山岩投影到洋脊玄武岩区。利用 Ti－Cr 图解（图 4－24）变质基性火山岩则投影到岛弧玄武岩区。利用 Zr－TiO_2图解（4－25）判别环境，变质基性火山岩投影到板内玄武岩区和洋脊玄武岩区。

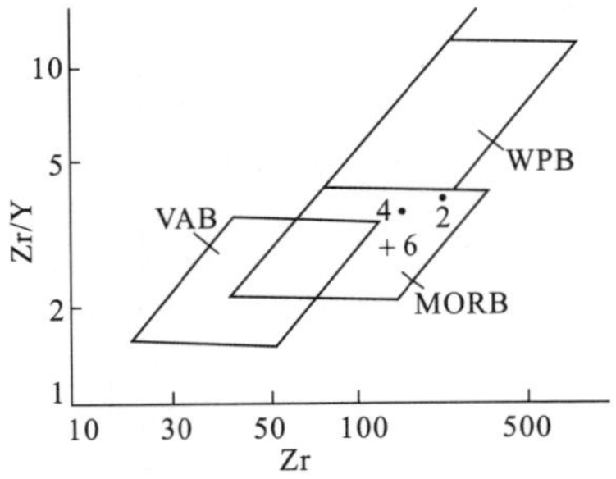

图 4－23　Zr/Y－Zr 图解（据 Pearce，1982）

WPB. 板内玄武岩；MORB. 洋脊玄武岩；

VAB. 岛弧玄武岩

· 普守岩组斜长角闪岩；＋赛图拉岩群斜长角闪岩

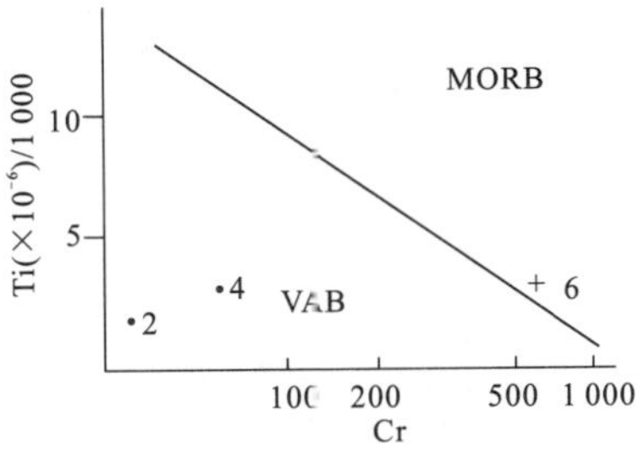

图 4－24　Ti－Cr 图解（据 Pearce，1982）

MORB. 洋脊玄武岩；VAB. 岛弧玄武岩

· 普守岩组斜长角闪岩；＋赛图拉岩群斜长角闪岩

由上可见，普守岩组变质基性火山岩的构造环境比较复杂，主体应介于洋脊玄武岩与岛弧玄武岩之间，兼具二者构造环境之特征。

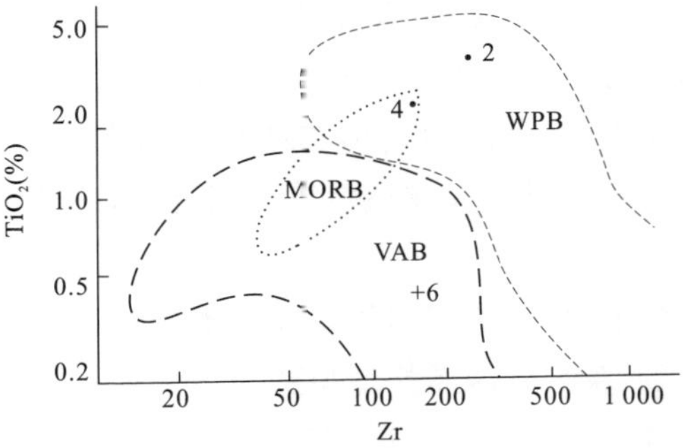

图 4－25　Zr－TiO_2 图解（据 Pearce，1982）

VAB. 火山弧玄武岩；MORB. 洋脊玄武岩；

WPB. 板内玄武岩；

· 普守岩组斜长角闪岩；＋赛图拉岩群斜长角闪岩

5. 赛图拉岩群

组成赛图拉岩群的中、高级变质岩主要有片麻岩类、粒岩类、片岩类和斜长角闪岩类等。

1）原岩恢复

赛图拉岩群中的片麻岩类有矽线石榴黑云斜长片麻岩、石榴黑云二长片麻岩、二云二长片麻岩、角闪黑云斜长片麻岩、矽线黑云斜长片麻岩、含石榴子石角闪斜长片麻岩、辉石黑云斜长片麻岩、石榴黑云斜长片麻岩、黑云斜长片麻岩等；粒岩类有石榴黑云二长变粒岩、石榴二长浅粒岩，单辉斜长浅粒岩、黑云斜长变粒岩、二云斜长变粒岩、石榴二长浅粒岩、绢云石英粒岩等；片岩类有含石榴子石斜长黑云片岩、斜长黑云石英片岩、二云石英片岩、斜长二云石英片岩、绢云斜长石英片岩等。根据野外产状，岩石中局部残留有层状、条纹状、纹层状构造等，结合岩石组合及岩石学特征，其原岩为沉积碎屑岩类的砂岩类、粉砂岩类。

对岩石进行岩石化学计算，利用[（al＋fm）－（c＋alk）]－Si 图解（图 4－26）恢复原岩，赛图拉岩群变质碎屑岩样品 3 个投影到泥质沉积岩区，2 个样品投影到火山岩区。利用（Al＋Fe＋Ti）－（Ca＋Mg）图解（图 4－27）判别岩石类型，有 3 个样品投影到杂砂岩，有 2 个样品投影到玄武岩区。进一步利用 Log（Na_2O/K_2O）－Log（SiO_2/Al_2O_3）图解（图 4－28）判别岩石类型，有 2 个样品投影到杂砂岩区，3 个样品投影到岩屑砂岩区，由上可见，赛图拉岩群变质碎屑岩原岩主体为一套杂砂岩和岩屑砂岩。

赛图拉岩群变质基性岩利用[（al＋fm）－（c＋alk）]－Si 图解（图 4－26）恢复原岩，投影到火山岩区；进一步利用（Al＋Fe＋Ti）－（Ca＋Mg）图解（图 4－27）判别岩石类型，则投影到玄武岩区边缘。由此可见，赛图拉岩群中的斜长角闪岩和角闪岩类原岩为一套玄武岩。

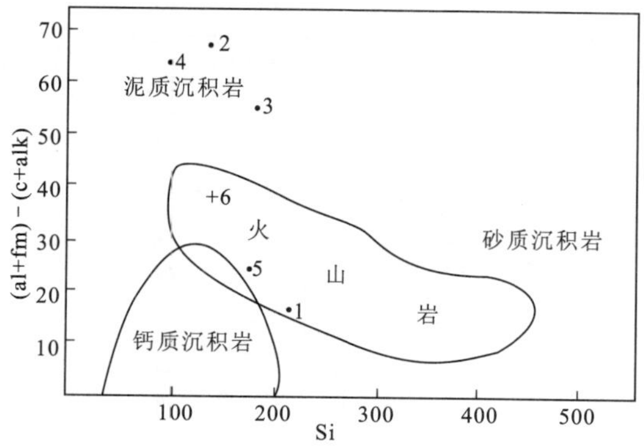

图 4-26　赛图拉岩群[(al+fm)-(c+alk)]-Si 图解

(据 Simonen，1953)

· 变质碎屑岩；+变质基性火山岩

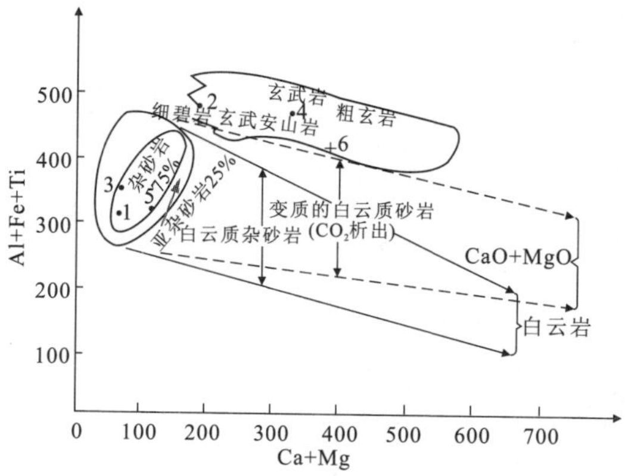

图 4-27　赛图拉岩群(Al+Fe+Ti)-(Ca+Mg)图解

(据 Moine 等，1968)

· 变质碎屑岩；+变质基性火山岩

综上所述，赛图拉岩群原岩为陆源碎屑岩夹基性火山岩，为一套碎屑岩夹火山岩建造。

2)形成构造环境探讨

赛图拉岩群变质碎屑岩的岩石化学平均值与 Bhatia(1985)的不同构造环境沉积盆地中的杂砂岩平均值比较(表 4-5)，显示比较复杂，总体介于大陆岛弧与活动陆缘之间，有些则与大洋岛弧特征相似，反映构造环境的复杂性特点。与太古宙和元古宙比较则以太古宙为主。

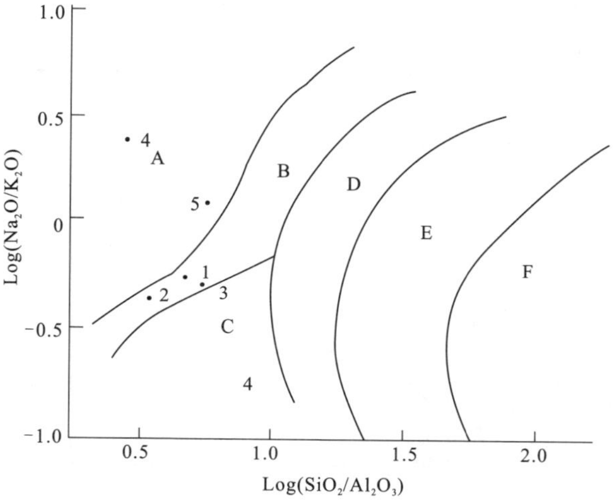

图 4-28　赛图拉岩群 Log(Na_2O/K_2O)-Log(SiO_2/Al_2O_3)图解

(据 Pettijohn，1972)

A. 杂砂岩；B. 岩屑砂屑岩；C. 长石砂岩；D. 亚长石砂岩；

E. 亚岩屑砂屑岩；F. 石英砂屑岩

利用常量元素杂砂岩的(Fe_2O_3+MgO)-TiO_2 和($Fe_2O_3^*$+MgO)-Al_2O_3/SiO_2图解(图 5-29)判别构造环境，赛图拉岩群变质碎屑岩投影在活动陆缘与大洋岛弧及其附近。进一步利用 K_2O/Na_2O-SiO_2图解(图 4-30)判别环境，其变质碎屑岩投影在活动陆缘(大陆岛弧)区。赛图拉岩群变质碎屑岩微量元素特征值与 Bhatia(1985)的不同构造环境杂砂岩平均值比较(表 4-6)，也显示比较复杂，总体以活动陆缘型为主，兼具被动陆缘和大洋岛弧之特征，少数元素还与大陆岛弧特征相近似，反映该岩群物源区复杂之特征。

表 4-5　赛图拉岩群变质碎屑岩平均化学成分与 Bhatia(1985)

太古宙、元古宙碎屑沉积岩及不同构造环境杂砂岩对比表

(%)

类 型	太古宙 (n=11)	元古宙 (n=7)	大洋岛弧 (n=7)	大陆岛弧 (n=9)	活动陆缘 (n=7)	被动陆缘 (n=7)	赛图拉岩群
SiO_2	65.7±2.2	70.0±3.4	58.83±1.6	70.69±2.6	73.86±4.0	81.95±6.2	60.58
TiO_2	0.6±0.1	0.6±0.1	1.06±0.2	0.64±0.1	0.46±0.1	0.49±0.2	1.01

续表 4-5

类型	太古宙 (n=11)	元古宙 (n=7)	大洋岛弧 (n=7)	大陆岛弧 (n=9)	活动陆缘 (n=7)	被动陆缘 (n=7)	赛图拉岩群
Al_2O_3	14.9±1.3	14.5±1.7	17.1±1.7	14.04±1.1	12.89±2.1	8.41±2.2	13.62
Fe_2O_3	—	—	1.95±0.5	1.43±0.5	1.30±0.5	1.32±1.6	1.63
FeO	6.4±1.5	5.5±1.9	5.52±2.1	3.05±0.4	1.58±0.9	1.76±1.2	5.62
MnO	—	—	0.15	0.10	0.10	0.05	0.12
MgO	3.6±1.0	2.1±0.5	3.65±0.7	1.97±0.5	1.23±0.5	1.39±0.8	3.34
CaO	3.3±1.1	1.7±0.7	5.8±1.3	2.68±0.9	2.48±1.0	1.89±2.3	3.76
Na_2O	2.9±0.5	1.8±0.6	4.10±0.8	3.12±0.4	2.77±0.7	1.07±2.6	2.14
K_2O	2.2±0.3	3.5±0.6	1.6±0.6	1.89±0.5	2.90±0.5	1.71±0.6	2.49
P_2O_5	—	—	0.26±0.1	0.16±0.1	0.09	0.12	0.16
$Fe_2O_3^*+MgO$	—	—	11.73	6.79	4.63	2.89	4.97
Al_2O_3/SiO_2	0.23	0.21	0.29	0.20	0.18	0.10	0.22
K_2O/Na_2O	0.76	0.18	0.39	0.61	0.99	1.60	1.16
$Al_2O_3/(CaO+Na_2O)$	2.40	4.14	1.72	2.42	2.56	4.15	2.31

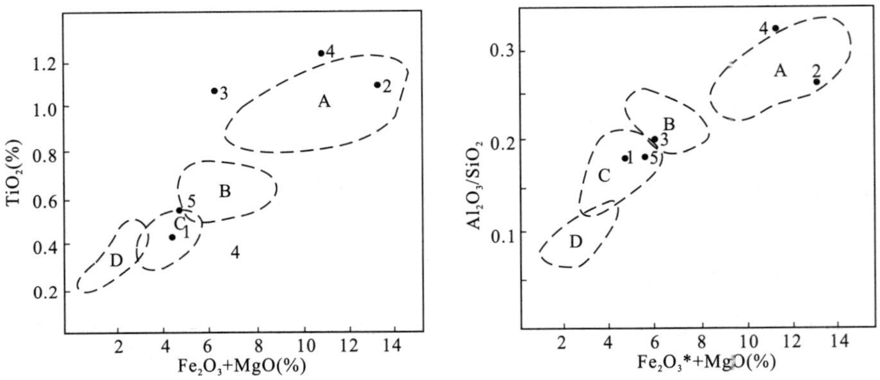

图 4-29　赛图拉岩群变质杂砂岩常量元素构造环境判别图解(据 Ehatia,1985)

A. 大洋岛弧;B. 大陆岛弧;C. 活动陆缘;D. 被动边缘

由上可见,赛图拉岩群变质碎屑岩其形成构造环境比较复杂,主体属于活动陆缘型,兼具大洋岛弧及被动陆缘型特征。

赛图拉岩群变质基性火山岩原岩恢复,利用常量元素 $FeO^*-MgO-Al_2O_3$ 图解(图 4-22)判别构造环境,其斜长角闪岩投影到洋岛玄武岩区。

进一步利用微量元素进行环境分析,选用 Zr/Y-Zr图解(图 4-23),斜长角闪岩投影到洋脊玄武岩区。利用 Ti-Cr 图解(图 4-24)斜长角闪岩则投影到洋脊玄武岩与洋岛玄武岩界线附近。利用 $Zr-TiO_2$ 图解(4-25)判别环境,斜长角闪岩投影到洋脊玄武岩区。由上可见,赛图拉岩群斜长角闪岩其原岩主体为洋岛玄武岩,兼有洋脊玄武岩的特点。

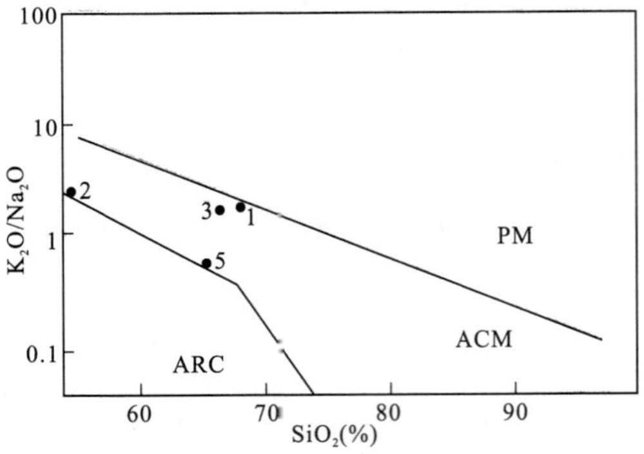

图 4-30　赛图拉岩群变质杂砂岩构造环境 K_2O/Na_2O-SiO_2 判别图解(据 Roser,1986)

ARC. 大洋岛弧边缘;ACM. 活动陆缘(大陆岛弧);PM. 被动陆缘

表 4-6 赛图拉岩群变质碎屑岩微量元素平均值
与 Bhatia(1985)不同构造环境杂砂岩的微量元素特征对比表

类 型	大洋岛弧	大陆岛弧	活动陆缘	被动陆缘	赛图拉岩群
K/Rb	578±92	219±28	189±20	178±20	185.34
Rb/Sr	0.05±0.05	0.65±0.33	0.89±0.24	1.19±0.40	0.57
Ba/Rb	21.3±5.0	7.5±1.3	4.5±0.8	4.7±1.1	3.44
Ba/Sr	0.95±0.6	3.55±1.4	3.8±0.7	4.7±1.3	1.96
Th($\times10^{-6}$)	2.27±0.7	1.11±1.1	18.8±3.0	16.7±3.65	8.78
U($\times10^{-6}$)	1.09±0.21	2.53±0.24	3.90±0.5	3.20±0.8	1.07
Zr($\times10^{-6}$)	96±20	229±27	179±33	298±80	157.87
Nb($\times10^{-6}$)	2.0±0.4	8.5±0.8	10.7±1.4	7.9±1.9	9.57
Y($\times10^{-6}$)	19.5±5.6	24.2±2.2	24.9±3.6	27.3±5.3	32.44
Th/U	2.1±0.78	4.6±0.45	4.8±0.38	5.6±0.67	8.20
Zr/Th	48.0±13.4	21.5±2.4	9.5±0.7	19.1±5.8	17.98
Zr/Y	5.67±1.94	9.6±0.8	7.2±0.4	12.4±4.0	4.87
Nb/Y	0.11±0.03	0.36±0.04	0.43±0.04	0.30±0.06	0.30
La($\times10^{-6}$)	8.72±2.5	24.4±2.3	33.0±4.5	33.5±5.8	29.24
Ce($\times10^{-6}$)	22.53±5.9	50.5±4.3	72.7±9.8	71.9±11.5	61.90
Nd($\times10^{-6}$)	11.36±2.9	20.8±1.6	25.4±3.4	29.0±5.03	27.97
Ti(%)	0.48±0.12	0.39±0.06	0.26±0.02	0.22±0.06	0.61
Ti/Zr	56.8±21.4	19.7±4.3	15.3±2.4	6.74±0.9	38.64
Sc($\times10^{-6}$)	19.5±5.2	14.8±1.7	8.0±1.1	6.0±1.4	9.06
Cr($\times10^{-6}$)	37±13	51±6.5	26±4.9	39±8.5	48.04
Co($\times10^{-6}$)	18±6.3	12±2.7	10±1.7	5±2.4	8.91
Ni($\times10^{-6}$)	11±5.1	13±2.0	10±2.5	8±4.4	23.05
Gd($\times10^{-6}$)	17±1.9	13±1.3	14±1.5	8±1.6	17.63
Ni/Co	0.62±0.16	1.22±0.25	1.04±0.19	1.42±0.41	2.59
Sc/Cr	0.57±0.16	0.32±0.06	0.30±0.02	0.6±0.02	0.19

6. 桑株塔格岩群

组成桑株塔格岩群的中、高级变质岩主要有粒岩类、片岩类等。其中粒岩类有含石榴子石黑云石英粒岩、长石浅粒岩、石英岩等;片岩类有黑云石英片岩、绿泥石英片岩、黑云母片岩、二云石英片岩、白云石英片岩等。根据野外产状,岩石局部残留有层状、条纹状构造,结合岩石组合及岩石学特征,其原岩为沉积砂岩类和泥质粉砂岩类,少量石英岩原岩为硅质岩。

三、变质带、变质相系和变质作用特征

(一)变质矿物共生组合

图幅区内各类变质岩矿物组合比较复杂,既有副变质沉积岩,也有正变质火山岩,其变质岩典型岩石同世代矿物共生组合特征如下。

1. 泥质—长英质变质岩——片麻岩类

单辉黑云斜长片麻岩:黑云母+单斜辉石+斜长石+石英
透辉黑云斜长片麻岩:透辉石+黑云母+斜长石+石英
矽线石榴黑云二长片麻岩:黑云母+石榴子石+矽线石+钾长石+斜长石
矽线石榴黑云斜长片麻岩:石榴子石+黑云母+矽线石+钾长石+斜长石
矽线黑云斜长片麻岩:黑云母+矽线石+斜长石+石英
石榴黑云钾长片麻岩:黑云母+石榴子石+钾长石+石英
石榴黑云斜长片麻岩:黑云母+石榴子石+白云母+石英
含石榴子石角闪黑云斜长片麻岩:黑云母+角闪石+石榴子石+斜长石
含石榴子石角闪斜长片麻岩:角闪石+黑云母+石榴子石+斜长石
石榴黑云二长片麻岩:黑云母+石榴子石+钾长石+斜长石
石榴二云斜长片麻岩:黑云母+白云母+石榴子石+斜长石+石英
角闪黑云斜长片麻岩:黑云母+角闪石+斜长石+石英
黑云角闪斜长片麻岩:角闪石+斜长石+黑云母+绿帘石
黑云斜长片麻岩:黑云母+斜长石+石英
二云斜长片麻岩:黑云母+白云母+斜长石+石英
黑云二长片麻岩:黑云母+钾长石+斜长石+石英
二云二长片麻岩:黑云母+白云母+钾长石+斜长石

2. 泥质—长英质变质岩——粒岩类

透辉二长变粒岩:透辉石+钾长石+斜长石+透闪石+石英
透辉斜长变粒岩:透辉石+斜长石+黝帘石+方柱石
含红柱石二云石英粒岩:黑云母+白云母+红柱石+石英
单辉斜长浅粒岩:单斜辉石+黑云母+斜长石+石英
矽线石榴长石石英粒岩:石榴子石+黑云母+矽线石+钾长石+石英
角闪斜长变粒岩:角闪石+黑云母+斜长石+石英
石榴黑云斜长变粒岩:石榴子石+黑云母+角闪石+斜长石+石英
石榴斜长变粒岩:石榴子石+黑云母+白云母+斜长石+石英
矽线黑云斜长变粒岩:黑云母+矽线石+白云母+斜长石+石英
石榴黑云斜长石英粒岩:黑云母+石榴子石+白云母+石英
石榴黑云二长变粒岩:黑云母+石榴子石+钾长石+斜长石+石英
石榴二长浅粒岩:石榴子石+钾长石+斜长石+石英
石榴钾长浅粒岩:铁铝榴石+黑云母+钾长石+斜长石+石英
含石榴子石石英岩:石榴子石+白云母+斜长石+石英
含磁铁矿黑云石英粒岩:黑云母+磁铁矿+石英
石英粒岩:白云母+绢云母+方解石+石英
黑云斜长变粒岩:黑云母+斜长石+石英
黑云二长变粒岩:黑云母+白云母+钾长石+石英
二长浅粒岩:黑云母+白云母+钾长石+斜长石+绿帘石+石英
斜长浅粒岩:黑云母+绿帘石+斜长石+石英
黑云石英粒岩:黑云母+白云母+斜长石+石英

斜长黑云石英粒岩:黑云母+斜长石+石英
二云斜长变粒岩:白云母+黑云母+斜长石+石英
白云斜长变粒岩:白云母+黑云母+黝帘石+斜长石+石英
黑云角闪斜长变粒岩:角闪石+黑云母+斜长石+石英
强碳酸盐化石英岩:方解石+绢云母+钾长石+石英
二云二长变粒岩:黑云母+白云母+钾长石+斜长石+石英
钙质斜长浅粒岩:方解石+绢云母+斜长石+石英
长石浅粒岩:钾长石+斜长石+绿帘石+石英

3. 泥质—长英质变质岩——片岩类

单辉石榴黑云石英片岩:石榴子石+黑云母+斜长石+单斜辉石+石英
石榴红柱二云石英片岩:石榴子石+红柱石+黑云母+白云母+石英
矽线黑云石英片岩:矽线石+黑云母+钾长石+斜长石+石英
矽线黑云片岩:矽线石+黑云母+斜长石+石英
矽线二云石英片岩:矽线石+黑云母+白云石+斜长石+石英
石榴矽线黑云石英片岩:矽线石+石榴子石+黑云母+钾长石+石英
含矽线石钾长二云石英片岩:矽线石+黑云母+白云母+钾长石+石英
十字石石榴二云石英片岩:石榴子石+十字石+黑云母+红柱石+白云母+石英
含十字石二云石英片岩:十字石+黑云母+白云石+石英
十字石二云石英片岩:黑云母+白云母+十字石+石英
石榴斜长白云石英片岩:白云母+黑云母+石榴子石+石英
石榴二云石英片岩:石榴子石+黑云母+白云母+石英
斜长石榴黑云石英片岩:石榴子石+黑云母+斜长石+石英
石榴斜长二云石英片岩:黑云母+白云母+石榴子石+斜长石+石英
含石榴子石二云石英片岩:黑云母+白云母+石榴子石+石英
含石榴子石斜长二云石英片岩:黑云母+白云母+石榴子石+石英
含石榴子石斜长黑云片岩:石榴子石+黑云母+斜长石+石英
斜长黑云片岩:黑云母+斜长石+石英
二云石英片岩:白云母+黑云母+绿泥石+石英
绿泥云母石英片岩:白云母+绿泥石+黑云母+石英
黑云石英片岩:黑云母+绿泥石+石英
斜长黑云石英片岩:黑云母+斜长石+石英
阳起斜长黑云石英片岩:黑云母+阳起石+钠更长石+石英
黑云片岩:黑云母+透闪石+绿泥石+石英

4. 泥质—长英质变质岩——千枚岩、板岩类

云母石英千枚岩:黑云母+绢云母+绿泥石+斜长石+石英
绢云石英千枚岩:绢云母+黑云母+绿泥石+石英
绢云斜长石英千枚岩:绢云母+绿泥石+斜长石+石英
含钙质绢云石英千枚岩:绢云母+绿泥石+方解石+石英
含碳质绢云石英千枚岩:绢云母+绿泥石+石英
石英云母千枚岩:绢云母+黑云母+绿泥石+石英

绢云千枚岩:绢云母+黑云母+石英
石英绢云千枚岩:绢云母+绿泥石+石英
含石榴子石石英绢云千枚岩:绢云母+石榴子石+黑云母+石英
白云石绢云千枚岩:绢云母+白云石+石英
含凝灰质绢云千枚岩:绢云母+绿泥石+石英
长英质绢云千枚岩:绢云母+黑硬绿泥石+绿帘石+斜长石+石英
钙质千枚岩:绢云母+方解石+绿泥石+石英
含碳钙质千枚岩:绢云母+方解石+石英
硅质硬绿泥石千枚岩:硬绿泥石+绢云母+黑云母+绿帘石+石英
绢云板岩:绢云母+绿帘石+石英
粉砂绢云板岩:绢云母+白云母+石英
碳质钙质板岩:绢云母+方解石+石英
砂质泥质板岩:绢云母+白云母+石英
粘土质板岩:绢云母+斜长石+石英
粉砂质泥板岩:绢云母+白云母+石英
含粉砂质泥板岩:绢云母+白云母+石英
泥质板岩:绢云母+白云石+石英

5. 古侵入体变质岩——片麻岩类

含石榴子石二云斜长片麻岩:黑云母+白云母+石榴子石+斜长石+石英
石榴二云斜长片麻岩:黑云母+白云母+石榴子石+斜长石+石英

6. 基性变质岩——斜长角闪岩类、角闪岩类

斜长角闪岩:普通角闪石+斜长石+黝帘石+黑云母
透辉斜长角闪岩:普通角闪石+透辉石+斜长石
石榴斜长角闪岩:普通角闪石+铁铝榴石+斜长石+石英
角闪岩:普通角闪石+斜长石+黝帘石
石榴角闪岩:普通角闪石+铁铝榴石+斜长石

7. 基性变质岩——绿片岩类

黑云钠长片岩:黑云母+绿泥石+方解石+钠更长石
黑云角闪钠长片岩:角闪石+绿帘石+钠长石+白云石+黑云母
绢云钠长片岩:绢云母+黑云母+绿帘石+方解石+钠长石
二云钙质钠长片岩:黑云母+白云母+绿泥石+方解石+钠长石
绿帘绿泥钠长片岩:绿泥石+绿帘石+钠长石+方解石+阳起石
钙质绿泥钠长片岩:绿泥石+方解石+钠更长石
绿帘阳起钠长片岩:阳起石+绿帘石+钠长石+白云石
绿泥钠长片岩:绿泥石+钠长石+绿帘石+方解石
绿泥片岩:绿泥石+绿帘石+方解石
钠长绿泥片岩:绿泥石+方解石+钠长石
钠长阳起绿泥片岩:绿泥石+钠长石+阳起石+绿帘石
阳起钠长绿泥片岩:绿泥石+阳起石+钠长石+白云母

钙质绿泥片岩:绿泥石＋方解石＋绢云母＋白云石
钠长阳起绿帘片岩:绿帘石＋阳起石＋钠长石＋方解石
斜长阳起片岩:阳起石＋斜长石＋绿帘石＋方解石

(二)变质带、变质相系划分

1. 变质带划分

图幅区内区域变质岩由不同地层单位中不同岩石类型组成,依据不同变质岩岩石发育的不同构造环境、埋深环境,分属区域低温动力变质作用和区域动力热流变质作用的环境中,各自形成了具有代表性的特征变质矿物和矿物组合面貌。依据各类变质地层主要变质岩石、特征变质矿物及矿物组合,划分了下元古界康西瓦岩群A岩组、长城系普守岩组及赛图拉岩群B岩组为高角闪岩相矽线带;下元古界康西瓦岩群B岩组、埃连卡特岩群为低角闪岩相十字石带和铁铝榴石带;长城系赛图拉岩群A岩组为低角闪岩相普通角闪岩带;长城系塞拉加兹塔格岩群、蓟县系桑株塔格岩群、寒武系—奥陶系西合休岩组、下古生界(未分)地层及二叠系黄羊岭群下、中组均为高绿片岩相黑云母带;西南角志留系温泉沟群、石炭系他龙群、库尔良群及二叠系杜瓦组为低绿片岩相绢云母带;石炭系塔哈奇组为低绿片岩相绿泥石带。图幅区内变质相带划分如图4－31所示。

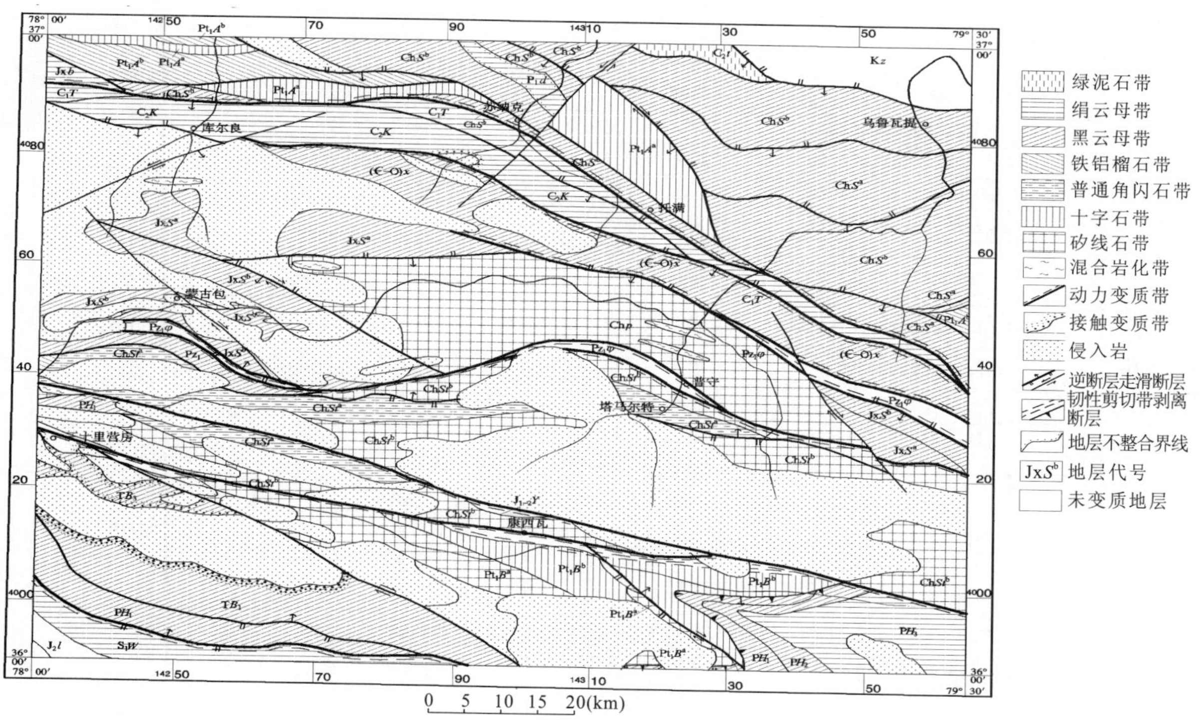

图4－31　康西瓦幅变质带图

Pt_1A^a 埃连特岩群a岩组;PtA^b 埃连卡特岩群b岩组;图中 Pt_1B^a 相当于 Pt_1K^a 康西瓦岩群a岩组;图中 Pt_1B^b 相当于 Pt_1K^b 康西瓦岩群b岩组;ChS^a 塞拉加兹塔岩群a岩组;ChS^b 塞拉加兹塔格岩群b岩组;$ChSt^a$ 赛图拉岩群a岩组;$ChSt^b$ 赛图拉岩群b岩组;ChP 普守岩群;JxS^a 桑株塔格岩群a岩组;JxS^b 桑株塔格岩群b岩组;Jxb 博查特塔格岩组。$(\in-O)x$ 西合休岩组;C_1T 他龙群;C_2K 库尔良群;TB_1 巴颜喀拉山群;PH_{1-3} 黄羊岭群1－3段,Pz_1 下古生界(未分);$Pz_1\phi$ 早古生代蛇绿岩;C_2t 塔哈奇组;P_1d 杜瓦组;Kz 未变质地层

2. 变质相系划分

依据变质作用类型和区域变质岩各岩石类型的同世代变质矿物共生组合特征，将图幅区内区域变质岩变质相划分为绿片岩相和角闪岩相，其变质相系划分如表 4－7 所示。

表 4－7　典型变质岩变质矿物组合及变质相系列表

变质岩类	典型岩石	同世代变质矿物共生组合	变质带	变质相系	
泥质—长英质变质岩	矽线石榴黑云斜长片麻岩	石榴子石＋黑云母＋矽线石＋钾长石＋斜长石	矽线石带	中压相系	高角闪岩相
	单辉黑云斜长片麻岩	黑云母＋单斜辉石＋斜长石＋石英			
	透辉黑云斜长片麻岩	透辉石＋黑云母＋斜长石＋石英			
	矽线石榴黑云二长片麻岩	黑云母＋石榴子石＋矽线石＋钾长石＋斜长石			
	矽线黑云斜长片麻岩	黑云母＋矽线石＋斜长石＋石英			
	矽线石榴长石石英粒岩	石榴子石＋黑云母＋矽线石＋钾长石＋石英			
	透辉二长变粒岩	透辉石＋钾长石＋斜长石＋透闪石＋石英			
	透辉斜长变粒岩	透辉石＋斜长石＋黝帘石＋方柱石＋石英			
	单辉斜长浅粒岩	单斜辉石＋黑云母＋斜长石＋石英			
	矽线石黑云斜长变粒岩	黑云母＋矽线石＋斜长石＋石英			
	单辉石榴黑云石英片岩	石榴子石＋黑云母＋斜长石＋单斜辉石＋石英			
	石榴矽线黑云石英片岩	矽线石＋石榴子石＋黑云母＋钾长石＋石英			
	含石榴子石角闪斜长片麻岩	角闪石＋黑云母＋石榴子石＋斜长石	铁铝榴石带	低压相系	
	含石榴子石角闪黑云斜长片麻岩	黑云母＋角闪石＋石榴子石＋斜长石			
	石榴黑云钾长片麻岩	黑云母＋石榴子石＋钾长石＋石英			
	石榴黑云二长片麻岩	黑云母＋石榴子石＋钾长石＋斜长石			
	十字石石榴二云石英片岩	石榴子石＋十字石＋黑云母＋红柱石＋白云母＋石英	十字石带	中压相系	低角闪岩相
	十字石二云石英片岩	黑云母＋白云母＋十字石＋石英			
	含十字石二云石英片岩	黑云母＋白云母＋十字石＋石英			
	角闪黑云斜长片麻岩	黑云母＋角闪石＋斜长石＋石英	普通角闪石带		
	黑云角闪斜长片麻岩	角闪石＋斜长石＋黑云母＋绿帘石			
	黑云二长片麻岩	黑云母＋钾长石＋斜长石＋石英	黑云母带		
	二云二长片麻岩	黑云母＋白云母＋钾长石＋斜长石			
变质古侵入岩	含石榴子石二云斜长片麻岩	黑云母＋白云母＋石榴子石＋斜长石＋石英	铁铝榴石带	低压-中压相	高绿片岩相
	石榴二云斜长片麻岩	黑云母＋白云母＋石榴子石＋斜长石＋石英			
泥质—长英质变质岩	石榴黑云斜长片麻岩	黑云母＋石榴子石＋白云母＋斜长石＋石英	铁铝榴石带	低压-中压相系	高绿片岩相
	石榴二云斜长片麻岩	黑云母＋白云母＋石榴子石＋斜长石＋石英			
	含红柱石二云石英粒岩	黑云母＋白云母＋红柱石＋石英			
	石榴黑云斜长变粒岩	石榴子石＋黑云母＋斜长石＋石英			
	石榴黑云斜长石英粒岩	黑云母＋石榴子石＋白云母＋石英			
	石榴斜长白云石英片岩	白云母＋黑云母＋石榴子石＋石英			
	石榴二云石英片岩	石榴子石＋黑云母＋白云母＋石英			
	石榴红柱二云石英片岩	石榴子石＋红柱石＋黑云母＋白云母＋石英			
	黑云斜长片麻岩	黑云母＋斜长石＋石英	黑云母带		
	二云斜长片麻岩	黑云母＋白云母＋斜长石＋石英			
	二云斜长变粒岩	黑云母＋白云母＋斜长石＋石英			
	黑云石英粒岩	黑云母＋白云母＋斜长石＋石英			
	二云石英片岩	白云母＋黑云母＋绿泥石＋石英	黑云母带	低压-中压相系	低绿片岩相
	黑云石英片岩	黑云母＋绿泥石＋石英			
	黑云片岩	黑云母＋透闪石＋绿泥石＋石英			
	绢云千枚岩	绢云母＋黑云母＋石英			
	绢云石英千枚岩	绢云母＋黑云母＋绿泥石＋石英			
	石英云母千枚岩	绢云母＋黑云母＋绿泥石＋石英			
	绢云板岩	绢云母＋绿泥石＋石英	绢云母带		
	粉砂质绢云板岩	绢云母＋白云母＋石英			
	泥质板岩	绢云母＋白云石＋石英			

续表 4－7

变质岩类	典型岩石	同世代变质矿物共生组合	变质带	变质相系	
基性—中基性变质岩	透辉斜长角闪岩	普通角闪石＋透辉石＋斜长石	普通角闪石带	中压相系	低角闪岩相
	石榴斜长角闪岩	普通角闪石＋铁铝榴石＋斜长石＋石英			
	斜长角闪岩	普通角闪石＋斜长石＋黝帘石＋黑云母			
	石榴角闪岩	普通角闪石＋铁铝榴石＋斜长石			
	角闪岩	普通角闪石＋斜长石＋黝帘石			
	绿帘绿泥钠长片岩	绿泥石＋绿帘石＋钠长石＋方解石＋阳起石	绿泥石带	低压及中压相系	低绿片岩相
	绿帘阳起钠长片岩	阳起石＋绿帘石＋钠长石＋白云石			
	阳起钠长绿泥片岩	绿泥石＋阳起石＋钠长石＋白云母			
	绿泥钠长片岩	绿泥石＋绿帘石＋钠长石＋方解石			
	钠长阳起绿帘片岩	绿帘石＋阳起石＋钠长石＋方解石			

（三）变质作用特征

图幅区内不同地层分区出露的变质地质体，根据不同时代、不同构造层及其变质变形的差异，将其划分为 3 个不同时代的构造层次，即古元古代结晶基底、中—新元古代过渡性基底和寒武纪—三叠纪变质地层以及寒武纪变质侵入体。依据同世代矿物共生组合，结构平衡关系，结合区域资料综合分析，初步确定该期变质作用形成温度在 575～700℃区间，压力为 0.3～1.0GPa。该主期变质作用使埃连卡特岩群变质达低角闪岩相，康西瓦岩群变质达高角闪岩相。现将不同构造层次地质体变质作用分述如下。

1. 结晶基底——埃连卡特岩群及康西瓦岩群

图幅区内结晶基底变质地层出露于两个不同的地层区，其岩石变质程度存在明显差异，塔里木地层区铁克里克地层分区出露埃连卡特岩群，与巴颜喀拉地层区大红柳滩地层分区出露康西瓦岩群变质程度相比明显偏低。根据其岩石矿物粒度结晶较粗，岩石中残留有早期变形痕迹，结合矿物共生组合、结构平衡关系及岩石学特征，其在显微镜下可见有多期构造形成不同世代矿物穿插关系，综合分析其特征，埃连卡特岩群及康西瓦岩群主要经历了 4 期变质作用，即古元古代末期区域低温动力变质作用、晋宁期主期区域动力热流变质作用、加里东期区域动力变质作用及印支期区域动力变质作用。

1)古元古代末期区域低温动力变质作用

该期变质作用发生于古元古代末期，致使埃连卡特岩群及康西瓦岩群原沉积地层中的碎屑岩和少部分磷酸盐岩发生浅变质，变质程度仅达低绿片岩相，该期变质作用的温压条件均较低，一般情况下，形成温度在 350～500℃区间，压力为 0.2～1.0GPa。

2)晋宁期主期区域动力热流变质作用

该期变质作用发生于晋宁期，为埃连卡特岩群及康西瓦岩群主期变质，并且叠加在古元古代末期区域低温动力变质作用之上。变质岩石同世代矿物共生组合主要有石榴子石＋黑云母＋矽线石＋钾长石＋石英、石榴子石＋黑云母＋矽线石＋钾长石＋斜长石、矽线石＋石榴子石＋黑云母＋钾长石＋石英、黑云母＋角闪石＋石榴子石＋斜长石、石榴子石＋十字石＋黑云母＋红柱石＋白云母＋石英、黑云母＋白云母＋十字石＋石英等，包括铁铝榴石带、十字石带及矽线石带 3 个高级变质带。

2. 过渡性基底

图幅区内出露的过渡性基底变质地层单位较多，铁克里克地层分区出露长城系塞拉加兹塔格岩群及蓟县系博查特塔格岩组，昆中地层分区出露长城系普守岩组、赛图拉岩群及蓟县系桑株塔格岩群。上述地质体所处构造位置不同，其岩石变质程度表现出了明显差异。现分别叙述如下。

1)昆中地层分区过渡性基底——普守岩组、赛图拉岩群、桑株塔格岩群

由于地质体多处于构造强变形带围限带内，区域变质及动力变质均很强烈，且各种变质作用经常交织在一起，很难明确地区分开来。根据显微镜下岩石矿物共生组合及交代残留关系，具有多期构造形成的不同世代矿物组合，同时可见有新生矿物的穿插关系显示有明显多期构造变质作用的存在。结合区域地质资料综合分析，将昆中地层分区过渡性基底变质作用大致分为3期，即第一期高角闪岩相-低角闪岩相变质作用、第二期高绿片岩相-低绿片岩相变质作用及第三期低绿片岩相变质作用。

第一期高角闪岩相-低角闪岩相变质作用

该期变质作用发生于晋宁期，为过渡基底的主期变质作用。变质地层性质主要为区域动力热流变质作用，出现递增变质带，有明显的强变形作用。变质岩石同世代变质矿物共生组合主要有黑云母＋单斜辉石＋斜长石＋石英、石榴子石＋黑云母＋矽线石＋钾长石＋斜长石、石榴子石＋黑云母＋矽线石＋钾长石＋石英、透辉石＋黑云母＋斜长石＋石英、角闪石＋斜长石＋黑云母＋绿帘石、普通角闪石＋铁铝榴石＋斜长石＋石英、普通角闪石＋透辉石＋斜长石等，包括铁铝榴石带、普通角闪石带、矽线石带等递进变质带。依据矿物组合和区域资料分析，该期变质作用热中心位于普守岩组出露地段。

根据同世代矿物共生组合、结构平衡关系，结合区域地质资料综合分析，初步确定该期变质作用形成温度在575～700℃区间，压力为0.3～1.0GPa，隶属高角闪岩相-低角闪岩相。

第二期高绿片岩相-低绿片岩相变质作用

该期变质作用发生于加里东期，其性质为区域低温动力变质作用，主体表现为低绿片岩相，部分达高绿片岩相。其温压条件明显较主期变质作用低，依据同世代矿物组合，结合区域资料综合分析，初步确定其变质作用形成温度在350～575℃区间，压力为0.2～0.6GPa。

第三期低绿片岩相变质作用

该期变质作用沿狭长地带展布，分布不均匀，由于后期构造变形强烈，对其变质地质体发生了动力热流退变质作用，主体形成于印支期。其岩石学特征表现在镜下可见变质岩中角闪石边部有细粒绿帘石、黑云母，为角闪石的退变质产物，斜长石也有强烈绢云母化。其典型矿物组合为绿泥石＋黑云母＋绢云母＋石英。形成的温压条件较前两期均有明显降低。根据矿物共生组合，结合区域资料综合分析，初步确定其形成温度在350～570℃区间，压力为0.2～1.0GPa。

2)铁克里克地层分区过渡基底——塞拉加兹塔格岩群及博查特塔格岩组

该地层分区出露的长城系塞拉加兹塔格岩群及蓟县系博查特塔格岩组变质程度明显比结晶基底埃连卡特岩群偏低，根据显微镜下岩石矿物共生组合及交代残留关系，具有多期构造形成的不同世代矿物组合，同时可见有新生矿物的穿插关系显示有明显多期构造变质作用的存在。结合区域地质资料综合分析，将昆中地层分区过渡性基底变质作用大致分为3期，即第一期区域动力热流变质作用、第二期高绿片岩相-低绿片岩相变质作用及第三期低绿片岩相变质作用。

第一期区域动力热流变质作用

该期变质作用发生于晋宁期，为主期变质作用。其性质为区域动力热流变质作用，主体表现为低绿片岩相，部分达高绿片岩相。其温压条件明显较主期变质作用低，依据同世代矿物组合，结合区域资料综合分析，初步确定其变质作用形成温度在350～575℃区间，压力为0.2～1.0GPa。

第二期高绿片岩相-低绿片岩相变质作用

该期变质作用发生于加里东期，其性质为区域低温动力变质作用，主体表现为低绿片岩相，部分达高绿片岩相。其温压条件明显较主期变质作用低，依据同世代矿物组合，结合区域资料综合分

析，初步确定其变质作用形成温度在 350～575℃区间，压力为 0.2～0.6GPa。

第三期低绿片岩相变质作用

该期变质作用沿狭长地带展布，分布不均匀，由于后期构造变形强烈，对其变质地质体发生了动力热流退变质作用，主体形成于印支期。其典型矿物组合为绿泥石＋黑云母＋绢云母＋石英。形成的温压条件较前第一期均有明显降低，根据矿物共生组合，结合区域资料综合分析，初步确定其形成温度在 350～500℃区间，压力为 0.2～1.0GPa。

其中过渡性基底出露的博查特塔格岩组变质较浅，与其他变质地层变质程度比较，不相配套，仅达低绿片岩相变质。究其原因，可能与所在的构造位置不同有关，除了受原岩性质限制外，可能岩石存在退变质作用。

3. 寒武纪—三叠纪变质地层及寒武纪变质侵入体

图幅区内出露的寒武纪—三叠纪变质地层主要有塔里木地层区铁克里克地层分区出露的塔哈奇组及寒武纪变质侵入体；昆北地层分区出露的寒武系—奥陶系西合休岩组，石炭系他龙群、库尔良群；昆中地层分区出露的下古生界(未分)地层；巴颜喀拉地层区大红柳滩地层分区出露的黄羊岭群、巴颜喀拉山群；甜水海—北羌塘地层区出露的温泉沟群等地层单位。

根据岩石矿物组合及产出特征，结合岩石学资料分析，上述早古生代不同的地质体都不同程度地经受了两期变质作用，而晚古生代不同的地质体则经历了一次变质作用，即第一期区域动力变质作用、第二期区域低温动力变质作用。

第一期区域动力变质作用

该期变质作用为主期变质作用，发生于俯冲碰撞的加里东期。变质早古生代地质体主要有西合休岩组、下古生界(未分)地层及寒武纪变质侵入体。其岩石变形强烈，变质程度较深。总体属低绿片岩相变质作用，部分达高绿片岩相变质。变质侵入岩岩性主要为石榴二云斜长片麻岩，矿物共生组合为黑云母＋白云母＋石榴子石＋斜长石＋石英。

变质地层岩石中泥质—长英质变质岩矿物共生组合主要有黑云母＋石榴子石＋白云母＋斜长石＋石英、黑云母＋石榴子石＋白云母＋斜长石＋石英、黑云母＋白云母＋红柱石＋石英、黑云母＋白云母＋斜长石＋石英、黑云母＋白云母＋绿泥石＋石英等，包括黑云母带、铁铝榴石带。

中基性变质岩矿物组合主要有绿帘石＋绿泥石＋钠长石＋方解石＋阳起石、阳起石＋绿帘石＋钠长石＋白云石、绿泥石＋阳起石＋钠长石＋白云母、绿帘石＋阳起石＋钠长石＋方解石等，为绿泥石带。

根据矿物共生组合，结合区域地质资料分析，初步确定其变质作用温度为 350～575℃区间，压力为 0.2～0.6GPa。属于低绿片岩相-高绿片岩相变质作用。

第二期区域低温动力变质作用

该期变质作用发生于印支碰撞造山期后，叠加于第一期变质作用之上。变质地层主要有早古生代温泉沟群，晚古生代石炭系他龙群、库尔良群、塔哈奇组，二叠系黄羊岭群及三叠系巴颜喀拉山群等，由于温泉沟群位于甜水海地层分区，也经受了一期变质作用。其变质作用程度达低绿片岩相。

泥质—长英质变质岩矿物组合主要有绢云母＋黑云母＋绿泥石＋石英、黑云母＋绿泥石＋石英、绢云母＋绿泥石＋石英、绢云母＋白云石＋石英。

中基性变质岩矿物共生组合主要为绿泥石＋绿帘石＋钠长石＋方解石、绿泥石＋阳起石＋钠长石＋白云母等，包括绿泥石带、绢云母带和黑云母带。

根据矿物共生组合，结合区域资料分析，初步确定其变质作用温度为 350～500℃区间，压力为 0.2～1.0GPa，隶属于低绿片岩相变质作用。

综上所述，寒武纪—三叠纪变质地层及寒武纪变质侵入体属低压-中压相系低绿片岩相-高绿片岩相区域变质作用。

四、混合岩

图幅区内混合岩不甚发育，分布受局限，主要分布在普守岩组局部范围内，其次在库尔良岩体灰白色中细粒黑云二长花岗岩边部以及赛图拉-塔马尔特岩体灰白色中—中粗粒斑状角闪黑云二长花岗岩边缘，具有分布面积小、区域上不连续、混合岩化程度较弱等特点。

（一）岩石类型及岩石学特征

依据岩石宏观、微观特征和混合岩化程度，将图幅区内混合岩划分为3类，即混合岩化变质岩、混合岩、混合片麻岩。混合岩是在原变质岩的基础上，后期又叠加混合岩化作用，一般情况下变形较强烈，变质程度亦相应加深，其岩石学特征如下。

1. 混合岩化变质岩

混合岩化角闪斜长变粒岩　岩石为浅绿灰色，粒状变晶结构，块状构造。主要矿物为斜长石51%～53%，次要矿物有角闪石30%～32%、黑云母6%～7%、钾长石6%～8%、石英2%～3%，副矿物主要有锆石等。斜长石呈变晶粒状，粒径1～1.5mm，均匀分布；角闪石呈半自形柱状和粒状，呈绿色；黑云母呈鳞片状。岩石中出现钾长石交代斜长石，形成蠕英石，有钾化或轻度混合岩化特征。

混合岩化斜长浅粒岩　岩石呈灰色，粒状变晶结构，局部交代蚕蚀结构，块状构造。基体成分有斜长石60%～61%、石英24%～25%、锆石<0.5%；脉体成分为条纹长石14%～15%。斜长石、石英呈等轴变晶粒状，粒径0.5～0.6mm，相互紧密嵌接，均匀分布，斜长石晶体洁净，聚片双晶清晰而发育；钾长石交代斜长石形成交代蚕蚀结构，钾化形成的矿物为条纹长石，即为混合岩化特征。

混合岩化黑云斜长片麻岩　岩石呈暗灰色，鳞片粒状变晶结构，片麻状构造。基体成分有斜长石25%左右、石英13%～15%、黑云母25%～26%，副矿物有榍石、磁铁矿等；脉体成分为钾长石15%～20%。斜长石、石英呈等轴变晶粒状，粒径0.3～0.6mm占主要，少部分1mm，相互紧密接触，大致定向排列；黑云母呈鳞片状，相间聚集成不连续的条纹，平行排列；粗大的微斜长石粒径2～6mm，交代斜长石，晶体洁净，格子双晶清晰。

混合岩化角闪斜长片麻岩　岩石为暗绿色，柱粒状变晶结构、交代结构，片麻状构造。脉体成分为钾长石交代斑晶15%；基体成分有斜长石54%、角闪石20%、石英5%～8%，副矿物有榍石、锆石等。钾长石交代斜长石，钾长石呈交代斑晶，粒径3～5mm，具交代残余、交代蚕蚀和交代蠕英结构。基体成分中的长英矿物呈等轴变晶粒状，粒径0.2～0.6mm，斜长石晶体浑浊，角闪石呈半自形柱状，浅绿色。粒状与柱状矿物相间聚集，呈断续平行排列。

混合岩化矽线黑云斜长片麻岩　岩石呈暗灰色，片状、粒状变晶结构，局部交代蚕蚀结构，片麻状构造。基体成分有斜长石35%～37%、石英28%～30%、黑云母12%～14%、矽线石5%～6%，副矿物有榍石、锆石等；脉体成分为钾长石8%～9%。斜长石、石英呈等轴变晶粒状，粒径0.6～1.5mm；黑云母晶片多色性为Ng红褐色、Np浅褐黄色，相间聚集，平行排列；钾长石呈粗大晶体交代斜长石，形成交代蚕蚀结构；矽线石沿岩石剪切面分布，是受构造作用形成。

2. 混合岩

长英质斜长角砾状混合岩　岩石呈灰色，交代残留、交代蚕蚀结构，角砾状构造。基体成分有斜长石23%～24%、石英26%～27%、黑云母8%～10%、白云母2%～3%，副矿物有锆石等；脉体成分有微斜长石15%～16%、条纹长石8%～10%、石英12%～14%。基体成分中的斜长石、石英呈变晶粒状、粒径0.15～0.6mm，斜长石具绢云母化，晶体浑浊，双晶不清；黑云母呈鳞片状定向分布，脉体成分含量37%～38%，长石粒径大的1.5～2mm，石英粒径小的0.3～0.5mm，钾长石交代斜长石形成交代蚕蚀和交代残留结构，石英呈短小的脉体或成堆贯入交代。脉体成分在岩石中聚集形成不规则的角砾状。

3. 混合片麻岩

二云条痕状混合片麻岩　岩石呈暗灰色，交代蚕蚀、交代蠕英结构，条痕状构造。脉体成分有钾长石34%～35%、石英35%～36%；基体成分有石英12%～13%、斜长石4%～5%、黑云母7%～8%、白云母3%～4%、矽线石2%。脉体成分呈不规则状注入交代原变质岩中的矿物，钾长石晶体粗大，2～6mm，具格子双晶，交代基体中的斜长石形成交代蚕蚀和交代蠕英结构(图版Ⅳ-8)。基体中的残余矿物主要是黑云母、白云母和矽线石，常聚集成断续平行分布的小透镜体。长石具明显的波状消光和消光带，个别甚至产生裂纹。

矽线石榴黑云条痕状混合片麻岩　岩石呈灰色，片状、粒状变晶结构及交代结构，显微片麻状构造。脉体成分有钾长石25%～26%、石英36%～37%；基体成分有斜长石6%～8%、黑云母14%～15%、石榴子石8%～10%、矽线石6%～7%、微量矿物磁铁矿<1%。脉体成分占岩石矿物总量的65%～70%，钾长石和石英粒度粗大，粒径为1～3mm，钾长石具条纹结构和交代蚕蚀结构，杂乱贯入岩石中。基体成分呈现断续条痕状或小的透镜体，具定向排列。矽线石呈细柱状和针状，一般为脉状或带状产出，石榴子石晚于矽线石形成，晶体中包裹矽线石，常呈透镜状成堆出现。

矽线黑云条带状混合片麻岩　岩石呈暗灰色，鳞片粒状变晶结构，局部交代结构，条带状、片麻状构造。脉体成分有钾长石58%～59%、石英4%～5%；基体成分有黑云母10%～12%、矽线石3%～4%、石英15%～16%、斜长石4%～5%、石榴子石1%，白云母<1%，副矿物有锆石和磁铁矿等。脉体成分占矿物总量的60%以上，条纹长石、石英粒径0.6～3mm，呈不规则条带状注入交代，见交代蚕蚀结构。基体成分聚集成条纹、条带相间断续平行排列。矽线石呈细柱状和针状，常与黑云母聚集在一起，石榴子石呈粒状，沿剪切面分布。

条痕状混合片麻岩　岩石呈灰色，交代蚕蚀结构及交代残留结构，条痕状构造。脉体成分有微斜长石42%～45%、石英15%～16%；基体成分有斜长石15%～16%、石英16%～18%、黑云母6%～8%，副矿物有锆石、榍石等。脉体成分占矿物总量的56%～60%，微斜长石和石英晶体均较洁净，粒径1～1.5mm，个别2.5～3mm；钾长石交代斜长石形成蚕蚀结构，但钾长石晶体中仍残留有斜长石小晶体。基体成分粒径0.8～1mm，个别达1.5mm，斜长石晶体浑浊，有轻绢云母化，大部分成小的透镜体和团堆或断续的细小条纹，出现于脉体成分中，大致显示方向性排列。

(二)混合岩化作用

图幅区内混合岩，大部分岩石分布于普守岩组内，岩石中脉体成分以钾长石为主，混合岩化程度较深，少部分岩石分布于侵入体边部，常局限于侵入体的外接触带内，岩石中脉体成分以条纹长石为主，石英次之，混合岩化程度较弱。依据岩石混合岩化程度、分布空间、脉体成分的特征，将其划归为边缘带混合岩。

图幅区内混合岩化作用与区域变质作用密切相关，二者往往是同期地壳运动的产物。根据区域资料分析，混合岩化作用产生的时间可能是在晋宁期主变质作用之后，随着区域变质作用的进一步发展，致使原有变质岩发生混合岩化作用，形成混合岩化变质岩、混合岩和混合片麻岩3类岩石。根据混合岩化程度可进一步划分为部分混合岩化带、混合岩带和混合片麻岩带3个递进变质带。

第二节　动力变质岩

图幅区内动力变质岩比较发育，主要分布在其曼于特缝合带、普守缝合带、主要边界断裂带和各类断层带中，依据岩石类型可划分为碎裂岩系列和糜棱岩系列。兹将其岩石类型及动力变质作用特征列述如下。

一、岩石类型及岩石学特征

（一）碎裂岩系列

碎裂岩系列包括碎裂化岩石、碎裂岩、碎粒化岩石、碎粒岩（图版Ⅳ-1）和断层角砾岩等，主要分布在脆性断裂带中。其岩石学特征主要表现为岩石普遍遭受动力挤压破碎、裂开，使原岩中的主要矿物遭受强烈的破碎和脆性破裂，致使岩石和矿物破碎成大小不等的碎块，一般粒径为0.2～1mm，部分达3～6mm不等，少数呈残斑状，镜下常见有长石、云母、角闪石等矿物双晶弯曲、折断，石英波状消光和平行C轴消光带等现象。其主要岩石学特征见表4-8所示。

表4-8　碎裂岩系列岩石学特征表

岩石类型	颜色	结构构造	主要矿物成分(%)	特征
碎裂中粒二云二长花岗岩	浅灰色	碎裂结构，块状构造	钾长石35，斜长石33，黑云母4～5，石英25～27，白云母1	钾长石波状消光，黑云母不规则条纹聚集
碎裂化中粒少斑黑云二长花岗岩	浅灰色	碎裂结构，块状构造	钾长石35～37，石英23～25，斜长石32左右，黑云母3～4	矿物压碎重结晶，钾长石波状消光，黑云母挤压不规则条纹聚集
碎裂化蚀变中细粒花岗闪长岩	灰色	碎裂结构，块状构造	斜长石48～50，钾长石20～25，石英20～25，绿泥石3～5	钾长石晶体碎裂，石英粒化，绿泥石弯曲
碎裂化蚀变辉绿岩	灰绿色	碎裂结构，块状构造	斜长石64～65，绿泥石28～30，黑硬绿泥石4～6	斜长石碎裂，暗色矿物杂乱排列，残余辉绿结构
碎裂化中粒花岗闪长岩	暗灰色	碎裂结构，块状构造	斜长石33～34，石英20～21，钾长石14～16，绿泥石14～16，白云母5～6	白云母挤压弯曲，斜长石折断
碎裂化硅质岩	黑色	碎裂化结构，块状构造	隐晶石英81～82，方解石12～14，绢云母4～5，绿帘石0.5	动力破碎，磨细的隐晶石英沿裂隙杂乱产出
碎裂化灰质白云岩	灰白色	碎裂结构，块状构造	白云石69～70，方解石25～26，石英3～5，白云母1左右	白云石被挤压破碎，沿裂隙杂乱充填有方解石
碎裂化中细粒二长花岗岩	浅灰色	碎裂结构，块状构造	钾长石43～45，斜长石26～28，石英26～29，黑云母1～2，白云母≤1	斜长石被压碎，双晶弯曲、折断；钾长石被压碎，裂隙充填长英质
碎裂化细粒二长花岗岩	浅灰色	碎裂化结构，平行构造	斜长石38～39，钾长石35～36，石英24～25	斜长石、钾长石产生碎裂纹，斜长石双晶折断、弯曲，石英破碎重结晶
碎裂化石榴钾长浅粒岩	浅灰色	碎裂化结构，块状构造	石英50～51，钾长石38～40，斜长石4～5，石榴子石2，黑云母2～3	长石、石英碎粒化，云母晶片弯曲、折断
碎裂化二云条痕状混合片麻岩	灰色	碎裂结构，片麻状构造	钾长石34～35，石英35～36，斜长石4～5，黑云母7～8，白云母3～4	石英碎粒化 长石波状消光和消光带，个别产生裂纹
碎裂化石榴斜长角闪岩	灰绿色	碎裂化结构，块状构造	角闪石50～51，斜长石38～40，石英5～6，石榴子石4～5	长石碎粒化，石榴子石裂纹
碎裂化黑云石英二长岩	浅肉红色	碎裂化结构，块状构造	钾长石42～43，斜长石38～40，黑云母8～10，石英6～8	长石、石英碎粒化，黑云母被挤压弯曲
断层角砾岩	暗灰色	角砾状结构，块状构造	细粒石英闪长岩屑54～55，粉碎的斜长石。石英碎屑38～40，绿帘石5～6	原岩破碎成带棱角的碎块，角砾碎块棱角状，大小悬殊，被碾碎的长石，石英胶结

（二）糜棱岩系列

图幅区内糜棱岩系列岩石主要分布在库地-其曼于特早古生代蛇绿构造混杂岩带、蒙古包-普守早古生代蛇绿构造混杂岩带以及地质体的边界断裂带中，少数分布在康西瓦岩群、埃连卡特岩群、西合休岩组和下古生界（未分）等地层中。根据岩石类型可划分为4类，即糜棱化岩石类、初糜棱岩类、糜棱岩类和千糜岩类。现将各岩石类型及岩石学特征分述如下。

1. 糜棱岩化岩石类

糜棱岩化岩石是岩石普遍遭受韧性剪切变形作用，使岩石中主要矿物长石、石英被细粒化重结晶，形成不规则拔丝构造及拉伸线理构造，细小矿物绕碎斑显示似流动构造或充填于碎斑的裂隙中，镜下可见黑云母、角闪石晶片呈“S”形弯曲，石英具波状消光和消光带，暗色矿物聚集成条纹往往形成褶皱构造，常见长石晶形有弯曲、折断现象。其主要岩石学特征如表4-9所示。

表4-9　糜棱岩化岩石类岩石学特征表

岩石类型	颜色	结构构造	主要矿物成分(%)	糜棱岩化特征
糜棱岩化矽线二云石英片岩	浅灰色	糜棱岩化结构，鳞片粒状变晶结构，片状构造	石英62～63，黑云母15～16，白云母≤10，矽线石7～8，斜长石2～3	长英矿物被压扁拉长，有明显的波状消光
糜棱岩化矽线石榴长石石英粒岩	浅灰色	粒状变晶结构，糜棱岩化结构，平行构造	石英60～61，斜长石8～10，钾长石10～12，石榴子石8～9，黑云母6～8，矽线石1～2	长英矿物被压扁拉长，均具强波状消光，石英齿状接触并具消光带及变形条带
糜棱岩化石榴黑云二长片麻岩	深灰色	片状粒状变晶结构、糜棱岩化结构，片麻状构造	斜长石22～24，钾长石≤20，石英24～25，黑云母26～28，石榴子石≥3，透辉石≥1	长英矿物和黑云母发生韧性变形、晶体弯曲，有波状消光；石榴子石碎裂
糜棱岩化矽线黑云钾长片麻岩	浅肉红色	鳞片粒状变晶结构、糜棱岩化结构，片麻状构造	钾长石58～59，黑云母10～12，斜长石4～5，石英18～20，矽线石3～4，白云母1～2	石英碎粒化重结晶，分异成条纹，波状消光，产生消光带
糜棱岩化石榴黑云钾长片麻岩	浅肉红色	片状粒状变晶结构、糜棱岩化结构，片麻状构造	钾长石69～70，黑云母10～12，斜长石3～5，石英6～8，石榴子石7～8	钾长石被挤压拉长，出现变形纹，波状消光；石榴子石裂纹
糜棱岩化透辉黑云斜长片麻岩	暗灰色	鳞片粒状变晶结构、糜棱岩化结构，片麻状构造	斜长石31～32，石英20～22，黑云母18～20，透辉石18～20，钾长石8～10	石英、长石普遍被压扁拉长，均具波状消光，石英边缘碎粒化，形成分异条纹
糜棱岩化矽线黑云斜长片麻岩	暗灰色	片状粒状变晶结构、碎粒化结构，局部交代蚕蚀结构，片麻状构造	斜长石35～37，石英28～30，钾长石8～9，黑云母12～14，矽线石5～6	石英被粉碎粒化又重结晶，分异成似流动的条纹
糜棱岩化矽线石榴黑云斜长片麻岩	深灰色	斑状变晶结构、鳞片粒状变晶结构、糜棱岩化结构，片麻状构造	斜长石26～28，石英28～30，黑云母≥30，矽线石≥5，钾长石2～3，石榴子石6～7	石英全部被挤压破碎重结晶，分异成条带；黑云母弯曲，波状消光，分异条带产生褶皱；长石呈眼球状，石榴子石裂纹
糜棱岩化黑云二长片麻岩	灰色	鳞片粒状变晶结构、糜棱岩化结构，残余片麻状构造	斜长石28～29，钾长石26～28，石英20～22，黑云母17～18，绿帘石3～5	石英被压碎粒化重结晶，分异成条带和透镜状；长石挤压破碎呈似眼球状或残碎斑被条纹所围绕
糜棱岩化二长花岗岩	浅灰色	残余细粒结构、糜棱岩化结构	钾长石29～30，斜长石≤38，石英26～27，黑云母2～3，黝帘石≤1	矿物晶体粒化、碎裂、变形，黑云母被挤压成条纹状

2. 初糜棱岩类

岩石中浅色矿物经受韧性剪切挤压破碎被粒化又重结晶，暗色矿物相间聚集平行排列形成条带构造，有时有残余碎斑，其裂隙发育，常被长英矿物充填，具波状消光和消光带，矿物晶体常被折断、弯曲，浅、暗两色矿物往往形成 S－C 构造。其岩石学特征如下：

长英质初糜棱岩　岩石为浅灰色，碎粒结构、碎斑结构、初糜棱结构，眼球状构造及条带状构造。主要矿物有斜长石 28%～30%、钾长石 25%～27%、石英 25%～26%，次要矿物有绢云母 13%～15%、黑云母 4%～5%、绿帘石<1%、磁铁矿微量。长英矿物发生韧性剪切挤压破碎，被碎粒化又重结晶的长石、石英粒径 0.01～0.06mm 及 0.1～0.2mm 不等，韧性挤压生成的矿物绢云母、黑云母呈鳞片状，相间聚集平行排列形成 C 面理，由石英、长石聚集的条带为 S 面理，即形成 S－C 构造或条带构造(图版Ⅳ－2)。在被粒化的长英成分中还含碎斑，成分为钾长石和斜长石，前者呈眼球状，大小 5～6mm，一般小者 0.6～1.5mm，含量占矿物总量的 14%～15%，这些碎斑成分大致定向分布在碎裂化成分中。

二长花岗质初糜棱岩　岩石为浅灰色，初糜棱结构、碎斑结构，眼球状构造及条带状构造。主要矿物有钾长石 27%～28%、斜长石≤33%、石英 28%～30%，次要矿物有绢云母 7%～8%、黑云母≥1%、绿帘石≥1%、方解石≥1%，副矿物有锆石等。长英矿物发生韧性剪切挤压破碎，并被碎粒化，又发生动态结晶的长英矿物，粒径 0.02～0.3mm 不等，形成初糜棱结构。在被碎粒化的基质中残余较多的钾长石和斜长石的碎斑，碎斑大小 0.8～1.5mm 之间均有，占矿物总量的 24%～26%，部分形成眼球状构造。碎斑中的长石裂隙发育，被长英质成分充填，波状消光明显，双晶常被折断、弯曲。绢云母呈鳞片状和碎粒化的长英质成分常聚集在一起，平行相间出现，形成条带状构造，并形成 S－C 构造。

石英斜长质初糜棱岩　岩石为深灰色，斑状变晶结构、鳞片粒状变晶结构、初糜棱结构，眼球状构造。主要矿物有斜长石 26%～28%、石英 28%～30%、黑云母 30%，次要矿物有矽线石≥5%、钾长石 2%～3%、石榴子石变斑晶 6%～7%，副矿物主要有锆石等。长英矿物呈变晶粒状，粒径 0.3～1mm，聚集成条带，主构造期形成黑云母呈鳞片状，矽线石呈细柱状，石榴子石呈半自形粒状，粒径 3～4mm。叠加韧性剪切挤压作用，造成变晶后的石英全部被破碎重结晶，分异成条带绕长石排列，黑云母被挤压晶面发生弯曲、波状消光，所分异的条带产生褶皱，长石亦产生波状消光，或呈眼球状构造，变斑晶石榴子石产生发育的裂隙等现象。

英云闪长质初糜棱岩　岩石为暗灰色，初糜棱结构、眼球状构造、条带状构造。主要矿物有斜长石 64%～65%、石英 28%～30%，次要矿物有黑云母 2%～3%、绢云母 3%～4%，副矿物主要有锆石等。斜长石部分产生横张裂隙及少数碎斑呈眼球状或圆粒化，少数斜长石双晶被弯曲、折断、波状消光等特点，其次石英全部被剪切粉碎重结晶分异成不规则条带，围绕斜长石碎斑和眼球流动，形成条带状特征。个别黑云母也被应力剪切作用形成“S”形弯曲，与变质作用形成的绢云母鳞片聚集形成线理。变形的斜长石，于晚期具较强烈的绢云母化，造成斜长石晶体浑浊，双晶不清。

3. 糜棱岩类

岩石在强韧性剪切应力作用下，矿物发生碎粒化和糜棱化，晚期发生动态重结晶，各类不同矿物成分由于应力作用形成条带状构造，间或有眼球状构造，出现矿物晶体折断、弯曲、波状消光、消光带、假双晶等现象。其岩石学特征如下：

云母长英质糜棱片岩　岩石呈浅灰色，鳞片粒状变晶结构、残余碎粒结构及糜棱结构，片状构造、残余眼球状构造。主要矿物有钾长石(主)＋斜长石(次)38%～39%、石英 26%～28%，次要矿物有白云母(主)＋绢云母(次)26%～28%、黑云母 4%～5%、方解石 2%～3%，副矿物主要有锆石等。长英质矿物发生碎粒化和糜棱化，使主要矿物大部分粉碎圆粒化，而到晚期又发生明显的动态重结晶作用，造成长英矿物又呈变晶粒状(图版Ⅳ-4)，仅残余少部分被粉碎的细小长英成分，粒径0.03～0.06mm，重结晶的长英矿物粒径0.1～0.5mm。被粉碎成更细小的长英质成分，一部分变晶形成白云母和绢云母、黑云母等鳞片状，呈条纹聚集，平行相间排列。在重结晶的矿物基质中残余有钾长石和斜长石碎斑成分，呈眼球状，长轴0.6～2mm，斜长石被粒化及双晶折断、弯曲、波状消光明显，钾长石晶体被拉长，折断成阶梯状和钠长石条纹的弯曲等均较明显，偶尔可见剥皮构造。

花岗质糜棱岩　岩石为灰色，糜棱变晶结构，平行纹理构造。碎斑成分有斜长石33%～34%、钾长石26%～28，粒径0.3～0.6mm占多数，少数1mm和个别3～6mm；碎基成分有石英26%～28%、黑云母10%～12%，粒径0.06～0.15mm；副矿物有榍石、磁铁矿、磷灰石、锆石等。岩石中矿物发生韧性破碎后，又明显发生动态重结晶作用。碎斑斜长石和钾长石因应力聚集成条带平行相间分布，变形以晶内破裂脆性变形为主，同时也兼见较强的塑性变形，表现为波状消光、扭折和变形双晶等。原生黑云母粉碎成细小鳞片状，已挤压形成条纹状矿物拉伸线理特征。

长英质糜棱岩　岩石为浅灰色，显微鳞片变晶结构、糜棱结构、显微齿状变晶结构，平行条带状构造、眼球状纹理构造。碎斑成分有斜长石52%～53%、石英20%～22%，粒径1～2mm；碎基成分有黑云母≥10%、白云母9%～10%、钾长石5%～6%、黝帘石1%～2%，粒径0.03～0.1mm不等。岩石中由变质变晶作用形成的云母鳞片和石英碎粒化发生塑性变形和动态重结晶，形成齿状变晶结构，上述两种不同矿物成分大致不规则平行相间出现，即形成条带和S-C组构。在强应力作用下长石碎斑旋转形成眼球状纹理构造，明显具有边缘粒化又重结晶显示流动特点，有的呈被碾碎、弯曲、折断、双晶错断等现象，且具有明显的波状消光，黑云母晶片沿C面理呈"S"形弯曲，石英亚晶化和动态重结晶后形成分异条带和矿物拉伸线理等特征明显。

角闪长英质糜棱岩　岩石为浅灰色，糜棱结构，平行定向构造、眼球状构造。主要矿物有石英40%～45%、绢云母25%、角闪石5%左右，次要矿物有钾长石10%～15%、绿帘石和黝帘石为5%左右、斜长石1%～2%。岩石局部碎斑变形旋转形成眼球状构造，眼球体成分为钾长石、角闪石和少数石英、钾长石集合体，浅暗两色矿物形成特征的S-C组构。基质主要由动态重结晶的细小石英、长石和蚀变形成的绢云母鳞片及粉碎的角闪石等组成。石英碎斑大部分已发生动态重结晶，形成分异的条纹和矿物拉伸线理；钾长石碎斑具明显的塑性变形特征，表现为波状消光、扭折、亚晶化和动态重结晶；角闪石普遍变形，呈透镜状和扁豆状，波状消光明显，少数晶体已变形为拖尾构造。

4. 千糜岩类

岩石在强烈韧性剪切挤压和应力作用下，造成在矿物成分、结构构造方面与千枚岩有一定相似性，被粉碎研磨的矿物重结晶，形成分异的条带和线理，似流动构造，暗色矿物平行定向排列形成糜棱面理，部分矿物显示"S"形弯曲和强烈的波状消光，有时可见小的褶皱现象。其岩石学特征如下：

石英绢云千糜岩　岩石为暗灰色，显微鳞片变晶结构、千糜结构、细小碎斑结构，千枚状构造。主要矿物有绢云母50%～52%、石英≤38%，次要矿物有斜长石5%～6%、角闪石≥1%，黑云母<1%、白云母<1%、金属矿物微量。岩石经韧性剪切挤压作用，使石英大部分被粉碎重结晶形成分异的条带和线理，似流动构造，未被粉碎重结晶的石英和个别斜长石、角闪石呈细小的眼球状碎斑特点，大小0.1～0.15mm，个别长石0.6mm，长轴方向与糜棱面理方向一致。大量绢云母细小鳞片之间残余有黑云母、白云母晶片，因韧性剪切挤压作用，形成剪切面理与糜棱面理斜交。

含石榴子石绢云千糜岩　岩石为暗灰色，显微鳞片变晶结构、千糜结构、残余斑状变晶结构，千枚状构造。主要矿物为绢云母89%～90%，次要矿物有白云母7%～8%、石榴子石变斑晶

≥1%、石英<1%、金属矿物痕量。岩石受韧性剪切挤压作用，变质而形成大量绢云母细小鳞片平行定向排列形成糜棱面理。石榴子石变斑晶大小0.6mm，应为原岩石中残留产物，现被压碎，晶体中裂纹发育，显示明显的旋转特点（图版Ⅳ-3）。岩石中还残余较多的白云母碎片，全部形成透镜状和部分显示"S"形弯曲及强烈波状消光等，白云母碎片粒径0.15～0.3mm。还显示一组剪切面理与糜棱面斜交的现象。

二、动力变质作用

（一）碎裂岩系列

动力变质作用发生于浅表层次，在脆性剪切拉张、挤压等应力变形作用下，岩石发生脆性破碎，包括未固结的断层角砾、断层泥和固结型碎裂岩类、断层角砾岩等，部分发生碎粒化、强片理化，形成碎粒岩和碎裂化岩石等碎裂岩系列的构造岩石。

（二）糜棱岩系列

1. 糜棱化岩石和初糜棱岩

动力变质作用主要发生在中浅构造层次，是在韧性剪切作用下，岩石发生变形，变形机制是以碎粒化，产生波状消光、消光带为特征，形成糜棱化岩石和初糜棱岩岩石系列。

2. 糜棱岩和千糜岩

动力变质作用主要发生于中深构造层次，是在强烈韧性剪切挤压和应力作用下岩石发生变形，岩石变形机制是以固态塑性流变为特征，形成正糜棱岩岩石系列。

第三节　接触变质岩

图幅区内接触变质岩分布具有局限性，主要分布在三十里营房岩体浅肉红色中粒黑云二长花岗岩、灰白色中粒含斑黑云二长花岗岩和夏河巴斯康岩体灰白色中粒二长花岗斑岩外接触带内，前者规模较大，后者范围较小。其岩石类型主要以围岩为碳酸盐岩和含碳酸盐岩接触交代形成的接触交代变质岩，其次以围岩为泥质岩接触变质形成的接触变质岩等，其岩石学特征如下。

一、接触变质岩

含碳质空晶石石英角岩　岩石为暗灰—深灰色，斑状变晶结构、基质为显微粒状变晶结构，平行构造。斑状变晶矿物为空晶石24%～25%，基质成分有石英38%～39%、碳质成分8%～10%、白云母2%～3%、绿泥石1%～2%、雏晶黑云母4%～6%、绢云母18%～20%。岩石经热接触变质，使岩石中的石英重结晶呈显微细小变晶粒状，粒径0.01～0.03mm，相互紧密接触，均匀分布。原粒间粘土矿物已变晶形成绢云母和雏晶黑云母及碳质质点，均匀分布于石英粒间。空晶石呈柱状和菱形、四方形，横切面可见碳质成分排列成通过相对二角顶的十字形，有的四边形或环形。空晶石晶体又有蚀变绢云母鳞片，碳质成分残留中心，外形清晰，大小长径0.6～2mm，杂乱分布于岩石基底中。

石榴二云石英片岩　岩石为浅灰色，呈鳞片粒状变晶结构，片状构造。主要矿物有石英58%～59%、黑云母16%～18%、白云母15%～16%，次要矿物有石榴子石3%～4%、矽线石

4%～5%，副矿物有电气石、磁铁矿等。石英呈等轴变晶粒状，嵌接紧密，粒径 0.1～0.15mm，平行定向分布；新生矿物黑云母、白云母呈鳞片状，由于应力作用使鳞片状矿物分解聚集成相间的条带，平行相间排列；石榴子石呈自形粒状，粒径 0.3～0.6mm，结晶程度较好。矽线石的形成可能和岩浆热液作用有关，为接触变质作用的产物。矽线石是由黑云母变质而成，呈纤维状和细柱状出现于黑云母晶片中或矽线石中残余黑云母碎片。

蚀变安山岩　岩石为暗灰绿色，变余斑状结构、基质呈显微晶质粒状结构，块状构造。斑晶成分有阳起石 3%～5%、黑云母 3%～4%，次生矿物有阳起石、方解石；基质成分有钠更长石 45%～50%、阳起石 25%～30%、黑云母 3%～5%、方解石 8%～10%、钾长石 3%～5%。该岩石显示接触变质特征，即青盘岩化。蚀变阳起石和黑云母呈自形短柱状和片状，粒径 1～1.5mm；钠更长石呈它形晶质粒状，粒径 0.02～0.03mm，紧密接触，均匀分布。在长石粒间较多分布有阳起石和黑云母细小鳞片和少许方解石和钾长石等。蚀变矿物特征，表现为斜长石板条状晶体已变质分解为十分细小的晶质粒状晶体，仍较洁净。暗色矿物已变质为细小纤状阳起石，鳞片状黑云母也脱色为很浅的暗色特点。

二、接触交代变质岩

斜长透闪岩　岩石为暗绿色，粒柱状变晶结构，块状构造。主要矿物为透闪石 71%～72%，次要矿物有蚀变斜长石 15%～17%、黑云母 10%～12%、石英<1%，副矿物主要有锆石等。原岩结构和矿物成分消失殆尽。透闪石呈半自形柱状，无色；黑云母呈叶片状，褐色，大致定向分布；在透闪石粒间残留有部分斜长石，现强绢云母化，晶体表面浑浊，双晶不清。

透闪片岩　岩石为暗灰绿色，纤维状变晶结构，片状构造。主要矿物为透闪石 81%～83%，次要矿物有蚀变斜长石 10%～12%、黝帘石≥3%、绿泥石 3%～4%。透闪石呈细小的纤维状晶体，无色，紧密平行定向排列。在纤维状晶体之间残余有少数绢云母化斜长石和蚀变绿帘石等。

透闪石角岩　岩石为绿灰色，柱状变晶结构，块状构造。主要矿物为透闪石 73%～74%，次要矿物有方解石 18%～20%、斜长石 6%～7%，副矿物主要有榍石等。原岩矿物成分方解石绝大部分变晶形成透闪石，晶体较完整，为半自形柱状，粒径 0.8～1.5mm 不等，呈杂乱穿插分布。在部分透闪石晶体中残留有方解石残余晶体。

透闪石化大理岩　岩石为淡绿色，纤柱状、粒状变晶结构，块状构造。主要矿物为方解石 80%～85%，次要矿物为透闪石 15%～20%。方解石颗粒重结晶加大，粒径 0.15～1mm 不等，晶体间呈曲线状接触，均匀分布。少部分方解石转化为新生的透闪石变晶矿物，呈纤状或纤柱状，无色。少数方解石粗大晶体中嵌有透闪石。

第五章 构 造

调查区位于青藏高原西北缘，中央造山带西部的昆仑造山带，东北部属塔里木盆地南缘。跨塔里木陆块、昆仑造山带、巴颜喀拉边缘裂陷盆地、甜水海-北羌塘微陆块四大构造单元。总的构造线方向呈北西—南东向展布(图 5-1)。

图幅区内经历了多期复杂的构造演化历史，以下元古界—古生界地层发育较为齐全，沉积岩、火山岩、变质岩岩石类型复杂多样。岩浆活动时间长且强烈，从超基性岩到碱性岩均有出露，以石英闪长岩和花岗闪长岩为主，中、新生代仍有较强烈的火山喷发和浅成侵入。构造具多层次、多阶段、多类型特点，常以蛇绿混杂岩带或区域性剪切带构成地质构造单元的边界。

第一节 地球物理特征

青藏高原特殊的地壳结构和力学性质表现在下列几个方面。由地球物理资料表明，青藏高原的地壳厚度可达 50～70km，远比其他地区地壳厚度大得多，但其地幔岩石圈较薄，因此厚壳薄幔是青藏高原岩石圈的总体特征。其另一个显著的特征是，岩石圈的力学性质(热状态)不同，天然地震资料显示，青藏高原存在 3 种不同类型的岩石圈：帕米尔型冷岩石圈、念青唐古拉型中间岩石圈以及羌塘型热岩石圈。

与深部结构相关的另一个特征是：地球物理资料显示印度板块向高原之下俯冲的范围不超过雅鲁藏布江缝合带，也不存在塔里木板块向昆仑山的俯冲。

由区域地球物理资料综合分析：地震测深剖面资料显示，塔里木上地壳 5.9～6.0km/s，中地壳上层 6.2～6.3km/s，中地壳下层 6.5～6.7km/s；西昆仑上地壳 6.0～6.1km/s，中地壳上层 6.25km/s，中地壳下层 6.6km/s，下地壳 6.7～6.9km/s，速度结构几乎没有差别，由地震测速结构反映了塔里木和西昆仑关系密切。

区域重力异常一般来说是莫氏面埋藏深度的反映。从不同时期重力异常资料看无一例外的都是围绕塔里木西南边界南、东南边界(也就是现代青藏高原的地形边界)形成一条宽大急速陡变梯度带，它跨越整个调查区，包括西昆仑、喀喇昆仑。由此可见，区域大地构造与重力异常变化特征基本吻合。

一、区域布格重力场特征

调查区及邻区区域布格重力异常总的是北高南低，排列有规律性。在北部为相对高的重力异常，呈椭圆形、圆形，相对疏松，幅度值 $-280\times10^{-5}\sim-300\times10^{-5}m/s^2$。反映古隆起带特征，表明基底岩石埋深较浅，大致与铁克里克断隆有关。

从北向南在重力异常图上分布有两条布格重力异常等值线密集带—重力梯级带。走向为近东西—北西向。北部图幅边界重力梯级带，从 $-280\times10^{-5}\sim-330\times10^{-5}m/s^2$，走向东西向，与柯岗断裂带基本一致；南部昆仑一线重力梯级带重力等值线密集，变化幅度大，从 $-300\times10^{-5}m/s^2$ 急剧降为

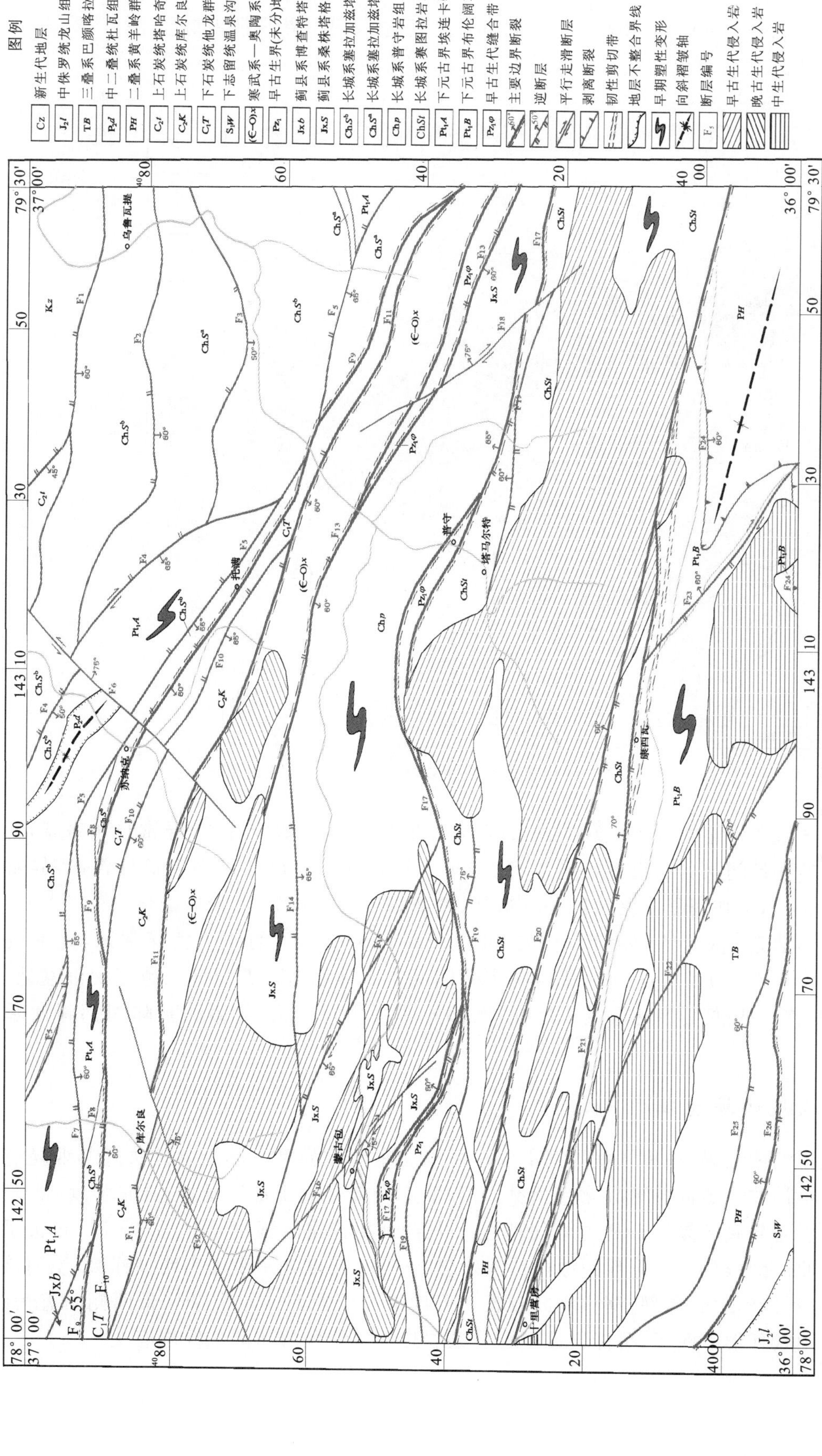
图例
Cz 新生代地层
J2l 中侏罗统龙山组
TB 三叠系巴颜喀拉山群
P2d 中二叠统杜瓦组
PH 二叠系黄羊岭群
C2t 上石炭统塔哈奇组
C2K 上石炭统库尔良群
C1T 下石炭统他龙群
S1W 下志留统温泉沟群
(∈-O)x 寒武系—奥陶系西合休岩组
Pz1 早古生界(未分)地层
Jxb 蓟县系博查特塔格岩组
JxS 蓟县系桑株塔格岩群
ChS^b 长城系塞拉加兹塔格岩群B岩组
ChS^a 长城系塞拉加兹塔格岩群A岩组
Chp 长城系普守岩组
ChSt 长城系赛图拉岩群
Pt1A 下元古界埃连卡特岩群
Pt1B 下元古界布伦阔勒岩群
Pz1φ 早古生代缝合带
主要边界断裂
逆断层
平行走滑断层
剥离断裂
韧性剪切带
地层不整合界线
早期塑性变形
向斜褶皱轴
F5 断层编号
早古生代侵入岩
晚古生代侵入岩
中生代侵入岩
0 5 10 15 20(km)

图 5-1 构造纲要图

$-400\times10^{-5}m/s^2$，走向为近北西向展布。位于昆仑山主峰北侧的重力异常陡变恰好是本次区调新发现的蒙古包-普守早古生代蛇绿构造混杂岩带，位于昆仑造山带与巴颜喀拉边缘裂陷盆地的康西瓦-苏巴什蛇绿构造混杂岩带恰好也是重力正异常的陡变带。在调查区中南部等值线稀疏、弯曲变形，走向北西—南东向，与大红柳滩-郭扎错断裂带和乔尔天山-岔路口断裂带相吻合（图 5-2）。

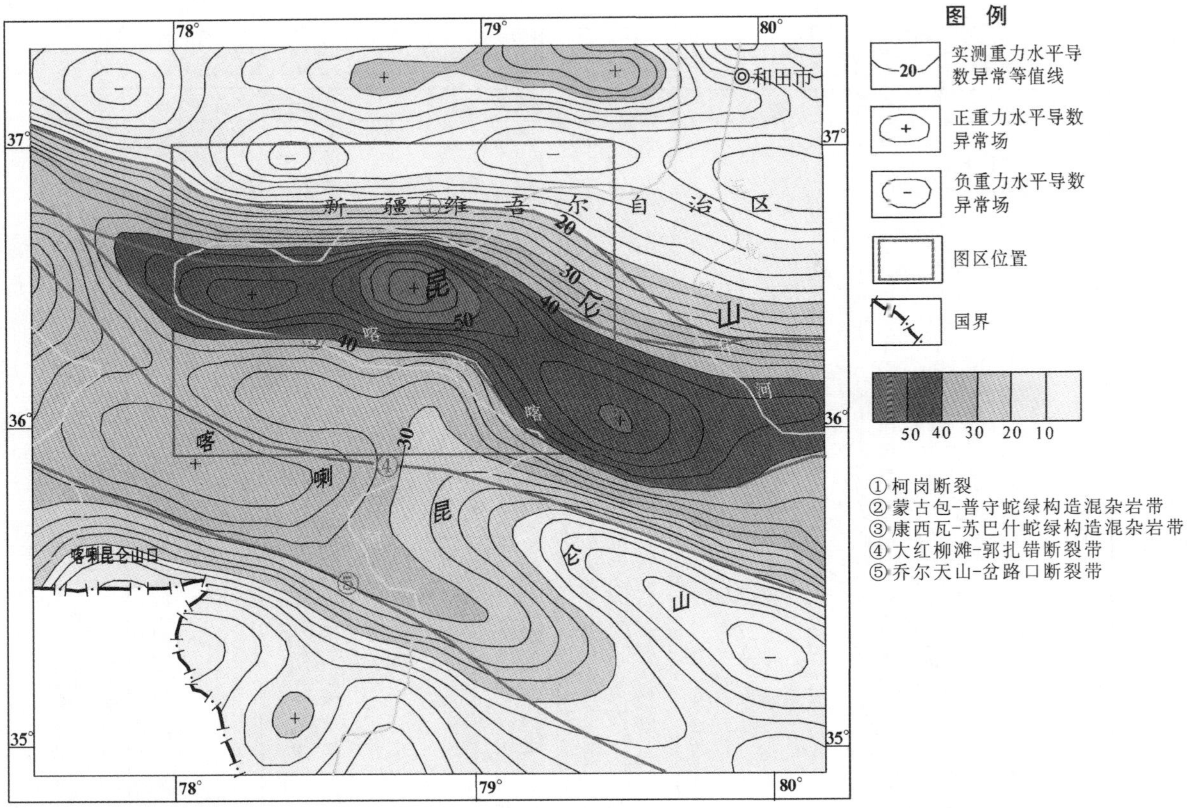

图 5-2 区域布格重力导数量和区域构造位置关系图

在剩余区域布格重力图上表现为两条幅值大的异常带，等值线密集，异常呈条带状，走向近东西向。两条异常带间又分布有 3 个异常区，呈环形。北部和田市北表现为负异常区，异常极值为 $-40\times10^{-5}m/s^2$，反映塔里木盆地凹陷区特征；中部表现为正异常区，异常极值为 $+55\times10^{-5}m/s^2$，与铁克里克古隆起（古老基底隆起）有关；南部表现为大小不等的 4 个负异常区，异常极值介于 $-30\times10^{-5}\sim-50\times10^{-5}m/s^2$ 间，从西向东分别反映出神仙湾二叠纪—三叠纪裂陷盆地、肖尔克谷地、甜水海南一带古生代盆地沉积特征；东部异常区呈同圆状，与第四系陆相钙碱性系列火山岩有关。

二、区域航磁场特征

根据航磁测量结果，塔里木盆地南部的一系列北东向磁异常带延至盆地边缘与西昆仑山的交界处处于完全被北西走向的磁异常带所截，并没有继续向昆仑山地区延伸，异常强度 10～90nT 的许多高异常点与基底结晶岩系和古生代基性火山岩或共花岗岩强度 -10～30nT。异常呈北西—北北西向延伸；沿康西瓦-苏巴什蛇绿构造混杂岩带一线，航磁异常表现为明显梯级，说明该构造带规模宏大，且延伸到地壳深部，演化时间较长。而库地与康西瓦蛇绿混杂岩带两侧附近为线状正、负相间的椭圆状环形跳跃场，可能与该蛇绿混杂岩带连续线状分布的蛇绿岩有关。

第二节　构造单元划分及变形特征

一、划分依据及方案

在前人大地构造划分的基础上，依据西安地质矿产研究所《青藏高原北部空白区基础地质综合研究》构造单元划分方案，结合野外实际资料，建立了调查区"三带四块"的构造格架。"三带"为柯岗断裂带、库地-其曼于特早古生代蛇绿构造混杂岩带、康西瓦-苏巴什晚古生代蛇绿构造混杂岩带；以上述断裂带、蛇绿构造混杂岩带为界由北向南划分为塔里木陆块、昆仑造山带[北昆仑库尔良晚古生代裂谷带、中昆仑微陆块(早古生代与晚古生代构造叠接复合带)]、巴颜喀拉晚古生代—中生代边缘裂陷带和甜水海-北羌微陆块共"四块"。

在此基础上，本次区调在2004年康西瓦幅地质填图和实测剖面工作中，首次发现了蒙古包-普守早古生代蛇绿构造混杂岩带，该带向西延入麻扎幅赛图拉一带，被康西瓦-苏巴什蛇绿构造混杂岩带截切，向东延伸至恰哈幅而与库地-其曼于特早古生代蛇绿构造混杂岩带合拼。根据调查区实际资料，将塔里木陆块可进一步划分为塔里木陆块、铁克里克断隆带两个二次级构造单元；中昆仑微陆块可进一步划分中昆仑微陆块北带和中昆仑微陆块南带两个次级构造单元；甜水海-北羌塘微陆块可进一步划分为甜水海微陆块、神仙湾二叠纪—三叠纪边缘裂陷带两个次级构造单元(图5-3)。

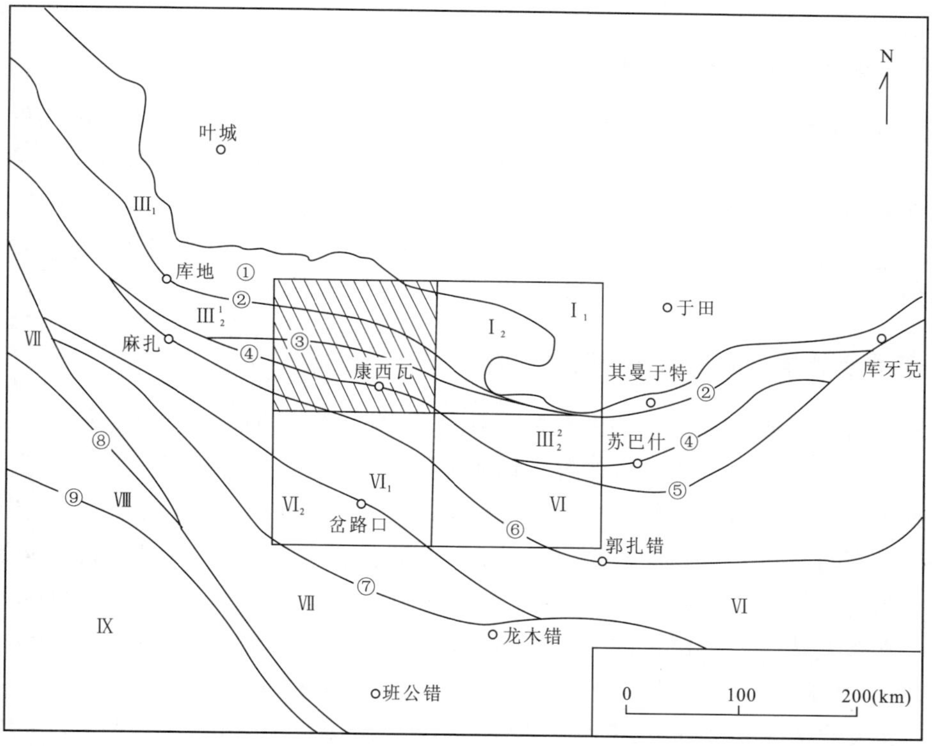

图5-3　调查区构造单元划分图

①柯岗断列；②其曼于特-祁漫塔格早古生代蛇绿构造混杂岩带；③蒙古包-普守早古生代蛇绿构造混杂岩带；④柳什塔格-岩碧山-向阳泉中昆仑断裂带；⑤苏巴什-木孜塔格晚古生代蛇绿构造混杂岩带；⑥郭扎错-西金乌兰湖-金沙江结合带；⑦龙木错-双湖结合带；⑧班公湖-怒江结合带；⑨狮泉河结合带。$Ⅰ_1$ 塔里木陆块；$Ⅰ_2$ 铁克里克断隆带；$Ⅲ_1$ 北昆仑库尔良晚古生代裂谷带；$Ⅲ_2$ 中昆仑微陆块(早古生代与晚古生代构造叠加复合带)；$Ⅲ_2^1$ 中昆仑微陆块北带；$Ⅲ_2^2$ 中昆仑微陆块南带；$Ⅲ_3$ 南昆仑晚古生代残弧带；Ⅳ巴颜喀拉晚古生代—中生代边缘裂陷；Ⅵ甜水海-北羌塘微陆块群；$Ⅵ_1$ 甜水海微陆块；$Ⅵ_2$ 神仙湾二叠纪—三叠纪边缘裂陷带；Ⅶ喀喇昆仑-南羌塘陆块；Ⅷ班戈-腾冲燕山期岩浆弧带；Ⅸ冈底斯下察隅晚燕山期—喜马拉雅期岩浆弧带

二、构造单元划分

图幅区内跨塔里木陆块、北昆仑库尔良晚古生代裂谷带、中昆仑微陆块、巴颜喀拉晚古生代—中生代边缘裂陷带及甜水海-北羌塘微陆块等构造单元，由北往南介绍如下。

(一)塔里木陆块(Ⅰ)

该陆块南界为柯岗断裂(F_9)，以铁克里克北缘断裂(F_1)为界，可进一步划分为塔里木陆块和铁克里克断隆带两个二级构造单元。

1. 塔里木陆块($Ⅰ_1$)

该陆块在图幅区内分布范围局限，仅分布于图幅区内东北角，位于铁克里克北缘断裂(F_1)以北地区，主要为新生界陆相碎屑岩沉积等。

2. 铁克里克断隆带($Ⅰ_2$)

该陆块位于塔里木盆地西南缘，呈向南突出的弧形。北界以铁克里克北缘断裂(F_1)为界，南界以柯岗断裂带(F_9)为界，主要以元古宙中深变质的埃连卡特岩群和长城系塞拉加兹塔格岩群为主，其次有少量石炭纪—二叠纪地层零星分布。

(二)中昆仑陆块(Ⅱ)

1. 北昆仑祁漫塔格晚古生代裂谷带($Ⅲ_1$)

相当于区域上(图 5-3)划分的北昆仑(北祁漫塔格)早古生代岩浆岛弧带，在图幅区内该裂谷带挟持于柯岗断裂带(F_9)以南，图幅区内北部库尔良一带，区域上断续分布，向东延伸到图边而尖灭。发育石炭系他龙群和库尔良群。前者以碳质细碎屑岩为主体，夹有单辉石岩、辉绿岩及大量玄武岩透镜体；后者以发育碎屑浊积岩为主体，夹有辉长岩、辉绿岩、大量玄武岩及火山碎屑岩为特征。

2. 库地-其曼于特早古生代蛇绿构造混杂岩带

该构造带相当于区域上(图 5-3)划分的其曼于特-祁漫塔格早古生代蛇绿构造混杂岩带，在图幅区内主体被寒武纪—奥陶纪花岗岩体侵入而出露不全，仅在喀拉喀什河东侧一带发育较全，该带发育有斜辉橄榄岩，其规模长约 3km，宽约 1.8km，呈构造透镜体状产出，在斜辉橄榄岩东侧发育有玄武岩，其规模一般长约 40km，宽 1～3km，玄武岩多呈块状构造，局部可见有枕状构造，该玄武岩中夹有辉绿岩构造透镜体，其两侧边界均为断层接触关系。在西部库尔良一带该蛇绿混杂岩带尽管被寒武纪—奥陶纪花岗岩体侵入破坏出露不全，但在花岗岩体中残留有单辉石岩及玄武岩残留体，这充分证实了库地-其曼于特早古生代蛇绿构造混杂岩带在该图幅区内的存在。同时，在图幅区内库尔良一带发育大量奥陶纪中基性—酸性侵入岩[SHRIMP：(447±7)Ma、U-Pb：(461.1±1.0)Ma]，反映该蛇绿构造混杂岩带俯冲碰撞发生于奥陶纪。根据前人资料结合邻幅 1∶25 万区调资料，综合分析认为：库地(姜春发、潘裕生、邓万明、丁道桂等)-其曼于特(于田县幅，2002)早古生代蛇绿构造混杂岩带主要由洋壳残片组成，蛇绿岩特征比较典型，带内及两侧韧性剪切变形极为强烈，可能代表了古昆仑洋(原特提斯洋)的位置，一些学者的研究表明该大洋始裂于震旦纪，消减于寒武纪—奥陶纪，两侧陆块碰撞于早志留世。该带南侧有这一时期反映俯冲、碰撞性质的岛弧火山岩浆建造，表明其俯冲极性是向南的，但有的学者认为其是双向俯冲的。目前多数学者认为其是早古生代蛇绿构造混杂岩带。但有些学者认为其是前寒武纪—早古生代的洋闭合形成的(潘裕生等,1994),另外一学者认为其可能是石炭纪的闭合形成的(姜春发等,1992)。

3. 中昆仑微陆块($Ⅲ_2$)

该陆块位于库地-其曼于特早古生代蛇绿构造混杂岩带与康西瓦-苏巴什蛇绿构造混杂岩带之间的昆仑山主脊地区,前人称为"西昆仑中间隆起带、西昆仑花岗岩带"(姜春发等,1992)、"中昆仑陆缘活动带"(李永安,1994)、"公格尔-桑株塔格陆缘岛弧"(杨克明,1994)、"中昆仑地体"(潘裕生,1994)、"库地地块"(李永安,1997)。本次区调工作依据西安地质矿产研究所《青藏高原北部空白区基础地质综合研究》成果,结合测区取得最新区调成果,进一步划分为中昆仑微陆块北带、蒙古包-普守早古生代蛇绿构造混杂岩带和中昆仑微陆块南带3个次级构造单元。

1)中昆仑微陆块北带($Ⅲ_2^1$)

该带位于库地-其曼于特早古生代蛇绿构造混杂岩带以南,蒙古包-普守早古生代蛇绿构造混杂岩带以北,出露地层主体为长城系普守岩组和蓟县系桑株塔格岩群。长城系普守岩组是本次区调新建立的构造岩石地层单位,该套地层前人原划为蓟县系桑株塔格岩群,其岩石变质变形非常强烈,变质可达高角闪岩相;而区域上桑株塔格岩群主要为一套黑云石英片岩、大理岩夹硅质岩,变质达绿片岩相。该岩石组合与长城系普守岩组截然不同。同时,发育少量寒武纪中基性裂解期侵入岩和大量奥陶纪中基性—酸性俯冲-碰撞型花岗岩为主体构造岩浆岩。本次区调获得了大量同位素年龄值,主要有SHRIMP法(506.8±9.5)Ma、(464±0.23)Ma、(467.8±3.2)Ma;U-Pb法(500.2±1.2)Ma、(461.1±1.0)Ma,反映了加里东期热事件活动,其主体为早古生代活动大陆边缘特征。

2)蒙古包-普守早古生代蛇绿构造混杂岩带

该构造带位于图幅区内南部蒙古包—普守一带,呈近北西向延伸,该带倾向15°~30°,倾角60°~70°,长约150km,宽0.5~2.5km。该构造混杂岩带内部发育大量的辉石岩、辉长岩、辉绿岩、玄武岩、硅质岩及少量英云闪长岩侵入岩。其中辉石岩主要分布在普守一带,长30km,宽约2km,该辉石岩两侧均呈断层接触;辉绿岩主要分布在蒙古包以南呈东西向延伸,长约10km,宽约680m,其辉绿岩两侧均为断层接触;玄武岩分布范围与辉绿岩基本相同,但规模较大,东西延伸长约30km,宽约2km,玄武岩多呈块状构造,局部残留有枕状构造,均呈构造透镜体产出;硅质岩夹于玄武岩之中,一般规模比较小,长3~5m,宽10~30cm,呈深灰色,单层厚5~10cm,致密坚硬,呈透镜体产出。在玄武岩内部还夹有大理岩透镜体;英云闪长岩主要分布在普守一带,长约10km,宽约1km。该蛇绿构造混杂岩带两侧发育的奥陶纪—志留纪中基性—酸性侵入岩[SHRIMP:(464±0.23)Ma、(443.1±2.3)Ma、(430.7±2.6)Ma;U-Pb:418.8Ma],代表了该洋壳俯冲碰撞发生于奥陶纪—志留纪。同时,蛇绿构造混杂岩带南、北两侧基底岩石组合截然不同,北侧发育长城系普守岩组和蓟县系桑株塔格岩群,而南侧仅发育长城系赛图拉岩群,并且北侧的长城系普守岩组与南侧的长城系赛图拉岩群岩石组合也截然不同。

3)中昆仑微陆块南带($Ⅲ_2^2$)

中昆仑微陆块南带位于图幅区内蒙古包-普守早古生代蛇绿构造混杂岩带以南,康西瓦-苏巴什蛇绿构造混杂岩带以北,呈狭长带状延伸,出露的地层主要为长城系赛图拉岩群,其岩石组合主要为灰色黑云斜长片麻岩、含石榴子石黑云斜长片麻岩、二云斜长片麻岩、灰色黑云二长变粒岩等,变质可达角闪岩相。同时在其上叠加了早古生代岩浆弧。该区褶皱构造不甚发育,而断裂构造比较发育。该带基性—酸性侵入岩非常发育,本次区调获得了大量同位素年龄值,主要有SHRIMP法(447±7)Ma、(443.1±2.3)Ma、(430.7±2.6)Ma等,汪玉珍(1985)、李永安(1994)、张玉泉(1989)、许荣华(1994)等先后在测区新藏公路一带获得了539~400Ma、215~201.4Ma的花岗岩年龄数据，反映了该构造-岩浆岩带主体表现为加里东期，其次为印支期等多期热事件活动的特征。该带极窄的带状形态，绝非其本来面目，是后期地质作用强烈改造的结果。

（三）康西瓦-苏巴什蛇绿构造混杂岩带

该带相当于区域上（图 5-3）划分的苏巴什-木孜塔格晚古生代蛇绿构造混杂岩带，该构造带由麻扎经康西瓦、玉龙喀什河上游向苏巴什延伸。该带物质组成极为复杂，在图幅区内东部苏巴什一带保存大量典型的蛇绿岩残片；在图幅区内西部麻扎以北地区保留了比较好的陆缘弧和弧间、弧前盆地建造，其上覆为侏罗纪山间磨拉石沉积；在东部玉龙喀什河上游、苏巴什一带以南地区同样保留有比较好的岛弧、弧后盆地建造及俯冲碰撞型花岗岩，保存最多的是俯冲阶段志留纪的碎屑岩复理石增生楔和后期阶段二叠纪的残留海沉积。在图幅区内三十里营房北侧该构造带夹有二叠纪黄羊岭群构造岩片。本次区调在该蛇绿构造混杂岩带北侧发育的大量中基性侵入岩中获得同位素 SHRIMP 年龄值（447±7）Ma，为晚奥陶世。在东部伯力克幅该带近来的司位素分析结果也证实存在大量早古生代侵入岩[U-Pb：（426±1.6）Ma]，同时，通过对该弧、与弧相关的盆地建造的分析，该带两侧都有这一时期反映俯冲性质的闪长岩、石英闪长岩、英云闪长岩、火山岩建造，说明洋壳消减时间可能比库地-其曼于特和蒙古包-普守洋盆略晚，是从中奥陶世开始，晚奥陶世—志留纪发生俯冲，直至中二叠世晚期发生俯冲碰撞完全闭合消失。由此可以初步确定康西瓦-苏巴什蛇绿构造混杂岩带为一条早古生代—晚古生代双向俯冲带。

由地球物理及化探资料综合分析，该蛇绿混杂岩带分隔了塔里木陆块和羌塘陆块，它是北方古大陆与华南（杨子）古大陆的界线，即是秦祁昆造山带与羌塘陆块的分界线，具有重大的地质意义。

（四）巴颜喀拉晚古生代—中生代边缘裂陷盆地（Ⅳ）

该带位于康西瓦-苏巴什蛇绿构造混杂岩带以南，大红柳滩-郭扎错断裂带以北地区，在图幅区内呈向西尖灭的楔状体，向东延伸到巴颜喀拉山盆地。该盆地北部局部发育有岛弧火山岩及相应的岩浆岩建造，在该盆地主要充填的是二叠纪—三叠纪弧后盆地-残留盆地碎屑浊积岩，局部夹有少量碳酸盐岩建造。本次区调首次在康西瓦一带发现二叠纪—三叠纪沉积盖层之下出露有下元古界康西瓦岩群，其岩石组合主要为深灰色石榴二云石英片岩夹含石榴子石黑云斜长石英粒岩、十字石榴二云石英片岩、石榴红柱二云石英片岩等，岩石变质变形强烈，变质可达高角闪岩相，与上覆地层呈脆韧性断层接触关系。该边缘裂陷带发育侏罗纪二长花岗岩（K-Ar：267Ma、201.7Ma），呈北西向带状展布，反映了印支期构造热事件。

（五）甜水海-北羌微陆块群（Ⅵ）

该陆块区在图幅区内分布范围局限，仅分布在图幅区内西南角，位于大红柳滩-郭扎错断裂带之南的喀喇昆仑地区，根据物质建造和构造演化，可进一步划分为甜水海微陆块和神仙湾二叠纪—三叠纪边缘裂陷带两个次级构造单元。

甜水海微陆块（$Ⅵ_1$）

该陆块位于图幅区内西南角，大红柳滩-郭扎错断裂带以南、乔尔天山-岔路口断裂带以北地区。图幅区内主要出露志留系温泉沟群和侏罗系龙山组，前者以碎屑岩建造为主；后者下段以粗碎屑岩建造为主，上段以碳酸盐岩建造为主。图幅区内岩浆活动不发育。

三、主要构造单元地层变形特征

图幅区内主要构造单元由不同的“块和缝”组成（图 5-3）所示，其中三缝（库地-其曼于特早古生代蛇绿构造混杂岩带、蒙古包-普守早古生代蛇绿构造混杂岩带和康西瓦-苏巴什蛇绿构造混杂岩带），前面已对其组成及变形特征进行了描述，本节将主要对不同块体的变形特征由北往南进行叙述。

（一）铁克里克断隆带（Ⅰ$_2$）变形特征

图幅区内铁克里克断隆带主要由结晶基底古元古代埃连卡特岩群、过渡基底长城纪塞拉加兹塔格岩群、蓟县纪博查特塔格岩组、石炭纪塔哈奇组及二叠纪杜瓦组组成，出露于图幅区内北部。除博查特塔格岩组变质较浅外，其余二者基底岩系变形较为强烈，变质达低角闪岩相-高绿片岩相。图幅区内埃连卡特岩群与上覆长城纪塞拉加兹塔格岩群呈断层接触关系，区域上两者为角度不整合接触关系。晚古生代塔哈奇组、杜瓦组岩石变形均较浅，变质仅达低绿片岩相。

1. 古元古代结晶基底构造变形特征

古元古代埃连卡特岩群，依据保留在该套地层中的构造形迹，根据其相互叠加关系可识别出两期变形作用。

早期变形形迹由于强烈置换作用而很少保存，主要表现为强烈的面理置换作用，使矿物定向排列，形成微片理（S_1），彻底置换了原始的沉积层理，使沉积岩向变质岩转变。该期变形是在深部构造层次剪切流变作用下，形成的透入性微片理构造。

第二期变形主要表现为以微片理（S_1）或脉体为变形面的紧闭同斜褶皱、无根褶皱（图 5－4）、肠状褶皱或顺层掩卧褶皱（图 5－5），并伴有不同程度的面理置换，具有顺层韧性剪切变形特征，由于后期强烈的构造置换，褶皱形迹保存很少。该期变形是在深部构造层次剪切流变褶皱作用下，以片理、微片麻理（S_1）为变形面形成的紧闭同斜褶皱，并伴有深熔长英质条带（混合岩化脉体）产出（图版Ⅰ－3）。伴随该期变形也发育比较强烈的构造置换而产出区域片麻理（S_2）。

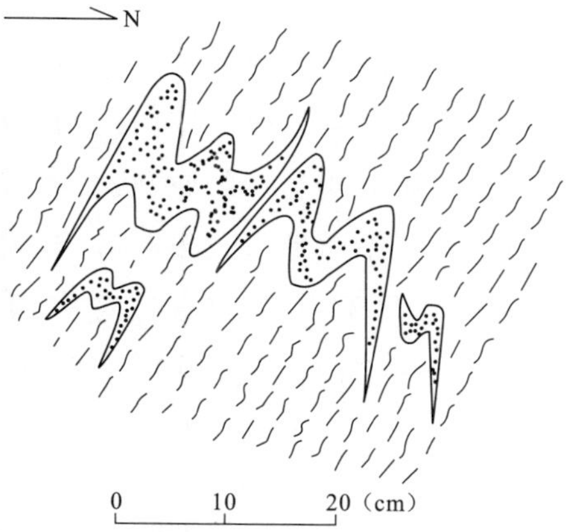

图 5－4　埃连卡特岩群片麻岩中无根褶皱素描图

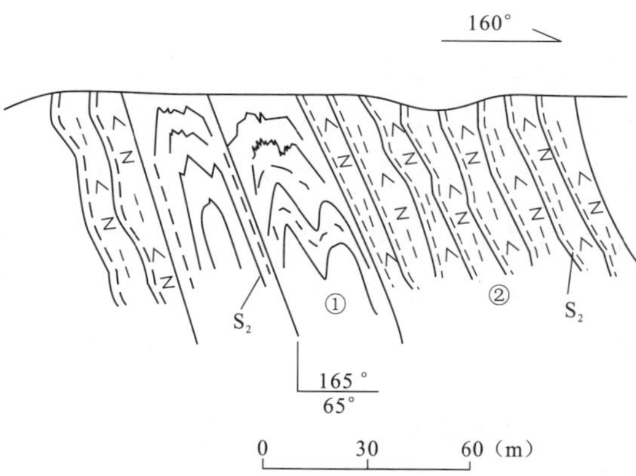

图 5－5　埃连卡特岩群早期顺层掩卧褶皱素描图
①顺层掩卧褶；②黑云角闪斜长片麻岩

根据区域片麻理的发育特征，其结晶基底中发育的二期变形均属于深部构造层次，其主导变形机制是塑性流变。

2. 过渡基底构造变形特征

铁克里克断隆带过渡型基底由长城纪的塞拉加兹塔格岩群、蓟县纪的博查特塔格岩组组成，前者属高绿片岩相变质，后者为低绿片岩相变质。图幅区内北部可见塞拉加兹塔格岩群与古元古代地层呈角度不整合接触，说明由长城系、蓟县系组成的过渡基底与古元古代的地层具有很大的区别。区域上塞拉加兹塔格岩群与博查特塔格岩组呈平行不整合接触关系，二者同属绿片岩相变质，反映塔里木南缘铁克里克断隆带在长城纪以后没有卷入造山带，而是经历了长时间的稳定发展阶段，才出现了变形。依据浅变质地层内部片理发育情况、变形特征，结合岩相学的资料以及矿物的穿插关系，该期变形在不同地层单元、不同岩性的构造变形特征迥然。塞拉加兹塔格岩群主要表现为内部的片理化（S_1），微观上以黑云母、白云母、绢云母等片状矿物相间聚集形成平行相间排列的透入性片理构造（S_1）为特征，早期的碎屑沉积、火山沉积构造几乎被完全置换，只在局部地方保留有溢流相火山岩的结构。以片理（S_1）为变形面，形成一系列紧闭同斜褶皱、顺层剪切褶皱等（图5-6、图版Ⅰ-6）。

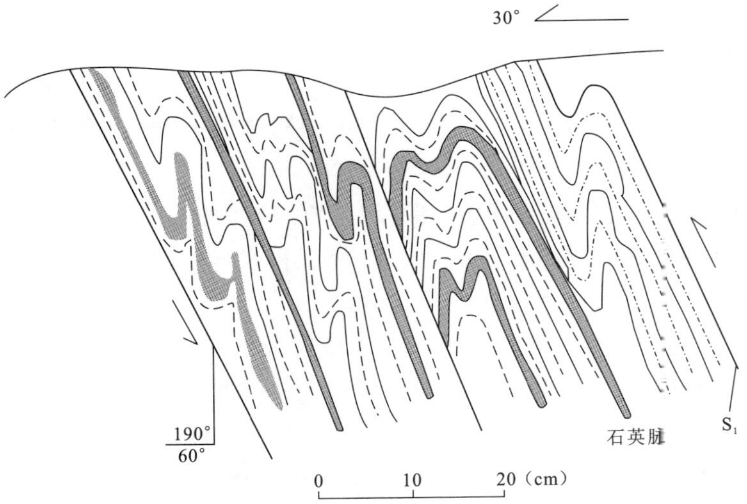

图5-6　塞拉加兹塔格岩群顺层韧性剪切变形

博查特塔格组主要以显示顺层韧性剪切变形为特征，强变形带与弱变形域相间产出。强变形带内粉砂岩与灰岩夹（互）层状产出时，粉砂岩强烈片理化，而灰岩则形成构造透镜体、石香肠以及无根钩状褶皱；以灰岩为主的岩石常常形成同斜紧闭褶皱以及条纹条带状构造（强烈剪切变形后经重结晶作用形成）。弱变形域中，在灰岩与砾岩中均发育有同斜褶皱，其褶皱形态比较开阔，规模较小，一般宽50～100m，轴面直立—向南陡倾，两翼厚度与转折端厚度差异不大，两翼近似对称，轴面劈理不发育。从褶皱样式以及同变质矿物组合判断，该期构造具有中—中浅构造层次的变形特征。

3. 晚古生代地层构造变形特征

晚古生代地层的古特提斯演化，铁克里克断隆带主要由北部出露少量的石炭纪塔哈奇组和二叠纪杜瓦组成。该期构造早期的伸展格局主要由在北昆仑地区深水盆地与浅水台地相间的沉积古地理格局所间接体现，同时期的伸展构造形迹则很少保留。而广泛发育晚期的挤压背景下的构造系统，属中浅层次，除局部地段外，均为韧脆性变形。总体是断裂与褶皱构造同等发育，构造面主要是片理和糜棱面理。

（二）北昆仑库尔良晚古生代裂谷带（$Ⅲ_1$）变形特征

图幅区内该裂谷带出露的地层主要由石炭纪他龙群和库尔良群，以及寒武纪—奥陶纪西合休岩组组成，呈构造岩片被挟持于柯岗断裂（F_9）和库地-其曼于特蛇绿构造混杂岩带（F_{13}）之间，呈近东西—北西向狭长带状展布，向东延伸到图外尖灭。现分别叙述如下。

1. 早古生代地层变形特征

西合休岩组位于图幅区内库尔良晚古生代裂谷带南侧，库地-其曼于特蛇绿构造混杂岩带以北，呈近北西—南东向带状展布，在西部库尔良一带被花岗岩侵入破坏而出露不全。西合休岩组与库地-其曼于特蛇绿构造混杂岩紧密共生，该岩石变形强烈，变质达低绿片岩相。在西邻幅库地一带较多地保留了原特提斯洋演化有关的构造，但只是晚期阶段与库地-其曼于特小洋盆俯冲、消减乃至北昆仑和中昆仑微陆块发生碰撞作用所形成的挤压、走滑机制下的构造系统，早期发育的伸展构造除在基底地层中侵入的已绿片岩相变质的基性岩脉外，其他构造形迹已无法辨认。在图幅区内库尔良一带花岗岩体中残留有大量与蛇绿岩有关的变质的角闪岩脉、辉石岩、辉绿岩及变质基性火山岩（玄武岩）等。在托满以南的地层内部褶皱构造比较发育，常以微片理面为褶皱面形成比较紧闭同斜褶皱构造，褶皱轴面向南陡倾，两翼基本对称，转折端形态比较复杂，两翼和转折端厚度基本相等，轴面劈理不发育（图 5-7）。原特提斯构造层属中深层次，在不同性质的岩片之间构造变形以断裂为主，韧性剪切带、糜棱岩带常宽达 10 余米至数十余米，构造面复杂，不同部位产状变化大，但总体具有北部边界向南倾，南部向北倾的特点，走向总体呈北西—南东向，与现在昆仑山脉平行，构造变形形迹有旋转碎斑、S-C 构造（图 5-8）等。由极其细密的构造分异条纹条带以及这些条纹条带的进一步褶皱、错断和分泌细脉的进一步剪切、断裂和旋转等，多反映构造运动为向南倾的逆冲性质。所有卷入的地质体均被强烈改造、置换，产生与糜棱岩带近于一致的区域性构造面理，糜棱面上可见与其走向近于垂直的矿物生长线理。

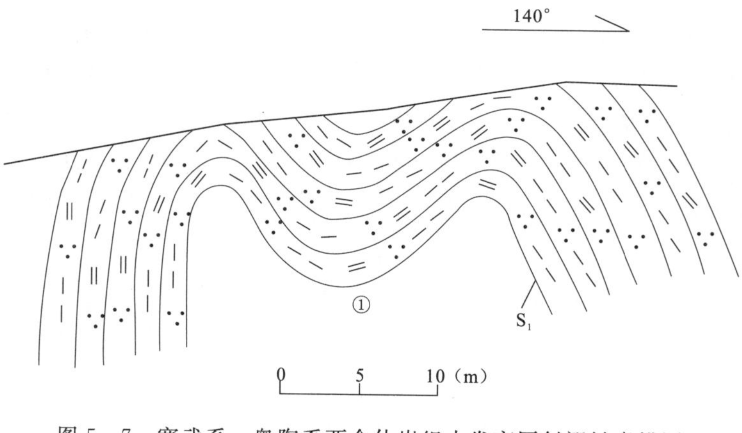

图 5-7 寒武系—奥陶系西合休岩组中发育同斜褶皱素描图

①二长石英片岩；S_1 片理

2. 晚古生代地层变形特征

他龙群和库尔良群地层变质变形均较弱，变质达低绿片岩相。该构造变形以断裂比较发育，而褶皱构造不发育为特征，在西部库尔良一带变形样式主要是向南倾的岩片冲断构造。该地层总体反映了中浅构造层次的变形特征。由于早期断裂多被晚期断裂所追踪改造，以脆韧性为主，产状多向南陡倾，现在表现为以逆冲为主兼具走滑，主要断裂有 F_9、F_{10}、F_{11} 等。

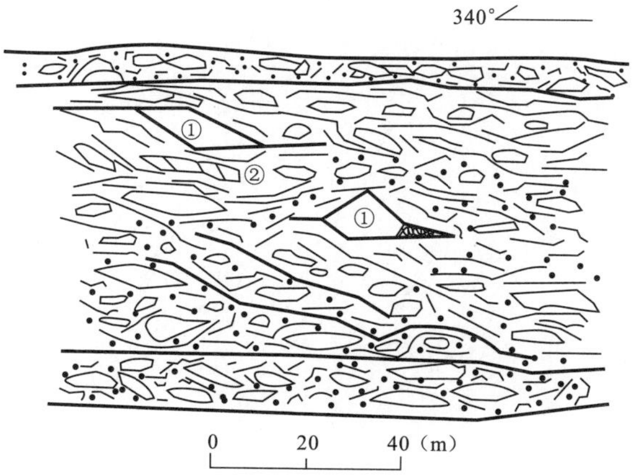

图 5-8 西合休岩组长英质糜棱岩平面素描图

①“O”形旋转斑；②S-C 组构

在图幅区内西邻库地北黑云石英片岩中

的单矿物黑云母、角闪石(同构造)$^{40}Ar-^{39}Ar$同位素坪年龄和等时线主要显示 440～403Ma,反映该期构造形成于早古生代晚期。

(三)中昆仑微陆块北带($Ⅲ_2^1$)过渡基底构造变形特征

中昆仑微陆块北带过渡基底由长城系普守岩组和蓟县系桑株塔格岩群变质地层组成。其中普守岩组岩石变质变形非常强烈,变质可达高角闪岩相,而桑株塔格岩群变形强烈,变质达高绿片岩相。图幅区内与上覆地层蓟县系桑株塔格岩群呈断层接触,二者之间呈构造岩片叠置关系。依据保留在该套地层中的构造形迹、变形特征,结合岩相学的资料以及矿物的穿插关系,根据其相互叠加关系可识别出两期变形作用。

早期变形形迹由于强烈置换作用而很少被保存下来,主要表现为强烈的面理置换作用,使矿物呈定向排列,形成微片理(S_1),彻底置换了原始的沉积层理,使沉积岩向变质岩转变。伴随透入性片理的形成,平行片理发育断续条带状长英质脉体,反映该期变形是在深部构造层次剪切流变作用下形成的透入性微片理构造并伴有深熔作用。

第二期变形主要表现为以微片理(S_1)或脉体为变形面的紧闭同斜褶皱、无根褶皱(图 5-9)、肠状褶皱或顺层掩卧褶皱(图版Ⅰ-4、图版Ⅰ-5),并伴有不同程度的面理置换,具有顺层韧性剪切变形特征。该期变形是在深部构造层次剪切流变褶皱作用下,以片理、微片麻理(S_1)为变形面形成的紧闭同斜褶皱,并伴有深熔长英质条带(混合岩化脉体)产出。伴随该期变形也发育比较强烈的构造置换而产出区域片麻理(S_2)。总体显示中深层次以压扁和剪切为主导变形机制的特点。

蓟县系桑株塔格岩群变形强烈,变质达高绿片岩相,该岩群变质程度明显低于长城系普守岩群高角闪岩相。其早期变形形迹由于在变质碎屑岩中发生强烈置换作用而很少保存,主要表现为强烈的面理置换作用,使矿物呈定向排列,形成区域透入性片理(S_1),彻底置换了原始的沉积层理,使沉积岩向变质岩转变。而在大理岩中早期变形特征保存比较完整,变形主要表现为以沉积层理为变形面,形成的紧闭同斜褶皱、肠状褶皱或顺层掩卧褶皱(图 5-10;图版Ⅱ-1、图版Ⅱ-2),并伴有不同程度的面理置换,具有顺层韧性剪切变形特征。该期变形是在中深部构造层次剪切流变作用下形成。

因此,中昆仑微陆块北带无论是原岩建造、变质程度还是变形样式均与塔里木陆块过渡基底存在明显的差别。

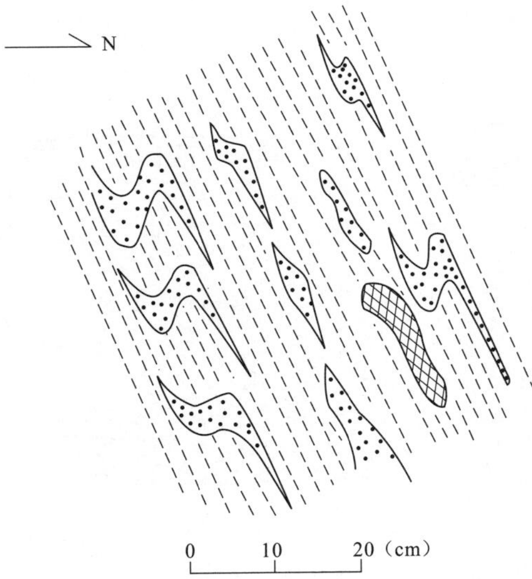

图 5-9 普守岩组早期变形露头素描图

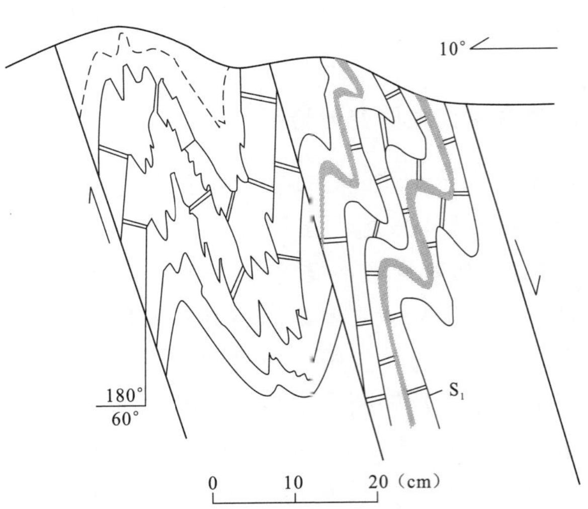

图 5-10 桑株塔格岩群大理岩中褶皱素描图

(四)中昆仑微陆块南带($Ⅲ_2^2$)构造变形特征

中昆仑微陆块南带主要由过渡基底长城系赛图拉岩群及早古生代(未分)地层组成。其变质程度、变形样式与中昆仑微陆块北带过渡基底具有相似性。过渡基底岩系总体构造特征是变质变形强烈,地层多呈构造岩片状,其内部面理置换彻底,韧性剪切带发育(图版Ⅰ-7)。早古生代(未分)地层变形较弱,变质达绿片岩相。

1. 过渡基底构造变形特征

依据长城纪赛图拉岩群变质地层内部残留的变形特征,结合岩相学的资料,根据矿物的穿插关系,可见有两期变质形成的不同世代矿物组合,综合变形样式特征分析,可初步划分为两个序次,即主造山期前和主造山期变形,其变形具有中深层次的特征。

1)主造山期前变形

过渡基底长城系赛图拉岩群,早期变形形迹由于强烈置换作用而很少保存,主要表现为强烈的面理置换作用,使矿物定向排列,形成微片麻理(S_1)。导致古老侵入岩由块状向片麻状构造转变,岩石由沉积岩向变质岩开始转变。该期变形是在深部构造层次剪切流变作用下形成的透入性微片麻理构造。

2)主造山期变形

该期变形主要表现为以微片麻理(S_1)为变形面的紧闭同斜褶皱、无根褶皱、肠状褶皱或顺层掩卧褶皱(图5-11),并伴有不同程度的面理置换,具有顺层韧性剪切变形特征,使早期形成的基性岩脉卷入,超镁铁质岩石发生透镜化(图5-12),分异的长英质脉体形成无根褶皱和旋转碎斑,古老侵入体之间以及侵入体与副变质地层之间的接触面更加复杂,形成似层状构造。由于后期强烈的构造置换,形成Ⅰ型置换面理(图版Ⅰ-8),褶皱形迹保存很少。该期变形是在深部构造层次剪切流变褶皱作用下,以微片麻理(S_1)为变形面形成的紧闭同斜褶皱,并伴有深熔长英质条带(混合岩化脉体)产出。伴随该期变形也发育比较强烈的构造置换而产出区域片麻理(S_2)。

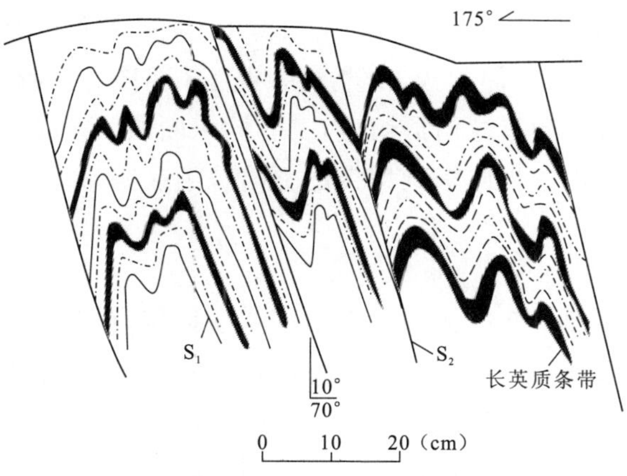

图5-11 赛图拉岩群中顺层掩卧褶皱素描图

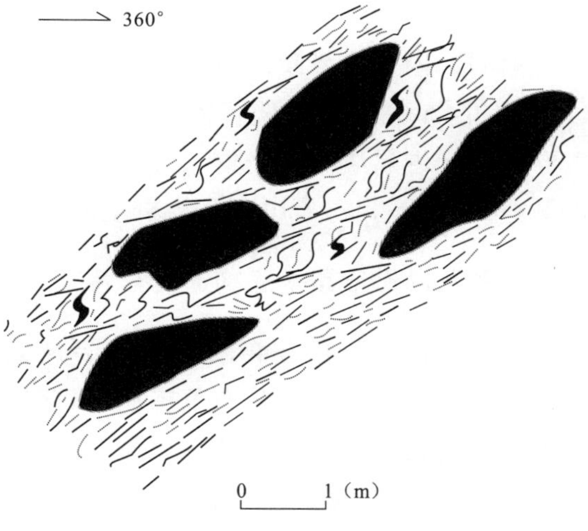

图5-12 赛图拉岩群中超镁铁质岩石

2. 早古生代(未分)地层变形特征

图幅区内中昆仑微陆块南带出露少量的早古生代火山沉积变质地层,分布具有局限性,仅出露于图幅区内中西部蒙古包-普守断裂带(F_{17})南侧,呈近东西向带状展布。在图幅区内长约 45km,宽 2～3km,与中昆仑微陆块南带赛图拉岩群呈构造岩片叠置关系。该地层变形较强烈,变质达低绿片岩相,该地层剖面中内部构造并不复杂(图 5-13),主要是一组稳定向北倾斜的片理和局部糜棱面理,两者产状相同。由于其原岩沉积结构不发育以及变质变形作用,原始的沉积层序不清楚。该岩片内部断层发育,主要表现脆韧性剪切变形,发育长英质糜棱岩、千糜岩、碎裂岩等。褶皱构造不甚发育,仅可见露头尺度的顺层掩卧褶皱。

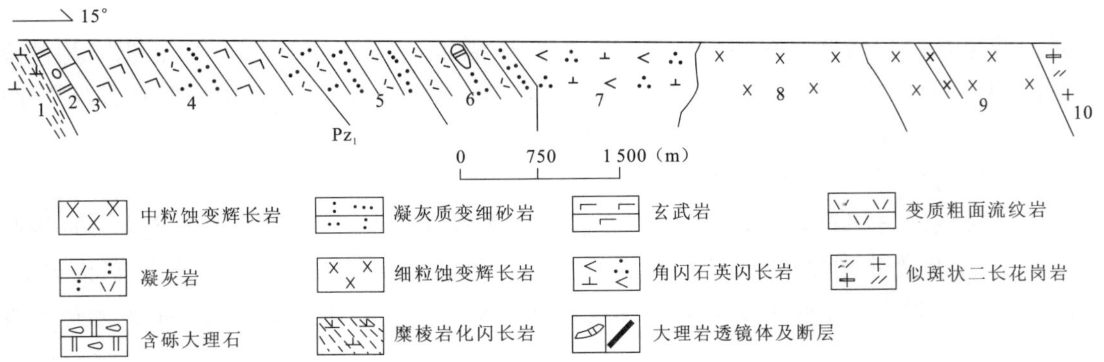

图 5-13 新疆皮山县赛图拉-无依别克早古生代(Pz_1)地层构造剖面图

3. 早中生代地层变形特征

早中生代地层主要为三叠系赛力亚克达坂群砾岩组,该群在图幅区内西邻麻扎幅分布广泛,图幅区内仅残留其下部砾岩组,呈构造岩片被挟持在赛图拉-印地他什达坂断裂带(F_{20})中,东西长约 10km,宽 500～1 000m,为一套紫红色砾岩、砂砾岩建造。岩石变质变形均较弱,在图幅区内由于出露面积小,总体构造面貌不清楚。

(五)巴颜喀拉晚古生代—中生代带边缘裂陷带(Ⅳ)构造变形特征

图幅区内该边缘裂陷带位于三十里营房-康西瓦断裂带(F_{21})以南,大红柳滩-郭扎错断裂带(F_{26})以北,呈东宽西窄楔状体,近北西—南东向展布,向西延伸尖灭于图幅区内西部赛图拉以南。主要由下元古界康西瓦岩群、二叠系黄羊岭群和三叠系巴颜喀拉山群组成,二者同以断层(F_{23}、F_{25})接触,与下伏下元古界康西瓦岩群呈断层接触关系。该构造带向东延伸接巴颜喀拉山裂陷带。

1. 古元古代结晶基底构造变形特征

古元古代康西瓦岩群,是本次区调从原划三叠纪地层中新解体的一套中深变质地层,位于图幅区内南部康西瓦附近。分布范围局限,该岩群岩石变形强烈,变质可达低角闪岩相-高角闪岩相,与上覆二叠系黄羊岭群及三叠系巴颜喀拉山群均呈韧性剪切断层接触关系。依据保留在该岩群岩石中的构造形迹,根据其相互叠加关系仍可识别出两期变形作用,该岩群岩石变形特征与北部下元古界埃连卡特岩群基本相同。

2. 晚古生代—早中生代地层变形特征

组成该边缘裂陷带的主体地层为二叠纪黄羊岭群和三叠纪巴颜喀拉山群,其变形较强,变质达低绿片岩相。该地层中变形以层理(S_0)为变形面,形成紧闭尖棱褶皱及顺层同斜褶皱(图 5-14)。同时,在部分地区变质过程中形成了透入性区域轴面劈理和脆韧性剪切带,对沉积层理发生较强烈的置换改造，但多数地区二者在野外均能区别。从残留的顺层紧闭褶皱和较为广泛的板劈理构造发育特征分析，该期构造的形成环境属于中浅构造层次。

（六）甜水海微陆块（Ⅵ_1）构造变形特征

甜水海微陆块在图幅区内分布局限，仅分布图幅区内西南角，主要由志留纪温泉沟群和侏罗纪龙山组组成，面积约 130km²，位于大红柳滩-郭扎错断裂带（F_{26}）以南，是甜水海-北羌塘微陆块唯一保留早古生代原特提斯期构造变形的载体，呈近北西—南东向展布，与北侧二叠系黄羊岭群呈断层接触，与上覆地层侏罗系龙山组呈平行不整合接触关系。该套地层变形较强，变质较浅，变质达低绿片岩相。

1. 早古生代地层变形特征

由于该群地层单位岩性单一，常形成密集的劈理构造（图版Ⅲ-8），因此不易识别不同期次的构造叠加现象。从野外露头的观察看可发现两种不同环境中的变形遗迹。

其一是以层间剪切褶皱为主，形成不对称的小型顺层掩卧褶皱（图 5-15），指示上层（北）的相对上冲作用。褶皱的样式以及其伴生的层间劈理构造不发育等特点，显示为弯曲滑动的主导变形机制，为中深构造层次，可能属于早期俯冲作用的产物。

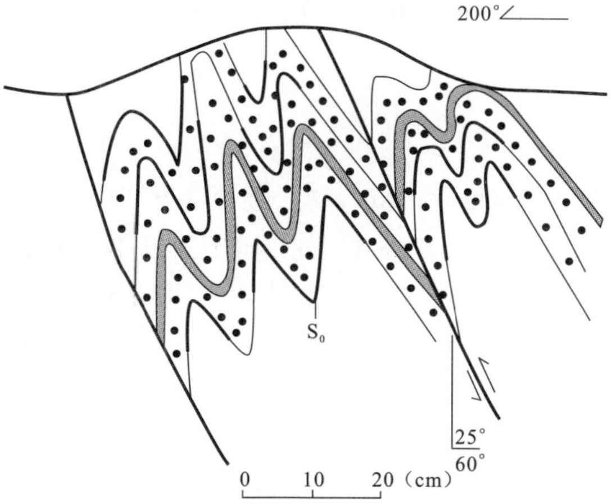

图 5-14 巴颜喀拉山群中尖棱褶皱素描图

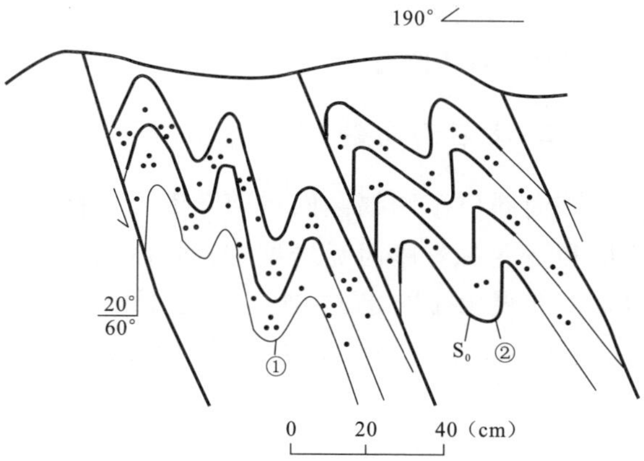

图 5-15 温泉沟群中残留顺层剪切褶皱素描图

①石英细砂岩；②粉砂岩

其二是表现为面理置换构造（图 5-16），其原始层理构造总体形成轴向近东西的紧闭褶皱构造，褶皱规模不大，一般小于 40m，其轴面劈理构造异常发育，形成正、反扇形相间的密集劈理置换

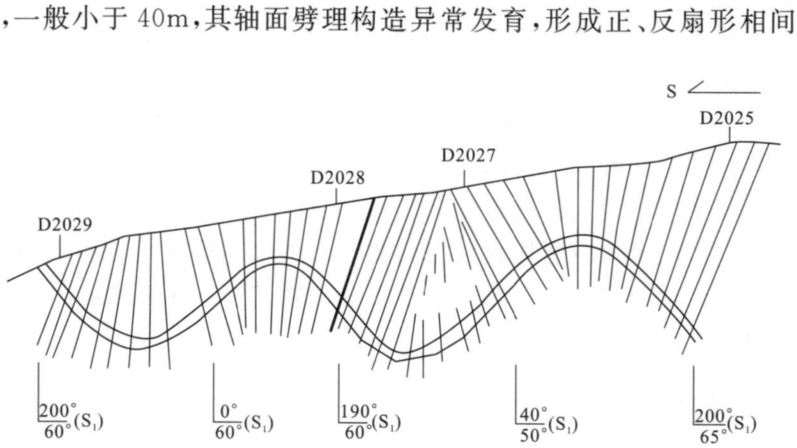

图 5-16 温泉沟群晚期褶皱构造素描图

原始的层理构造。该构造显然为晚期挤压环境中纵弯褶皱变形的产物，该处的劈理构造虽然发育，但从总体特征来看，仅体现于应变局部化带，应为中浅构造层次变形。

2. 晚中生代地层变形特征

图幅区内仅为侏罗纪龙山组位于甜水海微陆块之上，与下伏地层志留系温泉沟群呈角度不整合接触关系。岩石变质变形均较弱，断层及褶皱构造不发育。

图幅区内昆仑造山带晚侏罗世以来进入板内演化阶段均无地质记录，该时期中昆仑微陆块已不同程度发生了隆起，结束了长期以来的沉积历史。古近纪—新近纪早期发生大规模的构造抬升，新近纪晚期至第四纪西昆仑快速隆起，形成了现今雄伟的昆仑山脉。

四、褶皱构造

由于图幅区内断裂构造发育，主要构造单元内部多呈构造岩片叠置关系，规模较大的露头尺度褶皱构造不发育。图幅区内主要有两个向斜构造（图 5－1），现将分别介绍如下。

（一）杜瓦组向斜

该向斜位于图幅区内苏纳克北侧，长约 15km，宽 3～5km，卷入地层主体为二叠系杜瓦组。向斜轴面近于直立，走向北西—南东向，其形态比较开阔，两翼基本对称。南翼地层产状为 40°～45°∠40°～55°，北翼地层产状为 220°～230°∠50°～55°。由此可见二叠系杜瓦组在图幅区内组成了一个完整的向斜构造。

（二）滚石沟向斜

该向斜位于图幅区内东南角滚石沟南侧，长约 20km，宽 5～10km，卷入地层主体为二叠系黄羊岭群和下元古界康西瓦岩群，向斜轴面近于直立，走向近北西—南东向，其形态比较开阔，两翼基本对称。北翼由于被断层破坏出露不全，南翼地层产状为 40°～45°∠45°～65°，北翼地层产状为 170°～180°∠45°～60°，转折端为 120°∠35°。

第三节　断裂构造

一、总体特征

新生代形成了举世闻名的青藏高原，调查区处于青藏高原的西北缘。新生代构造运动强烈，构造方式主要是断裂，其断裂形迹主要是追踪早期已有断层，新生的断层甚少。特别是晚古生代多块体拼接过程中形成的众多规模、性质不同的断裂系统，对后期的构造有着极大的限制和影响，同时新生代的构造对早期的构造起着改造作用。

图幅区内所处的西昆仑新生代的构造几何样式总体表象为一系列向南凸出的弧形断裂系统，而相邻东、西部的东昆仑，帕米尔地区均表现为向北凸出的弧形构造。这种强烈的构造样式的转换决定了研究区特殊的构造运动学特征。其运动学特征的特殊性突出表现在既有逆冲-走滑，又有伸展-剪切的复杂构造系统。

二、主要边界断裂特征

图幅区内主要边界断裂见图 5－1 所示，由北往南主要有柯岗断裂（F_9）、库尔良-托满断裂

(F_{11})、库尔良-帕拉斯断裂(F_{13})、普守断裂(F_{17})、赛图拉-印地他什达坂断裂(F_{20})、三十里营房-康西瓦断裂(F_{21})、大红柳滩-郭扎错断裂(F_{26})等，现分别介绍如下。

(一)柯岗断裂(库尔良裂谷带北界断裂 F_9)

图幅区内该断裂呈近北西—南东向展布，长约140km，向东西两侧延伸至图外。断层倾向190°～225°，倾角50°～60°，断裂带一般宽100～200m，主要表现为脆韧性剪切变形，形成一系列韧性剪切带，主要组成有长英质糜棱岩、千糜岩、糜棱岩化片岩、构造角砾岩等(图5-17)。该断裂早期主要表现为张扭性正断层，局限残留有构造角砾岩，晚期主要表现为压扭性逆断层。该断裂带卫片影像特征显示清楚，地貌表现一系列鞍状和断层三角面。沿断裂有明显的重力异常梯级，在图幅区内表现尤其明显。

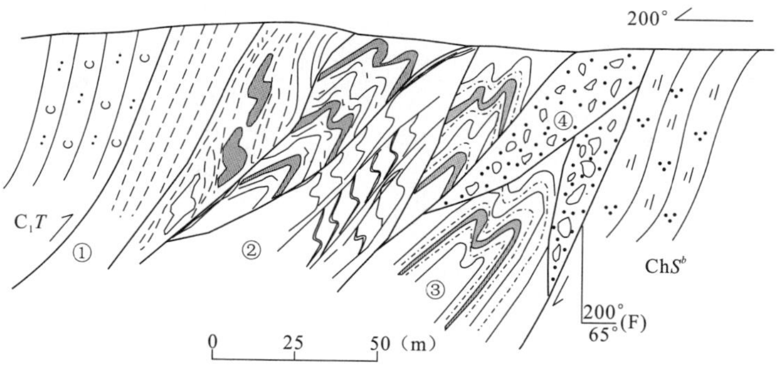

图5-17　柯岗断裂带剖面素描图

①强劈理化带；②碎斑系；③顺层剪切褶皱；④早期碎裂岩；

C_1T. 下石炭统他龙群碳质粉砂岩；ChS^b. 长城系赛图拉岩群绢云石英片岩

(二)库尔良-托满断裂(库尔良裂谷带南界断裂 F_{11})

该断裂位于图幅区内库尔良—托满一带，呈近东西—北西向延伸，长约138km，向东西两侧延伸至图外。断层带宽50～150m，倾向南—南西，倾角60°～65°。断裂带比较破碎，带内发育糜棱岩化花岗岩(图版Ⅱ-7)、糜棱岩化碳质粉砂岩、碳质千糜岩，岩石发生强烈片理化、碎裂岩化(图5-18)。该断裂早期主要表现为张性正断层，局限残留有断层角砾岩，晚期主要表现为压扭性逆断层，具有明显的多期活动特征。该断层带地貌及卫片影像特征非常清楚，表现为一系列断层三角面。

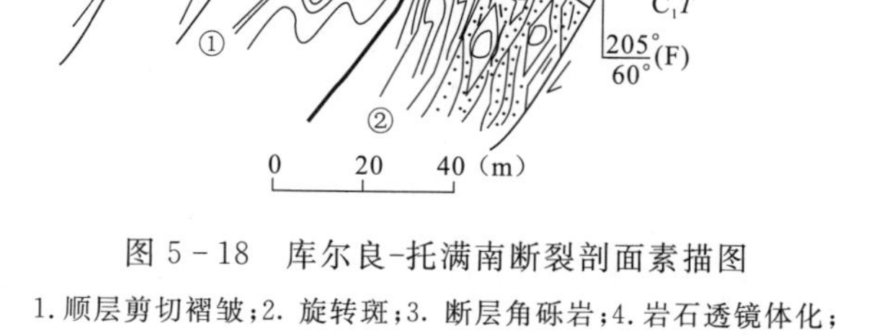

图5-18　库尔良-托满南断裂剖面素描图

1. 顺层剪切褶皱；2. 旋转斑；3. 断层角砾岩；4. 岩石透镜体化；

(∈—O)x. 西合休岩组二云石英片岩；C_1T. 他龙群碳质粉砂岩

(三)库尔良-帕拉斯断裂(其曼于特蛇绿混杂岩带南界断裂 F_{13})

该断裂位于图幅区内杜瓦牧场—帕拉斯一带，向西延伸在库尔良一带被岩体侵入，图幅区内长约 75km，向东延伸图外。该断裂南为中昆仑微陆块，呈近北西—南东向展布，倾向南西，倾角 60°～70°，断裂带宽 100～500m，断裂带较破碎，带内岩石发生强烈片理化、碎裂岩化。蛇绿岩多被挟持在断裂中呈构造透镜体展布，断裂带中发育长英质糜棱岩、构造片岩、千糜岩、糜棱岩化绿片岩等（图 5－19），其中长英质糜棱岩中，可见“碎斑系”及 S－C 组构等（图版Ⅱ－6）。该断裂具有明显的多期活动特征，主要表现为逆断层性质。卫片显示清楚线状构造影像特征，地貌表现一系列断层三角面。该断层错断南侧构造线，破坏北侧沿断层分布的花岗岩体。沿断裂分布有基性、超基性岩体以及远洋沉积组成的蛇绿构造混杂岩。

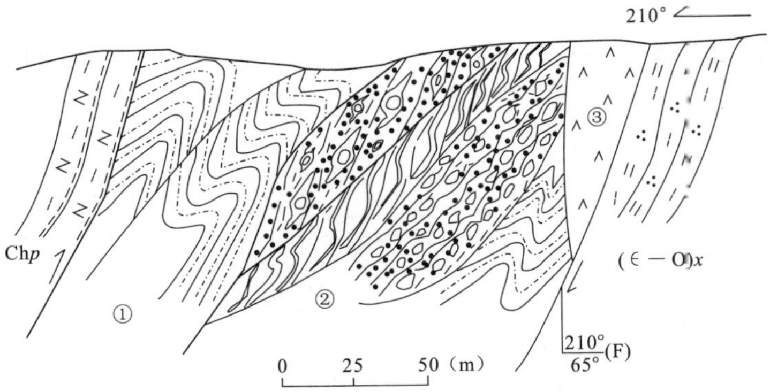

图 5－19　库尔良-帕拉斯断裂带素描图

①顺层剪切褶皱；②碎斑系；③残留单斜橄榄岩；

Ch*p*. 普守岩组黑云斜长片麻岩；(∈—O)*x*. 西合休岩组二云石英片岩

（四）普守断裂（蒙古包-普守早古生代蛇绿构造混杂岩带南界断裂 F_{17}）

该断裂位于图幅区内中南部蒙古包—普守一带，呈近北西向延伸，断裂带长约 150km，倾向 15°～25°，倾角 60°～70°，向西延入麻扎幅，被康西瓦断裂截切，向东延伸恰哈幅与库尔良-帕拉斯断裂合拼，该断裂规模有限。断层带宽 100～500m，发育长英质糜棱岩、花岗质糜棱岩（图版Ⅱ－3）、千糜岩及强烈片理化岩石（图 5－20）。该断裂具有明显的多期活动的特征，主要表现为压扭性逆断层。沿该构造带发育有超基性—基性岩、酸性侵入岩，玄武岩及硅质岩，其蛇绿混杂岩多呈构造透镜体被挟持于断裂带之中，呈断续分布。断层带地貌特征及卫片显示清楚线状构造影像特征。沿断裂带有明显的重力异常梯级，在图幅区内表现尤为明显（图 5－2）。

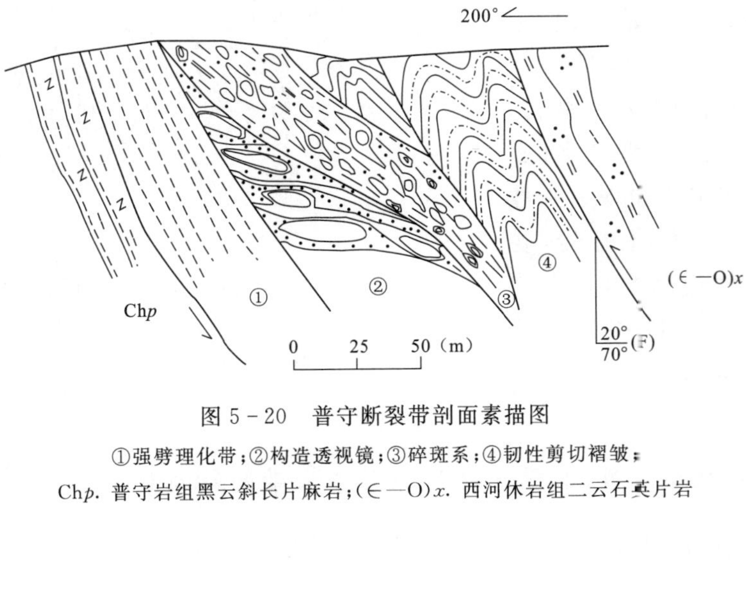

图 5－20　普守断裂带剖面素描图

①强劈理化带；②构造透视镜；③碎斑系；④韧性剪切褶皱；

Ch*p*. 普守岩组黑云斜长片麻岩；(∈—O)*x*. 西河休岩组二云石英片岩

(五)赛图拉-印地他什达坂断裂(F_{20})

该断裂位于图幅区内南部昆仑山主峰一带,是康西瓦-苏巴什蛇绿构造混杂岩带的北界断裂,呈近北西—南东向展布,在图幅区内长约135km,向东西两侧延伸至图外。断层倾向北东,倾角60°~70°,断裂带宽100~300m,发育有长英质糜棱岩(图版Ⅱ-8)、花岗质糜棱岩、断层角砾岩及碎裂岩等。花岗质糜棱岩中碎斑系发育,可见"σ"形、"δ"形旋转斑及S-C组构等(图5-21)。该断裂具有明显的多期活动特征,早期主要表现为脆韧变形,晚期则表现为脆韧性变形,断层性质主要表现为压扭性逆断层。沿该断裂带在图幅区内西部赛图拉一带夹有二叠纪黄羊岭群构造岩片,在印地他什达坂一带断裂带中残留有侏罗纪山间磨拉石建造。卫片影像显示清楚的线状构造,地貌可见一系列断层三角面。

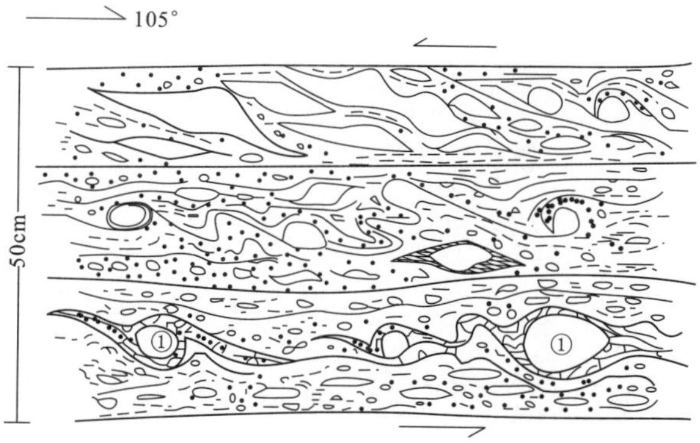

图5-21　赛图拉花岗质糜棱岩中"δ"形旋转斑及S-C组构
①"δ"形旋转斑

(六)三十里营房-康西瓦断裂(康西瓦-苏巴什蛇绿构造混杂岩带主断裂F_{21})

该断裂在区域上西起乌孜别里山口,经赛图拉、苏巴什,向南东交于库牙克断裂,总体呈北西—北西西向展布,断面区域上呈舒缓波状。在图幅区内位于三十里营房—康西瓦一带,长约135km,断层带宽数百米至1 000m,倾向北东,倾角70°~80°,该断裂具有明显的多期活动特征,早期主要表现为韧性剪切变形,晚期主要表现为脆性变形,形成一系列的断层束(图5-22)。发育长英质糜棱岩(图版Ⅱ-5)、花岗质糜棱岩、千糜岩、糜棱岩化闪长岩及断层角砾岩、碎裂岩等构造岩石。该断裂在图幅区内康西瓦一带残留有早期宽约500m的韧性剪切带,带内岩石变形强烈,碎斑系及S-C组构发育,可见"σ"形旋转斑(图版Ⅱ-4)、石香肠构造等,总体构造面理向南倾(图5-23)。其断裂性质具逆冲-走滑特征,以压扭性质为主。该构造带是中昆仑微陆块和巴颜喀拉边缘裂陷带的分界线,断裂两侧沉积建造、岩浆活动、变质作用明显不同,有碎裂岩化、糜棱岩化。沿断裂带有石英脉、花岗岩脉、闪长岩脉侵入。该断裂在古生代、中生代、新生代均有强烈活动,并控制了古生代至中生代各个时期的沉积建造和空间分布。

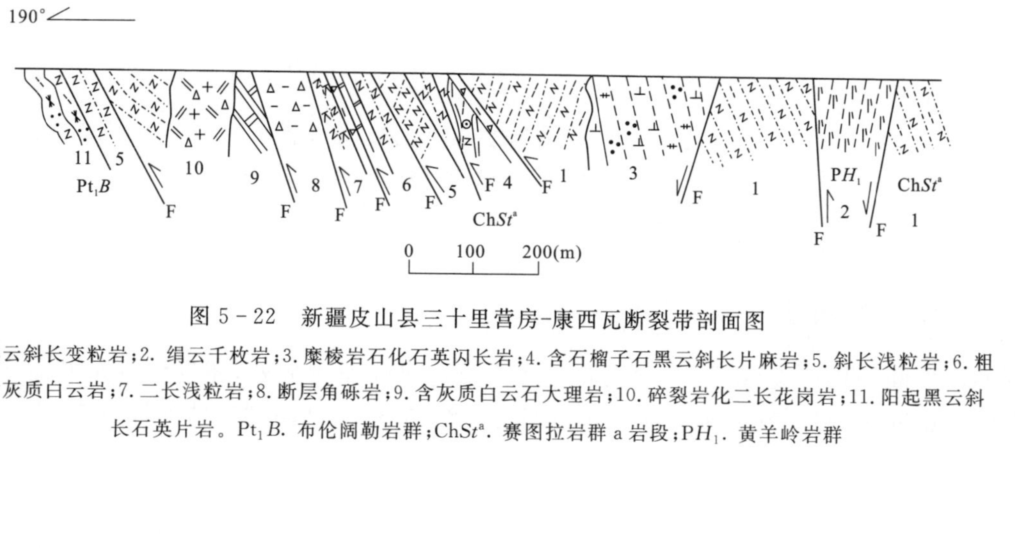

图5-22　新疆皮山县三十里营房-康西瓦断裂带剖面图

1.黑云斜长变粒岩;2.绢云千枚岩;3.糜棱岩石化石英闪长岩;4.含石榴子石黑云斜长片麻岩;5.斜长浅粒岩;6.粗晶含灰质白云岩;7.二长浅粒岩;8.断层角砾岩;9.含灰质白云石大理岩;10.碎裂岩化二长花岗岩;11.阳起黑云斜长石英片岩。Pt_1B.布伦阔勒岩群;$ChSt^a$.赛图拉岩群a岩段;PH_1.黄羊岭岩群

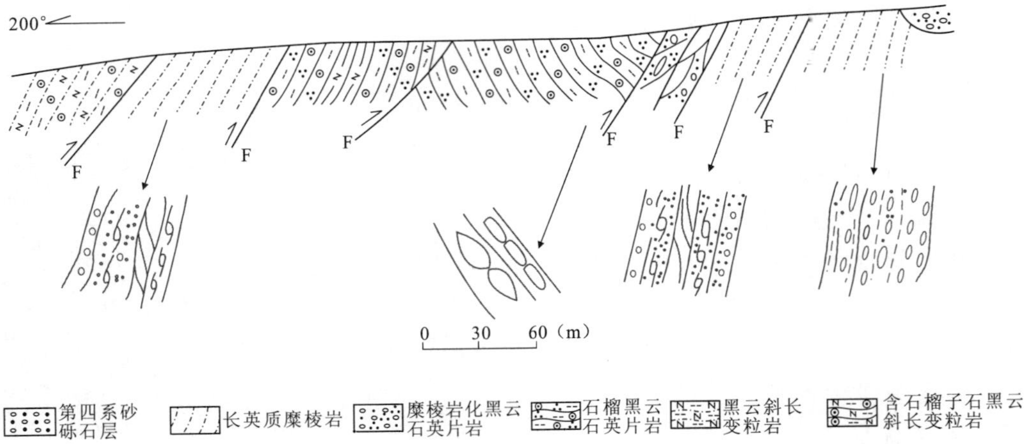

图 5-23　康西瓦南老公路韧性剪切带剖面图

沿断裂有明显的重力异常及航磁异常梯级(图 5-2)，说明了该断裂带规模及深度均较大，具有典型的缝合带特征。在西邻幅赛力亚克达坂有构造混杂堆积，向西延伸该断裂带上见蛇绿混杂岩。卫片显示清楚的线状构造影像，地貌上显示一系列断层三角面及负地形。

(七)大红柳滩-郭扎错断裂(F_{26})

该断裂向西延伸图外交于康西瓦断裂，向东延伸到郭扎错一带，调查区呈近北西—南东向展布，在图幅区内分布局限，仅分布在图幅区内西南角哈巴克达坂以南，长约 60km，断裂倾向 20°～40°，倾角 50°～60°，断裂带宽 100～200m，发育有长英质糜棱岩、千糜岩、断层角砾岩、碎裂岩及强片理化岩石等(图 5-24)，具有明显的多期活动特征，早期主要表现为脆韧性张性走滑正断层，晚期主要表现为逆冲-走滑性质。该断裂带是巴颜喀拉边缘裂陷带的南界断裂，在卫片显示清晰的线状影像特征，地貌显示一连串的负地形。

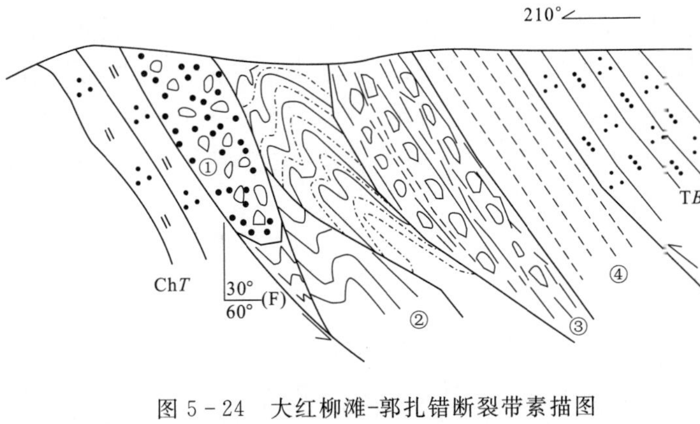

图 5-24　大红柳滩-郭扎错断裂带素描图

①角砾岩；②顺层剪切褶皱；③碎斑系；④强劈理化带。

ChT. 绢云石英片岩；TB. 三叠系巴颜喀拉山群石英细砂岩

三、一般断裂构造特征

图幅区内断裂构造发育(图 5-1)，除上述主要边界断裂构造外，还发育近东西向、近北西向和近北东向 3 组断裂构造，现将主要断裂构造特征介绍如下，其余断裂构造特征见表 5-1 所示。

表 5-1 在图幅区内断裂特征表

断裂编号	走向	断面(带)产状	位移方向	断裂规模		断裂带特征	性质	与岩浆作用和矿产的关系
				长(km)	宽(m)			
F_3	近东西向	160°～200° ∠50°～60°	南盘向北逆冲	40	100～120	位于图幅区内东北部,断裂呈弧形向南弯曲,两侧的岩性截然不同,南盘为强片理化绢云石英片岩,北盘为黑云石英片岩夹二云石英片岩。破碎带宽约100m,发育千糜岩及强片理化带。该断裂是长城系塞拉加兹塔格岩群A岩组和B岩组的分界断裂	为脆韧性逆冲断层	
F_7	近东西向	180°～185° ∠55°～60°	南盘向北逆冲	50	50～100	位于图幅区内库尔良北侧,阿喀孜—阿克吐奴一带,断层南盘地层有明显碎裂岩化现象,发育直立的断层劈理,断层两侧地层、岩性不完全相同,南盘为下元古界埃连卡特岩群A岩组和长城系塞拉加兹塔格岩群B岩组,北盘为埃连卡特岩群B岩组。断层带岩石非常破碎,发育长英质糜棱岩、千糜岩及片理化带。该断裂致使埃连卡特岩群A岩组逆冲在B岩组之上。断层被后期近北西向断层错断,出露不全。空间上延伸稳定,断层三角面和线状遥感影像清晰	高角度逆冲兼走滑性质断层	部分地段沿断裂带有辉长岩脉侵入
F_8	近北西向	205°～215° ∠50°～60°	南盘向北东方向上冲	45	35～100	位于图幅区内库尔良北侧,断层带呈波状延伸,在阿巴勒克一带被F_9断裂截切,断续分布。两侧地层岩性差异较大,产状不协调,南侧为长城系塞拉加兹塔格岩群B岩组,北侧为下元古界埃连卡特岩群A岩组。断层带发育千糜岩、糜棱岩化片岩及强片理化带。该断裂是长城系塞拉加兹塔格岩群与下元古界埃连卡特岩群的分界断裂,二者呈构造岩片叠置关系	逆冲-走滑断层	部分地段有辉绿岩脉侵入
F_{12}	近北东向	120° ∠75°～80°	北西盘向南西走滑	45	10～50	位于图幅区内库尔良一带,断层带延伸稳定,两侧地层岩性发生明显错位,内部可见断层角砾、碎裂岩,局部地段断面可见擦痕构造,两侧岩石变形强烈,主要表现为脆性变形。断层三角面和线状遥感影像清晰	平移右行走滑断层	
F_{14}	近东西向	210°～225° ∠60°～65°	南盘向北逆冲-走滑	60	50～100	位于图幅区内中西部桑株达坂一带,是过渡基底长城系普守岩组与蓟县系桑株塔格岩群的分界断裂,断层带两侧岩性截然不同,北侧为桑株塔格岩群A岩组,有花岗岩脉顺断层走向侵入,南侧为长城系普守岩组。断层带内有长英质糜棱岩、千糜岩、碎裂岩及构造角砾岩出现,明显表示具有多期活动的特征。南盘长城系老基底地层多见强片理化带,发育一系列次级断层,线状遥感影像清晰	高角度逆冲脆韧性断层	花岗岩脉侵入
F_{15}	近北西向	188°～206° ∠70°～60°	北盘向南逆冲	38	20～50	位于图幅区内中西部桑株达坂南侧,向北西延伸被F_{16}断层截切,向东南延伸交于F_{17}断裂。该断裂是长城系普守岩群与蓟县系桑株塔格岩群的分界断裂,并斜切两侧地层走向。南盘为黑云石英片岩,北盘为黑云斜长片麻岩。断层带发育千糜岩、碎裂岩及断层角砾岩,具有多期活动的特征,早期主要表现为逆冲性质,晚期主要表现为右行平移走滑性质。断面陡倾,局部地段可见断层擦痕等。该断层三角面及线状影像清晰,地貌显示三角地形	高角度逆冲-走滑脆韧性断层	有辉绿岩脉侵入
F_{16}	近北西向	220°～235° ∠70°～80°	西盘向北西平移走滑	22.5	10～50	位于图幅区内中西部蒙古包一带,断层两侧花岗岩体错位明显,该断带截切了图幅区内所有近东西向的地质体。断层带内岩石破碎严重,岩石劈理发育,变形强烈,断层带一侧有泉眼呈线状分布,泉水上涌、细流,断层三角面、断层崖清晰	平移走滑断层	
F_{18}	近北西向	40°～50° ∠70°～80°	西盘向北西平移走滑	56	30～65	位于图幅区内中东部普守东侧一带,是长城系普守岩群与蓟县系桑株塔格岩群的分界断裂,并斜切两侧地层走向。断层带内岩石破碎严重、劈理发育、变形强烈,发育有碎裂岩及断层角砾岩,局部残留有断层擦痕构造。断层三角面及卫片影像特征清晰	平移走滑断层	

续表 5-1

断裂编号	走向	断面(带)产状	位移方向	断裂规模		断裂带特征	性质	与岩浆作用和矿产的关系
				长(km)	宽(m)			
F_{23}	近北西向	220°～235°∠60°～70°	北盘向南西逆冲走滑	35	30～100	位于图幅区内东南角康西瓦东侧，在图幅区内是结晶基底下元古界康西瓦岩群A岩组和B岩组的分界断裂，向南延伸到邻幅则是二叠系黄羊岭群与三叠系巴颜喀拉山群的分界断裂。断层带岩石非常破坏，发育一系列同向次级断层，沿断裂带发育顺层掩卧褶皱及紧闭同斜褶皱。依据构造岩变形特征分析，该断裂具有多期活动的特征，早期主要表现为脆韧性逆冲性质，晚期主要表现右行平移走滑性质。断层遥感影像线状特征明显，两侧影像特征截然不同，地貌上显示一连串的负地形	脆韧性逆冲-走滑断层	断裂两侧分布多处金属矿点
F_{25}	近北西—东西向	45°～10°∠60°～65°	北盘向南逆冲	60	30～85	位于图幅区内西南角，向西延伸图外与F_{21}断裂相交，向东延伸与F_{26}断裂拼合，呈弧形向南波状分布。该断裂是二叠系黄羊岭群与三叠系巴颜喀拉山群的分界断裂，断层带岩石破碎严重、变形强烈，发育千糜岩、断层角砾岩及强劈理化带。断层三角面及遥感影像线状特征明显	逆冲断层	

(一)F_1 断裂(山前断裂)

F_1 断裂位于图幅区内东北角，是铁克里克断隆带的北界断裂，呈近北西向展布。在图幅区内长约38km，断层倾向南西，倾角45°～60°，断层带宽100～200m，发育有长英质糜棱岩、千糜岩、断层角砾岩及强片理化带(图5-25)。在断层南侧地层中伴生有透入性的顺层掩卧褶皱及紧闭尖棱褶皱，其运动方向均指示由南西向北东逆冲。该断裂在卫片显示清楚的线状影像特征，地貌上显示明显的陡壁，并具有断层三角面特征，重力异常具有明显的正、负异常梯级(图5-2)。在图幅区内北部杜瓦煤矿一带可见该断裂逆冲在侏罗纪地层，甚至逆冲在古近纪地层之上，说明该断裂具有多期活动的特征，且晚期活动可能发生在新近纪，与青藏高原快速隆升关系密切。

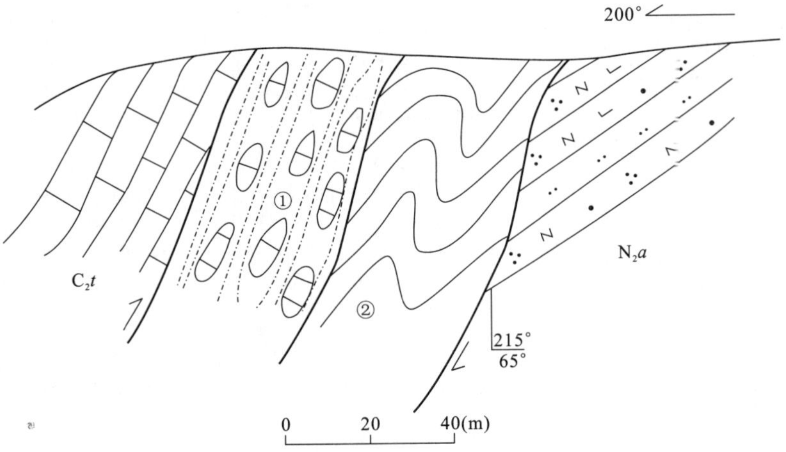

图5-25　F_1 断裂带剖面素描图

①碎裂岩；②剪切褶皱；C_2t. 中石炭统组灰岩；N_2a. 上新统阿图什组紫红色砂岩

(二)F_2 断裂

F_2 断裂位于图幅区内东北角，是铁克里克断隆带内部的断裂，呈近东西向弧形展布。在图幅区内长约 56km，向西延伸在苏纳克北与 F_4 断裂合拼，向东延伸出图外。断层倾向变化较大，为 180°～220°，倾角 55°～60°。断层带宽 50～100m，发育千糜岩、糜棱岩化变质火山岩、碎裂岩及强片理化带，并伴生有拖褶皱及尖棱褶皱，依据其运动方向，指示由南向北逆冲。该断裂分割了长城系塞拉加兹塔格岩群内部的 A 岩组和 B 岩组，致使 A 岩组逆冲在 B 岩组之上。

（三）F_4 断裂

F_4 断裂位于图幅区内北部苏纳克北侧一带，呈近北西向弧形延伸，在图幅区内长约 50km，向西北延伸至图外，向东南延伸到托满东侧一带与 F_5 断裂合拼。断层倾向于南东，倾角 50°～65°。断层带宽 100～200m，发育长英质糜棱岩、千糜岩、碎裂岩及片理化带，局部残留有碎斑系（图 5-26），可见"σ"形旋转斑、S-C 组构及石香肠等构造。依据其运动学标示及变形特征分析，该断裂具有多期活动的性质，早期主要表现为由南西向北东韧性逆冲推覆，晚期则主要表现为右行平移走滑性质。卫片上显示清晰的线状构造影像特征，地貌上显示一连串的负地形。

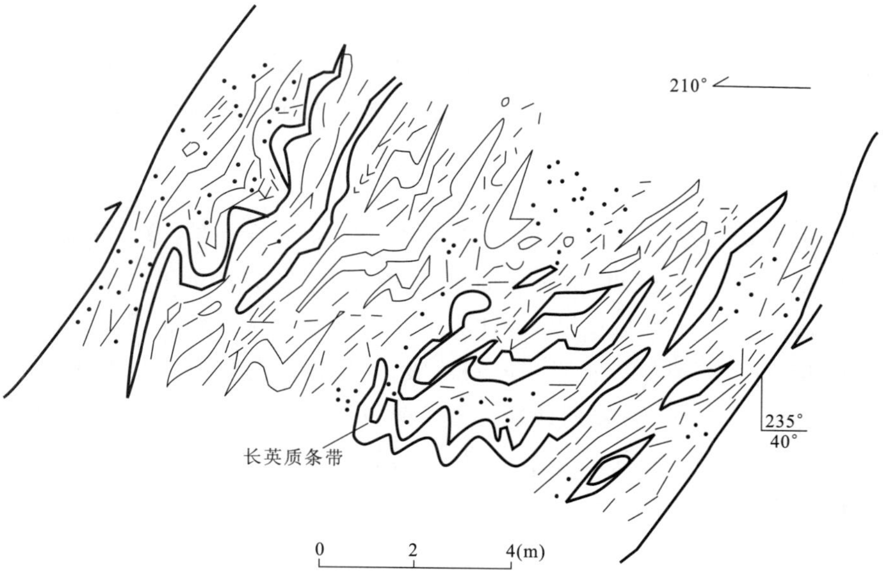

图 5-26 长英质糜棱岩中"σ"形旋转斑及不对称褶皱构造

（四）F_5 断裂

F_5 断裂位于图幅区内苏纳克—托满一带，长约 110km，向西北方向波状延伸出图，向东南延伸图外。呈近北西—南东向展布，在苏纳克一带被晚期断层（F_6）错断。断层倾向南西，倾角 55°～65°，断层带宽 100～250m，主要发育碎裂岩、强片理化带及断层角砾岩，在西部桑株塔格河一带残留有少量长英质糜棱岩，发育碎斑系、S-C 组构及顺层掩卧褶皱（图 5-27），依据其运动学特征分析，其性质具

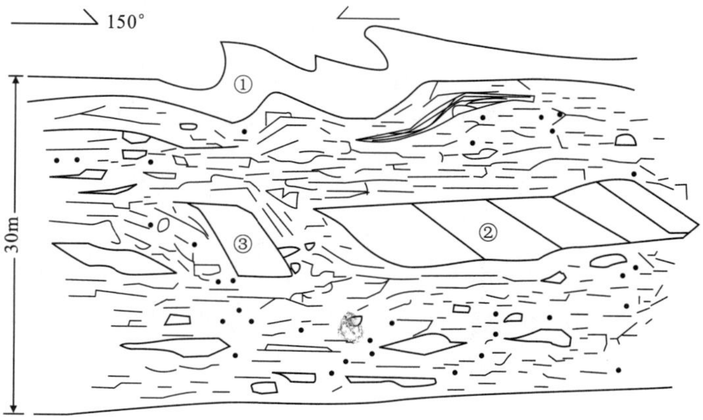

图 5-27 F_5 断裂带中长英质糜棱岩带平面素描图

①长石条带；②S-C 组构；③"σ"形旋转斑

有多期活动的特点，主体表现为逆冲-走滑性质。该断裂带在西部致使下元古界埃连卡特岩群逆冲在长城系塞拉加兹塔格岩群之上。卫片显示线状构造影像，地貌显示有断层三角面的特征。

（五）F_6 断裂

F_6 断裂位于图幅区内北部苏纳克一带，呈近北东向延伸，长约 40km，断层向南西陡倾，倾角 75°。断层带宽 30～50m，主要发育断层角砾岩及碎裂岩，局部断层面残留有擦痕及拖褶皱，且擦痕及拖褶皱轴线近于水平。其断层性质主要表现为右行平移走滑。该断层截切了图幅区内所有北西向展布的地质体，说明其形成时间比较晚，可能形成于新近纪。沿断层带发育有花岗岩脉，在卫片上线状构造影像特征显示清楚，地貌上显示山脊错位。

（六）F_{10} 断裂

F_{10} 断裂位于图幅区内库尔良晚古生代裂谷带内部，主要分布在阿喀孜—托满一带，呈近东西—北西向延伸。在图幅区内长约 23km，向东延伸到喀拉喀什河一带被 F_{11} 断裂截切。断层带宽 50～100m，断层倾向南—南东，倾角 50°～65°。主要发育千糜岩、碎裂岩及强片理化粉砂岩，并伴生有顺层紧闭同斜褶皱。根据其变形特征，其断层性质主要表现为逆冲-走滑。该断裂是石炭系他龙群和库尔良群的分界断裂，致使地层发生大量缺失，地貌上显示负地形的特征。

（七）F_{19} 断裂

F_{19} 断裂位于图幅区内中昆仑微陆块南带，赛图拉—塔马尔特一带，是长城系赛图拉岩群 A 岩组和 B 岩组的分界断裂。图幅区内呈近东西向延伸，部分地段被花岗岩体侵入破坏，出露不全，全长约 20km。断层倾向 360°～15°，倾角 60°～70°，该断层带宽 50～100m，主要发育长英质糜棱岩、碎裂岩及强片理化带，断层侧旁伴生有紧闭同斜褶皱，其轴面向北陡倾。长英质糜棱岩中发育碎斑系，可见“σ”形旋转斑及 S－C 组构，强烈地段形成 I 型面理置换（图 5－28）。根据其运动学标志，断层性质主要表现为逆冲-走滑。致使长城系赛图拉岩群 A 岩组逆冲在 B 岩组之上。卫片上该断裂影像特征显示比较清楚，两侧影像特征差异比较大。

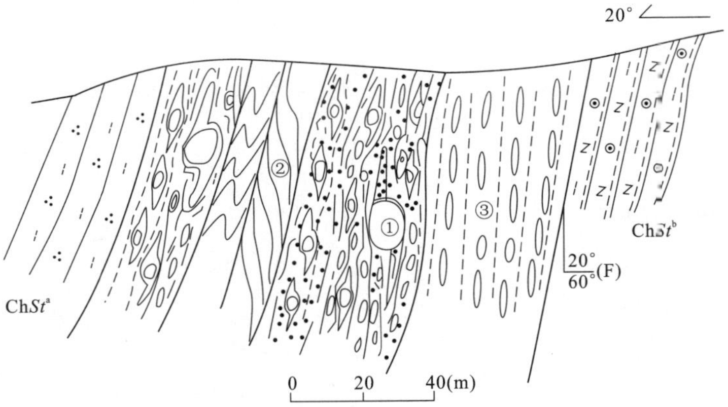

图 5－28　F_{19} 断裂带中长英质糜棱岩“碎斑系”剖面素描图

①“σ”形旋转斑；②S－C 组构；③I 型面理置换

Ch*St*^a. 长城系赛图拉岩群 A 岩组黑云石英片岩；Ch*St*^b. 长城系赛图拉岩群 B 岩组石榴黑云斜长片麻岩

（八）F_{22} 断裂

F_{22} 断裂位于图幅区内三十里营房-康西瓦断裂带（F_{21}）以南，三十里营房—哈巴克达坂一带，呈近北西向延伸，长约 75km，向西延伸与三十里营房-康西瓦断裂带(F_{21})相切，向东延伸到岔路口幅。断层带宽 100～200m，向北东陡倾，倾角 65°～70°。主要发育长英质糜棱岩、花岗质糜棱岩、碎裂岩及强片理化带。在哈巴克达坂一带花岗质糜棱岩中可见碎斑系及S－C组构，并伴有顺层紧闭同斜褶皱(图 5－29)。依据变形特征分析，该断层具有多期活动的特征，早期主要表现由北东向南西逆冲，晚期则表现右行平移走滑性质。该断裂是下元古界康西瓦岩群的南界断裂，致使下元古界康西瓦岩群逆冲在三叠系巴颜喀拉山群之上，同时，侏罗纪花岗岩体也发生了明显错位。卫片影像显示清晰的线状构造，地貌上显示山脊错位的特征。

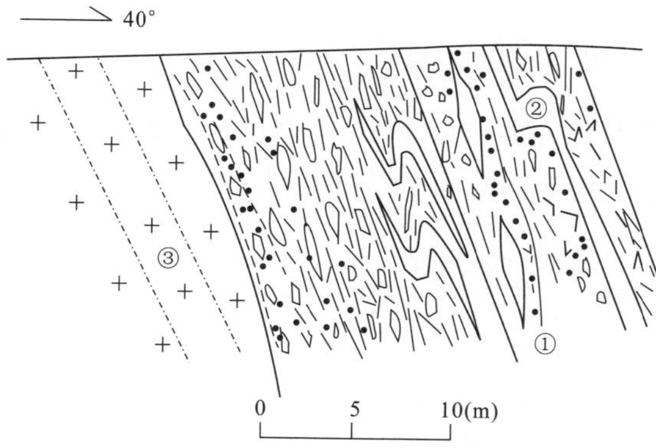

图 5－29 哈巴克达坂 F_{22} 断裂中花岗质糜棱岩"σ"形旋转斑及不对称褶皱构造

①"σ"形旋转斑；②S－C 组构；③糜棱岩化花岗岩

(九)F_{24} 断裂

F_{24} 断裂位于图幅区内东南角滚石沟南侧一带，呈三角弧形延伸，在图幅区内长约 60km，部分地段被侏罗纪花岗岩体破坏而不连续。该断裂与上覆二叠系黄羊岭群发生同期褶皱，总体为一个向斜构造。该断层带宽 100～150m，发育长英质糜棱岩、千糜岩及强片理化带。长英质糜棱岩中可见"碎斑系"组构及顺层剪切褶皱(图 5－30)，指示地层上盘向下运动，其断层性质表现为早期剥离断层。该断裂是二叠系黄羊岭群、三叠系巴颜喀拉山群与下伏结晶基底下元古界康西瓦岩群的分界断裂，在大红柳滩北部一带被晚期 F_{23} 断裂错断，卫片上影像特征也显示比较清楚。

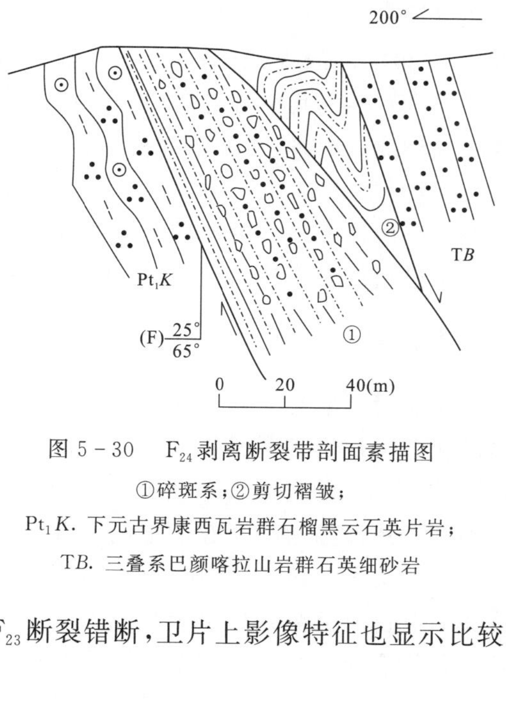

图 5－30 F_{24} 剥离断裂带剖面素描图

①碎斑系；②剪切褶皱；

Pt_1K. 下元古界康西瓦岩群石榴黑云石英片岩；

TB. 三叠系巴颜喀拉山岩群石英细砂岩

第四节 地质构造发展史

昆仑造山带是中央造山系的主要组成部分，关于其物质组成及构造演化是目前青藏高原北部基础地质研究的重点之一，随着 2000 年中国地质调查局启动新一轮的青藏高原空白区 1：25 万地质调查项目的实施，特别是近两三年来先后开展的 1：25 万《于田县幅》、《伯力克幅》、《麻扎幅》和《神仙湾幅》等区调项目取得最新成果，结合近年来各大科研院所在该区所作的专项研究成果，经综合分析研究，对西昆仑造山带提出一个多数学者认同的观点：西昆仑是由多个微陆块、增生杂岩和蛇绿混杂岩带组成复杂的地质拼合体。它的演化历史可粗略划分为三大构造阶段，5 个演化时期。三大构造演化阶段是前震旦纪基底形成演化阶段、震旦纪至中三叠世板块构造机制演化阶段和晚三叠世以来的板内演化阶段。5 个演化时期包括四堡期—晋宁期(Ch — Qb)、震旦纪—加里东期

(Nh — S)、海西期(D — P_2)、华力西期—印支期(P_3— T_2)、印支期—燕山期(T_3— E)。

一、前震旦纪基底形成演化阶段

进入元古宙以后,相对刚性的岩石圈已经形成,地球的表面部分出现了板块构造机制。这一阶段的地质构造演化可分为古元古代和中、新元古代两个阶段。

(一)古元古代(Pt_1)

在图幅区内古元古代演化主要涉及塔里木南缘铁克里克断隆上的埃连卡特岩群和巴颜喀拉山岩群、晚古生代—中生代边缘裂陷带上的康西瓦岩群。区域资料显示埃连卡特岩群、康西瓦岩群在变质岩石学方面存在明显的差异;以埃连卡特岩群为代表的北部基底实际上为塔里木地块南部边缘的一部分,具有固结较早并以碎屑岩为主的特点,变质达低角闪岩相;而以康西瓦岩群为代表的南部基底岩性差异较大,岩石组成复杂,在图幅区内康西瓦一带主要为一套变质碎屑岩夹少量大理岩,变质达高角闪岩相。

前人在调查区北部侵入于赫罗斯坦岩群的阿卡孜碱长花岗岩中获得 2 200Ma 的同位素年龄,肖序常在克里阳一带赫罗斯坦岩群中的古老变质侵入体中获得(2 977±140)Ma 的岩浆结晶年龄和(2 067±130)Ma 的变质年龄,这些线索显示北部基底岩系赫罗斯坦岩群、埃连卡特岩群的形成年龄早于 2 067Ma。其中古老变质侵入体的岩浆结晶年龄代表了晚太古代时期的热事件,可能指示该区陆核形成的时期;古元古代的碱性花岗岩侵位年龄以及变质年龄似乎与该阶段薄陆壳的形成有关。

南部基底康西瓦岩群的形成时代主要依据岩石组合、变质变形特征以及地球化学特征,与西昆仑基底岩系进行综合对比,新建立为下元古界康西瓦岩群。除此之外目前没有可靠的时代依据。

(二)长城纪—青白口纪(Ch—Qb)

昆仑造山带的北昆仑微陆块基底在图幅区内未见出露,而区域上出露的是中元古界(未分),中昆仑微陆块北带出露的是长城系普守岩组、蓟县系桑株塔格岩群和中昆仑微陆块南带出露的是长城系赛图拉岩群。调查区及邻区资料显示,中、新元古代塔里木陆块、昆仑造山带、甜水海微陆块的建造类型和变质改造特征存在明显的差异。塔里木南缘铁克里克断隆带上的长城系塞拉加兹塔格岩群为碎屑岩夹大量细碧-角斑岩建造,蓟县系博查特塔格岩组以碎屑岩为主夹碳酸盐岩,低绿片岩相变质。北昆仑微陆块区域上出露的中元古界以碎屑岩为主夹碳酸盐岩和中酸性火山岩建造,变质达低角闪岩相。中昆仑微陆块北带和南带的长城系普守岩组和赛图拉岩群为碎屑岩夹中基性火山岩建造,变质达高角闪岩相;蓟县系桑株塔格岩群为细碎屑岩、大理岩夹石英岩,具有稳定的沉积建造,变质达高绿片岩相。北昆仑和中昆仑微陆块(北带、南带)二者建造特征基本相似,变质程度均为高绿片岩相-高角闪岩相变质。图幅区内缺失青白口系—震旦系地层沉积,低绿片岩相变质。

目前在西昆仑于田县幅阿拉玛斯岩群斜长角闪岩,其 Sm - Nd 一致曲线年龄为 1 012Ma,Nd 初始值为 8.6,说明其直接来源于亏损地幔,具蛇绿岩特点;张传林等在库地南的片麻状花岗岩中得到(815±5.7)Ma 的单颗粒锆石 SHRIMP 年龄,这些零星资料指示西昆仑在 8 亿年左右经历了一次重要的热事件。这与陆松年等得出的青藏高原北部新元古代早期汇聚的地质时间介于 1.0～0.8Ga之间,且多数集中在 0.9Ga 左右的结论比较相近,与扬子陆块上的晋宁运动时间也极为相近。除上述热事件外西昆仑新元古代碰撞花岗岩、西邻幅库地—西合休一带的片麻岩和片岩中零星出露镁铁质-超镁铁质岩石构造透镜体,以及于田县幅南部具蛇绿岩性质的斜长角闪岩等可能都是该阶段古洋壳的残留体。该类构造残留体与围岩的变质变形特征完全一致。

以上资料显示,长城纪—青白口纪图幅区内可能经历了一次完整的威尔逊旋回。长城系塞拉加兹塔格岩群火山岩建造代表伸展裂解作用开始，北昆仑的中元古界、中昆仑微陆块北带长城纪普守岩组的碎屑岩夹中基性火山岩，中昆仑微陆块南带长城纪赛图拉岩群的碎屑岩夹碳酸盐岩和中酸性火山岩是裂解期与俯冲期的构造拼贴体，而蓟县纪的细碎屑岩、大理岩夹石英岩建造是被动边缘的稳定沉积。由上可见，北昆仑和中昆仑微陆块（南、北带）的长城纪和蓟县纪沉积建造与变质程度完全不相同，代表了在长城纪末发生了一期俯冲碰撞事件，致使长城纪地层早期发生了绿片岩相变质，在此基础上沉积了蓟县纪稳定边缘建造。随后，西邻幅南带新元古代片麻状二长花岗岩体，应该是该构造旋回晚期俯冲碰撞的产物，并最终统一成为 Rodinia 超大陆的一部分。

二、震旦纪至中三叠世板块构造机制演化阶段

震旦纪—中三叠世板块构造机制演化阶段是昆仑造山带构造演化的重点，大多数学者对其构造演化观点存在分歧，现以与多数学者一致的观点提出基本的构造演化模式如图 5-31 所示。

（一）原特提斯地质演化

震旦纪—早古生代为原特提斯地质演化阶段，在图幅区内北部的昆仑山一带为主构造期，具奠基作用。

1. 震旦纪—寒武纪：伸展阶段

1）早震旦世：裂谷阶段

陆松年等的研究表明新元古代晚期大约在 800Ma，在中国古陆块上出现了裂解，形成以初始裂谷、基性岩墙群、A 型花岗岩和双峰式火山岩为代表的一系列地质记录。而于田县幅阿拉叫依岩群（震旦系）为深水型相含冰水沉积和基性火山成分，具被动边缘性质。说明塔里木板块南缘在早震旦世已裂解产生了规模较大的深海槽。

2）晚震旦世—中寒武世：扩张阶段

在图幅区内 3 个不同块体（铁克里克断隆带、中昆仑微陆块北带和巴颜喀拉晚古生代—中生代边缘裂陷带）上片麻状花岗岩体获得有寒武纪裂解期同位素年龄值，分别为 SHRIMP：（502.3±9.1）Ma、（506.8±9.8）Ma 和 U-Pb：（503±0.7）Ma。肖序常等在西邻幅在不孜完沟蛇绿岩中的辉长岩获得 512Ma 左右单矿物锆石 SHRIMP 年龄，麻扎幅在不孜完沟的变质橄榄岩中获得的 507Ma 左右的锆石 SHRIMP 年龄，东部区域于田县幅北部的其曼于特一带的基性火山岩 Rb-Sr 年龄值为（608±31）Ma，在东部苏巴什一带的柳什塔格洋岛玄武岩 Rb-Sr 年龄值为（563±31）Ma，这些资料比较充分地说明震旦纪西昆仑已发生了显著的扩张作用，而且形成了库地-其曼于特、蒙古包-普守、康西瓦-苏巴什南北 3 个相关的小洋盆，其间被中昆仑微陆块南、北带分隔。与库地-其曼于特小洋盆伴生的寒武纪—奥陶纪西合休岩组中残留的蛇绿岩及超镁铁岩石是该期裂解的产物，其洋盆的扩张可能一直持续到晚寒武世。

2. 晚寒武世—志留纪：俯冲—局部碰撞阶段

晚寒武世到志留纪，原特提斯洋发生了强烈的俯冲和局部碰撞。

库地-其曼于特洋盆在图幅区内主要表现为向南俯冲，在库尔良一带形成奥陶纪俯冲型细粒黑云角闪闪长岩、中细粒黑云石英二长岩[SHRIMP：（467.8±3.2）Ma]和碰撞型的中细黑云二长花岗岩[U-Pb：（466.1±1.0）Ma]。西邻库地一带表现为向北俯冲，形成库地北 128 岩体他龙、达里亚等俯冲型花岗岩。东部于田县幅表现为向南俯冲，在中昆仑微陆块上形成含基性火山岩岛弧建造，同时发育俯冲型石英闪长岩、英云闪长岩、二长花岗岩大规模侵入。被石英闪长岩所肢解的辉长岩和闪长岩时代为晚寒武世，即洋壳的俯冲、消减作用可能始于晚寒武世，至晚奥陶世。当时库

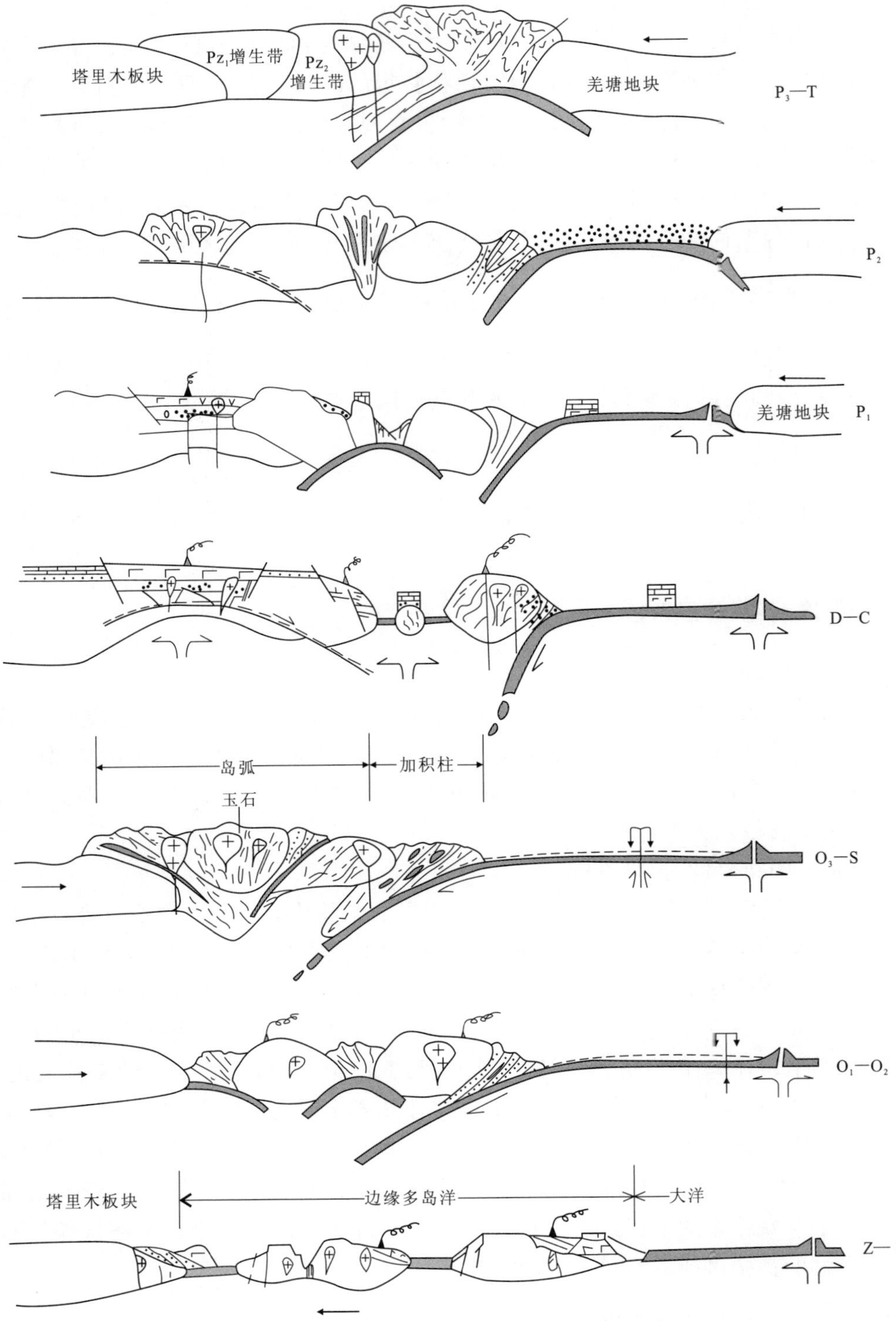

图 5-31　西昆仑造山带构造演化示意图

(引用韩芳林博士论文)

地-其曼于特洋盆已消失,大规模碰撞型二长花岗岩、花岗闪长岩侵入并侵吞蛇绿混杂岩。志留纪,进一步发生逆冲叠覆造山,形成后碰撞性质的偏碱性的钾长花岗岩(壳源)、英云闪长岩(幔源)。该时期寒武纪—奥陶纪西合休岩组碎屑岩夹基性—中性火山岩代表俯冲汇聚过程中活动沉积。该岩组岩石组成复杂,地球化学特征变化大,是典型的裂解与俯冲碰撞的拼合体。沿库地—其曼于特一线发生碰撞造山的标志还有库地两侧发育有代表去山根作用的煌斑岩脉(405Ma)以及晚泥盆世奇自拉夫组红色磨拉石建造。

蒙古包-普守洋盆俯冲时代与库地-其曼于特洋盆相当，表现主体以向北向俯冲为主，局部存在向南俯冲，但保存的地质记录不多，仅在中昆仑微陆块南带蒙古包一带残留有少量早古生代（未分）地层（Pz_1）。主要表现在中昆仑微陆块北带上形成俯冲-碰撞型中细粒暗色角闪闪长岩[SHRIMP：(440±1.2)Ma]、中细粒角闪黑云英云闪长岩、中粗粒斑状角闪黑云二长花岗岩[SHRIMP：(443.1±2.3)Ma]、中粒黑云钾长花岗岩等大规模侵入。而在中昆仑微陆块南带仅形成碰撞型中粒少斑黑云二长花岗岩[SHRIMP：(430.7±2.6)Ma]和中粗粒斑状角闪黑云二长花岗岩[SHRIMP：(443.1±2.3)Ma]等大规模侵入。同时，该时期发育的早古生代地层碎屑岩夹大量的中—基性火山岩，代表俯冲碰撞过程的活动沉积产物。

康西瓦-苏巴什洋盆该时期主要表现为向北俯冲，而未发生碰撞作用，一直到中二叠世晚期发生大规模的俯冲-碰撞造山作用。其俯冲时代比库地-其曼于特洋盆相对较晚，但保存的地质记录不多。主要表现在中昆仑微陆块南带具岛弧性质的早古生代火山沉积体系以及晚奥陶世俯冲型中粒角闪黑云石英闪长岩[SHRIMP：(447±7)Ma]、中细粒黑云角闪英云闪长岩等大规模侵入。与洋盆相关的建造有东部于田县幅柳什塔格洋岛玄武岩，与洋盆消减相关的是侵入于该玄武岩中的早奥陶世俯冲型英云闪长岩，说明早奥陶世柳什塔格玄武岩已拼接于中昆仑微陆块，同时也反映康西瓦-苏巴什洋盆向北俯冲于中昆仑（相当于东昆中带）微陆块之下。此外，东部伯力克幅发育于苏巴什蛇绿混杂岩带中陆壳碎块上的硫磺达坂-双雁山石英闪长岩、英云闪长岩时代为志留纪（Rb-Sr年龄值为429Ma），具俯冲性质，说明该洋盆至志留纪仍在俯冲。在西昆仑发生汇聚变质热事件的时代是500～400Ma。

在康西瓦—苏巴什一线发育规模较小的线状排列的片麻状花岗岩，其单颗粒锆石U-Pb年龄值为(503±0.7)Ma，代表寒武纪早期裂解的产物。

（二）古特提斯洋—特提斯洋地质演化

晚古生代—早中生代为古特提斯洋—特提斯洋地质演化阶段，基本奠定了岔路口幅的构造格架，同时强烈改造了昆仑山区的构造面貌。晚古生代在原特提斯的基础上发生了一次非常明显的开与合。

1. 泥盆纪—早二叠世伸展扩张阶段

早古生代末，图幅区内南部为康西瓦-苏巴什、蒙古包-普守早古生代残留盆地，北部为塔里木陆块中部，即现在的昆仑山位置为早古生代碰撞造山带。泥盆纪格局发生改变。北昆仑微陆块区域上晚泥盆世沉积了陆相紫红色奇自拉夫组磨拉石建造。

早石炭世伸展作用加剧，北昆仑形成他龙群、库尔良群的碎屑岩夹火山岩沉积，晚石炭世北昆仑裂解进一步加剧，在西邻麻扎幅形成一些克沟组巨厚的基性火山岩，中昆仑微陆块上形成了提热艾力组陆缘斜坡相沉积。在岔路口幅北部发育有大量石炭纪裂解期辉长岩[SHRIMP：(323.8±2.5)Ma]、辉绿岩墙，反映了该期伸展扩张作用在昆仑山、甜水海微陆块均有表现。至早二叠世随着北部两个盆地的扩张成型与南部具有冈瓦纳型沉积的南羌塘陆块的北移及其间洋盆的缩小，调查区形成了3个不同性质的盆（洋）地夹两个陆块的构造格局，北部为库尔良晚古生代裂谷盆地，中部为康西瓦-苏巴什有限洋盆，南部为神仙湾晚古生代边缘裂陷盆地，其之间发育的陆块是中昆仑微陆块和甜水海-北羌塘微陆块。该时期中昆仑微陆块上分布壳、幔浆混花岗岩以及大量的基性岩墙群（同位素年龄值U-Pb：283Ma）。通过对比分析，北部裂谷盆地具有西部裂陷早、规模较大（大规模的石炭纪基性火山岩、局部地方出现了蛇绿岩——奥依塔格蛇绿岩），向东裂陷时间晚、规模较小（二叠纪的火山岩——阿羌火山岩）的特征。中部，康西瓦-苏巴什洋盆在图幅区内没有保留，但是东部伯力克幅苏巴什一带发育大量的晚古生代(放射虫化石)蛇绿岩残片。南部神仙湾晚古生代边缘裂陷盆地沉积了大量的二叠纪深水相细碎屑岩夹少量中基性火山岩建造。

2. 中二叠世消减挤压阶段

晚古生代由扩张作用到闭合作用的转折时期是中二叠世,这一阶段康西瓦-苏巴什洋盆向北侧俯冲消减。图幅区内西邻形成麻扎构造岩浆弧,造就了石炭系—二叠系复杂的沉积、火山体系,并使中昆仑微陆块再度成为岩浆弧,形成了带状排列的二叠系的中酸性侵入体,最终的结果是在麻扎北部形成了三叠系塞力亚克达坂群山间磨拉石沉积不整合在二叠纪火山弧上。这一阶段的最完整的地质记录保存在东部伯力克幅,从北向南依次为二叠纪再依勒克组弧后沉积体系(蛇绿岩、相变剧烈的微小陆块沉积和复杂的生物组合)、二叠纪卡拉勒塔什群和黄羊岭群弧前增生楔以及其上的山间盆地性质的三叠纪阿塔木帕下组红色磨拉石建造。

北部的库尔良晚古生代裂谷盆地随着南部洋盆的消减造成西邻麻扎弧与中昆仑微陆块的弧—陆碰撞而由伸展转化为挤压体制(在局部地方发育为具有弧后盆地的特征)并迅速消减,在中二叠世晚期该盆地褶冲变形进而关闭。图幅区内缺失晚二叠世的沉积,但是在图幅区内北部的中二叠世杜瓦组为陆相沉积,而其下的中二叠统棋盘组为海相沉积。此外,在于田县幅的阿羌裂谷残留海盆中也沉积了晚二叠世苏克塔亚克组砾岩、砂岩及灰岩。昆仑山在中二叠世的这次汇聚作用是强烈和有深远影响的地质事件。

3. 早中生代特提斯地质演化

早中生代为特提斯演化阶段,晚二叠世以后,特提斯系统构造体制再次发生重大转变。图幅区内中昆仑微陆块上未见沉积记录,缺失三叠纪至早侏罗世的沉积地层,仅发育构造-岩浆岩带。在图幅区内沿康西瓦以南至大红柳滩一带残留的巴颜喀拉中生代边缘裂陷海(洋)盆,沉积了一套深水相碎屑岩夹少量碳酸盐岩建造。早三叠世出现了显著的拉张作用,这一拉张作用持续的时间很短、很快。残留盆地在接受两个陆源(中昆仑陆块、甜水海微陆块)碎屑逐步充填的同时,受冈瓦纳大陆向北漂移的板块挤压作用再次发生俯冲和右旋斜冲性质的褶冲变形,三叠纪末盆地完全消失。

这种陆内俯冲作用主要发生在康西瓦—苏巴什一线,最为突出的产物为中酸性侵入岩。早期的具有Ⅰ型特征和晚期具有S型特征的花岗岩:黑云石英闪长岩、细粒黑云花岗闪长岩,晚期的细粒黑云二长花岗岩,均沿康西瓦-苏巴什蛇绿构造混杂岩带两侧线状断续展布。缺失晚三叠世到早侏罗世的地层沉积,区域上侏罗纪与下伏地层之间的区域呈角度不整合。

三、晚三叠世以来板内演化阶段

(一)侏罗纪—古近纪地质演化

图幅区内侏罗纪地层仅呈构造岩片残留在康西瓦一带断裂带中,沉积了一套紫红色砾岩、砂砾岩的磨拉石建造。以后图幅区内结束了洋盆发展历史,先后成为班公湖-怒江洋以及雅江洋(前者关闭后)北侧的陆表海。古近纪的历史不清楚,新近纪开始了陆相沉积。侏罗纪沉积以陆相开始,迅速过渡为海相沉积,沉积盆地受基底断裂(同沉积断裂)控制。

图幅区内南邻幅及西邻区的前侏罗纪地层中广泛发育基性岩脉,标志着伸展作用的开始,陆相沉积迅速向海相沉积转换标志着在伸展作用下沉积盆地的发展。图幅区内南邻幅海相沉积中夹有大量的基性火山岩代表着盆地的进一步成熟。缺少晚侏罗世沉积,以及晚白垩世的不整合代表着侏罗纪地质演化的结束。考虑到南部的班公湖-怒江洋形成于三叠纪—侏罗纪,闭合于晚侏罗世—早白垩世的事实,调查区侏罗纪的沉积显然是该洋伸展阶段在其北部的沉积响应。

古近纪以后整个调查区结束了海相沉积的历史，昆仑山、喀喇昆仑山开始差异隆起。

（二）青藏高原隆升

关于青藏高原的形成和演化目前学者们已有多种认识，提出了一些模式，如双地壳说、逆冲叠瓦说、碰撞挤压说、均衡调整说和热动力隆升说等。不论何种模式，大多数研究者较为一致的看法是青藏高原的形成与印度板块向北俯冲和欧亚板块的碰撞有关，且这种俯冲已被最新喜马拉雅深部地震测深资料验证。引起争论的是当两大陆碰撞时，印度次大陆包括地壳和深部的物质是以何种形式加入到青藏高原内部的，青藏高原隆升是印度板块直接挤压的结果，还是后期其他的作用力形成的。

1. 青藏高原特点

要讨论青藏高原的隆升，必须考虑下面两个方面的因素。

1）青藏高原的物质组成

整个青藏高原是由大小不同、形成时代有异的微陆块体群以蛇绿混杂岩带、混杂岩带、深大断裂带等拼贴而成。由于大量的来源于下地壳乃至地幔的深大断裂、大量的规模较小的陆块的存在，为在印度板块与欧亚板块碰撞过程中欧亚板块内部的多种变形、俯冲叠置和应力释放提供了物质基础。

2）青藏高原北部的隆升时间、方向、幅度规律

开始隆升的时间，昆仑山是在早—中侏罗世结束海相沉积的历史，喀喇昆仑山（南部）是在古近纪结束海相沉积，隆升成陆。前者远远早于印度板块与欧亚大陆碰撞的时间，后者似乎与两个大陆的碰撞时间相吻合。隆升的幅度，昆仑山及喀喇昆仑山现在的高度总体高于内部，此外高原不同部位地质历史上的隆升速率不等。另外与其相关的现象是青藏高原隆升过程中的主要变形发生于边缘地带，内部变形甚微；昆仑山、喀喇昆仑山乃至整个青藏高原隆升过程中的运动方向向北，说明高原隆升的主要构造动力来自于南部冈瓦纳大陆裂解及碎裂陆块向欧亚大陆的俯冲碰撞。

2. 青藏高原隆升机制的讨论

对于青藏高原如此大的地壳厚度是如何形成的，又是什么样的动力使得青藏高原的地壳在近期整体隆升，我们在充分考虑以上两个方面因素的前提下，结合前人的观点，认为主要有下列几方面因素决定了高原巨厚地壳的形成和近期的青藏高原整体快速隆升。

（1）在印度板块向欧亚板块的长期持续挤压和受塔里木刚性地块的阻挡的大的构造背景下，由于高原内部大小不同、形成时代有异的微陆块体群以蛇绿混杂岩带、混杂岩带、深大断裂带的存在，使大陆地壳缩短、增厚，可以更加自由和容易。首先，南北向的挤压作用可以通过下地壳的横向缩短和垂向加厚以及上地壳物质的逆冲叠置来实现高原地壳的加厚；其次，由于高原内部众多的微陆块存在，为微陆块之间的多种俯冲形式、俯冲方向提供了基础，单个俯冲之间不需要很大的距离也能实现高原地壳垂向叠置加厚的结果，同时俯冲方向的多样性也是新生代火山岩主要成带分布特征、时代多样性的内在原因。众多的深大断裂造成的另一个结果是导致地幔、下地壳的热量容易寻找向上运移的通道，使地壳受热而塑性增强，从而使其通过横向缩短达到垂向加厚的效果。也正是由于众多的先期断裂构造的存在，为后期高原隆升过程中物质的垂向、横向溢出提供了条件，图幅区内西邻幅最主要的走滑断裂系——喀喇昆仑右行走滑断裂即是继承了早期的空喀山口-乔戈里峰蛇绿混杂构造岩带。

众多微陆块间的有限俯冲叠置（包括印度板块的俯冲）、下地壳通过塑性变形、上地壳通过逆冲叠置作用应该是青藏高原地壳加厚的原因之一。其另一效应即是引起青藏高原的构造抬升（肖序

常、李廷栋等，1988)，它是青藏高原形成初期的主要作用方式，而且在现今的高原周边依然起着重要的作用。

(2)青藏高原山根的重力均衡补偿是青藏高原近期快速隆升的一个主要原因。肖序常、李廷栋等(1988)曾指出，青藏高原的隆升可能经历了构造抬升阶段和均衡抬升阶段。始新世晚期—更新世初期主要为构造抬升阶段。各板块之间的差异运动引起强烈的挤压作用产生一系列冲掩断裂、推覆构造和塑性褶皱，使地壳大规模缩短、加厚，高原缓慢抬升，上地幔大幅度沉陷，形成宽而深的“高原山根”。更新世中期—现代，主要为均衡抬升阶段。更新世中期以来，随着高原整体漂移速度的变慢和各板块之间漂移速度的减小，产生了应力松弛，挤压作用大为减弱，在山根作用下产生了强烈的均衡调整，引起高原整体大幅度的快速隆升。李光岑、袁学诚(1988)认为，在印度板块与西藏板块未碰撞前，隆升速度缓慢，隆升和动力来源主要是异常地幔的浮力。两板块碰撞后，地壳急剧加厚，高原快速隆升，促使隆升的主要动力是重力均衡。

(3)存在于青藏高原内部的热源是高原近期快速隆升的重要原因。崔军文等(1999)指出，青藏高原存在有4个不同深度的热动力源：可可西里—巴颜喀拉区深度为200～360km的地幔底辟或热柱；青藏腹地深度100～120km的岩石圈—软流圈界面上隆，由于壳幔穿插或地幔物质上涌导致冈底斯区深度55～70km的深部界面上隆；南北向纵贯青藏高原平均深度15～20km、平均厚度5～10km的壳内拆离层和局部熔融层。他认为青藏高原的隆升主要是由于上述不同界面内部存在的热源所引起。许志琴等(1996)对青藏高原北部可可西里地区新生代碱性火山活动的研究，认为是由地幔底辟作用引起，提出了青藏高原腹地隆升的主要原因与大陆内部深部热驱动——地幔底辟有关。但是，上述地幔底辟如何能够穿透高原巨厚地壳而达地表也是有问题的，所以火山岩的形成更可能有下述原因：航磁异常所反映的上地壳底部的热源，与地震、大地电磁测深反映的地壳内存在的低速和低阻层相当，也有可能显示的是高原内部的层间剪切破碎带，是由于印度板块挤压使高原地壳不同层位向北移动速度不一的结果。这一破碎带的存在为深部岩浆和热流的上升提供了良好的通道。另外，还存在有这样的一种可能性，印度板块向欧亚板块俯冲挤压时，印度板块的壳幔物质不是齐头并进插入青藏高原壳幔中的，有的地方伸入较远，有的地方可能受阻，插入有限。印度板块至今仍然在向北挤压，所以航磁深部负磁异常带同样有可能是印度板块壳幔物质在这里向高原内部纵深插入的结果，同样会造成地壳热流的增加和带动高原的整体隆升。

所以，青藏高原的形成和演化可能经历了三叠纪—白垩纪前的各地块相互拼合、古近纪—新近纪早期的构造抬升以及新近纪晚期至第四纪的受热和重力均衡整体隆升3个阶段。构造抬升现今在高原周缘依然起着重要的作用，它是引起高原隆升存在东西、南北差异的主要原因；受热和重力均衡作用是高原整体隆升的主导因素。

第六章　矿产与其他国土资源概况

调查区位于中国中央造山带西部的西昆仑造山带中，经历了漫长而复杂的地质构造演化，岩石类型多样，岩浆活动频繁，不同时期的构造运动控制着不同成因类型的矿产，各个构造单元有着不尽相同的成矿规律和成矿专属性。由于图幅区内自然环境恶劣和交通条件十分困难，图幅区内地质矿产工作程度很低，前人只沿新藏公路及山前地带对煤、黄铁矿、石灰岩、铁、稀有金属、白云母及玉石矿等少数矿种作过简单评价，并对铁矿、白云母矿及稀有金属矿计算了远景储量，矿产资源总体面貌不清。本次区调工作的目的在于全面查清区内矿产资源种类、矿化类型及分布范围，划分成矿远景区，初步总结区域成矿规律。

第一节　矿产资源概况

一、概况

区内已知有金、铜、铅、锌、钨、锡、锰、银多金属、磁铁矿、玉石矿、黄铁矿、石棉、石榴子石、石盐、白云母等16个矿种，34处矿产地。其中中型矿床1处，小型矿床2处，矿点17处，矿化点14处，新发现阿巴勒克铜矿点1处。以上矿产分布具有以下特征：金矿主要分布于铁克里克断隆和甜水海微陆块上，稀有金属、有色金属矿主要分布于库尔良晚古生代裂谷带和巴颜喀拉晚古生代—中生代边缘裂陷带内，铁矿分布于康西瓦-苏巴什蛇绿构造混杂岩带南侧，玉石矿、钨锡矿主要分布于昆中陆块上。虽然上述矿产地地质工作程度较低，但对今后矿产勘查及科研工作仍具有重要的参考意义。

二、矿产资源概况

图幅区内矿产种类繁多，其中优势矿种为铜、铅、金及玉石矿。本节重点叙述本次区调新发现的矿产地和前人工作过的成型矿产，其他一般矿点、矿化点特征见表6-1。

表6-1　图幅区内主要矿产特征一览表

矿点(化)名称	编号	位置	地质矿产特征	矿石品位	规模、产状	成因类型	评价
芒沙铜矿点	1	皮山县杜瓦南芒沙	出露地层为下二叠统杜瓦组，矿化见于灰绿色薄层粉砂岩中，受北西向断裂影响，岩石中片理化强。较密集矿化有两处，矿石呈星点状分布	次生矿物为孔雀石，原生矿为黄铜矿，品位0.1%～1.1%	矿体呈似层状，两处矿体规模分别为40m×0.7m和1m×0.6m，深推15m	沉积砂岩型铜矿	1960年和田地质大队发现并检查具一定规模，品位低，不具工业价值

续表 6-1

矿点(化)名称	编号	位置	地质矿产特征	矿石品位	规模、产状	成因类型	评价
杜瓦锰矿点	2	皮山县杜瓦镇	矿体产于石炭系塔哈奇组底部钙质砂岩与生物灰岩接触面及生物灰岩中,构造上位于杜瓦背斜东南侧	主要矿石矿物为软锰矿和硬锰矿。在生物灰岩中以菱锰矿为主。软锰和硬锰矿纯锰品位50%,地质储量149t	矿体呈扁豆状、透镜状,其3个矿体规模分别为长9m、5m、2m,宽0.9m、0.45m、0.9m,倾向南东,倾角40°~70°	浅海沉积型	1970年8月新疆第二地质大队初勘
库尔良西南黄铁矿化点	4	库尔良西南8.5km处	矿化体产于石炭纪花岗闪长岩体内外接触带上,围岩捕虏体为大理岩	不详	见两处矿体,大者4m,矿石为浸染状黄铁矿化大理岩,致密结构,块状构造	热液型	仅具找矿意义
皮山县夏河巴斯康铜矿点	8	皮山县杜瓦镇南夏河巴斯康	矿点产于蚀变辉绿岩中,初步圈出矿体3个,辉绿岩呈脉状,走向北西,地表宽度80m	矿石矿物主要为磁黄铁矿,次为黄铜矿、黄铁矿。氧化矿为蓝铜矿、孔雀石。铜品位0.61%~4.27%平均品位1.83%	矿体地表长300m,宽约3m	熔离型	具一定规模
大桑鹿斯沟黄铁矿化点	9	大桑鹿斯沟8km处	矿化点产于石炭纪石英闪长岩小岩体与库尔良群蚀变大理岩接触带上	不详	共见7个矿化露头,最长20m,最短10m。宽5~0.5m。矿石为浸染状构造	热液交代型	仅具找矿意义
托满白云岩矿点	10	托满一带	白云岩产于石炭系他龙群夹层中	不详	白云岩层厚0.7~1m最厚4m,延长2km以上	沉积型	无工业意义
桑株达坂南西黄铁矿化点	11	桑株达坂一带	黄铁矿化产于华力西期花岗闪长岩与桑株塔格岩群大理岩接触带上	不详	矿化范围长50m,宽7m,黄铁矿呈浸染状分布于大理岩中,块状构造	热液交代型	仅具找矿意义
桑株达坂南东黄铁矿化点	12	桑株达坂一带	黄铁矿化产于华力西期花岗闪长岩与桑株塔格岩群大理岩接触带上	不详	矿化范围极小,黄铁矿呈浸染状分布	热液交代型	仅具找矿意义
喀拉喀什河钨矿化点	13	喀拉喀什河一带	钨矿化产于加里东期二长花岗岩与普守岩组内外接触带矽卡岩中	0.35%	含矿矽卡岩脉长5~6m,宽0.3m	矽卡岩型	仅具找矿意义
喀拉达坂北玉石矿点	14	喀拉达坂一带	玉石矿产于华力西期似斑状黑云母花岗岩与普守岩组内外接触带中	矿石为青玉、白玉	玉石呈层状产出,厚约100m,断续延伸约500m	接触交代蚀变型	规模较大,值得进一步开展工作
托满南铜矿点	15	托满一带	铜矿产于辉石角闪岩中,围岩为西合休组变质岩,含矿岩体长8 000m,宽250~500m,呈北西向带状延伸	矿石矿物主要为黄铁矿、斑铜矿及黄铜矿,品位1%~2%	铜矿体呈北西西向延伸,倾向北东,平均长度大于1 000m,宽约17m	岩浆熔离型	陕西省地质调查研究院2003—2005年评价

续表 6-1

矿点(化)名称	编号	位置	地质矿产特征	矿石品位	规模、产状	成因类型	评价
铁日克玉石矿点	16	铁日克一带	矿体产于华力西晚期似斑状黑云母花岗岩与蓟县系侵入接触的外接触带内，矿产于蛇纹石化大理岩中	矿石为青玉、昆仑玉，质细而硬	玉石矿呈层状，产状 210°∠80°	接触交代蚀变型	1∶100 万河尾滩区调报告评价为规模小、无工业意义
塔马儿特北金云母矿点	17	塔马儿特北	金云母产于加里东期花岗岩与赛图拉岩群内外接触带中，围岩蚀变有矽卡岩化、方柱石化、透辉石化	金云母直径一般 4～20cm，最大 35cm，含矿率 15%～20%	见含矿金云母矿脉 5 条，长 10～15m，宽 2～4m	热液型	仅具找矿意义
新藏公路 382km 玉石矿点	18	新藏公路 382km	玉石矿产于加里东期花岗闪长岩与赛图拉岩群内外接触带上，围岩蚀变为镁橄榄石、透闪石及蛇纹石，玉石矿赋存于蚀变大理岩内	玉石主要为白玉、昆仑玉	玉石矿呈透镜状、蜂窝状。近东西展布，倾向北，倾角 60°～70°，致密结构，块状构造	接触交代蚀变型	已采空，无工业意义
康西瓦达坂北石棉矿化点	19	康西瓦达坂北	石棉矿产于蚀变辉石橄榄岩内，矿化特征不详	不详	不详		具找矿意义
浦什南锡矿化点	20	浦什南	锡矿赋存于加里东期云英岩化花岗岩中，围岩为赛图拉岩群	不详	不详	热液型	具找矿意义
康西瓦西玉石矿点	21	康西瓦西	玉石矿产于加里东期花岗闪长岩与赛图拉岩群内外接触带上，围岩蚀变为镁橄榄石、透闪石及蛇纹石，玉石矿赋存于蚀变大理岩内	玉石主要为白玉、昆仑玉	玉石矿呈透镜状、蜂窝状、致密结构，块状构造	接触交代蚀变型	已采空，无工业意义
康西瓦北玉石矿点	22	康西瓦北	玉石矿产于加里东期花岗闪长岩与赛图拉岩群内外接触带上，围岩蚀变为镁橄榄石、透闪石及蛇纹石，玉石矿赋存于蚀变大理岩内	玉石主要为白玉、昆仑玉	玉石矿呈透镜状、蜂窝状、致密结构，块状构造	接触交代蚀变型	已采空，无工业意义
康西瓦西石盐矿点	23	康西瓦西	石盐产于第四系现代河床河漫滩盐沼中，矿化范围长约 3km，宽约 0.5km	伴生 Yb、Li_2O、Cr	岩层厚度不均匀，一般厚 10～30cm，岩层以下为灰色粉砂质淤泥，石盐为灰白—白色中细粒结晶盐	沉积型	无工业意义
康西瓦西小型白云母矿床	24	康西瓦西	出露地层为康西瓦岩群，为各种片岩、片麻岩。地层中发育大量伟晶岩脉，多顺层侵入。燕山期酸性花岗岩侵入于地层中。发育一向斜构造。白云母产于伟晶岩脉中	白云母储量 107.93t。云母含矿率：最高 47.25kg/m^3，最低 66kg/m^3	含矿伟晶岩脉呈不规则状、透镜状、网脉状。长 30～70m，宽 2～6m	伟晶岩型	为一小型矿床。可供地方开采
康西瓦西南方铅矿点	25	康西瓦西南	围岩为康西瓦岩群片岩、大理岩，沿节理裂隙石英脉发育，石英脉为含矿岩脉	矿石矿物主要为方铅矿，品位不详	含矿岩脉长数十米，宽一般 0.2m，呈透镜状产出	热液型	仅具找矿意义

续表 6－1

矿点(化)名称	编号	位置	地质矿产特征	矿石品位	规模、产状	成因类型	评价
康西瓦石榴子石砂矿点	26	康西瓦南	石榴子石砂矿产于第四系残坡积层中，系含石榴子石较高的变质岩石，风化后短距离搬运堆积而成	主要矿物为石榴子石	矿化范围南北长 165m，东西宽 155m	沉积型	具找矿意义
康西瓦南大沟含银多金属矿点	28	康西瓦东南	矿体围岩为康西瓦岩群，岩性主要为片麻岩、片岩。燕山期黑云二长花岗岩侵入于地层，由花岗岩派生出的伟晶岩脉广泛发育，与地层接触带常见矽卡岩化，矿体伴随伟晶岩脉沿断层分布	矿石矿物为方铅矿、水锑铅矿、硫酸铅矿、铅铁钒矿、褐铁矿、铜蓝等。化学分析结果 Ag 1 510g/t Pb 18.60% Cu 0.37% Zn 0.1% Sb 0.018%	共见 5 条矿脉，最大一条矿脉长 100m，宽 2m；最小矿脉长 3m 宽 0.5m，其余矿脉长 10～50m 宽 2m 左右，产状 320°∠60°，矿脉产于花岗伟晶岩上盘	热液交代型	该矿规模小，前人已有开采老硐，无工业意义。本区伟晶岩脉发育，是寻找稀有金属矿的有利地区
大红柳滩铅(锌)矿化点	29	大红柳滩北	矿脉充填于长城系康西瓦岩群内，岩性主要为片岩、片麻岩，含矿岩脉沿构造断裂分布	不详	不详		具找矿意义
大红柳滩北中型白云母矿	31	大红柳滩	矿体围岩为康西瓦岩群，燕山期花岗岩及花岗伟晶脉广泛发育，伟晶岩脉长度大于 15m 者共 508 条，含白云母矿者 22 条。岩脉受次级断裂、裂隙控制，脉体围岩蚀变有电气石化、云英岩化、硅化和绢云母化	白云母矿电气性质良好，云母含矿率 6.5～65kg/m^3	白云母矿脉多呈透镜状、不规则状、板状、串珠状，一般长 30～100m，最长者 1 280m，宽一般 3～10m，最宽 100～130m，工业原料云母 C_2 级表外储量 3 047t	花岗伟晶岩型白云母矿	新疆喀什地质大队 1959—1960 年普查勘探为一中型规模白云母矿
康西瓦南大沟铅矿化点	32	康西瓦一带	矿体产于燕山期花岗岩体与康西瓦岩群内外接触带中	不详	不详	热液交代型	具找矿意义
康西瓦南大沟铅矿化点	33	康西瓦一带	矿体产于布康西瓦群与伟晶岩脉的接触带上	不详	矿化带长约 600m，宽约 1m	热液型	具找矿意义

(一)贵金属

图幅区内贵金属矿产仅发现普基砂金矿点(3 号)1 处。位于和田县普基喀拉喀什河谷的高阶地上，矿点周围出露地层为西域组砂砾石、亚沙土等，矿点上游出露地层为长城系塞拉加兹塔格岩群黑云石英片岩夹石英粒岩、绢云石英片岩、千枚岩夹绿泥钠长片岩、变石英角斑岩，侵入岩为华力西-燕山期花岗岩体。砂金产于河谷Ⅵ阶地中，阶地基座为西域组砾岩，共圈出两条矿化体，Ⅰ号矿化体长 3 400m，宽 40～280m，厚 0.50～0.93m，平均品位 0.062 9g/m^3；Ⅱ号矿体长 3 370m，宽 40～60m，厚 0.50～2.00m；品位 0.012 9～0.225 2g/m^3。属河流沉积成因。Ⅰ、Ⅱ号矿化体具一定的规模，但品位低，厚度小，埋深大，达不到工业开采要求，仅供民采。

(二)有色金属

图幅区内有色金属矿种主要有铜、铅、锌、钨、锡及多金属矿，共 12 处矿产地，主要分布于库尔良晚古生代裂谷带和康西瓦-苏巴什蛇绿构造混杂岩带南侧。以阿巴勒克铜矿和康西瓦南含银方铅矿最具代表性，现分别叙述如下。

1. 皮山县桑株乡阿巴勒克铜矿点(5、6、7号)

该矿点为本次区调新发现的矿产地。初步圈出5、6、7号3条铜矿化体。2004—2005年陕西地质调查研究院对此矿作了评价，其特征与新疆喀拉通克铜镍硫化物矿床相似。

1)地理位置

铜矿位于皮山县桑株乡阿巴勒克，有3个矿体，分别为5号矿体、6号矿体、7号矿体。

2)矿区地质特征

铜矿点位于库尔良晚古生代裂谷带内，裂谷两侧被断裂围限。出露地层为石炭系库尔良群上组，岩性主要为灰色中厚层状中粒长石石英砂岩、石英粉砂岩夹长石岩屑石英杂砂岩、绿泥钠长片岩(玄武岩)。库尔良群下组岩性为灰绿色砾岩、砂砾岩，中粗粒含砾砂岩夹碳质长石石英砂岩、粉砂岩，含生屑粉晶灰岩等。地层中发育辉长、辉绿岩脉，基性岩脉多受构造控制。

受构造变质作用，岩石多发生浅变质作用。花岗岩体主要为二叠纪黑云二长花岗岩，侵入于库尔良群中。主要断裂为柯岗断裂与库尔良-托满南断裂，呈近东西向—北西向展布。沿库尔良-托满南断裂断续发育基性、超基性岩构造透镜体。

3)铜矿地质特征

经地表初步追索发现3条含铜辉长岩脉(5、6、7号)，铜矿化主要集中于岩体的下盘。辉长岩体受构造破碎带控制，岩石较破碎，蚀变较强。3条基性岩脉近平行分布，走向呈近北东向，呈脉状、透镜状产出，与围岩界线截然。围岩为石英粉砂岩夹长石岩屑石英杂砂岩、玄武岩。5号矿体长约20m，宽约1m，蚀变带宽约4m，向东南陡倾，倾向120°；6号矿体长约200m，宽约10m，向东南陡倾，倾向135°；7号矿体长约1 200m，宽约27m，倾向100°。矿石矿物主要为黄铜矿、斑铜矿、黄铁矿，黄铜矿次生蚀变为孔雀石、蓝铜矿。矿物粒度细小，矿石矿物为它形粒状结构，侵染状、块状构造。蚀变类型主要为硅化、褐铁矿化。伴生金、银、铬、镍、铂、钯。铜品位：5号为0.28%；6号为0.45%；7号为0.41%。

4)控矿因素

(1)库尔良群上组辉长岩脉，铜矿化体直接赋存于辉长岩脉内，说明成矿物质来源于深部岩浆热液。

(2)含矿基性岩脉为大陆裂解期的产物，因此库尔良裂谷控制着带内基性岩脉的生长发育。铜矿化的形成与裂谷活动密切相关。

(3)裂谷边界的深大断裂控制着两侧的物质组成及岩浆活动，为成矿物质的迁移提供了良好的通道。

(4)铜矿围岩为石炭系库尔良群，富含铜、金、银、铬、镍等成矿元素，是重要的赋矿层位。

5)成因类型

综上所述，阿巴勒克铜矿成因类型为岩浆熔离型，是深部基性岩浆在上升侵位过程中，经熔融分离形成的铜矿。

6)成矿时代

含矿基性岩脉侵入于石炭系库尔良群中，成矿时代为石炭纪末至二叠纪。

另外，2005年陕西地质调查研究院矿产部在托满一带工作时，在西合休岩组中发现铜矿化，铜矿产于辉石角闪岩中，其成因类型与阿巴勒克铜矿类似，见表6-1。该铜矿的发现扩大了在库尔良—托满一带的找矿范围，为今后的矿产勘查工作提供了后备基地。

2. 康西瓦南含银铅矿点(27号)

1)地理位置

矿点位于康西瓦南约10km处。

2)矿区地质特征

矿区大地构造位置处于大红柳滩晚古生代—中生代边缘裂陷带内,其北界为康西瓦断裂,南界为大红柳滩-郭扎错断裂带,区内断裂发育,岩浆活动强烈,岩石普遍发生变质变形。

(1)地层特征。出露地层有下元古界康西瓦岩群(Pt_1K)(可能为盆地基底),可分为A、B两个岩组,二者以脆韧性断层接触,断层倾向北。A岩组岩性主要为深灰色黑云斜长片麻岩、石榴斜长变粒岩、矽线黑云石英片岩夹大理岩,为含矿层。B岩组岩性主要为深灰色石榴二云石英片岩、十字石榴二云石英片岩夹黑云石英片岩、石榴黑云斜长变粒岩,岩石变质变形强烈。为赋矿层位。

(2)花岗岩体特征。花岗岩体分布于矿点南侧,总体上呈近北西向带状展布,与构造线方向一致,形成时期主要在加里东期和燕山期。岩石类型主要有灰白色片麻状中粒二云二长花岗岩($\in_2\eta\gamma$),侵入于康西瓦岩群,与巴颜喀拉山岩群为断层接触,后期被燕山期花岗岩侵入,残留不全,该岩体形成于伸展构造环境。灰白色中粒含斑黑云二长花岗岩($J\pi\eta\gamma$),呈近北西向带状展布,侵入于上述各地质体内,岩浆期后伴随伟晶岩脉广泛发育,侵入于康西瓦岩群、巴颜喀拉山岩群内,呈北西向展布,伟晶岩脉受构造裂隙控制,部分岩脉为含矿岩脉,该岩体形成于挤压碰撞环境。

(3)构造特征。矿区主体构造为一向斜构造;核部地层为二叠系黄羊岭群,翼部层位为下元古界康西瓦岩群,二者间以剥离断层接触,两翼均被断裂、岩体破坏,为一破向斜。矿点位于向斜南翼。赋矿地层康西瓦岩群变质变形强烈,早期发育塑性变形构造,原生面理被完全置换;晚期脆性构造裂隙发育,以北西走向为主,大多被伟晶岩脉充填。

3)矿化体特征

该矿点产于下元古界康西瓦岩群内,由两条矿化体组成,编号分别为Ⅰ、Ⅱ号矿体。

Ⅰ号矿体　产于构造破碎带中,产状为105°～115°∠40°～48°,宽0.5～1.5m。带内岩石为碎裂状花岗伟晶岩,碳酸盐化、硅化蚀变强烈。见方铅矿化、铜矿化,伴生金、银,方铅矿呈小团块状、不规则细脉状分布,脉宽2～4mm,粒径1～3mm,呈它形粒状。铜矿物已氧化成铜蓝、孔雀石。断层上盘蚀变带宽约0.6m,下盘蚀变带宽约1.00m。铅品位为13.3%,金品位为0.75×10^{-6},银品位为705.35×10^{-6}。

Ⅱ号矿体　围岩为康西瓦岩群斜长角闪变粒岩、角闪斜长片麻岩,产状320°～350°∠55°～75°,伟晶岩脉顺层侵入,脉宽一般1.3m,赋矿岩石为蚀变大理岩,呈带状展布。宽一般5.7m,产状为340°～350°∠60°～80°,中细粒变晶结构,块状构造。追索矿化体长度约3 000m,宽3～6m,产状与地层一致,矿石矿物主要为方铅矿、菱铁矿,伴生金、银。方铅矿呈细粒浸染状、局部呈细脉状、条带状顺层分布,脉宽5～15mm,最宽25～30mm。矿石结构为稠密浸染状结构,条纹条带状构造。脉石矿物为方解石、石英。主要蚀变类型有铁碳酸盐化、硅化和菱铁矿化。地表常见铁帽。分析铅品位为6.14%,银品位为121.52×10^{-6},金品位为0.47×10^{-6}。

4)控矿因素

长城系康西瓦岩群为主要的矿源层,它聚集了原始矿质层。大理岩层是重要的赋矿层位。侏罗纪黑云二长花岗岩体的侵位活动使矿物质迁移富集,该岩体形成于挤压碰撞构造环境,铅矿的形成与该构造运动密切相关。区域构造主要是近北西向构造,为含矿热液活动提供了良好的通道,近北东向次级构造直接控制着矿体的产出(Ⅰ号矿体),为控矿构造。

5)成因类型

根据矿区宏观地质特征及矿化体特征分析,Ⅰ号矿体成因类型为构造热液型;Ⅱ号矿体成因类型为沉积-改造型。

6)成矿时代

综上所述，Ⅰ号矿体的形成时代为侏罗纪；Ⅱ号矿体的形成时代可分为两期，早期形成于古元古代，康西瓦岩群中聚集了原始的矿质层；后期由于受燕山期花岗岩体侵位的影响，岩浆热液携带成矿物质迁移，并使得地层中成矿物质活化进一步富集形成铅矿。因此，主成矿期应在侏罗纪。

区内其他有色金属矿品位较低、规模较小，仅具找矿指示意义，其特征见表 6－1。

(三)黑色金属矿

图幅区内黑色金属矿产有新藏公路 469km 处小型铁矿和杜瓦南锰矿两处矿产地。

新藏公路 469km 处小型铁矿床(31 号)位于康西瓦结合带南侧，构造上处于晚元古代—中生代边缘裂陷盆地内。

矿区出露地层为下元古界康西瓦岩群 A 岩组(Pt_1K^a)，岩性主要为深灰色黑云斜长片麻岩、石榴子石斜长变粒岩、矽线黑云石英片岩夹大理岩，岩层产状 20°～30°∠60°～70°，矿化体产于片岩与大理岩分界处，矿体多赋存于大理岩中。岩层中有大量伟晶岩脉顺层侵入，另有少量石英脉、细晶闪长岩脉侵入，伟晶岩脉长 20～300m，宽 1～5m。矿床南侧有燕山期含斑黑云二长花岗岩侵入于康西瓦岩群内。

矿区构造为一向斜构造(滚石沟向斜)，铁矿床位于向斜南翼，其内次级褶皱发育，区域上的大红柳滩断裂从矿区西南侧通过，倾向近北西，倾角 60°，断裂带内岩石碎裂岩化、片理化较强，次级断裂及裂隙极发育，产状与地层近一致，上述岩脉多受此构造控制。

共发现 10 条矿体，矿体长均在 100m 以上，厚 1～25m，呈极不规则的凸镜状、似层状、脉状产出，产状与地层近一致，总体倾向北西，倾角 40°～70°。矿石矿物主要为磁铁矿、赤铁矿和镜铁矿，呈粒状结构，块状构造。分析 FeO^* 平均品位为 49.32％。估算地质储量达 2×10^6t 以上。

矿体产于片岩与大理岩界线处靠近大理岩一侧，呈透镜状、似层状、脉状，顶底板层位稳定，受层位控制明显，因此，康西瓦岩群是主要的矿源层，燕山期花岗岩所派生出的伟晶岩脉、石英脉及闪长岩脉侵入地层，并交代围岩中的矿物质，使原先形成的矿质层富集加富，形成铁矿床。因此该矿产的成因类型为沉积-热液加富型。主成矿期在古元古代—中生代。

杜瓦南锰矿为一矿点，北距杜瓦镇约 94km，赋矿地层为石炭系塔哈奇组(C_2t)，成因类型为沉积型。地质矿产特征见表 6－1。

(四)玉石矿

玉石矿为昆仑山区特色矿种，图幅区内共发现 5 处玉石矿产地，分布于康西瓦-苏巴什断裂北侧中昆仑陆块上，玉石矿体产于元古宙地层蚀变大理岩与加里东期闪长岩体内外接触带上，受地层、岩体和构造控制，成因类型为接触交代型。其地质矿产特征见表 6－1。

(五)其他非金属矿产

图幅区内非金属矿产有黄铁矿、白云母、金云母、石棉、石榴子石、石盐及白云岩，共计 11 处矿产地，见表 6－1。主要分布于中昆仑陆块和康西瓦-苏巴什蛇绿混杂岩带南侧。前人曾对康西瓦白云母矿和大红柳滩北白云母矿作过较详细的评价，规模可达中小型，其成因与燕山期伟晶岩脉关系密切。其他矿产仅作过一般性检查，多为矿点、矿化点，具找矿指示意义。

三、区域地球化学特征

根据新疆 1∶50 万叶尔羌河上游地区、《于田县幅》和《阿克萨依湖幅》区域化探资料，以康西瓦-苏巴什蛇绿构造混杂岩带为界，图幅区内分属于塔里木地球化学省和喀喇昆仑地球化学省。区内不同构造单元、不同地层单元及不同侵入体元素的分布规律、异常元素空间分布规律有着显著的差别，区域性深大断裂在控制着沉积建造、岩浆分布及矿产分布的同时，也控制着元素的分布。异常元素的分布除了与地层、岩浆活动及断裂活动有关外，与矿化蚀变也有着非常重要的关系。

（一）各构造单元元素分布规律

1. 铁克里克断隆带

富集 Cu、Au、Zn、Mn、Ag、Co、Ti、Fe_2O_3、Ni、Zr、V、La、Nb、W、Th，贫化 Hg、Sb、As、Cd、CaO。As、Sb、Hg 富集不均匀。成矿元素富集与区内基性岩脉、埃连卡特岩群及断裂活动关系密切。

2. 库尔良晚古生代裂谷带

富集 Cu、Ni、Cr、Co、MgO、Fe_2O_3、V、Ti、B、Y、F、Au、Th、U、La、Zr、Sn、Al_2O_3、Bi、K_2O、W、Mo、Na_2O、Sb、Ba，贫化 Hg、Cd、CaO、Be、Nb。As、Hg 分布极不均匀；Au、Sb 分布不均匀；B、Th 分布较均匀。带内亲铜元素的富集主要与基性岩脉及石炭系库尔良群有关，是岩浆成矿作用和后期含矿热液进一步富集的结果。

3. 中昆仑陆块

以富集 W、Sn、U、Th、Mo、Bi、La、Be、Nb、K_2O、Na_2O 为特征。仅在塔马尔特地区局部富集 Cu、As、Sb、Cr、Ni 等元素。钨钼族元素的富集主要与酸性、中酸性岩体和含矿热液进一步富集有关，而稀有放射性元素的富集与碱性钾长花岗岩关系密切。

4. 大红柳滩晚古生代—中生代边缘裂陷带

以富集 Be、Li、Th、La 等元素为特征，贫化 Hg、Ca、Cd 等元素。在哈巴克南花岗岩体上 Be、Li、Th、La 等元素高背景重合性好，与燕山期花岗伟晶岩脉有关，是伟晶岩脉中富 Be、Li、Th、La 等元素所致。

上述特征从空间上看，不同构造单元中，由北向南 Pb、Zn、Ag、Hg、Cd、CaO、As 等元素含量逐渐增高，Ba、Sr、P、SiO_2、Y、Zr 等元素含量逐渐降低，Cu、Ni、Cr、V、Co、F、Fe_2O_3、MgO、Th、Al_2O_3、U 等元素在库尔良裂谷带中最富集。

（二）异常分布规律

1. 亲铜元素异常

其异常包括 Cu、Au、Ag、As、Sb、Pb、Zn、Cd、Hg 元素异常。其中 Cu、Au、Ag 异常分南北两条异常带，北带分布于托特快尔、阿巴勒克、托满一带，与铁克里克断隆和库尔良裂谷带对应。此异常带主要与断裂破碎带、中基性岩体、下元古界及石炭系地层有关，是中基性岩体中含矿物质经后期热液成矿作用进一步富集的结果。已发现多处铜矿化带，伴生金、银等元素。南带异常主要分布于图幅区内岔路口一带，Pb、Zn、Hg 类异常主要分布于天神达坂、岔路口一带，特征详见《岔路口幅》报告。

2. 钨钼族元素异常

其异常包括 W、Sn、Bi、Mo、F 元素异常，集中分布于中昆仑陆块上，康西瓦断裂以南主要分布

Mo、Bi元素异常。该类异常呈近北西向带状延伸。W、Sn异常与长城系地层和华力西期二长花岗岩对应较好，与二长花岗岩富含W、Sn等元素有关；Mo、Bi异常与燕山期酸性岩体关系密切。在中昆仑陆块上已发现两处钨、锡矿化点。

3. 稀有、稀土、放射性元素异常

该异常包括U、Th、La、Nb、Y、Zr、Li、Be元素异常，异常自北而南明显形成3个北西走向的异常带。

北带异常位于阿巴勒克—托满一带，与库尔良裂谷带对应。以Y、Li、Nb元素异常为主，与亲铜元素异常重合。异常成因与构造岩浆热液活动有关。

中带异常位于中昆仑陆块和康西瓦南一带，以Be、Li、La元素异常为主，异常主要与华力西期花岗岩和燕山期二长花岗岩中的伟晶岩脉及矿化有关。在康西瓦南和大红柳滩一带，已发现多处铅多金属矿点和一处中型稀有金属矿床。

南带异常位于甜水海微陆块上，特征见《岔路口幅》报告。

4. 铁族元素异常

该异常包括Cr、Ni、Co、MgO、Fe_2O_3、Mn、V、Ti元素异常，并形成南北两条异常带，呈近北西向展布。

北带异常主要分布在阿巴勒克—托满一带，与亲铜元素密切伴生，异常组合主要为Cr、Ni、Co、MgO、Fe_2O_3、Mn、V、Ti元素异常。具有超镁铁岩石元素组合特征，异常与基性岩体和矿化有关。已发现阿巴勒克、夏河巴斯康、布尔汉3处铜矿。

南带异常主要分布于哈巴克达坂南和岔路口一带，特征见《岔路口幅》报告。

根据上述元素异常分布规律并结合各构造单元异常元素分布特征，可将图幅区内划分出4个地球化学带，各带与三级构造单元相对应。自北而南分别是：铁克里克Cu、Mn、Au、Ag、Zn、Co、Fe_2O_3地球化学带；库尔良裂谷Cu、Ni、Cr、Co、MgO、Y、Fe_2O_3地球化学带；中昆仑陆块W、Sn、U、Th、Mo、Bi、La地球化学带；大红柳滩Be地球化学带。

从各构造单元元素空间分布规律、异常元素分布特征及区内矿产空间分布看，各带严格受地层建造、岩浆活动、断裂构造控制，有着各不相同的成矿专属性。

四、成矿带特征

任何矿床的形成都是地壳演化到一定阶段各种综合地质作用的产物，成矿作用受地质环境的控制。成矿带的划分原则为具有统一的地质构造环境，统一的地壳发展史，在各阶段的地质作用下，形成了具有内在联系的不同矿种，不同类型的矿床、矿点。主要成矿元素组合独特，异常元素成带分布。成矿带的范围基本上位于三级构造单元内。依据上述原则，将图幅区内划分出3个成矿带，即库尔良铜、镍多金属成矿带，康西瓦北宝玉石成矿带，康西瓦-大红柳滩铅、锌多金属及稀有金属成矿带。

1. 库尔良铜、镍多金属成矿带

该成矿带属于昆仑成矿域，位于库尔良晚古生代裂谷带内，分布于库尔良—托满一带，面积约$700km^2$。该裂谷带于石炭纪早期开始裂开，晚石炭世扩张到最大，二叠纪末闭合，与图幅区内东部阿羌裂谷带为同一性质的构造裂谷带。带内沉积了石炭系他龙群碎屑岩、库尔良群类复理石夹中基性火山岩建造。火山、岩浆活动与同构造期的断裂活动密切相关。岩石变质变形较弱，褶皱不发育，断裂构造呈近东西—北西向延伸，裂谷两侧的边界断裂具多期活动性，分别控制着两侧构造单元的物质组成、构造岩浆活动及异常元素分布。沿北界断裂发育超基性岩构造透镜体，南界断裂带发育辉绿岩脉构造透镜体。华力西期花岗斑岩($P_2\gamma\pi$)侵入于库尔良群及西合休岩组($\in$—O)x 内，代表裂谷闭合期产物。

在区域布格重力异常图上，该成矿带位于重力异常梯度带上，重力等值线密集，变化幅度大，走向呈近东西向展布，与区域构造线方向一致。

上述地质背景对形成铜及多金属矿非常有利，为成矿作用创造了良好的空间环境。

带内异常以铁族元素、亲铜元素异常为主，异常由矿化引起(图 6－1)。异常呈近北西向带状分布，异常强度高、规模大、元素组分多、浓集中心清晰。主要富集 Cu、Ni、Cr、Co、MgO、Fe_2O_3、V、Ti、B、Y、F、Au、Th、U、La、Zr、Sn、Al_2O_3、Bi、K_2O、W、Mo、Na_2O、Sb、Ba 元素，铁族元素、亲铜元素的富集与带内基性岩脉、岩浆活动关系密切。

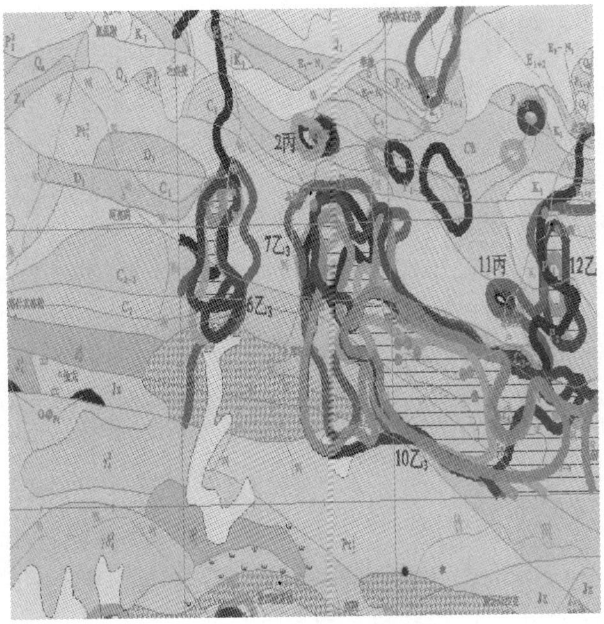

图 6－1　阿巴勒克铜矿异常图

主要成矿期为晚古生代。成矿区内已发现阿巴勒克铜矿带、夏河巴斯康铜矿，铜矿均赋存于库尔良群基性岩脉中。夏河巴斯康南二长花岗斑岩接触带中也已发现铜矿化。由此说明矿化与构造岩浆活动关系密切，岩浆提供了丰富的物质来源。前人在阿羌裂谷带内发现了块状硫化物型铜矿，昆盖山裂谷内发现了 MVT 型铅、锌、铜矿，证明该成矿带是形成铜多金属矿非常有利的地区，成矿远景良好。

另外，在裂谷带外围西合休岩组辉石角闪岩中也发现有铜矿，该铜矿的形成可能与其曼于特蛇绿构造混杂岩带的裂解有关。若经进一步工作，可扩大找矿范围，提高本区铜矿成因类型的认识。

2. 康西瓦北宝玉石成矿带

成矿远景区跨越康西瓦-苏巴什蛇绿混杂岩带与中昆仑陆块南带南部边缘，呈北西—南东向带状展布，面积约 800km²。中昆仑陆块内构造岩浆活动频繁，断裂十分发育。出露地层主要为长城系赛图拉岩群(Ch*St*)，岩性组合主要为各种片麻岩、变粒岩及片岩夹大理岩，变质相达低角闪岩相-高角闪岩相。同时在其上叠加了古生代岩浆弧，岩石组合主要为角闪石英闪长岩($O_2\delta o$)、黑云母二长花岗岩($P_1\eta\gamma$)，为古生代俯冲碰撞造山的产物。断裂构造呈近北西向延伸，康西瓦-苏巴什蛇绿混杂岩带横贯全区，具多期活动性，具逆冲-走滑性质，控制了两侧物质组成和异常元素分布。该构造带物质组成比较复杂，区域上该带南北两侧保留了较为完整的弧前、弧后盆地建造，火山弧及蛇绿岩，而图幅区内上述建造基本未保存，仅残存了代表俯冲碰撞时期的加里东期、华力西期花岗岩和黄羊岭群。

区内异常以 W、Sn、U、Th、La、Be 为主，异常较分散，强度低。异常与中酸性花岗岩体关系密切。

主要成矿期为古生代。区内已发现玉石矿点 3 处，均赋存于赛图拉岩群蚀变大理岩层内，矿体受大理岩、加里东期闪长岩及断裂控制。中国有名的和田玉就位于中昆仑陆块上，说明该带是寻找玉石矿的重要地区。

3. 康西瓦-大红柳滩铅、锌多金属及稀有金属成矿带

该成矿远景区位于大红柳滩晚古生代—中生代边缘裂陷带内，呈不规则带状展布，向东南延入岔路口幅大红柳滩一带，区内面积约 2 000km^2。基底地层为下元古界康西瓦岩群(Pt_1K)，岩石组合复杂，主要为各种片麻岩、变粒岩、片岩夹大理岩，变质变形强烈，变质相达低角闪岩相-高角闪岩相。上覆二叠系黄羊岭群、三叠系巴颜喀拉山群地层，前者为一套较深水浊积岩建造，夹少量火山岩、灰岩；后者为一套复理石碎屑岩建造，局部夹碳酸盐岩，两者间均呈断层接触。燕山期黑云二长花岗岩侵入于上述地层中，岩体呈北西向带状展布，围岩蚀变较强，岩浆期后伴随酸性伟晶岩脉十分发育，多顺层侵入于康西瓦岩群与巴颜喀拉山岩群中。区内矿产的形成与该期岩浆热事件有关。康西瓦-苏巴什蛇绿混杂岩带和大红柳滩-郭扎错断裂为成矿区的边界断裂，呈近北西向延伸，具多期活动性，控制着两侧的物质组成，元素分布。内部次级断裂呈北西—北西西向延伸，滚石沟向斜位于成矿区东侧，翼部出露康西瓦岩群；核部为黄羊岭群，次级褶皱发育。已知矿产分布于向斜南翼。

在区域布格重力异常图上，该成矿带位于重力异常梯度带上，重力等值线密集，变化幅度大，走向呈近北西向展布，与区域构造线方向一致。

上述地质背景对形成铅多金属矿及稀有金属矿非常有力，为成矿作用创造了良好的空间环境。

成矿区内富集元素主要为 Be，其次为 Li、Th、La 等元素。异常以 Be 异常为主，伴生 Pb、Ag、Au、Zn，呈带状分布。Li、Th、La 局部富集，但含量高。该成矿带向西延伸，在和平桥一带，异常以 Cu、Ag、Au、Pb、Zn 为主，已发现多处铁、铜、铅矿点。

主要成矿期为中生代。区内已发现小型铁矿床 1 处，中型白云母矿 1 处；含银铅矿点、含银多金属矿点、铅矿点、白云母矿点各 1 处，铅矿化点 2 处。除铅矿化点外，其余矿产赋矿层位为康西瓦岩群，铅矿化点产于加里东期黑云二长花岗岩与围岩的接触带上。含银铅矿产于康西瓦岩群蚀变大理岩和构造破碎带中，受层位、热液和构造控制。铁矿床产于康西瓦岩群片岩与大理岩接触带上，受层位、岩浆热液控制。白云母矿产于伟晶岩脉内。大红柳滩产伟晶岩型稀有金属矿。区域上在民丰县卧龙岗一带的二叠系黄羊岭组中发现有汞锑矿床。

上述特征说明，该成矿带是形成铅矿、铁矿及稀有金属矿非常有力的地区。康西瓦岩群是重要的赋矿层位。

另外，铁克里克断隆带也是图幅区内一个重要的成矿带，带内构造岩浆活动强烈，基底岩系变质变形强。侵入岩主要为辉长岩、辉绿岩脉。盖层变质变形微弱。富集 Cu、Ag、Mn、Au 等元素。前人在图幅区内托特块儿发现与基性岩有关的铜矿，矿体产于埃连卡特岩群中。二叠系杜瓦组中产砂砾岩型铜矿，今后工作中应注意寻找这一类型的铜矿。

五、成矿时代划分

依据区域矿产空间分布规律、产出地质特征、成矿作用、构造演化及异常元素分布规律，划分出以下成矿期。

1. 早中元古代成矿期

长城纪在塔里木古陆核边缘发生裂解形成大洋，形成塞拉加兹塔格岩群裂谷火山岩(局部可能为蛇绿岩)，在其南部为具活动大陆边缘性质的赛图拉岩群变质碎屑岩和碳酸盐岩；蓟县纪裂谷—大洋消亡，形成桑株塔格岩群相对稳定地大陆边缘性质的一套碎屑岩夹碳酸盐岩。

中元古代是图幅区内第一次大规模的成矿作用时期，塞拉加兹塔格岩群中发育与裂解初期硅铁建造有关的鞍山式铁铜矿(布琼)、与细碧角斑岩有关的铜矿(阿克晓)、与变质作用有关的石墨矿

床(和田尼沙);埃连卡特岩群中发育与基性岩有关的铜矿(托特块儿);赛图拉岩群发育与碎屑岩和碳酸盐岩有关的沉积变质型铁矿(亚门坎)。

2. 早古生代成矿期

在震旦纪—寒武纪,在图幅区内沿库地-其曼于特裂解出现洋壳、形成早古生代蛇绿岩,奥陶纪—志留纪发生俯冲碰撞,产生火山岩浆弧,形成西昆仑加里东造山带。

早古生代成矿作用较弱,只在蛇绿岩中有弱的铬铁矿化,与弧火山岩有关的小型铜锌矿(上其汗),与弧花岗岩有关的弱的岩浆热液型、斑岩型铜钼矿化(策勒巴达干),在弧花岗岩与元古宙碳酸盐岩接触带形成举世闻名的和田玉石矿(康西瓦北)。

3. 晚古生代成矿期

晚古生代,图幅区内以古特提斯洋的威尔逊旋回演化为特征,石炭纪裂解扩张形成了库尔良-阿羌裂谷,沉积了巨厚的双峰式火山岩和碳酸盐岩,二叠纪苏巴什-康西瓦洋发生双向俯冲在两侧形成火山弧、岩浆弧和弧后盆地。

晚古生代是图幅区内最重要的成矿期,形成了丰富的矿产。如库尔良裂谷内与双峰式火山岩有关的块状硫化物矿床(铁、铜、硫、金矿)(塔其木),与基性岩有关的铜金矿(阿巴勒克、夏河巴斯康),奇自拉夫组砂砾岩中见砂砾型铜矿化(皮山芒沙)。图幅区外与皮盖山裂谷裂解有关的层控碳酸盐岩型(MVT)铅锌铜矿床(塔木—卡兰谷),与火山-岩浆弧有关的岩浆热液型、斑岩型、矽卡岩型铜钼铁矿床(点)(大同、库地、布尔汉),与弧后盆地或增生楔浊积岩有关的汞锑(金)矿(卧龙岗)等。

4. 中—新生代成矿期

中—新生代,图幅区内进入陆内造山演化阶段,发生强烈的挤压、褶皱、抬升、推覆与走滑作用,板内岩浆活动强烈,形成了一系列与韧性剪切构造和碱性岩浆热液活动等有关的金矿化等,如木吉构造蚀变岩型金矿(图幅外)、大红柳滩发现与伟晶岩有关的锂铍(铌钽)矿床等,以及与高原隆升剥蚀有关的砂金矿(再依勒克、乌鲁瓦提)。由此推测墨玉县喀拉喀什河一带的金刚石砂矿的原生矿可能与中—新生代深大断裂的隐伏岩浆活动有关。

六、主要矿产区域成矿规律

(一)铜矿成矿规律

区内已发现的铜矿有:皮山县阿巴勒克铜矿、夏河巴斯康铜矿、托满南铜矿及皮山县布穷南铜矿。

1. 阿巴勒克铜矿、夏河巴斯康铜矿成矿规律

从前述可知,阿巴勒克铜矿、夏河巴斯康铜矿成因上与基性岩浆岩关系密切。成矿时代为石炭纪末。空间上,该类型铜矿集中分布于库尔良晚古生代裂谷带内,带内物质组成严格受边界断裂控制。同期次级断裂发育,火山岩浆活动强烈,为成矿物质的迁移提供了良好的空间。

两个铜矿的主要赋矿岩石分别为辉长岩、辉绿岩。近矿围岩为库尔良群片理化粉砂岩、玄武岩。矿石呈脉状、浸染状分布。主要成矿元素 Cu、Ni、Cr、Au、Pb、Zn 在库尔良群中呈现出强分散、弱分异现象,而在基性侵入岩中情况相反,由此说明铜矿化与库尔良群没有直接的关系,铜矿系由基性岩浆上升侵位后分异形成。后期有热液的加入,在围岩中产生铜矿化。

铜矿与断裂关系密切。裂谷在形成发展时期，其内的物质组成受控于裂谷边界断裂。沿两侧边界断裂带断续分布有基性、超基性岩脉，呈构造透镜体产出，其次级断裂控制着含矿基性、超基性岩体的产出。上述两个含铜基性岩体均产于次级断裂带中的基性岩内，次级断裂是铜矿的容矿构造，边界断裂是导矿构造。

2. 皮山县布穷南铜矿

该铜矿的赋矿岩石为二叠系杜瓦组紫红色、灰绿色砾岩和砂砾岩，为一套河湖相沉积。矿石呈星点状、浸染状分布。矿化体一般分布于紫红岩层与灰绿色岩层互层靠近灰绿色岩层中。含矿岩石形成于早古生代库地-其曼于特蛇绿构造混杂岩带俯冲闭合后的断陷盆地中，发育一宽缓向斜构造，铜矿位于向斜的一翼。成矿物质系盆地周围含铜基底岩系接受剥蚀，在盆地中堆积后，经成岩作用形成。成矿时代为晚古生代。

（二）含银铅矿、多金属矿成矿规律

其成矿时代主要为中生代。空间上该类矿产在区内集中分布于古陆块边界，即中昆仑陆块与甜水海微陆块之间，靠近甜水海微陆块一侧。构造上处于大红柳滩晚古生代—中生代边缘裂陷带中。其北界为康西瓦-苏巴什蛇绿混杂岩带；南界为大红柳滩-郭扎错断裂，次级断裂呈北西—北西西向延伸，倾向为北，赋矿岩石沿次级断裂带分布，是含银多金属矿的容矿构造。

含银铅矿、多金属矿围岩为下元古界康西瓦岩群（Pt_1K）。其中含银方铅矿赋矿岩石为蚀变大理岩与碎裂伟晶岩，矿化体呈透镜状、脉状分布，受层位、构造控制，后期叠加有岩浆热液。其他矿点矿石赋存于燕山期花岗伟晶岩脉、石英脉中。矿石呈浸染状、脉状分布，矿化直接受酸性岩浆控制，酸性岩浆是含矿热液的矿源层。燕山期二长花岗岩广泛侵入于各时代地层，岩体呈近东西向带状展布，围岩蚀变较强，岩体中富含 Li、Be、Bi、Pb、Zn 等成矿元素。含矿岩脉为该岩浆后期分异出的酸性岩脉。由此说明该类矿产在成因上与燕山期岩浆热事件密切相关。该期岩浆热事件产生的强大的热源，为成矿物质的活化迁移创造了良好的条件。区域上在东部卧龙岗—黄羊岭一带，锑矿田的形成也与这期岩浆热事件有关。

（三）铁矿成矿规律

图幅区内铁矿为一小型铁矿床，形成于古元古代，燕山期叠加有热液，使矿石进一步富集。空间上位于大红柳滩中生代—晚古生代边缘裂陷带中，北界为康西瓦-苏巴什蛇绿混杂岩带，南界为大红柳滩-郭扎错断裂。次级断裂呈北西向延伸，控制着中酸性岩脉的分布。铁矿床位于滚石沟向斜的南翼，褶皱轴向呈近北西向延伸。

铁矿床的围岩为下元古界康西瓦岩群（Pt_1K），岩性主要为片麻岩、变粒岩、片岩夹大理岩。铁矿床位于片岩与大理岩接触处靠近大理岩一侧，矿体呈似层状、透镜状、脉状断续分布，层位稳定，受层位控制明显。

铁矿床周围沿次级断裂带、构造裂隙分布有大量的伟晶岩脉、石英岩脉和少量的闪长岩脉，它们携带的含矿热液叠加改造了早期形成的铁矿，使铁矿进一步富集。中酸性岩脉为燕山期酸性岩浆分异后期派生出的岩脉，说明铁矿在形成过程中受过燕山期岩浆热液活动影响。

（四）玉石矿成矿规律

玉石矿形成于加里东期。在空间上分布于中昆仑陆块南部边缘，南界为康西瓦-苏巴什蛇绿混杂岩带。次级断裂和压扭性张裂隙十分发育。以康西瓦一带玉石矿最具代表，现总结如下：

康西瓦一带玉石矿围岩为长城系赛图拉岩群和加里东期中酸性花岗岩体，赋矿岩石为蚀变大理岩。玉石矿分布于石英闪长岩体上盘与大理岩的接触蚀变带中，蚀变分带明显，主要蚀变矿物有透辉石、镁橄榄石、透闪石、蛇纹石和滑石，矿化带的形成总是在镁橄榄石带和蛇纹石带之间。因此玉石矿的形成与加里东期闪长岩和赛图拉岩群大理岩密切相关。

玉石矿和构造关系也十分密切。矿体一般分布于规模较大断裂的上盘，在压扭性剪切裂隙中形成玉石矿，是玉石矿的容矿构造。这种剪切裂隙的形成，可能与岩体上升侵位时围岩受到挤压剪切有关。据前人对和田玉形成时的温压计算结果，玉石矿形成于低压、中低温环境中。

（五）白云母矿成矿规律

图幅区内已知白云母矿有3处，以大红柳滩北白云母矿最具代表性，现总结如下：

该白云母矿成矿时代为燕山期。在空间上大红柳滩白云母矿位于大红柳滩晚古生代—中生代边缘裂隙盆地内，大红柳滩断裂呈北西向从矿区通过。云母矿位于滚石沟向斜南翼，矿体分布于次级断裂带和小型节理裂隙中，受构造控制明显，走向呈北西向延伸，是云母矿的容矿构造。

白云母矿的围岩为下元古界康西瓦岩群，岩性主要为片麻岩、片岩夹大理岩。其成因与燕山期酸性二长花岗岩体活动密切相关，是造山期后板内演化阶段的产物。花岗岩演化后期分异出大量伟晶岩脉，这些岩脉沿围岩中次级构造裂隙充填，白云母矿就赋存于伟晶岩脉中。伟晶岩脉是白云母矿的母岩，它的形成与围岩没有直接的关系。

第二节　其他国土资源概况

调查区从地理位置上讲处于青藏高原西北部昆仑山与喀喇昆仑山之间。这里自然环境恶劣，气候多样，动植物垂直分带明显，人迹罕见。青藏高原的隆升对中国北方乃至全球自然环境产生了巨大的影响。为了使区调工作不仅能满足国家公益性、战略性、基础性工作的需要，还能为国家的可持续发展规划提供依据，我们结合前人资料对图幅区内的自然环境资源、生态环境、灾害地质及旅游资源作了相关调查。

一、自然资源概况

自然资源按其自然属性分为气候资源、土地资源、水资源、生物资源及矿产资源（见前述）等。

（一）气候资源

由于青藏高原阻挡了印度洋水汽北上，造成图幅区内气候寒冷干旱，降水量稀少。昆仑山北翼山麓平原年降水量一般在50～100mm之间，海拔2 000～4 000m的山地，年降水量可达100～400mm。喀喇昆仑山南翼年降水量126mm，北翼喀拉喀什河谷地的康西瓦一带，年降水量仅37mm。雪线以上的降水量可达800～2 400mm，是现代冰川发育的重要补给来源。

图幅区内阳光辐射强、气温低、日温差大，气候寒冷。气温受地形影响较大。昆仑山北翼山麓平原，最暖月均温度为23.8℃，最冷月均温度为－5.3℃；海拔2 000～4 000m的中高山区，最暖月均稳定为10～20℃；海拔4 700～5 200m的高山区，最暖月均温度为3～7℃，最冷月均温度为－20℃，极端最高气温16～20℃。即使在7月，最低气温也多在－10℃，平均气温日温差可达15～20℃。

高原上这种干旱寒冷、降水稀少、日照温差大和紫外线强的特点，是造成图幅区内植被稀疏矮小、抗逆性差的主要原因。植被一旦遭到破坏，将很难恢复。

（二）土地资源与环境

调查区在全国土壤区划中属于蒙新干草原荒漠土壤区域的暖温带极干旱草原土壤地区。土地成土过程年轻。普遍具有层薄、多砾、粗骨性强、矿物分化程度低、生物作用弱等特点。土壤的生长发育尚处于幼年期。整个调查区内，可利用耕地严重匮乏，仅零星分布于山前河谷阶地上，面积不到全区面积的5%。依据前人资料并结合本次调查结果，调查区内主要土壤类型有如下几种。

1. 寒冻土

寒冻土是脱离冰川影响最晚、成土年龄最短的原始土壤，居冰川雪线之下。分布高度一般在5 300m左右。严寒、大风、冰冻是寒冻土形成的主要环境条件。寒冻土山高坡陡，严寒缺氧，生态环境恶劣，目前难以利用。

2. 寒漠土

寒漠土是区内分布最广、面积最大的土壤。分布高度一般在海拔4 000～5 300m之间。寒漠土区气候寒冷，降水量不足100mm，大风频繁，生态环境恶劣，只能生长垫状驼绒砾藜、艾菊、刺矶松等垫状植物，覆盖度不足5%，不少地方甚至寸草不生。地表覆砾，常见白色盐霜，风化作用和成土过程微弱，土层浅，一般不到50cm，粗骨性强，石砾含量高。

3. 高山草甸、草原土

该土主要分布于昆仑山北翼，海拔3 300～4 000m的垂直带内。图幅区内气候寒冷，降水量充沛，年均降水量达200～300mm。主导成土过程为强烈的腐殖质积累、氧化还原和钙积过程。植被组成以小蒿草、紫花针茅、羽状针茅为主，覆盖度为50%～80%。该类土是优良的畜牧草场。

4. 山地棕漠土

该土发育在暖温带干旱气候下的荒漠土壤，它起自山前洪积—冲洪积平原，向山地延伸，其上限可超过海拔4 000m，分布广，面积大。植被属于干旱的半灌木—灌木类，盖度小于5%。主导成土过程是荒漠化过程，腐殖质积累少，矿化作用强，有机质含量低。地表覆砾，土层浅薄，石质化强。

5. 风成沙黄土

该土主要分布于昆仑山北翼海拔2 000～4 000m的中高山低洼地带。土层最厚可达20m。据测年资料，黄土是在晚新世开始形成的，晚新世末至全新世是快速堆积时期。地表植被稀疏，气候干旱。风成沙黄土是农业用耕地的主要资源。

（三）水资源

水是人类生存所必须的资源。节约、保护和合理开发水资源已成为人类社会可持续发展的重要内容。图幅区内水资源较丰富，水系交错纵横。按水资源类型可分为地表水、地下水和冰雪融水等。

1. 地表水

图幅区内地表水均为内陆水系，主要河流为桑株河、杜瓦河和喀拉喀什河。河水补给主要靠高山冰雪融水，次为大气降水。前两条河均发源于桑株达坂雪山上，流径面积小，向北出山口后进入塔里木盆地便消失。该水系是皮山县地区的重要生产、生活用水。

喀拉喀什河是和田河的支流，属塔里木水系，发源于喀喇昆仑山北翼众多高峰的现代冰川中。河水纵贯全区，全长约 800km，在乌鲁瓦提出山进入塔里木盆地，汇入和田河。谷底一般宽 70～80m，窄处 20m 左右，砾石河床。水深 0.5～2m，年径流量 21.9 亿 m^3，6—8 月径流量占年径流量的 74.4%，3—5 月仅占 8.67%。在山口以上集水面积 19 983km^2。河水矿化度较高。由于河水流域内植被稀少，土质疏松，气候干旱少雨且大风多，所以河水中泥沙含量较高。

喀拉喀什河是和田地区古老绿洲的主要水源地之一。乌鲁瓦提水利枢纽的建成，极大地改善了和田地区的生态环境，为和田地区的可持续发展提供了重要的水电资源。

2. 冰雪融水

昆仑山、喀喇昆仑山是中国冰川面积最多的山脉，山势雄伟，群峰林立。冰川积累区年降水量多在 500～800mm 之间，年均气温零度以下，为冰川发育创造了良好的条件。

图幅区内冰川主要分布于昆仑山主脊印地他什达坂、桑株达坂一线，属西昆仑玉龙冰川区。面积达 3 000km^2。冰川呈树枝状、带状分布。按冰川类型划分属山谷冰川。因受地形限制，冰川常沿一个方向延伸，冰雪积累区雪崩盛行，冰川刨蚀和搬运作用强，沟谷内堆积大量的冰积物。

昆仑山冰川蕴藏着丰富的淡水资源，素有天然水库之称。据统计昆仑山冰川冰水储量达 264 亿 m^3。喀拉喀什河流的主要补给水源来自冰雪融水，其补给量占 60%。这些充分表明，高山冰川与干旱地区的生态环境及人类生产、生活息息相关，兴衰并存。

然而，由于全球自然环境的不断恶化，气温升高，冰川总趋势是在退缩，冰雪平衡线抬升。河水径流量有减小趋势。因此，我们在发展生产的同时，应合理开发利用水资源，珍惜大自然赋予我们的这一不可再生能源。

3. 地下水资源

图幅区内地下水资源较丰富，主要赋存于各种岩石裂隙、孔隙中。其赋存状态、水质、储量与岩石物化性质、地形地貌、大气降水有关。它们是地表径流补给的辅助水源。由于区内山高路险，人烟稀少，环境恶劣，目前地下水资源未得到有效开发利用。

（四）生物资源

1. 植物资源

调查区内植物资源比较贫乏，主要为耐寒的草本植物，木本植物分布于山前零星绿洲上。植物的分布具明显的垂直分带性。随着海拔的不同，植物的组成和种属各不相同。区内主要植物类型有如下几种：

(1)高山稀疏垫状植被。该种植被分布于雪线以下、海拔 4 800m 以上的高山上。由于自然环境恶劣，植被稀少，只有少量菊科、豆科和十字花科。

(2)高寒草甸植被。该种植被分布在高山垫状植被之下，海拔 4 000～4 800m 地段，主要为喜湿耐碱的草本植物和一些矮小的菊科、豆科和红柳。植物生长期很短。

(3)高寒草甸草原植被。该种植被分布在海拔 3 000～4 000m 的山坡及河谷两岸，主要为一些禾木科的早熟禾、砂生针茅、棱孤草等。这里是良好的牧场。

(4)沼泽化草甸和沼泽植被。该种植被分布于河滨低地和山前冲积扇上。稀疏生长着耐寒杨柳、沙柳等木本植物。

2. 动物资源

调查区属于古北动物区域中亚区域的青藏地区。由于自然环境恶劣，动物种类和数量比较贫乏。鱼类资源主要为新疆偏吻鱼、叶尔羌鼓鳔鳅、斯氏高原鳅。鸟类资源主要有山雕、红嘴山鸦、棕背雪雀、雪鸡等。哺乳动物主要有藏羚羊、野牦牛、藏野驴、黄羊、岩羊、盘羊等。其中藏羚羊、野牦牛、藏野驴属于国家一级保护动物。

总之，调查区地处青藏高原，气候环境恶劣，生态环境十分脆弱，动植物资源贫乏，植物生长周期短，一旦遭到破坏将很难恢复。近年来，由于各种人为因素，图幅区内动物资源数量不断减少，我们应采取措施加强保护。

二、旅游资源

1. 探险旅游

青藏高原是世界上最年轻的高原，素有世界第三极之称。雄伟高大的昆仑山脉横亘于塔里木盆地南缘，垂直高差约 3 000m。这里峰峦叠嶂，山势险峻，冰峰林立，湖盆相间，不同的地貌景观交融相错。随着近几年国内探险旅游业发展，来这里观光旅游的国内外游客越来越多。您可以驱车从叶城出发，沿新藏公路南行至西藏阿里。一路上您可以领略高原上独特的自然风光，感悟一日中不同的季节变化，欣赏高山冰川的壮美以及高原湖盆区的宽广无垠。运气好的话，还可以观赏到高原上特有的物种野牦牛、藏羚羊及藏野驴。旅游的黄金季节为每年的 5—8 月，路上食宿都很方便。

2. 风光旅游

乌鲁瓦提水库旅游区：乌鲁瓦提水库是沿喀拉喀什河下游修建的水库，是一个美丽的人工湖泊，夏日乘舟在库区遨游，空气清新凉爽，令人心旷神怡、流连忘返。该电站建于喀拉喀什河出山口处，北距和田市约 80km，有县级公路相通，景区内建有饭店，交通、通信、食宿极为方便，为和田地区的旅游开发区。电站主体大坝高约 200m，将喀拉喀什河拦腰截断，形成一人工水库，库区呈狭长带状展布，东西宽约 400m，南北长约 20km^2，游人乘游艇从大坝溯流而上，一路可领略两岸山石林立，直插云霄，观赏昆仑山脉的雄伟壮观。在库区尽头向南眺望，还可欣赏到远处昆仑山主峰的雪山美景，感悟大自然的神奇魅力，博大精深。站在大坝下向上遥望，你会看到大坝的高大雄伟，每逢洪水季节，大坝开闸放水时，近百米高的洪水从天而降，形成一壮观的瀑布，站在远处，你会感到阵阵水气扑面而来，身体顿觉清爽，实为一避暑休闲的好去处。

第三节　灾害地质

图幅区内地处青藏高原北部，自然环境恶劣，地质构造复杂，断层交错，岩石物理机械风化强烈十分破碎。新构造运动表现强烈，且一直处于隆升状态。每年各种地质灾害事故频发，给当地的经济生活带来不少损失，应当引起有关部门的高度重视。图幅区内主要环境地质问题有如下几方面。

（一）自然灾害

1. 崩塌、泥石流

根据野外初步调查，全区内崩塌、泥石流现象随处可见，灾害多发生在每年的 6—8 月份。尤其沿新藏公路赛图拉—大红柳滩段问题最严重，危害性最大。在该路段两侧的高山上分布有常年不化的现代冰川，山势高大陡峭，基岩裸露且十分破碎，喀拉喀什河切割强烈。岩石融冻作用和机械风化作用强烈，在公路上经常发生岩石崩塌，巨石下落，在路边形成倒石堆，危害行车和行人，阻塞交通。

泥石流的发生主要在每年的6—8月份，这个季节高山冰雪大量融化，再遇暴雨袭击，公路两侧各沟中山洪爆发，洪水携带大量的泥石下泻，在出沟口处大量堆积，冲毁公路。在山前一带对农田水利设施造成危害也极大。泥石流的共同特点是汇水面积大，流通区短小狭窄，自然坡度大。

防治措施：清理高边坡危石、修理排水沟、开挖高边坡、疏通河道，在公路边修建涵洞和桥梁。

2. 雪灾及融冻

雪灾在图幅区内经常发生，进入冬季后大雪封山，造成交通阻断，车辆无法通行。雪灾严重时，给当地人们经济生活造成巨大损失。如2004年冬季皮山县桑株乡突降大雪，牲畜大量冻死，山区农牧民与外界交通中断，给农牧民的经济生活带来严重困难，损失巨大。

融冻作用主要发生在海拔4 500m以上的高寒山区。这一地区地下常年分布有冻土层，每年夏季，随着气温的升高，冻土层开始消融，在地面形成胀土丘。公路沿线路面翻浆甚至毁坏，严重影响交通运输。

（二）环境灾害作用

1. 大风沙尘暴灾害

大风沙尘暴天气主要受西北风影响，多在春、夏两季盛行。受影响地区遍及全区，但主要在山前和塔里木盆地南缘影响较大。大风风速一般为20m/s。风速强盛时，吹起地表沙土，形成沙尘暴，使天空变得非常昏暗，能见度不足百米，空气污染严重，天空中布满浮尘，人们出行困难。沙尘暴严重时，吹倒房屋及农作物，给人们的经济生活造成较大损失。历史上许多古城的消失，与此灾害有直接关系。

2. 土地的荒漠化

整个图幅区内能够开发利用的土地资源非常有限。现被人们开发利用的少量土地也正面临着荒漠化的威胁。土地荒漠化主要表现在地表植被干枯退缩，土质有机质含量降低，碱化严重。引起土地荒漠化的原因主要有大气降水少、植被退化、水土流失、沙尘暴及各种人为因素。土地荒漠化正严重威胁着人们的生存环境，应当引起有关部门的高度重视。

3. 土地的盐碱化

土地的盐碱化在图幅区内普遍存在，尤其在山前地带。引起土地盐碱化的主要原因有气候干旱少雨、地表蒸发量远大于降水量或者是过渡灌溉地下排水不畅等，上述因素造成土地中盐分聚集引起盐碱化。人们应采取合理措施加强治理，防治土地盐碱化。

第七章 结束语

经过近3年来的野外工作，在项目全体人员的共同努力下，在中国地质调查局、西安地质调查中心项目管理办公室、陕西省地质调查院及有关单位领导专家的指导和帮助下，克服了高寒缺氧，在常人难以承受的艰险环境下，按期保质保量完成了项目任务书下达的野外各项工作任务，并取得了一些新发现和重要成果。

一、取得主要成果及进展

（一）地层古生物方面

项目经过2003—2005年地质填图及综合研究，划分了调查区地层区划，系统地建立了调查区地层层序，并厘定和建立了群级（构造）岩石地层单位14个，组级（构造）岩石地层单位42个，段级岩石地层单位11个及1个非正式层级地层单位。其中新建群级（构造）岩石单位2个，组级（构造）岩石单位5个。

（1）本次区调首次在图幅区内南部康西瓦断裂南侧巴颜喀拉地层区大红柳滩地层分区，原划三叠系克勒青河群（$T_3 Kl$）中解体出了一套古元古代变质岩系，根据变质变形特征，结合区域对比，新建立为下元古界康西瓦岩群（$Pt_1 K$）构造岩石地层单位。

依据岩石组合可进一步划分为两个岩组：A岩组为一套深灰色黑云斜长片麻岩、石榴子石斜长变粒岩、矽线石黑云斜长变粒岩、矽线石黑云石英片岩夹大理岩等；B岩组为深灰色石榴子石二云石英片岩、含石榴子石黑云斜长石英粒岩、十字石石榴二云石英片岩夹斜长黑云石英片岩等。其北界为康西瓦-苏巴什蛇绿构造混杂岩带，南界被侏罗纪花岗岩侵入，东侧上覆二叠系黄羊岭群。该套地层岩石变形非常强烈，塑性流变发育，片麻岩中常见塑性流变无根褶皱，属中深层次变质变形产物，其变质达高角闪岩相。该套地层与康西瓦断裂北侧分布的长城系赛图拉岩群、普守岩组以及铁克里克地层分区出露的下元古界埃连卡特岩群岩石组合特征基本相同，其地球化学特征也基本相似。说明其属性亲近塔里木陆块。

（2）本次区调首次在图幅区内西南角巴颜喀拉地层区大红柳滩地层分区，原划三叠系克勒青河群（$T_3 Kl$）中解体出了一套晚二叠世地层，并获得大量孢粉化石，经中国地质科学院高联达研究员鉴定，主要孢粉化石有：

短褶叠芦木孢 *Calamospora breradiata* Kosanke

斜点面三缝孢 *Punctatisporites obliquus* Kosanke

细点具粒圆形粒面三缝孢 *Cyclogranisporites micrograms* Bharadwaj

叉瘤三缝孢（未定种）*Raistrickia* sp.

砧状环三缝孢 *Brialatisporites incundus* (Kaiser) Gao

伦德布莱孢（未定种）*Lundblandispora* sp.

光面单缝孢 *Laevigatosporitls perminutus* Alpern

记号开通缝 *Vitreisporites signatus*（=V. *pallidus*）(Reissinger) Balme

完全单束细肋粉 *Protohaploxypinus perfeciformis* Pulukhina

软皮囊粉 *Corisaccites alatus* Venkatachala and Kar

单槽原维囊粉 *Crucisaccites monolatus* Maithy

阿礼粉(未定种)*Alisporites* sp.

扩大阿里粉 *Alisporites splendens* (*Leschik*) *Foster*

英达彼得粉 *Pteruchipolleintes inaerraensis* (*Segrove*) *Foster*

原始罗汗松粉(未定种)*Protopodocarpus* sp.

上述孢子花粉均是我国和西欧美及北美地区二叠纪常见分子，其中记号开通缝 *Vitreisporites signatus* (=*V. pallidus*) (*Reissinger*) *Balme* 是世界性的种，南北半球都有分布，在世界各地主要出现在晚二叠世早期沉积物中。该种在我国只出现在华北晚二叠世早期上石合子组及其相当沉积物中，世界一些古生物孢粉学家并以该种用来作为划分早、晚二叠世的主要依据。综上所述，该地层形成时代应为晚二叠世，结合区域对比，将该套地层重新厘定为二叠系黄羊岭群。

(3)首次在塔里木地层区铁克里克地层小区，原划古元古代埃连卡特岩群中解体出一套寒武纪侵入岩体，其规模宽约 2km，长约 30km，呈北西—南东向展布。并在岩石中获得单矿物锆石 SHRIMP U-Pb 年龄值为(502.3±9.1)Ma，可能代表了寒武纪时期的一次岩浆裂解事件，对研究塔里木陆块与西昆仑造山带地质构造演化提供了重要的依据。

(4)在中昆仑地层区，托满—普守一带原划蓟县系桑株塔格岩群(JxS)中解体出了一套长城纪变质岩系。其岩石组合主要为灰色混合岩化黑云斜长片麻岩、灰色混合岩化矽线石榴黑云斜长片麻岩、矽线黑云条带状混合片麻岩、矽线石二云石英片岩、斜长石榴黑云石英片岩、单辉石榴黑云石英片岩、灰色石榴钾长浅粒岩、灰色透辉斜长变粒岩、含石榴子石透闪斜长变粒岩、单辉斜长片麻岩夹细晶斜长角闪岩及少量大理岩。该套岩石地层变质变形强烈，变质达高角闪岩相。该岩石以强烈的塑性变形及较深的变质程度与北侧蓟县系桑株塔格岩群相区别，与南侧分布的长城系赛图拉岩群也完全不同，两者之间均为断层接触，以构造岩片的形式叠置在一起。鉴于该地层在区域上未见出露，故暂命名为长城系普守岩组(Ch*p*)构造岩石地层单位。

(5)初步确定图幅区内北部库尔良裂谷带发育的石炭系库尔良群为一套深水相浊积岩沉积，其下部主要发育鲍马序列的 A、B 段；上部主要发育 A、B、C 段，该套地层岩石粒序层及韵律层特别发育，而且下部局部夹有少量的外来灰岩滑块。

(6)经过填图和实测地质剖面在图幅区内北部发现库尔良裂谷带沿走向岩石相变较大，西侧库尔良一带以碎屑岩沉积为主，夹玄武岩、辉绿岩、辉长岩，其形成环境为深水相浊积岩，归晚石炭世库尔良群(C_2K)；而东侧托满一带，岩石则以碳质板岩、碳质粉砂岩夹细碎屑岩为主，其岩石组合归早石炭世他龙群(C_1T)，反映东、西两侧岩石组合不完全相同的特征。

(二)构造方面

在前人大地构造划分的基础上，依据西安地质矿产研究所《青藏高原北部空白区基础地质综合研究》构造单元划分方案，结合调查区 2003—2005 年野外实际资料，建立了调查区“三带四块”的构造格架。“三带”为柯岗断裂带、库地-其曼于特早古生代蛇绿混杂岩带、康西瓦-苏巴什古生代蛇绿混杂岩带；以上述断裂带、蛇绿混杂岩带为界由北向南划分为塔里木陆块、昆仑造山带[北昆仑库尔良晚古生代裂谷带、中昆仑微陆块(早古生代与晚古生代构造叠接复合带)]、巴颜喀拉晚古生代—中生代边缘裂陷带和甜水海-北羌塘微陆块共“四块”。

在此基础上，本次区调在地质填图和实测剖面工作中，首次发现了蒙古包-普守蛇绿构造混杂岩带，该带向西延入麻扎幅赛图拉一带，被康西瓦-苏巴什蛇绿混杂岩带截切，向东延伸恰哈幅而与库地-其曼于特早古生代蛇绿构造混杂岩带合拼。根据调查区实际资料，将塔里木陆块可进一步划分为塔里木陆块和铁克里克断隆带两个次级构造单元；中昆仑微陆块可进一步划分为中昆仑微陆块北带和中昆仑微陆块南带两个次级构造单元；甜水海-北羌塘陆块可进一步划分为甜水海微陆块、神仙湾二叠纪—三叠纪边缘裂陷带两个次级构造单元。

(1)本次区调在野外填图、综合调查及实测地质剖面过程中，首次在图幅区内中南部蒙古包—普守一带发现早古生代蛇绿构造混杂岩带。该带发育大量的蛇纹石化纯橄岩、云母二辉岩、辉长岩、蚀变辉绿岩、玄武岩夹硅质岩、中基性熔岩及英云闪长岩等岩石组合。依据野外地质特征及岩石组合建造，初步确定为一个蛇绿混杂岩带，暂命名为蒙古包-普守早古生代蛇绿构造混杂岩带。该蛇绿构造混杂岩带的发现，进一步证实了西昆仑是由多个块体、蛇绿混杂岩、增生杂岩楔和边缘建造组成的复杂拼合体。

(2)本次区调在图幅区内南部昆仑山脊一带出露的原划石炭纪辉长闪长岩、角闪石英闪长岩、黑云闪长花岗岩、黑云二长花岗岩中获得了大量单矿物锆石 SHRIMP U－Pb 法同位素年龄值，分别为(440.5±0.46)Ma、(443.1±2.3)Ma、(447±7)Ma、(430.7±2.6)Ma。说明了图幅区内昆仑山脊一带存在早古生代蛇绿构造混杂岩带(即蒙古包-普守早古生代蛇绿构造混杂岩带)。结合东部《伯力克幅》资料综合分析认为，康西瓦-苏巴什原特提斯洋是由晚奥陶世发生俯冲，直至中二叠世晚期才碰撞闭合消失。由此可见，康西瓦-苏巴什蛇绿构造混杂岩带不是以前人们认识的单一的晚古生代蛇绿构造混杂岩带，而应该是由早古生代就开始形成了。

(3)对塔里木盆地西南缘山前推覆构造带的研究又有新的进展，推覆构造带波及古近纪及以前所有时代的地层，宽度可达 10km 以上。在铁克里克断隆带中分布的片麻岩及片岩中普遍发育一期由片麻理、片理组成的顺层掩卧剪切褶皱及一系列顺层剪切带，其变形面向均指示推覆方向为自南向北或自西向东，该期变形表现为该地区的主变形期，并在阿卡孜一带发现一宽约 1km 的北西向韧性变形带，剪切方向为自南向北；另外发现图幅区内分布于塔里木盆地南缘的古元古代埃连卡特群具向南、北两侧的双向背形逆冲特征，为研究塔里木盆缘构造演化提供了新的资料。

(4)经过野外地质填图，在图幅区内北部晚古生代库尔良裂谷带南侧，发现了库地-其曼于特早古生代蛇绿构造混杂岩带所在图幅区内的位置，其岩石组合主要有斜辉橄榄岩、二辉橄榄岩、单辉石岩、辉长岩、玄武岩等岩石组合建造。与其伴生有寒武纪—奥陶纪西合休岩组，主要发育一套变质细碎屑岩夹辉长岩、辉绿岩及火山岩建造，其构造环境可能为活动陆缘建造。进一步证实了库地-其曼于特蛇绿混杂岩带在图幅区内的存在。

(5)经过野外填图及实测剖面，对图幅区内北部原划托满蛇绿岩带进行进一步的厘定，认为不存在蛇绿岩，而是一个断裂构造带，可能是区域柯岗断裂带的东延。其中发育的二辉辉石岩、斜辉辉石岩均为晚古生代裂谷建造。

(6)首次在图幅区内三十里营房西侧康西瓦断裂带内发现较大规模的由沉积岩组成的构造混杂岩片，由一套深灰色细砂岩、粉砂岩、粉砂质板岩组成的韵律极为发育的类复理石建造，边界均为脆韧性断裂分隔。该套地层时代可能为二叠纪黄羊岭群。

(7)在康西瓦一带首次发现了宽达 500m 的典型的糜棱岩带，带内岩石变形强烈、S－C 组构发育，总体面理向南。该糜棱岩带可能记录了康西瓦-苏巴什蛇绿构造混杂岩带早期构造活动的形迹，为研究康西瓦-苏巴什蛇绿构造混杂岩带早期地质演化提供了新的依据。

(8)在康西瓦一带首次发现三叠纪紫红色砾岩夹砂砾岩，沿晚期康西瓦脆性断裂带断续分布。岩石呈紫红色、杂色，磨圆较差，成分较复杂。该套砾岩的发现为研究西昆仑印支期运动提供了新的资料。

(9)基本查明了昆中地层分区出露的长城系普守岩组、赛图拉岩群和蓟县系桑株叠格岩群均呈构造岩片叠置关系，表现出一系列的由南向北的逆冲推覆构造。

(10)基本查明了图幅区内不同时代地层的变形样式：古元古代地层主要表现为塑性流变褶皱；

中—新元古代地层发育一系顺层剪切掩卧褶皱及紧闭尖棱褶皱；早古生代地层主要表现为同斜褶皱、尖棱褶皱；晚古生代地层主要表现为开阔褶皱。

（三）侵入岩方面

图幅区内岩浆岩分布较广泛，集中分布于柯岗断裂以南，大红柳滩-郭扎错断裂以北的广大地区，而在北侧的铁克里克断隆带及南侧的甜水海-北羌塘微陆块上则极少分布。岩浆岩集中分布的构造单元包括了库尔良晚古生代裂谷带、中昆仑微陆块、巴颜喀拉中生代—晚古生代边缘裂陷带等。在上述构造单元中岩浆岩约占图幅区内面积的31%，是造山带极其重要的组成部分。

(1)本次区调对图幅区内侵入岩进行了系统的地质学、岩石学、岩石地球化学、同位素年代学等方面的综合分析研究，划分出了37个侵入体，归并为24个填图单元。进一步按其所处构造的空间位置、成因和形成时代，建立了与调查区构造演化密切配套的7个构造-岩浆岩带，由北而南依次为：①晚古生代库尔良-阿羌裂谷构造-岩浆岩带；②早古生代库地-其曼于特构造-岩浆岩带；③早古生代蒙古包-普守构造-岩浆岩组合带；④早古生代三十里营房-康西瓦构造-岩浆岩带；⑤晚古生代康西瓦-再依勒克河构造-岩浆岩带；⑥中生代三十里营房-泉水沟构造-岩浆岩带；⑦新生代大红柳滩-泉水沟构造-岩浆岩带。

总体显示岩浆岩具有由北往南，岩浆岩形成时代由老到新、岩浆源由深到浅的变化规律。

(2)本次区调首次系统地对图幅区内侵入岩作了大量的同位素测年工作，获得了单矿物锆石SHRIMP U-Pb法同位素年龄7件，单矿物锆石U-Pb法同位素年龄3件，共计10组同位素年龄数值。

(3)首次在图幅区内3个不同的微陆块体的边部(甜水海微陆块北部、中昆仑微陆块北部、铁克里克断隆带南部)发现3个古侵入体，其精确的锆石SHRIMP U-Pb法测年表明其形成时代均为中寒武世[(502.3±9.1)Ma、(506.8±9.8)Ma、(503±0.7)Ma]，这可能代表了在中寒武世早期发生了一次伸展-裂解事件。

(4)在图幅区内库尔良一带出露的原划石炭纪黑云二长花岗岩中获得单矿物锆石U-Pb法为(466.1±1.0)Ma的同位素年龄值；在原划石炭纪似斑状二长花岗岩中获得单矿物锆石U-Pb法为(500.2±1.2)Ma同位素年龄值；在夏河巴斯康南侧出露的原划石炭纪黑云二长花岗岩中获得单矿物锆石SHRIMP U-Pb法为(467.8±3.2)Ma的同位素年龄值。

(5)在图幅区内蒙古包北侧一带出露的原划石炭纪辉长闪长岩中获得了单矿物锆石SHRIMP U-Pb法同位素年龄值为(440.5±4.6)Ma；在康西瓦北侧昆仑山脊出露的大量原划石炭纪角闪石英闪长岩中获得单矿物锆石SHRIMP U-Pb法同位素年龄值为(447±7)Ma；在原划海西期黑云闪长花岗岩中获得单矿物锆石SHRIMP U-Pb法同位素年龄值为(443.1±2.3)Ma；黑云母花岗岩中获得单矿物锆石SHRIMP法同位素年龄值为(430.7±2.6)Ma。这一组岩浆岩同位素年龄值的获得，说明了康西瓦-苏巴什蛇绿构造混杂岩带北侧存在大量的早古生代侵入岩体，而不是前人划分的单一的晚古生代侵入岩体。

(6)成因类型方面：康西瓦-苏巴什蛇绿混杂岩带的构造岩浆岩组合中，暗色角闪闪长岩-黑云角闪英云闪长岩组合具有广泛的岩浆混合作用。该套岩石以色深、组构不均一、含有大量基性暗色包裹体及暗色矿物小斑晶为特征。野外露头上常见包裹体与围岩呈过渡类型(部分地段包裹体已成残影状)，包裹体中可见围岩岩石中的长石斑晶，反映出该套岩石具有浆混花岗岩之特征；另一方面也反映出早古生代侵入岩中幔源岩浆的广泛加入。

（四）矿产方面

图幅区内由于恶劣的自然环境和艰苦的交通条件，地质矿产勘查程度较低。前人主要沿新藏公路及山前地带对煤、石膏、黄铁矿、灰岩和铁、铜、铅、锌、玉石矿等少数矿种作过踏勘性评价，对稀有金属、白云母、铁计算了远景储量，多数矿产地只作过一般性检查，本次区调矿产工作的目的是发现新的矿产地，寻找新的矿化线索，总结区域成矿规律。

1. 成矿区带划分

本次区调依据区域地球化学特征，区域矿产分布规律、区域成矿条件结合区域不同构造单元地质特征及物探资料，初步将图幅区内划分成3个重要成矿带。

1)库尔良晚古生代裂谷铜、镍、钴、铬、铁成矿带

该成矿带位于图幅区内库尔良晚古生代裂谷带中，出露地层为下石炭统他龙群，上石炭统库尔良群，二者岩性主要为一套碎屑岩夹火山岩、基性岩脉，带内岩石变质变形微弱，岩浆活动强烈。带内异常以Cu、Ni、Cr、Co、FeO、MgO、V、Ti、Hg、Sb、As、Nb、Y等元素异常为主，异常规模大、强度高、元素组分多，浓度分带明显。带内地球化学储量：Cu 1.77亿吨、Ni 2.00亿吨、Co 0.62亿吨、Fe_2O_3 2 054亿吨，表明带内找矿前景极佳。

通过本次区调工作及1∶50万化探综合异常查证，成矿带内基性岩脉分布于库尔良—托满一带，呈近东西向展布，断续长约40km。共发现4条含矿基性岩脉，表明本成矿带是形成铜(镍)多金属矿极为有利的地区。

2)中昆仑南部玉石成矿带

该带位于图幅区内中昆仑微陆块南部，南界为苏巴什晚古生代蛇绿构造混杂岩带，带内地层为下元古界布伦阔勒岩群、长城系赛图拉岩群，岩石变质变形强烈，断裂活动频繁，发育早古生代石英闪长岩、花岗斑岩。带内异常以W、Sn、Be、La、U、Th异常为主，伴有Bi、Cu、As、Sb等元素异常，异常以中高温元素组合为主。区域上沿康西瓦-苏巴什蛇绿构造混杂岩带北侧分布有多处玉石矿点，玉石矿均产于赛图拉岩群大理岩与石英闪长岩的内外接触带上，矿石品种多为青玉、青白玉。此外沿花岗斑岩与长城系赛图拉岩群变质岩内外接触带，是寻找交代型钨、锡矿的有利部位。

3)康西瓦-大红柳滩稀有、稀土、铅、锌多金属成矿带

该成矿带位于图幅区内南部巴颜喀拉晚古生代—中生代边缘裂陷带内，出露地层为下元古界布伦阔勒岩群、二叠系黄羊岭群碎屑岩、三叠系巴颜喀拉山群碎屑岩，带内构造岩浆活动十分强烈，侏罗纪黑云二长花岗斑岩、伟晶岩脉广泛发育，侵入并破坏地层。带内富集元素主要为Be，其次为Li、Th、La等元素。Be异常呈带状分布，走向近北西，与岩体吻合。Li、Th、La局部富集，并且含量高。带内Be地球化学储量为0.065亿吨、Li 1.0亿吨、Th 0.27亿吨、La 0.85亿吨，已发现大红柳滩伟晶岩型中型Li、Be、Nb、Ta矿床1处，大红柳滩北小型铁矿床1处，康西瓦南银、铅多金属矿点多处，目前已有人开采，区域上沿该带也分布有多处铜、金多金属矿点。说明该带是形成稀有金属、银、铅多金属矿非常有利的地区，成矿条件良好，通过进一步工作，并扩大找矿范围，有望找到更大规模的银、铅、稀有金属矿。

另外调查区内铁克里克断隆带也是一个比较重要的成矿区。在铁克里克断隆带内，已发现与基性火山岩有关的铜矿化，与中元古界塞拉加兹塔格岩群中绿片岩有关的金矿化线索，显示良好的找矿前景。

2. 新发现的矿(化)点

(1)本次区调新发现库尔良铜矿点4处，扩大了原有矿产地的找矿范围，为进一步成矿作用研究和矿产勘查提供了重要的资料。

(2)在大红柳滩南下元古界康西瓦岩群中发现铜矿化点1处。发育于脆韧性变形带之中，规模不大，仅50～60cm。具有孔雀石化、褐铁矿化蚀变。矿化可能与其侧旁发育的伟晶岩脉活动相关。

该矿点的发现为在该带寻找铜提供了具有价值的线索。

二、存在的主要问题

(1)分布于康西瓦-苏巴什蛇绿构造混杂岩带以南的巴颜喀拉晚古生代—中生代边缘裂陷带中二叠系黄羊岭群，图幅区内其时代依据东邻《阿克萨依湖幅》资料，划分依据不足。图幅区内该套地层变质变形较强，变质可达高绿片岩相，与东部区域上的二叠系黄羊岭群基本未变质岩石组合特征截然不同。同时在东部伯力克幅该套地层火山岩中获得了单矿物锆石 U-Pb 法同位素年龄值为(416±1.3)Ma。说明了该套地层其形成时代为志留纪。

(2)本次区调从原划蓟县系桑株塔格岩群中解体出了一套中深变质岩系，其变质程度达高角闪岩相。依据其变质变形特征暂划归长城纪，其形成时代依据不足。结合昆仑地区区域变质岩变质程度综合分析，长城纪的地层变质程度多为低角闪岩相，该套高角闪岩相变质岩系其形成时代可能是古元古代地层。

(3)工作区自然地理条件十分恶劣，加上时间紧、任务重，有些重要地质问题难以进行深入研究，因此必将影响项目整体研究程度的提高。

参 考 文 献

谌宏伟，罗照华，莫宣学，等. 东昆仑造山带三叠纪岩浆混合成因花岗岩的岩浆底侵作用机制[J]. 中国地质，2005，32(3)：386～393
成都矿产地质研究所. 1：150 万青藏高原及邻区地质图[M]. 北京：地质出版社，1997
崔文军，等. 阿尔金断裂系[M]. 北京：地质出版社，1997
崔之久，高全州，刘耕年，等. 夷平面、古岩溶与青藏高原隆升[J]. 中国科学 1996，26(4)：378～386
崔之久，李德文，伍永秋，等. 关于夷平面[J]. 科学通报，1998，43(17)：1 794～1 804
丁道桂，等. 西昆仑造山带与盆地[M]. 北京：地质出版社，1996
方爱民，李继亮，侯泉林，等. 西昆仑库地西北依沙克群首次发现放射虫化石[J]. 地质科学，1998，33(3)：384
高秉璋，等. 花岗岩类区 1：5 万区域地质填图方法指南[M]. 武汉：中国地质大学出版社，1991
韩愈菁. 变质作用 $p-T-t$ 轨迹[M]. 武汉：中国地质大学出版社，1993
郝杰，刘小汉，方爱民，等. 西昆仑“库地蛇绿岩”的解体及有关问题的讨论[J]. 自然科学进展，2003，13(10)：1 116～1 119
姜春发，等. 昆仑开合构造[M]. 北京：地质出版社，1992
姜春发，等. 中央造山带开合构造[M]. 北京：地质出版社，2000
李炳元，潘保田，高红山. 可可西里东部地区的夷平面与火山年代[J]. 第四纪研究，2002，22(5)：397～404
李昌年. 火成岩微量元素岩石学[M]. 武汉：中国地质大学出版社，1992
李长安，殷鸿福，于庆文. 东昆仑山构造隆升与水系演化及其发展趋势[J]. 科学通报，1999，44(2)：211～213
李吉均，方小敏，潘保田，等. 新生代晚期青藏高原强烈隆起及其对周边环境的影响[J]. 第四纪研究 2001，21(5)：381～391
李吉均，文世宣，张青松，等. 青藏高原隆起的时代、幅度和形式的探讨[J]. 中国科学，1979(6)：608～616
李永安，等. 中国新疆西南部喀喇昆仑羌塘地块及康西瓦构造带构造演化[M]. 乌鲁木齐：新疆科技卫生出版社，1995
林清茶，等. 衰牢山-金沙江碱性岩带南段支南金平八一村钾质碱性岩锆石 SHRIMP U－Pb 年龄[J]. 地质通报，2005，24(5)：420～424
刘石华，匡文龙，刘继顺，等. 西昆仑北带蛇绿岩的地球化学特征及其大地构造意义[J]. 世界地质，2002，21(4)：332～339
刘训，等. 塔里木板块周缘的沉积-构造环境[M]. 乌鲁木齐：新疆科技卫生出版社，1997
刘肇昌. 板块构造学说[M]. 成都：四川科学技术出版社，1985
罗照华，张文会，邓晋福，等. 西昆仑地区新生代火山岩中深源包裹体[J]. 地学前缘. 2000，7(1)：295～298
潘桂棠，等. 东特提斯组成与地质演化[M]. 北京：地质出版社，2000
潘裕生，等. 喀喇昆仑山-昆仑山地区地质演化[M]. 北京：科学出版社，2000
潘裕生. 西昆仑山构造特征与演化[J]. 地质科学，1990(3)：224～232
任纪舜，等. 中国及邻区大地构造图及说明书[M]. 北京：地质出版社，1997
任纪舜. 中国及邻区大地构造图及说明书[M]. 北京：地质出版社，1999
荣辉，等. 高等地球化学[M]. 北京：科学出版社，2000
施雅风，郑本兴，李世来，等. 青藏高原中东部最大冰期时代高度与环境探讨[J]. 冰川冻土，1995，17(2)：97～112
孙德有，吴福元，林强，等. 张广才岭燕山早期白石山岩体成因与壳幔相互作用[J]. 岩石学报，2001，17(2)：227～235
孙海田，等. 西昆仑金属成矿省概论[M]. 北京：地质出版社，2003
孙鸿烈，等. 喀喇昆仑山-昆仑山地区地质演化[M]. 北京：科学出版社，2000
滕志宏，等. 塔里木盆地及周缘地区上第三系—第四系地层及晚新生代构造期次划分[M]. 兰州：西北大学出版社，1994
万渝生，罗照华，李莉，等. 3. 8Ma：青藏高原年轻碱性玄武岩锆石离子探针 U－Pb 年龄测定[J]. 地球化学，2004，33(5)：442～446
王国灿，吴艳玲，向树元，等. 东昆仑东段第四纪成山作用过程与地貌变迁[J]. 地球科学：中国地质大学学报，2003，28(6)：583～591

王涛，张宗清，王晓霞，等.秦岭造山带核部新元古代碰撞变形及其时代[J].地质学报，2005 79(2)：221～229
王晓霞，王涛，卢欣祥，等.北秦岭老君山、秦岭梁环斑结构花岗岩岩浆混合的岩相学证据及其意义[J].地质通报，2002，21(8～9)：523～528
王元龙，李向东，毕华，等.西昆仑库地蛇绿岩的地质特征及其形成环境[J].长春地质学院学报，1997，27(3)：304～309
王志洪，等.西昆仑库地蛇绿岩地质、地球化学及其成因研究[J].地质科学，2000，35(2)：151～160
文世宣，等.喀喇昆仑山-昆仑山地区古生物[M].北京：科学出版社，1998
西藏地质矿产局.西藏自治区区域地质志[M].北京：地质出版社，1993
西藏地质矿产局.西藏自治区岩石地层[M].武汉：中国地质大学出版社，1997
肖庆辉，等.花岗岩研究思维与方法[M].北京：地质出版社，2002
肖庆辉，邱瑞照，邓晋福，等.中国花岗岩与大陆地壳生长方式初步研究[J].中国地质，2005(3)：344～350
肖文交，方爱民，李继亮，等.西昆仑造山带复式增生楔的构造特征与演化[J].新疆地质，2003，21(1)：31～35
肖序常，王军，苏犁，等.再论西昆仑库地蛇绿岩及其构造意义[J].地质通报，2003，22～10
肖序常，王军.青藏高原构造演化及隆升的简要评述[J].地质论评，1988，44(4)：372～381
校培喜.阿尔金山中段苏吾什杰岩体(群)地质特征[J].西北地质，2003，36(3)：14～23
新疆地质矿产局.新疆维吾尔自治区区域地质志[M].北京：地质出版社，1993
新疆地质矿产局.新疆维吾尔自治区岩石地层[M].武汉：中国地质大学出版社，1999
新疆矿产地质研究所，新疆第一区调大队.新疆古生界(上、下册)[M].乌鲁木齐：新疆人民出版社，1990
许靖华.大地构造与沉积作用[M].北京：地质出版社，1985
尹集祥.青藏高原及邻区冈瓦纳相地层地质学[M].北京：地质出版社，1997
张传林，赵宇，郭坤一，等.塔里木南缘元古代变质基性火山岩地球化学特征——古塔里木板块中元古代裂解的证据[J].地球科学：中国地质大学学报，2003，28(1)：47～52
赵寒冬，韩振哲，赵海滨，等.内蒙古东北部激流河花岗岩中包裹体的特征及成因[J].地质通报，2005，24(9)：842～847
中国科学院地球化学研究所.高等地球化学[M].北京：科学出版社，2000
中国科学院青藏高原科学考察队.青藏高原的时代、幅度和形式问题[M].北京：科学出版社，1981
中国科学院青藏高原综合科学考察队.喀喇昆仑山-昆仑山地区冰川与环境[M].北京：科学出版社，1998
中国科学院青藏高原综合科学考察队.喀喇昆仑山-昆仑山地区自然地理[M].北京：科学出版社，1999
钟大赉，丁林.青藏高原的隆起过程及其机制探讨[J].中国科学 1996，4(26)：289～295
周辉，袁超.西昆仑库地早古生代岩浆岩的物源与热源[J].新疆地质，2003，21(1)：65～68
Li J J . Uplift of Qinghai_Xizang Plateau and Global Change[M]. Lanzhou：Lanzhou University Press，1995
Sengor A M.板块构造与造山运动——特提斯例析[M].丁晓等译.上海：复旦大学出版社，1992

图版说明及图版

图 版 Ⅰ

1. 康西瓦岩群岩石外貌特征
2. 康西瓦岩群韧性剪切变形
3. 埃连卡特岩群早期顺层剪切褶皱
4. 普守岩组早期塑性流变褶皱
5. 普守岩组变形特征
6. 塞拉加兹塔格岩群变形特征
7. 赛图拉岩群韧性剪切变形特征
8. 赛图拉岩群Ⅰ型面理置换变形特征

图 版 Ⅱ

1. 桑株塔格岩群变形特征
2. 桑株塔格岩群顺层同斜褶皱
3. 普守断裂韧性剪切变形特征
4. 三十里营房-康西瓦断裂长英质糜棱岩
5. 三十里营房-康西瓦断裂发育“碎斑系”
6. 库尔良-帕拉斯断裂发育 S－C 组构
7. 库尔良裂谷南侧断裂中糜棱岩化花岗岩
8. 赛图拉-印地他什达坂断裂长英质糜棱岩

图 版 Ⅲ

1. 含斑黑云母花岗岩($S_1\eta\gamma$)斑晶特征
2. 斑状角闪黑云二长花岗岩($O_3\gamma\pi$)斑晶
3. 角闪英云闪长岩($O_2\gamma O$)暗色包裹体
4. 中细粒黑云母花岗岩($P\eta\gamma$)暗色包裹体
5. 哈巴克片麻状花岗岩($\in_2\eta\gamma$)残留斑晶
6. 斑状黑云母花岗岩($O_3\gamma\pi$)斑晶特征
7. 含斑黑云二长花岗岩($J\pi\eta\gamma$)斑晶特征
8. 温泉沟群中层理与劈理交切关系

图 版 Ⅳ

1. 长英质碎粒岩镜下特征(×40)
2. 长英质初糜棱岩镜下特征(×40)
3. 含石榴子石绢云千糜岩镜下特征(×40)
4. 长英质糜棱片岩镜下特征(×40)

5.绢云石英千枚岩镜下特征(×40)
6.十字二云石英片岩镜下特征(×40)
7.石榴黑云斜长片麻岩镜下特征(×40)
8.二云条痕状片麻岩镜下特征(×40)

图版 I

1

2

3

4

5

6

7

8

图版Ⅱ

图版Ⅲ

1

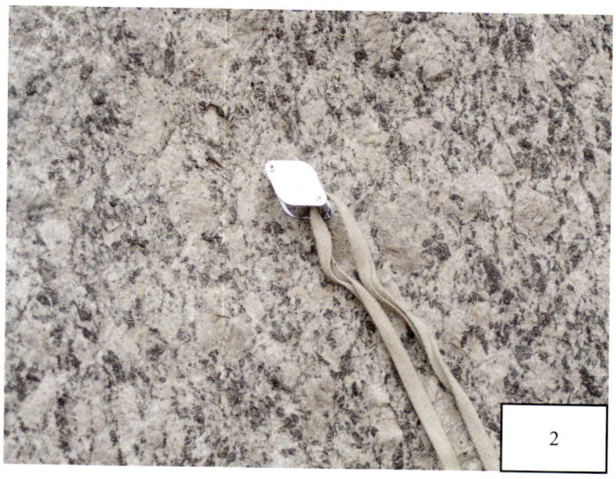

2

3

4

5

6

7

8

图版Ⅳ

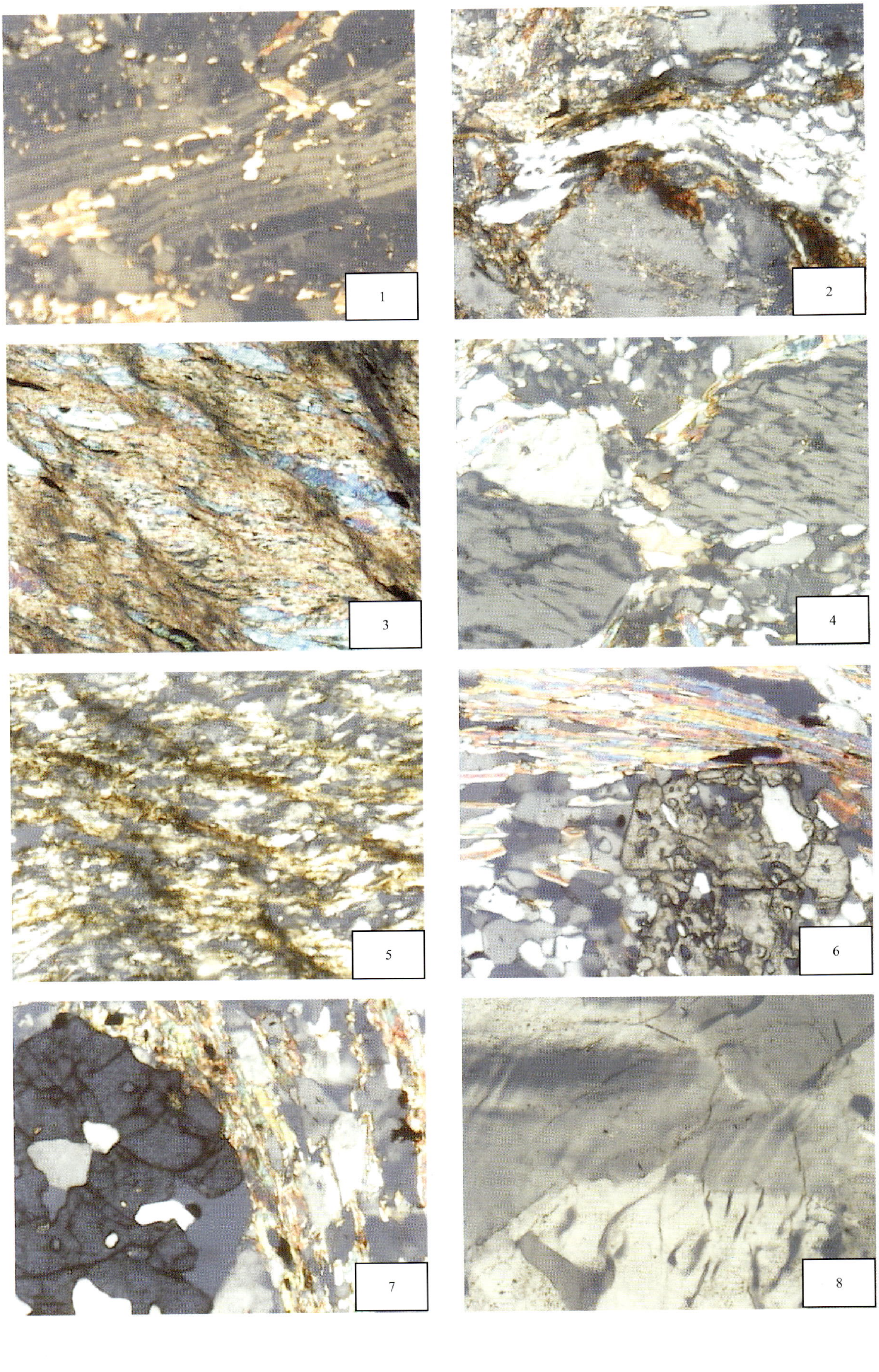